"十二五"普通高等教育本科国家级规划教材

普 通 高 等 教 育 精 品 教 材

全 国 高 校 出 版 社 优 秀 畅 销 书

21世纪大学本科计算机专业系列教材

计 算 机 网 络

（第4版）

吴功宜 吴英 编著

U0377980

清华大学出版社

北京

<h1 style="text-align:center">内 容 简 介</h1>

本书依据计算机网络技术发展的三条主线——互联网、无线网络与网络安全,系统地介绍网络的基本概念、网络体系结构、网络互联与分布式进程通信、Internet 应用与网络安全技术;在系统讨论网络基本工作原理的同时,注重网络应用系统与网络应用软件设计、实现方法的学习;贴近技术发展的前沿,对当前研究与应用的热点——无线网络、移动互联网与物联网技术进行了系统的讨论。

本书结构清晰,章节内容环环相扣,逐步递进;语言流畅,图文并茂,易读易懂。教材体系建设坚持“理论学习和能力培养并重”的指导思想,形成了由“1 本主教材、4 本辅助教材、1 个题库和 1 个电子教案”构成的教材体系,以适应不同学校与专业的需要。

本书第 1 版至第 3 版被评为普通高等教育“十一五”和“十二五”国家级规划教材,第 2 版被评为普通高等教育国家级精品教材。

本书适合作为计算机、软件工程、信息安全、物联网工程、通信工程与电子信息等相关专业的本科生与研究生的教材,也可以作为信息技术领域的工程技术人员与技术管理人员学习、研究网络技术的参考书。

图书在版编目(CIP)数据

计算机网络/吴功宜,吴英编著.—4 版.—北京:清华大学出版社,2017 (2021.8重印)
(21 世纪大学本科计算机专业系列教材)
ISBN 978-7-302-46848-6

Ⅰ.①计… Ⅱ.①吴… ②吴… Ⅲ.①计算机网络—高等学校—教材 Ⅳ.①TP393

中国版本图书馆 CIP 数据核字(2017)第 053320 号

责任编辑:张瑞庆
封面设计:何凤霞
责任校对:焦丽丽
责任印制:杨 艳

出版发行:清华大学出版社
   网 址:http://www.tup.com.cn,http://www.wqbook.com
   地 址:北京清华大学学研大厦 A 座   邮 编:100084
   社 总 机:010-62770175   邮 购:010-83470235
   投稿与读者服务:010-62776969,c-service@tup.tsinghua.edu.cn
   质量反馈:010-62772015,zhiliang@tup.tsinghua.edu.cn
   课件下载:http://www.tup.com.cn,010-83470236
印 装 者:小森印刷霸州有限公司
经 销:全国新华书店
开 本:185mm×260mm   印 张:29.5   字 数:715 千字
版 次:2003 年 8 月第 1 版 2017 年 4 月第 4 版 印 次:2021 年 8 月第13次印刷
定 价:69.90 元

产品编号:069475-03

前言

如果将"分组交换"概念的提出与 ARPANET 的出现作为计算机网络技术发展起点,那么计算机网络技术已经经历了半个多世纪的发展历程。回顾网络技术与应用发展的历程,可以清晰地看到它是沿着"互联网—移动互联网—物联网"的轨迹,"由小到大"一步一步地发展、壮大,"由表及里"地渗透到社会的各行各业与各个领域。

作者记得 1984 年第一次在南开大学计算机系开设"计算机网络"课程时,计算机系一届的百名学生中只有 7 位学生选修了这门课程,人们对计算机网络都很陌生。30 多年过去了,计算机网络最成功的应用——互联网——已经成为人们生活与工作环境的重要组成部分。互联网正在改变着人们的生活方式、工作方式与思维方式,也正在改变着世界经济与社会发展的进程。现在谈到计算机网络时,人们自然会联想到当前社会热议的几个关键词——"网络强国""互联网+"与"网络空间安全"。

作者在多年的网络教学与科研工作中,跟踪着网络技术研究与应用的发展,见证了计算机网络从互联网、移动互联网到物联网的高速发展过程。1995 年作者参与研究并起草"天津市信息港工程规划纲要",至今也是 20 年前的事了。在这 20 多年里,作者见证了我国互联网技术、社会信息化与信息产业的发展历程;在参与和主持城市信息化建设"九五"、"十五"与"十一五"发展规划的研究工作中,作者见证了我国互联网规模的快速增长与互联网概念逐渐被社会大众接受的过程,学会从宏观的角度去认识网络技术的发展,体会网络技术对信息产业与社会经济发展的重大影响。这些经历使得作者逐渐对计算机网络技术有了更加深刻、全面的认识。我国是网络应用的大国,但不是网络技术强国。要实现"网络强国"之梦,要通过"互联网+"的路径来推进我国经济发展模式的转型,要捍卫我国"网络空间安全",就必须培养出大批的网络技术精英,大学计算机网络课程教学应该在培养网络技术高水平人才方面发挥重要的作用。

出于这样的认识,作者在修订《计算机网络》的第 4 版时,注意解决以下几个的问题。

第一,打牢网络理论与技术基础。

根据作者科研和教学工作体会,在第 4 版的写作中力求做到"结构清晰,环环相扣,逐步递进;语言流畅,图文并茂,易读易懂"。在知识结构的设计中,坚持每一章内容力求集中回答计算机网络中一些基本的问题。这些问题是:

第 1 章　基本概念:什么是计算机网络?

第 2 章　物理层:网络中比特流传输是如何实现的?

第 3 章　数据链路层:网络中数据传输的正确性是如何保证的?

第 4 章　介质访问子层：最常用的 Ethernet 与 Wi-Fi 的网络功能是如何实现的？

第 5 章　网络层：网络互联是如何实现的？

第 6 章　传输层：网络环境中分布式进程通信是如何实现的？

第 7 章　应用层：网络应用系统是如何设计与实现的？

第 8 章　网络安全：如何保证网络安全？

　　为了达到"打牢网络理论与技术基础"的目标，本书坚持加强"基础与方法论"的教学，在后续章节不断深化，并通过剖析常用的网络应用实例，对网络应用系统的设计方法进行总结，帮助读者渐进地、潜移默化地接受前人成熟的研究方法与成果，为进一步学习和研究网络技术奠定基础。

　　第二，贴近技术发展前沿。

　　计算机网络是当今计算机科学与技术学科中发展最为迅速的技术之一，也是计算机应用中一个空前活跃的领域。如果说广域网扩大了信息社会中资源共享的广度，城域网扩大了用户接入互联网的范围，局域网扩大了信息资源共享的深度，个人区域网与人体区域网增强了人类共享信息资源的灵活性，那么物联网就是在互联网技术的基础上，利用 RFID 和各种感知技术自动获取物理世界的信息，构建覆盖世界上人与人、人与物、物与物的各种智能信息系统。今后计算机与各种智能手机、PDA、传感器、射频标签(RFID)与移动智能终端设备都会连接到网络之中。

　　随着无线网络、互联网＋、移动互联网与物联网技术与产业的发展，计算机网络教学也面临着一个快速变化的局面。计算机网络技术与知识更新的速度也会进一步加快，这就给从事计算机网络课程教学的教师提供了更大的发展空间，要求我们更快地改进网络课程的教学内容与方法。这是一个艰苦的过程。因为做"加法"的前提是要做好"减法"。增加新技术的内容比较容易，但是做"减法"时，删除过渡性技术与陈旧内容的过程的确很难。作者潜心研读了近年来国内外计算机网络的重要文献，并结合个人与科研团队的研究工作，认真探讨计算机网络知识体系中"变"与"不变"的关系，分析学生学习过程中"难点"和为什么会成为难点的问题。对相关章节的内容做出了适当取舍。

　　第三，以"系统观"的思路组织网络知识体系。

　　计算机专业学生需要更强调计算机系统能力的培养。计算机系统能力的核心是培养学生具有设计和构建以计算技术为核心、新的应用系统的能力，而网络知识是计算机系统能力的重要组成部分。因此，计算机专业学生系统能力的培养要将计算机与计算机网络视为一个有机的整体，引导学生用计算机组成原理、操作系统的基础知识，去理解计算机网络的基本工作原理，学会用软件编程的方法去实现网络功能，使得学生能够准确描述与构建出真实网络系统的模型，以及有效地构造网络系统的能力。本书在组织每一章、每一个知识点，以及习题、网络软件编程与硬件训练都力求做到这一点。在第 7 章"应用层"中，作者选取了代表性的 Internet 应用——E-mail、Web，尤其是 FTP 应用，从网络协议、软件编程与操作系统进程通信交互过程的角度，采用"系统观"的方法对前 5 章描述的计算机网络的概念、原理与实现方法进行了概括和总结。

　　第四，贯彻"以能力培养为导向"的教学理念。

　　"计算机网络"是一门应用性与实践性很强的课程。学生只有通过系统地训练，才有可能真正掌握和深入理解网络技术的基本理论与方法。教学团队在规划教材体系建设时，坚持"以能力培养为导向"的指导思想,经过 20 多年的努力,基本形成了由"1 本主教材、4 本辅助教材、1 个电子教案和 1 个题库"构成的教材体系。与主教材配套的有《计算机网络教师用书》(第 4 版)、《计算机网络实验指导书》(第 3 版)、《计算机网络软件编程指导》、《计算机网络习题集与习题解析》(第 2 版)和"计算机网络题库"。

《计算机网络实验指导书》(第 3 版)编写了 16 个网络实验。该书作者总结了多年指导学生网络硬件实验课程的教学经验,参考了国际著名的网络公司的认证考试内容,设计了覆盖物理层到数据传输,从网络应用到网络安全的网络实验课题,实验内容覆盖了从基本的组网到网络设备配置,简单的网络环境编程到网络仿真的基本要求。每个实验给出了进一步掌握该实验内容的练习与思考题。实验所要求的设备相对比较简单,目前大多数学校都具备基本的实验要求。

《计算机网络软件编程指导》构思了 13 个网络软件编程题目。网络软件编程的选题考虑到不同层次网络协议的覆盖,同时将编程题目分为三个难度级,读者可以参考选题指导,根据不同的要求和不同的基础,有选择地、循序渐进地完成网络软件编程训练,配合主教材的学习,让学生"通过实际编程问题的训练,达到加深理解网络基本工作原理,掌握网络环境中软件编程方法,提高网络软件编程能力"的目的。

《计算机网络习题集与习题解析》(第 2 版)主要研究和参考了 Cisco 等重要网络设备制造商认证培训大纲与试题、计算机专业研究生入学统考大纲与试题、全国计算机等级考试(四级)网络工程师考试大纲与试题,并从网上收集了一些计算机、通信与软件产业人员的招聘考题,在系统地分析、比较的基础上,按照主教材的体系与教学要求,编写了习题解析与同步练习。该书的特点是:教师可以使用或参考书中提供的习题作为课后练习;学生可以随着教学进度,自我检查知识掌握情况;可以作为计算机及相关专业学生准备参加计算机专业硕士研究生全国统考、求职考试的复习参考书。

《计算机网络教师用书》(第 4 版)具有三个特点:一是对主教材的知识体系及每一章的知识点的结构均做出了分析,帮助任课教师对全局与局部内容的关系有准确地把握;二是作者根据多年的教学、科研积累,针对主教材各章节重要的知识点、难点,总结出 300 多道任课教师或学生曾经提出的问题,并逐一做出了解答;三是为了帮助教师组织好教学过程,教师用书将主教材每一章中较难的练习题都给出了解析,供任课教师参考。

按照主教材的体系,作者在"计算机网络题库"中收集、整理和补充了 1000 多道网络习题,并进行了详细的解析。

《计算机网络》的第 1 版于 2003 年出版,经过多年的努力,形成了比较完备的教学与教学资源体系。主教材于 2007 年修订出版了第 2 版;2011 年修订出版了第 3 版。其中,第 2 版被评为普通高等教育"十一五"国家级规划教材;第 3 版被评为"十二五"普通高等教育本科国家级规划教材;第 2 版被评为 2008 年度"普通高等教育精品教材"。但是,作者自知"盛名之下,其实难符"。为了不辜负广大读者的期望,作者与团队成员多年来参照国内外知名大学教材,研究知名大学网络课程教学内容、教材与主要参考书、作业与实验,以及教学方法改革的动向;选择国际上最流行的教材为参照系,结合团队成员的科研与教学研究体会,使修订出版的《计算机网络》(第 4 版)在水平与质量上具有可比性。

教材的写作得到南开大学刘瑞挺教授、徐敬东教授、张建忠教授、吴英副教授、张玉副教授和许昱玮老师以及网络实验室很多学生的帮助。吴英副教授编著完成了书中的插图与习题,修改了第 7 章、第 8 章。刘立新老师帮助在网上查找了很多习题,作者在此表示感谢。同时,作者也非常感谢夫人牛秀卿教授,正是有她的理解和支持,才使作者能够安心研究和写作。

面对计算机网络技术的迅速更新和发展,要完成这样一个高标准的写作任务,作者感到压力很大。限于作者的学术水平,书中难免有错误与不妥之处,诚恳地希望读者批评指正。对于在使用前几版教材并提出过宝贵意见和建议的老师们深表感谢,也希望诸位继续关注和指教,共同为提高我国“计算机网络”课程的教学水平而努力。

吴功宜

2017 年 1 月

目　录

第 1 章

计算机网络概论

本章在介绍计算机网络形成与发展的基础上,对计算机网络的定义与分类、Internet 组成与结构、网络拓扑类型与特点,以及分组交换技术进行系统的讨论,帮助读者对计算机网络与 Internet 技术建立一个全面的认识。

本章教学要求

- 了解:计算机网络的形成与发展过程。
- 掌握:计算机网络的定义与分类。
- 掌握:计算机网络的组成与结构的基本概念。
- 掌握:计算机网络拓扑构型的定义、分类与特点。
- 掌握:分组交换的基本概念。
- 掌握:网络体系结构与网络协议的基本概念。

1.1 计算机网络的形成与发展

1.1.1 计算机网络发展阶段的划分

计算机网络形成与发展大致可以分为 4 个阶段。

1. 第一阶段:计算机网络的形成与发展

第一阶段可以追溯到 20 世纪 50 年代。这个阶段的特点与标志性成果主要表现在:

(1) 数据通信技术日趋成熟,为计算机网络的研究奠定了技术基础。

(2) 分组交换概念的提出为计算机网络的形成奠定了理论基础。

(3) ARPANET 的成功运行证明了分组交换理论的正确性。

(4) TCP/IP 协议的广泛应用为更大规模的网络互联奠定了坚实的基础。

2. 第二阶段:互联网的形成与发展

第二阶段可以追溯到 20 世纪 90 年代初期。这个阶段的特点与标志性成果主要表现在:

(1) E-mail、FTP、TELNET、DNS 等应用展现出计算机网络广阔的应用前景。

(2) NSFNET 允许商业应用加快了 Internet 形成的速度。

(3) Web 技术的出现促进了电子商务、电子政务、远程医疗与远程教育应用的发展。

（4）全球信息高速公路的建设与大规模的用户接入使互联网进入高速发展阶段。

3. 第三阶段：移动互联网的形成与发展

第三阶段可以追溯到 20 世纪 90 年代末。这个阶段的特点与标志性成果主要表现在：

（1）移动 IP 技术与无线通信技术的研究为移动互联网的发展奠定了技术基础。

（2）移动通信网与互联网业务的融合为移动互联网开辟了广阔的发展空间。

（3）智能手机、平板计算机与可穿戴计算设备的应用促进了移动网络应用的快速发展。

（4）移动互联网应用成为信息产业新的增长点。

4. 第四阶段：物联网的形成与发展

第四阶段开始于 2010 年前后。这个阶段的特点与标志性成果主要表现在：

（1）物理世界与网络世界融合的需求促进了物联网概念的形成与研究的发展。

（2）感知技术、智能技术的发展与应用为物联网的发展奠定了坚实的基础。

（3）物联网被列为我国优先发展的战略性新兴产业之一。

（4）物联网发展为计算机网络技术研究提供更大的发展空间。

综上所述，我们可以清晰地得出以下两点结论：

第一，计算机网络正在沿着"互联网—移动互联网—物联网"的轨迹，"由小到大"地发展、壮大；"由表及里"地渗透到社会的各个角落；遵循"互联网＋"的模式，在与各行各业的跨界融合中，推动着我国国民经济发展方式的转型与社会发展。

第二，如果说互联网的作用是扩大了信息社会人与人之间信息共享的广度，移动互联网的作用是扩大了信息共享的深度与灵活性，那么物联网则是利用传感器、无线传感器网络与射频标签（RFID）等感知技术，将人与人的互联扩大到人与物、物与物的互联，使人类对外部世界具有"更全面的感知能力、更广泛的互联互通能力、更智慧的处理能力"。

1.1.2　计算机网络的形成与发展

任何一种新技术的出现都必须具备两个条件：一是强烈的社会需求；二是前期技术的成熟。计算机网络技术的形成与发展也遵循这样的技术发展轨迹。

1. ARPANET 研究

（1）ARPANET 研究的背景

计算机网络是计算机技术与通信技术发展、融合的产物。20 世纪 40 年代电子数字计算机问世，而通信技术的发展要比计算机技术早很长时间。当计算机技术研究与应用发展到一定程度，并且社会上出现新的应用需求时，人们自然就会产生将计算机与通信技术交叉融合的想法。

20 世纪 50 年代初由于美国军方的需要，美国半自动地面防空（SAGE）系统将远程雷达信号、机场与防空部队的信息，通过无线、有线线路与卫星信道传送到位于美国本土的一台大型计算机上进行处理。这项研究开始了计算机技术与通信技术结合的尝试。随着美国半自动地面防空系统的实现，美国军方又考虑将分布在不同地理位置的多台计算机通过通信线路连接成计算机网络的需求。在民用方面，计算机技术与通信技术结合的研究成果也开始用于航空售票与银行业务中。

20 世纪 60 年代中期在与前苏联的军事力量竞争中，美国军方认为需要一个专门用于传输军事命令与控制信息的网络。因为当时美国军方的通信主要依靠电话交换网，但是电话交换网是相当脆弱的。在电话交换系统中,如果有一台交换机或连接交换机的一条中继线路损坏,尤其是几个关键长途电话局交换机遭到破坏,就有可能导致整个电话交换系统通信的中断。美国国防部高级研究计划署(DARPA)要求新的网络在遭遇核战争或自然灾害时,当部分网络设备或通信线路遭到破坏时,网络系统仍能利用剩余的网络设备与通信线路继续工作。他们把这样的网络系统称为"可生存系统"。利用传统的通信线路与电话交换网无法实现"可生存系统"的设计要求。针对这种情况,美国国防部高级研究计划署开始着手组织新型通信网络技术的研究工作。通信网络方案的设计首先要解决两个基本问题:网络拓扑结构与数据传输方式。早期的研究工作主要集中在这两个方面。

(2) 网络拓扑结构设计思路

图 1-1 给出了第一种设计方案提出的集中式和非集中式拓扑构型示意图。在如图 1-1(a) 所示的集中式星形网络中,所有主机都与一个中心交换节点相连,主机发送的数据都要通过中心节点转发。如果中心节点受到破坏,就会造成整个网络的瘫痪。图 1-1(b) 所示的非集中式网络采用的是星-星结构,星形结构固有的缺点仍然难以避免。

第二种设计方案采用的是分布式网络(distributed network)结构(如图 1-2 所示)。分布式网络没有中心交换节点,每个节点与相邻节点连接,从而构成一个网状结构。在网状结构中,任意两节点之间可以有多条传输路径。如果网络中某个节点或线路损坏,数据还可以通过其他的路径传输。显然,这是一种具有高度容错特性的网络拓扑结构。

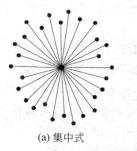 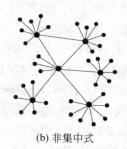

(a) 集中式   (b) 非集中式

图 1-1 集中式和非集中式的拓扑构型

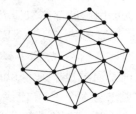

图 1-2 分布式网络的拓扑构型

(3) 分组交换技术的基本设计思路

电话交换网应用最为广泛。电话交换网的特点主要有两点:一是用户在通话之前,需要通过交换机的线路交换(circuit switching),在两部电话机之间建立线路连接;二是电话交换网主要用于模拟语音信号传输。一百多年来,电话交换机经过多次的更新换代,从人工接续、步进制、纵横制直至现在的程控交换,但是其本质始终没有变,那就是仍然采用线路交换方式。

电话交换网是为人与人之间模拟的语音信号传输设计的,如果直接利用电话交换网来传输计算机的数字数据信号存在两个主要的问题。第一,通信线路的利用率很低,这样就会造成大量通信资源的浪费。第二,电话线路的误码率比较高,这对于语音通信来说问题并不突出。计算机通信要求能准确传输每个比特。电话交换网直接用于计算机的数据传输是不适合的,必须寻找出新的、适用于计算机通信的交换技术。

针对这个问题研究人员提出了一种新的数据交换技术——分组交换(packet switching)。研究者设想出一个网状结构的计算机网络,这种网络的工作具有以下特征。

① 网络中没有一个中心控制节点,联网计算机独立地完成数据接收、转发的功能。

② 发送数据的主机预先将待发送的数据封装成多个短的、有固定格式的分组。

③ 如果发送主机与接收主机之间没有直接连接的通信线路,那么就需要通过中间节点采用"存储转发"的方法转发分组,这种中间转发节点就是目前广泛使用的路由器。

④ 每个路由器都可以独立地根据链路状态与分组的目的地址,通过路由选择算法为每个分组选择合适的传输路径。

⑤ 当目的主机接收到属于一个报文的所有分组之后,再将分组中多个数据字段组合起来,还原成发送主机发送的报文。因此,构成分组交换技术的三个重要概念是:分组、路由选择与存储转发。

对于路由选择算法可以用一个简单的例子来说明。最简单的路由选择算法是"热土豆法"。设计"热土豆法"的灵感来自于人们的生活实践。当手上接到一个"烫手"的热土豆时,人们的本能反应是立即扔出去。路由器在处理转发的数据分组时也可以采取类似的方法,当它接收到一个待转发的数据分组时,也是尽快地寻找一个输出路径转发出去。当然,一种好的路由选择算法应该具有自适应能力,它能够在发现网络中任何一个中间节点或一段链路出现故障时,具有选择绕过故障的节点或链路来转发分组的能力。

(4) ARPANET 设计思想

1967 年,美国国防部高级研究计划署将注意力转移到计算机网络研究上,提出 ARPANET 的研究任务。与传统的通信网络不同,ARPANET 要连接不同型号的计算机,必须满足"可生存网络"的要求,保证数据传输的可靠性。

根据美国国防部高级研究计划署提出的设计要求,ARPANET 在方案中采取分组交换的思想。设计者将 ARPANET 分为两个部分:通信子网与资源子网。通信子网的转发节点用小型计算机实现,称为接口报文处理器(interface message processors,IMP)。最初的 IMP 之间是通过速率为 56kbps 的传输线连接起来的。为了保证数据传输的可靠性,每个 IMP 都要求与多个 IMP 连接。如果有部分线路或 IMP 损坏,仍可以通过其他路径,自动完成分组的转发。IMP 设备就是路由器的雏形。图 1-3 给出了通信子网结构与工作原理示意图。

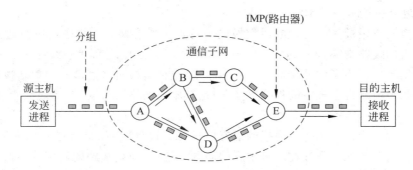

图 1-3 通信子网结构与分组交换原理示意图

最初实验网络的每个节点都是由一台联网计算机与一台 IMP 组成。计算机与 IMP 放在同一房间中,之间通过一条很短的电缆连接起来。IMP 根据通信协议的规定将计算机发送的报文数据分成多个长度一定的数据块,并封装成分组;然后通过路由选择算法,为每个分组选择输出路径,然后将这些分组分别向下一个 IMP 发送。下一个 IMP 在正确地接收到一个分组并存储之后,向发送该分组的前一个 IMP 返回一个确认 ACK 分组,再继续向下一个 IMP 转发。如果出错,则用 NAK 分组报告传输出错,通知上一个 IMP 重传。就这样通过一个一个 IMP 的接续,直到分组正确地传输到目的主机为止。从图 1-3 中可以看出,由源主机发出的同一个报文的不同分组到达目的主机所经过的路径可能是不同的,因此分组到达目的主机时就有可能出现重复、丢失或乱序的现象。

(5) ARPANET 研究过程

在开展分组交换理论研究的同时,美国国防部高级研究计划署以招标的方式开始准备组建通信子网,一共有 12 家公司参与竞标。在评估所有的候选公司后,美国国防部高级研究计划署选择了 BBN 公司。在通信子网的组建中,BBN 公司选择 Honeywell DDP-316 小型计算机作为 IMP,这些小型计算机都经过特殊改进。通信线路租用电话公司 56kbps 的电话传输线路。

在完成网络结构与硬件设计后,一个重要的问题是开发网络软件。1969 年夏季美国国防部高级研究计划署在美国犹他州召集网络研究人员开会研究网络软件开发的问题,参加会议的大多数是研究生。参与网络软件研发的研究生希望像完成其他编程任务一样,由网络专家向他们解释网络的设计方案与需要编写的软件,然后给每人分配具体的软件编程任务。当他们发现没有网络专家,也没有完整的软件设计方案时,他们感到很吃惊,意识到必须自己想办法找到该做的事情。

1969 年 12 月,包含 4 个节点的实验网络开始运行。这 4 个节点是加州大学洛杉矶分校(UCLA)、加州大学圣芭芭拉分校(UCSB)、斯坦福研究院(SRI)和犹他大学(University Utah)4 所大学。选择这 4 所大学是因为它们都与美国国防部高级研究计划署签订合同,并且有不同类型、完全不兼容的计算机与操作系统。其中,UCLA 主机是 SDS SIGMA 7,操作系统是 SEX;UCSB 主机是 IBM 360/75,操作系统是 OS/MVT;SRI 主机是 SDS 940,操作系统是 Genie;Utah 主机是 DEC PDP-10,操作系统是 Tenex。图 1-4 给出了 ARPANET 最早 4 个节点的结构。第一台 IMP 安装在 UCLA,其他三台分别安装在 UCSB、SRI 与 Utah。据当时负责安装第一台 IMP 的 UCLA 计算机系教授 Leonard Kleinrock 回忆,1969 年 9 月 2 日第一台 IMP 在 UCLA 安装调试成功。1969 年 10 月 1 日第二台 IMP 在 SRI 安装调试成功。为了调试两台 IMP 之间的数据传输的情况,参加实验的双方同时通过电话来

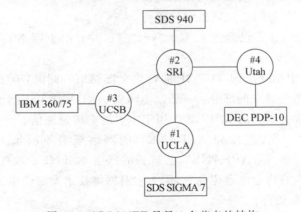

图 1-4 ARPANET 最早 4 个节点的结构

联络。Leonard Kleinrock 让研究生从 UCLA 计算机向 SRI 计算机输入注册 Login 命令时，当输入第一个字母 L 时，询问对方是否收到，对方回答是："收到 L"。当输入第二个字母 o 时，对方的回答是："收到 o"。当输入第三个字母 g 后，SRI 的计算机出现故障，第一次远程登录实验失败。但是，这是一个非常重要的时刻，它标志着计算机网络时代已经到来。

从 1969 年到 1971 年，经过近两年对网络应用层协议的研究与开发，研究人员首先推出远程登录服务与 TELNET 协议。

1972 年，ARPANET 节点数增加到 15 个。随着英国伦敦大学与挪威的皇家雷达研究所的计算机接入，使得 ARPANET 的节点数增加到 23 个，这也标志着 ARPANET 已经国际化。随着更多的 IMP 被交付使用，ARPANET 快速增长起来，很快扩展到整个美国。

第一个用于计算机网络的电子邮件 E-mail 程序是在 1972 年出现的，到了 1973 年，E-mail 的流量已经占到整个 ARPANET 总流量的 3/4。

除了组建 ARPANET 之外，美国国防部高级研究计划署还资助卫星与无线分组网的研究工作。当时有一个著名的实验是：研究人员在美国加州一辆行驶的汽车上通过无线分组网向 SRI 发送报文，SRI 再将该报文通过 ARPANET 发送到东海岸，然后通过卫星通信系统将报文发送到伦敦的一所大学。这样，坐在汽车上的研究人员就可以在移动过程中使用位于伦敦的计算机。实验结果表示无线分组网的设计方案是成功的，同时也暴露出一个问题，那就是 ARPANET 的网络控制协议（Network Control Protocol，NCP）只适用于单一计算机网络内部通信的要求，而不适用于多个网络互联的要求，这就提出了下一代网络互联协议的研究课题。

（6）ARPANET 对推动网络技术发展的贡献

ARPANET 是一个典型的广域网，它的研究成果证明了分组交换理论的正确性，也展现出计算机网络广阔的应用前景。ARPANET 是计算机网络技术发展的一个重要的里程碑，它对计算机网络理论与技术发展起到重大的奠基作用。ARPANET 的贡献主要表现在：

① 开展了对计算机网络定义与分类方法的研究。
② 提出了资源子网与通信子网的二级结构概念。
③ 研究了分组交换协议与实现技术。
④ 研究了层次型网络体系结构的模型与协议体系。
⑤ 开展了 TCP/IP 与网络互联技术的研究。

到 1975 年，ARPANET 已经连入 100 多台主机，并且结束网络实验阶段，移交给美国国防部国防通信局正式运行。

1983 年 1 月，ARPANET 向 TCP/IP 的转换全部结束。同时，美国国防部国防通信局将 ARPANET 分成两个独立的部分：一部分仍叫做 ARPANET，用于进一步的研究工作；另一部分稍大一些，成为著名的 MILNET，用于军方的非机密通信。

20 世纪 80 年代中期，连接到 ARPANET 的网络规模不断增大，ARPANET 成为 Internet 的主干网。1990 年，ARPANET 已被新的网络 NSFNET 取代。虽然 ARPANET 目前已经退役，但是人们将会永远记住它，因为它对网络技术发展产生过重要影响。到目前为止，MILNET 仍然在运行。

20 世纪 70 年代到 80 年代，网络技术发展十分迅速，出现大量的计算机网络，仅美国国防部就资助建立多个计算机网络。同时,还出现一些研究试验性网络、公共服务网络和校园网。在这个阶段中,公用数据网络(public data network,PDN)与局域网技术发展迅速。

2. TCP/IP 的研究与发展

1972 年,ARPANET 核心研究人员开始"网络互联项目"的研究。他们希望将不同类型的网络互联起来,使不同类型的网络主机之间可以互相通信。网络互联需要克服异构网络在分组的长度、格式、分组头与传输速率方面的差异。研究人员提出用一种称为网关(gateway)的设备实现网络互联。实际上,当时提出的网关从功能上来说就是一种路由器(router)。图 1-5 给出了 ARPANET 的协议结构。ARPANET 协议主要包括主机-主机协议、源 IMP-目的 IMP 协议、IMP-IMP 协议。

1977 年 10 月,ARPANET 研究人员提出了传输控制协议(Transport Control Protocol,TCP)与互联网络协议(Internet Protocol,IP)的协议结构。

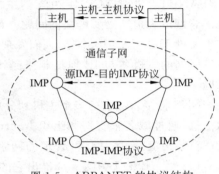

图 1-5　ARPANET 的协议结构

其中,TCP 主要用于实现源主机与目的主机操作系统之间分布式进程通信的功能,IP 协议主要用于标识节点地址与实现路由选择功能。

随着越来越多的网络接入 ARPANET,网络互联也变得越来越重要。为了鼓励采用 TCP/IP 协议,美国国防部高级研究计划署、BBN 公司与加州大学伯克利分校签订合同,希望将新的 TCP/IP 协议集成到 Berkeley UNIX 中。根据该项研究计划,伯克利的研究人员开发一个方便的、专门用于连接网络的编程接口,并编写很多应用程序、开发工具与管理程序,这些工作使网络互联变得更容易。很多大学采用 BSD UNIX,这项工作促进了 TCP/IP 协议的普及。伯克利开发用于 UNIX 系统的 TCP/IP 软件(UNIX BSD 4.1 与 BSD 4.2)与其他 UNIX 操作系统的命令调用方式相似,因此受到广大 UNIX 用户的欢迎。同时,BSD UNIX 还提供可以访问操作系统的编程接口的应用程序,使程序员可以方便地访问 TCP/IP 协议。IBM、DEC、SUN 公司纷纷宣布支持 TCP/IP 协议,各种网络操作系统与大型数据库产品开始支持 TCP/IP 协议。

从 20 世纪 70 年代诞生以来,TCP/IP 协议经历了 30 多年的实践检验和不断完善的过程,并且成功地赢得了大量的用户和投资。TCP/IP 协议的成功促进了 Internet 的发展,Internet 的发展又进一步扩大了 TCP/IP 协议的应用范围。TCP/IP 成为 Internet 的核心技术。

3. NSFNET 对 Internet 发展的影响

(1) CSNET 的应用

20 世纪 70 年代后期,美国国家科学基金会(National Science Foundation,NSF)认识到 ARPANET 对科学研究工作的重要影响。各国科学家可以利用 ARPANET 不受地理位置的限制共享数据,合作完成研究项目。但是,不是所有大学都有这样的机会,接入 ARPANET 的大学必须与美国国防部有合作研究项目。为了使更多大学能够共享 ARPANET 的资源,NSF 计划建设一个虚拟网络,即计算机科学网(CSNET)。CSNET 的中心是一台 BBN 计算机,不能直接连入 ARPANET 的大学可以通过电话拨号与 BBN 计算机连接,通过这台 BBN 计算机作为网关间接地接入 ARPANET。1981 年,CSNET 接入

ARPANET,它连接美国所有大学的计算机系。

（2）域名技术的发展

接入 ARPANET 的主机数量剧增,促进了域名系统(domain name system,DNS)技术的发展。随着 TCP/IP 协议的推广,ARPANET 的规模一直在不断扩大,不仅美国国内有很多网络与 ARPANET 相连,很多国家采用 TCP/IP 协议将本地计算机与网络接入 ARPANET。针对 TCP/IP 互连的主机数量急剧增加的情况,网络系统运行和对接入计算机的管理成为迫切需要解决的问题。最初记录主机名与 IP 地址对应关系的是一个静态的文本文件 HOSTS。1982 年,人们发现随着接入主机数量的增多,用简单的文本文件去记录所有联网的主机名与 IP 地址越来越困难。在这种背景下,人们提出 DNS 的概念和研究课题。

DNS 将接入网络的多个主机划分成不同的域,使用分布式数据库存储与主机命名相关的信息,通过域名来管理和组织 Internet 中的主机,使得物理结构"无序"的 Internet,变成从逻辑结构上"有序"的、可管理的网络系统。1984 年,第一个 DNS 程序 JEEVES 开始使用。1988 年,BSD UNIX 4.3 推出它的 DNS 程序 BIND。

（3）NSFNET 的组建

1984 年,NSF 决定组建 NSFNET,其主干网连接美国 6 个超级计算机中心。NSFNET 通信子网使用的硬件与 ARPANET 基本相同,采用 56kbps 的通信线路。但是,NSFNET 的软件技术与 ARPANET 不同,它从开始就使用 TCP/IP 协议,成为第一个使用 TCP/IP 协议的广域网。

NSFNET 采用的是一种层次型结构,分为主干网、地区网与校园网。各大学的主机接入校园网,校园网接入地区网,地区网接入主干网,主干网通过高速通信线路与 ARPANET 连接,包括主干网与地区网在内的整个网络系统称为 NSFNET。连入校园网的用户可以通过 NSFNET 访问任何一个超级计算机中心的资源,访问与网络连接的数千所大学、研究实验室、图书馆与博物馆,用户之间相互交换信息、发送和接收电子邮件。

NSFNET 建成的同时就出现网络负荷过重的情况,NSF 决定立即开始研究下一步的发展问题。随着网络规模的扩大和应用的扩展,NSF 认识到政府已不能继续从财政上支持这个网络。虽然有不少商业机构打算参与进来,但是 NSF 并不允许这个网络用于商业用途。在这种情况下,NSF 鼓励 MERIT、MCI 与 IBM 三家公司组建一个非赢利性的公司运营 NSFNET。MERIT、MCI 与 IBM 三家公司合作创建了 ANS 公司。1990 年 ANS 公司接管了 NSFNET,并在全美范围内组建 T3 级的主干网,网络传输速率为 44.746Mbps。到 1991 年底,NSFNET 的全部主干网节点都与 T3 主干网连通。

在美国发展 NSFNET 的同时,其他国家与地区也在建设与 NSFNET 兼容的网络,例如欧洲为研究机构建立的 EBONE、EuropaNET 等。当时,这两个网络都采用 2Mbps 的通信线路与欧洲很多城市连接。每个欧洲国家都有一个或多个国家级网络,它们都与 NSFNET 的地区网兼容。这些网络为 Internet 的发展奠定了基础。

1991 年,NSF 只支付 NSFNET 通信费用的 10%,同时 NSF 开始放宽对 NSFNET 使用的限制,允许商业信息通过主干网传输。1995 年 4 月,NSF 正式宣布 NSFNET 退役,将它作为研究项目回到科研网的位置。1995 年 4 月,NSF 和 MCI 开始合作建设高速主干网,主干网的传输速率从 622Mbps 提高到 4.8Gbps,用来代替原有的 NSFNET 主干网,促进了

Internet 的形成。图 1-6 给出了从 ARPANET 到 Internet 的发展过程示意图。

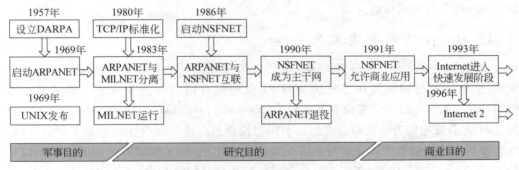

图 1-6   从 ARPANET 到 Internet 的发展过程

4. Internet 的形成

1983 年 1 月,TCP/IP 正式成为 ARPANET 的网络协议。此后,大量的网络、主机接入 ARPANET,使得 ARPANET 迅速发展。很多网络已经联入 Internet,它们包括空间物理网(SPAN)、高能物理网(HEPNET)、IBM 的大型计算机网络与西欧的欧洲学术网等。20 世纪 80 年代中期,人们开始认识到 Internet 的作用。20 世纪 90 年代是 Internet 历史上发展的黄金时期,其用户数量以平均每年翻一番的速度增长。

Internet 的最初用户只限于科学研究和学术领域。20 世纪 90 年代初期,Internet 上的商业活动开始发展。1991 年美国成立商业网络信息交换协会,允许在 Internet 上开展商务活动,各个公司逐渐意识到 Internet 在宣传产品、开展商业贸易活动上的价值,Internet 上的商业应用开始迅速发展,其用户数量已超出学术研究用户一倍以上。商业应用的推动使 Internet 的发展更加迅猛,规模不断扩大,用户不断增加,应用不断拓展,技术不断更新,使 Internet 几乎深入社会生活的每个角落,成为一种全新的工作、学习与生活方式。

ANS 公司建设的 ANSNET 是 Internet 主干网,其他国家或地区的主干网通过 ANSNET 接入 Internet。家庭与办公室用户通过电话线接入 Internet 服务提供者(ISP)。实验室的计算机通过局域网接入校园网或企业网。局域网分布在各个建筑物内,连接各个系所与研究室的计算机。校园网、企业网接入宽带城域网;宽带城域网接入国家级主干网;国家级主干网最终要接入到 Internet。

从用户的角度来看,Internet 是一个全球范围的信息资源网,接入 Internet 的主机可以是信息服务的提供者,也可以是信息服务的使用者。Internet 代表着全球范围内无限增长的信息资源,是人类拥有的最大的知识宝库之一。随着 Internet 规模的扩大,网络与主机数量的增多,它能提供的信息资源与服务将会更加丰富。传统的 Internet 应用主要有 E-mail、TELNET、FTP、BBS 与 Web 等。随着 Internet 规模和用户的不断增加,Internet 的各种应用进一步得到开拓。Internet 不仅是一种资源共享、通信和信息检索的手段,还逐渐成为人们了解世界、从事学术研究、教育,乃至人际交流、休闲购物、娱乐游戏,甚至是政治、军事活动的重要领域。Internet 的全球性与开放性,使人们愿意在 Internet 上发布和获取信息。浏览器、搜索引擎、P2P 技术的产生,对 Internet 的发展产生重要的作用,使 Internet 中的信息更丰富、使用更方便。

Internet 的商业化造成网络通信量的剧增,导致了网络性能的急剧下降。在这种情况下，一些大学开始申请国家科学基金，建立这些大学专用的 Internet。1996 年 10 月，这种想法以 Internet 2 的形式付诸实施。

1.1.3 Internet 的高速发展

20 世纪 90 年代，世界经济进入一个新的发展阶段。世界经济的发展带动了信息产业的发展，信息技术与网络应用已成为衡量 21 世纪综合国力与企业竞争力的重要标准。1993 年 9 月，美国公布了国家信息基础设施（National Information Infrastructure，NII）建设计划，NII 被形象地称为信息高速公路。美国建设信息高速公路的计划触动了世界各国，各国政府开始认识到信息产业发展对经济发展的重要作用，很多国家开始制定自己的信息高速公路建设计划。1995 年 2 月全球信息基础设施委员会（Global Information Infrastructure Committee，GIIC）成立，目的是推动与协调各国信息技术与信息服务的发展与应用。在这种情况下，全球信息化的发展趋势已经不可逆转。

应用需求与技术发展总是相互促进的。Internet 的广泛应用引起电信业的巨大变化。2000 年前后，北美电信市场上出现了长途线路带宽过剩的局面，很多长途电话公司和广域网运营公司倒闭。很多电信运营商虽然拥有大量的广域网带宽资源，却无法有效地将大量的用户接入进来。人们最终发现，制约大规模 Internet 接入的瓶颈在城域网。如果要满足大规模 Internet 接入和提供多种 Internet 服务，电信运营商必须提供全程、全网、端到端、可灵活配置的宽带城域网。在这样一个社会需求的驱动下，电信运营商纷纷将竞争重点和大量资金从广域网骨干网的建设，转移到高效、经济、支持大量用户接入和支持多种业务的城域网建设中，并导致了世界性的信息高速公路建设的高潮。

1.1.4 宽带城域网与三网融合技术的发展

1. 宽带城域网技术发展的背景

Internet 的广泛应用推动电信网技术的高速发展，电信运营商的服务业务也从以语音服务为主，逐步向数据业务方向发展，引起世界范围内大规模的产业结构调整与企业重组。电信运营商纷纷将竞争重点和大量资金，从广域骨干网的建设转移到支持大量用户接入、支持多种业务的城域网建设中，为信息产业与现代信息服务业的高速发展奠定了坚实的基础。

支持一个现代化城市的宽带城域网结构一般可以分为核心交换、汇聚与接入三个层次。用户可以通过计算机由局域网接入，通过固定或移动电话由电信通信网络的有线或无线方式接入，或者是通过电视由有线电视 CATV 传输网接入；汇聚层将大量用户访问 Internet 的请求汇聚到核心交换层；通过核心交换层连接国家核心交换网的高速出口，用户的访问请求被传送到 Internet，从而满足了一个城市的办公室、学校与家庭用户访问 Internet 的需求。宽带城域网已成为现代化城市建设的重要信息基础设施之一。宽带城域网的建设导致了计算机网络、电信通信网与电视通信网"三网融合"局面的出现。

2. 三网融合技术的发展背景

基于 Web 的电子商务、电子政务、远程医疗、远程教育，以及基于对等结构的 P2P 网络、3G/4G 与移动 Internet 的应用，使得 Internet 以超常规的速度发展。"三网融合"实质上是计算机网络、电信通信网与电视传输网技术的融合、业务的融合。

从技术融合的角度看，电信通信网、电视传输网都统一到计算机网络的 IP 协议上来，网关实现电信通信网、电视传输网与计算机网络的互联。

从业务融合的角度看,移动电话用户希望能够通过智能手机看到有线电视网新闻节目、访问 Web 网站、收发电子邮件;有线电视网的用户也希望利用有线电视传输网打电话、访问 Web 网站、收发电子邮件;Internet 用户也希望能够在计算机上收看电视新闻、打电话。"三网融合"技术与产业的发展必将带动现代的信息服务业的快速增长。云计算为"三网融合"与现代信息服务业的运行提供了成熟的商业模式。图 1-7 给出了接入技术、三网融合与云计算关系的示意图。

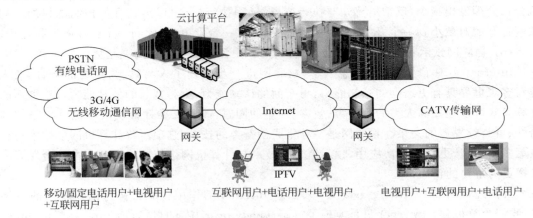

图 1-7 接入技术、三网融合与云计算

1.1.5 物联网的形成与发展

1. 物联网的基本概念

物联网是在 Internet 技术的基础上,利用传感器、无线传感器网络、射频标签等感知技术,自动获取物理世界的各种信息,构建覆盖世界上人与人、人与物、物与物的智能网络信息系统,促进了物理世界与信息世界的融合。

物联网的概念首先由麻省理工学院(MIT)的自动识别实验室在 1999 年提出。国际电信联盟(ITU)从 1997 年开始每年出版一份世界 Internet 发展年度报告,其中 2005 年度报告的题目是 *The Internet of Things*。在 2005 年突尼斯举行的信息社会世界峰会上,ITU 发布的报告系统地介绍了意大利、日本、韩国与新加坡等国家的案例,并提出了"物联网时代"的构想。世界上的万事万物,小到钥匙、手表、手机,大到汽车、楼房,只要嵌入一个微型的射频标签芯片或传感器芯片,通过 Internet 就能够实现物与物之间的信息交互,从而形成一个无所不在的"物联网"。世界上所有的人和物在任何时间、任何地点,都可以方便地实现人与人、人与物、物与物之间的信息交互。

2. 理解物联网基本概念需要注意的问题

理解物联网的基本概念,需要注意以下问题。

(1) 物联网是 Internet 接入方式的延伸与功能的扩展

物联网是在 Internet 技术与应用的基础上,利用射频标签(radio frequency identification,RFID)与无线传感器网络 WSN 技术,自动获取物理世界的各种信息,构建以异构互联、移动与智能为特征的网络信息系统。物联网是 Internet 接入方式与端系统的延伸,是 Internet 服务功能的扩展。

(2)物联网实现物理世界与信息世界的无缝连接

IBM 公司的专家也在智慧地球概念的基础上提出了他们对物联网的理解。IBM 公司的专家认为:智慧地球将传感器嵌入和装备到电网、铁路、桥梁、隧道、公路、建筑、供水系统、大坝、油气管道等各种物体中,并通过超级计算机和云计算组成物联网,实现人类社会与物理系统的整合。智慧地球的概念从根本上说,就是希望通过在基础设施和制造业上大量嵌入传感器,捕捉运行过程中的各种信息,然后通过无线通信网络接入 Internet,通过计算机分析处理发出指令,反馈给感知与执行节点,远程执行指令,以达到智能控制的目的。物联网控制的对象小到一个开关、一个可编程控制器、一台发电机,大到一个行业的运行过程。

(3)物联网预示着网络技术将会在更大范围、更深层次应用的发展趋势

Internet 实现了人与人的信息共享,物联网进一步实现了人与物、物与物的融合,使人类对客观世界具有更透彻的感知能力,更全面的认知能力,更为智慧的处理能力。这种新的计算模式可以在提高人类的生产力、效率、效益的同时,改善人类社会发展与地球生态的和谐性、可持续发展的关系。物联网是一种集成创新类的技术,它预示着计算机网络技术将会在更多的领域、更深的层次应用,预示着信息技术与计算机网络技术将会在人类社会发展中发挥更为重要的作用。

人们经常用"Everything over IP"来描述 Internet 的作用。那么在讨论物联网的发展时,我们会意识到:Internet 只是实现了"Everybody over IP"的目标,而 Internet of Things 才真正能够实现"Everything over IP"的目标。

1.2 计算机网络技术发展的三条主线

在分析计算机网络发展的 4 个阶段的基础上,我们可以进一步从技术分类的角度来认识计算机网络发展的三条主线。图 1-8 给出了计算机网络技术发展的三条主线的示意图。

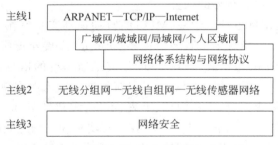

图 1-8 计算机网络技术发展的三条主线

计算机网络技术发展的第一条主线是从 ARPANET 到 Internet;第二条主线是从无线分组网到无线自组网、无线传感器网络的无线网络技术;伴随着前两条主线同时发展的第三条主线是网络安全技术。

1.2.1 第一条主线:从 ARPANET 到 Internet

在讨论第一条主线 ARPANET—TCP/IP—Internet 时,需要注意以下问题。

（1）ARPANET 的研究奠定了 Internet 发展的基础，而联系两者的是 TCP/IP 协议。在 Internet 形成过程中，广域网、城域网、局域网、个人区域网与人体区域网技术逐步成熟。

（2）TCP/IP 协议的研究与设计的成功，促进了 Internet 的快速发展。今后除了计算机之外，各种 PDA、智能手机、传感器、射频标签、可穿戴计算设备与智能机器人等移动设备都会连接到 Internet 之中。

（3）与传统的以服务器为中心的客户机/服务器（client/server，C/S）工作模式不同，对等（peer to peer，P2P）工作模式淡化了信息提供者与信息使用者的界限，进一步扩大了网络资源共享的范围和深度，提高了网络资源利用率。P2P 技术受到学术界与产业界的高度重视，被评价为"改变 Internet 的新一代网络技术"。新的基于 P2P 网络的应用不断出现，成为21世纪网络应用重要的研究方向之一。

1.2.2　第二条主线：从无线分组网到无线自组网、无线传感器网络

在讨论第二条主线——无线网络技术发展时，需要注意以下问题。

（1）从是否需要基站等基础设施的角度来看，无线网络可以分为基于基础设施的和无基础设施的两类无线网络。组建 802.11 无线局域网（wireless local area network，WLAN）与 802.16 无线城域网（wireless wide area network，WMAN）需要架设基站，因此无线局域网与无线城域网属于基于基础设施的无线网络。而无线自组网（Ad hoc）、无线传感器网络（wireless sensor network，WSN）不需要设置基站，属于无基础设施的一类无线网络。

（2）在无线分组网的基础上发展起来的无线自组网 Ad hoc 是一种特殊的无线、自组织、对等、多跳、移动的网络，它在军事和特殊应用领域中有着重要的应用前景。

（3）当无线自组网技术、传感器技术日趋成熟的时候，人们提出将无线自组网与传感器技术相结合的无线传感器网络（WSN）的研究课题。无线传感器网络用于对兵力和装备的监控、战场的实时监视与目标的定位、战场评估、对核攻击和生物化学攻击的监测，并且在安全保卫、突发事件应急处理、医疗与环境保护等特殊领域都有着重要的应用前景，成为物联网重要的感知网络手段。这项研究一出现立即引起政府、军队和研究部门的高度关注，被评价为"21世纪最有影响的21项技术之一"和"改变世界的十大技术之首"。无线传感器网络已经成为物联网重要的支撑技术之一。

1.2.3　第三条主线：网络安全技术

在讨论第三条主线"网络安全"时，需要注意以下问题。

（1）现实社会对计算机网络依赖的程度越高，网络安全就越显得重要。随着互联网广泛应用于现代社会的政治、经济、文化、教育、科学研究与社会生活的各个领域，网络安全已经成为影响社会稳定与国家安全的重要因素之一。世界各国将"网络空间"上升到与一个国家"海、陆、空、天"同等重要的第五个疆域，将"网络安全"上升到"网络空间安全"的高度去认识，纷纷制定"国家网络空间安全战略"。

（2）近年来网络安全威胁总体发展趋势是：受经济与政治利益的驱动，网络攻击的动机已经从初期的恶作剧、显示能力、寻求刺激，逐步向有组织的犯罪方向发展，甚至是有组织的跨国经济犯罪。网络罪犯逐步形成了黑色产业链，网络攻击日趋专业化和商业化。

（3）网络攻击开始出现超出传统意义上的网络犯罪的概念，正在逐渐演变成某些国家

或利益集团重要的政治、军事工具。

（4）网络安全是一个系统的社会工程。网络安全研究涉及技术、管理、道德与法制环境等多个方面。网络的安全性是一个链条，它的可靠程度取决于链条中最薄弱的环节。人们在加强网络安全与网络管理技术研究的同时，必须加快网络法制建设，加强人们网络安全意识、网络法制观念与道德教育。

1.3　计算机网络定义与分类

1.3.1　计算机网络定义

在研究了计算机网络技术发展的基础上，需要进一步讨论计算机网络的定义与分类问题。

1. 计算机网络定义的要点

计算机网络是"以相互共享资源的方式互联起来的自治计算机系统的集合"。计算机网络具有以下主要特征。

（1）组建计算机网络的主要目的是实现计算机资源的共享和信息交互。

计算机资源主要指计算机的硬件、软件与数据资源。网络用户不但可以使用本地计算机资源，而且可以通过网络访问远程计算机的资源，可以调用网络中多台计算机协同完成一项任务。网络用户之间可以通过计算机网络方便地实现文字、语音、图像与视频的信息交互。

（2）联网计算机系统是相互独立的自治系统。

网络中每台计算机的硬件、软件与数据资源可以在各自操作系统的控制下离线独立工作。联网计算机在操作系统的内核中增加实现网络通信协议的软件，如 Ethernet 网卡驱动程序与 TCP/IP 协议软件，构成网络操作系统。联网计算机之间通过网络操作系统之间的进程通信，来实现互联计算机系统之间的协同工作。

（3）联网计算机之间的通信必须遵循共同的网络协议。

网络中计算机之间要做到有条不紊地交换数据，计算机在通信过程中必须遵守事先规定好的通信规则（如低层的 Ethernet 协议与高层的 TCP/IP 协议）。

理解计算机网络的特征，需要注意以下问题。

第一，早期的大型机时代，一台大型机安装在计算中心的机房里，用户必须到计算中心，通过连接到大型机的终端去完成计算任务。计算机网络实现了用"大量相互独立但又互相连接的计算机共同完成计算任务"的模式，它标志着"计算机中心"计算模式向"分布式"计算模式的演变。

第二，计算机网络与分布式系统（distributed system）是有区别的。分布式系统的设计强调"存在着一个以全局方式管理系统资源的分布式操作系统"。分布式操作系统能够根据计算任务的需求，自动调度系统中的计算资源。而计算机网络中不存在一个以全局方式管理联网计算机资源的分布式操作系统。计算机网络中不同计算机之间的系统工作是通过各自网络操作系统之间的进程通信方式实现的。因此，分布式系统应该是建立在计算机网络基础上的软件系统。Web 就是一个成功的分布式系统的实例。在 Web 系统中，用户对于网络上所有的一切都可以看成一个 Web 页面。

第三,Internet 是计算机网络技术最成功的应用。随着网络应用的发展,联网计算设备的类型已经从大型机、个人计算机、PDA,逐步扩展到智能手机、传感器、控制器、游戏机、家用电器、可穿戴计算设备与智能机器人等各种智能数字终端设备;从以固定方式访问 Internet,逐渐扩展到以移动方式访问 Internet,实现了人与人、人与物、物与物之间随时、随地的信息交互。

2. computer network、internet、Internet 与 Intranet 的区别与联系

在讨论计算机网络基本概念时,需要注意术语 computer network、internet、Internet 与 Intranet 的区别与联系。

(1)计算机网络(computer network)表示的是用通信技术将大量独立的计算机系统互联起来的集合。计算机网络有各种类型,如广域网、城域网、局域网或个人区域网。

(2)网络互联(internet,internetworking)是表述将多个计算机网络互联成大型网络系统的技术术语。

(3)Internet 或因特网、互联网是专用名词,专指目前广泛应用、覆盖了全世界的大型网络系统。因此 Internet 不是一个单一的广域网、城域网或局域网,而是由很多种网络互联起来的网际网。

(4)随着 Internet 的广泛应用,一些大型企业、管理机构也采用了 Internet 的组网方法,采用 TCP/IP 与 Web 的系统设计方法,将分布在不同地理位置的部门局域网互联成企业内部的专用网络系统,供内部员工办公使用,不连接或不直接连接到 Internet,这种内部的专用网络系统称为 Intranet。

1.3.2 我们生活与工作的网络环境

1. 支撑大学教学科研工作的计算机网络环境

为了使读者对于计算机网络有直观的认识,可以用读者学习与生活的大学网络环境为例,深入讨论计算机网络分类与各种网络的特点、组成与结构以及网络拓扑等问题。

如果我们分别是位于天津市的 A 大学与位于成都市的 B 大学的学生,正在通过中国教育科研网 CERNET,共同完成一项智能医疗的合作研究,我们实际工作的网络环境如图 1-9 所示。

从图 1-9 中可以看出,工作在天津 A 大学 A 实验室的学生 A 与工作在成都 B 大学 B 实验室的学生 B,可以通过 CERNET 网络实现无线人体传感器网络 $WBSN_A$ 与 $WBSN_B$ 的智能医疗研究的合作。位于千里之外的两位学生相互交换和共享实验数据,讨论用不同数据挖掘算法对数据分析的结果时,好像就在一个实验室里“面对面”的“交谈”一样。他们无须知道支撑他们交换数据的 CERNET 网络拓扑是什么样的,两台计算机之间交换数据使用的是什么样的协议,两台计算机之间数据分组是通过什么样的路由传输的,也不需要知道两台计算机之间进程通信的交互过程是如何实现的。他们只希望知道:计算机之间交换的数据是正确的,协同工作过程中的数据“会话”与“交互”是流畅的,网络环境对于用户是“透明”的。这对于所有工作在 CERNET 网络环境中的学生与教师来说,应该被看作是“理所当然”的事,而对于 CERNET 网络规划、建设与运行维护的技术人员来说,这正是他们希望看到的运行效果。但是,实际的计算机网络工作过程远比人们想象的复杂得多。

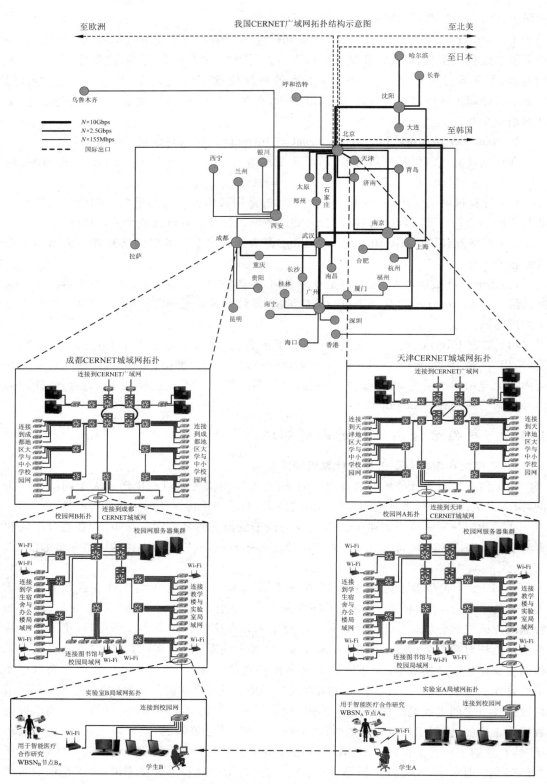

图 1-9　支持大学合作研究的 CERNET 网络环境示意图

天津的 A 大学学生 A 使用的计算机,可以通过有线的 Ethernet 局域网或无线局域网 Wi-Fi 接入到实验室 A 的局域网中;用于智能医疗项目研究的节点 A_m 的多种可穿戴医疗设备与传感器通过无线人体区域网 $WBSN_A$ 互联起来,再通过网关节点接入到实验室 A 的局域网中;实验室 A 的局域网通过路由器接入到大学 A 的校园网中。大学 A 的校园网通过路由器与交换机将学校的各个实验室、教室、图书馆、学生宿舍、办公室的上千个 Ethernet 或 Wi-Fi 局域网互联起来,构成校园网,然后再通过校园网主干路由器连接到天津 CERNET 网络。天津 CERNET 网络将天津几千所大学、中学、小学校园网通过路由器互联起来,构成覆盖天津地区教育、科研机构的城域 CERNET 网络。天津城域 CERNET 网络通过主干路由器接入国家 CERNET 主干网。国家 CERNET 主干网是一个覆盖全国的广域网。同样,成都 B 大学实验室 B 的计算机也会按照这样的连接方式,接入到国家 CERNET 主干网中,构成一个按层次结构连接、覆盖全国的大型 CERNET 网络系统。

这里是以支持国内两所大学实验室合作研究的 CERNET 网络为例说明目前支撑我国大学教学、科研工作的网络环境。实际上我国有多个广域网,例如中国电信的广域网、联通的广域网等。我国多个广域网之间实现了互联互通,再通过我国国际互联网出口,与国际 Internet 主干网连接,使得无论是接入 CERNET 的科研教学用户,或者是中国电信、联通广域网的企业或办公室用户;无论是通过计算机网络方式,通过移动通信网 4G/5G、电话交换网 PSDN,或者是通过有线电视 CATV 网络接入的普通家庭用户;无论是通过固定的 PC 接入的用户,或者是通过 PDA、智能手机、可穿戴计算设备接入的用户;无论是人或者是物(如传感器、射频标签、智能机器人、嵌入式测控设备,以及车联网中的汽车),都能够接入到 Internet,实现数据共享与协同工作。在网络技术问题的讨论中,经常将联网的计算设备统称为主机(host)。

2. 计算机网络的分类

研究复杂的计算机网络系统,首要的问题是了解计算机网络的分类方法,以及各种网络的主要技术特征。计算机网络的分类方法有多种,其中最主要的方法是根据覆盖范围进行分类的方法。

计算机网络按照其覆盖的地理范围进行分类,可以很好地反映不同类型网络的技术特征。按照覆盖的地理范围划分,计算机网络可以分为以下 5 类。

① 广域网(wide area network,WAN)。

② 城域网(metropolitan area network,MAN)。

③ 局域网(local area network,LAN)。

④ 个人区域网(personal area network,PAN)。

⑤ 人体区域网(body area network,BAN)。

在计算机网络发展的过程中,发展最早的是广域网技术,其次是局域网技术。早期的城域网技术是包含在局域网技术中同步开展研究的,最后出现的是个人区域网和人体区域网。随着网络技术的广泛应用,尤其是互联技术的发展,使得广域网、城域网、局域网、个人区域网与人体区域网各自按照不同的应用定位快速发展,形成了各自的技术特点。网络互联技术使得局域网、城域网、个人区域网与人体区域网都能够通过广域网互联起来,组成了各种结构的网际网。

1.3.3 广域网

1. 广域网的基本概念

广域网(WAN)又称为远程网,所覆盖的地理范围从几十千米到几千千米,可以覆盖一个国家、地区,或横跨几个洲,形成国际性的远程计算机网络。广域网的通信子网可以利用公用分组交换网、卫星通信网或无线分组交换网,它将分布在不同地区的计算机系统、城域网、局域网互联起来,实现资源共享与信息交互的目的。

初期广域网的设计目标是将分布在很大地理范围内的若干台大型机、中型机或小型机互联起来,用户通过连接在主机上的终端访问本地主机或远程主机的计算与存储资源。随着 Internet 应用的发展,广域网作为核心主干网的地位日益清晰,广域网的设计目标逐步转移到将分布在不同地区的城域网、局域网互联起来,构成大型互联网络系统。

2. 广域网的基本结构

图 1-10 给出了通过广域网互联形成的大型互联网络系统结构示意图。广域网 1 通过广域网路由器与光纤组成了覆盖城市 A、城市 B 到城市 G 等城市的广大地区。下面以城市 A 为例,说明广域网在连接城市城域网,最终接入 Internet,成为 Internet 的基本组成单元。

(1) 广域网与广域网的互联

城市 A 广域网路由器的一侧作为城市的宽带出口,通过光纤与城市 B、城市 D、城市 E 的路由器连接。广域网 1 通过城市 C 的广域网核心路由器与光纤链路与广域网 2、广域网 3 互联。通过更多的广域网的互联可以形成大型的网际网。

(2) 广域网与城域网的互联

城市 A 广域网路由器的另一侧与城域计算机网络、城市的有线与无线的电信网络,以及城市电视传输网互联。理解广域网与城域网的互联,实现网络最终用户的接入需要注意以下问题。

第一,从计算机网络接入的角度,城市 A 的学校、办公楼、家庭用户计算机、智能终端设备或可穿戴计算设备,直接通过局域网或通过个人区域网、人体区域网接入到有线局域网 Ethernet 或无线局域网 Wi-Fi;局域网接入到城市 A 的城域网接入层路由器;多个接入层路由器汇聚到城域网的汇聚层路由器;汇聚层路由器再通过城域网的核心层路由器接入到城市 A 的广域网路由器。

第二,从电信网接入的角度,城市 A 的广域网路由器通过网关,连接城市 A 的移动通信网、电话交换网 PSTN。

第三,从电视传输网接入的角度,城市 A 的广域网路由器通过网关,连接城市 A 的 CATV 网络。城市 A 的广域网路由器连接了城市内部的计算机网络、电信网与电视传输网三种异构的网络,实现了"三网融合"。这种网络结构可以保证用户无论是使用台式计算机、笔记本计算机、智能终端设备、智能手机、电视机、可穿戴技术设备,无论是通过计算机网络接入还是通过 4G/5G 移动通信网、固定电话网 PSTN 或者是有线电视网接入,无论是通过有线方式接入或无线方式接入,都可以通过互联的广域网最终接入到 Internet,使用各种 Internet 服务。

3. 广域网的主要技术特征

从以上分析中可以看出,广域网具有以下两个基本的技术特征。

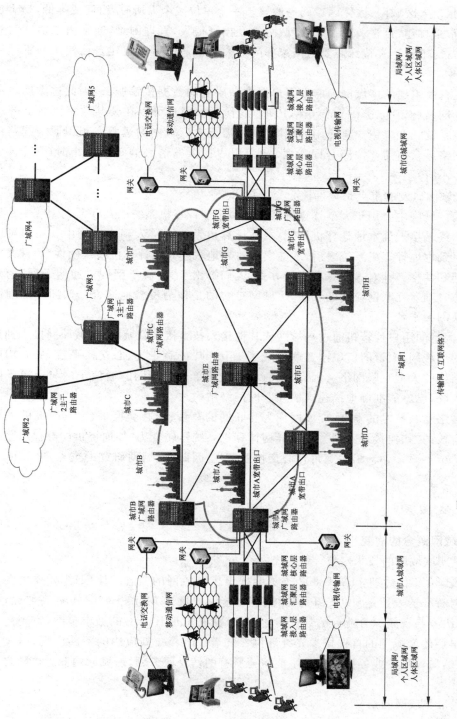

图 1-10　通过广域网互联形成的大型互联网络结构示意图

(1) 广域网是一种公共数据网络

局域网、个人区域网、人体区域网一般属于一个单位或个人所有,组建成本低、易于建立与维护,通常是自建、自管、自用。而广域网建设投资很大,管理困难,通常由电信运营商负责组建、运营与维护。有特殊需要的国家部门与大型企业也可以组建自己使用和管理的专用广域网。

网络运营商组建的广域网为广大用户提供高质量的数据传输服务,因此这类广域网属于公共数据网络(public data network,PDN)的性质。用户可以在公共数据网络上开发各种网络服务系统。如果用户要使用广域网服务,需要向广域网的运营商租用通信线路或其他资源。网络运营商需要按照合同的要求,为用户提供电信级的 7×24 小时(每个星期 7 天、每天 24 小时)服务。

(2) 广域网研发的重点是宽带核心交换技术

早期的广域网主要用于大型计算机系统与中小型计算机系统的互联。大型或中小型计算机的用户终端接入到本地计算机系统,本地计算机系统再接入到广域网中。用户可以通过终端登录到本地计算机系统之后,才能实现对异地联网其他计算机系统硬件、软件或数据资源的访问和共享。针对这样一种工作方式,人们提出了"资源子网"与"通信子网"的两级结构的概念。随着互联网应用的发展,广域网更多的是作为覆盖地区、国家、洲际地理区域的核心交换网络平台。

目前,大量的用户计算机通过局域网或其他接入技术接入到城域网,城域网接入到连接不同城市的广域网,大量的广域网互联形成了 Internet 的宽带、核心交换平台,从而构成了具有层次结构的大型互联网络。因此,用简单的描述单个广域网的通信子网与资源子网的两级结构概念,已不能准确地描述当前互联网网络结构。

随着网络互联技术的发展,广域网作为互联网的宽带、核心交换平台,其研究的重点已经从开始阶段的"如何接入不同类型的异构计算机系统",转变为"如何提供能够保证服务质量(Quality of Service,QoS)的宽带核心交换服务"。因此,广域网研究的重点是"保证 QoS 的宽带核心交换"技术。

1.3.4　城域网

1. 城域网概念的演变

(1) 早期城域网的技术定位

20 世纪 80 年代后期,IEEE 802 委员会提出了城域网的概念。IEEE 802 委员会对城域网概念与特征的表述是:以光纤为传输介质,能够提供 45Mbps～150Mbps 高传输速率,支持数据、语音与视频综合业务的数据传输,可以覆盖 50～100km 的城市范围,实现高速数据传输。早期的城域网的首选技术光纤环网。随着 Internet 新应用的不断出现,以及三网融合的发展,城域网的业务扩展到几乎能覆盖所有的信息服务领域,城域网概念也随之发生重要的变化。

(2) 宽带城域网的定义

宽带城域网是以 IP 为基础,通过计算机网络、广播电视网、电信网的三网融合,形成覆盖城市区域的网络通信平台,为语音、数据、图像、视频传输与大规模的用户接入提供高速与保证质量的服务。

2. 宽带城域网业务范围

应用是推动宽带城域网技术发展的真正动力。图1-11给出了宽带城域网的应用领域示意图。宽带城域网的应用和业务主要有：大规模 Internet 用户的接入，网上办公、视频会议、网络银行、网购等办公环境的应用，网络电视、视频点播、网络电话、网络游戏、网络聊天等交互式应用，家庭网络的应用，以及物联网的应用。由于宽带城域网涉及多种技术和多种业务的交叉，因此具有重大应用价值和产业发展前景。

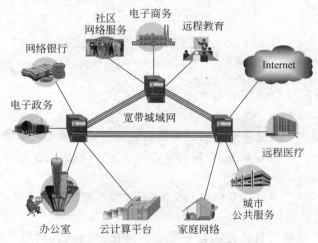

图 1-11 宽带城域网应用领域示意图

3. 宽带城域网技术的主要特征

宽带城域网技术的主要特征表现在以下方面。

（1）完善的光纤传输网是宽带城域网的基础。

（2）传统电信、有线电视与 IP 业务的融合成为宽带城域网的核心业务。

（3）高端路由器和多层交换机是宽带城域网的核心设备。

（4）扩大宽带接入的规模与服务质量是发展宽带城域网应用的关键。

如果说广域网设计的重点是保证大量用户共享主干通信链路的容量，那么城域网设计的重点是交换节点的性能与容量。城域网的每个交换节点都要保证大量接入用户的服务质量。当然，城域网连接每个交换节点的通信链路带宽也必须得到保证。因此，不能简单地认为城域网是广域网的缩微，也不能简单地认为城域网是局域网的自然延伸。宽带城域网应该是一个在城市区域内，为大量用户提供接入和各种信息服务的高速通信网络。

4. 宽带城域网的功能结构

宽带城域网的结构特点需要从功能结构与网络层次结构两个方面来认识。宽带城域网的功能结构由"三个平台与一个出口"，即管理平台、业务平台、网络平台，以及城市宽带出口构成。图1-12给出了宽带城域网的功能结构示意图。

（1）管理平台

组建的宽带城域网一定是可管理的。作为一个实际运营的宽带城域网，需要有足够的网络管理能力。管理平台的作用主要表现在：用户认证与接入管理、业务管理、网络安全、

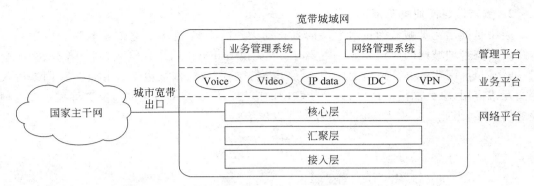

图 1-12　宽带城域网的功能结构

计费能力、IP 地址分配与 QoS 保证等方面。

（2）业务平台

组建的宽带城域网一定是可赢利的。宽带城域网的业务平台可以为用户提供 Internet 接入业务、虚拟专网业务、话音业务、视频与多媒体业务、内容提供业务等。

（3）网络平台

宽带城域网的网络平台结构是由核心交换层、边缘汇聚层与用户接入层组成。

（4）城市宽带出口

组建城域网一个重要的目的是满足一个城市地区范围内各类用户接入 Internet 的需求，城市宽带出口是连接城域网与地区级或国家级主干网，进而接入 Internet 的重要通道。

5. 宽带城域网网络层次结构

采用层次结构的优点是：结构清晰，各层功能实体之间的定位明确，接口开放，标准规范，便于组建和管理。图 1-13 给出了典型的宽带城域网的网络层次结构示意图。

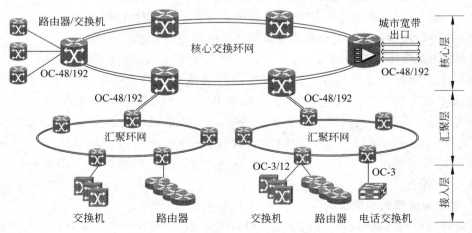

图 1-13　典型的宽带城域网的网络层次结构示意图

（1）核心交换层的基本功能

宽带城域网的核心交换层需要具备以下基本功能。

① 将多个汇聚层连接起来，为汇聚层提供高速分组转发，为整个城域网提供一个高速、安全与具有服务质量保障能力的数据传输环境。

② 实现与地区或国家主干网络的互联,提供城市的宽带 IP 数据出口。

③ 提供宽带城域网用户访问 Internet 所需要的路由服务。

④ 核心交换层结构设计的重点是可靠性、可扩展性与开放性。

(2) 汇聚层的基本功能

宽带城域网的汇聚层需要具备以下基本功能。

① 汇聚接入层的用户流量,实现 IP 分组的汇聚、转发与交换。

② 根据接入层的用户流量,进行本地路由、过滤、流量均衡、服务质量优先级管理,以及安全控制、IP 地址转换、流量整形等处理。

(3) 接入层的基本功能

接入层解决的是"最后一千米"问题。它通过各种接入技术,连接最终用户,为它所覆盖范围内的用户提供访问 Internet,以及其他的信息服务。

1.3.5　局域网

1. 局域网的定义

局域网(local area network,LAN)用于将有限范围内(例如一个实验室、一幢大楼、一个校园)的各种计算机、终端与外部设备互连成网。按照采用的技术、应用范围和协议标准的不同,局域网可以分为共享局域网与交换局域网。局域网技术发展迅速,应用日益广泛,是计算机网络中最活跃的领域之一。

2. 局域网的主要技术特征

从局域网应用的角度来看,局域网的技术特征主要表现在以下方面。

(1) 局域网覆盖有限的地理范围,它适用于机关、校园、工厂等有限范围内的计算机、智能终端与各类信息处理设备联网的需求。

(2) 局域网能够提供高数据传输速率(10Mbps～100Gbps)、低误码率的高质量数据传输环境。无线局域网发展迅速,应用广泛。

(3) 局域网一般属于一个单位所有,易于建立、维护与扩展。

(4) 决定局域网性能的三个因素是:拓扑、传输介质与介质访问控制方法。从介质访问控制方法的角度来看,局域网可以分为共享局域网与交换式局域网。

(5) 局域网可以用于办公室、家庭个人计算机的接入,园区、企业与学校的主干网络,以及大型服务器集群、存储区域网络、云计算服务器集群的后端网络。

1.3.6　个人区域网

1. 个人区域网的基本概念

随着笔记本计算机、智能手机、PDA 与信息家电的广泛应用,人们逐渐提出自身附近 10m 范围内的个人操作空间(personal operating space,POS)移动数字终端设备联网的需求。由于个人区域网络(personal area network,PAN)主要是用无线通信技术实现联网设备之间的通信,因此就出现了无线个人区域网络(WPAN)的概念。目前,无线个人区域网主要使用 802.15.4 标准、蓝牙与 ZigBee 标准。

IEEE 802.15 工作组致力于无线个人区域网的标准化工作,它的任务组 TG4 制定 IEEE 802.15.4 标准,主要考虑低速无线个人区域网络(low-rate WPAN,LR-WPAN)应用问题。2003 年,IEEE 批准低速无线个人区域网 LR-WPAN 标准——IEEE 802.15.4,为近距离范围内不同移动办公设备之间低速互连提供统一标准。物联网应用的发展更凸显出无线个人区域网络技术与标准研究的重要性。

2. 无线个人区域网络技术研究的现状

无线个人区域网络技术、标准与应用是当前网络技术研究的热点之一。尽管 IEEE 希望将 802.15.4 推荐为近距离范围内移动办公设备之间低速互连标准,但是业界已经存在着两个有影响力的无线个人区域网络技术,即蓝牙技术与 ZigBee 技术。

(1) 蓝牙技术特点

1997 年,当电信业与便携设备制造商用无线通信方法替代近距离有线缆线的蓝牙技术时,并没有意识到蓝牙技术的出现会引起整个业界和媒体如此强烈的反响。蓝牙(Bluetooth)技术制定了实现近距离无线语音和数据通信的规范。

蓝牙技术具有以下重要的特点:

① 开放的规范。为了促进人们广泛接受这项技术,蓝牙特别兴趣小组(SIG)成立的基本目标是为蓝牙技术制定一个开放的、免除申请许可证的无线通信规范。

② 近距离无线通信。在计算机外部设备与通信设备中,有很多近距离连接的缆线,如打印机、扫描仪、键盘、鼠标、投影仪与计算机的连接线。这些缆线与连接器的形状、尺寸、引脚数目与电信号的不同给用户带来很多麻烦。蓝牙技术的设计初衷有两个,一是解决 10m 以内的近距离通信问题;二是低功耗,以适用于使用电池的小型便携式个人设备的要求。

③ 语音和数据传输。iPhone、iPad 的出现,使得计算机与智能手机、PDA 之间的界线越来越不明显了。业界预测:未来各种与 Internet 相关的移动终端设备数量将超过个人计算机的数量。蓝牙技术希望成为各种移动终端设备、嵌入式系统与计算机之间近距离通信的标准。

④ 在世界任何地方都能进行通信。世界上很多地方的无线通信是受到限制的。无线通信频段与传输功率的使用需要有许可证。蓝牙无线通信选用的频段属于工业、科学与医药专用频段,是不需要申请许可证的。因此具有蓝牙功能的设备,不管在任何地方都可以方便地使用。

(2) ZigBee 技术特点

ZigBee 的基础是 IEEE 802.15.4 标准,早期的名字是 HomeRF 或 FireFly。它是一种面向自动控制的近距离、低功耗、低速率、低成本的无线网络技术。ZigBee 联盟成立于 2001 年 8 月。2002 年,摩托罗拉公司、飞利浦公司、三菱公司等公司宣布加入 ZigBee 联盟,研究下一代无线网络通信标准,并命名为 ZigBee。

ZigBee 联盟在 2005 年公布了第一个 ZigBee 规范 ZigBee Specification V.10,它的物理层与 MAC 层采用了 IEEE 802.15.4 标准。

ZigBee 适应于数据采集与控制节点多、数据传输量不大、覆盖面广、造价低的应用领域。基于 ZigBee 的无线传感器网络已在家庭网络、安全监控、汽车自动化、消费类家用电器、儿童玩具、医用设备控制、工业控制、无线定位等领域,特别是在家庭自动化、医疗保健与工业控制中展现出重要的应用前景,引起产业界的高度关注。

1.3.7 人体区域网

1. 人体区域网（BAN）研究的背景

作为近距离无线通信，虽然已经存在个人区域网（PAN）的概念，但是物联网智能医疗应用有它的特殊性。疾病监控与健康保健系统对个人区域网的需求主要表现在以下两点：

第一，应用系统需要将人体携带的传感器或移植到人体内的生物传感器节点组成人体区域网，将采集的人体生理信号（如温度、血糖、血压、心跳等参数），以及人体活动或动作信号、人所在的环境信息，通过无线方式传送到附近的基站。因此用于智能医疗的个人区域网主要是无线个人区域网（WPAN）。

第二，应用系统不需要有很多节点，节点之间的距离一般在 1m 左右，并且对传输速率要求不高。无线人体区域网（WBAN）的研究目标是希望为物联网智能医疗应用提供一个集成硬件、软件的无线通信平台，特别强调要适应于可穿戴与可植入的生物传感器的尺寸，以及低功耗的无线通信要求。因此，无线个人区域网又称为无线个人传感器网络（WBSN）。无线个人区域网结构如图 1-14 所示。

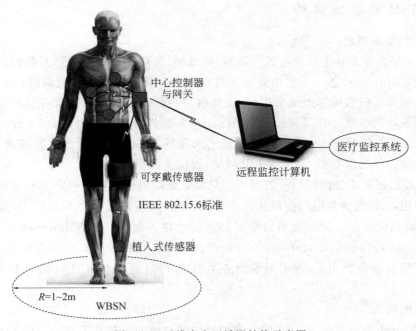

图 1-14　无线个人区域网结构示意图

2. 无线人体区域网与 IEEE 802.15.6 标准

随着物联网智能医疗应用的迅速发展，IEEE 于 2007 年 11 月成立了专门致力于为医疗保健服务的 802.15 工作组（IEEETG6），研究适应于人体与人体周边无线通信的无线人体区域网络的通信技术及标准，并且于 2012 年 3 月公布了 802.15.6 标准的正式版本。

IEEE 802.15.6 标准具有短距离、低功耗、低成本、实时性与安全性高的特点，除了可以应用于智能医疗之外，还可以应用于航空、个人娱乐、体育运动、环境智能、军事与社会公共安全等领域。

1.4 计算机网络的组成与结构

1.4.1 早期计算机网络的组成与结构

从计算机网络的发展历史中可以知道,最早出现的计算机网络是广域网。广域网的设计目标是将分布在世界各地的计算机互联起来。早期的计算机主要是指大型计算机、中型计算机或小型计算机。用户通过连接在主机上的终端去访问本地主机与远程主机。联网主机主要有两个基本的功能:一是为本地的终端用户提供服务;二是通过通信线路与路由器连接,完成计算机之间的数据交互功能。

从逻辑功能上看,广域网由资源子网与通信子网两个部分组成。资源子网包括:主机与终端、终端控制器、联网外设、各种网络软件与数据资源。资源子网负责全网的数据处理业务,向网络用户提供各种网络资源与网络服务。通信子网包括:路由器、各种互联设备与通信线路。通信子网负责完成网络数据传输、路由与分组转发等通信处理任务。

1.4.2 ISP 的层次结构

1. ISP 的基本概念

Internet 是由分布在世界各地的广域网、城域网、局域网通过路由器互联而成的。从网络结构角度看,Internet 是一个结构复杂并且在不断变化的网际网。同时,Internet 并不是由任何一个国家组织或国际组织来运营,而是由一些私营公司分别运营各自的部分。用户接入与使用各种网络服务都需要经过 Internet 服务提供者(Internet service provider,ISP)提供。ISP 运营商向 Internet 管理机构申请了大量的 IP 地址,铺设了大量的通信线路,购置了高性能路由器与服务器,组建了 ISP 网络,提供接入服务。

ISP 一般是根据流量向用户收取费用。只要家庭用户或企业用户向 ISP 提出申请并交纳一定的费用,ISP 就会为用户提供接入服务,并以动态或静态的方式提供 IP 地址。小的 ISP 运营商可以向电信运营商租用通信线路来提供接入服务。随着 Internet 应用的发展,出现了 Internet 内容提供商(Internet content provider,ICP)。ICP 按照业务划分,可以分为门户新闻信息服务类 ICP、搜索引擎服务类 ICP、即时通信类 ICP 与移动 Internet 服务类 ICP。

2. ISP 的层次

ISP 可以分为最顶层的第一层 ISP、第二层的区域级的 ISP 和第三层的接入 ISP。

(1) 第一层 ISP

最顶层的 ISP 数量很少,称为 tier-1 ISP。1994 年美国出现了第一层的 ISP,它们是 Sprint、MCI、AT&T、Qwest 等。实际上,没有一个组织来正式批准哪些 ISP 属于第一层,但是从它的三个特征(规模、连接位置与覆盖范围)可以确定这些 ISP 是否处于第一层 ISP 的位置。第一层 ISP 的特征是:

① 通过路由器组直接与其他第一层 ISP 连接,形成 Internet 的主干网。

② 与大量的第二层的 ISP 和其他网络连接。

③ 覆盖世界区域。

（2）第二层 ISP

第二层一般是区域 ISP(regional ISP)，它们的主要特征是仅与少数第一层 ISP 连接。第二层 ISP 是第一层 ISP 的客户。许多大学、大公司和机构直接与第一层或第二层 ISP 连接。一个第二层 ISP 的网络也可以选择与另一个第二层 ISP 的网络连接，流量在两个第二层 ISP 的网络之间流动，可以不经过第一层 ISP 的网络。

（3）第三层 ISP

第三层或更低层的接入 ISP 一般为本地 Internet 服务提供商，或者是校园网与企业网。它们与一个或几个第二层 ISP，或第一层 ISP 连接。当两个 ISP 的网络彼此直接连接时，它们认为之间的关系是对等的。本地服务提供商 ISP 是专门提供 Internet 接入服务的公司。

为了提高分组转发速度，ISP 通过一个或多个路由器组，与其他同层、高层或低层 ISP 网络连接。随着 Internet 用户规模的扩大与网络流量的剧增，为了更加降低分组转发延迟与成本，出现了由第三方组建的 Internet 交换点（Internet eXchange Point，IXP）网络，直接与第一层 ISP、区域 ISP、接入 ISP 以及内容提供商（ICP）的网络连接。这样，一个由十多个第一层 ISP 与大量较低层的 ISP 以及 ICP、IXP 组成的 ISP 层次结构如图 1-15 所示。

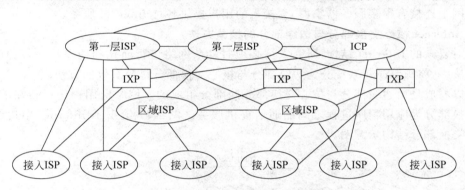

图 1-15　ISP 的层次结构示意图

1.4.3　Internet 的网络结构

1. Internet 的逻辑结构

随着 Internet 的广泛应用，简单的资源子网、通信子网的两级结构的网络模型已很难描述现代 Internet 的结构。如果借鉴层次型 ISP 的逻辑结构，结合近年来国家级主干网、各地区的宽带城域网设计与建设的思路，可以给出如图 1-16 所示的 Internet 的逻辑结构示意图。

从图 1-16 中可以看出以下重要的特点。

（1）大量的用户计算机与移动终端设备通过 802.3 标准的局域网、802.11 标准的无线局域网、802.16 标准的无线城域网、无线自组网（Ad hoc）、无线传感器网络（WSN），或者是有线电话交换网（PSTN）、无线（4G/5G）移动通信网以及有线电视网（CATV）接入到本地的 ISP、企业网或校园网。

（2）ISP、企业网或校园网汇聚到作为地区主干网的宽带城域网。宽带城域网通过城市宽带出口连接到国家或国际级主干网。

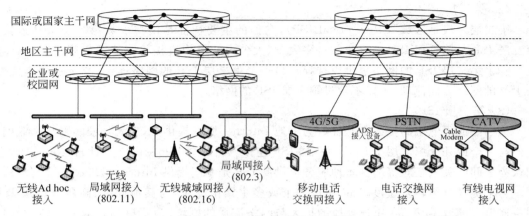

图 1-16　Internet 网络结构示意图

　　(3) 大型主干网由大量分布在不同地理位置、通过光纤连接的高端路由器构成,提供高带宽的传输服务。国际或国家级主干网组成 Internet 的主干网。国际、国家级主干网与地区主干网上连接有很多服务器集群,为接入的用户提供各种 Internet 服务。

　　2. Internet 核心交换部分与边缘部分的抽象方法

　　面对复杂的 Internet 结构,研究人员必须对复杂网络进行简化和抽象。在各种简化和抽象方法中,将 Internet 系统分为边缘部分与核心交换部分是最有效的方法之一。Internet 系统可以看成是由边缘部分与核心交换部分两部分组成的。网络应用程序运行在端系统,核心交换部分为应用程序进程之间的通信提供服务。图 1-17 给出了 Internet 中边缘部分与核心交换部分结构示意图。

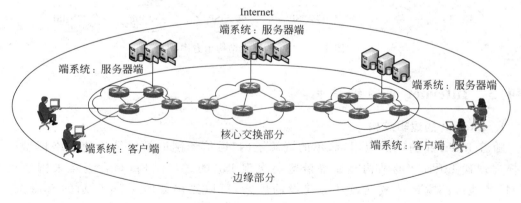

图 1-17　Internet 的边缘部分与核心交换部分

　　Internet 边缘部分主要包括大量接入 Internet 的主机和用户设备,核心交换部分包括由大量路由器互联的广域网、城域网和局域网。边缘部分利用核心交换部分所提供的数据传输服务功能,使得接入 Internet 的主机之间能够相互通信和共享资源。

　　边缘部分的用户设备也称为端系统(end system)。端系统是能够运行 FTP 应用程序、E-mail 应用程序、Web 应用程序,或 P2P 文件共享的 Napster 应用程序、Skype 即时通信等应用程序的计算机和各种数字终端设备。端系统可以分为客户端与服务器端,它们统称为主机。需要注意的是：在未来的网络应用中，端系统的主机类型将从计算机扩展到所有能够接入 Internet 的设备，如 PDA、智能手机、智能家电，以及物联网的无线传感器节点、RFID 节点、视频监控设备、可穿戴计算设备与各种智能机器人。

1.5 计算机网络拓扑结构

1.5.1 计算机网络拓扑的定义

无论现代 Internet 的结构多么庞大和复杂，它总是由许多个广域网、城域网、局域网、个人区域网互联而成的，而各种网络的结构都会具备某一种网络拓扑所共有的特征。为了研究复杂的网络结构，需要掌握网络拓扑(network topology)的基本知识。

理解网络拓扑知识，需要注意以下问题。

(1) 拓扑学是几何学的一个分支，它是从图论演变过来的。拓扑学是将实体抽象成与其大小、形状无关的"点"，将连接实体的线路抽象成"线"，进而研究"点""线""面"之间的关系。

(2) 计算机网络拓扑是通过网中节点与通信线路之间的几何关系表示网络结构，反映出网络中各实体之间的结构关系。

(3) 计算机网络拓扑是指通信子网的拓扑结构。

(4) 设计计算机网络的第一步就是要解决在给定计算机位置，保证一定的网络响应时间、吞吐量和可靠性的条件下，通过选择适当的线路、带宽与连接方式，使整个网络的结构合理。

1.5.2 计算机网络拓扑的分类与特点

基本的网络拓扑有 5 种：星状、环状、总线型、树状与网状。图 1-18 给出了基本的网络拓扑构型的结构示意图。

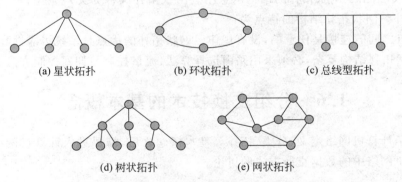

(a) 星状拓扑　　(b) 环状拓扑　　(c) 总线型拓扑

(d) 树状拓扑　　(e) 网状拓扑

图 1-18　基本的网络拓扑构型结构示意图

1. 星状拓扑

图 1-18(a)给出了星状拓扑的结构示意图。星状拓扑结构的特点为：

(1) 节点通过点-点通信线路与中心节点连接。

(2) 中心节点控制全网的通信，任何两节点之间的通信都要通过中心节点。

（3）星状拓扑结构简单，易于实现，便于管理。

（4）网络的中心节点是全网性能与可靠性的瓶颈，中心节点的故障可能造成全网瘫痪。

2. 环状拓扑

图 1-18(b)给出了环状拓扑的结构示意图。环状拓扑结构的特点为：

（1）节点通过点-点通信线路连接成闭合环路。

（2）环中数据将沿一个方向逐站传送。

（3）环状拓扑结构简单，传输延时确定。

（4）环中每个节点与连接节点之间的通信线路都会成为网络可靠性的瓶颈。环中任何一个节点或线路出现故障，都有可能造成网络瘫痪。

（5）为了方便节点的加入和撤出环，控制节点的数据传输顺序，保证环的正常工作，需要设计复杂的环维护协议。

3. 总线型拓扑

图 1-18(c)给出了总线型拓扑的结构示意图。总线型拓扑结构的特点为：

（1）所有节点连接到一条作为公共传输介质的总线，以广播方式发送和接收数据。

（2）当一个节点利用总线发送数据时，其他节点只能接收数据。

（3）如果有两个或两个以上的节点同时发送数据时，就会出现冲突，造成传输失败。

（4）总线型拓扑结构的优点是结构简单，缺点是必须解决多节点访问总线的介质访问控制问题。

4. 树状拓扑

图 1-18(d)给出了树状拓扑的结构示意图。树状拓扑结构的特点为：

（1）节点按层次进行连接，信息交换主要在上、下节点之间进行，相邻及同层节点之间通常不进行数据交换，或数据交换量比较小。

（2）树状拓扑可以看成是星形拓扑的一种扩展，树状拓扑网络适用于汇集信息。

5. 网状拓扑

图 1-18(e)给出了网状拓扑的结构示意图。网状拓扑又称为无规则型。广域网一般都采用网状拓扑。网状拓扑结构的特点为：

（1）节点之间的连接是任意的，没有规律。网状拓扑的优点是系统可靠性高。

（2）网状拓扑结构复杂，必须采用路由选择算法、流量控制与拥塞控制方法。

1.6　分组交换技术的基本概念

在讨论了计算机网络定义、分类、拓扑等基本概念之后，需要进入计算机网络的核心技术——计算机网络中的数据交换方式的讨论。

1.6.1　数据交换方式的分类

计算机网络的数据交换方式对于网络数据传输，以及对网络的性能影响很大。掌握网络数据交换方式的分类，以及不同数据交换方式的特点，对于理解计算机网络工作原理十分重要。

计算机网络的数据交换方式基本可以分为两大类：线路交换与存储转发交换。存储转发交换又可以分为两类：报文存储转发交换（简称为报文交换）与报文分组存储转发交换（简称为分组交换）；分组交换又可以进一步分为数据报交换与虚电路交换。图 1-19 给出了数据交换方式分类示意图。

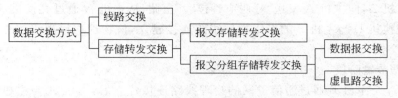

图 1-19   数据交换方式的分类

1.6.2   线路交换的特点

1. 线路交换的过程

线路交换（circuit switching）方式与电话交换的工作方式类似。两台计算机通过通信子网进行数据交换之前，首先要在通信子网中建立一个实际的物理线路连接。图 1-20 给出了线路交换的工作原理。线路交换方式的通信过程分为三个阶段。

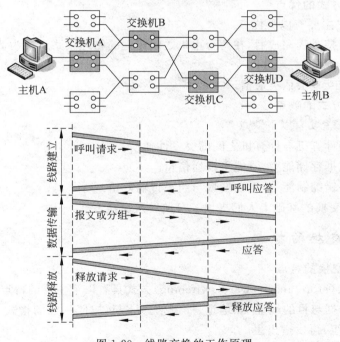

图 1-20   线路交换的工作原理

（1）线路建立阶段

如果主机 A 要向主机 B 传输数据，需要在主机 A 与主机 B 之间建立线路连接。首先，主机 A 向通信子网中交换机 A 发送"呼叫请求包"，其中含有需要建立线路连接的源主机地址与目的主机地址。交换机 A 根据路由选择算法进行路径选择，如果选择下一个交换机为 B，则向交换机 B 发送"呼叫请求包"。当交换机 B 接到呼叫请求后，同样根据路由选择算法进行路径选择，如果选择下一个交换机为 C，则向交换机 C 发送"呼叫请求包"。当交换机

C 接到呼叫请求后,也要根据路由选择算法进行路径选择,如果选择下一个交换机为 D,则向交换机 D 发送"呼叫请求包"。当交换机 D 接到呼叫请求后,向与其直接连接的主机 B 发送"呼叫请求包"。主机 B 如果接受主机 A 的呼叫连接请求,则通过交换机 D、交换机 C、交换机 B、交换机 A,向主机 A 发送"呼叫应答包"。至此,从主机 A 通过交换机 A、交换机 B、交换机 C、交换机 D 与主机 B 的专用物理线路连接建立,该物理连接用于主机 A 与主机 B 之间的数据交换。

(2) 数据传输阶段

当主机 A 与主机 B 通过通信子网的物理线路连接建立后,主机 A 与主机 B 就可以通过该连接双向交换数据。需要注意的是:交换机只能够起到线路交换与连接的作用,它并不存储传输的数据,也不对数据做任何检测和处理,因此线路交换具有传输实时性好,但是不具备差错检测、平滑流量的能力。

(3) 线路释放阶段

在数据传输完成后,就要进入路线释放阶段。主机 A 向主机 B 发出"释放请求包",主机 B 同意结束传输并释放线路后,向交换机 D 发送"释放应答包",然后按交换机 C、交换机 B、交换机 A 的次序,依次将建立的物理连接释放。至此,本次数据通信结束。

2. 线路交换方式的优点

线路交换方式主要有以下优点。

(1) 当线路连接过程完成后,在两台主机之间建立的物理线路连接为此次通信专用,通信实时性强。

(2) 适用于交互式会话类通信。

3. 线路交换方式的缺点

线路交换方式主要有以下缺点。

(1) 不适用于计算机与计算机之间的突发性通信。

(2) 不具备数据存储能力,不能平滑通信量。

(3) 不具备差错控制能力,无法发现与纠正传输差错。

因此,在线路交换的基础上人们提出了存储转发交换方式。

1.6.3 分组交换的特点

1. 存储转发交换的特点

存储转发交换(store-and-forward switching)方式具有以下主要的特点。

(1) 发送的数据与目的地址、源地址、控制信息一起,按照一定的格式组成一个数据单元(报文或报文分组)再发送出去。

(2) 路由器可以动态选择传输路径,可以平滑通信量,提高线路利用率。

(3) 数据单元在通过路由器时需要进行差错校验,以提高数据传输的可靠性。

(4) 路由器可以对不同通信速率的线路进行速率转换。

由于存储转发交换方式具有以上明显的优点,因此在计算机网络中得到了广泛的应用。

2. 报文与报文分组的比较

利用存储转发交换原理传送数据时,被传送的数据单元相应可以分为两类:报文(message)与报文分组(packet)。根据数据单元的不同,存储转发交换方式可以分为:报文交换(message switching)与分组交换(packet switching)。

在计算机网络中,如果人们不对传输的数据块长度做任何限制,直接封装成一个包进行传输,那么封装后的包称为报文。报文可能包含着一个很小的文本文件或语音文件的数据,也可能包含一个很大的数据、图形、图像或视频文件的数据。将报文作为一个数据传输单元的方法称为报文存储转发交换或报文交换。报文交换方法主要存在以下缺点。

(1) 当一个路由器将一个长报文传送到下一个路由器时,发送报文的副本必须保留,以备出错时重传。长报文传输所需时间比较长。路由器必须等待报文正确传输的确认之后,才能删除报文的副本。这个过程需要花费较长的等待时间。

(2) 在相同误码率的情况下,报文越长传输出错的可能性就越大,出错重传所花费的时间也就越多。

(3) 由于每次传输的报文长度都可能不同,在每次传输报文时都必须对报文的起始与结束字节进行判断与处理,因此报文处理的时间会比较长。

(4) 由于报文长度总是在变化,路由器必须根据最长的报文来预定存储空间,如果出现一些短报文,这样就会造成路由器存储空间的利用率降低。

因此,在计算机网络中报文交换不是一个最佳的方案。在这种背景下,人们提出分组交换的概念。报文与报文分组的结构关系如图 1-21 所示。

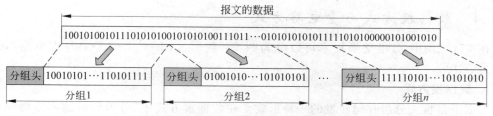

图 1-21　报文与报文分组的结构示意图

如果一个报文的数据部分长度为 3500 字节,协议规定每个分组的数据字段长度最大为 1000 字节,那么可以将 3500 字节分为 4 个分组,前三个分组的数据字段长度为 1000 字节,第 4 个分组的数据字段长度为 500 字节。按照协议规定的格式在每个数据字段的前面加上一个分组头,可以构成 4 个分组。

需要注意的是:在讨论数据长度时,会使用比特(bit)或字节(byte)。通常比特(bit)简写为 b,字节(byte)简写为 B。在讨论协议的某个字段的长度时,如果一个字段的长度是 128bit,那么也可以用 128 比特或 128 位来表述。

3. 报文交换与分组交换的比较

图 1-22 给出了报文交换与分组交换过程的比较。

从图 1-22 中可以看出,分组交换方法主要具有以下优点。

(1) 将报文划分成有固定格式和最大长度限制的分组进行传输,有利于提高路由器检测接收分组是否出错、出错重传处理过程的效率,有利于提高路由器存储空间的利用率。

(2) 路由选择算法可以根据链路通信状态、网络拓扑变化,动态地为不同的分组选择不同的传输路径,有利于减小分组传输延迟,提高数据传输的可靠性。

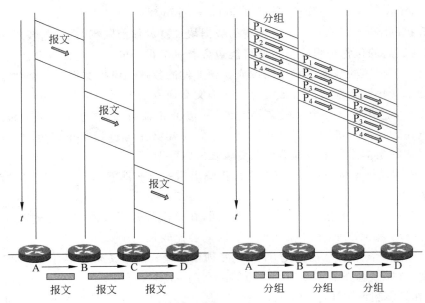

图 1-22　报文交换与分组交换过程比较示意图

1.6.4　数据报方式与虚电路方式

在实际应用中,分组交换技术可以分为两类:数据报(data gram,DG)与虚电路(virtual circuit,VC)。

1. 数据报方式

数据报是报文分组存储转发的一种形式。在数据报方式中,分组传输前不需要预先在源主机与目的主机之间建立"线路连接"。源主机发送的每个分组都可以独立选择一条传输路径,每个分组在通信子网中可能通过不同的传输路径到达目的主机。图 1-23 给出了数据报方式的工作原理示意图。

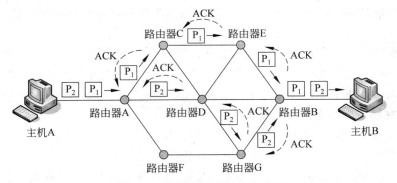

图 1-23　数据报方式的工作原理

(1) 数据报的基本工作原理

数据报方式的工作过程分为以下步骤。

① 源主机(主机 A)将报文分成多个分组 P_1、P_2、$\cdots$,依次发送到直接相连的路由器 A。

②　路由器 A 每接到一个分组都要进行差错检测，以保证主机 A 与路由器 A 的数据传输正确；路由器 A 接到分组 P_1、P_2、…以后，它需要为每个分组进行路由选择。由于网络通信状态是不断变化的，分组 P_1 的下一跳可能选择路由器 C，分组 P_2 的下一跳可能选择路由器 D，因此一个报文中的不同分组通过子网的传输路径可能是不同的。

③　路由器 A 向路由器 C 发送分组 P_1 时，路由器 C 要对 P_1 进行差错检测。如果 P_1 传输正确，路由器 C 向路由器 A 发送确认报文 ACK；路由器 A 接收到路由器 C 的 ACK 报文后，确认 P_1 已经正确传输，这时它就可以丢弃 P_1 的副本。分组 P_1 通过通信子网中多个路由器存储转发，最终正确到达目的主机 B。

（2）数据报传输方式的特点

通过以上分析可以看出，数据报传输方式主要有以下特点。

①　同一报文的不同分组可以经过不同的传输路径通过通信子网。

②　同一报文的不同分组到达目的主机时可能出现乱序、重复与丢失现象。

③　每个分组在传输过程中都必须带有目的地址与源地址。

④　数据报方式的传输延迟较大，适用于突发性通信，不适用于长报文、会话式通信。

在研究数据报方式特点的基础上，人们进一步提出了虚电路交换方式。

2．虚电路方式

虚电路方式试图将数据报与线路交换相结合起来，发挥这两种方法各自的优点，以达到最佳的数据交换效果。图 1-24 给出了虚电路方式的工作原理示意图。

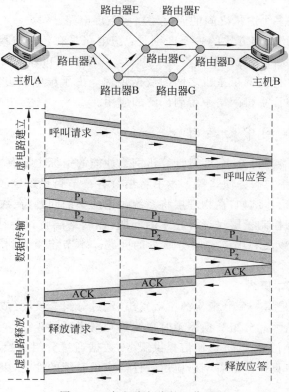

图 1-24　虚电路方式的工作原理

（1）虚电路的基本工作原理

数据报方式在分组发送前，发送方与接收方之间不需要预先建立连接。虚电路方式在分组发送前，在发送方和接收方需要建立一条逻辑连接的虚电路。在这点上，虚电路方式与线路交换方式相同。虚电路方式的工作过程分为三个阶段：虚电路建立阶段、数据传输阶段与虚电路释放阶段。

① 在虚电路建立阶段，路由器 A 使用路由选择算法确定下一跳为路由器 B，然后向路由器 B 发送"呼叫请求分组"；同样，路由器 B 也要使用路选算法确定下一跳为路由器 C。以此类推，"呼叫请求分组"经过 A、B、C、D 的路径到达路由器 D。路由器 D 向路由器 A 发送"呼叫接收分组"，至此虚电路建立。

② 在数据传输阶段，利用已建立的虚电路以存储转发方式顺序传送分组。

③ 在所有的数据传输结束后，进入虚电路释放阶段，将按照 D、C、B、A 的顺序依次释放虚电路。

（2）虚电路方式的特点

虚电路方式主要有以下特点。

① 在每次分组传输之前，需要在源主机与目的主机之间建立一条虚电路。

② 所有分组都通过虚电路顺序传送，分组不必携带目的地址、源地址等信息。分组到达目的主机时不会出现丢失、重复与乱序的现象。

③ 分组通过虚电路上的每个路由器时，路由器只需要进行差错检测，而不进行路由选择。

④ 路由器可以与多个主机之间的通信建立多条虚电路。

虚电路方式与线路交换方式的主要区别是：虚电路是在传输分组时建立的逻辑连接，之所以称为"虚电路"是因为这种电路不是专用的。每个主机可以同时与多个主机之间具有虚电路，每条虚电路支持这两个主机之间的数据传输。由于虚电路方式具有分组交换与线路交换的优点，因此在计算机网络中得到广泛的应用。

1.6.5　分组交换网中的延时

在计算机网络性能的讨论中，度量计算机网络性能的指标主要有速率、误码率、吞吐率、延时、往返时间、利用率与服务质量等。本书将结合各章节讨论的需要，分别在不同的章节安排相关内容进行讨论。例如，在物理层将系统讨论速率的问题，在数据链路层将讨论误码率的问题；在介质访问控制子层讨论吞吐率的问题，在网络层将讨论往返时间的问题，在传输层及相关章节都会涉及利用率与服务质量的问题。本节将重点讨论分组交换网延时的问题。

1. 网络延时的基本概念

分组交换网延时是指一个分组从源主机发出，经过分组交换网（或链路）的传输，到达目的主机所需要的时间，因此分组交换网延时也统称为网络延时。

分组交换网为联网主机的进程通信提供服务，数据通过分组交换网的延时将决定着分布式进程通信的质量，直接影响着网络应用软件与应用系统的性能，因此网络延时是描述网络性能的重要指标之一。

在理想状态下，源主机（或路由器）发送的数据分组能够瞬间通过分组交换网到达目的主机,因此没有延时,也不存在分组丢失与传输出错。显然现实中这是不可能做到的。源主机发出的分组经过传输路径上每个路由器转发时都会产生不同类型的延时,这些延时主要有:

- 处理延时(nodal processing delay)。
- 排队延时(queuing delay)。
- 发送延时(transmission delay)。
- 传播延时(propagation delay)。

分组在网络中产生的总延时(total nodal delay)等于以上 4 种延时的总和。

这个过程和现实社会的车辆在高速公路上行驶很相似。可以通过分析一辆汽车在高速公路两个收费站之间的行驶过程,来帮助理解分组在两个路由器结点之间传输所产生的延时问题。

当我们开车进入一个收费站时,第一步,进入收费通道,收费站工作人员必须检查,确定你的车辆是否允许进入高速公路。这个过程相当于路由器在接收到分组时,首先检查分组头中的目的地址、源地址以及是否出现传输差错一样。这个过程产生的延时相当于路由器结点的“处理延时”。第二步,多部车辆通过收费站时,要排队缴费,也需要有一个等待时间。这个过程产生的延时相当于多个分组通过路由器时,等待发送所产生的“排队延时”。第三步,等到完成交费,允许你的车辆进入高速公路时,你才能加速通过收费站的出口,驶入高速公路。这个过程产生的延时相当于路由器发送一个分组所产生的“发送延时”。第四步,从一个收费站到下一个收费站,汽车需要行驶一段时间。这个过程需要的行驶时间相当于分组从一个路由器,通过传输介质传播到下一个路由器所产生的“传播延时”。图 1-25 给出了路由器的结点延时的示意图。

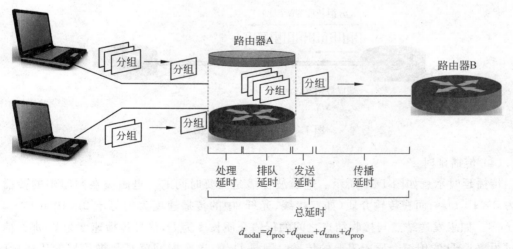

$$d_{nodal}=d_{proc}+d_{queue}+d_{trans}+d_{prop}$$

图 1-25　路由器的结点延时示意图

如果分别用 d_{proc}、d_{queue}、d_{trans} 与 d_{prop} 表示处理延时、排队延时、发送延时与传播延时,那么分组通过一个路由器结点所产生的总延时 d_{nodal} 等于处理延时、排队延时、发送延时与传播延时之和。

2. 结点延时的类型及特点

(1) 处理延时

当路由器 A 接收到一个分组时,需要分析该分组的头部与数据部分。通过检查头校验和,确定分组传输是否出错。如果出现差错,就丢弃该分组;如果没有出现差错,就需要进一步检查源地址与目的地址,进行路由选择,确定下面应该发送到哪个路由器。这些处理需要的花费的时间称为处理延时(d_{proc})。显然,一个路由器结点处理延时的大小取决于路由器计算能力以及通信协议的复杂度。

(2) 排队延时

当路由器 A 处理完一个分组,它将该分组加入到连接路由器 B 链路的输出端口的队列中,等待链路空闲时发送该分组。分组进入输出队列等待发送,到开始发送的时间称为排队延时(d_{queue})。

排队延时的长短取决于队列长度与端口发送速度。如果输出队列是空的,那么进入的分组就可以立即被发送,此时排队延时值为 0。实际的路由器排队延时可以达到微秒到毫秒量级。如果等待发送的排队队列长,那么分组排队延时就会变长。如果输出缓冲区已经被等待发送的分组占满,之后进入的分组将因队列溢出而丢弃。

(3) 发送延时

路由器的端口发送速率是一定的。如果端口发送数据的速率是 S(bit/s,即 bps),分组长度为 N(bit),那么结点发送延时=发送分组比特数/发送速率,即 $d_{\text{trans}}=N/S$。

假如路由器端口的数据发送速率为 1Gbps,也就是说该端口每秒钟能够发送 1×10^9 个比特,那么发送长度为 1500B(即 $1500\times8\text{bit}=1.2\times10^4\text{bit}$)的分组需要 $12\mu s$,那么结点的发送延时(d_{trans})为 $12\mu s$。发送延时示意图如图 1-26 所示。

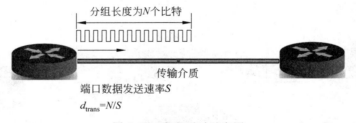

图 1-26　发送延时示意图

(4) 传播延时

传播延时示意如图 1-27 所示。电磁波传播是需要时间的。电磁波在空间中的传播速度为 $3\times10^8\text{m/s}$,而在传输介质(如双绞线、光纤)中的传播速度大约等于 $2\times10^8\text{m/s}\sim3\times10^8\text{m/s}$。如果发送结点与接收结点之间的传输介质长度为 D,信号传播速度为 V,那么信号通过距离为 D 的传输介质所需要的传播时间是 D/V,这个时间就是数据信号的传播延时,即 $d_{\text{prop}}=D/V$。

例如,传播距离 $D=500\text{m}$,信号在双绞线中的传播速度 $V=2\times10^8\text{m/s}$,那么电信号的传播延时(d_{prop})等于 $2.5\mu s$。

理解结点延时需要注意以下两个问题:

第一,发送延时与传播延时概念上的区别。

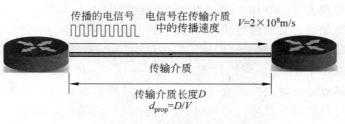

图 1-27　传播延时示意图

　　初学者经常会在发送延时与传播延时概念上产生混淆。发送延时是指结点(路由器或主机)的发送端口将一个分组的第一个比特的电磁波发送到传输介质,到将该分组的最后一个比特发送到传输介质所花费的时间。发送延时 d_{trans} 的长短取决于分组长度与结点端口网卡的发送速率。例如,发送的分组长度一定,分别用发送速率 R 为 1Gbps 与 10Gbps 的 Ethernet 端口网卡发送该分组时,10Gbps 的 Ethernet 端口由于发送速率高,因此发生同样长度的分组,它只需要用 1Gbps 的 Ethernet 端口发送时间的十分之一就可完成发送。

　　传播延时是指分组的第一个比特从发送端口通过传输介质,到达目的结点的接收端口所用的时间。传播延时(d_{prop})值与传输介质的长度、电磁波在介质中的传播速度等物理参数相关,与分组的长度与结点网卡的发送速率无关。无论是用 1Gbps 端口的 Ethernet 网卡或者是用 10Gbps 端口的 Ethernet 网卡发送长度相同或长度不同的分组,只要传输介质不变,电磁波通过 10km 长的双绞线所产生的传播延时,一定是通过 1km 长的双绞线所产生的传播延时的 10 倍。这就像高速公路上从一个收费站到距离 80km 的下一个收费站,只要是汽车运行速度都保持为每小时 80km,无论是只坐了 1 个人的小轿车,还是坐了 30 个人的公交车,它们都需要用 1 小时才能够到达。

　　我们平时所说的"高速网络"是指结点发送速率高。提高结点发送速率只能减少结点的分组发送延时,不可能影响分组通过传输介质的传播延时。"高速通信链路"是指传输介质的带宽较宽。在采取多路复用技术之后,在一条传输介质上可以并发传输多路信号。只要传输介质长度不变,无论传输介质的带宽是多少,通过该传输介质的传播延时是不变的。

　　第二,不同的网络环境中,不同类型延时的变化很大。

　　结点延时包括处理延时、排队延时、发送延时与传播延时 4 种类型,而这 4 种延时的数值在不同的网络环境中变化很大。

　　从组成结点总延时的 4 种延时情况看,各种延时本身的数值变化就很大。例如,对于处理延时来说,高端路由器的结点处理延时(d_{proc})值一般可以达到微秒(μs),甚至更小的量级;而中低端路由器的结点处理延时一般只能达到毫秒(ms)量级。影响排队延时的因素很复杂。如果端口没有排队等待发送的分组或者很少,排队延时(d_{queue})值一般可以达到微秒到毫秒量级;如果等待发送的分组队列增长了,那么排队延时值也必然要增加;如果排队队列已经被占满,那么后续进入的分组就要被丢弃。对于发送延时来说,由于分组长度一般都受到具体通信协议的限制,典型的分组数据长度为 1500B。如果结点端口发送速率在 100Mbps～10Gbps,那么发送延时(d_{trans})值一般可以控制在 120μs～1.2μs。传播延时(d_{prop})值在局域网与广域网中差异很大。例如,信号在双绞线中的传播速度为 2×10^8 m/s,局域网中双绞线长度为 100m,那么传播延时值为 0.5μs;广域网中光纤长度为 100km,信号在光纤中的传播速度为 $3 \times 10^8 \mathrm{m/s}$,那么传播延时值约为 $333 \mu s$。

从 4 种延时对结点总延时影响的角度可以看出,影响结点总延时的因素很多,并且与网络运行状态直接相关。例如,在局域网使用的中低端路由器,结点的处理延时可以控制在毫秒(ms)量级;发送延时(d_{trans})值可以控制在微秒(μs)量级;传播延时值也可以控制在微秒(μs)量级;那么,结点总延时主要是看排队延时(d_{queue})的长短。同样,广域网中高端路由器的结点处理延时可以控制在微秒(μs)量级;发送延时(d_{trans})值也可以控制在微秒(μs)量级;传播延时值一般可以控制在微秒(μs)到毫秒(ms)量级;那么,结点总延时的仍然取决于排队延时(d_{queue})的大小。如果结点流量大,排队延时达到秒(s)的量级,那么其他三种延时对结点总延时的影响可以忽略不计。

3. 排队延时与丢包

由于排队延时与网络通信状态相关,并且直接影响着结点总延时与网络性能,因此排队延时问题一直是网络技术研究的重点。

排队延时与处理延时、发送延时与传播延时相比有很大的不同。如果有 10 个分组进入了结点,那么对于每个分组来说,结点的处理延时、发送延时、传播延时基本上是相同的。假如这 10 个分组进入一个空的排队队列时,第一个分组不需要等待就可以被发送,它的排队延时值为 0。而第 10 个分组就要等待前 9 个分组发送完了,才能够进入发送状态,排队延时一定较大。因此,表述排队延时一般要采用平均排队延时、排队延时方差,或者是排队延时超过某特定值的概率。

排队延时的大小很大程度上取决于分组达到该队列的速率,分组是周期性到达还是突发性到达,以及端口的发送速率。为了简化讨论,可以进行两个假设:第一,分组以等间隔的执行到达,队列到达的平均速率为 α(即每秒钟有 α 个分组到达,单位是分组/秒,记为 pkt/s);每一个分组长度为 L(单位为 bit)。那么,αL 值表示的是平均每秒钟进入排队队列的比特数,定义为进入队列的平均速率,单位为 bps。第二,排队队列的空间足够大,能够容纳所有接入的分组。

端口的发送速率为 R(bps),表示每秒钟网卡从队列取出并通过链路发送的比特数。进入队列的平均速率与端口的发送速率的比例 $\alpha L / R$ 定义为流量强度(traffic intensity)。流量强度大于 1,即 $\alpha L / R > 1$,表示平均每秒钟进入排队队列的比特数大于网卡从队列取出并通过链路发送的比特数,从队列中输入的比特数大于从队列中输出的比特数,队列中储存的比特数越来越多,排队延时值将无限制地增加,逐步趋向无穷大。平均排队延时与流量强度的关系如图 1-28 所示。因此,研究网络结点延时的最重要原则是:设计网络系统时必须保证流量强度不能大于 1。

为了使讨论简化,在假设排队队列的空间足够大、能够容纳所有接入的分组的前提下,讨论流量强度 $\alpha L / R \leqslant 1$ 的情况。

1.6.6 面向连接服务与无连接服务

1. 通信服务类型

网络通信服务可以分为两大类:面向连接服务(connection oriented services)和无连接服务(connectionless services)。很显然,电路交换属于面向连接服务,而分组交换属于无连接服务。理解网络服务类型需要注意以下两个基本问题。

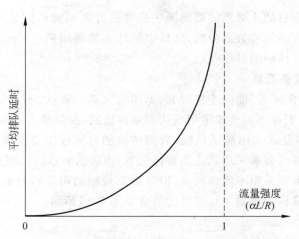

图 1-28 平均排队延时与流量强度的关系示意图

（1）面向连接服务与无连接服务对通信协议的复杂性与传输的可靠性有很大影响。根据主机对数据传输效率和可靠性要求的不同，设计者可以选择面向连接服务或无连接服务。

（2）在网络数据传输的各层（例如物理层、数据链路层、网络层与传输层），都会涉及面向连接服务与无连接服务的问题。物理层、数据链路层、网络层与传输层的通信方式与协议的制订方面都需要事先确定，是采用面向连接的服务，还是采用无连接服务。采用的通信服务类型不同，通信的可靠性与协议的复杂性也不相同。

2. 面向连接服务

面向连接服务和电话系统的工作模式相似。面向连接服务的主要特点如下。

（1）数据传输过程必须经过连接建立、连接维护与释放连接三个阶段。

（2）在数据传输过程中，各个分组不需要携带目的节点的地址。

（3）传输连接类似一个通信管道，发送方在一端放入数据，接收方从另一端取出数据。传输的分组顺序不变，因此传输的可靠性好，但是协议复杂，通信效率不高。

3. 无连接服务

无连接服务与邮政系统服务的信件投递过程相似，无连接服务的主要特点是：

（1）每个分组都携带源节点与目的节点地址，各个分组的转发过程是独立的。

（2）传输过程不需要经过连接建立、连接维护与释放连接三个阶段。

（3）目的主机接收的分组可能出现乱序、重复与丢失现象。

无连接服务的可靠性不是很好，但是由于省去了很多协议处理过程，因此它的通信协议相对简单，通信效率比较高。

4. 确认和重传机制

面向连接服务与无连接服务对数据传输的可靠性有影响，但是数据传输的可靠性一般通过确认和重传机制保证。

确认是指目的主机在接收到每个分组后，要求向源主机发送正确接收分组的确认信息。如果发送主机在规定的时间内没有接收到确认信息，就会认为该分组发送失败，这时源主机会重新发送该分组。确认和重传机制可以提高数据传输的可靠性，但是需要制定较为复杂的确认和重传协议，并且要增加网络通信负荷与占用网络带宽。

当然,也可以规定目的主机不需要向源主机发送分组的确认信息。由于目的主机不进行确认,源主机也不重新传输数据分组,这样做的优点是协议简单,不需要增加网络额外的通信负荷,但是降低了传输的可靠性。

5. 服务类型与服务质量

从数据传输的角度来看,面向连接服务、无连接服务与确认、不确认机制之间并没有必然的联系。面向连接服务可以要求采用确认和重传机制,提供最为可靠的数据传输服务;面向连接服务也可以不要求采用确认机制,数据传输的可靠性主要由面向连接服务来保证。同时,无连接服务也可以要求采用确认和重传机制,由确认和重传机制来提高数据传输的可靠性;无连接服务也可以采用不确认机制,但是数据传输的可靠性较低。面向连接服务、无连接服务与确认、不确认的机制 4 种可能的组合如图 1-29 所示。

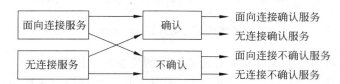

图 1-29 面向连接服务、无连接服务与确认、不确认机制 4 种可能的组合

显然,要保证数据传输的高可靠性,就需要制定复杂的通信协议,需要增加额外的通信开销,协议的执行过程复杂,通信效率不高。因此,效率和可靠性是一对矛盾。在网络的各个层次的通信协议设计中,人们可以在面向连接与确认服务、面向连接与不确认服务、无连接与确认服务、无连接与不确认服务 4 种情况中,根据不同的通信要求选择不同的服务类型。

1.7 网络体系结构与网络协议

网络体系结构与网络协议是计算机网络技术中两个最基本的概念。网络体系结构的概念与研究方法对互联网、移动互联网与物联网的研究具有重要的指导意义。

1.7.1 网络体系结构的基本概念

1. 网络协议的基本概念

(1) 什么是网络协议

计算机网络由多台主机组成,主机之间需要不断地交换数据。要做到有条不紊地交换数据,每台主机都必须遵守一些事先约定好的通信规则。协议就是一组控制数据交互过程的通信规则。这些规则明确地规定所交换数据的格式和时序。这些为网络数据交换制定的通信规则、约定与标准称为"网络协议"。

实际上,我们对于通信协议一点也不陌生。一种语言本身就是一种协议,它包括语义、语法和时序。例如我们要向国际会议投稿,就必须严格地按照英文的科技论文写作规范来书写论文。如果稿件中有语义、语法错误,会议审稿人一定会要求修改后重新提交。人们在日常交流中,不管是书面或口头交流,都必须符合所使用语言的语义、语法和时序,也就是说:在日常人与人交流中,我们都是严格地遵循"通信协议"的。

网络协议同样是由以下三个要素组成。

① 语义。语义是解释控制信息每个部分的意义。它规定了需要发出何种控制信息,以及完成的动作与做出什么样的响应。

② 语法。语法是用户数据与控制信息的结构与格式,以及数据出现的顺序。

③ 时序。时序是对事件发生顺序的详细说明。

人们形象地把这三个要素描述为:语义表示要做什么,语法表示要怎么做,时序表示做的顺序。

(2) 为什么要研究网络协议

计算机网络是一个复杂的系统。要保证计算机网络能够有条不紊地工作,就必须制定出一系列的通信协议。每种协议在设计时都是针对于某个特定的目的和过程,以及在这个数据交换过程中需要解决的问题。目前,已经有很多种网络协议,它们组成了一个完整的体系。同时,网络协议需要不断发展和完善。每当一种新的网络服务出现时,人们必然为这种服务研究、制定与应用新的协议。

如果认真考查现实生活中邮政系统的结构与运行过程,就会发现邮政系统与计算机网络两者有很多相似之处。为了帮助读者对网络体系结构与网络协议的基本概念有一个直观和清晰的理解,不妨先分析一个实际社会生活中通信系统的例子,读者从中可以得到很多有益的启示。

图 1-30 给出了邮政系统的信件发送与接收过程。人们对利用邮政系统来发送、接收信件的过程都很熟悉。例如,你在南开大学读书,但是你的家在广州。当你想给广州家中的父母写信时,第一步需要写一封信;第二步需要在信封的左上方写收信人的地址,在信封的中部写收信人的姓名,信封的右下方写发信人的地址;第三步将信件封进信封并贴上邮票;第四步需要将信件投入邮箱。

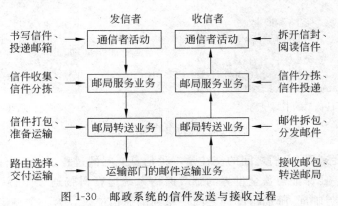

图 1-30 邮政系统的信件发送与接收过程

当你将信件投入邮箱后,邮递员按时从各个邮箱中收集信件,检查邮资是否正确,盖邮戳并转送地区邮政枢纽局。邮政枢纽局的工作人员根据信件目的地址,将发送到相同地区的邮件分拣后打成邮包,并在邮包上贴上运输线路、中转站地址。如果从天津到广州要通过铁路运输并需要由北京中转,那么所有当天从天津到广州的信件都打在一个包里,贴上标签后由铁路运送到北京,然后由北京通过石家庄、武汉中转,最终到达广州。邮包送到广州邮政枢纽局后,那里的分拣员将会拆包,并将信件按目的地址分拣到各区邮政分局,由邮递员将信件送到收信人邮箱。这样,信件的发送与接收过程完成。

世界各地的人们之间可以自由地通信,就是由于实际的邮政系统已覆盖全世界,并且所有人都知道邮寄信件的规则。同时,由于覆盖全世界的邮政系统采用了相同的层次结构方法,制定完善的工作流程和接口标准,尽管每天世界各地有成千上万人通过邮政系统发送和接收邮件,整个邮政系统都能够有条不紊地工作。

2. 协议、层次、接口与体系结构的基本概念

邮政通信系统与计算机网络的工作原理十分相似,两个系统的设计、组建与运行都是建立在以下几个重要的概念基础上。这些重要的概念是协议、层次、接口与体系结构。

(1) 协议

协议(protocol)是一种通信规则,要保证邮政通信系统正常和有序地运行,就必须制定和执行各种通信规则。

一个协议的例子是信封的书写方法,图 1-31 给出了信封书写规范的比较。国内邮件信封与国际邮件信封的书写规范是不同的。如果你的信是邮寄给国内的某一所大学的老师,那么信封的书写应该符合如图 1-31(a)所示的规范。如果你要给住在美国的朋友写信,则信封的书写要符合如图 1-31(b)所示的规范。这本身也是一种通信规则,是关于信封书写格式的协议。即使你有两封信一起投递到邮箱,其中一封信是寄给广州的父母,而另一封信是寄给美国的同学,对于收集信件的邮递员来说,他只需按时、统一将信件收集起来,一起集中到城市的邮政枢纽局,由邮政枢纽局懂得不同文字的分拣人员或机器去识别信件的目的地址,然后根据信件的目的地址去确定传送每一类信件的路线。

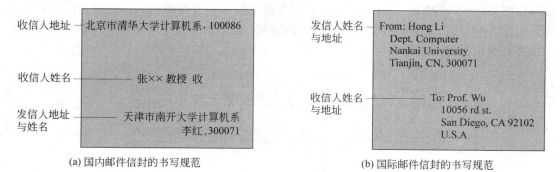

(a) 国内邮件信封的书写规范　　　(b) 国际邮件信封的书写规范

图 1-31　信封书写规范的比较

从广义的角度来看,人们之间的交往是一种信息交互的过程,每做一件事都必须遵循事先约定好的规则。要保证覆盖全世界的邮政通信系统运行得畅通无阻,就必须制定发信人与收信人、发信者与邮局、邮局与邮局之间一系列的通信协议。为一个特定的系统制定的一组协议称为协议栈(protocol stack)。同样,要保证计算机网络中大量计算机之间有条不紊地交换数据,也必须事先制定一系列的通信协议。因此,协议是计算机网络中一个最基本的概念。

(2) 层次

层次(layer)结构是处理计算机网络问题最基本的方法。对于一些难以处理的复杂问题,通常是采用分解为若干个容易处理的、小一些的问题,"化整为零,分而治之"的方法去解决。邮政通信系统是涉及全国乃至世界各地亿万人民之间信件传送的复杂问题,它采用的解决方法如下。

① 将覆盖全球邮政系统要实现的多个功能分配在不同的层次,每个层次对要完成的服务及实现的过程都有明确的规定。

② 不同地区的邮政系统具有相同的层次。

③ 不同地区邮政系统的同等层具有相同功能。

④ 发信人投递信件之后,直到最终传递到收信人,他们享受到邮政系统所提供的服务,但是他们并不需要知道服务具体是由谁、采取什么方法实现的。

⑤ 要求使用邮政系统的用户都要遵守信封书写、邮资支付、投递与收取方法的规定。

邮政系统的层次结构的设计方法体现人们对复杂问题处理的一种基本的思路,它可以大大降低复杂问题处理的难度,计算机网络从中吸取了有益的经验。因此,层次与层次结构是计算机网络中又一个重要的概念。

(3)接口

在邮政系统中,邮箱就是发信人、收信人与邮递员之间交互的接口(interface)。发信人在寄信时一定会找到一个邮局设置的邮箱,将信件扔进去之后,发信人的动作就完成了,下面应该是邮递员从邮箱中取出信件。而收信方的邮递员将信件投到收信人的邮箱,收信人从自己的邮箱中取出信件。这是一个人们已经司空见惯的过程,不管这封信是从本市寄来,还是从遥远的异国他乡寄来,正常情况下是会很顺利地完成。显然,规定邮箱这样一个通信"接口"是十分简单而有效的方法。计算机网络中也引入了接口的概念。接口是同一主机内相邻层之间交换信息的连接点。

理解接口的概念,需要注意以下两个基本的问题。

① 同一主机的相邻层之间存在着明确规定的接口,相邻层之间通过接口来交换信息。

② 低层通过接口向高层提供服务。只要接口条件不变、低层功能不变,实现低层协议的技术的变化,不会影响整个系统的工作。

因此,接口是计算机网络实现技术中一个重要的概念。

(4)网络体系结构

从协议的讨论中可以看出,为了保证计算机网络中大量计算机之间有条不紊地交换数据,人们必须制定大量的协议,构成一套完整的协议体系。对于结构复杂的网络协议体系来说,最好的组织方式是层次结构模型。计算机网络引入了一个重要的概念——网络体系结构(network architecture)。

理解网络体系结构的概念,需要注意以下问题。

① 网络体系结构是网络层次结构模型与各层协议的集合。

② 网络体系结构对计算机网络应该实现的功能进行精确定义。

③ 网络体系结构是抽象的,而实现网络协议的技术是具体的。

(5)层次型网络体系结构的优点

网络体系结构采用层次结构方法,具有以下优点。

① 各层之间相互独立。高层不需要知道低层的功能是采取硬件或者是软件技术来实现的,它只需要知道通过与低层的接口就可以获得所需要的服务。

② 灵活性好。各层都可以采用最适当的技术来实现,例如某一层的实现技术发生了变化,用硬件代替了软件,只要这一层的功能与接口保持不变,实现技术的变化都不会对其他

各层以及整个系统的工作产生影响。

③ 易于实现和标准化。由于采取了规范的层次结构去组织网络功能与协议,因此可以将计算机网络复杂的通信过程,划分为有序的连续动作与有序的交互过程,有利于将网络复杂的通信工作过程化解为一系列可以控制和实现的功能模块,使得复杂的计算机网络系统变得易于设计、实现和标准化。

1.7.2　OSI 参考模型

1. OSI 参考模型研究的背景

1974 年,IBM 公司提出世界上第一个网络体系结构——系统网络体系结构(system network architecture,SNA)。此后,很多计算机公司纷纷提出各自的网络体系结构,如 DEC 公司提出的数字网络体系结构(digital network architecture,DNA)、UNIVAC 公司提出的分布式计算机体系结构(distributed computer network,DCA)等。不同公司提出的网络体系结构的共同点是都采用了分层的体系结构,但在层次的划分、每个层次的功能分配,以及实现技术方面差异很大。采用不同网络体系结构与协议的网络称为异构网络。异构网络的互联是困难的。大量异构网络的存在必将给网络大规模的推广与应用带来很大的困难,因此如何解决计算机网络体系结构与协议的标准化的研究就提上了议事日程,国际标准化组织的 OSI 参考模型的研究课题就是在这样一个背景下提出的。

在制定计算机网络标准方面起着很大作用的两大国际组织是:国际电报与电话咨询委员会(Consultative Committee on International Telegraph and Telephone,CCITT)与国际标准化组织(International Standards Organization,ISO)。CCITT 与 ISO 的工作领域不同,CCITT 主要是研究与制定通信标准,而 ISO 研究的重点主要在网络体系结构方面。

1974 年,ISO 发布了著名的 ISO/IEC 7498 标准,它定义了网络互联的 7 层框架,即开放系统互连(open system internetwork,OSI)参考模型。在 OSI 框架下,进一步详细规定了每层的功能,以实现开放系统环境中的互连性(interconnection)、互操作性(interoperation)与应用的可移植性(portability)。

2. OSI 参考模型的基本概念

理解 OSI 参考模型的基本概念,需要注意以下问题。

(1) 对"开放"含义的理解

在术语"开放系统互连参考模型"中,"开放"是指一台联网计算机系统只要遵循 OSI 标准,就可以与位于世界上任何地方、遵循同样协议的其他任何一台联网计算机系统进行通信。

(2) 参考模型的概念

OSI 参考模型定义了开放系统的层次结构、层次之间的相互关系,以及各层所包括的可能的服务。OSI 的服务定义详细地说明了各层所提供的服务,但是并不涉及接口的具体实现方法。OSI 参考模型并不是一个标准,而是一种在制定标准时所使用的概念性的框架。研究 OSI 参考模型的制定原则与设计思想,对于理解计算机网络的工作原理非常有益。

3. OSI 参考模型层次划分的主要原则

由于 OSI 参考模型研究与制定的时间是 20 世纪 80 年代,如果将广域网发展时间、网络结构与 OSI 参考模型结构研究的时间做一个对比就会发现,研究人员在制定 OSI 参考模型时主要参考了广域网技术。图 1-32 给出了广域网结构与 OSI 参考模型结构比较的示意图。

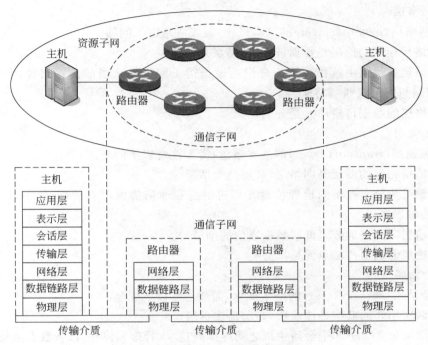

图 1-32　OSI 参考模型的结构

OSI 参考模型将整个通信功能划分为 7 个层次,其层次划分的主要原则如下。

① 网中各主机都具有相同的层次。

② 不同主机的同等层具有相同的功能。

③ 同一主机内相邻层之间通过接口通信。

④ 每层可以使用下层提供的服务,并向其上层提供服务。

⑤ 不同主机的同等层通过协议来实现同等层之间的通信。

4. OSI 参考模型各层的主要功能

OSI 参考模型结构包括以下 7 层:物理层、数据链路层、网络层、传输层、会话层、表示层和应用层。

(1) 物理层

理解物理层(physical layer)的基本概念,需要注意以下问题。

① 物理层是 OSI 参考模型的最低层。

② 物理层利用传输介质为通信的主机之间建立、管理和释放物理连接,实现比特流的透明传输,为数据链路层提供数据传输服务。

③ 物理层的数据传输单元是比特(bit)。

(2) 数据链路层

理解数据链路层(data link layer)的基本概念,需要注意以下问题。

① 数据链路层的低层是物理层,相邻高层是网络层。

② 数据链路层在物理层提供比特流传输的基础上，通过建立数据链路连接，采用差错控制与流量控制方法，使有差错的物理线路变成无差错的数据链路。

③ 数据链路层的数据传输单元是帧。

（3）网络层

理解网络层（network layer）的基本概念，需要注意以下问题。

① 网络层相邻的低层是数据链路层，高层是传输层。

② 网络层通过路由选择算法为分组通过通信子网选择适当的传输路径，实现流量控制、拥塞控制与网络互联的功能。

③ 网络层的数据传输单元是分组。

（4）传输层

理解传输层（transport layer）的基本概念，需要注意以下问题。

① 传输层相邻的低层是网络层，高层是会话层。

② 传输层为分布在不同地理位置计算机的进程通信提供可靠的端-端（end-to-end）连接与数据传输服务。

③ 传输层向高层屏蔽了低层数据通信的细节。

④ 传输层的数据传输单元是报文。

（5）会话层

理解会话层（session layer）的基本概念，需要注意以下问题。

① 会话层相邻的低层是传输层，高层是表示层。

② 会话层负责维护两个会话主机之间连接的建立、管理和终止，以及数据的交换。

（6）表示层

理解表示层（presentation layer）的基本概念，需要注意以下问题。

① 表示层相邻的低层是会话层，高层是应用层。

② 表示层负责通信系统之间的数据格式变换、数据加密与解密、数据压缩与恢复。

（7）应用层

理解应用层（application layer）的基本概念，需要注意以下问题。

① 应用层是参考模型的最高层。

② 应用层实现协同工作的应用程序之间的通信过程控制。

5．OSI 环境中的数据传输过程

（1）什么是 OSI 环境

在研究 OSI 参考模型时，需要搞清它所描述的范围，这个范围称为 OSI 环境（OSI environment，OSIE）。图 1-33 给出了 OSI 环境的示意图。

理解 OSI 环境的基本概念，需要注意以下问题。

① OSI 环境虚线所示的是主机中从应用层到物理层的 7 层以及通信子网。

② 连接主机的物理传输介质不包括在 OSI 环境中。

③ 主机 A 和主机 B 如果不连入计算机网络中，可以不需要有实现从物理层到应用层功能的硬件与软件。如果它们希望连入计算机网络，就必须增加相应的硬件和软件，在本地主机的操作系统控制下完成联网功能。

④ 假设应用进程 A 要与应用进程 B 交换数据。进程 A 与进程 B 分别处于主机 A 与

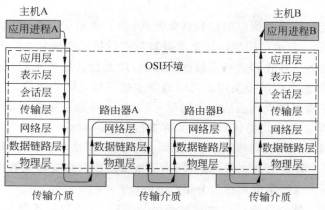

图 1-33 OSI 环境示意图

主机 B 的本地操作系统控制,不属于 OSI 环境。

主机 A 与主机 B 通信时,进程 A 首先要通过主机 A 的操作系统来调用实现应用层功能的软件模块;应用层模块将主机 A 的通信请求传送到表示层;表示层再向会话层传送,直至物理层。物理层通过连接主机 A 与路由器 A 的传输介质,将数据传送到路由器 A。路由器 A 的物理层接收到主机 A 传送的数据后,通过数据链路层检查是否存在传输错误;如果没有错误,路由器 A 通过它的网络层来确定应该把分组传送到哪一个路由器。如果通过路径选择算法,确定下一跳节点是路由器 B 时,则路由器 A 就将分组传送到路由器 B。路由器 B 采用同样的方法,将分组传送到主机 B。主机 B 将接收到的分组,从物理层逐层向高层传送,直至主机 B 的应用层。应用层再将数据传送给主机 B 的进程 B。

(2) OSI 环境中数据传输过程

图 1-34 给出了 OSI 环境中数据传输过程示意图。

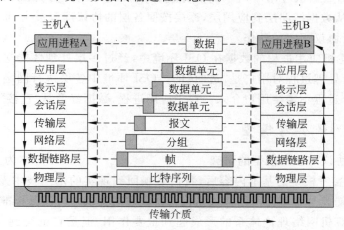

图 1-34 OSI 环境中的数据流

OSI 环境中数据发送过程包括以下步骤。

① 应用层:当进程 A 的数据传送到应用层时,应用层为数据加上应用层报头,组成应用层的协议数据单元(protocol data unit,PDU),再传送到表示层。图 1-34 中将 PDU 简称

为数据单元。

② 表示层:表示层接收到应用层数据单元后,加上表示层报头组成表示层协议数据单元,再传送到会话层。表示层按照协议要求对数据进行格式变换和加密处理。

③ 会话层:会话层接收到表示层数据单元后,加上会话层报头组成会话层协议数据单元,再传送到传输层。会话层报头用来协调通信主机进程之间的通信。

④ 传输层:传输层接收到会话层数据单元后,加上传输层报头组成传输层协议数据单元,再传送到网络层。传输层协议数据单元称为报文(message)。

⑤ 网络层:网络层接收到传输层报文后,由于网络层协议数据单元的长度有限制,需要将长报文分成多个较短的报文段,加上网络层报头组成网络层协议数据单元,再传送到数据链路层。网络层协议数据单元称为分组(packet)。

⑥ 数据链路层:数据链路层接收到网络层分组后,按照数据链路层协议规定的帧格式封装成帧,再传送到物理层。数据链路层协议数据单元称为帧(frame)。

⑦ 物理层:物理层接收到数据链路层帧之后,将组成帧的比特序列(也称为比特流),通过传输介质传送给下一个主机的物理层。物理层的协议数据单元是比特(bit)序列。

当比特序列到达主机 B 时,再从物理层依层上传,每层处理自己的协议数据单元报头,按协议规定的语义、语法和时序解释,执行报头信息,然后将用户数据上交高层,最终将进程 A 的数据准确传送给主机 B 的进程 B。

(3) 讨论

从以上关于 OSI 环境中数据传输过程的讨论中,可以得出以下结论。

(1) 源主机应用进程产生的数据从应用层向下纵向逐层传送,物理层通过传输介质横向将表示数据的比特流传送到下一个主机,一直到目的主机。到达目的主机的数据从物理层向上逐层传送,最终传送到目的主机的应用进程。

(2) 源主机的数据从应用层向下到数据链路层,逐层按相应的协议加上各层的报头。目的主机的数据从数据链路层到应用层,逐层按照各层的协议读取报头,根据协议规定解释报头的意义,执行协议规定的动作。

(3) 尽管源主机应用进程的数据在 OSI 环境中,经过多层处理才能送到目的主机的应用进程,但是整个处理过程对用户是"透明"的。OSI 环境中各层执行网络协议的硬件或软件自动完成,整个过程不需要用户介入。对于应用进程,数据好像是"直接"传送过来的。

1.7.3 TCP/IP 参考模型

1. TCP/IP 协议与参考模型的研究

在讨论 OSI 参考模型的基本内容后,我们必须回到现实的网络技术发展状况中。OSI 参考模型研究的初衷是希望为网络体系结构与协议发展提供一种国际标准。OSI 参考模型的研究对促进计算机网络理论体系的形成起到重要作用,但是它也受到 TCP/IP 的挑战。TCP/IP 的广泛应用对 Internet 的形成起到了重要的推动作用,而 Internet 的发展进一步扩大了 TCP/IP 的影响。目前 TCP/IP 已经成为公认的 Internet 工业标准与事实上的 Internet 协议标准。

在 TCP/IP 研发的初期,并没有提出参考模型。1974 年 Kahn 定义了最早的 TCP/IP 参考模型,1985 年 Leiner 等人进一步开展研究,1988 年 Clark 进一步完善了 TCP/IP 参考模型。

TCP/IP 中 IP 协议共出现过 6 个版本。目前使用的 TCP/IP 是版本 4，即 IPv4。版本 5 是基于 OSI 模型提出的，因此它一直处于建议阶段，并没有形成标准。IETF 提出了 TCP/IP 的版本 6，即 IPv6。IPv6 被称为"下一代的 IP"。

TCP/IP 是 Internet 中重要的通信规则。它规定了计算机通信所使用的协议数据单元、格式、报头与相应的动作。TCP/IP 协议体系具有以下主要特点。

（1）开放的协议标准。

（2）独立于特定的计算机硬件与操作系统。

（3）独立于特定的网络硬件，可以运行在局域网、广域网，更适用于互联网络。

（4）统一的网络地址分配方案，所有网络设备在 Internet 中都有唯一的 IP 地址。

（5）标准化的应用层协议，可以提供多种拥有大量用户的网络服务。

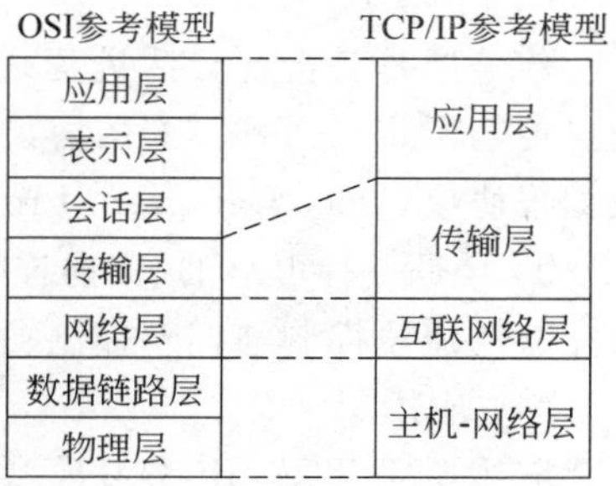

2. TCP/IP 参考模型的层次

图 1-35 给出了 TCP/IP 参考模型与 OSI 参考模型的层次对应关系。

图 1-35　TCP/IP 参考模型与 OSI 参考模型层次对应关系

TCP/IP 参考模型可以分为 4 个层次：

- 应用层（application layer）。
- 传输层（transport layer）。
- 互联网络层（Internet layer）。
- 主机-网络层（host-to-network layer）。

从功能的角度，TCP/IP 参考模型的应用层与 OSI 参考模型的应用层、表示层、会话层对应；TCP/IP 参考模型的传输层与 OSI 参考模型的传输层对应；TCP/IP 参考模型的互联网络层与 OSI 参考模型的网络层对应；TCP/IP 参考模型的主机-网络层与 OSI 参考模型的数据链路层和物理层对应。

在早期制定的 TCP/IP 文本中，使用"IP 数据报"表述，目前常用的"IP 分组"；"网关"与目前常用的"路由器"功能与概念是一致的。

3. TCP/IP 各层的主要功能

（1）主机-网络层

主机-网络层是 TCP/IP 参考模型的最低层，它负责发送和接收 IP 分组。TCP/IP 协议对主机-网络层并没有规定具体的协议，它采取开放的策略，允许使用广域网、局域网与城域网的各种协议。任何一种流行的低层传输协议都可以与 TCP/IP 互联网络层接口。这正体现了 TCP/IP 体系的开放性、兼容性的特点，也是 TCP/IP 成功应用的基础。

（2）互联网络层

TCP/IP 参考模型互联网络层使用的是 IP 协议。IP 是一种不可靠、无连接的数据报传输服务协议，它提供的是一种"尽力而为"（best-effort）的服务。互联网络层的协议数据单元是 IP 分组。

互联网络层的主要功能包括：

① 处理来自传输层的数据发送请求。在接收到报文发送请求后,将传输层报文封装成IP 分组,启动路由选择算法,选择适当的发送路径,并将分组转发到下一个节点。

② 处理接收的分组。在接收到其他节点发送的 IP 分组后,检查目的 IP 地址,如果目的地址为本节点的 IP 地址,则除去分组头,将分组数据交送传输层处理。如果需要转发,则通过路由选择算法为分组选择下一跳节点的发送路径,并转发分组。

③ 处理网络的路由选择、流量控制与拥塞控制。

(3) 传输层

传输层是负责在会话进程之间建立和维护端-端连接,实现网络环境中分布式进程通信。传输层定义两种不同的协议:传输控制协议(Transport Control Protocol,TCP)与用户数据报协议(User Datagram Protocol,UDP)。

TCP 是一种可靠的、面向连接、面向字节流(byte stream)的传输层协议。TCP 提供比较完善的流量控制与拥塞控制功能。UDP 是一种不可靠的、无连接的传输层协议。

(4) 应用层

应用层是 TCP/IP 参考模型中的最高层。应用层包括各种标准的网络应用协议,并且总是不断有新的协议加入。

TCP/IP 应用层基本的协议主要有:

① 远程登录协议(TELNET)。

② 文件传输协议(File Transfer Protocol,FTP)。

③ 简单邮件传输协议(Simple Mail Transfer Protocol,SMTP)。

④ 超文本传输协议(Hyper Text Transfer Protocol,HTTP)。

⑤ 域名服务(DNS)协议。

⑥ 简单网络管理协议(Simple Network Management Protocol,SNMP)。

⑦ 动态主机配置协议(Dynamic Host Configuration Protocol,DHCP)。

1.7.4 OSI 参考模型与 TCP/IP 参考模型的比较

OSI 参考模型与 TCP/IP 参考模型虽然都采用了层次结构的方法,但是在层次划分与协议内容上有很大区别。

OSI 参考模型的设计者初衷是制定一个适用于全世界计算机网络的统一标准。从技术上追求一种理想的状态。20 世纪 80 年代,几乎所有专家都认为 OSI 参考模型与协议将风靡世界,但是事实却与人们预想的相反。造成 OSI 协议不能流行的一个重要原因是模型与协议自身的缺陷。OSI 参考模型与协议结构复杂,实现周期长,运行效率低,缺乏市场与商业推动力,这是它没有能够达到预期目标的主要原因。

从 TCP/IP 在 20 世纪 70 年代诞生以来,它已经历 40 多年的实践检验,并且已经成功赢得大量的用户和投资。TCP/IP 的成功促进 Internet 的发展,Internet 的发展又进一步扩大 TCP/IP 的影响。TCP/IP 首先在学术界争取了一大批用户,同时也越来越受计算机产业界的青睐。IBM、DEC 和 Microsoft 等计算机公司纷纷支持 TCP/IP,局域网操作系统NetWare、LAN Manager 和数据库 Oracle,以及 UNIX、POSIX、Windows、Linux 操作系统都支持 TCP/IP。相比之下,OSI 参考模型与协议显得有些势单力薄。人们普遍希望做到网络标准化,但是 OSI 迟迟没有成熟的产品推出,妨碍了第三方厂家开发相应的硬件和软件,从而影响了 OSI 研究成果的影响力与发展。

1.7.5 网络与 Internet 协议标准化组织和管理机构

1. 网络协议标准化组织

在世界范围内组建大型的网络系统,通信协议与接口标准的标准化非常重要,很多标准化组织致力于网络和通信标准的制定、审查和推广工作。目前,在计算机网络领域有影响的标准化组织主要有以下 4 个。

(1) 国际电信联盟

1992 年,国际电话电报咨询委员会 CCITT 更名为国际电信联盟(International Telecommunications Union,ITU),负责电信方面的标准制定。ITU 标准主要用于国与国之间的互连,而在各个国家内部可以有自己的标准。例如,美国在接入国际电话网时采用 ITU 标准,而在美国国内则采用 ANSI 标准。

(2) 国际标准化组织

1946 年,国际标准化组织(ISO)成立,其成员为来自世界各地的标准化组织,宗旨是组织制定国际标准。ISO 中负责数据通信标准的是 ISO 第 97 技术委员会(TC97)。OSI 参考模型就是由 ISO 的 TC97 组织制定的。

(3) 电子工业协会

电子工业协会(Electronic Industries Association,EIA)制定的 RS-232 接口标准在通信中应用广泛。近年来,EIA 在移动通信领域的标准制定方面表现活跃,很多蜂窝移动通信网采用的标准就是由 EIA 制定的。

(4) 电气电子工程师协会

电气电子工程师协会(Institute of Electrical and Electronics Engineers,IEEE)是国际电子电信行业最大的专业学会,其成员主要是工程技术人员。局域网中最重要的 802 系列标准就是由 IEEE 组织制定的。

2. RFC 文档、Internet 草案与 Internet 协议标准

(1) RFC 文档的基本概念

RFC 文档是网络技术研究人员获取技术资料的重要来源之一。最早出现的 RFC 文档的名字为 *RFC1 Host software*,它是在 1969 年 4 月 7 日由参与 ARPANET 研究的 UCLA 研究生 Steve Crocker 发布的。Steve Crocker 最初的设想是:希望创造一种非官方的、所有参与 ARPANET 项目技术人员之间交流研究成果的方式,以系列的方式发布各种网络技术与标准的研究文档,并取名为请求评价(request for comment,RFC)文档。这种形式很快就受到所有参与 ARPANET 项目研究人员的欢迎,并逐步成为有关 Internet 技术研究成果、标准讨论最主要的方式,在 Internet 技术研究与标准从研究到修改、确定过程中发挥了重要的作用,也是当前所有网络技术研究人员了解 Internet 技术动态与标准内容最重要的信息来源。各种 RFC 文档都可以免费通过 http://www.rfc-editor.org 网站找到。

(2) RFC 文档类型及其与 Internet 草案与 Internet 协议标准的关系

在了解 RFC 文档对计算机网络研究的作用时,需要注意以下问题。

① 任何研究人员都可以提交 RFC 文档。管理 RFC 文档的机构根据收到文档之后的时间,经过 IETF 专家审查并认为可以发布时,将按照接收文档的时间先后对 RFC 排序。

第一个 RFC 文档序号为 1,即 *RFC1 Host software*,之后很快就出现了 B. Duvall 关于主机软件讨论的文档,即 *RFC 2 Host software*。从 1969 年 4 月第一个 RFC 文档的出现到 2009 年 4 月的 40 年中发布的 RFC 文档研究已经达到数千个。2009 年 4 月 7 日发布的 RFC5540 文档的名称是 *40 Years of RFCs*,它对 RFC 文档 40 年的发展过程进行了总结。因此,读者在查询与阅读 RFC 文档时需要注意两个问题:一是注意 RFC 文档的类型;二是确定是否是最新的文档。

② Internet 标准的制定需要经过草案、建议标准、草案标准、标准 4 个阶段。

"草案"阶段的文档是提供给大家讨论用的。当研究人员提交的文档经过 IETE 专家审查认为有可能成为协议标准时,将被接受为"建议标准"阶段的 RFC 文档。处于"草案标准"阶段的 RFC 文档,表示该文档正在按协议标准的要求进行审查。"标准"阶段的 RFC 文档表示该文档已经成为 Internet 协议标准。

不是所有的 RFC 文档都会成为 Internet 协议标准,其中只有一小部分成为标准。

③ RFC 文档有实验性文档、信息性文档与历史性文档三种形式。

实验性 RFC 文档表示该文档是某一项技术研究当前实验的进展报告。信息性 RFC 文档表示该文档是关于 Internet 相关的一般性信息或指导性的信息。历史性 RFC 文档表示该协议已经被新的协议取代,或者是从未使用的标准。

④ 一种网络协议可能会出现很多相关的 RFC 文档。例如,讨论 TCP 的第一个 RFC 文档 *RFC793 Transmission Control Protocol*,*J. Postel. September* 是 1981 年发布的。为了解决 TCP 在网络拥塞下的恢复性能,以及选择传输窗口、接收窗口、超时数值、报文段长度等 TCP 变量值等问题,在之后的 20 多年里 IETF 又公布了十几个对 TCP 的功能扩充、调整的 RFC 文档。因此,如果读者要系统地了解一个协议标准的细节时,可能需要阅读多个 RFC 文档。

同时需要注意另一类问题,那就是对于同一个协议,可能有后面的新协议文档取代了前面的旧协议文档。例如,对于 *Internet Official Protocol Standards* 存在着两个 RFC 文档,其中 2003 年 11 月发布的 RFC3600 明确表示它将取代 2002 年 11 月发布的 RFC3300。这种情况是比较多的。

3. Internet 管理机构

实际上,没有任何组织、企业或政府能够拥有 Internet,它是由一些独立的机构来管理的,这些机构都有自己特定的职能。图 1-36 给出了 Internet 管理机构关系的结构示意图。大多数 Internet 管理和研究机构都有两个共同点:一是它们都是非赢利的;二是都是自下向上的结构。这种结构的优点是能够体现出 Internet 资源与服务的开放性与公平性原则。

以下是 Internet 主要管理和研究机构。

(1) 国家科学基金会(http://www.nsf.gov)

尽管美国国家科学基金会(NSF)并不是一个官方的 Internet 组织,并且也不能参与 Internet 的管理,但是对 Internet 的过去和未来都发挥了重要的作用。NSF 于 1950 年创立。根据《国家科学基金会法案》,该组织成为一个独立于美国政府的机构。

(2) Internet 协会(http://www.isoc.org)

1992 年,Internet 协会(Internet Society,ISOC)创立,它是一个最权威的 Internet 全球协调与合作的国际化组织。ISOC 是由 Internet 专业人员和专家组成的协会,致力于调整

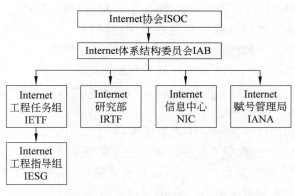

图 1-36　Internet 管理机构结构

Internet 的生存能力和规模。ISOC 的重要任务是与其他组织合作，共同完成 Internet 标准与协议的制定。

（3）Internet 体系结构委员会（http://www.iab.org）

1992 年 6 月，Internet 体系结构委员会（Internet Architecture Board，IAB）创立，它是 Internet 协会 ISOC 的技术咨询机构。IAB 的权力在 RFC1601（IAB 章程）中做了规定。IAB 负责监督 Internet 协议体系结构和发展，提供创建 Internet 标准的步骤，管理 Internet 标准与草案的 RFC 文档，管理各种已分配的 Internet 端口号。IAB 包括两个下属机构：Internet 工程任务组 IETF 和 Internet 研究任务组 IRTF。

（4）Internet 工程任务组（http://www.ietf.org）和 Internet 工程指导小组（http://www.iesg/iesg.org）

Internet 工程任务组（Internet Engineering Task Force，IETF）的责任是为 Internet 工程和发展提供技术及其他支持，包括简化现有标准与开发一些新的标准，以及向 Internet 工程指导小组（Internet Engineering Steering Group，IESG）推荐标准。

（5）Internet 研究任务组（http://www.irtf.org）

Internet 研究任务组（Internet Research Task Force，IRTF）是 Internet 协会 ISOC 的执行机构。根据 RFC2014《IRTF 研究任务组指导方针和程序》的规定，Internet 研究部致力于与 Internet 有关的长期项目研究，主要包括 Internet 协议、体系结构、应用程序及相关技术领域。

（6）Internet 网络信息中心（http://www.internic.org）

Internet 网络信息中心（Internet Network Information Center，InterNIC）负责 Internet 域名注册和域名数据库的管理。

（7）Internet 赋号管理局（http://www.iana.org）

Internet 赋号管理局（Internet Assigned Numbers Authority，IANA）负责组织、监督 IP 地址的分配，以及 MAC 地址中公司标识等编码的注册管理工作。

1.7.6　一种建议的参考模型

无论是 OSI 或 TCP/IP 参考模型与协议，都会有它成功和不足的方面。国际标准化组织 ISO 本来计划通过推动 OSI 参考模型与协议的研究来促进网络标准化，但是事实上它的目标没有达到。TCP/IP 利用正确的策略,抓住了有利的时机,伴随着 Internet 的发展而成为目前公认的工业标准。在网络标准化的进程中,我们面对着的就是这样一个事实。OSI 参考模型由于要照顾各方面的因素,使得 OSI 参考模型变得大而全,效率很低。尽管这样,它的概念、研究方法与成果对于网络技术的发展有着很高的指导意义。TCP/IP 的应用广泛,但是对参考模型理论的研究相对比较薄弱。

| 应用层 |
| 传输层 |
| 网络层 |
| 数据链路层 |
| 物理层 |

为了保证计算机网络教学的科学性与系统性,本书将采纳 Andrew S. Tanenbaum 建议的一种层次参考模型。这种参考模型是只包括 5 层的参考模型。它比 OSI 参考模型少了表示层与会话层,并用数据链路层与物理层代替 TCP/IP 参考模型的主机-网络层。本书采用如图 1-37 所示的简化参考模型。

图 1-37 简化的参考模型

小　　结

(1) 计算机网络的形成与发展可以划分为 4 个阶段:第一阶段是计算机网络的形成与发展;第二阶段是互联网的形成与发展;第三阶段是移动互联网的形成与发展;第四阶段是物联网技术的形成与发展。

(2) 计算机网络技术是沿着三条主线发展的。第一条主线是从 ARPANET 到 Internet;第二条主线是从无线分组网到无线自组网、无线传感器网络的无线网络技术;第三条主线是网络安全技术。

(3) 计算机网络是"以相互共享资源的方式互联起来的自治计算机系统的集合"。

(4) 计算机网络的主要特征是:组建计算机网络的目的是实现计算机资源的共享与信息交互,互联的计算机系统是自治的系统,联网计算机之间的通信必须遵循共同的网络协议。

(5) 按照覆盖范围与规模分类,计算机网络分为广域网、城域网、局域网、个人区域网与人体区域网。

(6) 网络体系结构是由网络层次结构模型与各层协议组成的。

习　　题

1. 结合 Internet 结构的描述,解释"三网融合"发展的技术背景。

2. 结合 Internet 应用技术发展的描述,解释"物联网"发展的技术背景。

3. 结合校园网与 CERNET 技术特点的描述,解释"宽带城域网"发展的技术背景。

4. 结合 Internet 核心交换、边缘部分划分方法的描述,举出读者身边 5 种接入 Internet 的端系统设备类型。

5. 长度为 8B 与 536B 的应用层数据通过传输层时加上了 20B 的 TCP 报头,通过网络层时加上 60B 的 IP 分组头,通过数据链路层时加上了 18B 的 Ethernet 帧头和帧尾。分别计算两种情况下的数据传输效率。

6. 计算发送延时与传播延时。

条件：主机之间传输介质长度 $D=1000$km。电磁波传播速度为 2×10^8m/s。

（1）数据长度为 1×10^3bit，数据发送速率为 100kbps。

（2）数据长度为 1×10^8bit，数据发送速率为 1Gbps。

7．如图 1-38 所示，主机 A 要向主机 B 发送一个长度为 300KB 的报文，发送速率为 10Mbps，传输路径上要经过 8 个路由器。连接路由器的链路长度为 100km，信号在链路上的传播速度为 2×10^8m/s。每个路由器的排队等待延时为 1ms。路由器发送速率也为 10Mbps。忽略：主机接入到路由器的链路长度，路由器排队等待延时与数据长度无关，并假设信号在链路上传输没有出现差错和拥塞。请计算：

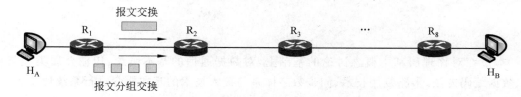

图 1-38　习题 7 示意图

（1）采用报文交换方法，报文头长度为 60B，报文从主机 A 到主机 B 需要多长时间？

（2）采用报文分组交换方法，分组头长度为 20B 时，分组数据长度为 2KB。所有报文分组从主机 A 到主机 B 需要多长时间？

8．请举出生活中的一个例子说明"协议"及协议三要素"语法""语义"与"时序"之间的关系。

9．如何理解 OSI 参考模型中的"OSI 环境"的概念？

10．请检索 RFC791 文档，注明文档的名称与发布的时间。

第 2 章

物 理 层

本章在对物理层基本概念讨论的基础上，对数据通信的基本概念、传输介质类型与特点、数据编码方法、多路复用技术、同步数字体系与接入技术的基本概念进行系统讨论。

本章教学要求

- 理解：物理层与物理层协议的基本概念。
- 理解：数据通信的基本概念。
- 掌握：传输介质类型及主要特性。
- 掌握：数据编码的类型和基本方法。
- 掌握：基带传输与频带传输的基本概念。
- 掌握：多路复用技术的分类与特点。
- 掌握：同步数字体系 SDH 的基本概念。
- 掌握：接入技术的基本概念。

2.1　物理层与物理层协议的基本概念

2.1.1　物理层的基本服务功能

理解物理层的服务功能，需要注意以下问题。

（1）物理层与数据链路层的关系

物理层处于 OSI 参考模型的最低层，它向数据链路层提供比特流传输服务。发送端的数据链路层通过与物理层的接口，将待发送的帧传送到物理层；物理层不关心帧的结构，它将构成帧的数据只看成是待发送的比特流。物理层的主要任务是：保证比特流通过传输介质的正确传输，为数据链路层提供数据传输服务。

（2）传输介质与信号编码的关系

连接物理层的传输介质可以有不同类型，如电话线、同轴电缆、光纤与无线通信线路。不同类型的传输介质对于被传输的信号要求也不同。例如，电话线路只能用于传输模拟语音信号，不能直接传输计算机产生的二进制数字信号。如果要求通过电话线路传输数字信号，那么在发送端就要将数字信号变换成模拟信号，再通过电话线路传输；在接收端将接收到的模拟信号还原成数字信号。如果希望通过光纤来传输数字信号，那么发送端也需要将电信号变换为光信号；接收端再将光信号还原成电信号。物理层的一个重要功能是：根据所使用传输介质的不同，制定相应的物理层协议，规定数据信号编码方式、传输速率，以及相关的通信参数。

（3）设置物理层的目的

由于计算机网络使用的传输介质与通信设备种类繁多，各种通信线路、通信技术存在很大的差异。同时，由于通信技术在快速发展，各种新的通信设备与技术不断涌现。为了适应通信技术的变化，研究人员需要针对不同类型的传输介质与通信技术的特点，制定与之相适应的物理层协议。因此，设置物理层的目的是：屏蔽物理层所采用的传输介质、通信设备与通信技术的差异性，使数据链路层只需要考虑如何使用物理层的服务，而不需要考虑物理层的功能具体是使用了哪种传输介质、通信设备与技术实现的。

2.1.2 物理层协议的类型

为了理解物理层的基本概念与物理层协议的基本内容，首先需要研究物理层协议的分类问题。

计算机网络使用的通信线路分为两类：点-点通信线路和广播通信线路。点-点通信线路用于连接两个通信的主机；而广播通信线路的一条公共通信线路可以连接多个主机。需要注意的是：广播通信线路可以分为有线与无线两种。因此，物理层协议可以分为两类：基于点-点通信线路的物理层协议与基于广播通信线路的物理层协议。

1. 基于点-点通信线路的物理层协议

早期流行的物理层协议标准是 EIA-232-C 标准。EIA-232-C 标准是美国电子工业协会 EIA 在 1969 年制定的，它是基于点-点电话线路的串行、低速、模拟传输设备的物理接口标准，目前很多低速的数据通信设备仍然采用这种标准。

随着 Internet 接入技术的发展，家庭接入主要通过 ADSL 调制解调器与电话线路接入，通过线缆调制解调器（Cable Modem）与有线电视同轴电缆接入。ADSL 物理层协议定义了上行与下行传输速率标准、传输信号的编码格式与电平、同步方式、连接接口装置的物理尺寸等内容。Cable Modem 有线电视电缆接入的物理层标准主要有"线缆数据业务接口规范"与 IEEE 802.14 的物理层标准，规定了线缆调制解调器的频带、上行与下行速率、信号调制方式与电平、同步方式等内容。通信技术的变化必将引起物理层协议的变化。目前，基于光纤的物理层协议发展迅速。

2. 基于广播通信线路的物理层协议

广播通信线路又分为有线通信线路与无线通信线路两类。

（1）最早的 Ethernet 是在共用总线的同轴电缆上用广播的方式发送和接收数据。因此 Ethernet 的 802.3 标准要针对不同的传输介质、传输速率制定多个物理层协议，如针对非屏蔽双绞线的 10Base-2、10Base-5、10Base-T，快速以太网 802.3u 标准的物理层协议包括 100Base-T、100Base-TX 等标准，以及针对光纤传输介质的各种物理层标准。

（2）无线网络采用广播方式发送和接收数据。无线局域网 802.11 标准、无线城域网 802.16 标准，以及无线个人区域网 802.15.4 标准，分别根据所采用的通信频段、调制方式、传输速率、覆盖范围的不同，制定了多种物理层协议标准。

3. 讨论

(1) 物理层协议的类型增加最快

从以上分析中可以看出,只要计算机网络采用一种新的通信技术,相应地就要制定一种新的物理层标准。与数据链路层、网络层与传输层相比,数据链路层、网络层与传输层的协议体系相对比较稳定,而物理层协议的类型增加最快,技术相差比较大,这就给网络课程的教学带来了一系列的问题。

(2) 本书对物理层与数据链路层的处理方法

根据作者的教学经验,如果简单地根据物理层和数据链路层来组织教学内容,将点-点通信线路和广播通信线路的两类物理层与数据链路层、多种协议的内容放在一起讨论,初学者理解和掌握会有一定的困难。因此,在本书结构的组织中作者考虑到技术类型、特点的因素,从读者能够循序渐进地学习和接受的角度出发,采取分类讨论的方法。

① 书中第 2 章、第 3 章的内容以广域网的物理层、数据链路层技术为研究背景,第 2 章讨论了基于点-点通信线路的物理层协议标准与技术,第 3 章进一步研究基于点-点通信线路物理层协议的数据链路层问题。

② 第 4 章以基于广播信道的物理层和数据链路层协议与标准为背景,系统介绍目前广泛应用的 IEEE 802.3 Ethernet 与 802.11 Wi-Fi 的原理、结构与应用。

③ 第 5 章讨论它们共同使用的网络层的 IP。

这样的知识点安排既符合技术特点,又能够适应读者贴近技术发展和循序渐进学习的需要。

2.1.3 物理层向数据链路层提供的服务

理解基于点-点通信线路的物理层功能时,需要注意以下两个问题。

(1) 点-点通信线路的物理层比特流传输过程

图 2-1 给出了用点-点通信线路连接起来的网络主机之间数据传输过程示意图。通信线路是由传输介质与通信设备组成的。在如图 2-1 所示的层次结构中,忽略了通信设备的细节,将点-点通信线路简化为点-点传输介质。

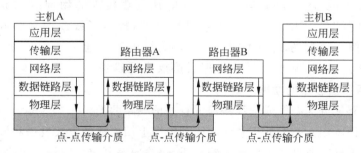

图 2-1　点-点通信线路的物理层数据传输过程示意图

点-点传输介质连接着两个相邻通信主机的物理层,如主机 A 与路由器 A、路由器 A 与路由器 B、路由器 B 与主机 B 的物理层分别用点-点传输介质连接。那么,主机 A 的物理层只能够与路由器 A 的物理层直接传输比特流,而不可能与路由器 B 直接传输比特流。主机 A 要向主机 B 传输比特流,它只能够先由主机 A 的物理层将比特流发送到路由器 A 的物

理层,经路由器 A 的数据链路层与网络层处理之后,再由路由器 A 的物理层发送到路由器
B 的物理层;以此类推,通过多段点-点传输介质连接的物理层之间的协作,共同完成网络中
主机 A 与主机 B 之间比特流的正确传输。

（2）点-点通信线路的物理层的通信过程与高层协议层的关系

在图 2-1 中,如果主机 A 希望将数据传输到主机 B,那么由主机 A 网络层启动路由选
择算法来决定下一个主机是谁。在网络层 IP 的表述中,习惯将路由选择算法选择的"下一
个主机"称为"下一跳结点"或"下一跳路由器"。

在这个例子中,假设主机 A 的网络层选择的下一跳主机是路由器 A,那么主机 A 的网
络层通知数据链路层,数据链路层通知物理层,要在主机 A 的物理层与路由器 A 的物理层
之间建立起物理连接;主机 A 的物理层执行命令,与路由器 A 的物理层建立物理连接,并通
过该连接传送比特流;当比特流传输完成后,释放物理连接。同样,路由器 A 的网络层根据
数据传输的目的地址,启动路由选择算法确定下一跳结点是谁。如果下一跳选择了路由器
B,那么路由器 A 的物理层就必须与路由器 B 的物理层建立连接,然后再继续传送比特流。
这个过程一直持续到目的主机为止。因此,点-点通信线路的物理层的通信需要经过:建立
物理连接、传输比特流与释放物理连接的过程。

2.2　数据通信的基本概念

2.2.1　信息、数据与信号

在讨论了物理层基本概念与功能的基础上,我们需要进入实现物理层数据传输技术的
讨论。为了深入理解计算机网络与数据通信技术的内在关系,首先需要理解信息、数据与信
号之间的联系与区别。

1. 信息、数据与信号的基本概念

信息、数据与信号是三个不同的概念。理解这一点需要注意以下问题。

（1）信息（information）

组建计算机网络的目的是实现信息共享。信息的载体可以是文字、语音、图形、图像或
视频。传统的信息主要是指文本或数字类信息。随着网络电话、网络电视、网络视频技术的
发展,计算机网络传送的信息从最初的文本或数字类信息,逐步发展到包含语音、图形、图像
与视频等多种类型的多媒体（multimedia）信息。

（2）数据（data）

计算机为了存储、处理和传输信息,首先要将表达信息的字符、数字、语音、图形、图像或
视频用二进制数据表示。计算机存储与处理的是二进制代码。

（3）信号（signal）

在通信系统中,二进制代码 0、1 比特序列必须变换成用不同的电平或频率变化的信号
之后,才能够通过传输介质进行传输。

2. 信息与编码

目前,应用最广泛的是美国信息交换标准编码 ASCII 码。ASCII 码本是一个信息交换
编码的国家标准,但是后来被国际标准化组织 ISO 接受,成为国际标准 ISO 646,又称为国

际 5 号码。因此，它被用于计算机内码，也是数据通信中的编码标准。

二进制编码按高位到低位(b_6 b_5 b_4 b_3 b_2 b_1 b_0)的顺序排列，而 b_7 位一般用于字符的校验。如果采用奇校验，则英文单词"NETWORK"的 ASCII 码编码的二进制比特序列(采用奇校验)应该是 11001110 01000101 01010100 01010111 01001111 01010010 11001011。如果主机 A 将这个比特序列准确地传送到主机 B，并且主机 A、B 都使用 ASCII 编码，则主机 B 可以将接收的比特序列正确地解释为英文单词"NETWORK"。

3. 信息、数据与信号的关系

图 2-2 给出了信息、数据与信号关系的示意图。假如在一次屏幕会话中，发送端计算机发送一个英文单词"NETWORK"，计算机按照 ASCII 编码规则用一组特定的二进制比特序列的"数据"记录下来。但是计算机内部的二进制数不符合传输介质传输的要求，不能够直接通过传输介质传输。要正确实现收发双方之间的比特流传输，首先要将待传输的计算机产生的二进制比特序列通过数据信号编码器转换为一种特定的电信号，再由发送端的发送设备通过通信线路，将信号传送到接收端。接收端的数据信号接收设备在接收到信号之后，传送给数据信号解码器，还原出二进制数据。接收端计算机按照 ASCII 编码规则解释接收到的二进制数据，并在接收端计算机的屏幕上显示出"NETWORK"这样一个英文单词。因此，会话双方之间交换的是"信息"，计算机将信息转换为计算机能够识别、处理、存储与传输的"数据"，而计算机网络物理层之间通过传输介质传输的是"信号"。

图 2-2　信息、数据与信号关系示意图

2.2.2　数据通信方式

图 2-3 给出了计算机网络中两台主机通信过程的示意图。在数据通信技术的讨论中，我们经常将发送数据的一方称为"信源""源主机""发送端"或"发送主机"，将接收数据的一方称为"信宿""目的主机""接收端"或"接收主机"。如果主机 A 要与主机 B 进行通信，主机 A 首先要将数据传送给路由器 A；路由器 A 以存储转发方式接收数据，由它来决定通信子

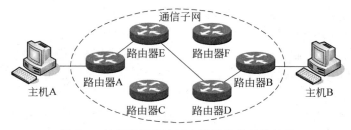

图 2-3　计算机网络中两台计算机的通信过程

网中数据传送路径；由于源主机 A 与目的主机 B 之间没有直接连接，数据可能要通过路由器 A、路由器 E、路由器 D、路由器 B 到达主机 B。由于路由器本身就是计算机，因此图 2-3 给出了计算机网络中两台主机通信过程可以看成是由多段点-点通信线路连接的计算机之间的数据通信问题。

理解计算机网络的通信过程，需要注意以下几个基本问题。

1. 数据传输类型

计算机系统关心的是信息用什么样的数据编码表示。例如，如何用 ASCII 码表示字母、数字与符号；如何用双字节去表示汉字；如何表示语音、图形、图像与视频。对于数据通信技术来说，它研究的是如何将表示各类信息的二进制比特序列通过传输介质在不同计算机之间传输的问题。物理层需要根据所使用的传输介质与传输设备来确定，表示数据的二进制比特序列采用哪一种信号编码的方式传输。在传输介质上传输的信号类型有两种：模拟信号与数字信号。

图 2-4 给出了模拟信号与数字信号的波形。电平幅度连续变化的电信号称为模拟信号（analog signal）。人的语音信号属于模拟信号。传统的电话线路是用来传输模拟信号的。计算机产生的电信号是用两种不同的电平表示 0、1 比特序列电压跳变的脉冲信号，这种脉冲信号称为数字信号（digital signal）。

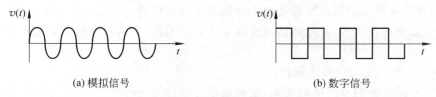

(a) 模拟信号　　　　　　　　　　　　　　(b) 数字信号

图 2-4　模拟信号与数字信号波形

数据在计算机中是以离散的二进制数字表示的，但是在数据通信过程中，它是以数字信号方式还是以模拟信号方式表示，这将取决于通信线路所允许传输的信号类型。如果通信信道不允许直接传输计算机所产生的数字信号，那么就需要在发送端将数字信号变换成模拟信号，在接收端再将模拟信号还原成数字信号，这个过程称为调制/解调。如果通信线路允许直接传输计算机所产生的数字信号，为了很好地解决收发双方的同步与具体实现中的技术问题，也需要将数字信号进行波形变换。因此，在研究数据通信技术时，首先要讨论数据在传输过程中的表示方式与数据传输类型问题。

2. 数据通信方式

在讨论数据通信时经常会用到"信道"这个术语。信道（channel）与线路（circuit）是不同的。例如，可以用一条光纤去连接两台路由器，那么将这条光纤称为一条通信线路。由于光纤的带宽很宽，会采用多路复用的方法，在一条通信线路上划分出多条通信信道，用于发送与接收数据。因此，一条通信线路往往包含一条或多条发送与接收信道。在讨论利用信道发送、接收数据时，需要回答以下三个主要的问题：串行通信与并行通信，单工、半双工与全双工通信，同步技术。

（1）串行通信与并行通信

按照数据通信使用的信道数，它可以分为两种类型：串行通信与并行通信。图 2-5 给出了串行通信与并行通信的工作原理示意图。在计算机中，通常是用 8 位的二进制代码来表示一个字符。在数据通信中,将表示一个字符的二进制代码按由低位到高位的顺序依次发送的方式称为串行通信;将表示一个字符的8位二进制代码同时通过8条并行的通信信道发送,每次发送一个字符代码的方式称为并行通信。

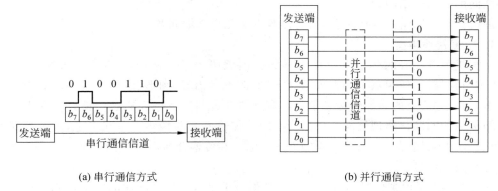

(a) 串行通信方式　　　　　　　　(b) 并行通信方式

图 2-5　串行通信与并行通信

　　显然,采用串行通信方式只需在收发双方之间建立一条通信信道;采用并行通信方式在收发双方之间必须建立并行的多条通信信道。对于远程通信来说,在同样的传输速率的情况下,并行通信在单位时间内所传送的码元数是串行通信的 n 倍(在这个例子中 $n=8$)。由于需要建立多个通信信道,并行通信方式造价较高。因此,在远程通信中一般采用串行通信方式。

　　(2) 单工、半双工与全双工通信

　　按照信号传送方向与时间的关系,数据通信可以分为三种类型:单工通信、半双工通信与全双工通信。如图 2-6 所示分别为单工、半双工与全双工通信。在如图 2-6(a)所示的单工通信方式中,信号只能向一个方向传输,任何时候都不能改变信号的传送方向。在如图 2-6(b)所示的半双工通信方式中,信号可以双向传送,但是必须是交替进行,一个时间只能向一个方向传送。在如图 2-6(c)所示的全双工通信方式中,信号可以同时双向传送。

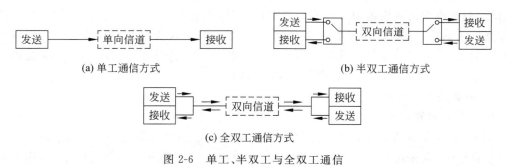

(a) 单工通信方式　　　　　　　　(b) 半双工通信方式

(c) 全双工通信方式

图 2-6　单工、半双工与全双工通信

　　(3) 同步技术

　　同步是数字通信中必须解决的一个重要问题。同步是要求通信双方在时间基准上保持一致的过程。计算机通信过程与人们使用电话通话的过程有很多相似之处。在正常的通话过程中,人们在拨通电话并确定对方是要找的人时,双方就可以进入通话状态。在通话过程中,说话人要讲清楚每个字,讲完每句话需要停顿。听话人也要适应说话人的说话速度,听清对方讲的每个字,并根据说话人的语气和停顿判断一句话的开始与结束,这样才可能听懂对方所说的每句话,这就是人们在电话通信中解决的"同步"问题。如果在数据通信中收发双方同步不良,轻者会造成通信质量下降,严重时甚至造成系统不能工作。

在数据通信过程中,收发双方同样要解决同步问题,但是问题更复杂一些。数据通信的同步包括以下两种类型:位同步,字符同步。

① 位同步

数据通信的双方如果是两台计算机,尽管两台计算机的时钟频率相同(假如都是330MHz),实际上不同计算机的时钟频率误差是不相同的。这种时钟频率的差异将导致不同计算机发送和接收的时钟周期误差。尽管这种差异是微小的,但在大量数据的传输过程中,其积累误差足以造成接收比特取样周期和传输数据的错误。因此,数据通信首先要解决收发双方的时钟频率一致性问题。解决这个问题的基本方法是:要求接收端根据发送端发送数据的时钟频率与比特流的起始时刻,校正自己的时钟频率与接收数据的起始时刻,这个过程就称为位同步。实现位同步的方法主要有外同步法与内同步法两种。

外同步法是在发送端发送一路数据信号的同时,另外发送一路同步时钟信号。接收端根据接收到的同步时钟信号来校正时间基准与时钟频率,实现收发双方的位同步。

内同步法则是从自含时钟编码的发送信号中提取同步时钟的方法。曼彻斯特编码与差分曼彻斯特编码都是自含时钟编码方法。

② 字符同步

在解决比特同步问题之后,第二个问题解决的是字符同步(character synchronous)问题。标准的 ASCII 字符是由 8 位二进制 0、1 组成的。发送端以 8 位为一个字符单元来发送,接收端也以 8 位的字符单元来接收。保证收发双方正确传输字符的过程就叫做字符同步。实现字符同步的方法主要有以下两种:同步传输,异步传输。

采用同步方式进行数据传输称为同步传输(synchronous transmission)。同步传输将字符组织成组,以组为单位连续传送。每组字符之前加上一个或多个用于同步控制的同步字符 SYN,每个数据字符内不加附加位。接收端接收到同步字符 SYN 后,根据 SYN 来确定数据字符的起始与终止,以实现同步传输的功能。图 2-7 给出了同步传输的工作原理。

图 2-7　同步传输的工作原理

采用异步方式进行数据传输称为异步传输(asynchronous transmission)。异步传输的特点是:每个字符作为一个独立的整体进行发送,字符之间的时间间隔可以是任意的。为了实现字符同步,每个字符的第一位前加 1 位起始位(逻辑 1),字符的最后一位后加 1 或两位终止位(逻辑 0)。图 2-8 给出了异步传输的工作原理。在实际问题中,人们也将同步传输称为同步通信,将异步传输称为异步通信。同步通信比异步通信的传输效率要高,因此同步通信更适用于高速数据传输。

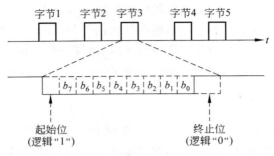

图 2-8 异步传输的工作原理

2.2.3 传输介质的主要类型与特性

传输介质是网络中连接收发双方的物理通路,也是通信中实际传送信息的载体。网络中常用的传输介质有:双绞线、同轴电缆、光纤、无线与卫星通信信道。

1. 双绞线的主要特性

双绞线是局域网中最常用的传输介质。图 2-9 给出了双绞线的基本结构示意图。双绞线可以由 1 对、2 对或 4 对相互绝缘的铜导线组成。一对导线可以作为一条通信线路。每对导线相互绞合的目的是为了使通信线路之间的电磁干扰达到最小。

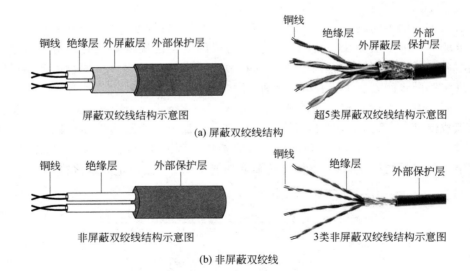

图 2-9 双绞线的基本结构示意图

局域网中所使用的双绞线分为两类:屏蔽双绞线(shielded twisted pair,STP)与非屏蔽双绞线(unshielded twisted pair,UTP)。屏蔽双绞线由外部保护层、屏蔽层与多对双绞线组成;非屏蔽双绞线由外部保护层与多对双绞线组成。在典型的 Ethernet 中,常用的非屏蔽双绞线 UTP 有 3 类线与 5 类线。随着千兆以太网 GE 等高速局域网的出现,各种高带宽的双绞线不断推出,如超 5 类线、6 类与 7 类线。

2. 同轴电缆的主要特性

尽管目前实际的局域网组网中,双绞线与光纤逐步替代了同轴电缆,但是早期 Ethernet 是在同轴电缆基础上发展起来的,了解同轴电缆的结构对于理解局域网的工作原理是有益的。

同轴电缆由内导体、绝缘层、外屏蔽层及外部保护层组成。同轴介质的特性参数由内导体、外屏蔽层及绝缘层的电参数与机械尺寸决定。同轴电缆的特点是抗干扰能力较强。图 2-10 给出了同轴电缆的基本结构示意图。

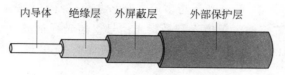

图 2-10　同轴电缆的基本结构示意图

3. 光纤的主要特性

（1）光纤结构与传输原理

光纤是传输介质中性能与应用前景最好的一种。光纤的纤芯是一种直径为 $8\sim100\,\mu\mathrm{m}$ 的柔软、能传导光波的玻璃或塑料,其中用超高纯度石英玻璃纤维制作的纤芯传输损耗最低。在折射率较高的纤芯外面,用折射率较低的包层包裹起来,外部再包裹涂覆层,这样就构成了一条光纤。多条光纤组成一束构成一条光缆,其结构如图 2-11(a)所示。

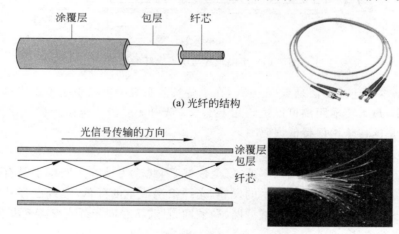

(a) 光纤的结构

(b) 光纤传输的基本工作原理示意图

图 2-11　光纤结构与传输原理示意图

由于光纤的折射系数高于外部包层的折射系数,因此可以形成光波在光纤与包层的界面上的全反射。光纤通过内部的全反射来传输一束经过编码的光信号。图 2-11(b)给出了光波通过光纤内部全反射实现光信号传输的原理示意图。

（2）光纤传输系统结构

图 2-12 给出了典型的光纤传输系统结构。在发送端,使用发光二极管(LED)或注入型

图 2-12　典型的光纤传输系统结构

激光二极管(ILD)作为光源。在接收端,使用光电二极管 PIN 检波器将光信号转换成电信号。光载波调制方法采用振幅键控 ASK 调制方法,即亮度调制。光纤传输速率可以达到 Gbps 的量级。

（3）单模光纤与多模光纤

光纤传输有两种模式:单模光纤与多模光纤。多模光纤是指光信号与光纤轴成多个可分辨角度的多路光载波传输。单模光纤是指光信号仅与光纤轴成单个可分辨角度的单路光载波传输。单模光纤的性能优于多模光纤。多模光纤与单模光纤传输模式的比较如图 2-13 所示。

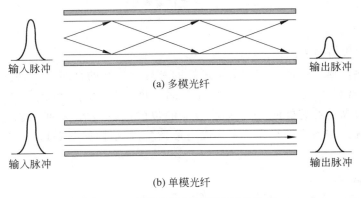

图 2-13　多模光纤与单模光纤的比较

光纤最基本的连接方法是点-点方式,在某些实验系统中可以采用多点连接方式。光纤信号衰减极小,最大传输距离可以达到几十千米。光纤不受外界电磁干扰与噪声的影响,在长距离、高速率的传输中保持低误码率。

（4）对光纤物理层标准的理解

由于光纤的传输速率高、误码率低、安全性好,因此成为计算机网络中最有发展前景的传输介质。同时,由于光纤通信技术的发展,光纤组网成本的降低,光纤已经从主要用于连接广域网核心路由器,逐渐发展到城域网、局域网,目前正在向光纤直接接入办公室、光纤接入家庭的方向发展。

随着光纤应用范围的扩大,出现了多种以光纤为传输介质的物理层标准。例如,高速 Ethernet 的物理层就制定了多个关于光纤的物理层标准,其中涉及光纤的传输速率、传输距离等性能参数。了解有关光纤的物理层标准,需要注意以下问题。

① 影响光纤传输距离的因素主要是传输模式、光载波的频率、光纤的尺寸。

② 计算机产生的电信号需要在传输时变换成光载波信号在光纤上传播。由于光纤只能够单方向传输光载波信号,因此要实现计算机与交换机的双向传输就需要使用两根光纤。

③ 在物理层协议中,用于从计算机向交换机传送信号的光纤称为上行光纤,用于从交换机向计算机传送信号的光纤称为下行光纤。上行光纤与下行光纤需要使用不同的光载波频率。

④ 物理层协议规定的物理参数主要包括:传输模式、上行光纤与下行光纤光载波的频率、光纤的尺寸、光接口,以及最大光纤传输距离。

例如,在传输速率为 1Gbps 的千兆以太网 GE 的物理层 1000Base-LX 标准中,规定:传输介质采用单模光纤,光纤直径大于 $10\mu m$,上行光纤与下行光纤的光载波的波长分别为

1270nm 与 1355nm，光纤最大长度为 5km。

（5）光缆结构

尽管在制作过程中，可以通过在纤芯外面用包层与涂覆层包裹的方法，使单根光纤具有一定的抗拉强度，但是单根光纤仍然会因为弯曲、扭曲等外力作用产生形变，甚至造成断裂。因此，需要把多根光纤与其他高强度保护材料组合起来构成光缆，以增加线路的带宽，同时也能够适应各种工程环境的要求。1976 年，第一个光纤通信实验系统使用的光缆就是由 144 根光纤组成。典型的光缆是由缆芯、中心加强芯与护套三部分构成，其结构如图 2-14 所示。光缆的结构特点如下。

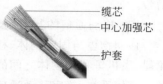

缆芯
中心加强芯
护套

图 2-14 光缆结构示意图

① 缆芯是光缆的主体，它包含多根光纤。

② 中心加强芯用来加强光缆的抗拉强度。中心加强芯是用高强度、低膨胀系数、抗腐蚀与有一定弹性的材料制作，如钢丝、钢绞线或钢管。但是在强电磁干扰和易受闪电雷击的区域，则需要采用高强度的非金属材料。

③ 护套是光缆的外部保护层，使得光缆在各种敷设条件下都能够具有很好的抗拉、抗压、抗弯曲能力。

按照光缆的使用环境，光缆可以分为架空光缆、直埋光缆、海底光缆、野战光缆等多种类型。目前光缆在广域网、城域网与局域网，以及在电信传输网、广播电视传输网中都得到广泛的应用。

4. 无线与卫星通信技术

（1）电磁波谱与通信类型

图 2-15 描述了电磁波谱与通信类型的关系。从如图 2-15 所示的电磁波谱中可以看出，按照频率由低向高排列，不同频率的电磁波可以分为无线、微波、红外、可见光、紫外线、X 射线与 γ 射线。目前，用于通信的主要有无线、微波、红外与可见光。在图的底部，国际电信联盟 ITU 根据不同的频率（或波长），将不同的波段进行了划分与命名。

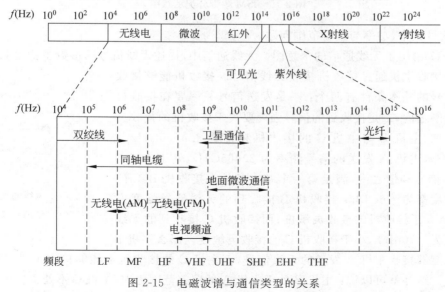

图 2-15 电磁波谱与通信类型的关系

70

描述电磁波的参数有三个:波长(λ)、频率(f)与光速(C)。三者之间的关系为:$\lambda \times f = C$,其中,光速 C 为 3×10^8 m/s,频率 f 的单位为 Hz。电磁波的传播有两种方式:一种是在自由空间中传播(即无线方式传播);另一种是在有限制的空间内传播(即有线方式传播)。使用双绞线、同轴电缆、光纤传输电磁波的方式属于有线方式。在同轴电缆中,电磁波传播的速度大约等于光速的 2/3。不同的传输介质可以传输不同频率的信号。例如,普通双绞线可以传输低频与中频信号,同轴电缆可以传输低频到特高频信号,光纤可以传输可见光信号。

(2) 移动通信的基本概念

移动物体与固定物体、移动物体与移动物体之间的通信都属于移动通信,例如人、汽车、轮船、飞机等移动物体之间的通信。支持移动物体之间通信的系统主要是:无线通信系统、微波通信系统、蜂窝移动通信系统、卫星移动通信系统。在讨论无线通信技术时,有以下两个问题需要注意。

① 工业、科学与医药专用 ISM 频段的问题。

为了维护无线通信的有序性,防止不同通信系统之间的干扰,世界各国都要求使用者向政府管理部门申请特定的无线频段,获得批准后才可以使用。但是政府管理部门也会专门划出免予申请的频段,如工业、科学与医药专用的 ISM 频段,用户在使用 902MHz～928MHz(915MHz 频段)、2.4GHz～2.485GHz(2.4GHz 频段)、5.725GHz～5.825GHz(5.8GHz 频段)三个频段时,发送功率小于规定值(例如在 2.4GHz 频段输出功率小于1W),可以不用申请。无线网络的工作频率都选择在 ISM 频段。ISM 频带分配如图 2-16所示。

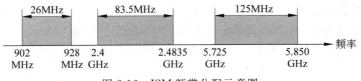

图 2-16　ISM 频带分配示意图

② 信号频率、功率与覆盖范围问题。

图 2-17 给出了无线通信的示意图。无线通信中,描述无线信号的参数主要是频率与信号强度。接收主机通过接收机接收无线信号。接收机能够接收到发送信号的基本条件有两个:一是发送信号频率要在接收机的频率范围之内;二是接收到的信号强度要大于接收机的接收灵敏度。例如,主机 B 与主机 C 的接收机频带为 2.4500GHz～2.4800GHz,主机 A 发送的信号频率为 2.465GHz,处于主机 B与 C 接收信号频带之内,满足第一个基本条件。接收机 B、C 的接收灵敏度都为 -60dBm,接收机 B 接收到的无线信号强度为-50dBm,大于接收机的接收灵敏度;而接收机 C 接收到的无线信号强度为-70dBm,小于接收机 C 的接收灵敏度。那么主机 B

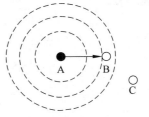

图 2-17　无线通信覆盖
范围示意图

的接收机能够接收主机 A 发送的无线信号,而主机 C 的接收机不能够接收主机 A 发送的无线信号。这样就可以说:主机 B 处于主机 A 的覆盖范围之内,主机 C 不处于主机 A 的信号信号覆盖范围之内。

这里所说的信号强度是指信号功率。信号功率单位是瓦(W)或毫瓦(mW)。在无线局域网 802.11 协议讨论与实际组网中,通常使用的是信号功率的相对值,即 dBm。1dBm 是指信号功率相对于 1mW 的 dB 值。计算公式为:$dBm = 10 \times \lg(P_{mW})$,其中 P_{mW} 是信号以 mW 为单位的功率值。表 2-1 给出了分别以 dBm 与 mW 为单位的信号功率对照表。

表 2-1　以 dBm 与 mW 为单位的信号功率的对照表

以 dBm 为单位的信号功率	以 mW 为单位的信号功率	以 dBm 为单位的信号功率	以 mW 为单位的信号功率
+20dBm	100mW	−40dBm	0.000 1mW
+10dBm	10mW	−50dBm	0.000 01mW
0dBm	1mW	−60dBm	0.000 001mW
−10dBm	0.1mW	−70dBm	0.000 000 1mW
−20dBm	0.01mW	−80dBm	0.000 000 01mW
−30dBm	0.001mW		

从表 2-1 中可以看出,1mW 是一个参考点,0dBm 表示 1mW。如果测量值是+dBm,表示信号强度大于 1mW;如果测量值是−dBm,表示信号强度小于 1mW。大部分 802.11 无线信号发射功率一般在 100mW 之内,可以表示为+20dBm,而无线网卡接收到的信号功率一般只有 0.0001mW,可以表示为−40dBm。由于距离增加与其他因素引起信号强度衰减,接收信号功率仅为 0.000 000 000 1mW,即−100dBm 是常见的事,显然用−100dBm 表示是一个非常简洁和不容易出错的方法。在 802.11 网络现场勘测中,使用的信号强度测量仪器也以 dBm 为单位来记录不同地理位置的无线信号强度。

(3) 无线通信

从电磁波谱中可以看出,无线通信使用的频段覆盖从低频到特高频。其中,调频无线电通信使用中波 MF,调频无线电广播使用甚高频,电视广播使用甚高频到特高频。国际通信组织对各个频段都规定了特定的服务。以高频 HF 为例,频率在 3MHz～30MHz 之间,被划分成多个特定的频段,分别分配给移动通信(空中、海洋与陆地)、广播、无线电导航、业余电台、宇宙通信与射电天文等方面。

(4) 微波通信

在电磁波谱中,频率在 100MHz～10GHz 的信号称为微波,它们对应的信号波长为 3cm～3m。微波信号传输的主要特点如下。

① 只能进行视距传播。由于微波信号传播时不能绕射,因此两个微波信号只能在可视的情况下才能正常接收。

② 大气对微波信号的吸收与散射影响较大。由于微波信号的波长较短,利用机械尺寸较小的抛物面天线,就可以将微波信号能量集中在很小的波束中发送出去,因此可以用很小的发射功率来进行远距离通信。同时,由于微波信号的频率很高,因此可以获得较大的通信带宽,特别适用于卫星通信与城市建筑物之间的通信。

由于微波天线的方向性好,因此在地面一般采用点-点方式通信。如果传输距离较远,可采用微波接力的方式作为城市之间的电话中继干线。在卫星通信中,微波通信也可以用于点对多点通信。

(5) 蜂窝无线通信

由于微电子学与超大规模集成电路技术的发展,促进了蜂窝移动通信的迅速发展和手机的广泛使用。为了提高覆盖区域的系统容量与充分利用频率资源,人们提出了小区制的概念。小区制是将一个大区覆盖的区域划分成多个小区,在每个小区(cell)中设立一个基站(base station),用户手机通过基站接入到移动通信网。小区覆盖的半径较小(一般为1~20km),可以用较小的发射功率实现双向通信。

由若干个小区构成的覆盖区称为区群。由于区群的结构酷似蜂窝,因此小区制移动通信系统又称为蜂窝移动通信系统。图2-18描述了蜂窝移动通信系统结构。区群中各小区的基站之间可以通过电缆、光缆或微波链路与移动交换中心连接。移动交换中心与市话交换局连接,从而构成一个能够实现手机与手机、手机与固定电话通信的蜂窝移动通信网。

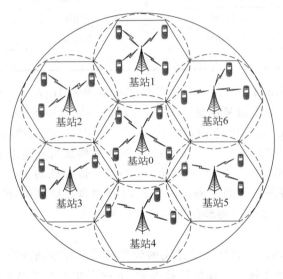

图 2-18 蜂窝移动通信系统结构

1995年出现的第一代移动通信是模拟方式,用户的语音信息以模拟信号方式传输。1997年出现的第二代移动通信是数字方式。第二代(2nd Generation,2G)移动通信采用GSM、TDMA等数字制式,使得手机能够接入Internet。第三代(3rd Generation,3G)移动通信能够在全球范围内更好地实现Internet的无缝漫游,使用手机来处理音乐、图像、视频,能够进行网页浏览,参加电话会议,开展电子商务活动,同时与第二代系统有良好兼容性。3G的使用加速了移动通信网与Internet的业务融合,促进移动Internet应用的发展。第四代(4G)移动通信技术已经开始广泛应用。第五代(5G)移动通信技术正在研发过程中。

(6) 卫星通信

由于卫星通信具有通信距离远、覆盖面积大、不受地理条件限制、费用与通信距离无关、可进行多址通信与移动通信的优点,因此卫星通信在近年来得到迅速发展,成为现代主要的通信手段之一。图2-19描述了卫星通信的基本工作原理。图2-19(a)给出了通过点-点卫星通信线路结构示意图,它由两个地球站(发送站、接收站)与一颗通信卫星组成。卫星上可以有多个转发器,作用是接收、放大与发送信息。目前,通常

12 个转发器拥有一个 36MHz 带宽的信道,不同转发器使用不同频率。地面发送站使用上行链路向通信卫星发射微波信号。卫星起到一个中继器的作用,它接收通过上行链路发送来的微波信号,经过放大后再使用下行链路发送回地面接收站。上行链路与下行链路使用的频率不同,因此可以将发送信号与接收信号区分出来。图 2-19(b)给出了卫星广播通信系统结构示意图。

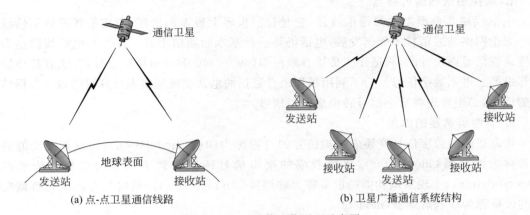

(a) 点-点卫星通信线路   (b) 卫星广播通信系统结构

图 2-19   卫星通信工作原理示意图

2.2.4   数据编码分类

计算机内部的二进制数据在传输过程中的数据编码类型,主要取决于通信线路所支持的数据通信类型。图 2-20 给出了数据与主要的数据编码方法关系示意图。

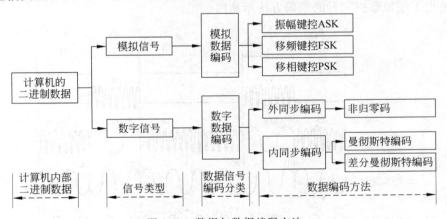

图 2-20   数据与数据编码方法

如图 2-20 所示,由于常用的通信线路分为两类:模拟通信线路与数字通信线路,因此数据编码方式也分为两类:模拟数据编码与数字数据编码。模拟数据编码可以进一步划分为:振幅键控、移频键控与移相键控三种形式。数字数据编码根据同步方式可以进一步分为外同步与内同步方式两类。外同步主要有非归零码编码方式;内同步方式可以进一步划分为:曼彻斯特编码与差分曼彻斯特编码两种方式。

2.3 频带传输技术

2.3.1 频带传输的基本概念

1. 模拟通信信道的特点

电话线路是典型的模拟通信线路,它是目前世界上覆盖面最广、应用最普遍的通信线路。无论网络与通信技术如何发展,电话仍是一种基本的通信手段。传统的电话线路是为传输语音信号而设计的,只适用于传输音频范围(300~3400Hz)的模拟信号,无法直接传输计算机的二进制数字信号。为了利用模拟语音通信的电话交换网实现计算机的数字数据信号的传输,必须首先将数字信号转换成模拟信号。

2. 调制解调器的作用

将发送端的数字信号变换成模拟信号的过程称为调制(modulation),实现调制功能的设备称为调制器(modulator);将接收端的模拟信号还原成数字信号的过程称为解调(demodulation),实现解调功能的设备称为解调器(demodulator)。同时具备调制与解调功能的设备称为调制解调器(modem)。

2.3.2 模拟数据信号编码方法

在调制过程中,首先选择音频范围内的某一角频率 ω 的正(余)弦信号作为载波,该正(余)弦信号可以写为 $u(t)=u_{\mathrm{m}} \cdot \sin(\omega t+\varphi_0)$。在载波 $u(t)$ 中,有三个可以改变的电参量(振幅 u_{m}、角频率 ω 与相位 φ)。可以通过变化三个电参量,来实现模拟数据信号的编码。图 2-21 给出了模拟数据信号的编码方法示意图。

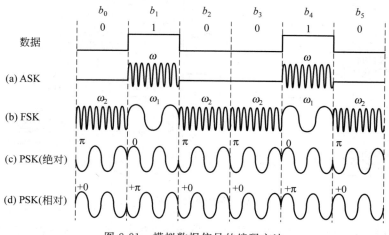

图 2-21 模拟数据信号的编码方法

1. 振幅键控

振幅键控(Amplitude Shift Keying,ASK)方法是通过改变载波信号振幅来表示数字信号 1、0。例如,可以用载波幅度为 u_{m} 表示数字 1,用载波幅度为 0 表示数字 0。图 2-21(a)给出了 ASK 信号波形,其数学表达式为

$$u(t) = \begin{cases} u_{\mathrm{m}} \cdot \sin(\omega_1 t + \varphi_0) & \text{数字 1} \\ 0 & \text{数字 0} \end{cases}$$

ASK 信号实现容易、技术简单,但是抗干扰能力较差。

2. 移频键控

移频键控(Frequency Shift Keying,FSK)方法是通过改变载波信号角频率来表示数字信号 1、0。例如,我们可以用角频率 ω_1 表示数字 1,用角频率 ω_2 表示数字 0。图 2-21(b)给出了 FSK 信号波形,其数学表达式为

$$u(t) = \begin{cases} u_{\mathrm{m}} \cdot \sin(\omega_1 t + \varphi_0) & \text{数字 1} \\ u_{\mathrm{m}} \cdot \sin(\omega_2 t + \varphi_0) & \text{数字 0} \end{cases}$$

FSK 信号实现容易、技术简单,抗干扰能力较强,是目前最常用的调制方法之一。

3. 移相键控

移相键控(Phase Shift Keying,PSK)方法是通过改变载波信号的相位值来表示数字信号 1、0。如果用相位的绝对值表示数字信号 1、0,则称为绝对调相。如果用相位的相对偏移值表示数字信号 1、0,则称为相对调相。

(1)绝对调相

在载波信号 $u(t)$ 中,φ_0 为载波信号的相位。最简单的情况是:用相位的绝对值来表示它所对应的数字信号。图 2-21(c)给出了绝对调相的信号波形。当表示数字 1 时,取 $\varphi_0 = 0$;当表示数字 0 时,取 $\varphi_0 = \pi$。这种简单的绝对调相方法可以用下式表示:

$$u(t) = \begin{cases} u_{\mathrm{m}} \cdot \sin(\omega t + 0) & \text{数字 1} \\ u_{\mathrm{m}} \cdot \sin(\omega t + \pi) & \text{数字 0} \end{cases}$$

(2)相对调相

相对调相用载波在两位数字信号的交接处产生的相位偏移来表示载波所表示的数字信号。最简单的相对调相方法是:两比特信号交接处遇 0,载波信号相位不变;两比特信号交接处遇 1,载波信号相位偏移 π。图 2-21(d)给出了相对调相的信号波形。

在实际使用中,移相键控方法可以方便地采用多相调制方法达到高速传输目的。移相键控方法的抗干扰能力强,但是实现技术比较复杂。

(3)多相调制

以上讨论的是二相调制的方法,用两个相位值分别表示二进制数 0、1。在模拟数据通信中,为了提高数据传输速率,人们常采用多相调制的方法,称为正交相移键控(quadrature phase shift keying,QPSK)。例如,将待发送的数字信号按两比特一组的方式组织,两位二进制比特可以有 4 种组合,即 00、01、10、11。每组是一个双比特码元,用 4 个不同相位值表示这 4 种双比特的码元。在调相信号传输过程中,相位每改变一次,传送两个二进制比特。这种调相方法称为四相调制。同理,如果将发送的数据每三个比特组成一个 3 比特码元组,三位二进制数共有 8 种组合,对应可以用 8 种不同的相位值表示,这种调相方法称为八相调制。在多相调制中,相位每改变一次产生一个码元;一个码元可以传送两个或三个二进制比特。

2.3.3 波特率的定义

1. 波特率的基本概念

早期在模拟线路上使用调制解调器进行数据通信时使用过调制速率与波特率的概念。

理解波特率的概念需要注意以下问题。

（1）波特率的定义

调制速率描述通过模拟线路传输模拟数据信号过程中，从调制解调器输出的调制信号每秒钟载波调制状态改变的数值，单位是 1/s，称为波特（baud）。调制速率也称为波特率。波特率描述的是码元传输的速率。

（2）比特率的定义

数据传输速率描述在计算机通信中每秒传送的构成代码的二进制比特数，单位是 bps，因此也可以称为比特率。

2. 波特率与比特率的关系

比特率 S（单位为 bps）与调制速率 B（单位为 baud）之间关系可以表示为：$S = B \cdot \log_2 k$，式中 k 为多相调制的相数。$\log_2 k$ 值表示一次调制状态的变化传输的二进制比特数。

表 2-2 给出了八相调相（QPSK-8）绝对调相的相位数值与所表示的 3bit 二进制数的对应关系。例如，相位值为 0° 表示二进制数 000，45° 表示二进制数 001。

表 2-2　八相调相的相位变化值

比　特　位	相对相位偏移值	比　特　位	相对相位偏移值
000	0°	100	180°
001	45°	101	225°
010	90°	110	270°
011	135°	111	315°

如果调制速率为 2400baud，那么多相调制的波特率与比特率的关系如表 2-3 所示。

表 2-3　波特率与比特率的关系

调制速率/baud	多相调制的相数	$\log_2 k$ 值	数据传输速率/bps
2400	QPSK-2（$k=2$）	1	2400
2400	QPSK-4（$k=4$）	2	4800
2400	QPSK-8（$k=8$）	3	7200
2400	QPSK-16（$k=16$）	4	9600

如表 2-2 所示，在 QPSK-8 调制方法中，当调制速率为 2400baud，多相调制的相数 $k=8$ 时，$\log_2 8 = 3$ 表示调制解调器的相位状态每变化一次，传输 3bit 的二进制数，因此数据传输速率应该为 7200bps。

实际应用中人们经常将不同的调制方法组合起来，以提高频带通信中的数据传输速率。例如，将 ASK 与 PSK 方法相结合，形成正交振幅调制（quadrature amplitude shift keying，QASK）方法。例如 QAM-64、QAM-128 的编码方法。如果在 2400baud 的线路上使用 QAM-64 编码方法，数据传输速率可以达到：$2400 \times \log_2 64 = 2400 \times 6 = 14.40$kbps。

2.4 基带传输技术

2.4.1 基带传输的定义

在数据通信中,表示计算机二进制的比特序列的数字信号是典型的矩形脉冲信号。人们将矩形脉冲信号称为基带信号。在数字信道上直接传送基带信号的方法称为基带传输。

在发送端,计算机的二进制的比特序列经过编码器变换为曼彻斯特编码或差分曼彻斯特编码信号。在接收端,由解码器还原成与发送端相同的二进制的比特序列。

2.4.2 数字数据编码方法

基带传输中数字数据编码方法如图 2-22 所示。

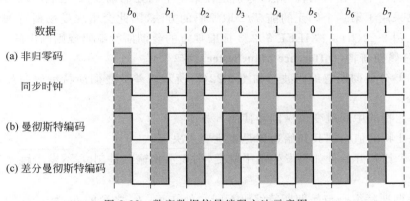

图 2-22　数字数据信号编码方法示意图

1. 非归零码

图 2-22(a)给出了非归零码(non return to zero,NRZ)波形。NRZ 码可以规定用低电平表示数字 0,用高电平表示数字 1;也可以有其他表示方法。

NRZ 码的缺点是无法判断一位的开始与结束,收发双方不能保持同步。为了保证收发双方的同步,必须在发送 NRZ 码的同时,用另一个信道同时传送同步信号。同时,如果信号中 1 与 0 的个数不相等时,存在直流分量,即"非归零",这在数据传输中也是不希望存在的。

2. 曼彻斯特(Manchester)编码

曼彻斯特编码是目前应用最广泛的编码方法之一。图 2-22(b)给出了典型的曼彻斯特编码波形示意图。

(1)曼彻斯特编码的规则

① 每比特的周期 T 分为前 $T/2$ 与后 $T/2$ 两部分。

② 前 $T/2$ 传送该比特的反码。

③ 后 $T/2$ 传送该比特的原码。

根据曼彻斯特编码规则,如图 2-22(b)所示:$b_0=0$,它的前 $T/2$ 取 0 的反码。0 用低电平表示,其反码为高电平;后 $T/2$ 取 0 的原码(低电平)。$b_1=1$,前 $T/2$ 取 1 的反码低电平;后 $T/2$ 取 1 的原码(高电平)。$b_2=0$,b_2 的前 $T/2$ 为高电平,后 $T/2$ 为低电平。$b_3=0$,b_3 的

前 $T/2$ 为高电平,后 $T/2$ 为低电平。按这个规律可以画出图中曼彻斯特编码信号的波形图。

（2）曼彻斯特编码的特点

曼彻斯特编码最主要的特点是:每个比特的中间有一次电平跳变,两次电平跳变的时间间隔可以是 $T/2$ 或 T,利用电平跳变可以产生收发双方的同步信号。曼彻斯特编码信号称为"自含钟编码"信号,发送曼彻斯特编码信号时无须另发同步信号。

曼彻斯特编码的缺点是效率较低,如果信号传输速率是 100Mbps,则发送时钟信号频率应为 200MHz,这将给电路实现技术带来困难。

（3）讨论曼彻斯特编码需要注意的问题

IEEE 802.3 标准规定曼彻斯特编码的规则是:数据与时钟进行"异或"运算,因此就造成了每比特前 $T/2$ 取该比特的反码,后 $T/2$ 传送该比特的原码。不同的教科书在曼彻斯特编码波形的表述中存在着两种方法,差别是在第一个码元的前 $T/2$ 是取反码,还是原码上。有些教科书采用了第一个码元的前 $T/2$ 取原码的方法,因此会出现曼彻斯特编码信号波形上的差异。图 2-22(b)是按 IEEE 802.3 标准规定的曼彻斯特编码规则画出的波形图。

3. 差分曼彻斯特(Difference Manchester)编码

典型的差分曼彻斯特编码波形如图 2-22(c)所示。差分曼彻斯特编码与曼彻斯特编码的不同点是:

（1）每比特的中间跳变仅做同步使用。

（2）每比特的值根据其开始边界是否跳变来决定。

（3）每个比特开始处如果发生电平跳变,则表示传输二进制 0;不发生跳变表示传输二进制 1。

差分曼彻斯特编码与曼彻斯特编码不同之处在于:b_0 之后的 b_1 为 1,在两个比特波形的交接处不发生电平跳变;当 $b_2 = 0$,在 b_1 与 b_2 交接处要发生电平跳变;当 $b_3 = 0$,在 b_2 与 b_3 交接处仍然要发生电平跳变。研究差分曼彻斯特编码的原因是:从电路的角度,差分曼彻斯特解码要比曼彻斯特解码更容易实现。

2.4.3 脉冲编码调制方法

1. 脉冲编码调制的基本概念

由于数字信号传输失真小、误码率低、速率高,因此在网络中除了计算机直接产生的数字以外,模拟语音、图像信息的数字化已成为发展的必然趋势。脉冲编码调制(pulse code modulation,PCM)是模拟数据数字化的主要方法。

PCM 技术的典型应用是语音信号的数字化。语音信号是一种频率在 $300 \sim 3400Hz$ 的模拟信号。但是要将语音信号与计算机产生的文字、图像、视频信号同时传输,就必须首先将语音信号数字化。发送端通过 PCM 编码器将语音信号转换为数字信号,通过通信信道传送到接收端,接收端通过 PCM 解码器将它还原成语音信号。数字化语音数据可以存储在计算机中,进行必要的处理。图 2-23 给出了 PCM 的工作原理示意图。

2. 脉冲编码调制的工作过程

脉冲编码调制工作过程主要包括采样、量化与编码三步。

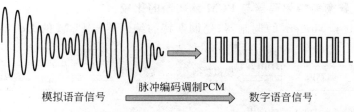

模拟语音信号　　　脉冲编码调制PCM　　　数字语音信号

图 2-23　PCM 的工作原理示意图

（1）采样

模拟信号数字化的第一步是采样。模拟信号是电平连续变化的信号。采样是隔一定的时间间隔，将模拟信号的电平幅度取出作为测量幅度的样本。采样频率 f 应为 $f \geqslant 2B$ 或 $f = 1/T \geqslant 2f_{\max}$。其中，$B$ 为通信信道带宽，T 为采样周期，$f_{\max}$ 为信道允许通过的信号最高频率。研究结果表明：如果以大于或等于通信信道带宽 2 倍的频率对信号采样，其样本可以包含足以重构原模拟信号的所有信息。图 2-24 给出了 PCM 的采样与量化过程示意图。

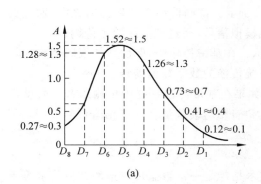

样本	量化级	二进制编码	编码信号
D_1	1	0001	
D_2	4	0100	
D_3	7	0111	
D_4	13	1101	
D_5	15	1111	
D_6	13	1101	
D_7	6	0110	
D_8	3	0011	

(a)　　　　　　　　　　　　　　　　(b)

图 2-24　PCM 的采样与量化过程示意图

（2）量化

量化是将样本幅度按量化级取值的过程。经过量化后的样本幅度为离散的量级值，已不是连续值。量化前要规定将信号分为若干量化级，例如可以分为 8 级或 16 级，这要根据精度要求决定。同时，要规定每级对应的幅度范围，然后将样本幅值与上述量化级幅值比较。例如，1.28 取值为 1.3，1.52 取值为 1.5，即通过取整来定级。

（3）编码

编码是用相应位数的二进制代码表示量化后的样本的量级。如果有 k 个量化级，则二进制的位数为 $\log_2 k$。例如，量化级 k 为 16，就需要 4 位编码。在目前常用的语音数字化系统中，通常采用 $k = 128$ 个量级，需要 7 位编码。编码后的样本都用相应的编码脉冲表示。例如 D_5 的取样幅度为 1.52，取整后为 1.5，量化级为 15，样本编码为 1111。将二进制编码 1111 发送到接收端，接收端可以将它还原成量化级 15，对应的电平幅度为 1.5。

当脉冲编码调制用于数字化语音系统时，它将声音分为 128 个量化级，每个量化级采用 8 位二进制编码表示。由于采样速率为 8000 样本/s，因此，数据传输速率应达到 8×8000＝64（kbps）。另外，脉冲编码调制可以用于计算机中的图形、图像数字化与传输处理中。脉冲编码调制的缺点是采用二进制编码位数较多，因此脉冲编码调制的编码效率比较低。

3. 调制器、曼彻斯特编码器与 PCM 编码器的比较

图 2-25 给出了 Modem 的调制器、曼彻斯特的编码器与 PCM 的编码器比较的示意图。

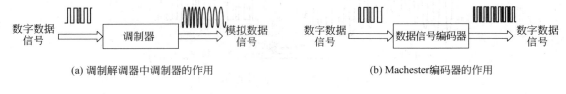

(a) 调制解调器中调制器的作用　　　　　　(b) Machester编码器的作用

(c) PCM编码器的作用

图 2-25　调制器、曼彻斯特编码器与 PCM 编码器的比较

理解调制器、曼彻斯特编码器与 PCM 编码器的区别，需要注意以下问题。

（1）调制解调器中调制器的作用如图 2-25(a)所示。调制器用于频带传输之中，通过调制器可以将计算机产生的二进制数字信号转换成模拟信号，通过模拟线路去传输。

（2）曼彻斯特编码器的作用如图 2-25(b)所示。在基带传输中，曼彻斯特编码器将计算机产生的二进制比特序列转换成适应数字通信系统传输的数字数据信号。

（3）PCM 编码器的作用如图 2-25(c)所示。如果在基带传输系统中传输语音信号就需要选用 PCM 编码器。PCM 编码器可以将模拟的语音信号转换成数字的语音信号。

2.4.4　比特率的定义

数据传输速率是描述数据传输系统的重要技术指标之一。数据传输速率在数值上等于每秒钟传输的二进制比特数，单位为比特/秒，记为 bit/s 或 bps。对于二进制数据，数据传输速率为

$$S = 1/T (\text{bps})$$

其中，T 为发送每个比特所需要的时间。例如，发送 1 比特 0、1 信号所需时间是 1ms，则数据传输速率为 1000bps。在实际应用中，常用的数据传输速率单位有 kbps、Mbps、Gbps 与 Tbps。其中：

$$1\text{kbps} = 1 \times 10^3 \text{bps}$$
$$1\text{Mbps} = 1 \times 10^6 \text{bps}$$
$$1\text{Gbps} = 1 \times 10^9 \text{bps}$$
$$1\text{Tbps} = 1 \times 10^{12} \text{bps}$$

在讨论数据传输速率时，有以下两点需要注意。

（1）数据传输速率是指主机向传输介质发送数据的速率。例如，Ethernet 传输速率为 10Mbps，表明 Ethernet 网卡 1 秒钟可以向传输介质发送 1×10^7 bit；如果一帧长度为 1500B（1.2×10^4 bit），那么 Ethernet 发送一帧的时间为 1.2ms。

（2）在计算二进制数据长度时，1Kbit=1024bit；但在计算通信速率的时候使用的是十进制，1kbps=1000bps≠1024bps；同样，40.98×10^6 bps=40.98Mbps≠40.00Mbps。这个

区别是由计算机学科与通信学科所采用的二进制与十进制引起的,也是经常容易忽略和引起误解的问题。

2.4.5 奈奎斯特准则与香农定理

在计算机网络技术的讨论中,人们总是以带宽表示信道的数据传输速率,带宽与速率几乎成了同义词。但是信道带宽与数据传输速率到底有什么关系,这个问题可以用奈奎斯特(Nyquist)准则与香农(Shannon)定理回答。这两个定律从定量的角度描述带宽与速率之间的联系。

1. 奈奎斯特准则的基本内容

任何通信信道都不是理想的,信道带宽总是有限的。由于信道带宽的限制、信道干扰的存在,因此信道的数据传输速率总会有一个上限。早在1924年,奈奎斯特就推导出具有理想低通矩形特性的信道,在无噪声情况下的最高速率与带宽关系的公式,这就是奈奎斯特准则。

奈奎斯特准则指出:如果表示码元的窄脉冲信号以时间间隔为 $\pi/\omega(\omega=2\pi f)$ 通过理想通信信道,则前后码元之间不产生相互串扰。根据奈奎斯特准则,二进制数据信号的最大数据传输速率 R_{max} 与理想信道带宽 B(单位 Hz)的关系可以写为 $R_{max}=2B$(bps)。对于二进制数据,如果信道带宽 $B=3000$Hz,则最大传输速率为 6000bps。

2. 香农定理的基本内容

奈奎斯特定理描述了有限带宽、无噪声的理想信道的最大传输速率与信道带宽的关系。香农定理则描述了有限带宽、有随机热噪声信道的最大传输速率与信道带宽、信号噪声功率比之间的关系。香农定理指出:在有随机热噪声的信道中传输数据信号时,传输速率 R_{max} 与信道带宽 B、信噪比 S/N 的关系为 $R_{max}=B\times\log_2(1+S/N)$。式中,$R_{max}$ 单位为 bps,带宽 B 单位为 Hz。

信噪比是指信号功率 S 与噪声功率 N 之比。$S/N=1000$ 表示该信道上的信号功率是噪声功率的 1000 倍。如果 $S/N=1000$,信道带宽 $B=3000$Hz,则该信道的最大传输速率 $R_{max}\approx30$kbps。香农定理给出一个有限带宽、有热噪声信道的最大数据传输速率的极限值。它表示对带宽只有 3000Hz 的通信信道,信噪比 S/N 为 1000 时,无论数据采用二进制或更多的离散电平值表示,数据传输速率不能超过 30kbps。

在通信系统中,信噪比通常以分贝(db)表示。如果信噪比 S/N 为 1000,根据信噪比计算公式:$S/N(db)=10\lg(S/N)$,则用分贝表示的该信道的信噪比 S/N 为 30db。

由于最大传输速率与通信线路带宽之间存在着明确的关系,因此人们可以用带宽去表示速率。例如,人们常将高传输速率用高带宽表述。因此带宽与速率在计算机网络的讨论中成了同义词。

2.5 多路复用技术

2.5.1 多路复用的基本概念

1. 多路复用与通信信道

多路复用(multiplexing)是数据通信中的一个重要概念。研究多路复用技术的原因主要有两点:一是用于通信线路架设的费用相当高,需要充分利用通信线路的容量;二是网络中传输介质容量都会超过单一信道所需要的带宽,例如一条线路的带宽为 10Mbps,而两台计算机通信所需要的带宽为 100kbps 一条信道。如果这两台计算机独占了 10Mbps 的线路,那么将浪费大量的带宽。为了充分利用传输介质的带宽,需要在一条物理线路上建立多条通信信道。使用多路复用技术,发送端可以将多个用户的数据通过复用器(multiplexer)汇集,并将汇集的数据通过一条通信线路传送到接收端;接收端通过分用器(demultiplexer)将数据分离成各路数据,分发给接收端的多个用户。具备复用器与分用器功能的设备称为多路复用器。多路复用器在一条物理线路上可以划分出多条通信信道。多路复用、信道与通信线路关系如图 2-26 所示。

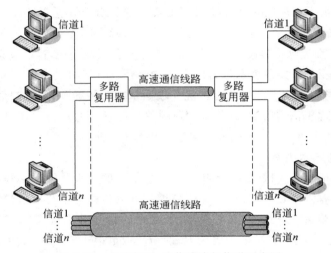

图 2-26 多路复用、通信线路与信道示意图

2. 多路复用技术的分类

多路复用可以分为以下 4 种基本的形式。

(1) 时分多路复用

时分多路复用(time division multiplexing,TDM)以信道传输时间为对象,通过为多个信道分配互不重叠的时间片,达到同时传输多路信号的目的。

(2) 频分多路复用

频分多路复用(frequency division multiplexing,FDM)以信道频率为对象,通过设置多个频带互不重叠的信道,达到同时传输多路信号的目的。

(3) 波分多路复用

波分多路复用(wavelength division multiplexing,WDM)在一根光纤上复用多路光载波信号,它是光频段的频分多路复用。

(4) 码分多路复用与正交频分复用

码分多址(code division multiplex access,CDMA)通过为每一个用户分配一种码型,使多个用户同时使用一个信道而不互相干扰。CDMA 是 3G 手机移动通信中共享信道的基本方法;正交频分复用(orthogonal frequency division multiplex,OFDM)是一种特殊的多载波传输技术,它们在蜂窝移动通信,以及 802.11 标准的 WLAN 与 802.16 标准的 WMAN 的物理层都有广泛的应用。

2.5.2　时分多路复用

1. 时分多路复用的基本概念

时分多路复用将信道用于传输的时间划分为若干个时间片,每位用户分得一个时间片,用户在其占有的时间片内使用信道的全部带宽。目前,应用最广的时分多路复用方法是贝尔系统的 T1 载波。T1 载波系统是将 24 路音频 PCM 编码器信号复用在一条通信线路。

2. 同步时分多路复用

图 2-27 给出了时分多路复用工作原理示意图。时分多路复用可以分为:同步时分多路复用与统计时分多路复用。

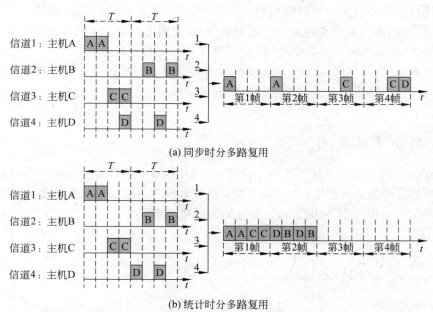

(a) 同步时分多路复用

(b) 统计时分多路复用

图 2-27　时分多路复用工作原理示意图

（1）同步时分多路复用

图 2-27(a)给出了同步时分多路复用(synchronous TDM,STDM)的工作原理示意图。同步时分多路复用方法是将通信线路的传输时间分成 n 个时间片,每个时间片固定地分配给一个信道,每个信道供一个用户使用。图中的 $n=4$,传输的单位时间 T 定为 1s,则每个时间片是 1/4s。一个周期的第 1 个时间片(第一个 1/4s)分配给信道 1 的主机 A 使用;第 2 个 1/4s 分配给信道 2 的主机 B 使用;第 3 个 1/4s 分配给信道 3 的主机 C 使用;第 4 个 1/4s 分配给信道 4 的主机 D 使用。以后的每个周期都按这个规律循环下去。这样,在接收端只需要采用严格的时间同步,按照相同的顺序接收,就能将多路信号分离与复原出来。

同步时分多路复用方法的优点是:方法简单,易于实现。缺点是:由于将时间片固定地分配给信道,而不考虑这些信道是否有数据需要发送,因此就会出现如图 2-27(a)所示的有可能出现很多的空闲时间片,造成了信道资源的浪费。

（2）统计时分多路复用

为了克服这个缺点，可以采用异步时分多路复用（asynchronous TDM，ATDM），又称为统计时分多路复用。统计时分多路复用允许动态地分配时间片。图 2-27（b）给出了统计时分多路复用的工作原理示意图。

由于考虑到每个信道并不总是有数据需要发送，为了提高通信线路的利用率，允许每个周期内的各个时间片只分配给需要发送数据的信道。例如，在第一个周期内，可以根据实际信道需要发送数据的情况，将第 1、2 个时间片分配给第 1 个信道，将第 3、4 个时间片分配给第 3 个信道。在第二个周期中，可以将第 1 个时间片分配给第 4 个信道，将第 2 个时间片分配给第 2 个信道，将第 3 个时间片分配给第 4 个信道，将第 4 个时间片分配给第 2 个信道。统计时分复用方法可以提高通信线路的利用率。

由于统计时分路复用可以没有周期的概念，所以各信道发出的数据都需要带有双方地址，由通信线路两端的多路复用设备来识别地址，确定输出信道。多路复用设备也可以采用存储转发方式，以调节通信线路的传输速率，提高通信线路的利用率。

需要注意的是：在时分多路复用的讨论中使用了术语"帧"。这里帧的概念与数据链路层是不同的。这里所说的帧是物理层的比特流传输单元。它与数据链路层帧的概念与作用是不同的。

2.5.3 频分多路复用

频分多路复用是在一条通信线路上设置多个信道，每个信道的中心频率不相同，各个信道的频率范围互不重叠，这样一条通信线路就可以划分为不同通信频率的多个信道，用于同时传输多路信号。图 2-28 给出了频分多路复用原理示意图。

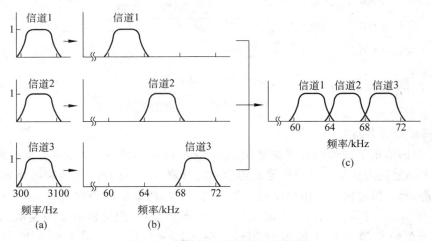

图 2-28 频分多路复用的工作原理

如图 2-28 所示，第 1 个信道的载波频率范围在 60～64kHz，中心频率为 62kHz，带宽为 4kHz；第 2 个信道的载波频率为 64～68kHz，中心频率为 66kHz，带宽为 4kHz；第 3 个信道的载波频率为 68～72kHz，中心频率为 70kHz，带宽为 4kHz。第 1、2、3 信道的载波频率不重叠。

如果这条通信线路总的可用带宽为 96kHz，按照每个信道占用 4kHz 计算，则一条通信线路可以复用 24 个信号。两个相邻信道之间都按照规定保持一定的隔离带宽,以防止相邻信道之间的干扰,这样就可以将每个信道分配给一个用户,这条通信线路可以同时为 24 对用户提供通信服务。

2.5.4　波分多路复用

波分复用是在一根光纤上复用多路光载波信号。波分复用是光波段的频分多路复用,只要每个信道的光载波频率互不重叠,就可用多路复用方式通过共享光纤进行远距离传输。

图 2-29 给出了波分多路复用的原理示意图。如果两束光载波的波长分别为 λ_1 和 λ_2。它们通过光栅之后,通过一条共享的光纤传输到达目的主机后经过光栅重新分成两束光载波。波分多路复用利用衍射光栅来实现多路不同频率光载波信号的合成与分解。从光纤 1 进入的光载波将传送到光纤 3;从光纤 2 进入的光载波将传送到光纤 4。

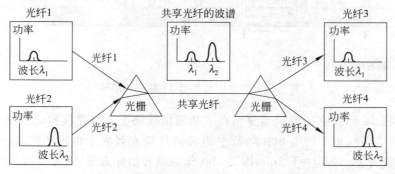

图 2-29　波分多路复用的工作原理

随着光学工程技术的发展,目前可以复用 80 路或更多路的光载波信号。这种复用技术又称为密集波分复用(dense wavelength division multiplexing,DWDM)。例如,如果将 8 路传输速率为 2.5Gbps 的光信号经过密集波分复用后,一根光纤上的总传输带宽可以达到 20Gbps。目前,这种系统在高速主干网中已经广泛应用。

2.6　同步光纤网与同步数字体系

2.6.1　SONET 与 SDH 的基本概念

早期的电话运营商在电话交换网中使用光纤时,时分多路复用(TDM)设备是专用的,并且各个运营商的 TDM 标准不同。1985 年美国贝尔实验室首先提出了同步光纤网(synchronous optical network,SONET)的概念。研究 SONET 的目的是解决光接口标准规范问题,以便不同的厂家的产品可以互连,从而能够建立大型的光纤网络。

ITU-T 在 SONET 的基础上制定同步数字体系(synchronous digital hierarchy,SDH)标准,从而统一了国际通信传输速率、接口标准体制。SDH 标准不仅适用于光纤传输系统,也适用于微波与卫星传输体系。

2.6.2 基本速率标准的制定

在系统讨论 SDH 速率之前,需要回顾在数据通信研究的初期曾经出现过多种基本的速率标准,如 T1 载波速率、E1 载波速率。

1. T1 载波速率

北美的 T1 载波速率是针对脉冲编码调制 PCM 的时分多路复用而设计的。图 2-30 给出了时分多路复用 T1 载波帧结构示意图。

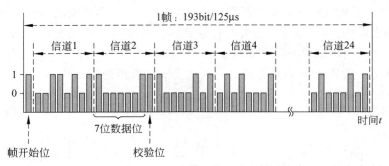

图 2-30 时分多路复用 T1 载波帧结构

T1 系统将 24 路数字语音信道复用在一条通信线路上。每路模拟语音信号通过 PCM 编码器轮流将 24 路、每个信道 8bit 的数字语音信号插入到帧中指定的位置。那么每一个 T1 载波帧长度为 $24 \times 8bit = 192bit$,附加 1bit 作为帧开始标志位,因此每帧共有 193bit。发送一个帧需要的时间为 $1/8000 = 125(\mu s)$。因此,T1 载波的数据传输速率为

$$T1 = (193/125) \times 10^6 = 1.544(Mbps)$$

2. E1 载波速率

由于历史上的原因,除了北美的 24 路 PCM 数字语音信道复用的 T1 载波之外,还存在欧洲的 30 路 PCM 数字语音信道复用的 E1 载波,又称为 E1 一次群的速率。

E1 标准是 CCITT 标准,它将 30 路数字语音信道和两路控制信道复用在一条通信线路上。每个信道在一帧中插入 8bit 数据,这样一帧要传送的数据共 $(30 + 2) \times 8bit = 256bit$。传送一帧的时间为 $125\mu s$。则 E1 载波的数据传输速率为

$$E1 = (256/125) \times 10^6 = 2.048(Mbps)$$

2.6.3 SDH 速率体系

图 2-31 给出了 SDH 的复用结构示意图。

理解同步数字体系 SDH 的复用结构,需要注意以下问题。

(1) STS 速率、OC 速率与 STM 速率

在实际使用中,SDH 速率体系涉及三种速率:SONET 的 STS 与 OC 速率标准、SDH 的 STM 标准。它们之间的区别表现在:

① OC 定义的是光纤上传输的光信号速率。

② STS 定义的是数字电路接口的电信号传输速率。

③ STM 标准是电话主干线路的数字信号速率标准。

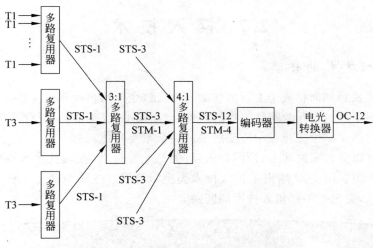

图 2-31　SDH 的复用结构

在讨论 PCM 技术时已经计算过，如果每秒钟采样 8000 次，每一次采样样本幅值用 8 位二进制编码表示，那么一路电话语音信号的数据传输速率应该为 64kbps。STS-1 复用了 810 路数字语音信道，因此 STS-1 的速率为 810×64kbps＝51.840Mbps。

（2）OC、STS 与 STM 速率对应关系

SONET 定义的线路速率标准是以第 1 级同步传输信号 STS-1（51.840Mbps）为基础的，与其对应的是第 1 级光载波（optical carrier-1，OC-1）。

SDH 信号中最基本的模块是 STM-1，对应 STS-3，速率为 51.840×3＝155.520Mbps。更高等级的 STM-n 是将 STM-1 同步复用而成。4 个 STM-1 构成 1 个 STM-4（622.080Mbps），16 个 STM-1 构成 1 个 STM-16（约为 2.5Gbps），64 个 STM-1 构成 1 个 STM-64（约为 10Gbps）。表 2-4 给出了 SONET 的 OC 级、STS 级与 SDH 的 STM 级的速率对应关系。

表 2-4　SONET 的速率对应关系

传输速率（Mbps）	OC 级	STS 级	STM 级
51.840	OC-1	STS-1	
155.520	OC-3	STS-3	STM-1
466.560	OC-9	STS-9	
622.080	OC-12	STS-12	STM-4
933.120	OC-18	STS-18	
1244.160	OC-24	STS-24	STM-8
1866.240	OC-36	STS-36	STM-12
2483.320	OC-48	STS-48	STM-16
9953.280	OC-192	STS-192	STM-64

2.7　接　入　技　术

2.7.1　接入技术的分类

接入技术关系到如何将成千上万的住宅、办公室、企业用户计算机与移动终端设备接入 Internet,关系到用户能得到的网络服务的类型、应用水平、服务质量、资费等切身利益问题,同时也是城市网络基础设施建设中需要解决的一个重要问题。

用户接入可以分为家庭接入、校园接入、机关与企业接入,接入技术可以分为有线接入与无线接入两大类。图 2-32 给出了接入技术类型示意图。在图中简化了核心交换层与汇聚层的结构细节,突出了不同接入技术的区别。

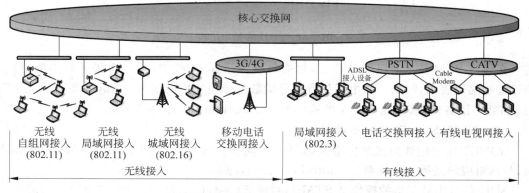

图 2-32　接入技术类型示意图

从实现技术的角度来看,宽带接入技术主要有:数字用户线技术、光纤同轴电缆混合网技术、光纤接入技术、无线接入技术与局域网接入技术。无线接入又可以分为:无线局域网接入、无线城域网接入、无线自组网与移动通信网接入。图 2-33 为接入技术分类示意图。

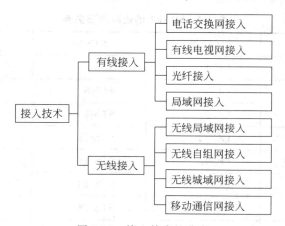

图 2-33　接入技术的分类

本节主要介绍数字用户线 xDSL 技术、光纤同轴电缆混合网 HFC 技术、光纤接入技术,其他接入技术在相关的章节中讨论。

2.7.2 ADSL 接入技术

1. 数字用户线 xDSL 的基本概念

一提起家庭用户计算机接入 Internet,人们自然会想到利用电话线路是最方便的方法。因为电话的普及率很高,如果能够将为语音通信的电话线路改造为既能够通话又能上网,那是最理想的方法。数字用户线(digital subscriber line,DSL)技术就是为了达到这个目的而对传统电话线路改造的产物。数字用户线是指从用户家庭、办公室到本地电话交换中心的一对电话线。用数字用户线实现通话与上网有多种技术方案,如非对称数字用户线(asymmetric DSL,ADSL)、高速数据用户线(high speed DSL,HDSL)、甚高速数据用户线(very high speed DSL,VDSL)等,因此人们通常使用前缀 x 来表示不同的数据用户线技术方案,统称为 xDSL。

由于家庭用户主要是通过 ISP 从 Internet 下载文档,而向 Internet 发送信息的数据量不会很大。如果将从 Internet 下载文档的信道称为下行信道,将向 Internet 发送信息的信道称为上行信道,那么家庭用户需要的下行信道与上行信道的带宽是不对称的,因此非对称数字用户线 ADSL 技术很快就在家庭计算机联网中得到了广泛的应用。

ADSL 技术最初由 Intel、Compaq Computer、Microsoft 公司成立的特别兴趣组 SIG 提出,如今这个组织已经包括大多数主要的 ADSL 设备制造商和网络运营商。由于电话交换网是唯一可以在全球范围内向住宅和商业用户提供接入的网络,使用 ADSL 技术可以最大限度地保护电信运营商在组建电话交换网时的投资,又能够满足用户方便地接入 Internet 的需求。

2. ADSL 接入技术的特点

图 2-34 给出了家庭使用 ADSL 接入 Internet 的结构示意图。

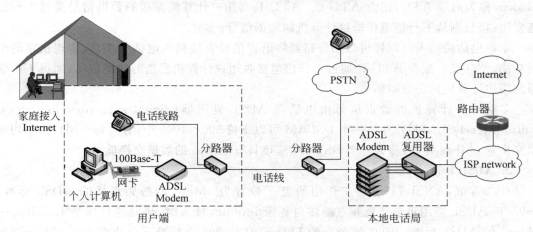

图 2-34 ADSL 接入结构示意图

ADSL 技术的特点主要表现在以下三个方面。

(1) ADSL 在电话线上同时提供电话与 Internet 接入服务

ADSL 可以在现有的用户电话线上通过传统的电话交换网,以不干扰传统模拟电话业务为前提,同时能够提供高速数字业务。数据业务包括 Internet 在线访问、远程办公、视频点播等。由于用户不需要专门为获得 ADSL 服务而重新铺设电缆,因此运营商在推广 ADSL 技术时用户端的投资相当小,推广容易。

（2）ADSL 提供的非对称带宽特性

ADSL 系统在电话线路上划分出三个信道:语音信道、上行信道与下行信道。ADSL 在电话线路上为不同信道划分的带宽如图 2-35 所示。在 5km 的范围内,上行信道的速率为 16kbps~640kbps,下行信道的速率为 1.5Mbps~9.0Mbps。用户可以根据需要选择上行和下行速率。

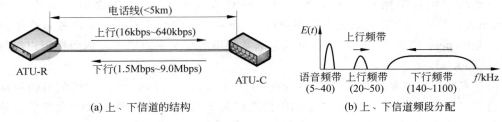

(a) 上、下信道的结构　　　　　　　　　(b) 上、下信道频段分配

图 2-35　ADSL 带宽分配示意图

（3）ADSL 结构

ADSL 用户端的分路器(splitter)实际上是一组滤波器,其中低通滤波器将低于 4000Hz 的语音信号传送到电话机,高通滤波器将计算机传输的数据信号传送到 ADSL Modem。家庭用户的个人计算机通过 Ethernet 网卡、100Base-T 非屏蔽双绞线与 ADSL Modem 连接。由于分路器设计成无源的,因此即使用户端停电也不会影响电话的使用。

ADSL Modem 又称为接入端接单元(access termination unit,ATU)。ADSL Modem 是成对使用的。用户端 ADSL Modem 称为远端 ATU,记为 ATU-R;电话局端 ADSL Modem 称为局端 ATU,记为 ATU-C。ATU-R 将用户计算机发送的数据信号通过上行信道发送;接收则从下行信道传输给计算机的数据信号。

本地电话局端入口同样可以用分路器将语音信号直接接入电话交换机,实现正常的电话功能。ATU-C 配合 ATU-R 通过上行信道接收用户计算机发送的数据信号,通过下行信道向用户计算机发送数据信号。

多路用户计算机的数据信号由电话局 ADSL 复用器(digital subscriber line access multiplexer,DSLAM)处理。一个 DSLAM 可以支持 500~1000 个用户,每个用户按平均数据交换量 6Mbps 计算,那么一个 DSLAM 应该具有 6Gbps 的数据交换能力。

3. ADSL 标准

1992 年底,ANSI T1E1.4 工作组研究了带宽为 6Mbps 的视频点播的 ADSL 标准。1997 年,ADSL 应用重点从视频点播转向宽带 Internet 接入时,研究的目标是 1.5Mbps~9Mbps 的 ADSL 标准。1999 年公布的 ITU-T 的 G.992.2 标准下行速率为 1.5Mbps。近年来陆续公布了更高速率的第二代 ADSL 标准,例如 G.993 与 G.994 的 ADSL2 标准、G.995 的 ADSL2+标准。其中,ADSL2+标准将频谱从 1.1MHz 扩大到 2.2MHz,下行速率可以达到 16Mbps,最大传输速率可以达到 25Mbps,上行速率可以达到 800kbps。

2.7.3　HFC 接入技术

1. 光纤同轴电缆混合网的研究背景与技术特征

与电话交换网一样,有线电视网络(CATV)也是一种覆盖面、应用广泛的传输网络,被视为解决 Internet 宽带接入"最后一千米"问题的最佳方案。

20 世纪 60 年代到 70 年代的有线电视网络技术只能提供单向的广播业务,那时的网络以简单共享同轴电缆的分支状或树状拓扑结构组建。随着交互式视频点播、数字电视技术的推广,用户点播与电视节目播放必须使用双向传输的信道,因此产业界对有线电视网络进行了大规模的双向传输改造。光纤同轴电缆混合网(hybrid fiber coax,HFC)就是在这样的背景下产生的。图 2-36 给出了 HFC 结构示意图。

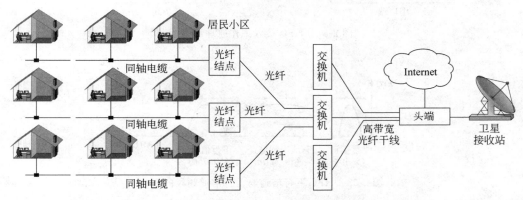

图 2-36　HFC 结构示意图

要理解 HFC 技术特征,需要注意以下问题。

(1) HFC 技术的本质是用光纤取代有线电视网络中的干线同轴电缆,光纤接到居民小区的光纤结点之后,小区内部接入用户家庭仍然使用同轴电缆,这样就形成了光纤与同轴电缆混合使用的传输网络。传输网络形成以头端为中心的星状结构。

(2) 在光纤传输线路上采用波分复用的方法,形成上行和下行信道,在保证正常电视节目播放与交互式视频点播 VOD 节目服务的同时,为家庭用户计算机接入 Internet 提供服务。

(3) 从头端向用户传输的信道称为下行信道,从用户向头端传输的信道称为上行信道。下行信道又需要进一步分为传输电视节目的下行信道与传输计算机数据信号的下行信道。

(4) 我国的有线电视网的覆盖面很广,通过对有线电视网络的双向传输改造,可以为很多的家庭宽带接入 Internet 提供一种经济、便捷的方法。因此,HFC 已成为一种极具竞争力的宽带接入技术。

2. HFC 接入技术的特点

HFC 接入工作原理如图 2-37 所示。

要理解 HFC 接入工作原理,需要注意以下问题。

(1) HFC 下行信道与上行信道频段划分有多种方案,既有下行信道与上行信道带宽相同的对称结构,也有下行信道与上行信道带宽不同的非对称结构。图 2-38 给出了典型的 HFC 非对称的下行信道与上行信道频段划分方案示意图。

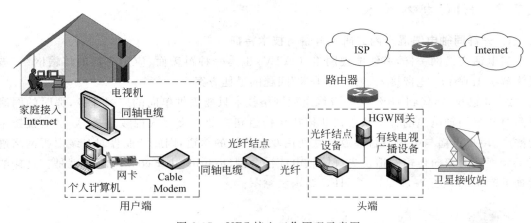

图 2-37　HFC 接入工作原理示意图

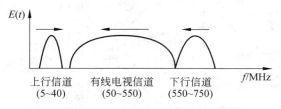

图 2-38　HFC 下行信道与上行信道频段的划分

（2）用户端。用户端的电视机与计算机分别接到线缆调制解调器（Cable Modem）。Cable Modem 与入户的同轴电缆连接。Cable Modem 将下行有线电视信道传输的电视节目传送到电视机；将下行数据信道传输的数据传送到计算机；将上行数据信道传输的数据传送到头端。

（3）头端。HFC 系统的头端又称为电缆调制解调器终端系统。一般的文献中仍然沿用传统有线电视系统"头端"的名称。

头端的光纤结点设备对外连接高带宽主干光纤，对内连接有线广播设备与连接计算机网络的 HFC 网关（HFC gateway，HGW）。有线广播设备实现交互式电视点播与电视节目播放。HGW 完成 HFC 系统与计算机网络系统的互连，为接入 HFC 的计算机提供访问Internet 服务。

（4）小区光纤结点将光纤干线和同轴电缆相互连接。光纤结点通过同轴电缆下引线可以为几千个用户服务。HFC 采用非对称的传输速率，上行信道速率最高可以达到 10Mbps。下行信道速率最高可以达到 36Mbps，减去各种开销之后的有效净荷能够达到 27Mbps。

（5）HFC 对上行信道与下行信道的管理是不相同的。由于下行信道只有一个头端，因此下行信道是无竞争的。上行信道是由连接到同一个同轴电缆的多个 Cable Modem 共享。如果是 10 个用户共同使用，则每个用户可以平均获得 1Mbps 的带宽，因此上行信道属于有竞争的信道。图 2-39 给出了 HFC 的上行信道与下行信道工作示意图。

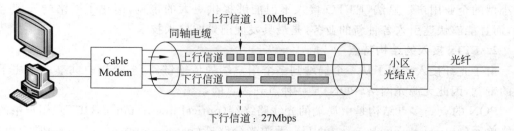

图 2-39　HFC 上行信道与下行信道工作示意图

2.7.4　光纤接入技术

1. 光纤接入与 FTTx 的基本概念

光纤接入是指局端与用户端之间完全以光纤作为传输介质的接入方式。光纤接入可以分为有源光网络（active optical network，AON）接入与无源光网络（passive optical network，PON）接入两类。同步光纤网（SONET）属于有源光网络，Internet 的接入主要采用无源光网络接入方式，在局端与用户端之间没有任何有源电子设备，通过无源的光器件构成光传输网络。

在讨论 ADSL 与 HFC 宽带接入方式时，我们已经了解到：用于远距离的传输介质已经都采用了光纤，只有临近用户家庭、办公室的地方仍然使用电话线或同轴电缆。而 FTTx 接入方式是将最后接入到用户端所用的电话线与同轴电缆全部用光纤取代。人们将多种光纤接入方式称为 FTTx，这里的 x 表示不同的光纤接入地点。根据光纤深入用户的程度，光纤接入可以进一步分为：

- 光纤到家（fiber to the home，FTTH）。
- 光纤到楼（fiber to the building，FTTB）。
- 光纤到路边（fiber to the curb，FTTC）。
- 光纤到结点（fiber to the node，FTTN）。
- 光纤到办公室（fiber to the office，FTTO）。

光纤到家（FTTH）是用一根光纤直接连接到家庭，省去了整个铜线设施（馈线、配线与引入线），增加了用户的可用带宽，减少了网络系统维护的工作量。

光纤到楼（FTTB）采用光纤到楼、高速局域网到户（即 FTTP+LAN），它是一种经济和实用的接入方式。使用 FTTB 不需要拨号，用户开机即可接入 Internet，这种接入方式类似于专线接入。

光纤到路边（FTTC）是一种基于优化 xDSL 技术（即 FTTC+xDSL）的宽带接入方式。这种接入方式适合于小区家庭已经普遍使用 ADSL 的情况。FTTC 可以提高用户可用带宽，而不需要改变 ADSL 的使用方法。FTTC 一般采用小型的 ADSL 复用器（DSLAM），部署在电话分线盒的位置，一般覆盖 24～96 个用户。

光纤到结点（FTTN）与光纤到路边（FTTC）类似，它与 FTTC 的区别主要在 DSLAM 部署的位置与覆盖的用户数。FTTN 将光纤延伸到电缆交接盒，一般覆盖 200～300 个用户；FTTN 则比较适合用户比较分散的农村。

光纤到办公室（FTTO）与光纤到家（FTTH）类似，只是光纤到办公室（FTTO）主要针对小型的企业用户。显然,FTTO 接入不但能够提供更大的带宽,简化了网络的安装与维护,而且能够快速引入各种新的业务,是最具发展前景的接入技术。

2. FTTx 接入的结构特点

由于光纤接入形成了从一个局端到多个用户端的传输链路,多个用户共享一条主干光纤的带宽,因此无源光网络(PON)是一种点到多点的系统。

PON 的点到多点结构是由局端的光线路终端(optical line terminal,OLT)、用户端的光网络单元(optical network unit,ONU)、无源光分路器(passive optical splitter,POS)组成,共同构成了光配线网(optical distribution network,ODN)。无源光分路器(POS)与用户端有两种连接方法:第一种是 POS 与用户端光网络单元(ONU)连接,ONU 完成用户端光信号与电信号的转换,通过铜缆连接到用户的网络终端(NT)设备;第二种是直接通过光纤连接用户端的光网络终端(ONT),由 ONT 连接用户终端设备。无源光接入网(ODN)典型的拓扑结构为星状或树状(如图 2-40 所示)。

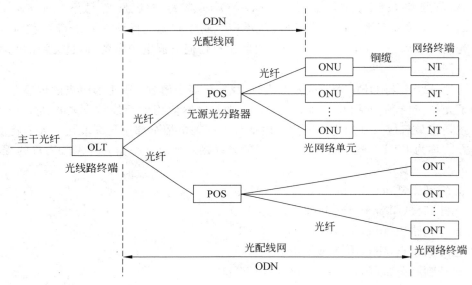

图 2-40　无源光接入结构示意图

光配线网(ODN)采用光波分复用,上、下行信道分别采用不同波长的光。在光信号传输中多采用功率分割型无源光网络(PSPON)技术,下行采用广播方式传输数据,上行采用时分多路复用(TDMA)方式传输数据。局端主干光纤发送的下行光信号功率经过无源光分路器(POS)以 1∶N 的分路比进行功率分配后,再通过接入用户端的光纤,将光信号广播到光网络单元(ONU)。POS 的分路比一般为 1∶2、1∶8、1∶32 或 1∶64。POS 分路越多,每个光网络单元分配到的光信号功率就越小。因此,无源光分路器(POS)所采用的分路比受到用户端光网络单元(ONU)对最小接收功率的限制。无源光接入上行与下行工作原理如图 2-41 所示。

3. EPON 标准与应用

将无源光网络(PON)与广泛应用的 Ethernet 相结合形成的 EPOS 技术是目前发展最快、部署最多的 PON 技术。IEEE 在 1998 年开始 EPON 标准的研究,直到 2001 年才形成

IEEE 802.3ah 标准。IEEE 802.3ah 标准支持上、下行速率固定为 1.25Gbps。为了适应更高速率的 Ethernet 技术,IEEE 相继制定了 802.3av 10Gbps EPON 标准。802.3av 标准在将下行速率提高到 10Gbps 的同时,与 802.3ah 标准保持着很好的兼容性,使得 10Gbps EPON 与 1Gbps EPON 的光网络单元 ONU 共存于一个光配线网中,这样可以在持续提升接入带宽的同时,最大限度地保护了运营商的投资。

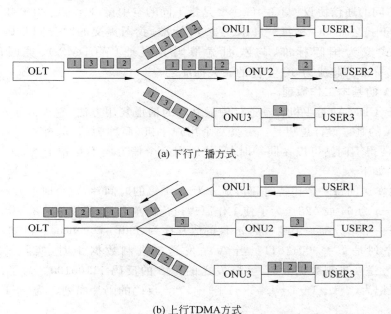

(a) 下行广播方式

(b) 上行TDMA方式

图 2-41 无源光网络上行与下行工作原理示意图

2.7.5 移动通信接入技术

1. 空中接口与 3G/4G 标准

移动通信的主要概念是:接口、信道、移动台与基站。图 2-42 是空中接口、信道、移动台与基站概念的示意图。无线通信中手机与基站通信的接口称为空中接口。所有通过空中接口与无线网络通信的设备统称为移动台。移动台可以分为车载移动台和手持移动台。手机就是目前最常用的便携式的移动台。基站包括天线、无线收发信机,以及基站控制器(basic station controller,BSC)。基站一端通过空中接口与手机通信,另一端接入到移动通信系统之中。手机与基站之间的无线信道包括手机向基站发送信号的上行信道,以及基站

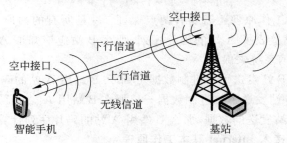

图 2-42 空中接口、信道、移动台与基站示意图

向手机发送信号的下行信道。上行信道与下行信道的频段是不相同的。例如,目前使用的 2G 的 GSM 移动通信中,上行信道与下行信道的频段可以分别采用 935MHz～960MHz 与 890MHz～915MHz。

需要注意的是:基站与手机之间是通过广播方式、点-多点方式连接的,一个基站需要通过多个空中接口接收多个手机的信号。空中接口标准就是用于标识移动台,控制多个移动台对基站访问的通信协议。3G/4G 主要是指不同的空中接口标准。2000 年 5 月,国际电信联盟 ITU 正式公布 3G 标准——IMT-2000 标准,我国提交的时分同步码分多址(TD-SCDMA)正式成为国际标准,与欧洲宽带码分多址(WCDMA)、美国的码分多址(CDMA2000)标准一起成为 3G 主流的三大标准之一。

2. CDMA 的基本工作原理

码分多址(CDMA)是手机移动通信中最基本的信道复用方法,它来源于军事扩频通信技术。CDMA 的基本设计思想是:给每一个用户手机(简称为站)分配一种经过特殊挑选的不同码型,使得不同站可以在同一时刻、使用同一个信道而不互相干扰。CDMA 的基本工作原理总结如下。

(1) 将站发送的每一个比特时间再划分为 m 个短的时间片,每个时间片称为一个码片(chip)。通常 m 为 64 或 128。为了使工作原理讨论简单起见,假设 $m=8$。

(2) 给每一个站分配一个唯一的 m 位的码片序列(chip sequence)。例如,给 A 站分配的一个码片序列是 $S=00011011$。当 A 站发送二进制数据 1 时,实际发送的是 $S=00011011$;而发送二进制数据 0 时,实际发送的是 S 的反码 11100100。为了计算方便,将 S 的码片序列记为 $(-1-1-1+1+1-1+1+1)$,S 反码的码片序列记为 $(+1+1+1-1-1+1-1-1)$。

(3) CDMA 的一个重要特点是:给每一个站分配的码片序列是唯一的,同时不同站的码片序列是正交的。假设 B 站分配的码片序列是 T,那么

$$S \cdot T = \frac{1}{m} \sum_{i=1}^{m} S_i T_i = 0$$

例如,$S=00011011$,$(-1-1-1+1+1-1+1+1)$;$T=00101110$,$(-1-1+1-1+1+1+1-1)$。那么,计算 $S \cdot T$(向量内积)为

$$S = -1-1-1+1+1-1+1+1$$
$$\times \quad \times \times \times \times \times \times \times$$
$$T = -1-1+1-1+1+1+1-$$
$$\downarrow \quad \downarrow \quad \downarrow \quad \downarrow \quad \downarrow \quad \downarrow \quad \downarrow \quad \downarrow$$
$$+1+1-1-1+1-1+1-1 = 0$$

(4) 实现 CDMA 工作原理还需要有两点保证:一是所有的站所发送的码片序列都是同步的;二是如果 B 站接收了 A 站的码片序列,那么 B 站应该知道 A 站分配的码片序列。这两点需要由移动通信系统来保证。

(5) 如果 A 站向 B 站发送了二进制数据 1,那么 B 站用 A 站的码片序列计算的内积应该为 1;如果 A 站向 B 站发送了二进制数据 -1,那么 B 站用 A 站的码片序列计算的内积应该为 -1;如果不是 A 站发送的数据,那么 B 站用 A 站的码片序列计算的内积应该为 0。

3. 移动通信系统接入 Internet 基本工作原理

图 2-43 给出了移动通信系统结构与基本工作原理示意图。移动通信系统是由移动终

端、接入网与核心交换网三部分组成。核心交换网也称为核心网，它是由移动交换中心 (mobil switching center，MSC)的移动交换机，归属位置寄存器(home location register，HLR)、访问位置寄存器(visited location register，VLR)与鉴权中心(authentication center，AUC)服务器组成。基站与移动交换机一般通过光纤连接。

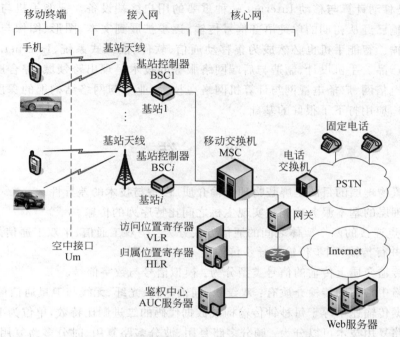

图 2-43　移动通信系统的基本工作原理示意图

　　每个地区的移动通信系统都是由地区移动交换中心的移动交换机、归属位置寄存器、访问位置寄存器与鉴权中心服务器组成。

　　归属位置寄存器存储着在本地入网主机的所有重要的信息，如手机号码、国际用户识别码、申请的业务类型，漫游位置信息等。而访问位置寄存器是个动态的数据库，它存储着所有漫游到本地移动通信网络的外地手机的号码、当前位置、状态与业务信息。例如，作者的手机是在天津移动公司入的网，那么作者手机的所有重要信息全部存储在天津移动公司的归属位置寄存器中。

　　如果作者漫游到北京移动公司下属的基站 i 覆盖的范围内。作者在北京使用手机时，基站 i 的天线就可以接收到作者手机的服务请求信号。那么，基站 i 的基站控制器设备在接到服务请求之后首先是为这次通话分配一个通信信道，同时将手机的服务请求发送到北京移动交换中心的移动交换机。如果作者是希望接通北京大学一位老师的手机，那么北京移动交换中心的移动交换机通过归属位置寄存器查找被叫手机当前的位置信息，根据当前手机的位置信息，将呼叫信号发送到手机所处的小区基站，由该基站的天线向这位老师的手机发出振铃信号。这位老师听到振铃信号之后，就可以与作者直接通话了。如果作者是希望访问一个搜索引擎，那么北京移动交换中心的移动交换机在接收到用户访问 Internet 搜索引擎网站的请求之后，可以通过移动交换机与 Internet 连接的网关，提交用户搜索请求；再将搜索引擎返回的查询转发到用户手机。无线通信系统通过鉴权中心可以对手机的合法性进行验证,对无线信道上传输的数据进行加密、解密处理。

手机移动接入对于三网融合是一个重要的推进。智能手机集中地体现出 Internet 数字终端设备的概念、技术发展与演变。目前,智能手机已经不是一种简单的通话工具,而是集电话、PDA、照相机、摄像机、录音机、收音机、电视、游戏机以及 Web 浏览器多种功能为一体的消费品,是移动计算与移动 Internet 一种重要的用户终端设备。智能手机与移动通信系统的信号传输已经从初期的单纯语音信号传输,逐步扩展到文本、图形、图像与视频的多媒体信号的传输。智能手机也必然成为集移动通信、软件、嵌入式系统、Internet 应用技术为一体的电子产品。手机设计、制造与后端网络服务的技术呈现出跨领域、综合服务的趋势,它也标志着电信网、广播电视网与计算机网络在技术、业务与网络结构上的深度融合,也为物联网的推广应用打下了很好的基础。

小　　结

(1) 设置物理层的目的是屏蔽物理传输介质、设备与技术的差异性。

(2) 物理层的基本服务功能是实现主机之间比特序列的传输。

(3) 点-点连接的两个实体之间的通信方式分为:全双工通信、半双工通信与单工通信;串行传输与并行传输;同步传输与异步传输。

(4) 在传输介质上传输的信号类型分为:模拟信号与数字信号。

(5) 网络中常用的传输介质有:双绞线、同轴电缆、光纤、无线与卫星通信信道。

(6) 数据传输速率等于每秒钟传输构成数据代码的二进制比特数,单位为 bps。

(7) 多路复用技术可以分为:频分多路复用、波分多路复用、时分多路复用与码分多路复用。时分多路复用又可以分为:同步时分多路复用与统计时分多路复用。

(8) 同步数字体系 SDH 是一种数据传输体制,它规范数字信号的帧结构、复用方式、传输速率等级与接口码型等特征。

(9) 宽带接入技术主要有:数字用户线技术、光纤同轴电缆混合网技术、光纤接入技术、无线接入技术与局域网接入技术。

习　　题

1. 已知:电话线路带宽 $B=3000\mathrm{Hz}$,根据奈奎斯特准则,求:无噪声信道的最大数据传输速率为多少?

2. 已知:$S/N=30\mathrm{dB}$,带宽 $B=4000\mathrm{Hz}$,根据香农定理,求:有限带宽、有热噪声信道的最大数据传输速率为多少?

3. 波长分别为 5.19cm、12.24cm、33.3cm 三个频率,哪个不在 ISM 频段之中?

4. 如果图 2-44 是一个 8bit 数据的曼彻斯特编码波形(前 $T/2$ 传送该比特的反码)。

(1) 请写出这个 8bit 数据的二进制编码。

(2) 请画出对应的差分曼彻斯特编码波形。

5. 请根据表 2-5 QAM 调制中波特率与相数,计算对应的数据传输速率值。

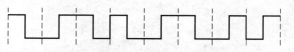

图 2-44　习题 4 的曼彻斯特编码波形

表 2-5　习题 5 QAM 调制中波特率、相数与数据传输速率

调制速率/baud	多相调制的相数	数据传输速率/bps
3600	QPSK-8	
3600	QPSK-16	
3600	QPSK-64	
3600	QPSK-256	

6. 已知：FDM 系统的一条通信线路的带宽为 200kHz，每一路信号带宽为 4.2kHz，相邻信道之间的隔离带宽为 0.8kHz。求：这条线路可以传输多少路信号？

7. 如果主机的数据发送速率达到 100Mbps，采用曼彻斯特编码，那么它需要占用的传输信道带宽至少为多少？

8. 已知：SONET 定义的 OC-1 速率为 51.840Mbps。计算：STM-4 对应的速率为多少？

9. 在 CDMA 系统中，4 个站是码片序列分别为：

A：$(-1+1-1+1+1+1-1-1)$

B：$(-1-1+1-1+1+1+1-1)$

C：$(-1-1-1+1+1+1-1+1+1)$

D：$(-1+1-1-1-1-1+1-1)$

现在接收到码片序列为 S：$(-1+1-3+1-1-3+1+1)$。

请判断：是哪个站发送的数据？发送的二进制数是 0 还是 1？

第 3 章

数据链路层

本章将从差错产生的原因与差错控制方法入手,讨论基于点-点通信线路的数据链路层的基本概念与服务功能,以及典型的数据链路层协议。

本章教学要求

- 理解:数据传输过程中差错产生的原因与性质。
- 掌握:误码率的定义与差错控制方法。
- 掌握:数据链路层的基本概念。
- 了解:数据链路层协议的分类方法。
- 掌握:典型的数据链路层协议——PPP 基本工作原理。

3.1 差错产生的原因与差错控制方法

3.1.1 设计数据链路层的原因

在讨论数据链路层的基本概念与协议前,需要讨论一个问题,那就是为什么要设计数据链路层? 这个问题可以从以下三个方面来回答。

(1) 物理线路由传输介质与通信设备组成。在物理线路上传输数据信号是存在差错的。误码率是指二进制比特在数据传输过程中被传错的概率。在实际物理线路的传输过程中,人们需要进行大量测试,求出各种物理线路的平均误码率,或者给出某些特殊情况下的平均误码率。测试结果表明:电话线路的传输速率在 $300 \sim 2400$bps 时,平均误码率在 $10^{-4} \sim 10^{-6}$ 之间;传输速率在 $4800 \sim 9600$bps 时,平均误码率在 $10^{-2} \sim 10^{-4}$ 之间。由于计算机网络对数据通信的要求是平均误码率必须低于 10^{-9},因此普通电话线路不采取差错控制措施就不能满足计算机网络的要求。

(2) 设计数据链路层的主要目的是在有差错的物理线路的基础上,采取差错检测、差错控制与流量控制等方法,将有差错的物理线路改进成无差错的数据链路,向网络层提供高质量的数据传输服务。

(3) 从参考模型的角度来看,物理层以上的各层都有改善数据传输质量的责任,数据链路层是最重要的一层。

3.1.2 差错产生的原因和差错类型

我们将通过物理线路传输之后接收数据与发送数据不一致的现象称为传输差错(简称差错)。差错的产生是不可避免的,我们的任务是分析差错产生的原因与类型,研究检查是否出现差错以及如何纠正差错的差错控制方法。

差错的产生过程如图 3-1 所示。其中,图 3-1(a)表示的是数据通过通信信道的过程;图 3-1(b)表示的是数据传输过程中噪声的影响。

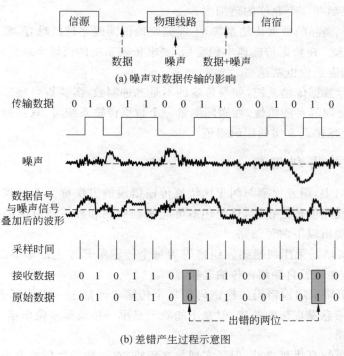

(a) 噪声对数据传输的影响

(b) 差错产生过程示意图

图 3-1 差错的产生过程

当数据信号从发送端出发经过物理线路时,由于物理线路存在着噪声,因此数据信号通过物理线路传输到接收端时,接收信号必然是数据信号与噪声信号电平的叠加。在接收端接收电路在取样时对叠加后的信号进行判断,以确定数据的 0、1 值。如果噪声对信号叠加的结果在电平判决时引起错误,这时就会产生传输数据的错误。

物理线路的噪声分为两类:热噪声和冲击噪声。其中,热噪声是由传输介质导体的电子热运动产生的。热噪声的特点是:时刻存在,幅度较小,强度与频率无关,但是频谱很宽。热噪声是一种随机的噪声,由热噪声引起的差错是一种随机差错。

冲击噪声是由外界电磁干扰引起的。与热噪声相比,冲击噪声的幅度比较大,它是引起传输差错的主要原因。冲击噪声持续时间与数据传输中每比特的发送时间相比可能较长,因此冲击噪声引起的相邻多个数据位出错呈突发性。冲击噪声引起的传输差错是一种突发差错。引起突发差错比特位的长度称为突发长度。通信过程中产生的传输差错是由随机差错与突发差错共同构成的。

3.1.3 误码率的定义

误码率是指二进制比特在数据传输系统中被传错的概率,它在数值上近似等于 $P_e = N_e/N$。其中,N 为传输的二进制比特总数,N_e 为被传错的比特数。

在理解误码率的定义时,需要注意以下几个问题。

(1) 误码率是衡量数据传输系统正常工作状态下传输可靠性的参数。数据信号在物理线路传输过程中一定会因为噪声、干扰等原因出现错误,传输错误是正常并且是不可避免的,但是一定要控制在一个允许的范围内。

(2) 对于一个实际的数据传输系统,不能笼统地说误码率越低越好,要根据实际传输要求提出误码率要求。在数据传输速率确定后,要求传输系统的误码率越低,则传输系统的设备就会越复杂,相应造价也就越高。

(3) 对于实际数据传输系统,如果传输的不是二进制数,需要折合成二进制数来计算。

(4) 差错的出现具有随机性,在实际测量一个数据传输系统时,只有被测量的传输二进制位数越大,才会越接近真实的误码率值。

3.1.4 检错码与纠错码

在计算机通信中,研究检测与纠正比特流传输错误的方法称为差错控制。差错控制的目的是减少物理线路的传输错误,目前还不可能做到检测和校正所有的差错。人们在设计差错控制方法时提出以下两种策略。

(1) 第一种策略是采用纠错码。纠错码为每个传输单元加上足够多的冗余信息,以便接收端能够发现,并能够自动纠正传输差错。

(2) 第二种策略采用检错码。检错码为每个传输单元加上一定的冗余信息,接收端可以根据这些冗余信息发现传输差错,但是不能确定是哪一位或哪些位出错,并且自己不能够自动纠正传输差错。

纠错码方法虽然有优越之处,但是实现起来困难,在一般的通信场合不易采用。检错码方法虽然需要通过重传机制达到纠错目的,但是工作原理简单,实现起来容易,因此得到了广泛的使用。

3.1.5 循环冗余编码工作原理

常用的检错码主要有奇偶校验码和循环冗余编码。奇偶校验码是一种最常见的检错码,它分为垂直奇偶校验、水平奇偶校验与水平垂直奇偶校验(即方阵码)。奇偶校验方法简单,但检错能力差,一般只用于通信要求较低的环境。目前,循环冗余编码(cyclic redundancy code,CRC)是应用最广泛的检错码编码方法,它具有检错能力强与实现容易的特点。

1. CRC 的基本工作原理

CRC 检错方法的工作原理可以从发送端与接收端两个方面进行描述。

(1) 发送端将发送数据比特序列当作一个多项式 $f(x)$,用双方预先约定的生成多项式 $G(x)$ 去除,求得一个余数多项式 $R(x)$。将余数多项式加到数据多项式之后,一起发送到接收端。

（2）接收端用同样的生成多项式 $G(x)$ 去除接收到的数据多项式 $f'(x)$，得到计算余数多项式 $R'(x)$。如果计算余数多项式 $R'(x)$ 与接收余数多项式 $R(x)$ 相同，表示传输无差错；否则，表示传输有差错。出现差错，通知发送端重传数据，直至正确为止。

图 3-2 给出了 CRC 检错方法的工作原理示意图。

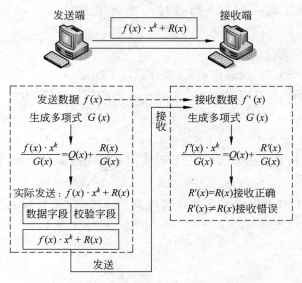

图 3-2　CRC 校验工作原理示意图

CRC 生成多项式 $G(x)$ 由协议来规定，$G(x)$ 的结构及检错效果是经过严格的数学分析与实验后确定的。目前，已有多种生成多项式列入国际标准，例如：

CRC-12 $\qquad G(x) = x^{12} + x^{11} + x^3 + x^2 + x + 1$

CRC-16 $\qquad G(x) = x^{16} + x^{15} + x^2 + 1$

CRC-CCITT $\qquad G(x) = x^{16} + x^{12} + x^5 + 1$

CRC-32 $\qquad G(x) = x^{32} + x^{26} + x^{23} + x^{22} + x^{16} + x^{12} + x^{11} + x^{10}$
$\qquad\qquad\qquad + x^8 + x^7 + x^5 + x^4 + x^2 + x + 1$

2. CRC 校验的工作过程

CRC 校验的工作过程如下。

（1）发送端发送数据多项式 $f(x) \cdot x^k$，其中 k 为生成多项式的最高幂值。对于二进制乘法来说，$f(x) \cdot x^k$ 的意义是将发送数据比特序列左移 k 位，用来放入余数。

（2）将 $f(x) \cdot x^k$ 除以生成多项式 $G(x)$，得

$$f(x) \cdot x^k / G(x) = Q(x) + R(x)/G(x)$$

其中，式中 $R(x)$ 为余数多项式。

（3）将 $f(x) \cdot x^k + R(x)$ 作为整体，发送到接收端。

（4）接收端对接收到的数据多项式 $f'(x)$ 采用同样的运算，即

$$f'(x) \cdot x^k / G(x) = Q(x) + R'(x)/G(x)$$

求得计算余数多项式 $R'(x)$。

（5）如果计算余数多项式 $R'(x)$ 等于接收余数多项式 $R(x)$，表示发送过程中没有出现

差错;如果计算余数多项式 $R'(x)$ 不等于接收余数多项式 $R(x)$,表示发送过程中出现了差错。

3. CRC 检错方法的举例

实际的 CRC 校验码生成是采用二进制的模二算法(即减法不借位、加法不进位)计算出来的,这是一种异或操作。下面通过一些例子来进一步解释 CRC 的基本工作原理。

(1)需要注意的问题

在用模二算法生成 CRC 校验码时,需要注意以下问题。

① 以 CRC-12 为例,$G(x) = x^{12} + x^{11} + x^3 + x^2 + x + 1$,可以写为

$$G(x) = 1 \times x^{12} + 1 \times x^{11} + 0 \times x^{10} + 0 \times x^9 + 0 \times x^8 + 0 \times x^7 + 0 \times x^6 + 0 \times x^5$$
$$+ 0 \times x^4 + 1 \times x^3 + 1 \times x^2 + 1 \times x + 1 \times x^0$$

尽管 CRC-12 的最高位是 x^{12},$k=12$。而实际上用二进制表示时,它的位数 $N=13$,也就是说用二进制表示 $G(x)$ 应该是:1100000001111。$k = 13 - 1 = 12$。

② 如果在例子中给出生成多项式比特序列为 11001,那么写成生成多项式应该为

$$G(x) = 1 \times x^4 + 1 \times x^3 + 0 \times x^2 + 0 \times x^1 + 1 \times x^0$$

生成多项式的 $N=5$,$k = 5 - 1 = 4$。

(2)举例

下面举一个例子来具体说明 CRC 校验码的生成过程。

① 发送数据比特序列为 110011(6 比特)。

② 生成多项式比特序列为 11001($N=5$,$k=4$)。

③ 将发送数据比特序列乘以 2^4,那么产生的乘积应为 1100110000。

④ 将乘积用生成多项式比特序列去除,按模二算法求得余数比特序列为 1001。

$$
\begin{array}{r}
100001 \quad \longleftarrow Q(x) \\
G(x) \longrightarrow 11001 \overline{)1100110000} \quad \longleftarrow f(x) \cdot x^k \\
\underline{11001} \\
10000 \\
\underline{11001} \\
1001 \quad \longleftarrow R(x)
\end{array}
$$

⑤ 将余数比特序列加到乘积中得:

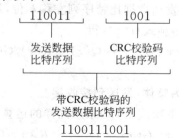

⑥ 如果在数据传输过程中没有发生错误,接收端收到的带有 CRC 校验码的数据比特序列一定能被相同的生成多项式整除,即:

```
              100001
11001 √ 1100111001
        11001
        ‾‾‾‾‾
          11001
          11001
          ‾‾‾‾‾
              0
```

在实际应用中,CRC 校验码的生成与校验过程可以用软件或硬件来实现。目前,很多超大规模集成电路芯片可以实现复杂的 CRC 校验功能。

4. CRC 的检错能力

CRC 校验码的检错能力很强,它除了能够检查出离散错外,还能够检查出突发错。突发错是指在接收的二进制比特流中突然出现连续的几位或更多位数的错误。CRC 校验码具有以下检错能力。

(1) 能够检查出全部离散的 1 位错。

(2) 能够检查出全部离散的 2 位错。

(3) 能够检查出全部奇数位错。

(4) 能够检查出全部长度小于或等于 k 位的突发错。

(5) 能以 $[1-(1/2)^{k-1}]$ 的概率检查出长度为 $k+1$ 位的突发错。

如果 $k=16$,CRC 校验码能够检查出小于或等于 16 位的所有突发错,并能以 $1-(1/2)^{16-1}\approx99.997\%$ 的概率检查出长度为 17 位的突发错,漏检概率为 0.003%。

3.1.6 差错控制机制

接收端通过检错码检查数据帧是否出错,一旦发现错误,通常采用反馈重发(automatic request for repeat,ARQ)方法来纠正。图 3-3 给出了反馈重发纠错过程示意图。

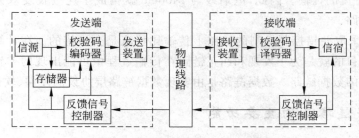

图 3-3 反馈重发纠错过程示意图

(1) 发送端将数据经过校验码编码器产生校验字段,并将校验字段与数据一起通过物理线路发送到接收端。为了适应反馈重发的需要,发送端在存储器中保留发送数据的副本。

(2) 接收端通过校验码译码器判断数据传输中是否出错。如果数据传输正确,接收端通过反馈信号控制器向发送端发送"传输正确"(ACK)信息。发送端的反馈信号控制器收到 ACK 信息后,将不再保留发送数据的副本。如果数据传输不正确,接收端向发送端发送"传输错误"(NAK)信息。

(3) 发送端的反馈信号控制器收到 NAK 信息后,将根据保留数据的副本重新进行发送,直到正确接收为止。协议规定了最大重发次数。如果超过协议规定的最大重发次数,接收端仍然不能正确接收,那么发送端停止重传,并将向高层协议报告传输出错信息。

3.2　数据链路层的基本概念

3.2.1　链路与数据链路

链路(link)与数据链路(data link)的含义是不同的,图 3-4 给出了链路与数据链路关系的示意图。

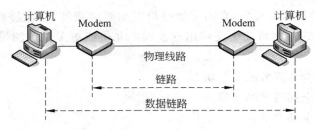

图 3-4　物理线路与数据链路的关系

理解链路与数据链路的区别与联系,需要注意以下问题。

(1) 链路是由物理线路与通信设备构成的。物理线路可以是有线的,也可以是无线的。物理线路连接相邻的两个结点,中间没有其他的交换结点或转接结点。

图 3-4 给出了一个简单的例子,那就是连接收发双方的物理线路是电话线。由于电话线是用来传输模拟语音信号的,在电话线上传输计算机产生的数字信号就必须使用调制解调器 Modem,实现数字信号与模拟信号之间的转换。收发双方的物理层通过电话线与Modem 完成比特流的传输。因此,电话线与 Modem 就构成了连接收发双方物理层,实现比特流传输的链路。

(2) 在没有采取差错控制机制的链路上传输比特流是会出错的。在计算机网络中,设计数据链路层的目的就是为了发现和纠正链路在传输过程中可能出现的差错,使有差错的链路变成无差错的数据链路。数据链路是由实现数据链路层协议的硬件、软件与链路组成。

3.2.2　数据链路层的主要功能

数据链路层主要包括以下几个方面的功能。

1. 数据链路管理

当收发双方开始进行通信时,发送端需要确认接收端已经做好了接收的准备。为了做到这一点,收发双方必须事先交换必要的信息,建立数据链路连接;在数据传输过程中要维护数据链路;当通信结束时,要释放数据链路。数据链路层链路管理功能包括数据链路的建立、维护与释放。

2. 帧同步

数据链路层传输数据单元是帧。物理层的比特流是封装在帧中传输的。帧同步是指接收端应该能够从收到的比特流中正确地判断出一帧的开始位与结束位。

3. 流量控制

发送端发送数据超过物理线路的传输能力或超出接收端的帧接收能力时,就会造成链路拥塞。为了防止出现链路拥塞,数据链路层必须具有流量控制功能。

4. 差错控制

为了发现和纠正物理线路传输差错,使有差错的物理线路变成无差错的数据链路,数据链路层必须具有差错控制功能。

5. 透明传输

当传输的数据帧数据字段中出现某些特定的控制字符的二进制代码序列时就必须采取适当的措施,使接收端不至于将数据中的系统代码误认为是控制字符。数据链路层必须保证帧数据字段可以传输任意的二进制比特序列,即需要保证帧传输的"透明性"问题。

6. 寻址

在点-多点链路连接的情况下,数据链路层要保证每一帧都能传送到正确的接收端,因此数据链路层必须具备寻址的功能。

3.2.3 数据链路层与网络层、物理层的关系

1. 数据链路层与网络层的关系

数据链路层在 OSI 参考模型中处于网络层与物理层之间。网络层的主要功能是为联网计算机之间的通信寻找一条最佳的传输路径。如图 3-5 所示,如果 Internet 中的主机 A 要向主机 B 传送数据,那么主机 A 的网络层就会启动路由选择算法,找出一条到达主机 B 的传输路径。这条传输路径要经过路由器 1、路由器 2、路由器 3 的多跳才能够到达主机 B。这条传输路径是由多段链路组成。

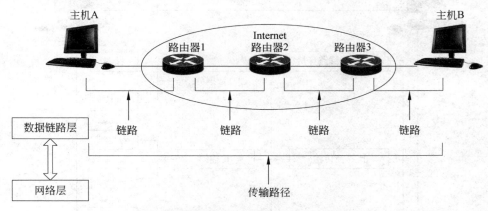

图 3-5　数据链路层与网络层关系示意图

理解数据链路层与网络层的关系需要注意以下两点。

(1)网络层路由选择算法找出的传输路径一般都是由多段链路组成。如果数据链路层要能够保证网络层的数据经过每一段链路传输时都不会出现差错,那么网络层数据经过多段链路传输也就不会出错。因此,数据链路层就是为保证网络层数据传输的正确性提供服务的。

(2)由于数据链路层的存在,网络层不需要知道物理层具体采用了哪种传输介质与通

信设备;是采用模拟通信方法,还是采用数字通信方法;使用的是有线信道,还是无线信道。只要接口关系与功能不变,物理层所采用的传输介质与通信设备的变化,对网络层不会产生影响。因此,数据链路层可以为网络层屏蔽物理层传输技术的差异性提供服务。

2. 数据链路层与物理层关系

数据链路连接建立在物理线路连接上。在物理层完成物理线路连接并提供比特流传输能力的基础上,数据链路层才能够传输数据链路层协议数据单元——帧。数据链路层协议软件控制数据链路的建立、帧传输与释放过程,同时通过流量控制与差错控制功能来保证数据在数据链路上的正确传输,为网络层提供服务。

图 3-6 给出了数据链路层与物理层协议工作过程示意图。理解数据链路层与物理层关系,需要注意以下问题。

(1) 主机 A 与主机 B 之间要传输数据,首先要建立物理线路连接。

(2) 建立物理线路连接后才能传输比特流;能够传输比特流,才能传输数据链路层的控制帧;控制帧通过协商来建立数据链路。

(3) 建立数据链路之后才能进入数据帧传输阶段。数据链路层协议使用控制帧,来协调和控制数据帧的传输过程,保证帧传输的可靠性。

(4) 当数据帧传输结束时,数据链路层协议通过控制帧来协商释放数据链路。

(5) 数据链路释放后,物理线路连接还应该存在,最后才是释放物理线路连接。

(6) 释放物理线路连接之后,主机 A 与主机 B 之间的通信关系才完全解除。

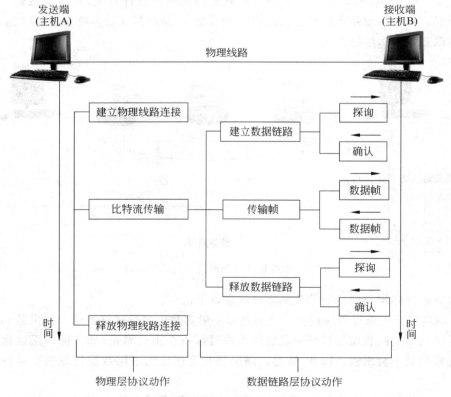

图 3-6 数据链路层与物理层关系示意图

从以上讨论中可以看出：数据链路层是在物理层比特流传输功能的基础上，为网络层提供服务。

3.3 数据链路层协议的演变与发展

实现数据链路层的功能就需要制定相应的数据链路层协议。数据链路层协议可以分为两类：面向字符型协议与面向比特型协议。首先可以从分析典型的面向字符型（Binary Synchronous Communication，BSC）协议入手，诠释数据链路层协议自然的发展与演变过程。

3.3.1 面向字符型数据链路层协议的特点

1. 控制字符编码规则

最早出现的数据链路层协议是面向字符型的协议。读者对 ACSII 码很熟悉。如果让读者设计一种数据链路层协议时，自然会想到：能不能利用 ACSII 码中的一些字符来实现数据链路控制功能呢？因为 ACSII 码早已经定义了一些控制字符。表 3-1 给出了部分控制字符意义及编码。

表 3-1 部分控制字符意义及编码

控 制 字 符	控制字符意义	二进制数
ENQ(Enquiry)	询问字符	00001011
ACK(Acknowledge)	肯定应答	00001101
NAK(Negative Acknowledge)	否定应答	00101010
SOH(Start of Head)	报头开始	00000010
EOT(End of Transmission)	传输结束	00001000
SYN(Synchronous)	同步字符	00101100
STX(Start of Text)	正文开始	00000100
ETX(End of Text)	正文结束	00000111
DLE(Data Link Escape)	转义字符	00011010

从 ASCII 码的控制字符编码表中可以查出，ENQ 的二进制编码是 0000101。需要注意的是，在面向字符型数据链路层协议中，控制字符长度是 8 位。ASCII 码只给出了低 7 位的编码，第 8 位根据编码的奇偶校验来确定。如果采用奇校验，那么 8 位控制字符 ENQ 的二进制编码是 00001011；ACK 的二进制编码是 00001101；正文传输开始 STX 的二进制编码为 00000100；正文传输结束 ETX 的二进制编码为 00000111。

2. 数据链路层协议工作阶段划分

接下来借鉴日常生活中人与人打电话的过程，设计数据链路层协议的工作流程。如果读者认真地分析面向字符型数据链路层(BSC)协议的工作流程，就一定会认同这个观点。

图 3-7 给出了面向字符型数据链路层协议的工作流程示意图。图中虚线表示控制字符

的传输,实线表示数据帧的传输。

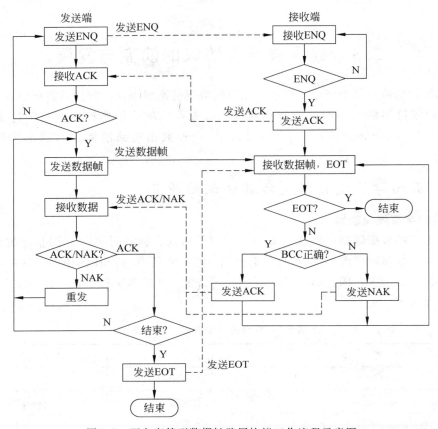

图 3-7　面向字符型数据链路层协议工作流程示意图

从图 3-7 中可以看出,数据链路层协议工作分为三个阶段。

(1)第一阶段:建立数据链路连接

发送端与接收端开始数据传输之前,发送端通过发送控制字符 ENQ 询问接收端;接收端同意建立数据链路连接,则通过回送控制字符 ACK 确认数据链路连接,并进入准备接收帧状态。这就像人与人打电话时拨通电话,确认双方身份的过程。

(2)第二阶段:帧传输

发送端软件按照协议规定的帧结构,将网络层传送来的 IP 分组数据封装成帧,再通过物理层发送到接收端。接收端通过校验字段 BCC 来判断帧传输是否出错。如果出错则丢弃该帧,并向发送端发送控制字符 NAK,要求发送端重发;如果正确,则向发送端发送 ACK 确认信息,并取出帧中数据字段,传送到网络层。这就像人与人打电话时,一方和另一方讲话的过程。

(3)第三阶段:释放数据链路连接

发送端发送完数据之后,发送传输结束 EOT 控制字符给接收端;接收端同意释放数据链路连接,也要通过回送控制字符 ACK 来表示同意释放数据链路连接。这样,一次数据链路连接结束。这就像准备结束一次通话,双方协商的过程。

需要注意的是:BSC 协议规定发送端发出 ENQ 询问字符之后,必须等待接收端发回

ACK 确认字符之后才能够进入发送帧状态。当发送端发送一帧,必须等待接收端收到 ACK 或 NAK 确认字符之后,才能进入下一帧的发送。这种通信方式称为停止等待工作方式。停止等待工作方式的特点是:协议效率低,通信线路的利用率低。

3. 帧封装

面向字符型数据链路层协议中,帧可以分为两类:一类是控制帧,另一类是数据帧。控制帧一般只包含长度为 1B 的控制字符,用于数据链路的建立、释放以及帧封装与帧传输状态控制。数据帧与控制字符的结构是不相同的。网络层的 IP 分组放在帧的数据字段中,数据链路层软件需要根据协议对帧格式的规定,为 IP 分组数据加上帧头和帧尾,封装成数据帧。简化的 BSC 协议帧封装过程示意如图 3-8 所示。

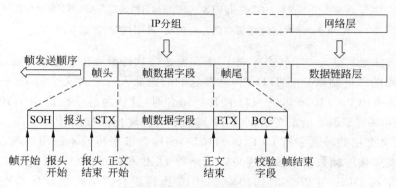

图 3-8 帧封装过程示意图

在 BSC 协议中,帧头是由 1B 的报头开始(SOH)控制字符、用户定义的报头字段以及 1B 的正文开始(STX)控制字符组成。紧接在 STX 字符之后的是帧数据字段。帧数据字段之后是正文结束(ETX)控制字符;ETX 字符之后是帧校验(BCC)字段。控制字符 ETX 与帧校验字段 BCC 组成了帧尾。

接收端软件收到 SOH 与 STX 字符之后,判断出在这两个控制字符之间的数据是用户定义的报头字段;正文开始(STX)控制字符与正文结束(ETX)控制字符之间是帧数据字段。校验(BCC)字段的数据是用来计算包含控制字符 SOH 到 ETX 之间的数据,在传输过程中是否出错。

每一种数据链路层协议都要规定帧数据字段的最大长度,即最大传输单元(maximum transfer unit,MTU)。如果网络层 IP 分组的数据大于帧数据字段的最大长度,那么就需要将网络层传送的数据分成多个传输单元,封装在多个帧中传送。

4. 数据传输的透明性问题

可以用帧数据字段定界符 STX 与 ETX 为例来说明这个问题。控制字符正文开始 (STX)标志着帧数据字段传输的开始,控制字符正文结束(ETX)标志着一帧数据字段传输的结束。由于数据字段传输的开始与结束都是用专门指定的控制字符来标识的,那么专门用于表示控制字符正文开始(STX)的二进制数为 00000100 与表示正文结束(ETX)的二进制数为 00000111 在帧数据字段中就不允许出现。如图 3-9 所示,如果在数据字段中出现了 00000111 的二进制编码时,协议软件就可能错误地认为"收到控制字符 ETX,帧数据字段传输结束",造成部分帧数据丢失,导致帧传输失败。

帧数据字段封装的是高层数据,这些数据包括文本、语音、图形、图像或视频等多种类型。这些数据中各种二进制数的组合都会存在,因此限定数据字段中不出现专用的控制字符 ETX(00000111)二进制编码是不可能的。如果将通信协议可以传输的任意比特组合数据的特性定义为"透明传输",那么面向字符型数据链路层协议存在着传输"不透明"的问题。

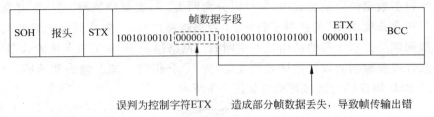

图 3-9 数据链路层协议存在传输"透明性"问题示意图

解决的方法是:定义一个转义字符 DLE。发送端软件检查出帧数据字段出现与正文结束(ETX)相同的二进制数 00000111 时,就在它的前面加入一个转义字符 DLE(00011010)。接收端软件检查出 00011010 00000111 的比特组合时,就认为前 8 比特 00011010 是转义字符,后 8 比特 00000111 不是正文结束(ETX)控制字符,输出添加的转义字符。

当然,定义专用的转义字符 DLE(00011010)同样会带来传输不透明的问题。解决的部分同样是在发送端的帧数据字段出现与转义字符 DLE 相同的 00011010 比特组合时,再添加一个转义字符 DLE,变成 00011010 00011010 比特组合。接收端软件检查出 00011010 00011010 比特组合时,就认为前 8 比特 00011010 是添加的转义字符,必须删去。

通过以上的讨论,可以看出面向字符型协议有三个明显的缺点:

(1) 用专用的控制字符实现数据链路管理,效率低。控制帧与数据帧格式不同。不同类型计算机的控制字符可能不同,同时每增加一种功能就需要定义一个新的控制字符,协议功能扩展性差。

(2) 不能实现数据的"透明传输"。

(3) 停止等待工作方式的协议效率低,通信线路利用率低。

针对这些缺点,人们研究了面向比特型数据链路层协议。最有影响的是高级数据链路控制(High-level Data Link Control,HDLC)协议。

3.3.2　面向比特型数据链路层协议的特点

掌握计算机基础知识的读者自然就会想到:既然用"字符"去控制数据链路层工作的协议效率低,那么用"比特"去控制数据链路层工作时效率会不会提高呢?研究人员正是按照这个基本的思路,开始研究面向比特型数据链路层协议的。1974 年 IBM 公司研究了数据链路层面向比特型的 SDLC 协议。1993 年,ISO 在 SDLC 的基础上修改成作为国际标准 ISO 3309 的 HDLC 协议。

1. 数据链路配置和数据传输方式

针对面向字符型协议"停止等待"工作方式的缺点,HDLC 定义了数据链路的两种基本的配置方式:非平衡配置与平衡配置,以及两种帧传送方式:正常响应模式与异步响应模式。

(1) 数据链路配置

HDLC 定义了数据链路的非平衡配置与平衡配置两种基本的配置方式。非平衡配置根据一组结点在通信过程中的地位,分主站与从站;由主站来控制数据链路的工作过程。主站发出命令;从站接受命令,发出响应,配合主站工作。

非平衡配置又可以分为两种类型:点对点方式和多点方式。在多点方式的链路中,主站与每个从站之间都要分别建立数据链路。

平衡配置的特点是链路两端的两个站都是复合站。复合站同时具有主站与从站的功能,因此每个复合站都可以发出命令与响应。

(2) 数据传输方式

非平衡配置可以有两种数据传送方式:正常响应模式与异步响应模式。

在正常响应模式中,主站可以随时向从站传输数据帧。从站只有在主站向它发送命令帧探询,从站响应后才可以向主站发送数据帧。

在异步响应模式中,主站和从站可以随时相互传输数据帧。从站不需要等待主站发出探询就可以发送数据帧。但是,主站仍然负责数据链路的初始化、链路的建立、释放与差错控制等功能。

平衡配置只有一种数据传送方式,就是异步平衡模式。每个复合站都可以平等地发起数据传输,而不需要得到对方复合站的许可。

2. HDLC 帧结构

针对面向字符型协议"控制帧与数据帧格式不同"的缺点,HDLC 协议定义了如图 3-10 所示的帧结构,其中用 8 位控制字段 C 的 b_0 与 b_1 位来标识三种不同类型的帧:信息(I)帧、监控(S)帧与无编号(U)帧。

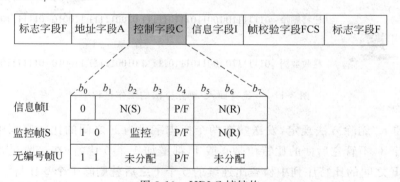

图 3-10 HDLC 帧结构

信息(I)帧用于传送网络层的 IP 分组数据。监控(S)帧用于协调发送端与接收端的信息帧传输、确认与流量控制。无编号(U)帧用于实现设置数据链路配置方式与数据传输方式等链路控制功能。三种帧的功能不同,但是帧格式相同。

HDLC 是通过在帧中规定特定的位的数值与出现的顺序来管理数据链路的工作过程的。例如,针对连续发送多个信息帧,在发送与接收过程中要对帧的顺序进行控制的需要,HDLC 用控制字段 C 的 $b_1 \sim b_3$、$b_5 \sim b_7$ 位,分别用于标识帧的发送序号 N(S) 与接收序号 N(R)。因此,这类协议称为面向字符型协议。

3. 数据传输的透明性问题

物理层要解决比特流传输过程中的比特同步问题,数据链路层要解决帧同步问题。帧同步是指如何从接到的比特流中正确判断一个帧开始和结束的位置。为此,HDLC 规定在一个帧开头的第 1 个字节和结尾的最后 1 个字节的特殊标记。标志字段 F(flag)就是帧的开始与结束的标记。标志字段 F 为 011111110 特定的比特序列。接收端只要找到这两个标志字段,就可以确定这两个字段之间的比特流是一个帧的内容。

由于要规定一个特定字符 F 作为标志字段,那么帧的数据比特序列中就不能出现与标志字段 F 相同的比特序列,否则就会出现判断错误。也就是说,在帧开始与结束的两个 011111110 标志字段 F 之间的数据比特序列中,如果出现和标志字段 011111110 一样的比特组合时,就会误认为这个字节是帧结束标记。HDLC 也存在着同样的数据传输的透明性问题。

为了解决这个问题,HDLC 采用了 0 比特插入/删除方法。图 3-11 给出了 0 比特插入/删除方法的工作过程。

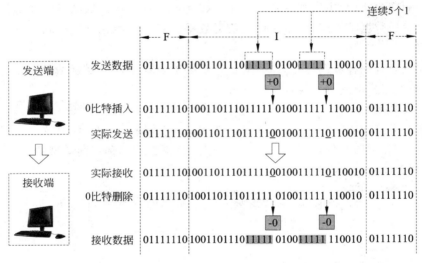

图 3-11　0 比特插入/删除方法的工作过程

0 比特插入/删除方法规定,发送端在两个标志字段为 F 之间的比特序列中,如果检查出连续的 5 个 1,不管它后面的比特位是 0 或 1,都增加 1 个 0 比特;在接收过程中,在两个标志字段为 F 之间的比特序列中检查出连续的 5 个 1 之后就删除 1 个 0 比特。在发送端经过 0 比特插入后的数据,就可以保证不会出现 6 个连续 1。在接收一个帧时,首先找到 F 字段以确定帧的起始边界,接着再对其中的比特序列进行检查,每当发现 5 个连续 1 时,就将这 5 个连续 1 后的 1 个 0 比特删除,以便将数据还原成原来的比特序列。这样就保证了在所传送的比特序列中,不管出现什么样的比特组合,也不至于引起帧边界的判断错误。采用 0 比特插入/删除方法后,帧的数据字段就可以传送任意组合的比特序列,实现了数据链路层的透明传输。

由于 HDLC 协议要针对非平衡与平衡配置、点对点方式和多点方式、正常响应与异步响应模式等情况,解决数据链路的初始化、链路的建立、释放以及差错控制、流量控制等问题,因此 HDLC 协议非常复杂。

随着通信线路质量的提高与光纤的广泛应用,简化数据链路层协议成为趋势。在实际的数据链路层软件的开发中,技术人员往往只需要遵循面向比特型数据链路层协议的基本设计原则,根据具体的需求采用 HDLC 协议的子集,使得网络协议软件更加简洁,运行更加高效。经过多年的实践与比较,目前在数据链路层形成了两种应用广泛的协议标准。一种是用于 Internet 点-点链路的点-点协议(Point-to-Point Protocol,PPP),另一种是用于广播链路的 Ethernet 局域网 MAC 层协议。

3.4 点-点协议

3.4.1 PPP 协议的主要特点

PPP 协议广泛应用于广域网环境中主机-路由器、路由器-路由器连接以及家庭用户接入 Internet 之中,成为点-点线路中应用最多的数据链路层协议。1994 年公布的 RFC1661,以及 RFC1662、RFC1663 对 PPP 的帧结构、差错处理、IP 地址动态分配与身份认证等功能进行了详细的说明。图 3-12 以 ADSL 接入为例给出了 PPP 应用示意图。

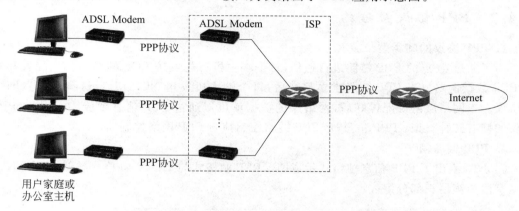

图 3-12　PPP 应用示意图

设计 PPP 协议的目标是简洁、高效与兼容。PPP 的特点主要表现在以下三个方面。

(1)在物理层只支持点-点线路连接,不支持点-多点连接;只支持全双工通信,不支持单工与半双工通信;支持异步通信或同步通信。

(2)PPP 协议只实现帧封装、传输、拆帧与校验功能;不使用帧序号,不提供流量控制功能。

(3)随着通信线路质量的提高与光纤的广泛应用,物理层误码率明显降低。同时在 TCP/IP 协议中,TCP 协议已经采取了一系列差错控制措施,因此简化数据链路层的功能已经具备条件。因此,PPP 协议只要求接收端进行 CRC 校验。判断帧传输正确,则接收该帧;如果 CRC 校验发现错误,则丢弃该帧。

理解 PPP 协议的特点还需要注意以下问题。

(1)PPP 数据链路协议与网络层协议的关系

掌握一种网络协议的特点,需要了解一些影响到协议研究的相关技术。PPP 协议标准是在 1994 年发布的,当时网络层 IP 协议仍然处于一个发展的阶段。这段时期另一种网络操作系统 NetWare 应用也很广泛,它的网络层使用的是专用的 IPX(Internet work Packet Exchange)协议。当时为了使 PPP 协议能够适应 IP 与 IPX 及其他网络层协议,PPP 协议除了设计了链路控制协议(Link Control Protocol,LCP),还增加了网络控制协议(Network Control Protocol,NCP)。NCP 协议用来建立和配置 IP 与 IPX 等不同的网络层协议。随着 Internet 的广泛应用,目前网络层基本上都在采用 IP 协议。因此,网络控制协议 NCP 就显得不重要了,这也为简化 PPP 协议编程提供了条件。

（2）PPP 数据链路协议与 Ethernet 网的关系

随着宽带接入的主机越来越多地使用 Ethernet 协议,1999 年公布了"运行在 Ethernet 上 PPP 协议"——PPPoE(PPP over Ethernet)协议(RFC2516 文档)。PPPoE 是将 PPP 帧封装在 Ethernet 帧中,使得多个 PPP 用户可以共享一条高带宽的 Ethernet 链路。目前, ADSL、Cable Modem、光纤 FTTx 宽带接入都使用 PPPoE 方式。

正是由于 PPP 协议具有简洁、高效,同时适应 IP 与 Ethernet 协议应用的特点,因此, PPP 协议已经广泛应用于 ADSL Modem 电话线路接入、HFC 传输网中 Cable Modem 同轴电缆接入、光纤接入,以及 Internet 路由器-路由器、主机-路由器的链路中。

3.4.2 PPP 协议帧结构

1. PPP 协议的帧类型

为了通过点-点的 PPP 链路进行通信,每个端主机首先发送 LCP 帧,以建立、配置和测试 PPP 数据链路。当 PPP 链路建立起来后,每个端主机发送 NCP 帧,以选择和配置网络层协议。当网络层协议配置好后,网络层的数据就可以通过 PPP 信息帧传输。因此,PPP 协议的帧有三种类型:PPP 信息帧、PPP 链路控制帧与 PPP 网络控制帧。

2. PPP 信息帧

图 3-13 给出了 PPP 信息帧格式示意图。PPP 帧格式与 HDLC 帧格式类似,它由帧头、信息字段与帧尾三部分组成。

标志字段 (7E)	地址字段 (FF)	控制字段 (03)	协议字段	信息字段	帧校验字段 (FCS)	标志字段 (7E)
1B	1B	1B	2B	≤1500B	2B	1B

图 3-13　PPP 信息帧格式

PPP 信息帧头包括以下几个部分。

（1）标志(flag)字段

标志字节长度为 1 个字节,用于表示帧的开始与结束。标志字节值为 01111110,即 0x7E。符号 0x 表示后面的字符用十六进制表示。

（2）地址(address)字段

由于 PPP 协议只用于点-点链路,因此地址字段规定取值为 11111111(即 0xFF)。

（3）控制(control)字段

控制字段长度为 1 个字节,规定取值为 00000011(即 0x03)。

（4）协议(protocol)字段

协议字段长度为两个字节。对应三种类型帧的协议字段值分别是:

① 0x0021——表示 PPP 帧的信息字段是 IP 分组数据。

② 0xC021——表示信息字段是 PPP 的 LCP 数据帧。

③ 0x8021——表示信息字段是 PPP 帧的 NCP 数据帧。

（5）信息字段

信息字段长度可变，最长为 1500B。

（6）帧校验（FCS）字段

帧校验字段字段长度一般为两个字节，经过协商也可以是 4B。

3. PPP 协议的字节填充规则

需要注意的是：PPP 协议可以用于异步通信，也可以用于同步通信。

（1）PPP 协议用于异步通信

当 PPP 协议用于异步通信时，信息字段中不能出现与标志字段 0x7E 相同的值，这就是帧传输"透明性"问题。为了解决这个问题，RFC1662 定义转义字符 0x7D，并且使用字节填充。字节填充规则是：

① 在信息字段中出现的每一个 0x7E 字节，要转换成双字节 0x7D 0x5E。

② 在信息字段中出现的每一个 0x7D 字节，要转换成双字节 0x7D 0x5D。

③ 在信息字段中出现 ASCII 中控制字符（即数值小于 0x20）时，在该字符前加一个 0x7D 字节，同时改变该字节。例如，传输结束 ETX（0x03）转换后的双字节是 0x7D 0x31。

④ 由于在发送端进行字节填充，因此接收端需要检测并删除填充字节，还原成发送的值。

（2）PPP 协议用于同步通信

当 PPP 协议用于同步通信（如在 SONET/SDH 链路上使用）时，采用 0 比特插入/删除方法。

3.4.3 PPP 协议工作过程

图 3-14 给出 PPP 协议工作过程示意图。

理解 PPP 协议工作过程需要注意以下问题。

1. 链路静止与链路连接状态

在 PPP 链路起始之前与中止之后，用户计算机与 ISP 路由器之间并没有建立物理线路连接，这时候 PPP 处于链路静止（Link Dead）状态。当用户计算机（如通过 ADSL Modem）呼叫路由器时，双方建立物理层连接，PPP 进入链路连接（Link Establish）状态。

2. LCP 链路建立

PPP 帧的协议字段值为 C021H 表示链路控制帧。图 3-15 给出了 PPP 链路控制帧的格式。

（1）链路配置协商阶段

用户计算机端 ADSL Modem 与路由器建立 PPP 链路连接时，首先向路由器发出 LCP 配置请求（configure-request）帧。LCP 配置请求帧的链路控制字段包含着特定的配置请求。LCP 配置请求包括链路最大帧长度、帧特定域的压缩、链路认证协议等。如果没有明确配置协商请求的，就采用默认值。链路最大帧长度的默认值是 1500B。在大部分情况下，用户将考虑协商双方在链路建立过程中保证安全的链路认证协议。PPP 的链路认证协议主要有两种，一是口令认证协议（Password Authentication Protocol，PAP）；另一个是查询-握手认证协议（Challenge-Handshake Authentication Protocol，CHAP）。链路建立双方要

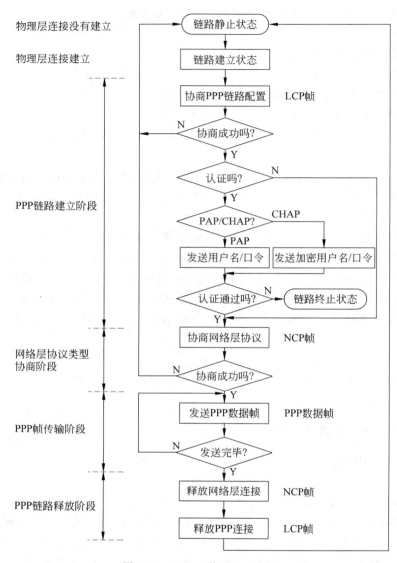

图 3-14　PPP 工作过程示意图

标志字段 (7E)	地址字段 (FF)	控制字段 (03)	协议字段 (C021)	链路控制数据	帧校验字段 (FCS)	标志字段 (7E)

图 3-15　LCP 帧格式

通过协商选择一种链路认证协议。

（2）认证阶段

如果 LCP 配置请求协商成功，双方将根据共同选择的认证协议进入用户身份认证阶段。

PAP 认证比较简单，它通过明文的方式，由用户端向 ISP 路由器端发送用户名与口令，ISP 端与注册时存储的对应用户名与口令进行比较，如果相同则认为是合法用户。ISP 端向用户端发出 LCP 确认帧。PAP 认证过程只需要经历两次握手,而且允许用户多次输入用户名与口令。PAP 用明文传输用户名与口令容易被窃听,允许多次输入用户名与口令容易遭到重放攻击,因此 PAP 是一种不安全的认证协议。图 3-16(a)给出了 PAP 认证过程示意图。

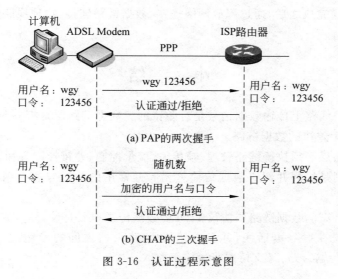

图 3-16　认证过程示意图

针对 PAP 存在的问题,CHAP 做了以下三点重要的改进。

① 用户端对发送的用户名与口令用 MD5 加密算法进行加密,在链路上传输的是加密的用户名与口令。

② CHAP 认证过程要通过三次握手。由用户端向 ISP 端发送有用户名而不包括口令的 LCP 帧,来启动 CHAP 认证过程。CHAP 认证的三次握手过程如下:

第一次握手,ISP 端向用户端发送一个查询应答 LCP 帧,帧中包括用于数字签名的随机数。

第二次握手,用户端向 ISP 端发送用随机数与 MD5 算法加密后的用户名与口令。

第三次握手,ISP 端用同样的随机数与 MD5 算法解密后,与存储的用户名与口令比较,相同则认为是合法用户,不同则认为是非法用户,ISP 端用 LCP 帧向用户端返回认证结果。图 3-16(b)给出了 CHAP 认证的三次握手过程示意图。

③ CHAP 认证在初始链路建立使用之后也需要周期性地多次进行。每次产生的随机数不同,这样做的目的是防止出现重发攻击。

如果用户身份认证失败,PPP 回到链路终止(link terminate)状态;如果认证通过,PPP 进入网络协议协商阶段。

3. NCP 帧与网络层协议协商阶段

PPP 帧的协议字段值为 8021H 表示网络控制帧。图 3-17 给出了 PPP 网络控制帧的格式。

标志字段 (7E)	地址字段 (FF)	控制字段 (03)	协议字段 (8021)	网络控制数据	帧校验字段 (FCS)	标志字段 (7E)

图 3-17　PPP 网络控制帧的格式

早期的网络层有多种的网络层协议,NCP 帧可以用来协商双方的网络层协议类型。在 Internet 接入中只使用 IP,NCP 在网络层协议协商的过程中,为用户端动态分配 IP 地址。网络层配置完成后,链路进入链路打开(link open)状态。数据链路可以开始发送 PPP 数据帧。

当数据帧传输完成之后,通过释放网络连接、数据链路连接、物理线路连接的顺序,结束一次数据传输过程。

小　　结

(1) 物理传输线路上传输数据信号是有差错的。数据链路层是将一条有差错的物理线路变为对网络层无差错的数据链路。

(2) 数据链路层必须执行链路管理、帧传输、流量控制、差错控制等功能。

(3) 差错控制是检测并纠正数据传输差错。最常用的检错方法是循环冗余编码 CRC 方法。

(4) 面向比特型的数据链路层协议 HDLC 数据传送单元是帧,帧具有固定的结构。

(5) PPP 不仅在拨号电话线,并且在路由器-路由器之间的专用线上也会广泛应用。PPP 既支持异步传输链路,又支持同步传输链路。

习　　题

1. 如果数据字段为 11100011,生成多项式 $G(X) = X^5 + X^4 + X + 1$。请写出发送的比特序列,并画出曼彻斯特编码序号波形图。

2. 某个数据通信系统采用 CRC 校验方式,并且生成多项式 $G(x)$ 的二进制比特序列为 11001,目的主机接收到的二进制比特序列为 110111001(含 CRC 校验码)。请判断传输过程中是否出现了差错? 为什么?

3. 在后退重传(GBN)方式中,发送方已经发送了编号为 0~7 的帧。当计时器超时之时,只收到编号 0、2、4、5、6 的帧,那么发送方需要重发哪几个帧?

4. 在选择重传(SR)方式中,发送方已经发送了编号为 0~7 的帧。当计时器超时之时,只收到编号 0、2、4、5、6 的帧,那么发送方需要重发哪几个帧?

5. 在数据传输速率为 100kbps 的卫星链路上传输长度为 1000bit 的帧。如果采取捎带确认的方法,帧序号长度为 3bit,接收方也用同样长度的数据帧捎带确认。请计算下面两种情况下的最大信道利用率。

(1) 停止-等待协议。

(2) 连续传输协议。

6. 外地子公司租用 Modem 与公司网络连接。如果 Modem 数据传输速率为 3600bps,以异步传输方式传输,每个字节加 1bit 起始位、1bit 的终止位。传输的数据长度为 $72 \times 10^6 B$。忽略线路传播延时。问:发送数据最少需要多长时间?

第 **4** 章

介质访问控制子层

本章在介绍介质访问控制技术与标准的基础上,对共享介质局域网、交换局域网、高速局域网与无线局域网的工作原理与组网方法,以及局域网互联与网桥的工作原理进行系统地讨论。

本章教学要求

- 了解:局域网的分类与特点。
- 理解:IEEE 802 参考模型与介质访问控制子层的基本概念。
- 掌握:Ethernet 局域网的基本工作原理。
- 掌握:高速局域网、交换局域网与虚拟局域网的基本工作原理。
- 掌握:无线局域网 WLAN 与 802.11 标准的基本概念。
- 掌握:网络互联基本概念与网桥的基本工作原理。

4.1 局域网技术的发展与演变

4.1.1 局域网技术的研究与发展

1. 局域网技术发展的过程

广域网技术的成熟与微型计算机的广泛应用,推动了局域网技术研究的发展。局域网是继广域网之后,网络研究与应用的又一个热点。20 世纪 80 年代,随着个人计算机技术的发展和广泛应用,用户共享数据、硬件与软件的愿望日益强烈。这种社会需求导致局域网技术出现了突破性进展。图 4-1 给出了局域网技术发展的过程示意图。

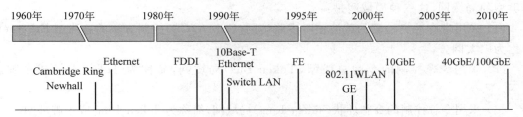

图 4-1 局域网技术发展的过程

在局域网研究领域中,Ethernet 技术并不是最早,但它是最成功的技术。20 世纪 70 年代初期,欧美的一些大学和研究所开始研究局域网技术。早期的局域网主要是令牌环网。例如,1972 年美国加州大学研究的 Newhall 环网,1974 年英国剑桥大学研究的 Cambridge Ring 环网。这些研究成果对局域网技术的发展起到重要作用。20 世纪 80 年代,局域网领域出现 Ethernet 与 Token Bus、Token Ring 三足鼎立的局面,并且各自都形成相应的国际标准。到 20 世纪 90 年代,Ethernet 开始受到业界认可和广泛应用。21 世纪,Ethernet 技术已成为局域网领域的主流技术。目前,高速局域网、交换局域网与无线局域网成为局域网研究与发展的重点方向。

2. 介质访问控制的基本概念

介质访问控制(MAC)是所有"共享介质"类型的局域网都必须解决的共性问题。理解介质访问控制方法的基本概念,需要注意以下两个问题。

(1) 对术语"共享介质"、"多路访问"与"冲突"的理解

由于"共享介质"与"多路访问"术语是在局域网研究的早期出现的,因此以早期 Ethernet 结构为例来说明这些术语的含义,读者会更容易理解。

早期 Ethernet 是用一条作为总线的同轴电缆连接多台计算机,对应的物理层协议是 10Base-2 与 10Base-5。在这种局域网结构中,连接多台计算机的同轴电缆称为"共享"的"总线传输介质",简称为"共享介质"。多个主机需要通过一条共享介质发送和接收数据就称为"多路访问"或"多路存取"。如果有两个或两个以上的主机同时在一条共享介质发送数据,那么多路的信号就会出现相互干扰,造成接收主机无法正确接收任何一台主机发送的数据,这种现象称为"冲突"。

(2) 对术语"介质访问控制方法"的理解

解决局域网"冲突"问题有两种基本的方法。第一种方法是在局域网中设立一个中心控制主机,由它来决定其他连接在局域网中主机发送数据的顺序。这种控制方法的优点是简单、有效;缺点是中心主机有可能成为局域网性能与可靠性的瓶颈。第二种方法采取分布式控制的方法,局域网中不存在中心控制主机,而是由每个主机各自决定是否发送数据,以及出现冲突时如何处理。这种方法称为"介质访问控制方法"。介质访问控制方法要解决以下三个基本问题:什么时候发送数据?如何发现冲突?发生冲突怎么办?

4.1.2　CSMA/CD、Token Bus 与 Token Ring 的比较

1. CSMA/CD、Token Bus 与 Token Ring 网的共同之处

在局域网技术的讨论中经常要涉及三种不同的介质访问控制方法,以及对应的三种不同类型的局域网,这三种局域网是:

(1) 采用带有冲突检测的载波侦听多路访问(CSMA/CD)控制方法的总线型 Ethernet,简称为以太网。

(2) 采用令牌控制的令牌总线型(Token Bus)局域网,简称为 Token Bus 或令牌总线网。

(3) 采用令牌控制的令牌环状(Token Ring)局域网,简称为 Token Ring 或令牌环网。

要全面地了解局域网的发展历程,必须对三种主要的局域网的结构、介质访问控制方法、工作原理以及优缺点进行比较。

CSMA/CD、Token Bus 与 Token Ring 三者的共同之处主要表现在以下方面。

（1）体系结构都遵循 IEEE 802 层次结构模型。

（2）传输介质主要采用同轴电缆、双绞线与光纤。

（3）采用共享介质的方式发送和接收数据帧。

（4）介质访问控制都采用了分布式控制方法，局域网中没有集中控制的主机。

2. CSMA/CD、Token Bus 与 Token Ring 网的不同之处

从物理结构的角度来看，CSMA/CD 与 Token Bus 都是针对总线型的局域网设计的，而 Token Ring 是针对环状拓扑的局域网设计的。

（1）CSMA/CD 总线型局域网特点

图 4-2 给出了采用 CSMA/CD 介质访问控制方法局域网的结构示意图。[①]

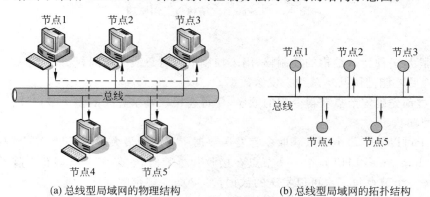

(a) 总线型局域网的物理结构　　　　　(b) 总线型局域网的拓扑结构

图 4-2　总线型局域网结构

理解采用 CSMA/CD 总线型局域网工作原理时，需要注意以下问题。

① 所有节点连接到一条作为公共传输介质的总线上，节点都通过总线发送或接收数据，但一个时刻只允许一个节点通过总线发送数据。

② 当一个节点通过总线传输介质以"广播"方式发送数据时，其他的节点只能以"收听"方式接收数据。

③ 由于总线作为公用传输介质被多个节点共享，就有可能出现同时有两个或两个以上节点通过总线发送数据的情况，因此就会出现"冲突"（collision），造成传输失败。

④ 由于节点需要通过"竞争"总线的方法来获取发送权，每个节点能够得到总线发送权的时间是不确定的，因此 CSMA/CD 属于随机型介质访问控制方法。

IEEE 802.3 标准是根据总线型 Ethernet 协议制定的，它的介质访问子层采用的是 CSMA/CD 控制算法。

（2）令牌总线型局域网的特点

图 4-3 给出了采用 Token Bus 方法的局域网结构与工作原理示意图。理解 Token Bus 总线型局域网工作原理时，需要注意以下问题。

① Token Bus 是在总线拓扑结构中，利用令牌作为控制节点访问公用总线的一种局

---

① 在局域网原理的讨论中，人们经常将联入局域网的计算机称为节点、结点、站、工作站或主机，本书在网络拓扑的讨论中统称为节点；在网络原理的讨论中统称为"主机"。

124

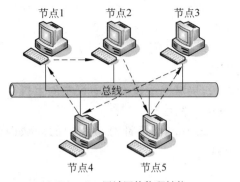
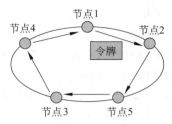

(a) Token Bus局域网的物理结构   (b) Token Bus局域网的逻辑结构

图 4-3　Token Bus 结构与工作原理

域网。

② 令牌是一种特殊结构的控制帧,用来控制节点对总线的访问权。任何一个节点只有在取得令牌后才能使用共享总线去发送数据。

③ 通过预先确定节点获得令牌的顺序,使得连接在共享总线的多个节点在传输过程中形成逻辑的环状。

④ 由于可以限定每个节点获取令牌发送数据所占用的最大时间长度,即令牌持有时间(token holding time,THT),指一个节点在接收到令牌时,它最多可以持有令牌的时间,这就限制了每一个节点每一次可以发送的数据量。802.5 规定的 THT 值为 10ms。

⑤ 一个节点两次获得令牌的时间间隔:$\Delta T = N \times (THT + Tr + Tc)$。其中,$N$ 为环中的节点数,THT 为令牌持有时间,Tr 为令牌在两个相邻节点之间的传播时间,Tc 为节点接收、处理帧与令牌的时间。因为 N、THT、Tr 与 Tc 值对于特定的令牌总线网可以有确定的值,因此一个节点两次获得令牌的最长的时间间隔 ΔT 也是确定的。这就意味着,只要控制接入网络的节点数量,每一个节点利用环网传输数据的实时性是可以得到保证的。

⑥ 通过令牌协调各节点之间的通信关系,各节点之间不会发生冲突,在重负载情况下信道利用率高,并且能够支持优先级服务。与 CSMA/CD 方法相比,令牌总线方法比较复杂,需要完成大量的逻辑环维护工作。

IEEE 802.4 标准定义了总线拓扑的令牌总线介质访问控制方法与相应的物理规范。

(3) 令牌环局域网的特点

图 4-4 给出了采用 Token Ring 方法的局域网结构与工作原理示意图。理解采用 Token Ring 环状局域网工作原理时,需要注意以下问题。

① 令牌环网中的节点通过网卡和点-点线路,逐个连接构成闭合的环状结构。环中数据沿着一个方向绕环逐站传输。

② 令牌是一种特殊的 MAC 控制帧。令牌帧头中有一位用于标志令牌的忙/闲。当环正常工作时,令牌总是沿着物理环单向逐站传送,传送顺序与节点在环中排列的顺序相同。

③ 如果节点 1 有数据帧需要发送,它必须等待空闲令牌的到来。如图 4-4 所示,当节点 1 获得空闲令牌之后,它将令牌标志位由“闲”变为“忙”,然后传送数据帧。节点 2、3、4、5 将依次接收到数据帧。如果该数据帧的目的地址是节点 3,则节点 3 在正确接收该数据帧后,标志出发送帧已被正确接收的标记。当节点 1 重新接收到带有目的节点正确接收标记的数

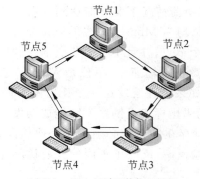

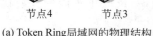

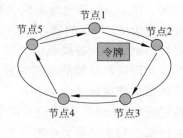

(a) Token Ring局域网的物理结构　　　　(b) Token Ring局域网的拓扑构型

图 4-4　Token Ring 结构与工作原理

据帧时,它将回收已发送出去的数据帧,并将忙令牌改成空闲令牌,再将空闲令牌向它的下一节点传送。

④ 令牌环控制方式的优点是:节点获取令牌发送数据时间间隔是确定的,能够提供优先级服务,适用于重负载的应用领域。

⑤ 令牌环控制方式的缺点主要是:环与令牌维护复杂,实现困难,组网成本高。

IEEE 802.5 标准定义了令牌环网 Token Ring 介质访问控制方法与相应的物理规范。

3. CSMA/CD 与 Token Bus、Token Ring 的比较

(1) CSMA/CD 方法的主要特点

CSMA/CD 方法主要有以下特点。

① CSMA/CD 介质访问控制方法算法简单,易于实现。目前,有很多种 VLSI 可以实现 CSMA/CD 方法,这样有利于降低 Ethernet 组网成本,扩大应用范围。

② CSMA/CD 是一种随机访问控制方法,适用于对传输实时性要求不高的办公环境。

③ CSMA/CD 在网络通信负荷较低时表现出较好的吞吐率与延迟特性。但是,当网络通信负荷增大时,由于冲突增多,网络吞吐率下降、传输延迟增加。

(2) 确定型介质访问控制方法 Token Bus、Token Ring 的主要特点

与随机型介质访问控制方法 CSMA/CD 比较,确定型介质访问控制方法 Token Bus、Token Ring 主要有以下特点。

① Token Bus 或 Token Ring 网中主机适用于对数据传输实时性要求较高的应用环境,如生产过程控制领域。

② Token Bus 与 Token Ring 在网络通信负荷较重时,表现出很好的吞吐率与较低的传输延迟,因此适用于通信负荷较重的应用环境。

③ Token Bus 与 Token Ring 不足之处是环的维护过程复杂,实现起来比较困难。

4. CSMA/CD 与 Token Bus、Token Ring 性能分析

图 4-5 引用了 Arthurs E. 关于 Token Bus、

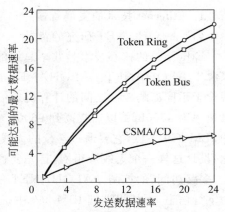

图 4-5　不同通信负荷下实际数据传输速率的比较

Token Ring 与 CSMA/CD 方法在不同网络通信负荷情况下实际能达到的数据传输速率的实验数据比较。图 4-5 的横坐标与纵坐标的单位均为 Mbps。曲线的测试条件是：三种局域网都传输长度为 2000bit 的帧,网络中有 100 个节点,并且 100 个节点都在利用共享的传输介质发送数据帧。图中的横坐标表示网络的数据传输速率(单位是 Mbps),它实际上表示的是不同的物理层数据帧的发送时钟。因为如果物理层发送一个比特的时间是 $0.1\mu s$,那么它对应的数据传输速率为 10Mbps。图中的纵坐标表示网络实际能成功发送数据帧的最大数据传输速率(单位是 Mbps)。由于发送时存在冲突而必须采用介质访问控制方法,因此网络实际能成功发送数据帧的最大数据传输速率,反映了不同的介质访问控制方法对信道利用率的影响。

我们可以比较在数据传输速率为 10Mbps 时,使用 CSMA/CD 方法的网络最大可以达到的数据传输速率约为 4.47Mbps;使用 Token Bus 方法的网络最大可以达到的数据传输速率约为 8.94Mbps;使用 Token Ring 方法的网络最大可以达到的数据传输速率约为 9.41Mbps。从对图 4-5 的分析中,可以得出以下重要的结论。

(1) 在使用 CSMA/CD 方法的 Ethernet 中,在相同的网络负载的条件下测试,传输速率为 10Mbps,实际带宽利用率只能达到 44.7%。Token Bus 与 Token Ring 在网络通信负荷较重时,表现出很好的吞吐率与较低的传输延迟。

(2) Token Bus 与 Token Ring 在网络通信重负荷中性能很高是以复杂的环控制功能为代价的。要完成复杂的环控制功能,Token Bus 与 Token Ring 的网卡与联网设备比较复杂,硬件造价高,组网的费用远远超过采用 CSMA/CD 方法的 Ethernet。

(3) 随着个人计算机的广泛应用,办公自动化环境中计算机联网的需求快速增长,组网费用低廉的 Ethernet 正好能适应这种对传输延迟要求不高的应用,因此 Ethernet 技术相对于其他两种环网技术有很大市场优势。到 20 世纪 90 年代,局域网市场激烈竞争的局面已经明朗,Ethernet 产品基本上垄断了市场,Ethernet 几乎成了局域网的代名词。

(4) 对于工业环境中,例如工业控制、机器人控制、制造业设备与仪表的现场控制,这类应用对数据传输实时性要求严格,建议使用 Token Bus 与 Token Ring 局域网。

4.1.3 Ethernet 技术的研究与发展

1. Ethernet 技术的发展背景

(1) ALOHANET 研究的背景

Ethernet 的核心技术是共享总线的介质访问控制 CSMA/CD 方法,而它的设计思想是来源于 ALOHANET。ALOHANET 出现在 20 世纪 60 年代末期。美国夏威夷大学为实现位于不同岛屿校区之间的计算机通信研究了一种无线分组交换网。最初设计时的数据传输速率为 4800bps,以后提高到 9600bps。ALOHANET 中心主机是一台位于 Oahu 岛校园的 IBM 360 主机,它要通过学校的无线通信系统与分布在各个岛屿的计算机终端通信。因此,设计这样一个无线分组网,首先要解决的问题是:如何实现多个主机对一个共享无线信道"多路访问"的控制。ALOHANET 的信道方向规定从 IBM 360 主机到终端的传输信道为下行信道,而从终端到 IBM 360 主机的传输信道为上行信道。下行信道是一台 IBM 360 主机向多个终端通过广播方式发送数据,因此不会出现冲突。但是,当多个终端利用上行信道向 IBM 360 主机传输数据时,就可能出现两个或两个以上的终端同时争用一个通信信道而产生"冲突"的情况。解决冲突的办法只有两种：一种是集中控制的方法，另一种是分布控制的方法。集中控制需要在系统中设置一个中心控制主机，由中心控制主机决定哪个终端中可以使用共用的上行信道发送数据，从而避免出现多个终端争用一个上行信道的冲突现象。但是，系统的控制中心有可能成为系统性能与可靠性的瓶颈。ALOHANET 采用的是分布式控制方法。

（2）ALOHA 访问控制的基本工作原理

理解 ALOHA 访问控制协议的工作原理，需要注意以下问题。

① ALOHANET 每一台主机在发送数据之前，需要监听无线通信信道是否是空闲的。如果没有主机利用无线信道传输数据，信道是空闲的，那么主机才可以发送数据。

② 发送结束之后，要等待中心主机返回正确传输的确认信息。如果在规定时间内没有接收到确认信息，则认为出现"冲突"，传输失败。主机需要重新监听信道，等到空闲时才能够重新发送。

③ 由于"冲突"的概率与主机传输数据的频繁程度相关，因此 ALOHANET 采用的分布式控制方法是一种"随机访问控制"方法。

（3）Ethernet 技术产生的过程

1973 年 5 月，Metcalfe 与 Boggs 在 *Alto Ethernet* 中提出了 Ethernet 设计方案。他们受到 19 世纪物理学家解释光在空间中传播的介质"以太"（ether）的影响，把这种局域网命名为 Ethernet。1976 年 7 月，Metcalfe 与 Boggs 发表了具有里程碑意义的论文 *Ethernet*: *Distributed Packet Switching for Local Computer Networks*。Ethernet 的核心技术是介质存取访问控制方法 CSMA/CD。在 Ethernet 中不存在集中控制节点，网中节点都必须平等地争用发送时间，这种介质访问控制属于随机争用型方法。1977 年，Metcalfe 和同事们共同申请了 Ethernet 专利。1978 年，他们研制的 Ethernet 中继器 repeater 获得了专利。1980 年，Xerox、DEC 与 Intel 等公司合作，第一次公布了 Ethernet 的物理层、数据链路层规范。1981 年，Ethernet V2.0 规范公布。IEEE 802.3 标准是在 Ethernet V2.0 的基础上制定的，它的制定推动了 Ethernet 技术的发展。1982 年，第一片支持 IEEE 802.3 标准的超大规模集成电路芯片——Ethernet 控制器问世。很多软件公司开发出支持 802.3 标准的网络操作系统及各种应用软件。

20 世纪 80 年代，Ethernet 与 Token Ring、Token Bus 之间竞争非常激烈。早期的 Ethernet 使用的传输介质是同轴电缆，同轴电缆的造价比较高，并且故障率高。1990 年，物理层标准 10Base-T 的推出，使非屏蔽双绞线可以作为 10Mbps 的 Ethernet 传输介质。在使用非屏蔽双绞线以后，Ethernet 组网的造价降低，可靠性提高，性能价格比大大提升，这就使 Ethernet 在与其他局域网的竞争中占据了明显优势。同年，Ethernet 交换机面世，标志着交换式 Ethernet 的出现。1993 年，Kalpana 研究了全双工 Ethernet，它改变了传统的 Ethernet 半双工工作模式，使得 Ethernet 带宽增加了一倍。在此基础上，利用光纤作为传输介质的物理层 10Base-F 标准和产品的推出，使得 Ethernet 技术最终从三足鼎立中脱颖而出。高性能价格比、适应于办公环境的应用，使 Ethernet 技术得到软件开发商与硬件制造商的广泛支持。网络操作系统 NetWare、Windows NT Server、IBM LAN Server 及 UNIX 操作系统的支持，使得 Ethernet 技术逐渐进入了成熟阶段。

2. 高速 Ethernet 的发展背景

传统的局域网技术建立在"共享介质"的基础上,网中的多台主机共享一条共用的传输介质。如图 4-6 所示,主机 A~主机 E 都连接在一条共享总线的传输介质(如同轴电缆、双绞线等)上。当主机 A 向主机 C 发送数据信号时,电信号将沿着传输介质向两个方向传播,除了主机 C 之外的其他连接在这条主线上的主机也都能够接收到主机 A 发出的电信号。如果此时主机 B~主机 E 中任何一台主机也向共享的总线上发送信号时,多路电信号的叠加使得主机 C 不能够正确地接收主机 A 发出的电信号,导致此次数据传输失败。介质访问控制方法用来保证每个主机都能"公平"地使用共享的总线传输介质。

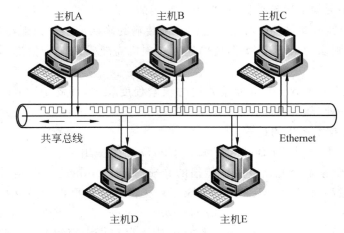

图 4-6 Ethernet 网中多个主机共享总线示意图

可以粗略地估算,如果 Ethernet 中有 N 个主机,那么每个主机平均能够得到的带宽为 $10/N$(Mbps)。显然,随着局域网规模的不断扩大,主机数 N 的不断增加,每个主机平均能分配到的带宽将越来越少。也就是说,当网络主机数 N 增大时,网络通信负荷加重,冲突和重发次数将大幅增长,网络线路的利用率急剧下降,网络传输延迟明显增加,网络服务质量将会显著下降。为了克服网络规模与网络性能之间的矛盾,研究人员提出了三种可行的解决方案:提高速率、变共享为交换、互联。

(1) 提高 Ethernet 的数据传输速率,从 10Mbps 提高到 100Mbps,甚至提高到 1Gbps 或 10Gbps、40Gbps 与 100Gbps,这就导致了高速局域网技术的研究。在这个方案中,无论局域网的传输速率提高到 100Mbps 还是 10Gbps,甚至是 40Gbps 与 100Gbps,但是它们保持着 Ethernet 的基本特征(帧结构、最大与最小帧长度)。

也可以从传播延时带宽积的角度去认识提高 Ethernet 传输速率的必要性。评价网络性能的两个参数是传播延时与带宽。这两个参数的乘积为传播延时带宽积,经常简称为延时带宽积。延时带宽积=传播延时×带宽。图 4-7 给出了延时带宽积物理意义示意图。

如果 Ethernet 总线长度 $D=500m$,电磁波在总线传输介质中的传播速度为 $V=2\times10^8 m/s$。那么主机 A 发送的数据信号经过 500m 传输介质的传播,到达主机 B 的传播延时为 $2.5\mu s$。如果主机 A 发送速率 $S=10Mbps$,那么经过 $2.5\mu s$,传输介质上可以连续发送的比特数为 $10Mbps\times2.5\mu s=25bit$。这个数据说明,对于总线长度为 500m、电磁波传播速度为 $2\times10^8 m/s$、传输速率为 10Mbps 的 Ethernet 来说,延时带宽积只能达到 25bit。如果将

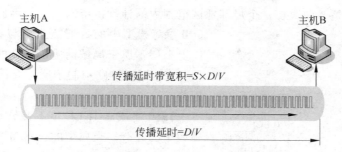

图 4-7　延时带宽积物理意义示意图

速率提高到 100Mbps,那么延时带宽积达到 250bit;将速率提高到 1Gbps,那么延时带宽积达到 2500bit;将速率提高到 10Gbps,那么延时带宽积达到 25 000bit;将速率提高到 100Gbps,那么延时带宽积可以达到 250 000bit。因此,提高延时带宽积对于改善网络性能是至关重要的。

(2)将共享介质方式改为交换方式,这就导致了交换式局域网技术的发展。交换局域网的核心设备是局域网交换机,它可以在交换机多个端口之间同时建立多个并发连接。这就导致局域网被分为两类:共享式局域网(shared LAN)和交换式局域网(switched LAN)。

(3)将一个大型局域网划分成多个用网桥或路由器互联的小型局域网,这就导致了局域网互联技术的发展。网桥、交换机与路由器可以隔离子网之间的广播通信量。通过减少每个子网内部节点数 N 的方法,使每个局域网的网络性能得到改善。

1995 年,传输速率为 100Mbps 的 Fast Ethernet 标准和产品推出。1998 年传输速率为 1Gbps 的 Gigabit Ethernet 标准推出。1999 年 Gigabit Ethernet 的产品问世,并成为局域网主干网的首选方案。2002 年数据传输速率为 10Gbps 的 Ethernet 标准正式通过。2010 年完成了数据传输速率为 40Gbps 与 100Gbps 的 Ethernet 标准的研究。IEEE 于 2013 年 4 月正式成立 802.3bs 工作组,着手研究速率为 400Gbps 的 Ethernet 新标准。这些都进一步增强了 Ethernet 在局域网应用中的竞争优势。在局域网工程领域中,人们经常将 Fast Ethernet、Gigabit Ethernet、10Gbps 的 Ethernet 以及速率为 40Gbps、100Gbps 的 Ethernet 简称为 FE、GE、10GbE、40GbE 与 100GbE,而把 10Mbps 的 Ethernet 简称为传统 Ethernet 或 Ethernet。Ethernet 技术的发展过程如图 4-8 所示。

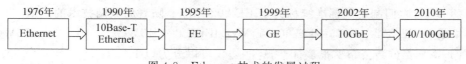

图 4-8　Ethernet 技术的发展过程

4.1.4　局域网参考模型与协议标准

1. 局域网参考模型

图 4-9 给出了 IEEE 802 参考模型与 OSI 参考模型的对应关系。

研究局域网参考模型的结构,需要注意以下三个问题。

(1)局域网协议研究的范围

1980 年 2 月 IEEE 成立了专门从事局域网标准化工作的 IEEE 802 委员会。IEEE 802

标准研究的重点是要解决在一个局部地区范围内的计算机组网问题。因此研究者只需面对 OSI 参考模型中的数据链路层与物理层,网络层及以上高层不属于局域网协议研究的范围。

（2）逻辑链路控制子层与介质访问控制子层的划分

1980 年成立 IEEE 802 委员会的时候,局域网领域中已经有三类典型的技术与产品,即 Ethernet、Token Bus、Token Ring。同时,市场上还有很多不同厂家的局域网产品,它们的数据链路层与物理层协议各不相同。面对这样一个复杂的局面,要想为多种局域网技术和产品制定一个共用的协议模型,IEEE 802 标准的设计者提出将数据链路层划分为两个子层:逻辑链路控制(logical link control,LLC)子层与介质访问控制(MAC)子层。不同的局域网在 MAC 子层和物理层可以采用不同协议,而在 LLC 子层必须采用相同的协议。不管局域网的介质访问控制方法与帧结构,以及采用的物理传输介质有什么不同,LLC 子层统一将它们封装到固定结构的 LLC 帧中。LLC 子层与低层具体采用的传输介质、介质访问控制方法无关,网络层可以不考虑局域网采用哪种传输介质、介质访问控制方法和拓扑构型。

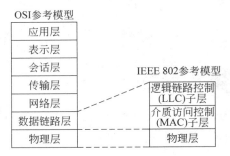

图 4-9　IEEE 802 参考模型与 OSI 参考模型的对应关系

（3）协议层次的变化

从目前局域网的实际应用情况来看,几乎所有在办公自动化中大量应用的局域网环境,例如企业网、办公网、校园网都采用了 Ethernet,因此局域网中是否使用 LLC 子层已变得不重要,很多硬件和软件厂商已经不使用 LLC 协议,而直接将数据封装在 Ethernet 的 MAC 帧结构中。网络层 IP 直接将分组封装到 Ethernet 帧中,整个协议处理的过程也变得更加简洁,因此人们已经很少去讨论 LLC 协议。目前教科书与文献也已经不再讨论 LLC 协议的问题。

2. IEEE 802 协议标准

（1）IEEE 802 协议标准的分类

IEEE 802 委员会为了研究不同的局域网标准而成立了一系列的工作组(WG)或技术行动组(TAG),它们制定的标准统称为 IEEE 802 标准。随着局域网技术的发展,目前活跃的工作组是 IEEE 802.3WG、IEEE 802.11WG、IEEE 802.15WG 与 IEEE 802.16WG 等。

IEEE 802 委员会公布了很多标准,这些协议可以分为以下三类。

① 定义了局域网体系结构、网络互联,以及网络管理与性能测试的 IEEE 802.1 标准。

② 定义了逻辑链路控制 LLC 子层功能与服务的 IEEE 802.2 标准。

③ 定义了不同介质访问控制技术的相关标准。

（2）介质访问控制标准的发展与演变

不同介质访问控制技术的相关标准曾经多达 16 个。随着局域网技术的发展,一些过渡性技术在面对市场的检验中逐步被淘汰或很少使用,目前应用最多和正在发展的标准主要有 4 个,其中三个是无线局域网的标准。4 个主要的介质访问控制协议标准如下。

① IEEE 802.3 标准:定义 CSMA/CD 总线介质访问控制子层与物理层的标准。

② IEEE 802.11 标准：定义无线局域网访问控制子层与物理层的标准。

③ IEEE 802.15 标准：定义近距离个人区域无线网络访问控制子层与物理层的标准。

④ IEEE 802.16 标准：定义宽带无线城域网访问控制子层与物理层的标准。

图 4-10 给出了一个简化的 IEEE 802 协议结构。

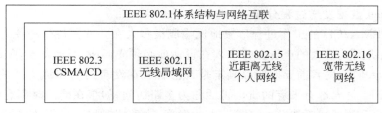

图 4-10　IEEE 802 协议结构

3. 对 Ethernet 网技术发展趋势的分析

Ethernet 已经成为办公自动化环境组网的首选技术,全世界已经有数亿台计算设备接入 Ethernet 网中。Ethernet 技术的广泛应用造就了一个巨大并且竞争激烈的市场,成为了网络技术研发的一个重点领域。Ethernet 网技术发展趋势可以总结为以下 4 点。

（1）速率更高

从 1980 年第一个速率为 10Mbps 的 Ethernet 标准出现之后的 30 多年中,高速 Ethernet 网沿着 100Mbps、1Gbps、10Gbps、40Gbps 到 100Gbps 的步伐一步一步地前进着,2013 年 IEEE 又成立了 802.3bs 工作组,研究速率达到 400Gbps 的下一代 Ethernet 网标准与技术。

（2）应用更广

高速 Ethernet 网与光 Ethernet、城域 Ethernet 技术的发展,使得 Ethernet 网的应用从局域网逐步扩大到城域网与广域网,正在向覆盖范围越来越广的方向发展;同时,从组建办公环境的局域网向组建近距离、高吞吐量、低延时的大型高性能计算机系统、存储区域网、云计算平台等后端计算机机房网络的方向发展;工业 Ethernet 网正在广泛应用于工业自动化领域,成为工业 4.0 发展的重要支撑技术。

（3）与无线局域网兼容

无线局域网 WLAN 以微波、激光与红外等无线信道取替传统 Ethernet 网中的同轴电缆、双绞线与光纤,实现移动结点的物理层与介质访问控制子层的功能。IEEE 在 802.11 无线局域网标准制定过程中,一直保持与 802.3 标准的 Ethernet 兼容,因此有人将无线局域网（Wi-Fi）称为无线 Ethernet 网。

（4）更环保

2000 年一份研究报告指出:从 100Mbps 到 1Gbps 的 Ethernet 端口耗电约 4W。如果全美国 1.6 亿台接入 Ethernet 网的计算机在网络空闲时进入低功率模式,一年可以节能 2.4 亿美元的电力。2010 年 9 月,IEEE 发布的 802.3az 支持高效能以太网（energy efficient Ethernet,EEE）的标准,EEE 通过在没有数据需要发送时关闭 Ethernet 接口的方式达到节约能源的目的。目前,802.3az 标准已经在一些使用铜缆的 Ethernet 网中使用,正在努力向光纤介质系统中扩展。

4.2 Ethernet 基本工作原理

4.2.1 Ethernet 数据发送流程分析

1. Ethernet 数据发送过程分析

有人将 CSMA/CD 的工作过程形象地比喻成很多人在一间黑屋子中举行讨论会,参加会议的人只能听到其他人的声音。每个人在说话前必须先倾听,只有等会场安静下来后,他才能够发言。人们将发言前要监听以确定是否已有人在发言的动作称为载波侦听;将在会场安静的情况下,每人都有平等的机会讲话称为多路访问;如果在同一时刻有两人或两人以上同时说话,大家就无法听清其中任何一人的发言,这种情况称为发生冲突。发言人在发言过程中要及时发现是否发生冲突,这个动作叫做冲突检测。如果发言人发现冲突已经发生,这时他需要停止讲话,然后随机后退延迟,再次重复上述过程,直至讲话成功。如果失败的次数太多,他也许就放弃这次发言的想法。

2. Ethernet 数据发送流程

为了有效实现多台主机访问公共传输介质的控制策略,CSMA/CD 的发送流程可以简单概括为 4 步:先听后发,边听边发,冲突停止,延迟重发。图 4-11 给出了 Ethernet 主机数据发送流程。

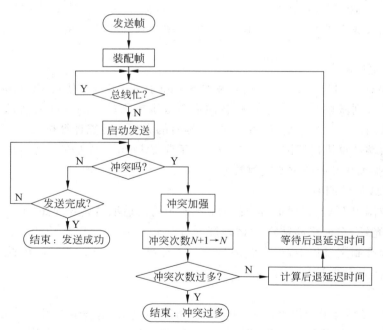

图 4-11 Ethernet 主机数据发送流程

(1) 载波侦听过程

每个主机在发送数据帧之前,首先需要侦听总线的忙/闲状态。Ethernet 网卡的收发器一直在接收总线上的信号。如果总线上有其他主机发送的数据信号,那么 Manchester 解码器的解码时钟一直有输出;如果总线上没有数据信号发送,那么 Manchester 解码器的时钟输出为 0。因此,接收电路的 Manchester 解码器的时钟信号能够反映出总线忙/闲状态(如图 4-12 所示)。

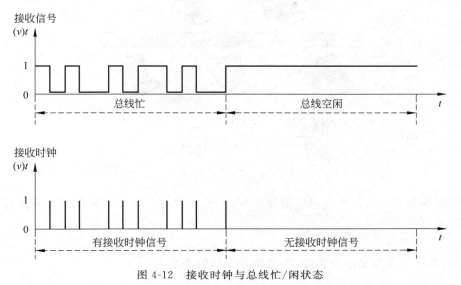

图 4-12　接收时钟与总线忙/闲状态

（2）冲突检测方法

载波侦听并不能完全消除冲突。数字信号以一定速度在介质中传输。电磁波在同轴电缆中传播速度约为 $2 \times 10^8\,\mathrm{m/s}$。如果局域网中相隔最远的两个主机 A 和 B 相距 1000m,那么主机 A 向 B 发送一帧数据要经过大约 $5\mu\mathrm{s}$ 传播延迟。也就是说,在主机 A 开始发送数据 $5\mu\mathrm{s}$ 后,主机 B 才可能接收到这个数据帧。在这个 $5\mu\mathrm{s}$ 的时间内,主机 B 并不知道主机 A 已发送数据,它就有可能也向主机 A 发送数据。当出现这种情况时,主机 A 与主机 B 的这次发送就发生"冲突"(collision)。因此,多个主机共享公共传输介质发送数据需要进行"冲突检测"。

有一种极端的情况是:主机 A 向主机 B 发送了数据,在数据信号快要达到主机 B 时,主机 B 也发送了数据,此时冲突发生。等到冲突的信号传送回主机 A 时,已经过两倍的传播延迟 2τ,其中 $\tau = D/V$,D 为总线传输介质的最大长度,V 是电磁波在介质中的传播速度。在传播延迟的 2 倍时间($2D/V$)内,冲突的数据帧可以传遍整个缆段。整个缆段上连接的所有主机都应该检测到冲突。一个缆段就是一个"冲突域"(collision domain)。如果超过两倍的传播延迟(2τ)时间没有检测出冲突,就能肯定该主机已取得总线访问权,因此人们将 $2D/V$ 定义为"冲突窗口"(collision window)。冲突窗口是指连接在一个缆段上所有主机都能够检测到冲突发生的最短时间。由于 Ethernet 物理层协议规定了总线最大长度,电磁波在介质中的传播速度是确定的,因此冲突窗口大小也是确定的。图 4-13 描述了冲突窗口的概念。

理解冲突与冲突窗口的概念需要注意以下两个问题。

第一,最小帧长度与总线长度、发送速率之间的关系。

为了保证任何一个主机在发送一帧的过程中都能够检测到冲突,就要求发送一个最短帧的时间都要超过冲突窗口的时间。如果最短帧长度为 L_{min},主机发送速率为 S,发送短帧

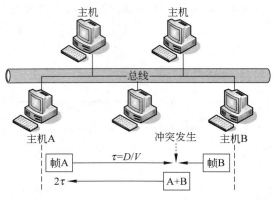

图 4-13　冲突窗口的概念

所需要的时间为 $L_{\min}/S$。冲突窗口值为 $2D/V$。要求发送一个最短帧的时间都要超过冲突窗口的时间,即

$$L_{\min}/S \geqslant 2D/V$$

那么,总线长度与最小帧长度、发送速率之间的关系为

$$D \leqslant VL_{\min}/2S$$

我们可以根据总线长度、发送速率与电磁波传播速度,估算出最小帧长度。

第二,在网络环境中如何检测到冲突。

从物理层来看,冲突是指总线上同时出现两个或两个以上的发送信号,它们叠加后的信号波形将不等于任何一个主机输出的信号波形。例如,总线上同时出现了主机 A 与主机 B 的发送信号,它们叠加后的信号波形将既不是主机 A 的信号,也不是主机 B 的信号。主机 A 的信号与主机 B 的信号都采用曼彻斯特编码,叠加后的信号波形既不会符合曼彻斯特编码的信号波形,也不会等于任何一路信号波形。图 4-14 给出了曼彻斯特编码信号的波形叠加的情况示意图。

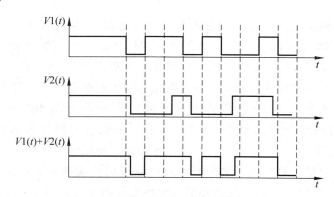

图 4-14　曼彻斯特编码信号的波形叠加

从电子学实现方法的角度,冲突检测可以有两种方法:比较法和编码违例判决法。比较法是指发送主机在发送帧的同时,将其发送信号波形与从总线上接收到的信号波形进行比较。当发送主机发现这两个信号波形不一致时,表示总线上有多个主机同时发送数据,冲突已经发生。如果总线上同时出现两个或两个以上的发送信号,它们叠加后的信号波形将

不等于任意一个主机的发送信号波形。编码违例判决法是指检查从总线上接收的信号波形。接收的信号波形不符合曼彻斯特编码规律,就说明已经出现了冲突。如果总线上同时出现两个或两个以上的发送信号,它们叠加后的信号波形将不符合曼彻斯特编码规律。

在 Ethernet 协议标准中,规定的冲突窗口长度为 $51.2\mu s$。Ethernet 的数据传输速率为 10Mbps,冲突窗口的 $51.2\mu s$ 可以发送 512bit(64B)数据。64B 是 Ethernet 的最小帧长度。这意味着当一个主机发送一个最小帧,或一个帧的前 64 个字节时没有发现冲突,则表示该主机已经获得总线发送权,并可以继续发送后续的字节。因此,冲突窗口又称为争用期(contention period)。

如果在发送数据过程中没有检测出冲突,在发送完所有的数据之后,报告发送成功,进入接收正常的结束状态。

（3）发现冲突、停止发送

如果在发送数据过程中检测出冲突,为了解决信道争用冲突,发送主机要进入停止发送数据、随机延迟后重发的流程。随机延迟重发的第一步是发送冲突加强干扰序列(jamming sequence)信号。冲突加强干扰序列信号长度规定为 32bit。

发送冲突加强干扰序列信号的目的是:确保有足够的冲突持续时间,使网中所有主机都能检测出冲突存在,并立即丢弃冲突帧,减少由于冲突浪费的时间,提高信道利用率。

（4）随机延迟重发

Ethernet 协议规定一个帧的最大重发次数为 16。如果重发次数超过 16,则认为线路故障,进入"冲突过多"结束状态。如果重发次数 $n \leqslant 16$,则允许主机随机延迟再重发。

为了公平地解决信道争用问题,需要确定后退延迟算法。典型的 CSMA/CD 后退延迟算法是截止二进制指数后退延迟(truncated binary exponential backoff)算法。算法可以表示为

$$\tau = 2^k \cdot R \cdot a$$

其中,τ 为重新发送所需的后退延迟的时间,a 是冲突窗口值,R 是随机数。如果一台主机需要计算后退延迟时间,则需要以其地址为初始值产生一个随机数 R。

主机重发后退的延迟时间是冲突窗口值的整数倍,并与以冲突次数为二进制指数的幂值成正比。为了避免延迟过长,截止二进制指数后退延迟算法限定作为二进制指数 k 的范围,定义了 $k = \min(n, 10)$。如果重发次数 $n < 10$,则 k 取值为 n;如果重发次数 $n \geqslant 10$ 时,k 取值为 10。例如,第一次冲突发生,则重发次数 $n = 1$,则取 $k = 1$,即在冲突后两个时间片后重发。如果第二次冲突发生,则重发次数 $n = 2$,由于 $n < 10$,则取 $k = 2$,即在冲突后 4 个时间片后重发。在 $n < 10$ 时,随着 n 的增加,重发延迟时间按 2^n 幂值增长。在 $n > 10$ 时,重发延迟时间不再增长。由于限制了二进制的指数 k 的范围,则第 n 次重发延迟分布在 0 与 $[2^{\min(n,10)}-1]$ 个时间片内,最大可能延迟时间为 1023 个时间片。在后退延迟时间到达后,节点将重新判断总线忙、闲状态,重复发送流程。当冲突次数超过 16 时,表示发送失败,放弃该帧的发送。

从以上讨论中可以看出,任何主机发送数据都要通过 CSMA/CD 方法争取总线使用权,从准备发送到成功发送的等待延迟时间不确定。因此,Ethernet 使用的 CSMA/CD 方法被定义为一种随机争用型介质访问控制方法。CSMA/CD 方法可以有效控制多主机对共享总线的访问,方法简单并且容易实现。

4.2.2 Ethernet 帧结构

1. Ethernet V2.0 标准和 IEEE 802.3 标准的 Ethernet 帧结构区别

Ethernet V2.0 规范是在 DEC、Intel 与 Xerox 公司合作研究的 Ethernet 协议的基础上改进而成,因此有些文献中将 Ethernet V2.0 帧结构称为 DIX 帧结构。IEEE 802.3 标准对 Ethernet 帧结构也做出了规定,通常称之为 802.3 帧。DIX 帧和 802.3 帧结构是有差异的。图 4-15 给出了 DIX 帧与 IEEE 802.3 帧的结构比较示意图。

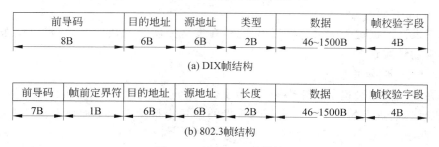

(a) DIX帧结构

(b) 802.3帧结构

图 4-15　Ethernet 帧结构

DIX 与 IEEE 802.3 帧结构的差异主要表现在以下两点。

（1）前导码部分

① DIX 帧的前 8B 是前导码,每个字节都是 10101010。接收电路通过提取曼彻斯特编码的自含时钟,实现收发双方的比特同步。

② 802.3 帧规定 7B 前导码由 56 位的 10101010…10101010 比特序列组成,之后有一个结构为 10101011 的帧前定界符。从物理层的角度来看,由于接收电路在 Machester 解码时需要采用锁相电路,而锁相电路从开始接收状态,到达同步状态需要有 $10\sim20\mu s$ 的时间。设置 56 位前导码的目的是为了保证接收电路在接收帧目的地址字段之前,已经进入稳定接收的状态。如果将前导码与帧前定界符结合在一起看,在 62 位的 101010…1010 比特序列后出现 11。在这个 11 之后才是 Ethernet 帧的目的地址字段。

（2）类型字段与长度字段

① DIX 帧规定了一个 2B 的类型字段。类型字段表示高层网络层所使用的协议类型。例如,类型字段值等于 0x0800,表示网络层使用 IPv4 协议;类型字段值等于 0x8106,表示地址解析协议 ARP;类型字段值等于 0x86DD,表示网络层使用 IPv6 协议。

② 802.3 帧规定该字段为"长度字段"。数据字段是网络层发送的数据部分。由于帧最小长度为 64B,帧头部分长度为 18B(6B 的目的地址、6B 的源地址字段、2B 的长度字段、4B 的帧校验字段),因此数据字段最小长度为 $64-18=46$B。数据字段最大长度为 1500B,因此数据字段长度在 46～1500B 之间,不是固定长度的。从这个角度看,设置长度字段是合理的。

由于 DIX 帧没有设定长度字段,因此接收端只能根据帧间间隔来判断一帧的接收是否完成。当一帧发送结束时,物理线路上就不会出现电平的跳变,表明一帧发送结束。当接收端认为已经完整地接收了一帧,那么除去最后的 4B 校验字段,就能够取出数据字段。

由于 Ethernet V2.0 标准已经广泛应用,所以 IEEE 802.3 标准在之后的修订中拿出了一个折中的方案,将 2B 定义的"长度字段"改为"长度/协议字段"。同时表示长度或协议是不矛盾的。因为 Ethernet 帧的最大长度小于 1518B,如果用十六进制表示,长度字段值一定小于 0x0600。而 IEEE 定义的协议字段值最小为 0x0800(IP)。这样,Ethernet 的 MAC 层可以根据需要发送两种帧,可以表示上层协议的类型,也可以表示帧长度。接收端 MAC 层可以根据该字段的值来解释该字段表示的意义。这样做就很好地解决了 IEEE 802.3 标准与 Ethernet V2.0 标准之间存在的差异。由于目前 DIX 帧结构已经广泛应用,本节以 DIX 帧为对象,分析 Ethernet 帧结构的特点。

2. Ethernet 帧结构分析

Ethernet 帧结构由以下 5 个部分组成。

(1)前导码字段

前导码由 8B(64bit)的 10101010…101010 比特序列组成。前导码的作用是实现收发双方的比特同步与帧同步。8B 的前导码在接收后不需要保留,也不计入帧头的长度中。

(2)目的地址和源地址字段

目的地址与源地址分别表示帧的接收节点与发送节点的硬件地址。硬件地址通常称为物理地址、MAC 地址或 Ethernet 地址。地址长度为 6B(48bit)。源地址必须是 48bit 的 MAC 地址,目的地址可以是单播地址、多播地址或广播地址。

(3)类型字段

类型字段表示的是网络层使用的协议类型。

(4)数据字段

数据字段是网络层发送的数据部分。数据字段的长度在 46~1500B 之间。加上帧头部分的 18B,Ethernet 帧的最大长度为 1518B。因此,Ethernet 帧的最小长度为 64B,最大长度为 1518B。如果发送端数据长度小于 46B,那么在组帧之前要填充到最小数据字段长度。

在 DIX 帧中,由于没有设置长度字段,接收端并不知道发送端是否对数据字段做了填充,以及填充了多少个字节。如果高层使用的是 IP,IP 分组头有总长度字段。总长度字段值表示的是发送端发送的 IP 分组长度,接收端根据总长度字段值就可以方便地确定填充字节的长度,并且删除填充字节。

(5)帧校验字段

帧校验字段 FCS 采用 32 位的 CRC 校验。CRC 校验的范围是:目的地址、源地址、长度、LLC 数据等字段。CRC 校验的生成多项式为:

$$G(X) = X^{32} + X^{26} + X^{23} + X^{22} + X^{16} + X^{12} + X^{11} + X^{10}$$
$$+ X^8 + X^7 + X^5 + X^4 + X^2 + X + 1$$

4.2.3 Ethernet 接收流程分析

图 4-16 给出了 Ethernet 主机的数据帧接收流程。

理解 Ethernet 数据接收流程需要注意以下问题。

1. Ethernet 主机只要不发送数据帧就应该处于接收状态

如果一个 Ethernet 主机成功利用总线发送数据帧,则其他主机都应该处于接收状态。当主机入网并启动接收后,就处于接收状态。所有主机只要不发送数据,就应该处于接收状态。当某个主机完成一帧数据接收后,首先要判断接收的帧长度,这是由于 IEEE 802.3 规

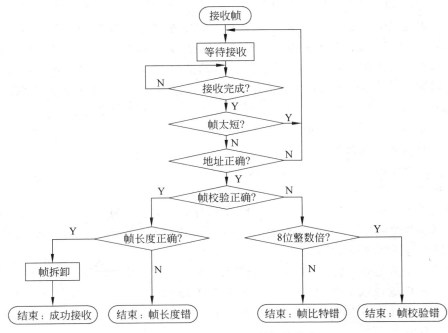

图 4-16　Ethernet 主机的数据接收流程

定了帧最小长度。如果接收帧长度小于规定的帧最小长度,则表明冲突发生,应该丢弃该帧,主机重新进入等待接收状态。

2. 帧目的地址检查

如果没有发生冲突,则主机完成一帧接收后,首先需要检查帧的目的地址。如果目的地址为单一主机的物理地址,并且是本主机地址,则接收该帧。如果目的地址是组地址,而接收主机属于该组,则接收该帧。如果目的地址是广播地址,也应该接收该帧。如果目的地址不符,则丢弃该接收帧。

3. 帧接收

接收主机进行地址匹配后,如果确认是应该接收的帧,下一步则进行 CRC 校验。CRC 校验正确,帧长度检查也正确,则将帧中数据送网络层,报告"成功接收"后,进入帧接收结束状态。

4. 帧校验

Ethernet 协议将接收出错分为三种:帧校验错、帧长度错与帧比特位错。如果 CRC 校验正确,则进一步检测帧长度是否正确。CRC 校验之后,可能出现以下三种情况。

(1) CRC 校验正确,但是帧长度不对,则在报告"帧长度错"后进入结束状态。

(2) 如果帧校验中发现错误,首先判断接收帧是不是 8bit 的整数倍。如果帧的长度是 8bit 的整数倍,表示传输过程中没有发现二进制比特丢失或比特位对位错,则在报告"帧校验错"后进入结束状态。

(3) 如果帧长度不是 8bit 的整数倍,则在报告"帧比特位错"后进入结束状态。

5. 帧间最小间隔

从接收流程的讨论中可以看出,网卡在接收一帧时需要做一系列的检测和处理。为了保证网卡能正确和连续地处理接收帧,IEEE 802.3 标准规定了帧间的最小间隔。Ethernet 帧的最小间隔的值为 $9.6\mu s$,相当于发送 96bit 的时间。接收主机可以利用这段时间处理已接收的帧,并准备接收下一帧,或从接收状态转入发送状态。

4.2.4 Ethernet 网卡设计与物理地址

1. Ethernet 网卡设计方法

在讨论了 Ethernet 网基本工作原理之后,需要进一步讨论计算机联入 Ethernet 网的实现方法。计算机通过 Ethernet 网卡接入到 Ethernet 网。网卡的全称是网络接口卡 (network interface card,NIC)或网络接口适配器(network interface adapter)。Ethernet 网卡的电路结构如图 4-17 所示。

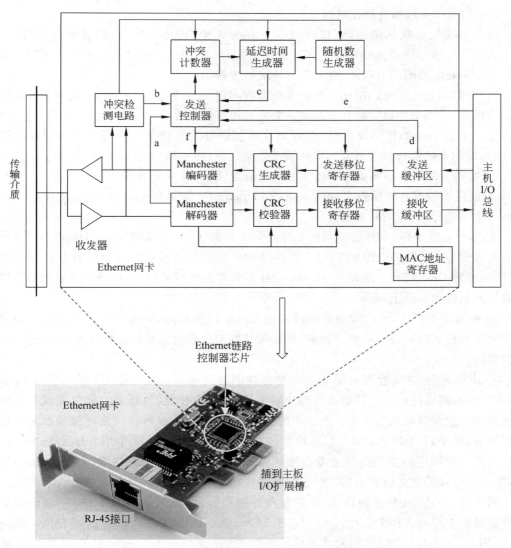

图 4-17 Ethernet 网卡原理结构示意图

Ethernet 网卡由三部分组成：网卡与传输介质的接口、Ethernet 数据链路控制器 (Ethernet data link control，EDLC)以及网卡与主机的接口。

（1）网卡与传输介质的接口

Ethernet 网络收发器实现结点与总线传输介质的电信号连接，完成数据发送与接收、冲突检测功能。目前常用的方法是网卡通过 RJ-45 接口，用非屏蔽双绞线连接到 Ethernet 交换机(switch)或 Ethernet 集线器(hub)接入 Ethernet 网中。

（2）网卡与主机的接口

网卡要插入联网计算机的 I/O 扩展槽中，作为计算机的一个外设来工作。网卡在主机 CPU 的控制下进行数据的发送和接收。在这点上，网卡与其他 I/O 外设卡(如显示卡、磁盘控制器卡、异步通信接口适配器卡)没有本质的区别。

（3）Ethernet 数据链路控制器

网卡实现发送数据的编码、接收数据的解码、CRC 产生与校验、帧封装与拆封，以及 CSMA/CD 介质访问控制等功能。实际的网卡均可以实现介质访问控制、CRC 校验、曼彻斯特(Manchester)编码与解码、收发器与冲突检测等功能。

结合图 4-11 所示的 Ethernet 数据发送流程与图 4-17 所示的 Ethernet 网卡原理结构示意图可以看出，网卡完成一帧数据的发送要经过以下的过程。

① 当计算机有数据要发送时，它首先将数据通过主板数据总线写到网卡的发送缓冲区，同时给网卡的发送控制器发出发送请求控制信号(图 4-17 中用 e 表示)。

② 发送缓冲区数据准备好将通知发送控制器(图 4-17 中用 d 表示)。

③ 发送控制器首先检查由接收电路的 Manchester 解码器的接收时钟(图 4-17 中用 a 表示)，来判断总线忙/闲状态信息。

④ 如果总线空闲，发送控制器向发送移位寄存器、CRC 生成器以及 Manchester 编码器发出发送信号(图 4-17 中用 f 表示)。发送缓冲区中的数据通过发送移位寄存器变成串行比特流，通过 CRC 校验生成器与 Manchester 编码器封装成帧后，将帧的二进制比特序列通过收发器发送到总线上。

⑤ 帧发送过程中，发送控制器仍然要通过冲突检测电路，判断是否发生冲突。如果在一个冲突窗口时间内没有检测到冲突，则表示该帧发送成功。如果检测到冲突，则进入延迟重发阶段。

⑥ 出现冲突，冲突检测电路就会向发送控制器发出冲突发生信号(图 4-17 中用 b 表示)。冲突检测电路向冲突计数器发出控制信号，使冲突计数器、延迟时间生成器与随机数生成器协同执行后退延迟算法。当延迟时间到，延迟时间生成器将向发送控制器发出重发指示信号(图 4-17 中用 c 表示)，发送控制器发出发送信号(图 4-17 中用 f 表示)指令。

当冲突检测电路检测到帧重发次数达到 16 次时，通知发送控制器，丢弃该帧，不再重发，并向本结点的网络层发出"冲突过多，发送失败"的报告。

网卡的 CSMA/CD 控制算法、收发器与冲突检测、CRC 校验、Manchester 编码与解码功能都是由专用的 VLSI 芯片实现。Intel、Motorola、AMD 等公司都能提供 Ethernet 网卡的 VLSI 专用芯片。例如，利用 Intel 公司的 82586、82588 Ethernet 链路控制处理器与 82501 Ethernet 串行接口、82502 收发器芯片，可以方便地构成 Ethernet 网卡，覆盖了 802.3 协议的介质访问控制(MAC)子层与物理层的主要功能。图 4-18 给出了典型的 Ethernet 网卡电路结构示意图。

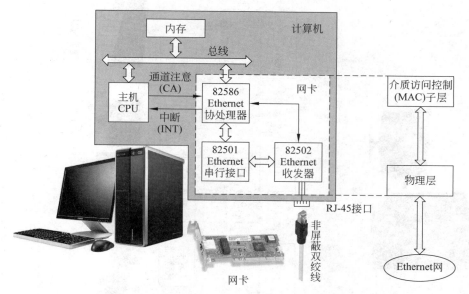

图 4-18　典型的 Ethernet 网卡电路结构示意图

网卡将接收到的数据,通过计算机的 I/O 总线,以直接存储器访问(DMA)方式传送到计算机的内存中。待发送的数据从计算机的内存传送到网卡的发送缓冲区。网卡 CPU 独立于主机 CPU,自主地控制数据发送与接收的过程。从计算机接口软件编程的角度,网卡驱动程序与异步通信接口适配器、打印机驱动程序等外设驱动程序的编程方法是基本相同的。因此,从计算机组成原理的角度,Ethernet 局域网、网卡与计算机的关系如图 4-19所示。

需要注意的是,随着 Ethernet 网技术的广泛应用,符合 802.3 标准的 Ethernet 网卡(包括 802.11 无线网卡)已经成为 PC 与笔记本计算机的标准配置之一,并且 Ethernet 网卡芯片一般是内嵌在主板上,这样 Ethernet 网卡就可以分为插卡式与内嵌式两种,尽管这两种 Ethernet 网卡的结构不同,但是它们的工作原理、接口标准与联网方式没有改变。

2. Ethernet 物理地址

Ethernet 物理地址是一个重要的概念。理解 Ethernet 物理地址,需要注意以下问题。

(1) 对 Ethernet 物理地址的管理方法

48 位的地址称为 EUI-48。EUI(extended unique identifier)表示扩展的唯一标识符。按照 48 位的 Ethernet 物理地址的编码方法,允许分配的 Ethernet 物理地址应该为 2^{47} 个,这个数量可以保证全球任何一个 Ethernet 物理地址都是唯一的。为了统一管理 Ethernet 的物理地址,保证每块 Ethernet 网卡的地址是唯一的,不会出现重复,IEEE 注册管理委员会(Registration Authority Committee,RAC)为每个网卡生产商分配 Ethernet 物理地址的前三字节,即公司标识(company-id),也称为机构唯一标识符(organizationally unique identifier,OUI)。后三字节由网卡的厂商自行分配。

(2) Ethernet 物理地址的表示方法

当网卡生产商获得一个前三字节地址分配权后,它可以生产的网卡数量是 2^{24}

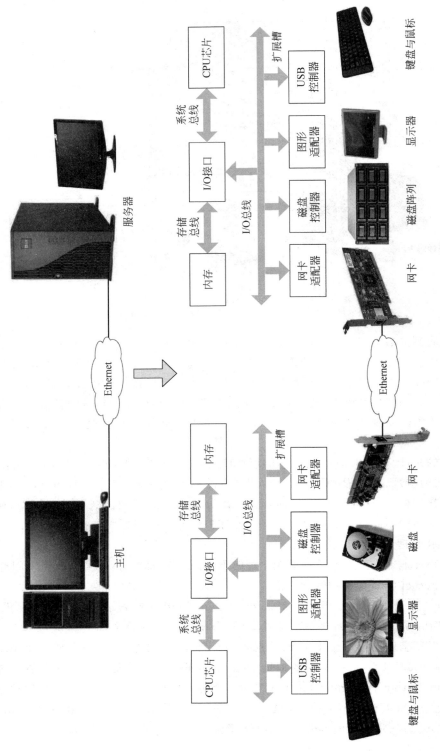

图 4-19 从计算机组成原理的角度认识 Ethernet 网

（16 777 216）块。例如，IEEE 分配给某个公司的 Ethernet 物理地址前三字节可能有多个，其中一个是 020100。标准的表示方法是在两个十六进制数之间用一个连字符隔开，即为 02-01-00；该公司可以给它生产的每块 Ethernet 网卡分配一个后三字节地址值，假如编号为 2A-10-C3。那么，这块 Ethernet 网卡的物理地址应该是 02-01-00-2A-10-C3，也可以写为 0201002A10C3。

（3）Ethernet 物理地址的唯一性

在网卡生产过程中，网卡的物理地址写入网卡的只读存储器中。如果这块网卡安装在作者的笔记本计算机里，那么作者笔记本计算机的 Ethernet 物理地址就是 02-01-00-2A-10-C3。不管作者将这台笔记本计算机带到世界各地，连接到哪个实验室的局域网中，这台计算机网卡的物理地址都是不变的，并且不会与世界上任何一台计算机的网卡的物理地址是相同的。

4.2.5 Ethernet 物理层标准命名方法

IEEE 802.3 标准定义 Ethernet 介质访问控制子层与物理层的协议标准。Ethernet 介质访问控制子层统一使用 CSMA/CD 方法和相同的帧结构，但是物理层技术可以是不同的。Ethernet 的物理层标准不同，表示它采用的传输介质、传输速率、传输介质覆盖范围与组网方式不同。

标准的 Ethernet 的物理层命名方法是 IEEE 802.3 X Type-Y Name。其中，X 表示数据传输速率，单位为 Mbps；Y 表示网段的最大长度，单位为 100m；Type 表示传输方式是基带还是频带（Base 表示是采用基带传输）；Name 表示局域网的名称。

在讨论 Ethernet 物理层标准的命名方法时，需要注意以下问题。

（1）IEEE 802.3 10Base-5 表示传输速率为 10Mbps、基带传输、使用的粗同轴电缆，最大长度为 500m 的 Ethernet 物理层标准。

（2）IEEE 802.3 10Base-2 表示传输速率为 10Mbps、基带传输、使用的细同轴电缆，最大长度为 200m 的 Ethernet 物理层标准。

（3）IEEE 802.3 10Base-T 表示传输速率为 10Mbps、基带传输、使用的双绞线的 Ethernet 物理层标准。

当 Ethernet 的速率提高之后，所使用的传输介质可能从非屏蔽双绞线、屏蔽双绞线变成多模或单模光纤，新的物理层标准的命名方法仍然保持不变。这一点在高速 Ethernet 的讨论中可以清楚地看到。

4.3 交换式局域网与虚拟局域网技术

4.3.1 交换式局域网技术

1. 交换式局域网的基本概念

局域网交换技术在高性能局域网中占据重要的地位。在传统的共享介质局域网中，所有节点共享一条共用传输介质，因此不可避免会发生冲突。随着局域网规模的扩大，网中节点数量不断增加，网络通信负荷加重时，网络效率就会急剧下降。为了克服网络规模与网络性能之间的矛盾，人们提出将共享介质方式改为交换方式，这就导致了交换式局域网的研究与发展。交换机(Switch)是工作在数据链路层,根据接入交换机帧的 MAC 地址,过滤、转发数据帧的一种网络设备。通过交换机可以将多台计算机以星状拓扑结构形成交换式局域网。

交换机具有以下 4 个基本的功能。

(1) 建立和维护一个表示 MAC 地址与交换机端口号对应关系的映射表。

(2) 在发送主机与接收主机端口之间建立虚连接。

(3) 完成帧的过滤与转发。

(4) 执行生成树协议,防止出现环路。

2. 局域网交换机的工作原理

局域网交换机的设计灵感来源于局域网桥。网桥可以通过不同的端口连接多个缆段,网桥不转发每一个缆段内部主机之间交换的帧。交换式局域网的核心设备是局域网交换机(LAN Switch),相当于局域网桥。局域网桥是利用存储转发的方式,以实现连接在不同缆段主机之间帧的交互;而局域网交换机则是利用集成电路交换芯片在多个端口之间同时建立多个虚连接,以实现多对端口之间帧的并发传输。

图 4-20 为 Ethernet Switch 结构与工作原理示意图。图中的交换机有 6 个端口,其中端口 1、4、5、6 分别连接主机 A、B 与 C、D、E。交换机的"端口号/MAC 地址映射表"记录端口号与主机 MAC 地址的对应关系。如果主机 A 与主机 E 同时要发送数据,它们可以分别在发送帧的目的地址字段(DA)中填上目的地址。例如,主机 A 要向主机 D 发送帧,该帧的目的地址字段写入主机 D 的 MAC 地址 0E1002000013;主机 E 要向主机 B 发送,该帧的目的地址写入主机 B 的 MAC 地址 0C21002B0003。主机 A、E 同时通过交换机端口 1 和 6 发送 Ethernet 帧时,交换机的交换控制机构根据"端口号/MAC 地址映射表"(简称为端口转发表或地址表)的对应关系,找出对应的输出端口号,它可以将主机 A 发送的帧转发到端口 5,发送给主机 D;同时,主机 E 发送的帧转发到端口 4,连接在端口 4 的主机 B 也可以接收到主机 E 发送的帧。主机 A 向主机 D、主机 E 向主机 B 可以同时发送数据帧,而相互不干扰。

交换机端口可以连接单一的主机,也可以连接集线器(Hub)、交换机或路由器。如图 4-20 所示,端口 1 只与主机 A 连接,端口 1 是主机 A 的独占端口;端口 4 通过 Hub 与主机 B、C 连接,端口 4 是主机 B、C 的共享端口。

3. 端口转发表的建立与维护

由于交换机是根据端口转发表来转发帧,因此端口转发表的建立和维护十分重要。建立和维护端口转发表需要解决两个问题:一是交换机如何知道哪个主机连接到哪个端口;二是当主机从交换机的一个端口转移到另一个端口时,交换机如何来更新端口转发表。解决这两个问题的基本方法是"地址学习"。

"地址学习"是交换机通过检查帧的源地址与帧进入的交换机端口号之间的对应关系,来不断完善端口转发表的方法。例如,主机 A 通过端口 1 发送帧。这个帧的源地址是 0201002A10C3,那么交换机就可以建立起"端口号 1—MAC 地址 0201002A10C3"的对应关系。在得到 MAC 地址与端口的对应关系后,交换机将检查端口转发表中是否已存在该对应关系。如果该对应关系不存在,交换机就将该对应关系加入端口转发表;如果该对应关系已经存在,交换机将更新该表项的记录。

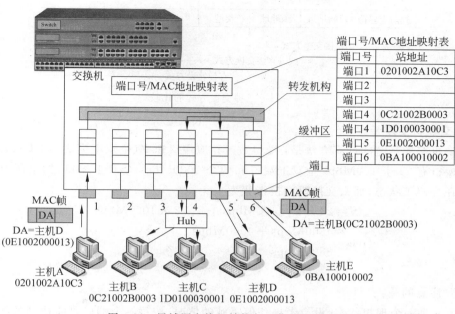

端口号/MAC地址映射表

端口号	站地址
端口1	0201002A10C3
端口2	
端口3	
端口4	0C21002B0003
端口4	1D0100030001
端口5	0E1002000013
端口6	0BA100010002

图 4-20　局域网交换机结构与工作原理示意图

在每次加入或更新端口转发表时,加入或更改的表项被赋予一个计时器,这使得该端口与 MAC 地址的对应关系能存储一段时间。如果在计时器到时之后没有再次捕获该端口与 MAC 地址的对应关系,该表项将会被删除。通过不断删除过时的、已经不使用的表项,交换机能够维护一个动态的端口转发表。

4. 交换机的交换方式

交换机的交换方式主要有三种类型:直接交换、改进直接交换与存储转发交换方式。

(1) 直接交换方式

在直接交换(cut through)方式中,交换机只要接收并检测到目的地址字段,立即将该帧转发出去,而不进行差错校验。帧出错检测任务由主机完成。直接交换方式的优点是交换延迟时间短,缺点是缺乏差错检测能力。

(2) 改进直接交换方式

改进的直接交换方式则将二者结合起来,在接收到 Ethernet 帧的前 64B 后,判断帧头字段是否正确,如果正确就转发出去。对于短的 Ethernet 帧来说,交换延迟时间与直接交换方式比较接近;对于长的 Ethernet 帧来说,由于只对帧的地址字段与控制字段进行差错检测,因此改进直接交换方式的交换延迟时间将会减少。

(3) 存储转发交换方式

在存储转发(store and forward)方式中,交换机首先要完整地接收帧,并进行差错检测。如果接收帧正确,则根据帧目的地址选择对应的输出端口号,然后转发出去。存储转发交换方式的优点是具有帧差错检测能力,并支持不同输入速率与输出速率端口之间的帧转发;缺点是交换延迟时间将会增长。

三种交换方式的比较如图 4-21 所示。

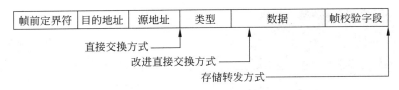

图 4-21　三种交换方式的比较

5. 交换机交换带宽

交换机交换带宽的计算方法是：端口数×相应端口速率(全双工模式再乘以2)。例如，一台交换机有 24 个 100Mbps 全双工端口和两个 1000Mbps 全双工端口，如果所有的端口都工作在全双工状态，那么交换机交换带宽为

$$S = 24 \times 2 \times 100\text{Mbps} + 2 \times 2 \times 1000\text{Mbps}$$
$$= 4800\text{Mbps} + 4000\text{Mbps}$$
$$= 8800\text{Mbps}$$
$$= 8.8\text{Gbps}$$

需要注意的是：

(1) 这是一个理想状态，没有考虑任何丢帧的情况，按每一个端口可能达到的线速来计算的，因此交换机交换带宽也称为背板线速带宽。如果一个端口是全双工端口，使用的是全双工 100Mbps 的 FastEthernet 网卡，那么这个端口的线速就是 200Mbps。

(2) 从交换机的结构看，交换机的背板相当于计算机的总线，交换机的端口与转发机构的数据交换都是通过交换机的背板实现的。因此，交换机的背板带宽决定了交换机的交换带宽。背板带宽的定义是：交换机接口处理器、接口卡和数据总线之间单位时间内能够交换的最大数据量。背板带宽标识了交换机总的数据交换能力。一台交换机的背板带宽越宽，交换机的处理、交换、转发数据的能力就越强。

总结以上讨论的内容可以看出：交互式 Ethernet 采取以交换机取代集线器；以交换机的并发连接取代共享总线的方式；以全双工方式取代半双工方式；以独占方式取代共享方式；由于不存在冲突，不采用 CSMA/CD 控制方法。为了保持与传统共享式 Ethernet 的兼容性，交互式 Ethernet 保留了传统 Ethernet 的帧结构、最小与最大帧长度等一些根本的特征。这些技术极大地提高了局域网的性能，使得交互式局域网得到了广泛的应用。

4.3.2　虚拟局域网技术

1. 虚拟局域网技术研究的背景

在实际组建一个公司的局域网时，人们就会发现：如果公司的财务总监在四楼办公，而财务报销的办公室在一楼，财务结算办公室在三楼，要将这几个办公室的计算机组建在一个财务局域网中，就需要将一到四层楼之间布线。但是，如果有一个办公室从三楼搬到五楼，那么就需要改变现有的布线，重新布线。如果一个公司要在财务、市场、销售、设计与仓库各个部门都分别建立局域网，这种布线、管理的工作量与造价就会很大。技术人员提出两个解决的思路：一是能不能在盖一座办公楼时，就预先在所有可能用计算机的位置都布好线，工作人员只要将计算机插到预先安置好的插头中就可以连入局域网；二是计算机之间组成逻辑工作组，可以通过软件设置的方法来实现。研究这两个问题产生了两项技术：结构化布线技术与虚拟局域网(virtual LAN,VLAN)技术。

2. 虚拟局域网与传统局域网的区别

IEEE 于 1999 年公布关于 VLAN 的 802.1Q 标准。虚拟网络是建立在局域网交换机之上,以软件方式来实现逻辑工作组的划分与管理。图 4-22 给出了传统局域网与虚拟局域网结构比较示意图。

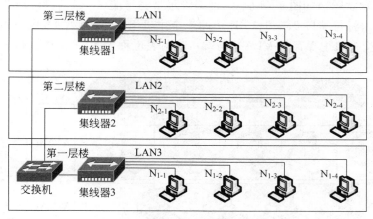

(a) 用交换机互联的3个局域网

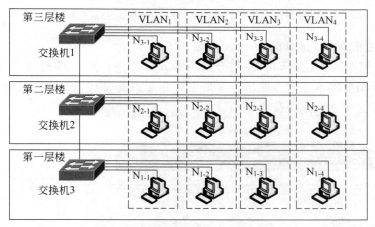

(b) 用交换机组建的4个VLAN

图 4-22　传统局域网与虚拟局域网组网结构的比较

图 4-22(a)给出了三个楼层分别用集线器组建的 Ethernet,然后通过交换机将三个局域网互联起来的结构示意图。网络中的所有主机都可以相互通信,但是如果出于网络安全的需要将它们隔离成几个相对独立的局域网很困难。我们只能按楼层的物理位置进行划分,但是如果希望将一个主机从 LAN1 改接到 LAN2 去,只能够重新布线。而 VLAN 技术可以帮助我们很方便地解决这个问题。

如图 4-22(b)所示,12 个主机分别连接在交换机 1、2、3 的三个缆段里,分布于三个楼层。如果希望将 N_{1-1}、N_{2-1}、N_{3-1} 组成 $VLAN_1$,将 N_{1-2}、N_{2-2}、N_{3-2} 组成 $VLAN_2$,将 N_{1-3}、N_{2-3}、N_{3-3} 组成 $VLAN_3$,将 N_{1-4}、N_{2-4}、N_{3-4} 组成 $VLAN_4$ 这 4 个逻辑工作组,分别成为用于设计、财务管理、市场营销与售后服务的 4 个内部网络,那么最简单的办法就是通过软件在交换机上

设置 4 个 VLAN 即可实现。

3. VLAN 的划分方法

VLAN 可以根据交换机的端口、MAC 地址、IP 地址与网络层协议等方式进行划分。

（1）基于交换机端口的 VLAN 划分方法

基于交换机端口是静态 VLAN 划分最常用的方法。图 4-23 给出了基于交换机端口的 VLAN 划分的示意图。如图 4-23 所示，网络管理员将与端口 1、4、7、11、15 连接的 5 个主机组成了 VLAN$_1$，将与端口 2、5、9、13 连接的 4 个主机组成了 VLAN$_2$，成为相对隔离的两个虚拟工作组。交换机中保存的 VLAN 与端口映射表也称为 VLAN 成员列表。

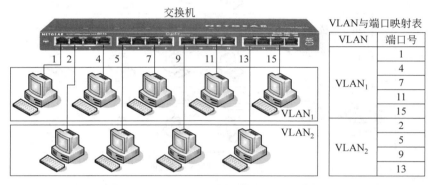

图 4-23　基于交换机端口的 VLAN 划分示意图

（2）基于主机 MAC 地址的 VLAN 划分方法

基于主机 MAC 地址是 VLAN 划分常用的方法之一。图 4-24 给出了基于主机 MAC 地址的 VLAN 划分的示意图。网络管理员可以指定具有哪些 MAC 地址的主机属于某个 VLAN，而不管这个主机连接在哪个端口上。

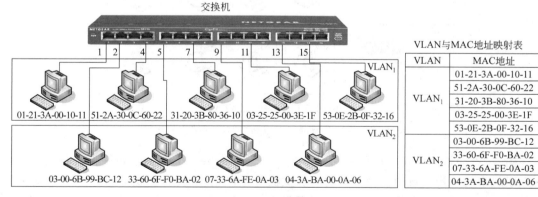

图 4-24　基于主机 MAC 地址的 VLAN 划分的示意图

（3）基于网络层地址或协议的 VLAN 划分方法

VLAN 划分的另一种方法是基于主机的网络层 IP 地址或所采用的协议。图 4-25 给出了基于主机 IP 地址的 VLAN 划分的示意图。网络管理员可以将属于一个子网的所有主机划分在一个 VLAN 中。例如图中属于子网 202.1.2.0/24 的主机划分在 VLAN$_1$ 中，将属于子网 202.1.12.0/24 的主机划分在 VLAN$_2$ 中。

假如子网 1 的网络层使用 IP,而子网 2 的网络层使用 Novell 网的 IPX,那么网络管理员可以用同样的方法,将分别使用两种网络层协议的子网分别划分为两个 VLAN。

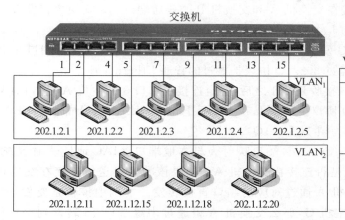

图 4-25 基于主机 IP 地址的 VLAN 划分方法示意图

4. IEEE 802.1Q 的基本内容

IEEE 802.1Q 通过添加标记的方法扩展标准的 Ethernet 帧结构。扩展后的 Ethernet 帧结构如图 4-26 所示。

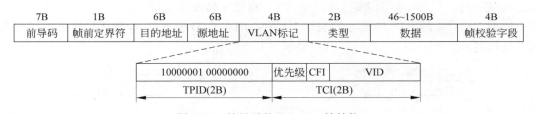

图 4-26 扩展后的 Ethernet 帧结构

（1）标记协议标识符 TPID

IEEE 802.1Q 用了 4B 来扩展 Ethernet 帧。第一个字段是 2B 的标记协议标识符(Tag Protocol Identifier,TPID),表示该帧是 IEEE 802.1Q 协议扩展的 Ethernet 帧。TPID 取值为 0X8100(10000001 00000000)。

（2）标记控制信息 TCI

第二个字段是 2B 的标记控制信息(tag control information,TCI)。第二个字段 TCI 又分为 3bit 的优先级(priority)、1bit 的规范格式指示符(canonical format indication,CFI)与 12bit 的 VLAN 标识符(VLAN identifier,VID)。

优先级(priority)可以将用户分为 8 个级别。规范格式指示符 CFI 表示该帧是否符合 Ethernet 规范。在 Ethernet 交换机中,该位总是被置 0。VLAN 标识符 VID 长度为 12bit,其中 0 与 4095 被保留。VID 取值在 1～4094 之间。

5. VLAN 数据帧交换过程分析

VLAN 数据帧交换过程如图 4-27 所示。在 VLAN 组网过程中,网络管理员可以将交换机的一个端口设置为中继端口,也可以设置为普通端口。中继端口支持 IEEE 802.1Q,普通端口不支持 IEEE 802.1Q。

假设交换机 A 的端口 16 与交换机 B 的端口 1 被设置为中继端口,那么交换机 A 通过中继端口 16 与交换机 B 的中继端口 1 连接,它们支持 IEEE 802.1Q 协议。属于 VLAN$_1$ 与 VLAN$_2$ 的主机分别连接在交换机 A 和交换机 B 的普通端口上。交换机转发 VLAN 数据帧的过程可以归纳为以下几个步骤。

(1) 当主机 A 向主机 G 发送帧 1 时,由于主机连接在交换机 A 的普通端口 3 上,主机 A 发送的帧 1 应该是没有经过 802.1Q 协议扩展过的普通 Ethernet 帧。

(2) 交换机 A 在端口 3 接收到帧 1 之后,确定连接在端口 3 的主机 A 是 VLAN$_1$ 的成员。交换机 A 将用 802.1Q 协议扩展帧 1,在 VID 字段置为 VLAN$_1$,形成带有 VLAN 标记的扩展 1,图 4-27 中表示为帧 1(802.1Q)。

(3) 交换机 A 通过 VLAN 成员/端口映射表与本地端口/MAC 地址映射表查找帧 1(802.1Q)发送的目的主机是否连接在交换机 A。如果该帧是发送给连接在交换机 A 上的 VLAN$_1$ 主机,那么交换机 A 通过对应的端口直接转发。本例中该帧是要发送给连接在交换机 B 上的 VLAN$_1$ 主机 G,那么交换机 A 将通过中继端口 16 转发到交换机 B 端口 1。

(4) 交换机 B 从端口 1 接收到帧 1(802.1Q)之后,首先通过 VLAN 标识判断该帧是否属于 VLAN$_1$。如果属于 VLAN$_1$,交换机 B 通过 VLAN 成员/端口映射表与端口/MAC 地址映射表查找目的地址对应的端口。在本例中主机 G 连接在端口 11 上。交换机 B 删除为 802.1Q 添加的 VLAN 标识之后,通过端口 11,将帧 1 转发给主机 G。

如果 VLAN$_2$ 的主机 H 要给同属于 VLAN$_2$ 的主机 D 发送帧 2,那么其转发的过程与帧 1 是相同的。

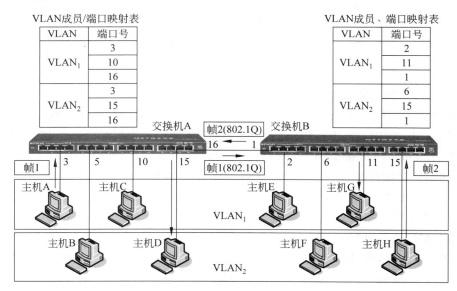

图 4-27 VLAN 数据帧交换过程示意图

理解 VLAN 工作原理,有需要注意以下两个问题。

第一,交换机在接收到帧时,同样需要判断目的地址是广播地址或组播地址。如果是广播地址,那么就将帧向 VLAN 中的所有主机发送。如果是单播或组播地址,必须在 VLAN

成员/端口映射表与端口/MAC 地址映射表中查找目的地址是否属于 VLAN₁ 的主机,如果不是则丢弃;如果是属于同一个 VLAN,则查找转发端口。本例的帧 1 的目的地址是单播地址。

第二,802.1Q 标准是在 Ethernet 局域网基础上发展起来的,目的是在 Ethernet 组网中提供更多的方便,同时能够提高系统的安全性。因此,VLAN 是一种新的局域网服务,而不是一种新型的局域网。

6. VLAN 技术的优点

从以上讨论中可以看出,VLAN 技术具有以下明显的优点。

(1) 可以通过软件设置的方法灵活地组织逻辑工作组,极大地方便了局域网的管理。

(2) 限制了局域网中的广播通信量,有效地提高了局域网系统的性能。

(3) 网络管理员可以通过制定交换机转发规则,提高局域网系统的安全性。

4.4 高速 Ethernet 的研究与发展

4.4.1 Fast Ethernet

1. Fast Ethernet 的发展

快速以太网 Fast Ethernet 是在传统 10Mbps 的 Ethernet 基础上发展起来的一种高速局域网。1995 年 9 月,IEEE 802 委员会正式批准快速以太网(Fast Ethernet,FE)标准——IEEE 802.3u。

2. Fast Ethernet 的协议结构

了解 IEEE 802.3u 标准内容与特点,需要注意以下问题。

(1) Fast Ethernet 传输速率达到 100Mbps,但是它保留着传统的 10Mbps 速率 Ethernet 的基本特征,即相同的帧格式与最小、最大帧长度等特征。这样做的目的是:局域网中可以同时存在 10Mbps 的传统 Ethernet 与 100Mbps 的 Fast Ethernet。那么,在局域网速率提升之后,只是在物理层出现了不同,高层软件不需要进行任何变动。

(2) 802.3u 标准定义了介质专用接口(media independent interface,MII),将 MAC 层与物理层分隔开。这样,物理层在实现 100Mbps 速率时使用的传输介质和信号编码方式的变化不会影响 MAC 子层。

(3) 目前,100Base-T 主要使用的有两个物理层标准。

① 100Base-TX

100Base-TX 使用两对 5 类非屏蔽双绞线 UTP 或两对 1 类屏蔽双绞线 STP。一对双绞线用于发送,而另一对双绞线用于接收。因此,100Base-TX 是一个全双工系统,每个主机可以同时以 100Mbps 速率发送与接收数据。

② 100Base-FX

100Base-FX 使用 2 芯的多模或单模光纤,是一种全双工系统。100Base-FX 主要用做高速主干网,从主机到集线器的多模光纤的长度可以达到 2km。

(4) 支持半双工与全双工工作模式

传统 Ethernet 工作在半双工工作模式。Fast Ethernet 除了可以提供半双工模式之外,也可以工作在全双工模式。Fast Ethernet 在全双工模式,网卡就必须通过两个通道、两对双绞线与交换机连接,其中一对双绞线用于发送数据,而另一对双绞线用于接收数据。全双工模式不存在争用问题,MAC 层不需要采用 CSMA/CD 方法。

(5) 增加了 10Mbps 与 100Mbps 速率自动协商功能

为了更好地与大量现存的 10Base-T 的 Ethernet 兼容,Fast Ethernet 具有 10Mbps 与 100Mbps 速率网卡共存的速率自动协商(auto-negotiation)机制。速率自动协商应该具有以下功能:与其他主机网卡交换工作模式相关参数,自动协商和选择共有的性能最高的工作模式。例如,当两个主机接入一台 Ethernet 交换机时,作为本地主机网卡支持 100Base-TX 与 10Base-T4 两种模式,而作为另一个与之通信的主机网卡也支持 100Base-TX 与 10Base-TX 两种模式,则自动协商功能自动选择两块网卡都以 100Base-TX 模式工作。协议规定自动协商过程需要在 500ms 内完成。

协商过程中按照性能从高到低的选择排序是:①100Base-TX 或 100Base-FX 全双工;②100Base-T4;③100Base-TX;④10Base-T 全双工;⑤10Base-T。

自动协商只涉及物理层。Fast Ethernet 网卡接入局域网时,不需要人为干预就能够正确实现配置,使得网卡能够即插即用。

4.4.2 Gigabit Ethernet

1. Gigabit Ethernet 的发展

尽管 Fast Ethernet 具有高可靠性、易扩展性、成本低等优点,但是在数据仓库、视频会议、三维图形与高清晰度图像应用中,以及高性能计算机、存储区域网与云计算硬件平台建设时,人们不得不寻求有更高带宽的局域网。千兆以太网(Gigabit Ethernet,GE)就是在这种背景下产生的。千兆以太网又称为吉比特以太网。

从局域网组网的角度看,普通 Ethernet、FE 与 GE 有很多相同之处,并且很多企业已经大量使用了 10Mbps 的 Ethernet,因此局域网系统从普通 Ethernet 升级到 FE 或 GE 时,网络技术人员不需要重新进行培训。相比之下,如果将现有的 Ethernet 与 ATM 网络互联,就会出现两个问题:一方面是 Ethernet 与 ATM 工作机理存在着较大的差异,工作机制与协议的不同,会出现异型网络互联的复杂局面,异型网络互联之间的协议变换,必然会造成网络系统的性能下降;另一方面,熟悉 Ethernet 技术的人员不熟悉 ATM 技术,网络技术人员需要重新进行培训。因此,随着技术的成熟,GE 已经成为大、中型局域网系统主干网的首选方案,有着广泛的应用前景。

2. GE 的协议特点

制定 GE 标准的工作是从 1995 年开始的。1996 年 8 月成立了 802.3z 工作组,主要研究多模光纤与屏蔽双绞线的 GE 物理层标准;1997 年初成立了 802.3ab 工作组,主要研究单模光纤与非屏蔽双绞线的 GE 物理层标准;1998 年 2 月 IEEE 802 委员会正式批准了 GE 标准——IEEE 802.3z。

理解 IEEE 802.3z 标准的特点,需要注意以下问题。

(1) GE 的传输速率达到了 1000Mbps,但是它仍然保留着传统的 Ethernet 的帧格式与最小、最大帧长度等特征。

(2) 802.3z 标准定义了千兆介质专用接口(gigabit media independent interface,

GMII),将 MAC 子层与物理层分隔开。这样,物理层实现 1000Mbps 速率时使用的传输介质和信号编码方式的变化,不会影响 MAC 层。

(3)目前流行的 GE 物理层标准如下。

① 1000Base-CX:使用两对屏蔽双绞线,双绞线最大长度为 25m。

② 1000Base-T:使用 4 对 5 类非屏蔽双绞线同步收发信号,双绞线最大长度为 100m。

③ 1000Base-SX:使用多模光纤,光纤最大长度为 550m。

④ 1000Base-LX:使用单模光纤,光纤最大长度为 5km。

⑤ 1000Base-LH:使用单模光纤,光纤最大长度为 10km。

⑥ 1000Base-ZX:使用单模光纤,光纤最大长度为 70km。

双绞线最大长度为 25m 的 1000Base-CX 标准已经广泛应用于高性能计算机机房网络,以及云计算数千台服务器与大量存储器设备之间的连接。长度达到 70km 的 1000Base-ZX 标准已经用于宽带城域网与广域网之中。

4.4.3　10 Gigabit Ethernet

1. 10GbE 的主要特点

在 GE 标准 802.3z 通过后不久,1999 年 3 月 IEEE 成立高速研究组(High Speed Study Group,HSSG),其任务是致力于十千兆以太网技术与标准的研究。十千兆以太网(10Gigabit Ethernet,10GE 或 10GbE 或 10GigE)又称为吉比特以太网,很多文献将它缩写为 10GbE。10GbE 标准由 IEEE 802.3ae 委员会制定,正式标准在 2002 年完成。

10GbE 并非将 GE 的速率简单提高到 10 倍,有很多复杂的技术问题要解决。10GbE 主要具有以下特点。

(1)10GbE 保留着传统的 Ethernet 的帧格式与最小、最大帧长度的特征。

(2)10GbE 定义了介质专用接口 10GMII,将 MAC 层与物理层分隔开。这样,物理层在实现 10Gbps 速率时使用的传输介质和信号编码方式的变化不会影响 MAC 子层。

(3)10GbE 只工作在全双工方式,例如在网卡与交换机之间使用两根光纤连接,分别完成发送与接收的任务,因此不再采用 CSMA/CD 协议,这就使 10GbE 的覆盖范围不受传统 Ethernet 的冲突窗口限制,因此传输距离只取决于光纤通信系统的性能。

(4)10GbE 的应用领域已经从局域网逐渐扩展到城域网与广域网的核心交换网之中。

(5)10GbE 的物理层协议分为:局域网物理层标准与广域网物理层标准两类。

2. 局域网物理层(LAN PHY)标准

LAN PHY 标准根据所使用的传输介质分为:光纤与双绞线两类。

(1)基于光纤的物理层协议

基于光纤的物理层协议主要有以下几种。

① 10GBase-SR:多模光纤,最大长度为 300m。

② 10GBase-LRM:多模光纤,最大长度为 220m。

③ 10GBase-LX4:单模光纤,最大长度为 10km。

④ 10GBase-LR:单模光纤,最大长度为 25km。

⑤ 10GBase-ER:单模光纤,最大长度为 40km。

⑥ 10GBase-ZR：单模光纤，最大长度为 80km。

（2）基于双绞线的物理层协议

基于双绞线的物理层协议主要有下面两种。

① 10GBase-CX4：6 类 UTP 或 STP 双绞线，双绞线最大长度为 15m。

② 10GBase-T：6 类 UTP 或 STP 双绞线，双绞线最大长度为 100m。

3. 广域网物理层（WAN PHY）标准

实现 WAN PHY 标准的技术路线主要有两种：使用 SONET/SDH 光纤通道技术，以及直接采用光纤密集波分复用 DWDM 技术。

对于广域网应用，10GbE 如果使用光纤通道技术，10GbE 广域网物理层应符合光纤通道速率体系 SONET/SDH 的 OC-192/STM-64 标准。OC-192/STM-64 的标准速率是 9.953 28Gbps，而不是精确的 10Gbps。如果直接采用光纤波分复用 DWDM 技术，10GbE 速率保持为 10Gbps。

由于 10GbE 技术的出现，Ethernet 工作范围已从局域网扩大到城域网和广域网。同样规模的 10GbE 造价只有 SONET 的 1/5，ATM 的 1/10。从 10Mbps 的 Ethernet 到 10Gbps 的 10GbE 都使用相同的 Ethernet 帧格式，因此保护了已有的应用软件开发投资，减小了网络培训工作量。

4.4.4 40 Gigabit Ethernet 与 100 Gigabit Ethernet

1. 40 Gigabit Ethernet 与 100 Gigabit Ethernet 研究的背景

在相关标准与技术文献中，40 Gigabit Ethernet 与 100 Gigabit Ethernet 缩写为 40GbE 与 100GbE。随着用户对有线和无线接入带宽要求的不断提升，伴随着 3G/4G 与移动 Internet 应用、三网融合的高清视频业务的增长，以及云计算、物联网应用的兴起，城域网与广域网核心交换网的传输带宽面临着巨大挑战，现有的 10GbE 技术已经开始难以应对日益增长的需求，更高速率的 40Gbps 与 100Gbps 的高速 Ethernet 的研究与应用就很自然地提上了议事日程，并且呈现出从 10GbE 向 40GbE、100GbE 平滑过渡的技术发展趋势。

40Gbps 的波分复用 WDM 技术早在 1996 年就出现了；2004—2006 年前后在局部范围内开始商用，同时路由器开始提供 40Gbps 的接口；在 2007—2008 年有多个厂商能够提供速率为 40Gbps 的波分复用设备。同时，电信业对 40Gbps 波分复用系统的业务需求日益增多。40GbE 技术将会大量应用于 IDC、高性能计算机、高性能服务器集群与云计算平台。

2004 年前后，100Gbps 的技术逐步开始出现，并受到了广泛的关注。100GbE 不是一个单项技术的研究，而是一系列技术的综合，其中包括相关的技术标准、Ethernet 技术、密集波分复用 DWDM 传输技术等多个方面。

为了适应 IDC、运营商网络和其他流量密集的高性能计算环境宽带需求，满足云计算、高性能计算的数据中心虚拟机数量的快速增长，以及三网融合业务、视频点播和社交网络的需求，IEEE 于 2007 年 12 月成立了 IEEE 802.3ba 标准研究组，着手研究 40GbE 与 100GbE 的标准。2010 年 6 月 17 日，IEEE 通过了传输速率为 100GbE 的 802.3ba 标准。100GbE 仍然保留着传统的 Ethernet 的帧格式与最小、最大帧长度的规定。

2. 100GbE 物理接口主要类型

100GbE 物理接口主要有以下三种类型。

(1) 10×10GbE 短距离互联的 LAN 接口技术

该方案是采用并行的 10 根光纤,每根光纤速率为 10Gbps,以实现 100Gbps 的传输速率。这种方案的优点是可以沿用现有的 10GbE 器件,技术比较成熟。

(2) 4×25GE 中短距离互联的 LAN 接口技术

该方案采用波分复用的方法,在一根光纤上复用 4 路 25Gbps,以达到 100Gbps 的传输速率。这种方案主要考虑了性价比,进一步的工作是选择合适的编码调制技术与 WDM 技术,技术相对不成熟。

(3) 10m 的铜缆接口和 1m 的系统背板互联技术

该方案主要针对电接口的短距离和内部互联,采用 10 路、每对速率为 10Gbps 的并行同步收发信号方式。

4.4.5 光以太网与城域以太网

综合以上的讨论可以清楚地看出:经过近 30 年的发展,Ethernet 技术发生了根本性的变化。光以太网(Optical Ethernet)与城域以太网(Metro Ethernet)就是最有代表性的成果,它标志着 Ethernet 的应用已经从传统的局域网的范畴向城域网、广域网延伸。光以太网与城域以太网的概念都是在 2000 年前后提出来的。实际上光以太网与城域以太网两者是密不可分的。光以太网的概念偏重于技术,而城域以太网的概念更偏重于应用。

1. 光以太网的基本概念

光以太网术语是北电网络(Nortel Network)等电信设备制造商于 2000 年提出的,并得到网络界与电信界的认同和支持。

传统的 10Mbps Ethernet 的基本特征是:采用双绞线、集线器组网,CSMA/CD 介质访问控制方法的半双工的共享传输介质方式,后期也增加了使用光纤的 10Base-F 标准。100Mbps 的 Fast Ethernet 的基本特征是:采用交换方式与共享方式、全双工与半双工共存的思路,也制定了光纤的 100Base-F 标准。1Gbps 的 Gigabit Ethernet 同样保留了交换方式与共享方式共存的思路,但是基于光纤的物理层标准比重增大,并且开始用于宽带城域网的建设。而在 10Gbps、40Gbps、100Gbps 高速以太网中只采用全双工模式,物理传输介质以光纤为主。由于 10Gbps、40Gbps、100Gbps 仍然保留着传统 Ethernet 的帧结构等基本特征,可以保持与大量使用 Ethernet 技术用户的兼容性。同时,由于不再需要采用 CSMA/CD 的介质访问控制方法,因此传输介质的长度不需要受冲突窗口的限制。研究人员可以充分地将 Ethernet 技术与 SDH、MPLS 与 DWDM 等成熟的光通信技术交叉融合、优势互补,以提升 Ethernet 技术的服务质量、网络安全性与系统可靠性,使得光以太网成为能够满足电信级服务要求的网络技术。光以太网研究的核心思想是:利用光纤的巨大带宽资源与成熟、广泛应用的 Ethernet 技术,为网络运营商建造新一代的宽带城域网提供技术支持。

2. 城域以太网的基本概念

在传统的城域网领域,电信运营商已经建成了很多网络资源,铺设了大量的裸光纤,建设了 SDH 环网、帧中继、DDN 专线或 ATM 交换网,网络带宽有 2Mbps、34Mbps、155Mbps、622Mbps、2.5Gbps 或 10Gbps。而把这些线路资源连到用户端,线路接口标准与技术差异很大,终端设备成本高昂。随着 Ethernet 技术的成熟与广泛应用,将传统的电信传输网技术与 Ethernet 相结合是一条最佳的路径。如果说宽带城域网选择网络方案的三

156

大驱动因素是成本、可扩展性和易用性的话,那么选择 Ethernet 技术作为下一代构建宽带城域网的主要技术是非常恰当的。因为 Ethernet 技术成熟,造价低廉,目前世界上已经拥有上亿的用户。Ethernet 具有良好的扩展性,能够容易地实现从 10Mbps 到 100Gbps 的平滑升级,并且能够覆盖从几十米到 100 千米的范围。

从构造电信级的宽带城域网的角度来看,传统 10Mbps 的 Ethernet 技术还存在很多的不足。例如,Ethernet 不能提供端-端的包延时和包丢失率控制,不支持优先级服务,不能保证 QoS;不能分离网管信息和用户信息;不具备对用户的认证能力,这就对按时间和按流量计费造成困难。Ethernet 存在这些问题是很容易理解的,因为初期设计 Ethernet 时,人们只是考虑它如何在局域网环境中工作。可运营光以太网的设备和线路必须符合电信网络99.999%的高运行可靠性。它要克服传统 Ethernet 的不足,需要具备以下特征。

(1) 能够根据终端用户的实际应用需求分配带宽,保证带宽资源充分、合理地应用。

(2) 具有认证与授权功能,用户访问网络资源必须经过认证和授权,确保用户和网络资源的安全及合法使用。

(3) 提供计费功能,能及时获得用户的上网时间记录和流量记录,支持按上网时间、用户流量,或包月计费方式,支持实时计费。

(4) 支持 VPN 和防火墙,可以有效地保证网络安全。

(5) 支持 MPLS,具有一定的服务质量保证,提供分等级的 QoS 网络服务。

(6) 能够方便、快速、灵活地适应用户和业务的扩展。

因此,研究可运营的光以太网已经不是单一的技术研究,而是提出了城域以太网的解决方案。光以太网、城域以太网的发展将从根本上改变网络运营商规划、建设、管理思想。

4.5 Ethernet 组网设备与组网方法

4.5.1 Ethernet 基本的组网方法与设备

在讨论 Ethernet 基本的组网方法与设备时,必然要涉及 10Base-5、10Base-T 与集线器(hub)、交换机(switch)。

1. 10Base-T 与集线器

早期的 Ethernet 组网中主要使用粗同轴电缆与细同轴电缆,因此使用中继器比较多。随着 10Base-T 协议的出现,使用廉价的非屏蔽双绞线 UDP 与 RJ-45 接口就可以实现10Mbps 的数据传输速率,该技术大大推动了 Ethernet 的广泛应用。在使用 10Base-T 协议组网时,集线器的作用就显得十分重要。

2. 集线器基本工作原理与组网结构

在实际的局域网组建中,采用传统的 10Base-2、10Base-5 标准,用同轴电缆作为总线连接多个节点的方法已经基本上不使用了。基于 10Base-T 标准,使用集线器、RJ-45 接头与非屏蔽双绞线已经成为以太网基本的组网方法。

图 4-28(a)给出了集线器工作原理示意图。集线器是局域网组网的基本设备之一。集线器作为 Ethernet 中的中心连接设备时,所有主机通过非屏蔽双绞线与集线器连接。这种Ethernet 在物理结构上是星状结构,但在逻辑上仍然是总线型结构,在 MAC 层仍然采用

CSMA/CD 介质访问控制方法。

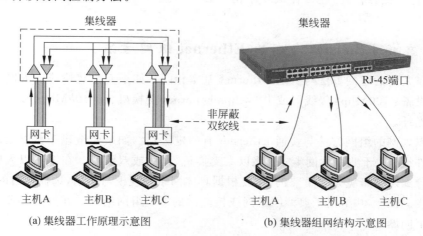

(a) 集线器工作原理示意图   (b) 集线器组网结构示意图

图 4-28   集线器工作原理示意图与组网结构示意图

图 4-28(b)给出了集线器组网的结构示意图。当集线器接收到某个主机发送的帧时，它立即将数据帧通过广播方式转发到其他端口，所有连接在一个集线器上的主机都能够接收到该帧。任何一个时刻，连接在集线器中的多个主机中只能有一个主机发送，如果有两个或两个以上的主机同时发送就会出现"冲突"，因此连接在集线器上的所有主机属于同一个"冲突域"(或"广播域")。

3．集线器组网结构

典型的单一集线器一般支持 4～24 个 RJ-45 端口。如果联网主机数超过单一集线器的端口数时，可以采用多集线器的级联结构。普通集线器一般都提供两类端口：一类是用于连接主机的 RJ-45 端口；另一类端口是上连端口。

在采用多集线器的级联结构时，通常采用以下两种方法：使用双绞线，通过集线器的 RJ-45 端口实现级联；使用同轴电缆或光纤，通过集线器提供的上连端口实现级联。图 4-25 给出了两个集线器通过 RJ-45 端口的级联结构示意图。两个集线器通过非屏蔽双绞线直接相连，非屏蔽双绞线的最大距离为 100m。

需要注意的是：如果图 4-29 中主机 A 发送了一个数据帧，那么连接在集线器级联结构中的所有主机都能够接收到该帧。如果有两个或两个以上的主机同时发送帧，就会出现冲

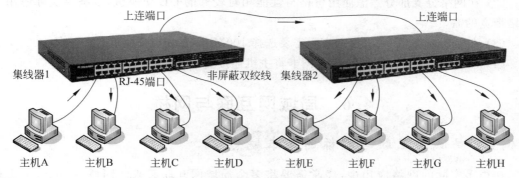

图 4-29   两个集线器通过 RJ-45 端口级联结构示意图

突,导致发送失败。因此,连接在级联结构中多个集线器上的所有主机仍然属于同一个冲突域。

4.5.2 交换 Ethernet 与高速 Ethernet 组网方法

快速以太网的组网方法与普通 Ethernet 基本相同。如果要组建快速以太网,需要使用以下硬件设备:100Mbps 集线器或 100Mbps Ethernet 交换机、10/100Mbps Ethernet 网卡、双绞线或光纤。

千兆以太网的组网方法与普通 Ethernet 有一定区别。如果要组建千兆以太网,需要使用以下硬件设备:千兆以太网卡、千兆以太交换机、光纤或双绞线。在千兆以太网组网时,如何合理分配网络带宽是很重要的,需要根据具体网络的规模与布局,选择合适的两级或三级网络结构。图 4-30 给出了典型园区网或校园网的 GE 组网结构。在设计 GE 网络时,需要注意以下问题。

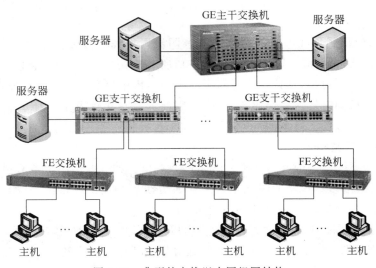

图 4-30 典型的交换以太网组网结构

(1) 在网络主干部分通常使用高性能的 GE 或 10GbE 主干交换机,以解决应用中的主干网络带宽的瓶颈问题。

(2) 在网络分支部分考虑使用价格与性能相对较低的 GE 交换机,以满足实际应用对网络带宽的需要。

(3) 在楼层或部门一级,根据实际需要选择 100Mbps 的 FE 交换机。

(4) 在用户端使用 10/100Mbps 网卡将主机连接到 100Mbps 的 FE 交换机。

4.6 局域网互联与网桥

4.6.1 局域网互联与网桥的基本概念

在很多实际的网络应用中,经常需要将多个局域网互联起来。网桥(bridge)是实现多个局域网互联的网络设备。网桥作为 MAC 层的互联设备,其结构、工作原理与局域网交换机有很大的相似性,同时具有一定的代表性。掌握网桥的基本工作原理与设计方法,可以为学习路由器(router)与网关(gateway)基本工作原理与设计方法打下一个很好的基础。

1. 网桥的主要功能

网桥主要有以下两大功能。

(1) 端口号与对应的 MAC 地址表的转发表生成与维护。

(2) 帧接收、过滤与转发。

2. 网桥的结构与基本工作原理

图 4-31 给出了一个网桥结构与基本工作原理示意图。网桥可以实现两个或两个以上相同类型(如 Ethernet 与 Ethernet)的同构局域网的互联,也可以实现两个或两个以上不同类型(如 Ethernet 与 Token Ring)的异构局域网的互联。图中给出了用网桥互联两个 Ethernet 的例子。

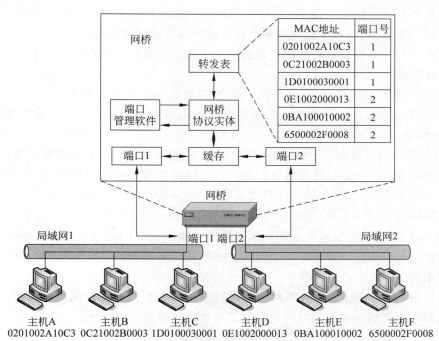

图 4-31　网桥结构与工作原理示意图

网桥通过两块 Ethernet 网卡分别连接到局域网 1 与局域网 2 中。两块网卡成为网桥连接局域网 1 的端口 1 与连接局域网 2 的端口 2。网桥有一个记录着网桥端口与不同主机 MAC 地址对应关系的转发表,也称为端口转发表或 MAC 地址表。

当局域网 1 中主机 A 想与主机 B 通信时,主机 A 发出源 MAC 地址为 0201002A10C3、目的 MAC 地址为 0C21002B0003 的帧。网桥可以接收到该帧。网桥根据帧的目的地址,在转发表中查询之后,确定主机 A 与主机 B 在同一个局域网内,不需要转发,则丢弃该帧。当主机 A 向 LAN_2 中的主机 D 发送一个帧,主机 A 发出源 MAC 地址为 0201002A10C3、目的 MAC 地址为 0E1002000013 的帧。网桥根据帧的目的地址,在转发表中查询之后,确定帧应该转发到 LAN_2,那么网桥就通过连接 LAN_2 的网卡,将帧从端口 2 转发到局域网 2,主机

D 就能接收到帧。

3. 网桥转发表的生成与自学习算法

按照网桥转发表的建立方法,网桥可以分为以下两类:源路由网桥与透明网桥。源路由网桥(source route bridge)的帧传输路径是由源主机确定,而透明网桥(transparent bridge)的转发表是由网桥通过自学习算法来实现的。

(1)源路由网桥

源路由网桥由发送帧的源主机负责路由选择。每个主机在发送帧时,将详细的路由信息写在帧头部,网桥根据源主机确定的路由转发帧。这个方法看起来简单,但是有一个问题:源主机怎么知道如何选择路由?

为了发现合适的路由,源主机以广播方式向目的主机发送用于探测的发现帧(discovery frame)。发现帧通过网桥互联的局域网时,会沿着所有可能的路由传送。在传送过程中,每个发现帧都记录经过的网桥。当这些发现帧到达目的主机时,就沿着各自的路由返回源主机。源主机得到这些路由信息后,从可能的路由中选择出一个最佳路由。常用的方法是:如果有超过一条的路径,源主机将选择中间经过的网桥跳数最少的路径。

发现帧的另一个作用是帮助源主机确定整个网络可以通过的帧最大长度。

(2)透明网桥

用透明网桥互联局域网时,网桥的转发表开始是空的。网桥采取与交换机相同的方法——自学习(self-learning)方法。自学习方法的基本思路是:如果网桥从端口 1 接收到一个源地址为 0201002A10C3 主机 A 的帧,那么如果网桥接收到一个目的地址为 0201002A10C3 的帧,那么一定可以通过端口 1 发送给主机 A。按照这种推理方式,网桥就可以记下来源 MAC 地址与进入网桥的端口号。网桥在转发帧的过程中,逐渐将建立和更新转发表。因此,人们也将这种方法称为反向学习(backward leaning)方法。

透明网桥的转发表需要记录三个信息:MAC 地址、端口与时间。为了使转发表能反映整个网络的最新拓扑,需要将每个帧到达网桥某个端口的时间记录下来。网桥端口管理软件周期性扫描转发表。只要是在一定时间之前的记录都要删除,这就使得网桥的转发表能够反映当前互联网络拓扑的变化。

透明网桥的主要特点是:透明网桥通过自学习算法生成和维护网桥转发表,是一种即插即用的局域网互联设备。局域网的主机不负责帧传输路径的选择。互联的局域网主机不需要知道网桥的存在,也不需要了解网桥之间的连接关系,网桥对主机是透明的。

4.6.2 网桥的工作流程

图 4-32 给出了透明网桥工作流程示意图。网桥的工作流程可以分成学习过程与帧转发过程两个阶段来进行讨论。

1. 学习过程

生成和维护转发表是网桥实现局域网互联功能的基础。在网桥开始连接局域网时,网桥的转发表是空的。网桥通过自学习算法在转发帧的过程中,逐渐将建立起转发表。它需要在整个工作过程中不断地维护转发表,使得转发表能够反映互联局域网拓扑的变化。我们可以将图 4-31 与图 4-32 结合起来,分析转发表的维护和更新过程。

(1)当网桥从端口 1 接收到一个数据帧,它首先是读取帧的源 MAC 地址。如果源

MAC 地址是 A201B02A10C3,网桥就在转发表中查找这个 MAC 地址,如果没有找到这个 MAC 地址,说明这是一个新接入到与端口 1 连接的局域网中的主机 MAC 地址,那么就将 MAC 地址 A201B02A10C3 与端口 1 的对应关系补充到转发表中。

(2) 如果当网桥从端口 2 接收到一个数据帧源 MAC 地址为 021002A10C3,网桥就在转发表中查找这个 MAC 地址,转发表中有这个 MAC 地址。那么下一步工作是将该帧的接收端口号与转发表的记录进行比较。转发表中源 MAC 地址为 021002A10C3 的主机进入网桥是端口 1,与转发表记录不一致,说明这个主机从局域网 1 撤出,连接在局域网 2。那么,网桥需要将 021002A10C3 与端口 2 的对应关系记录到转发表中,并删除已经过时的记录。

(3) 如果网桥接收到帧源 MAC 地址为 021002A10C3 与进入网桥的端口号,与转发表中记录数据一致,则表明网络拓扑结构没有发生变化,不需要修改网桥的转发表。

在完成转发表的生成与维护工作之后,流程转入帧转发过程。

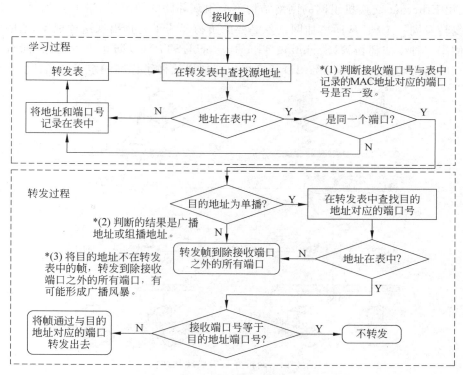

图 4-32 网桥的工作流程

2. 帧转发过程

(1) 网桥转发工作的第一步是判断帧的目的 MAC 地址是单播地址、多播地址,还是广播地址。

(2) 如果帧目的地址是单播地址,那么网桥需要在转发表中查找对应该 MAC 地址的输出端口号。例如帧的目的 MAC 地址为 6500002F0008,对应的端口号为 2,那么网桥将从端口 2 将该帧转发到局域网 2。

(3) 同样,如果接收帧的目的 MAC 地址为 AB1000020456,在转发表中查不到这个地址,网桥只能将该帧从端口 1 之外的其他端口,即端口 2、端口 3 与端口 4 转发出去。

(4) 如果网桥有 4 个连接端口,这个帧是从端口 1 进入网桥的。同时,网桥判断帧目的 MAC 地址是多播地址或广播地址,那么网桥就将帧从端口 1 之外的其他端口,即端口 2、端口 3 与端口 4 转发出去。

(5) 如果接收帧的源地址为 0C21002B0003,对应的端口号为 1;目的地址为 1D0100030001,对应的端口号也为 1。这就说明源地址为 0C21002B0003 的主机与目的地址为 1D0100030001 的两个主机属于同一个局域网,网桥不需要转发,那么网桥将丢弃该帧。

4.6.3 生成树协议

1. 生成树协议研究的背景

在很多实际的应用中,例如一个企业内部或校园网,很难保证通过透明网桥互联的网络结构,或用 Ethernet 交换机组网的网络结构不会出现环路的情况(如图 4-33 所示)。环路使网桥反复转发同一个帧,从而增加网络不必要的负荷。为了防止出现这种现象,透明网桥和交换机使用一种生成树协议(Spanning Tree Protocol,STP),以防止出现环路,同时又提供传输路径的备份功能。IEEE 802.1D 标准对生成树协议做了详细的定义和描述。

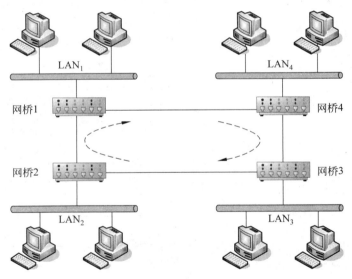

图 4-33 网桥互联形成环状结构

2. 生成树协议的基本概念

理解生成树协议需要注意以下问题。

(1) 生成树协议的作用

生成树协议作为一种链路管理协议,能够自动控制局域网系统的拓扑,形成一个无环路(loop-free)的逻辑结构,使得任意两个网桥或交换机之间、任意两个局域网之间只有一条有效的帧传输路径。当局域网拓扑发生变化时,能够重新计算并形成新的无环路的结构。

(2) 网桥协议数据单元的作用

网桥之间通过网桥协议数据单元(bridge protocol data unit,BPDU)交换各自的状态信息。生成树协议通过 BPDU 所提供的各个网桥的状态信息,选出根网桥与根端口,自动完成无环路结构最佳路径的计算与网桥端口配置的任务。根网桥每隔两秒钟发送一个 BPDU 帧，接收到 BPDU 帧的网桥回复 BPDU，或主动发送 BPDU 帧，向根网桥报告拓扑变化。

3. 根网桥、桥优先级、端口优先级、路径成本的基本概念

图 4-34 给出了有环路的网络结构示意图。在分析生成树协议实现方法时，首先需要了解根网桥、桥优先级、端口优先级、路径成本的基本概念。

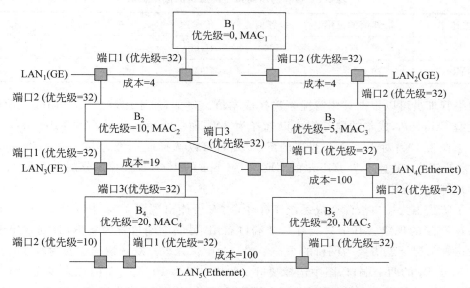

图 4-34　分析生成树协议执行过程的网络结构示意图

（1）根网桥

生成树协议执行的第一步是选择一个网桥为根网桥。无环路的逻辑结构是从根网桥出发，构成通向每一个网桥与局域网的树状结构。选择根网桥需要完成以下工作。

① 每个网桥需要有一个网桥地址，一般规定选用网桥端口号最小的 MAC 地址作为网桥地址，例如图 4-37 中网桥 1（B_1）有两个端口（端口 1 和端口 2），端口 1 的网卡 MAC 地址为 A201102A1001，那么 B_1 的网桥地址就是 A201102A1001。图 4-37 中 $MAC_1 \sim MAC_5$ 分别表示网桥 $B_1 \sim B_5$ 的网桥地址。

② 网络管理员需要为每一个网桥分配一个优先级。优先级加上 MAC 地址就构成了网桥标识。例如，网桥 B_1 的优先级为 0，那么加上它的 MAC 地址"0，A201102A1001"就构成了网桥 B_1 的标识。

③ 选择根网桥的方法是先比较网桥的优先级，如果优先级相同，则选择 MAC 地址数最小的作为根网桥。例如，在图 4-37 中 B_1 的优先级最小，因此必然是选择 B_1 作为根网桥。

从网络系统管理的角度考虑，网络管理员在通过分配最小的优先级来选择根网桥时，需要注意以下因素。

① 根网桥一般选择在互联局域网的中心位置，这样便于向各个网桥发送和接收 BPDU 帧。

② 根网桥一般位于互联局域网的主干网，并且局域网的传输速率要足够高。

③ 根网桥设备要求配置高，可靠性好，便于网络管理员维护。

（2）路径成本

生成树协议希望形成一个传输延迟最小的帧传输路径，因此需要给每一个局域网按照带宽选择一个路径的传输成本（图中简称为成本）数值。表 4-1 给出了推荐的不同带宽局域网的成本数值范围。

表 4-1　推荐的不同带宽局域网的成本数值

传输速率	推荐值的范围	推荐值	传输速率	推荐值的范围	推荐值
10Mbps	50～600	100	1Gbps	3～10	4
100Mbps	10～60	19	10Gbps	1～5	2

网络管理员可以根据具体情况来选择成本值。例如，对于用堆叠式 10Mbps 集线器组成的大型 Ethernet，成本的推荐值可以选择为 300；而一个负荷比较小的 Ethernet，成本值就可以选择为 100；对于一个全双工的 Ethernet，可以选择成本值为 50。速率为 100Mbps 的 FE 推荐值为 19；速率为 1Gbps 的 GE 与 10Gbps 的 10GbE 推荐值分别为 4 和 2。

（3）端口优先级

为了防止因为端口故障造成系统工作中断，有可能出现图 4-35 中网桥 B_4 有两个端口与 LAN_5 连接的现象。其中只能有一个端口启用，另一个端口置为备份，否则就出现了环路。在这种情况下就需要为网桥的每一个端口分配优先级。默认情况下的端口分配优先级为 32。对于 B_4 的两个端口，图中选择端口 2 的优先级为 10，端口 1 的优先级为 32，因此可以保证优先级小的端口 2 被选中，端口 1 作为备份。如果出现优先级相同的情况，则端口号小的端口被选中。也就是说，如果端口 1 和端口 2 的优先级都是 32，那么就应该选择端口 1。

4. 生成树算法实现方法分析

在完成以上准备工作之后，我们可以进一步分析最佳路径的计算问题。需要注意的是：路径成本是路径通过的局域网成本之和，成本最低的路径最佳。

（1）从根网桥 B_1 到网桥 B_2 的成本是 4，从根网桥 B_1 到网桥 B_3 的成本是 4。需要注意的是：B_2 与 B_3 都与 LAN_4 连接，并且路径成本相同，这个时候就需要通过比较 B_2 与 B_3 的桥优先级来选择一个网桥，阻塞一个网桥的端口，以消除环路。在这个例子中，B_3 的优先级低于 B_2，因此选择 B_3，阻塞 B_2 的端口 3。

（2）从根网桥 B_1 到网桥 B_4 的最佳路径是通过 LAN_1、LAN_3，总的路径成本为 23。

（3）从根网桥 B_1 到网桥 B_5 的最佳路径是通过 LAN_2、LAN_4，总的路径成本为 104。

（4）从根网桥 B_1 到 LAN_5 有两条路径。第一条是 B_1—B_2—B_4，成本为 23。第二条是 B_1—B_3—B_5，成本为 104。因此，选择第一条路径，即选择网桥 B_4，将网桥 B_5 的端口 1 阻塞。

（5）网桥 B_4 与 LAN_5 连接的两个端口中通过比较端口优先级，选择端口 2，阻塞端口 1。

这样就可以获得如图 4-35 所示的从根网桥出发的无环路的有效拓扑结构。

如果从联网计算机的角度看，生成树协议生成的无环路的网络结构，可以为任意两主机之间提供一条最佳的帧传输路径（如图 4-36 所示）。

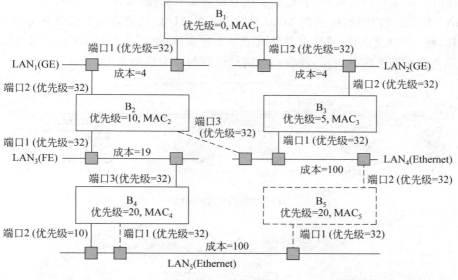

图 4-35　有效拓扑结构

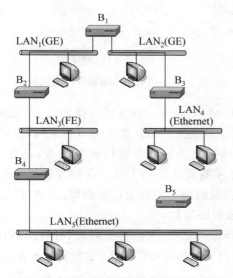

图 4-36　主机之间的帧传输路径示意图

4.6.4　网桥与中继器、集线器、交换机的比较

1. 网桥的特点

从网桥工作流程的分析中，可以看出网桥的优点以及存在的问题。

（1）网桥以接收、存储与转发的方式实现互联局域网之间的通信。网桥将互联的局域网分割成多个冲突域，隔离了局域网之间的流量，改善了互联局域网的性能与安全性。

图 4-37 给出了网桥与中继器作用的比较。由于中继器属于物理层连接局域网的设备，因此它不能够识别 MAC 地址，它只能够直接将主机 A 发送的数据比特流传播出去，因此由两个中继器连接的三个局域网共享一个冲突域。这也就是说，连接的三个局域网中，每一个

时刻只能有一个主机发送数据,其他的主机只能够接收数据(如图 4-37(a)所示)。而网桥工作在 MAC 层,它可以根据帧的源 MAC 地址与目的 MAC 地址来确定接收帧是不是应该转发。这样,每一个互联的局域网本身形成了一个冲突域(如图 4-37(b)所示)。因此,网桥可以起到隔离局域网之间的流量,改善局域网的性能与安全性的作用。

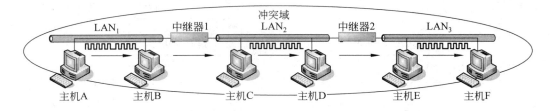

(a) 用中继器连接的局域网

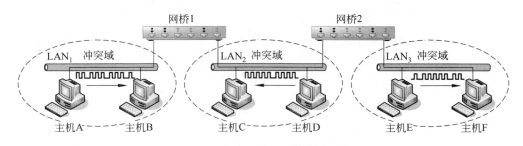

(b) 用网桥互联的局域网

图 4-37 网桥与中继器作用的比较

(2) 当网桥接收到目的 MAC 地址为多播或广播地址,以及接收帧的目的 MAC 地址在转发表中查不出来时,网桥无从决定应该从哪个端口转发时,它只能采用扩散算法(flooding algorithm),通过除进入的端口之外的所有端口转发出去,只要这个主机在互联的局域网中,那么广播的数据帧就有可能到达目的主机。这种方法很简单,但是却带来了很大的问题。那就是"盲目地"广播会使网络无用的通信量剧增,造成"广播风暴"。

2. 网桥与集线器、交换机的比较

在讨论了网桥基本工作原理之后,人们自然会想到网桥与集线器、交换机的区别问题。表 4-2 给出了集线器、网桥与交换机在协议层次、主要功能等方面的比较。

表 4-2 集线器、网桥与交换机的比较

比较的内容	集 线 器	交 换 机	网 桥
协议层次	物理层	MAC 层	MAC 层
主要功能	接入多台计算机,形成星状结构的 Ethernet	连接多台计算机,实现快速帧转发	互联多个同构或异构的局域网
工作原理	信号放大与整形	在多端口之间同时转发多帧	MAC 地址过滤与帧转发
结构特点	可以有多端口	可以有多端口	可以有多端口
使用地址		MAC 地址	MAC 地址
冲突域	连接在集线器上的所有主机属于一个冲突域	如果主机独占端口,则不存在冲突	每个互联的局域网分别是一个冲突域

讨论集线器、网桥与交换机的比较,需要注意以下问题。

(1) 从网络协议层次的角度,集线器工作在物理层,而网桥与交换机工作在 MAC 层。

(2) 从使用局域网类型的角度,集线器是专为 Ethernet 设计的,只是在 Ethernet 组网中才会涉及的联网设备;而交换机可以有 Ethernet 交换机、Token Ring 交换机等不同类型。

(3) 从设计目的的角度,集线器与交换机属于组建局域网需要使用的设备,而网桥属于在 MAC 层实现局域网互联的设备。

4.7　无线局域网

4.7.1　无线局域网基本概念

1. 无线局域网发展的背景

无线局域网(WLAN)是支撑移动计算与物联网发展的关键技术之一。无线局域网以微波、激光与红外等无线信道作为传输介质,代替传统局域网中的同轴电缆、双绞线与光纤,实现物理层与介质访问控制(MAC)子层的功能。

1997 年 IEEE 公布了 IEEE 802.11 无线局域网标准。由于标准在实现的技术细节上不可能都规定得十分周全,因此不同厂商设计和生产的无线局域网产品一定会出现不兼容的问题。针对这个问题,1999 年 8 月由 350 家业界主要成员(如 Cisco、Intel 与 Apple 等公司)组成了 Wi-Fi 联盟(Wi-Fi Alliance),其中,术语 Wi-Fi 或 WiFi(Wireless Fidelity)涵盖着"无线兼容性认证"的含义。Wi-Fi 联盟是一个非盈利的组织,它授权在 8 个国家建立了 14 个独立的测试实验室,对不同厂商生产的 802.11 标准的无线局域网设备,以及采用 802.11 无线接口的笔记本计算机、Pad、智能手机、相机、电视、RFID 读写器进行互操作性测试,以解决不同厂商设备之间的兼容性问题。凡是被测试通过的网络设备都准予打上 Wi-Fi CERTIFIED 标记。尽管 Wi-Fi 只是厂商联盟在推广 802.11 标准时使用的标记,但是人们已经习惯将 Wi-Fi 作为 IEEE 802.11 无线局域网的名称,将 Wi-Fi 接入点(access point,AP)设备称为无线基站(base station)或无线"热点"(hot sport),由多个无线热点覆盖的区域称为无线"热区"(hot zone)。无线局域网中的结点一般称为无线工作站或无线主机(wireless host)。无线主机可以是移动的,也可以是固定的;可以是台式计算机、笔记本计算机,也可以是智能手机、相机、家用电器、可穿戴计算设备、智能机器人或物联网移动终端等设备。现在无论在大学校园、宾馆、机场、车站、餐厅、体育场、购物中心,甚至是公交车上,随处可见如图 4-38 所示的 Wi-Fi 标识或 Wi-Fi Free 图标。

图 4-38　各种 Wi-Fi 标识与图标

人们自然会提出一个问题：既然有覆盖范围广泛的 3G/4G 移动通信网，那么为什么还要发展无线局域网 Wi-Fi 呢？回答很简单：电信业要获得移动通信网服务的资格，就要为购买 3G/4G 频谱使用权花费大笔的资金，那么移动通信网就不可能提供免费的服务，必然要走收费的商业运营模式。而 Wi-Fi 恰恰是选用了免于批准的 ISM 频段，因此它就有可能成为供广大网民以移动方式免费接入 Internet 的重要信息基础设施。目前，已经出现了一批无线互联网接入服务提供商(WISP)，为用户通过无线方式接入 Internet 提供服务。

部署在公共场所的 Wi-Fi 网络一般是免费使用的，用户移动终端(如笔记本计算机、Pad、智能手机等)不用密码就可以接入；家庭或办公室的 Wi-Fi 网络一般是要用密码才能够接入。现在人们到达宾馆与餐厅，首先要做的一件事是看有没有"Wi-Fi Free"的标记，或者是问：有没有 Wi-Fi？密码是什么？有的宾馆甚至直接在房卡中写上该房间的 Wi-Fi 用户名与密码。当然，免费使用的 Wi-Fi 也会带来一些安全性问题，这正是我们在第 8 章要研究的问题。

目前，农村网络基础设施建设中很多都是采用了"光缆到村，无线到户"的方式，Wi-Fi 为村镇居民提供了方便、快捷、低费用的宽带入户方式，有效地推进了农村信息化的建设。因此，有人认为，Wi-Fi 已经成为与"水、电、气、路"相提并论的"第五类社会公共设施"。Wi-Fi 的覆盖范围已经成为我国"无线城市"建设的重要考核指标之一。

2. IEEE 802.11 协议标准的发展过程

(1) 802.11 标准

1997 年 6 月，IEEE 公布了第一个无线局域网标准(IEEE Std. 802.11-1997)，之后出现的其他无线局域网标准都是以它为基础修订的。802.11 标准定义了 ISM 的 2.4GHz 频段、速率为 2Mbps 的无线局域网物理层与介质访问控制层协议。

(2) 802.11a/b/g 标准

此后，IEEE 又陆续成立了新的任务组，对 802.11 标准进行补充和扩展。1999 年出现了 IEEE 802.11a 标准，采用 5GHz 频段，数据传输速率为 54Mbps；出现了 IEEE 802.11b 标准，采用 2.4GHz 频段，数据传输速率为 54Mbps。由于 802.11a 产品造价比 802.11b 高出很多，同时 802.11a 与 802.11b 产品不兼容，因此 2003 年 IEEE 公布了 802.11g 标准。802.11g 标准采用了与 802.11b 相同的 2.4GHz 频段，速率提高到 54Mbps。当用户从 802.11b 过渡到 802.11g 时，只需要购买 802.11g 接入点 AP 设备，原有的 802.11b 无线网卡仍然可以使用。由于 802.11g 与 802.11b 兼容，又能够提供与 802.11a 相同的速率，并且造价比 802.11a 低，这就迫使 802.11a 的产品逐渐淡出市场。

(3) 802.11n 标准

尽管从 802.11b 过渡到 802.11g 已经是一种带宽"升级"，但是 802.11 无线局域网仍然需要解决带宽不够、覆盖范围小、漫游不便、网管不强、安全性不好等问题。2009 年发布的 802.11n 标准，对于 802.11g 来说可以说是一次"换代"。

IEEE 802.11n 标准具有以下特点。

① 802.11n 可以工作在 2.4GHz 与 5GHz 两个频段，速率最高可以达到 600Mbps。

② 802.11n 采用智能天线技术，通过多组独立组成的天线阵列系统，动态地调整天线的方向图，以减少噪声干扰，提高无线信号的稳定性，并且一台接入点 AP 的覆盖范围可以达到几平方千米。

③ 802.11n 采取软件无线电技术,解决了不同工作频段、不同信号调制方式带来的系统不兼容问题。802.11n 不但能与 802.11a/b/g 标准兼容,而且可以实现与无线城域网 802.16 标准的兼容。

正是由于 802.11n 具有以上特点,因此 802.11n 已经成为"无线城市"建设中的首选技术,并且大量进入家庭与办公室环境中。

(4) 802.11ac 与 802.11ad 标准

802.11ac 与 802.11ad 修正草案又称为"千兆 Wi-Fi 标准"。其中,2011 年发布的 802.11ac 草案定义了工作频段在 5GHz、传输速率为 1Gbps 的 Wi-Fi 标准。2012 年发布的 802.11ad 草案抛弃了拥挤的 2.4GHz 与 5GHz 频段,定义了工作频段在 60GHz、传输速率为 7Gbps 的 Wi-Fi 标准。这些技术都考虑了与 802.11a/b/g/n 标准兼容的问题。由于 802.11ad 使用的工作频段在 60GHz,因此它的信号覆盖范围比较小,更适应于家庭高速 Internet 接入应用。

千兆 Wi-Fi 标准 802.11ac 与 802.11ad 正在研发过程中,更多关于 802.11ac/ad 的研究进展信息可以从无线千兆联盟 Wi-Gig 的网站(http://wirelessgigabitalliance.org)上获取。

表 4-3 给出了几个主要的 IEEE 802.11 标准(或草案)的名称、工作频段、支持的最大传输速率与标准公布时间等数据。

表 4-3　几个主要的 IEEE 802.11 协议标准

IEEE 标准名称	工 作 频 段	最大传输速率	标准公布时间
802.11	2.4GHz	2Mbps	1997 年
802.11a	5GHz	54Mbps	1999 年
802.11b	2.4GHz	11Mbps	1999 年
802.11g	2.4GHz	54Mbps	2003 年
802.11n	2.4GHz、5GHz、2.4GHz 或 5GHz(可选)或 2.4GHz 与 5GHz(同时支持)	600Mbps	2009 年
802.11ac	5GHz	1Gbps	2011 年(草案)
802.11ad	60GHz	7Gbps	2012 年(草案)

除此之外,IEEE 还成立了多个工作组,对 802.11 标准的服务质量、互联与安全性方面进行了补充和完善,出现了包括 IEEE 802.11c~802.11x 在内的多个协议标准与草案。

需要注意的是:一种 IEEE 802.11 协议标准会规定若干个传输速率,例如 802.11b 协议规定了 11Mbps、4.5Mbps、2Mbps 与 1Mbps 4 种传输速率。这就要求符合 802.11b 标准的接入点(AP)允许主机的无线网卡在建立关联时,协商选择其中的一种速率进行通信。在无线主机移动过程当中,无线网卡和 AP 的距离在变化,主机无线网卡接收到的信号质量随之改变,这就会造成无线网卡与无线接入点之间的传输速率随距离增大而降低的现象。例如,当无线主机距离 AP 近(例如在 10m 以内)时,无线网卡可以采用 11Mbps 传输速率;当距离达到为 75m 时,信号幅度下降,信噪比降低,帧传输质量下降,则传输速率降为 4.5Mbps;当距离达到 250m 时,就需要进一步将传输速率降为更低的 2Mbps 或 1Mbps(如

图 4-39 所示)。这个过程称为动态速率调整(dynamic rate switching,DRS)。

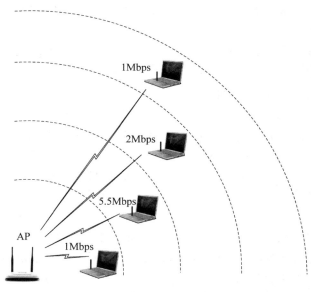

图 4-39　动态速率调整示意图

这里需要注意以下两个问题:

第一,动态速率调整是移动主机中的无线网卡发送数据的速率随着接收到发送端 AP 的信号质量下降而下调的一种反馈控制机制。设计 DRS 的目标是通过协调解决传输距离与数据传输速率的矛盾,来保证无线主机与无线接入点(AP)之间的数据帧传输质量。但是,802.11 协议并没有对 DRS 算法进行具体的规定,而是由无线网络设备生产厂商自行定义。多数无线网络厂商的 DRS 机制是,根据主机无线网卡接收信号的强度、信噪比与帧传输错误率,来决定数据速率的调整策略。

第二,用不同的传输速率发送相同长度的数据帧,所需要占用信道的时间是不同的。例如,发送一个长度为 1500B 的数据帧,采用 11Mbps 的速率需要占用信道的时间约为 300ms,而采用 1Mbps 速率的无线网卡就可能需要 3300ms。如果一个无线局域网中多数无线主机的网卡采用了低速率,那么采用高速率的无线主机等待的时间必然会长,这就会大大降低无线网络系统的带宽利用率。

3. 802.11 无线信道划分的基本方法

(1) 2.4GHz 频段的信道划分方法

了解 IEEE 802.11 物理层标准的特点,需要了解 802.11 标准对频道划分的基本方法。图 4-40 给出了 802.11 标准将 2.4GHz 频段划分为 14 个独立信道的频率分配情况。

如果信道的中心频率用 fc 标识,每个信道的带宽为 22MHz,那么信道 1 的 $fc_1 =$ 2.412GHz,频带宽度为 22MHz,频率范围是 2.401GHz~2.423GHz。两个信道中心频率间隔 5MHz,那么信道 2 的 $fc_2 = 2.417GHz$,频带宽度为 22MHz,频率范围是 2.406GHz~2.428GHz。显然,相邻信道频率之间会有重叠。为了降低相邻信道由于频率重叠造成的干扰,IEEE 选择信道的原则是要相隔 5 个信道。按照这个原则,要从以上 14 个信道中选出 3 个信道,那么只能是图 4-40 中用粗线表示的信道 1、6、11。

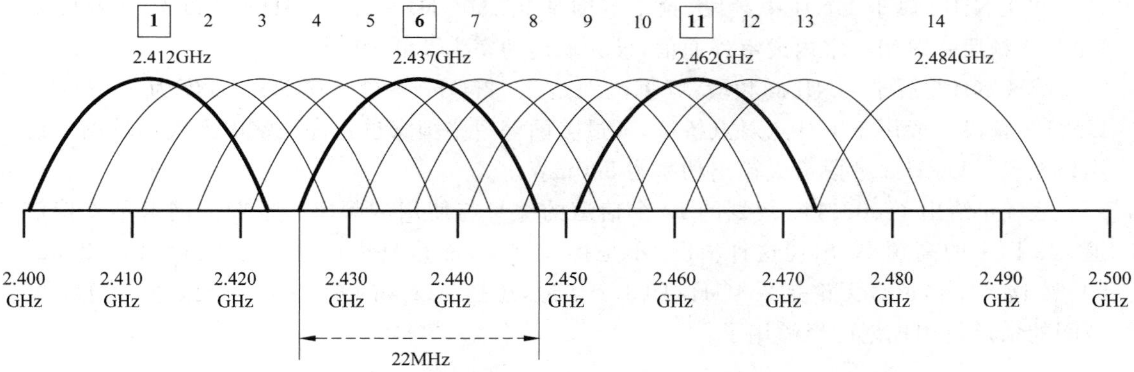

1	2	3	4	5	6	7	8	9	10	11	12	13		14

2.412GHz　　　　　　　　2.437GHz　　　　　　　　2.462GHz　　　　　　2.484GHz

2.400 GHz　2.410 GHz　2.420 GHz　2.430 GHz　2.440 GHz　2.450 GHz　2.460 GHz　2.470 GHz　2.480 GHz　2.490 GHz　2.500 GHz

22MHz

图 4-40　802.11 标准对 2.4GHz 频段的划分

　　理论与实际测量结果表明,采用信道 1、6、11 发送数据信号,相邻信道之间的信号干扰可以降低到最小。美国、加拿大以及其他国家的大多数无线网络制造商采用了信道 1、6、11。信道 14 也可以提供一个非重叠信道,但是大部分国家不使用该信道。当然,有些国家也有用信道 1、6、12 的,甚至也有用到信道 1～13 的。

　　在设计无线网络结构时,信道复用是必需的。Wi-Fi 的信道复用也称为多信道结构。为了避免同频或邻频干扰,图 4-41 给出了一个利用 2.4GHz 的 1、6、11 这 3 个信道进行复用的蜂窝结构示意图,这种结构与传统的电信移动通信网的蜂窝结构很类似。

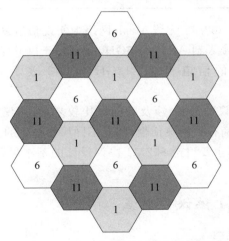

图 4-41　2.4GHz 信道复用规划方法示意图

　　(2) 5GHz 频段的信道划分方法

　　IEEE 802.11 在 5GHz 的不需要许可的国家信息基础设施（Unlicensed National Information Infrastructure,UNII)频段中定义了 23 个可用信道,在 5GHz ISM 频段定义了 165 个信道。其中,IEEE 802.11a 修正案定义了 3 个 5GHz 频段用于数据传输,这 3 个 5GHz 频段称为 UNII 频段,分别为 UNII-1(低)、UNII-2(中)、UNII-3(高)。每个频段包括 4 个信道。

　　① UNII-1 属于 UNII 低频段,频率范围是 5.150GHz～5.250GHz,宽度为 100MHz。UNII-1 频段一般用于室内通信,最大输出功率为 40mW。

172

② UNII-2 属于 UNII 中频段,频率范围是 5.250GHz～5.350GHz,宽度为 100MHz。UNII-2 频段一般用于室内或室外通信,最大输出功率为 200mW。

③ UNII-3 属于 UNII 高频段,频率范围是 5.725GHz～5.825GHz,宽度为 100MHz。UNII-3 频段一般用于室外点对点桥接,不过美国等一些国家也允许在室内无线局域网中使用该频段。UNII-3 频段最大输出功率为 800mW。

表 4-4 给出了 802.11a 规划的 12 个信道的编号与使用的频率。早期的网卡不支持信道 149 以上的高频率,出现这种情况,不是换掉网卡,而是只用信道 36、40、44、48、52、56、60、64 这 8 个信道。无论是 2.4GHz 的 3 个信道,还是 5GHz 的 8 个或 12 个信道,对于二维空间的信道复用规划已经够用了。

表 4-4 802.11a 的信道编号与使用频率

信道编号	使用频率/GHz	信道编号	使用频率/GHz
36	5.180	60	5.300
40	5.200	64	5.320
44	5.240	149	5.745
48	5.260	153	5.765
52	5.280	157	5.785
56	5.300	161	5.805

图 4-42 给出了一种在 802.11 无线 Mesh 网络中实现信道复用的例子。其中,2.4GHz 的 3 个信道用于无线主机接入到 AP,5 个 5GHz 信道用于网状结构中 AP 之间的通信。图中信道 1 表示 2.4GHz 的信道 1(2.412GHz),C48 表示 5GHz 频段中的信道 48(5.240GHz)。

由于 IEEE 802.11 协议种类多、涉及的问题比较复杂,协议在实现技术上留给无线局域网设备制造商与软件厂商很大的灵活性,因此不同厂商提供的 Wi-Fi 硬件与软件在性能、使用方法上差异较大,本节主要讨论 802.11 协议设计的基本思路与具备的基本功能,为读者进一步的学习打下基础。

4.7.2 IEEE 802.11 协议的特点

1. 802.11 网络拓扑类型

802.11-2007 标准定义了两类网络拓扑结构模式:基础设施模式(infrastructure mode)与独立模式(independent mode)。基础设施模式也称为基础结构型。基础设施模式可以进一步分为基本服务集(basic service set,BSS)与扩展服务集(extended service set,ESS)。对应于独立模式的是独立基本服务集(independent BSS)。独立基本服务集主要是指无线自组网(Ad hoc)网络。2011 年的修正案 IEEE 802.11s-2011 又增加了第四种混合模式,对应的是 Mesh 基本服务集(MBSS)。802.11 网络拓扑类型如图 4-43 所示。

(1)基本服务集(BSS)

基础设施模式与独立模式的主要区别如下。

① 基础设施模式的 802.11 局域网要依靠无线基站——接入点 AP 设备,来实现网络

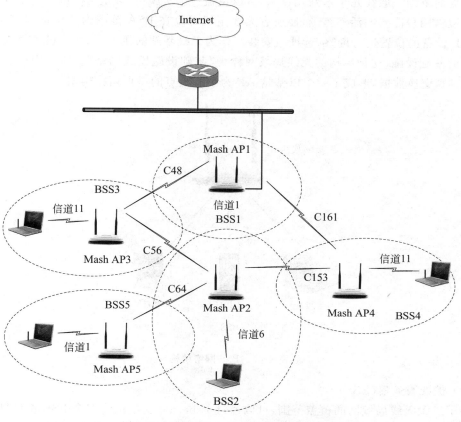

图 4-42　无线 Mesh 网络中信道复用示例

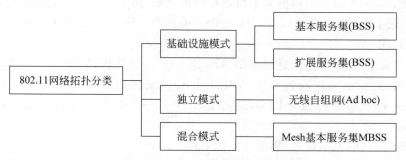

图 4-43　802.11 网络拓扑类型

中关联无线主机之间的通信。

②　独立模式的无线网络中不需要基站,网络中的无线主机通过对等的方式完成数据的交互。

802.11 标准规定无线局域网的基本构建单元是基本服务集(BSS)。BBS 是由一个基站 AP 与若干在逻辑上彼此关联的无线主机组成。BSS 覆盖的范围称为基本服务区(BSA)。

BSS 网络结构如图 4-44 所示。BSS 是由接入点(AP)设备与多个无线主机组成。一个

BSS 覆盖的范围一般在几十米到几百米,可以覆盖一个实验室、教室与家庭。为了保证无线局域网覆盖用户需要的活动范围,使所有无线主机可以在 BSA 范围内自由地移动,需要事先对 AP 设备的位置进行勘察、选址与安装。作为无线基站的接入点(AP)设备就成为无线局域网的基础设施,这种结构的无线局域网称为"基础设施模式网络"。BSS 中所有主机通过基站 AP 交换数据,形成了一个以基站 AP 为中心结点的星形拓扑构型。

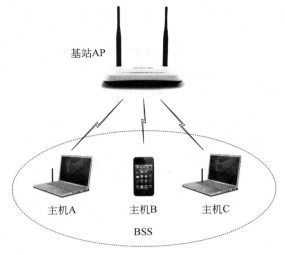

图 4-44　BSS 网络结构

（2）扩展服务集（ESS）

为了扩大无线局域网的覆盖范围,可以通过 Ethernet 交换机将多个 BSS 互联起来构成一个扩展服务集（ESS）,并可以通过路由器接入到 Internet。ESS 结构可以覆盖一座教学楼、一家公司,典型的 ESS 结构由多个覆盖校园的教室、阅览室、学生宿舍、运动场的 BSS 组成。所有无线网络中的主机可以自由地在 ESS 中移动。图 4-45 给出了由两个 BSS 组成的 ESS 结构示意图。

ESS 中的无线主机 A 可以通过基站 AP1、Ethernet 交换机、基站 AP2 与 ESS 中的任何一台无线主机通信;也可以通过基站 AP1、Ethernet 交换机与路由器接入到主干网,访问 Internet 中的 Web 服务器或主机 N,这样就构成了一个更大的分布式系统（distribution system,DS）。

理解 ESS 结构的基本概念,需要注意以下两个问题:

第一,由于 Ethernet 应用非常广泛,因此一般是用 Ethernet 网去连接多个 BSS,但是也可以通过无线网桥、无线路由器将多个 BSS 连接起来,构成无线分布式系统（wireless DS,WDS）。在 ESS 结构中,AP 的角色就是一种无线主机访问分布式系统 DS 的接入设备。从这个角度出发,我们对 802.11-2007 协议在描述帧交互过程,将"无线主机向 AP 发送数据帧"定义为"去往分布式系统",将"AP 向无线主机发送的数据帧"定义为"来自分布式系统"就容易理解了。

第二,由于 ESS 是由多个 BSS 构成,为了保证主机在 ESS 覆盖范围内无缝地漫游,相邻 BSS 覆盖的区域之间必然要有重叠。大部分厂商的建议是:BSS 覆盖的区域之间的重叠面积至少保持在 15%～20%以上。相邻 BSS 之间信号干扰问题需要采用信道复用的方法解决。

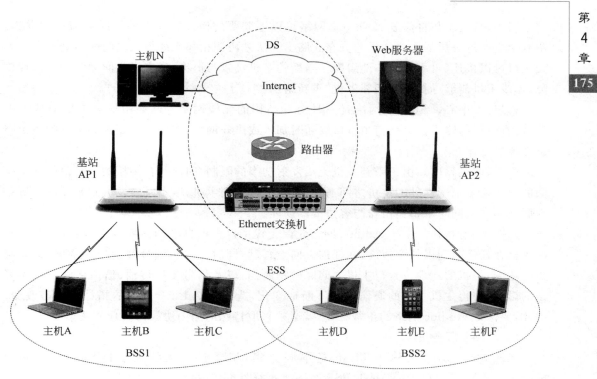

图 4-45　典型的 ESS 结构示意图

（3）独立型 BSS

独立型（independent BSS）是指以自组网的方式组成的移动无线网络——Ad hoc。无线自组网 Ad hoc 的结构示意如图 4-46 所示。独立型无线自组网中没有无线基站，无线主机之间采用对等的点-点方式通信。不相邻无线主机之间的通信，需要通过相邻无线主机转接的多跳方式完成。

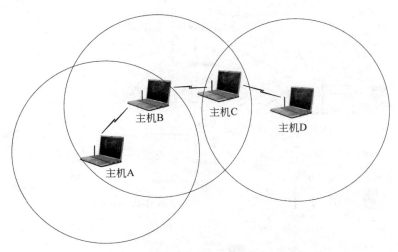

图 4-46　无线自组网 Ad hoc 结构示意图

Ad hoc 网络具有以下几个主要特点：

第一,自组织与自修复。Ad hoc 网络可以不需要任何预先架设的无线通信基础设施,所有主机通过分层的协议体系与分布式路由算法来协调相邻无线主机之间的通信关系。无线主机可以快速、自主和动态地组网。当新的主机接入与退出,或主机之间无线信道出现故障,无线主机能够寻找新的相邻主机,重新组网。

第二,无中心。Ad hoc 网络是一种对等结构的无线网络。网络中所有主机的地位平等,没有专门的路由器。任何主机可以随时加入或离开网络,或出现故障都不会影响整个网络系统的工作。

第三,多跳路由。由于受到主机无线发射功率的限制,因此每台主机的覆盖范围都是有限的。在覆盖范围之外的主机之间通信,必须通过中间主机,以多跳转发方式来完成。每一台联网的主机同时承担路由器与客户端的功能。

第四,动态拓扑。由于 Ad hoc 网络允许无线主机根据自己的需要开启或关闭,并且允许主机在任何时间以任意速度、在任何方向上移动,同时受主机的接收信号灵敏度、天线覆盖的范围、主机的地理位置与主机之间障碍物遮挡,以及信号多径传输、信道之间干扰等因素的影响,使得主机之间的通信关系不断地变化,造成了 Ad hoc 网络的拓扑的动态改变。因此,要保证 Ad hoc 网络的正常工作,就必须采取特殊的路由协议与实现方法。

(4) Mesh 服务集

无线 Mesh 网络又称为 Mesh 基本服务集(MBSS)或无线网状网(wireless mesh network,WMN)。典型的 Mesh BSS 网络结构如图 4-47 所示。

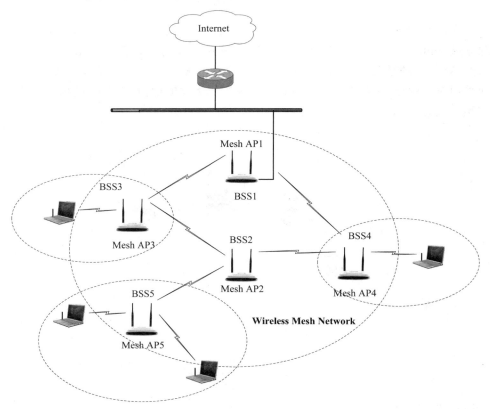

图 4-47　典型的 Mesh BSS 网络结构示意图

采用 Mesh 结构的无线网络的特点可以归纳为以下几点：

第一，无线 Mesh 网络是由一组呈网状分布的无线 AP 组成，AP 之间通过点-点无线信道连接，形成具有"自组织""自修复"特点的"多跳"网络。

第二，从接入的角度，每个无线 AP 都可以形成自己的 BSS；从多跳网络结构角度，AP 又具有接收、转发相邻 AP 发送帧的功能。与传统的 AP 相比，由于无线 Mesh 网络中的 AP 增加了 MAC 层路由选择与自组织的功能，因此无线 Mesh 网络中的 AP 又称为 Mesh AP。

第三，无线 Mesh AP 可以形成自己的 BSS，实现主机的接入功能，这一点与 BSS、ESS 相同；从"自组织"与"多跳"的角度，它与 Ad hoc 网络相同，因此将无线 Mesh 网络归纳为混合型的网络。

第四，无线 Mesh 网络与 Ad hoc 网络的区别在于：无线 Mesh 网络是通过 Mesh AP 与 Mesh AP 的连接形成网状网，而 Ad hoc 网络是由无线主机之间的点-点连接形成网状网。无线 Mesh 网络主要适应于大面积、快速与灵活组网的应用需求，而 Ad hoc 网络主要适用于多主机在移动状态下自主组网的应用需求。

2. 802.11 网络环境中无线通信的特殊性

（1）BSS 中的"冲突"现象

图 4-48(a)描述了以无线接入点(AP)作为基站的传输模式实现无线主机之间帧转发的过程示意图。当主机 A 向主机 D 发送数据帧时，它首先将帧发送到基站 AP，再由 AP 将帧转发给主机 D。这种传输方式具有以下三个特点：

第一，需要事先安装一个作为基站的无线接入点(AP)设备。主机以点-点方式，将数据帧发送给 AP。

第二，AP 利用共享的无线信道，通过"广播"方式将该数据帧发送出去，在基站 AP 覆盖范围内的所有主机都接收到该帧。AP 发送的是单播帧，只有与帧中目的地址相同的主机能接收并处理该帧，目的地址不匹配的主机则丢弃该帧（如图 4-48(a)所示）。

第三，由于 AP 是利用共享的无线信道以"广播"方式转发数据帧，这就会出现与传统 Ethernet 网类似的"冲突"问题。如果有两个或两个以上的无线主机，试图同时利用共享无线信道发送帧时会发生"冲突"，如图 4-48(b)所示。因此，IEEE 802.11 的 MAC 层协议同样是要解决多个无线主机对共享无线信道的争用问题。

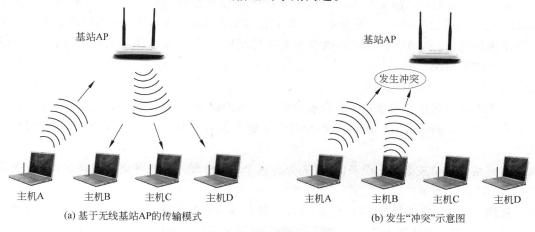

(a) 基于无线基站AP的传输模式　　(b) 发生"冲突"示意图

图 4-48　BSS 中的"冲突"

（2）隐藏主机与暴露主机

在无线通信中,实现两个无线主机之间的正常通信需要满足两个基本条件:一是发送主机与接收主机使用的频率相同;二是接收主机接收到的发送信号功率要大于或等于它的接收灵敏度功率。

由于无线信号发送与接收过程中存在着干扰与信道争用问题,因此无线局域网中就会出现隐藏主机和暴露主机的问题。

以无线自组网为例,图 4-49(a)中主机 B 正在向主机 A 发送数据,而主机 C 不在主机 B 无线电波覆盖范围之内,主机 C 不可能检测到主机 B 正在发送数据,那么主机 C 可能做出错误的判断:信道空闲,可以发送。如果此时主机 C 也给主机 A 发送数据,那么就会产生冲突,导致主机 B 向主机 A 的发送失败。这时,主机 C 对于主机 B 来说就是"隐藏主机"。

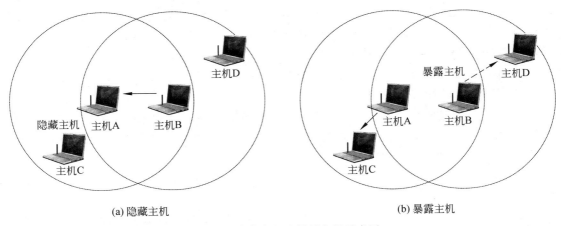

(a) 隐藏主机　　　　　　　　　　　(b) 暴露主机

图 4-49　隐藏主机和暴露主机示意图

图 4-49(b)中主机 A 正在向主机 C 发送数据,而主机 B 也要向主机 D 发送数据,主机 B 在检测信道时认为信道忙,做出不向主机 D 发送数据的决定,而此时主机 D 可以接收数据。这时,主机 B 对于主机 A 来说就是"暴露主机"。一些文献中将"隐藏主机"与"暴露主机"分别称为"隐藏站"(hidden station)与"暴露站"(exposed station)。

需要注意的是:实际上在无线自组网与 BSS 都存在隐藏主机、暴露主机的问题。由于隐藏主机与暴露主机的存在,就会造成检测到信道忙而实际上并不忙、检测到信道闲而实际上并不闲的现象。MAC 层协议必须解决无线环境中隐藏主机与暴露主机的问题,以提高无线信道的利用率。

（3）SSID 与 BSSID

在无线局域网中必须解决 AP 设备与接入主机的识别问题。802.11 协议定义了 AP 的服务集标识符(service set identifier,SSID)与基本服务集标识符(basic SSID,BSSID)的概念。

当网络管理员安装 AP 设备时,首先要为这个 AP 分配一个服务集标识符 SSID 与通信信道,如图 4-50 所示。

按照 802.11 协议规定,AP 设备的名字最长为 32 个字符,并且区分字符的大小写。SSID 用来表示以 AP 作为基站的 BSS 的逻辑名,它与 Windows 工作组名类似。例如,南开

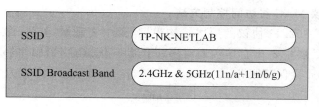

图 4-50　为 AP 分配 SSID 与信道

网络实验室的教师办公室 AP1 的 SSID 名是 TP-NK-NETLAB。那么，由这个 AP1 组成的 BSS1 的 SSID 名就是 TP-NK-NETLAB。

　　如果说 SSID 是一个 AP 的一层标识，那么 BSSID 就是 AP 的二层标识。接入点 AP 与无线主机之间的通信是通过内部的无线网卡实现的。大部分情况下，BSSID 就是无线网卡的 MAC 地址。之所以说是大部分情况下，这是因为有的网络设备生产商也允许使用虚拟 BSSID。

　　IEEE 802.11 标准规定的无线网卡的 BSSID 与 Ethernet 网卡的 MAC 地址很相似，长度都是 6 个字节(48 位)。不同之处在于：802.11 协议规定无线网卡的 BSSID 的第一个字节的最低位为 0、倒数第 2 位为 1，其余的 46 位按照一定的算法随机产生，这样可以很高的概率保证产生的 MAC 地址是唯一的。因此，SSID 是用户为 AP 配置的 BSS 无线局域网的逻辑名；BSSID 是网络设备生产商为 AP 配置的更精确的二层标识符。例如，教师办公室 AP1 的 SSID 为 TP-NK-NETLAB，对应的 MAC 地址为 00:0C:25:60:A2:1D。BSSID 作为 AP 设备唯一的二层标识，在无线主机的漫游中起到了重要的作用。

　　SSID 与 BSSID 的区别和联系在 ESS 中可以看得很清楚。如图 4-51 所示，南开网络实验室的 ESS 是由教师办公室的 BSS1 与学生工作室的 BSS2 组成。ESS 中的 AP1 与 AP2 的 SSID 相同，都是 TP-NK-NETLAB，但是 AP1 的 BSSID 是 00.0c.24.6b.d2.1a，AP2 的 BSSID 是 00.1c.00.0b.ab.20；同时，AP1 使用的是 2.4GHz 频段的信道 1，AP2 使用的是信道 6。

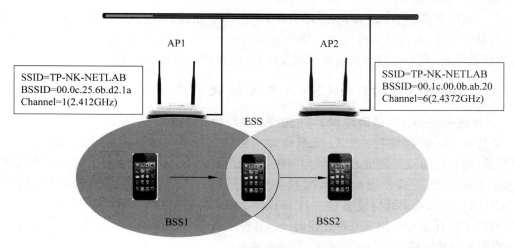

图 4-51　ESS 中的 SSID 与 BSSID

3. 802.11 协议 MAC 层访问控制方法

图 4-52 给出了 802.11 协议的层次结构模型,其中物理层定义了红外与微波频段的扩频通信标准。MAC 层主要功能是实现对多主机共享无线通信信道的访问控制,为无线通信提供安全与服务质量保证服务。

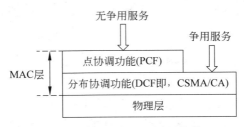

图 4-52　802.11 协议层次结构模型

802.11 的 MAC 层协议支持无争用服务与争用服务两种基本的访问控制方式。

(1) 无争用服务

无争用服务系统的中心是基站——无线接入点(AP)。在点协调功能(point coordination function,PCF)工作模式中,基站 AP 控制着多个无线主机对共享无线信道的无冲突访问,形成了以基站为中心的星形网络结构,因此点协调功能(PCF)模式提供的是无争用服务。

(2) 争用服务

802.11 的 MAC 层也可以采用载波侦听多路访问(CSMA)/冲突避免(collision avoidance,CA)的介质访问控制方法。人们将 802.11 协议提供的有争用的服务能力称为分布协调功能(distributed coordination function,DCF)。

802.11 标准规定 MAC 层都必须支持分布协调功能(DCF),而点协调功能(PCF)是可选的。在默认状态下,802.11 的 MAC 层工作在 DCF 模式;只有在对传输时间要求高的视频、音频会话类应用时,才会启用 PCF 模式。

有一些应用需要 Wi-Fi 提供比"尽力而为"的 DCF 更高一级的服务,但是又不需要 PCF 集中控制的服务,人们开始研究混合协调功能(hybrid coordination function,HCF)的控制方式,但是目前 HCF 控制方式仍处于研究阶段,没有相应的协议标准。

4.7.3　IEEE 802.11 的 CSMA/CA 协议实现方法

1. 传统 Ethernet 局域网与 802.11 无线局域网的异同点

传统 Ethernet 网络与 802.11 无线局域网相同之处是都存在多主机对共享传输介质(双绞线、同轴电缆或无线信道)的争用问题,因此两者的 MAC 层都需要研究如何有效地解决多个主机对于共享介质的访问控制方法的问题。802.3 协议的 MAC 层采用的是 CSMA/CD 方法,而无线局域网 802.11 协议的 MAC 层采用的是 CSMA/CA 方法,二者之间的相同之处在于都采用了分布式控制——载波侦听、多路访问(CSMA)方法;二者区别在于:前者采用冲突检测(CD),后者采用"冲突避免(CA)"。

802.11 无线局域网不能采用传统 Ethernet 的 CSMA/CD 方法的主要原因是:无线信道与有线传输介质信号传输存在着差异性。802.3 协议设计 CSMA/CD 算法的前提是:在总线上传输介质,可以根据最小帧长度、最大总线长度来确定"冲突窗口"长度值。802.3 协议确定的"冲突窗口"值为 $51.2\mu s$。在"冲突窗口"时间内,无论总线传输介质是双绞线还是同轴电缆,Ethernet 网卡一边向总线发送数据信号,一边接收总线上的信号,通过比较发送和接收信号,可以检测出是否发生冲突。只要在"冲突窗口"的 $51.2\mu s$ 时间范围内,结点没有检测出冲突,就可以确定为发送成功。而这一点在无线局域网中是很难做到的。无线通信环境的复杂性首先表现在:无线网卡的发送功率与接收功率一般相差非常大。要求无线网卡在发送信号的同时,要处理微弱的接收信号,并判断是否出现冲突,从电路实现的角度难度很大,即使可以实现但成本却很高。同时,发送端的无线信号可能是经过绕射、折射、反射的多路径到达接收端,我们不能简单地根据不同主机之间的直线距离估算传输延时和"冲突窗口"的数值。

从以上讨论中可以归纳出传统 Ethernet 局域网与 Wi-Fi 无线局域网在信道访问控制方法上主要有以下两点不同:

第一,传统 Ethernet 局域网的结点在监测到总线空闲时,立即发送帧;而 Wi-Fi 无线局域网结点在监测到无线信道"闲"时,不是"立即"发送帧,而是要求所有准备发送数据帧的主机都执行退避算法,通过"冲突避免"(CA)来有效地减小冲突发生的概率。

第二,传统 Ethernet 局域网发送结点只要在"冲突窗口"的时间内没有检测出冲突,就确定为发送成功,不需要接收结点发送确认帧;而 Wi-Fi 无线局域网发送结点需要等待接收结点发送回的确认帧,来判断此次发送是否成功。

2. 帧间间隔的规定

802.11 协议规定所有的无线网卡在检测到信道空闲到真正发送一帧,或者是发送一帧之后到发送下一帧时,都需要间隔一段时间,这个时间间隔称为帧间间隔(inter frame space,IFS)。802.11 规定了以下 4 种帧间间隔:

- 短帧间间隔(short IFS,SIFS)。
- 点协调功能帧间间隔(point coordination IFS,PIFS)。
- 分布协调功能帧间间隔(distributed coordination IFS,DIFS)。
- 扩展帧间间隔(extended coordination IFS,EIFS)。

帧间间隔的长短取决于发送帧的类型。高优先级的帧等待的时间短,可以优先获得信道的发送权。低优先级的帧等待的时间长,如果在低优先级的帧处于等待发送的时间,空闲信道已经被优先级别高的帧占用,信道就从空闲变成忙,低优先级的帧只能继续等待,延迟发送。

802.11 规定的短帧间间隔 SIFS 长度为 $28\mu s$。使用到 SIFS 间隔的主要有:对信道进行预约的 ACK 帧、CTS 帧以及属于一次对话的各个帧。

分布协调功能帧间间隔 DIFS 长度为 $128\mu s$。在 DCF 方式中,发送数据帧、管理帧需要用到 DIFS 间隔。

3. CSMA/CA 基本模式的工作原理

802.11 标准 MAC 层分布式协调功能(DCF)支持两种工作模式:基本模式与可选的 RTS/CTS 预约模式。

CSMA/CA 协议的设计目标就是要尽可能地减小冲突发生的概率。图 4-53 给出了 CSMA/CA 基本模式的工作原理示意图。

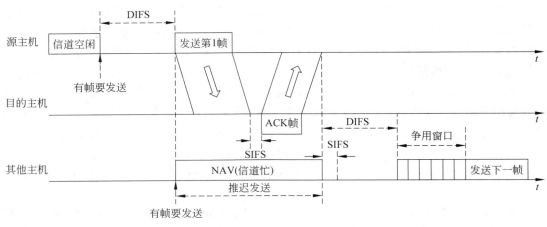

图 4-53　CSMA/CA 工作原理示意图

CSMA/CA 的工作原理可以总结为：①信道监听；②推迟发送；③冲突退避。

（1）信道监听

CSMA/CA 要求物理层对无线信道进行载波监听。根据接收到的信号强度来判断是否已经有主机利用无线信道发送数据信号。当源主机确定信道空闲时，首先要等待 1 个DIFS 时间间隔；如果时间到，并且信道仍然空闲，则发送第一个帧。帧发送结束后，源主机需要等待接收帧的目的主机发回的 ACK 确认帧。

目的主机在正确地接收到发送帧，并等待 SIFS 时间间隔之后，向发送主机发出 ACK确认帧。源主机在规定时间内接收到 ACK 确认帧，说明没有发生冲突，第一帧发送成功。

（2）推迟发送

802.11 的 MAC 层还采用一种虚拟监听（virtual carrier sense，VCS）与网络分配向量（network allocation vector，NAV）机制，来达到主动避免冲突的发生、进一步减小冲突发生概率的目的。

802.11 的 MAC 层在帧头的第二个字段是"持续时间"（Duration/ID）字段。发送主机在发出一帧时，同时在该字段内填入以 μs 为单位的值（如 216），表示在该帧发送结束后，还要占用信道 $216\mu s$ 的时间，这个时间包括目的主机返回的确认时间。无线局域网中其他的主机在收到数据帧中"持续时间"的通知后，如果该值大于自己的 NAV 值，就要根据接收的"持续时间"字段值来修改自己的 NAV 值。NAV 计时器值随着时间的推移而递减，只要NAV 不为 0，主机就认为信道忙，不发送数据帧。

（3）冲突退避

由于考虑到可能有多个主机在同一个时刻都出现了 NAV 值为 0，都会认为信道空闲，这时多主机同时会发送数据帧而出现冲突，因此 802.11 协议规定：所有主机在 NAV 值为0 之后，再等待 1 个 DIFS 时间后执行"二进制指数退避算法"，以进一步减少出现冲突的概率。

"二进制指数退避算法"规定：第 i 次退避时间可以在 2^{2+i} 个时间片 $[2^{2+i}-1]$ 中随机地选择一个。例如，第 1 次退避 $i=1$，$2^{2+1}=8$，那么可以在 $[0,1,\cdots,7]$ 共 8 个时间片中随机地选择一个退避时间，如果选择 5 个时间片，那么在第 1 次出现冲突之后，主动延时 5 个时间片。第 2 次退避是 $2^{2+2}=16$ 个时间片,即$[0,1,\cdots,15]$,如果随机地选择 12 个时间片,那么在第 2 次出现冲突之后主动延时 12 个时间片。当冲突出现到第 6 次,即 $i=6$ 时,即 $2^{2+6}=256$,可以在$[0,1,\cdots,255]$的时间片中随机地选择一个退避时间片。802.11 协议将退避时间变量 i 定义为退避变量,退避变量的最大值 $i_{\max}=6$。

（4）退避算法的执行过程

当无线局域网中主机有数据帧准备发送,它必须执行退避算法,选择退避时间值,启动退避计时器（backoff timer）。当退避计时器的时间减到 0 时,可能会出现两种情况：第一,退避计时器的时间为 0 时信道"闲",那么该主机可以发送一帧。第二,退避计时器的时间为 0 时信道"忙",那么该主机就冻结退避计时器的数值,重新等待信道变为"闲",再经过 DIFS 帧间间隔之后,继续启动退避计时器,从剩下的时间开始计时。等到退避计时器的时间为 0 时,信道"闲",此时该主机可以发送一帧。

图 4-54 描述了一个无线局域网中 5 台主机的无线网卡执行退避算法的过程示意图。为了简化问题讨论,在讨论帧发送过程时,忽略等待 SIFS 间隔与回送 ACK 帧的时间。

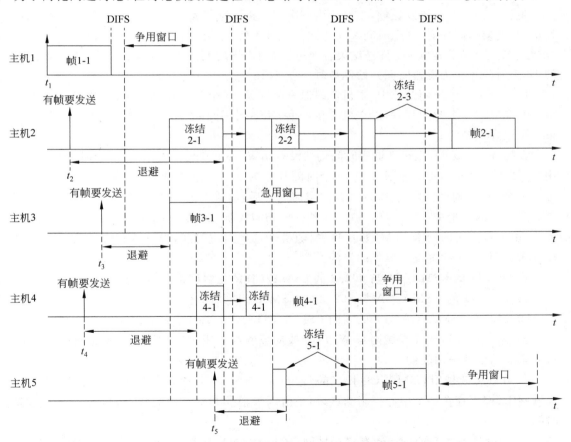

图 4-54　802.11 主机的无线网卡执行退避算法的过程示意图

假设 5 台主机分别在不同的时间准备发送数据帧。主机 1 在信道空闲的 t_1 时刻发送了帧 1-1。主机 2、主机 3、主机 4 分别在 t_2、t_3、t_4 时刻有帧要发送。由于这个时候帧 1 正在发送,那么主机 2、主机 3、主机 4 分别要选择各自的退避时间。

从图中可以看出,在主机 1 发送完帧 1-1,再经过 1 个 DIFS 时间间隔后,主机 2、主机 4 的退避时间都没有结束,主机 3 的退避时间已经结束,主机 3 发送了帧 3-1。这时,如果主机 2 退避时间还有 70 个时间片才能到,那么主机 2 就"冻结"70 个时间片的退避时间(图中用"冻结 2-1"表示),在帧 3 发送结束且经过 1 个 DIFS 时间间隔之后,主机 2 将"冻结 2-1"的 70 个时间片作为退避时间。

如果主机 4 在 t_4 时刻要发送帧,主机 4 将与主机 3 竞争无线信道。如果主机 4 在帧 3-1 发送结束之后,退避时间还有 36 个时间片才能到,那么主机 4 就"冻结"36 个时间片退避时间(图中用"冻结 4-1"表示),在帧 3 发送结束且经过 1 个 DIFS 时间间隔之后,主机 4 将"冻结 2-1"的 36 个时间片作为退避时间。

由于在下一个争用窗口中,主机 4 的退避时间是 36 个时间片,而主机 2 的退避时间是 70 个时间片,所以主机 4 在 1 个 DIFS 时间间隔与 36 个时间片退避时间结束后可以发送帧 4-1。这时主机 2 逃避时间仍然没有结束,必须再一次"冻结"34(70－36＝34)个时间片,图中用"冻结 2-2"表示。

主机 5 在 t_5 时刻要发送帧,主机 5 再一次与主机 2 竞争无线信道。如果主机 5 在帧 4-1 发送时,退避时间还有 18 个时间片才能到。主机 4 就"冻结"18 个时间片退避时间(图中用"冻结 5-1"表示)。在帧 4-1 发送结束且经过 1 个 DIFS 时间间隔之后,主机 5 将"冻结 5-1"的 18 个时间片作为退避时间开始倒计时。

由于在下一个争用窗口中,主机 5 的退避时间是 15 个时间片,而主机 2 的退避时间是 34(70－36＝34)个时间片,所以主机 5 在 1 个 DIFS 时间间隔与 15 个时间片的退避时间结束后可以发送帧 5-1。

在帧 5-1 发送时,主机 2 退避时间仍然没有结束,还有 19(34－15＝19)个时间片(图中用"冻结 2-3"表示),那么主机 2 将 19 个时间片作为下一个退避时间。在帧 5-1 发送结束,等待 1 个 DIFS 时间间隔与 19 时间片退避时间之后,信道空闲,主机 2 发送帧 2-1。

从以上的讨论中可以看出:802.11 的介质访问控制 CSMA/CA 算法,通过分布式控制算法,由无线主机的网卡 MAC 芯片自主、随机地选择退避时间,可以达到协调不同主机的帧发送时间,减小冲突发生概率的目的。

4. 802.11 的 CSMA/CA 与 802.3 的 CSMA/CD 的主要区别

(1) 802.11 的 CSMA/CA 与 802.3 的 CSMA/CD 共同之处

802.11 的 CSMA/CA 与 802.3 的 CSMA/CD 两者的共同之处表现在以下几点。

① 有线的 Ethernet 局域网与 Wi-Fi 无线局域网都采用分布式控制的思路来解决多主机共享通信信道争用问题。

② 在 802.3 采用 CSMA/CD 协议的 Ethernet 与 802.11 采用 CSMA/CA 协议的 Wi-Fi 局域网中,都不存在一个中心控制结点,而是由网卡根据共享信道的状况,判断最佳帧传输时间。

③ 无论是 802.3 Ethernet 有线局域网,还是 802.11 无线局域网,它们的 MAC 层协议与物理层协议都是由网卡实现的。从计算机组成原理的角度,Ethernet 网卡与无线网卡在网卡结构、与计算机主板接口的实现方法以及驱动程序的编程方法上都是相同的。

通过 802.11 协议的讨论,可以说"主机与 AP 通信"与"主机无线网卡与 AP 通信"含义是相同的。

（2）802.11 的 CSMA/CA 与 802.3 的 CSMA/CD 区别

802.11 的 CSMA/CA 与 802.3 的 CSMA/CD 区别主要表现在以下几点。

① 802.3 协议的 CSMA/CD 算法要求发送主机在监听到总线空闲时，立即开始发送帧。802.11 的 CSMA/CA 在无线信道从"忙"转到"闲"时，无线网卡不是"立即"发送数据帧，而是要求所有准备发送数据帧的主机都执行退避算法。

② 802.3 协议采用的是"截止二进制指数退避算法"，802.11 采用的是"二进制指数退避算法"。两种算法的计算公式不一样。802.3 协议规定一个帧重发的最大次数为 16，802.11 协议规定一个帧重发的最大次数为 6。

③ 802.3 协议依靠 Ethernet 网卡的载波侦听来判断共享总线的忙闲状态。802.11 协议 CSMA/CA 算法设置了虚拟监听 VCS 与网络分配向量 NAV，发送主机通过发布 NAV 值向其他主机通知预约无线信道的占用时间，接收主机要根据接收到发送主机的 NAV 值，随机地调整各自的退避时间，进一步减小冲突发生的概率。

④ 802.3 协议不要求目的主机在接收数据帧后发送 ACK 确认帧，Ethernet 网卡在发送一帧的过程中只监测是否出现冲突。如果没有发现冲突，就认为该帧发送成功。MAC 协议不保证发送帧被目的主机正确接收。如果该帧在发送过程中没有出现冲突，而是其他传输环节造成帧丢失，那么这类问题只能靠高层协议去解决。802.11 协议要求源主机必须等待目的主机发回 ACK 确认帧才能够判断一帧是否发送成功，因此 802.11 的 MAC 协议属于"停止等待协议"。

需要注意的是：停止等待类协议的优点是提高了传输的可靠性，缺点是系统工作效率较低。如果在 803.11 设备上看到标有 300Mbps 的字样，我们往往会认为这台设备能够提供的吞吐量为 300Mbps。但是，由于 802.11 的无线信道在一个时刻只能被一个无线主机占用来发送数据，CSMA/CA 算法、帧分片、帧加密与解密都会产生额外的开销，使得可以为用户提供的吞吐量不会超过设备标识吞吐量的 50%。例如，数据传输速率为 54Mbps，那么提供给用户的吞吐量可能只有 20Mbps。如果有 4 个客户端同时从 FTP 服务器下载一个文件，理想情况下，每个客户端可以使用的吞吐量只能达到 5Mbps。

4.7.4 IEEE 802.11 管理帧与漫游管理

传统 IEEE 802.3 协议的 Ethernet 局域网只定义了一种数据帧结构，而 IEEE 802.11 协议定义了三种帧结构：管理帧、控制帧与数据帧。

IEEE 802.11 的 MAC 协议定义了 14 种用于无线主机与无线 AP 的关联管理帧，如信标（Beacon）帧、探测（Probe）帧、关联（Association）帧、认证（Authentication）帧等。

1. 信标帧

信标帧是无线局域网的"心跳"（Beacon）帧。在 BSS 模式中，AP 以 0.1～0.01s 的时间间隔周期性地广播信标（Beacon）帧。信标帧在无线主机与 AP 关联过程中的作用主要表现在以下三个方面：

第一，无线主机从接收到的信标帧可以发现可用的基站 AP。

第二，信标帧为无线主机接入 AP 提供了必要的配置信息。

第三，无线主机从接收信标帧的时间戳中提取 AP 的时钟，使无线主机与 AP 保持时钟同步。

图 4-55 是解析一个 Beacon 帧的示例。Beacon 帧中包含基站 AP1 的主要信息：SSID 为 NK-netlab；BSSID 为 00:02:6A:60:B2:85；模式为 BSS 的 AP；使用的 2.4GHz 频段的信道 6(2.4372MHz)；主机接收到的 AP 信号强度为 -28dBm；信噪比为 -256dBm；使用 WPAv.1 协议加密；数据传输速率为 1Mbps～54Mbps。

```
AP1  Beacon:
            SSID:   NK-netlab
            BSSID: 00:02:6A:60:B2:85
            Mode: Master
            Channel: 6
            Frequency: 2.4372GHz
            Signal level= −28dBm; Noise Level= −256dBm
            Encryption key: on
            IE: WPA Version 1
            Bit Rates: 1Mbps; 2Mbps; 5.5Mbps; 11Mbps;
                       6Mbps; 12Mbps; 24Mbps; 36Mbps; 9Mbps;
                       18Mbps; 48Mbps; 54Mbps
```

图 4-55　Beacon 帧信息

在 BSS 模式中，AP 发送信标帧；只有在 Ad hoc 模式中，无线主机发送信标帧。802.11 协议允许 AP 管理员通过设置，改变 Beacon 帧广播周期，但是不能禁用 Beacon 帧。

2. 被动扫描与主动扫描

无线主机在接入 AP 之前，可以通过被动扫描或主动扫描的方式来发现 AP。图 4-56 给出了被动扫描与主动扫描过程示意图。

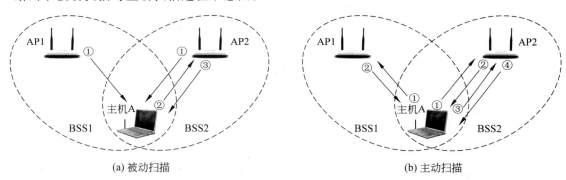

图 4-56　被动扫描与主动扫描过程示意图

无线主机扫描信道与监听信标帧的过程称为被动扫描(passive scanning)。如图 4-56(a) 所示，在被动扫描状态下，由 AP1 与 AP2 向主机 A 发送了信标帧①。主机 A 选择了 AP2，并向 AP2 发送了关联请求帧②；AP2 向主机 A 发送了关联应答帧③。

无线主机也能够通过向位于无线主机覆盖范围内的所有 AP 广播探测帧，来实现主动扫描(active scanning)。如图 4-56(b) 所示，在主动扫描状态下，主机 A 广播信标帧①。接收到信标帧的 AP1 与 AP2 都给主机 A 发送了探测响应帧②。主机 A 选择了 AP2，向 AP2 发送了关联请求帧③；AP2 向主机 A 返回了关联应答帧④。

3. 无线主机与 AP 之间的关联过程

由于无线信道的开放性，AP 发送的信号在覆盖范围之内，所有的无线主机都可以接

收,从提高安全性的角度出发,无线主机只有通过链路认证才能够加入到基本服务集
(BSS);只有接入到 BSS 才能够发送数据帧。图 4-57 给出了无线主机与 AP 之间利用管理
帧实现关联的过程示意图。

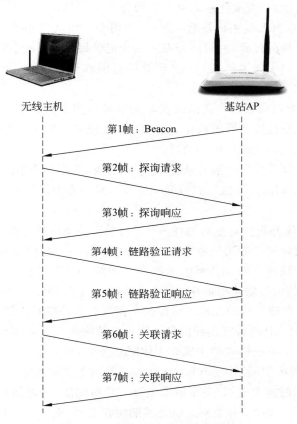

图 4-57　无线主机与 AP 之间的关联过程

802.11 协议支持两种级别的链路认证:开放系统认证与共享密钥认证。

(1) 开放系统认证

开放系统认证是默认的。无线主机与 AP 简单地交换一次"链路认证请求帧"与"链路
认证应答帧"。主机无线主机将自己的 MAC 地址通报给 AP。AP 与主机无线主机之间不
进行任何的身份信息的识别,所有请求的主机无线网卡都可以通过认证。因此,只有在
Wi-Fi Free 的公开、免费使用状态,才使用开放系统认证。如果用户对主机无线网卡有任何
控制需求时,都不能使用开放系统认证。

(2) 共享密钥认证

共享密钥认证采用的是"有线等效协议"(Wired Equivalent Privacy,WEP)或无线保护
访问(WPA)协议。实践证明,WEP 协议安全性较差,IEEE 802.11i 工作组用安全性高的
WAP 协议取代了 WEP 协议。

无线主机要接入无线局域网,必须与特定的 AP 建立关联。当无线主机通过指定的
SSID(例如 SSID＝TP-LINK_WU)选择无线局域网,并且在通过了链路认证之后,就要向指

定的 AP 发送"关联请求帧"。"关联请求帧"包含无线主机的传输速率能力、聆听间隔、SSID 与支持速率等。AP 根据"关联请求帧"携带的信息,决定是否接受关联。AP 接受关联,则发送"关联响应帧"。

在讨论管理帧功能时,需要注意以下两个问题:

第一,关联只能是由无线主机发起,并且一个时刻一台无线主机只能与一个 AP 关联。关联属于一种记录保持的过程,它帮助分布式系统记录每一台无线主机的位置信息,保证将帧传送到目的主机。当无线主机从原 AP 覆盖的范围移动到新的 AP 覆盖的范围,需要执行"重关联"的过程。

AP 与无线主机都可以通过发送解除关联帧来断开当前关联的 AP。无线主机离开无线网络时应该主动执行解除关联的操作。如果 AP 发现关联的无线主机信号消失时,AP 将采取超时机制来解除与该无线主机的关联。

在 802.11 中"解除关联"与"解除认证"是一种通告,而不是请求。如果关联的无线主机与 AP 双方一方发送"解除关联帧"与"解除认证帧",另一方不能拒绝,除非启用了管理帧保护功能。

第二,802.11 协议并没有对主机选择 AP 进行关联的条件进行规范,而是由生产 AP 设备的厂商决定。比较常用的方法是考虑两个主要的因素:一是从"关联请求帧"了解无线主机是否具有以基本传输速率与 AP 通信的能力。例如,AP 可以要求无线主机必须能够以 1Mbps、2Mbps 基本的低传输速率通信,也可以用较高的 4.5Mbps 与 11Mbps 传输速率通信。二是 AP 能否为申请关联的无线主机提供所需要的缓冲空间。因为当一个主机关联上一个 AP 时,主机会向 AP 通告它选择的是一直可以接收和发送数据的主动模式,还是选择了节能模式。当选择了节能模式的主机处于休眠状态时,所有发往这个主机的数据帧都要先缓存在 AP 上。"聆听间隔"(listen interval)是 AP 为关联的无线主机缓冲数据的最短时间。所以,AP 在关联时需要根据"关联请求帧"中"聆听间隔"的时间长短,来预测无线主机需要的缓冲空间大小。如果 AP 能够提供足够的缓存空间,则接受;如果不能提供足够的缓存空间,则拒绝。如果满足以上基本条件,则同意与该无线主机建立关联,AP 回送一个"关联应答帧"。

4. 漫游与重关联

(1) 漫游与重关联的基本概念

"漫游"(roaming)是指无线主机在不中断通信的前提下,在不同 AP 覆盖范围之间移动的过程。ESS 结构对于支持无线主机的漫游至关重要。

802.11 标准中并没有用到"漫游"这个术语。人们对这种现象的解释是:"不论何时何地,是否漫游都是客户端的自由"(Roaming is always and everywhere a client phenomenon)。从 MAC 层看,"漫游"就是"无线主机转换 AP 的过程"。从网络层及以上高层看,"漫游"就是"在转换接入点的同时仍然维持原有的网络连接的过程"。802.11 将是否支持"漫游"的问题交给了无线局域网的网络软硬件厂商去自行决定。当然,在设计无线网络拓扑结构时一定要考虑到无线主机无缝漫游的问题。无线网卡和 AP 设备有两种基本的设计思路:一种思路是一旦关联到一个 AP 之后就一直坚持着,直到完全接收的信号质量很差时才考虑转换接入点 AP;另一种思路是一旦找到新的信号最强的 AP 就立即转换。无线主机通过发送"重关联请求帧"来启动漫游的过程。

（2）无线主机启动"重关联"的过程

如图 4-58 所示，当无线主机在 ESS 中移动，并且从 A 点逐渐远离已经关联的 AP1 到达 B 点时信道 1 的信号强度假设为 −85dBm，已经低于信号阈值，当它继续移动到 C 点时，无线主机接收到 AP2 信道 2 的信号强度为 −65dBm 时，它将尝试着与 AP2 关联。这时，无线主机需要启动与 AP2 的"重关联"过程。

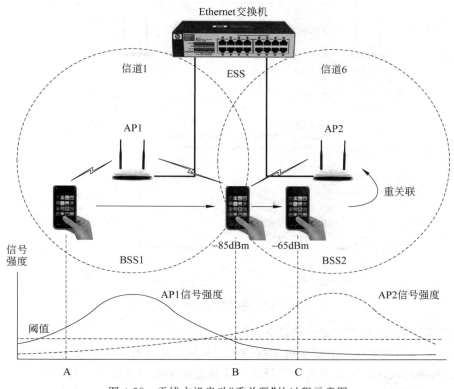

图 4-58　无线主机启动"重关联"的过程示意图

重关联过程分为以下 6 步：

① 无线主机通过无线信道 6 向新的 AP2 发送"重关联请求帧"。重关联请求帧包含原 AP1 的 MAC 地址。

② 新的 AP2 接收到重关联请求帧之后，通过无线信道 6 向无线主机发送"ACK 帧"（ACK 是一种控制帧）。

③ 新的 AP2 通过分布式系统 DS，向原 AP1 发送"重关联确认帧"，通知原 AP1：主机正在漫游，将缓存在原 AP1 的主机数据发送给新的 AP2。

④ 原 AP1 通过分布式系统 DS，将缓存的无线主机的数据帧发送给新的 AP2。

⑤ 新 AP2 通过无线信道 6 向无线主机发送"重关联响应帧"，表示主机已经关联到新的 BSS。

⑥ 无线主机接收到通过无线信道 6 向新 AP2 发送的"ACK 帧"。

至此，无线主机重关联过程结束，新的 AP2 将通过无线信道 6 将缓存的数据发给无线主机。

重关联的过程如图 4-59 所示。

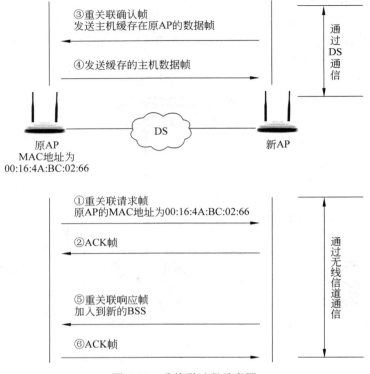

图 4-59　重关联过程示意图

理解"重关联"的过程需要注意以下问题:

第一,漫游的决定权由无线主机掌握,802.11 协议并没有对主机在什么情况下要启动漫游做出明确的规定。无线主机是否漫游的规则是由无线网卡制造商制定的。无线网卡一般是根据信号的质量来决定是否要启动漫游和重关联的过程。这里的信号质量主要是指信号强度、信噪比与信号传输的误码率。

第二,无线网卡在通信过程中会每隔几秒就在其他信道上发送探询帧。通过持续的主动扫描,无线主机可以维护和更新已知的 AP 列表,以便在无线主机在漫游时使用。无线主机可以与多个 AP 认证,但只和一个 AP 关联。

第三,通过重关联过程的讨论可以看出,由于原 AP 与新 AP 通过连接它们的分布式系统 DS 交换了漫游主机的信息,因此不需要发送"解除关联帧"。

第四,由于无线主机在 ESS 中,从一个 AP 漫游到另一个信道 AP 的过程只涉及第二层的 MAC 地址的寻址问题,因此它又称为"二层漫游"。跨网络(涉及 IP 地址寻址)的无线主机漫游称为"三层漫游"。"三层漫游"问题将在第 6 章网络层中讨论。

4.7.5　IEEE 802.11 控制帧与预约模式

802.11 协议允许无线主机通过 RTS/CTS 对信道的使用进行预约。控制帧主要用于预约信道、对单播数据帧的确认。IEEE 802.11 的 MAC 协议定义了 9 种控制帧的子类型,如 RTS(Request To Send)、CTS(Clear To Send)、ACK 等控制帧。图 4-60 描述了 RTS/

CTS 预约模式工作过程。

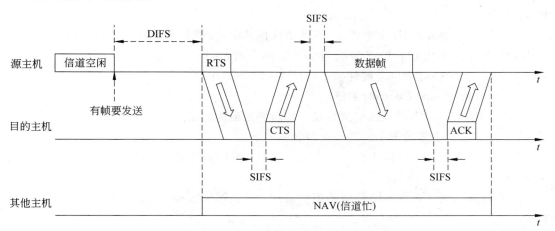

图 4-60　RTS/CTS 预约模式工作过程示意图

RTS/CTS 预约模式工作过程如下。

（1）源主机在检测到信道空闲，并退避 1 个 DIFS 时间之后，发送一个短的"请求发送（RTS）帧"。RTS 帧包括源主机地址、目的主机地址，以及这次通信需要占用的持续时间。

（2）当目的主机接收到 RTS 帧，并且信道空闲，再退避 1 个 SIFS 帧间隔时间之后，发送一个短的"允许发送（CTS）帧"。CTS 帧复制 RTS 帧中"这次通信需要占用的持续时间"的数值。源主机之外的其他主机在接收到 CTS 帧之后，将根据 RTS 帧中"这次通信需要占用的持续时间"的数值，来设置本主机的 NAV 值。

（3）源主机在接收到 CTS 帧，退避 SIFS 帧间隔时间后，发送数据帧。

（4）目的主机在接收到数据帧之后，退避 SIFS 帧间隔后，向源主机发送 ACK 确认帧。

RTS/CTS 对信道的预约可以有效地解决隐藏主机带来的冲突问题。

4.7.6　IEEE 802.11 数据帧

图 4-61 给出了 IEEE 802.11 数据帧结构示意图。

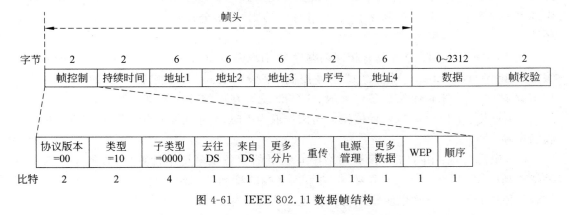

图 4-61　IEEE 802.11 数据帧结构

IEEE 802.11 数据帧是由帧头、数据字段与帧尾三部分组成。帧头长度为 30B，数据字段长度在 0～2312B,帧尾是由 2B 的帧校验字段组成。帧头是由帧控制、持续时间、地址 1～地址 4 与序号共 7 个部分组成。

需要注意的是:在 IEEE 802.11 系列协议标准中,帧结构都会有所不同,例如 802.11n 标准就在数据帧中增加了 QoS 字段与 HT 控制字段,并且数据长度为 0～7955B。这里以最基本的 802.11 协议为例来解释帧结构与 Wi-Fi 的工作原理。

1. 帧控制(Frame Control)字段

数据帧中第一个字段是帧控制字段。控制字段最为复杂。两个字节长的帧控制字段包括 11 个子字段。主要的子字段的长度与含义如下。

(1) 协议版本:2 位,目前已经发布的 802.11 系列版本相互兼容,因此该子字段被置为 00。

(2) 类型:2 位,表示不同类型的帧。其中,00 表示管理帧;01 表示控制帧;10 表示数据帧。

(3) 子类型:4 位,表示不同类型帧中的子类型。

在管理帧中:0000 表示关联请求帧;0001 表示关联响应帧;0100 表示探询请求帧;0101 表示探询应答帧;1000 表示信标帧。

在控制帧中:1011 表示 RTS 帧;1100 表示 CTS 帧;1101 表示 ACK 帧。

在数据帧中:0000 表示数据帧;0100 表示无数据的空帧;1000 表示 QoS 数据帧。

例如,类型与子类型的 6 位中,00 0100 表示的是管理帧中的探询请求帧;01 1101 表示的是管理帧中的 ACK 确认帧;00 1000 表示的是管理帧中信标帧;10 0000 表示的是数据帧。

(4) 去往 DS、来自 DS:802.11 在协议中使用的术语"来自 DS"表示"帧从 AP 发送到无线主机";"去往 DS"表示"帧从无线主机发送到 AP"。结合子字段的数值可以看出:"去往 DS=1,来自 DS=0"表示从无线主机发往 AP 的帧;"去往 DS=0,来自 DS=1"则表示从 AP 发往无线主机的帧。

(5) 更多分片:长度为 1 位。由于考虑到无线信道容易受到干扰,数据传输误码率较高,所以在无线信道上传输的帧长度不宜过长,802.11 协议允许网络管理人员设置一个分片阈值。当高层数据超过分片阈值时,软件自动将帧分成多个分片(fragment)。分片传输中的每一个分片头部"更多分片=1",没有分片的则"更多分片=0"。分片传输只用于单播传输。

属于一个帧的多个分片具有相同的帧序号(frame sequence number)与一个递增的分片编号(fragment number)。帧头中"序号控制"字段长度 16 位中包括 4 位的分片编号与 12 位的帧序号。图 4-62 给出了包含 RTS/CTS 交互在内的分片传输过程示意图。

(6) 重传:有时可能需要重传帧。当该位值为 1 时,表示为重传帧。接收主机将重复接收帧剔除。

(7) 电源管理:由于接入无线网络中有大量的设备是笔记本计算机、智能手机与各种手持移动终端,因此节能非常重要,它关系到终端的移动性与续航能力。802.11 协议在帧控制字段中设置了 1 位"电源管理"位。

802.11 支持两种电源管理模式:主动模式(active mode)与节电模式(power save mode)。802.11 协议默认的是主动模式。主动模式表示网卡处于时刻准备发送或接收数

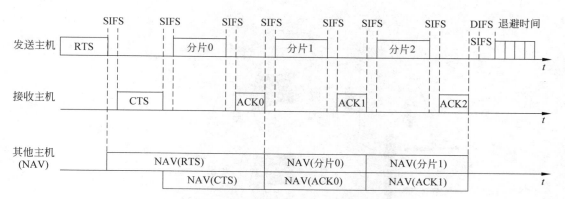

图 4-62　分片传输过程示意图

据的状态。节能模式是可选的模式。在节能模式中,主机要关闭无线发射与接收电路,处于"休眠"状态。协议规定:电源管理管理位为 0,表示源主机在发送完这一帧后仍然处于工作状态;电源管理位为 1,表示源主机在发送完这一帧后进入休眠状态。由于处于主动模式的数据传输速率高于节能模式,因此办公室的无线主机由于一直可以连接 220V 电源上,因此一般都处于默认的主动模式状态。而很多移动终端设备是由内部电池供电,为了延长设备使用时间,可以选择为节能模式。

（8）更多数据:当某些无线主机处于休眠状态时,AP 接收到发送给它们的数据帧,AP通过置"更多数据"位为 1,来通知至少还有 1 个帧有待于传送给处于休眠状态的主机。

（9）WEP:WEP＝1,表示帧传输采用了加密措施;WEP＝0,则表示没有采取加密措施。

（10）顺序:如果要求帧或分片严格地按照顺序传输,则将此位置 1。

2. 持续时间（Duration/ID）字段

IEEE 802.11 帧头的第二个字段是长度为 2B 的"持续时间"（Duration/ID）字段。Duration/ID 字段包含一个 $0 \sim 32\ 767(2^{15}-1=32767)$ 之间任意一个数值的数。发送主机在发出一帧时,同时在该字段内填入以 μs 为单位的值,表示在发送该帧和接收 ACK 确认帧要占用信道的时间。该字段会出现在所有的帧中,接收主机利用该字段的值去更新各自的网络分配向量 NAV。

3. 地址字段

IEEE 802.11 数据帧最特殊的地方是帧头有 4 个地址字段。理解 802.11 帧中多个地址字段,需要注意以下问题:

第一,尽管协议规定帧头有 4 个地址字段,但是这 4 个地址字段并不是都出现在所有的帧中。其中,地址 4 只用于无线自组网 Ad hoc 中。

第二,如图 4-63 所示,在一个 BSS 中,当数据帧从源主机经过 AP 转发到目的主机时,将使用到三个 MAC 地址:源地址、目的地址与 AP 地址。

按照 IEEE 802.11 数据帧的规定:

① 当源主机向 AP 发送数据帧时,帧控制字段的"去往 DS＝1,来自 DS＝0";地址 1＝AP 地址,地址 2＝源地址,地址 3＝目的地址。

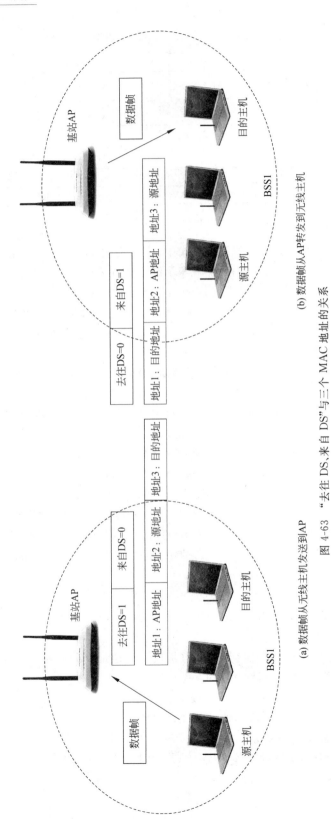

基站AP

数据帧

目的主机

| 去往DS=0 | 来自DS=1 | |
| 地址1：目的地址 | 地址2：AP地址 | 地址3：源地址 |

BSS1

源主机

(b) 数据帧从AP转发到无线主机

基站AP

| 去往DS=1 | 来自DS=0 | |
| 地址1：AP地址 | 地址2：源地址 | 地址3：目的地址 |

目的主机

数据帧

源主机

BSS1

(a) 数据帧从无线主机发送到AP

图 4-63 "去往 DS、来自 DS" 与三个 MAC 地址的关系

② 当 AP 向源主机发送数据帧时,帧控制字段的"去往 DS＝0,来自 DS＝1";地址 1＝目的地址,地址 2＝AP 地址,地址 3＝源地址。

图 4-64 显示出一个用软件捕获的一组 802.11 帧交互过程,以及解析其中由源主机向基站 AP 发送数据帧(编号 41)的帧头结构示意图。

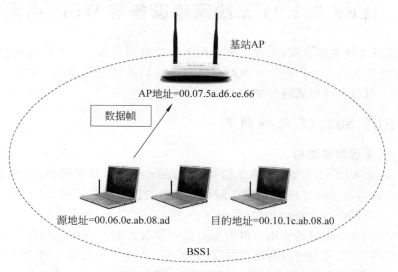

No	Source Addes	Dest. Addes	Summary
41	00.06.0e.ab.08.ad	00.10.1c.ab.08.a0	802.11 Data
42		00.06.0e.ab.08.ad	802.11 Ack
43	00.10.1c.ab.08.a0	00.06.0e.ab.08.ad	802.11 Data
44	00.07.5a.d6.ce.66	ff.ff.ff.ff.ff	802.11 Beacon from SSID:NK_netlab

```
△ Prism Monitoring Header
IEEE 802.11
  Type/Subtype: data (32)
  △ frame Control:0×4108
    Version: 0
    Type: Data Frame
    Subtype: 0
    △ Flags: 0×41
      DS state: Frame is entering DS (To DS=1  From DS=0)
      ............0..=More Frame: This is the last frame
      .........0...=Retry: Frame is not being retransmitted
      ........0......=PWR MGT: STA will stay up
      ......0.......=More Data: No data buffered
      ..1............=WEP flag:WEP is enabled
      0..............=Order flag:Not strictly ordered
    Duration: 214 Microseconds
    BSSID: 00.07.5a.d6.ce.66（地址1）
    Source address: 00.06.0e.ab.08.ad（地址2）
    Distribution address: 00.10.1c.ab.08.a0（地址3）
    Frame number: 0
    Sequece number: 223

0080  00 00 00 00 44 00 0a 00 00 00 00 04 00 06 00 00 00      B.. ..-n.. .. ..P.. ..
0090  02 db 00 00 04 1c 2a 05 00 1b 00 0a 00 a6 b0 33 dc      ..n.. ..wp.. .. ..\e.. ..
...
```

图 4-64　802.11 数据帧头结构示意图

由于该数据帧是由源主机发送主机的数据帧,第一步是发送到基站 AP。因此,802.11 帧头控制字段的"To DS＝1,From DS＝0";地址 1＝AP 地址(00.07.5a.d6.ce.66),地址 2＝源地址(00.06.0e.ab.08.ad),地址 3＝目的地址(00.10.1.ab.08.a0)。

4.8 IEEE 802.11 无线网络设备与 Wi-Fi 组网方法

随着无线网络技术的发展,出现了很多种无线局域网设备。无线局域网设备主要包括无线网卡、无线接入点、无线网桥、无线路由器与无线局域网控制器等。本节主要讨论无线网卡、无线接入点与无线局域网控制器。

4.8.1 IEEE 802.11 无线网卡

1. 802.11 无线网卡结构

802.11 无线网卡的设计方法、基本结构与 Ethernet 网卡是相同的,它覆盖了 MAC 层与物理层的主要功能。802.11 无线网卡同样也是由三部分组成:网卡与无线信道的接口、MAC 控制器以及网卡与主机的接口(如图 4-65 所示)。

在主机系统中,应用层的应用软件由主机操作系统控制。当应用软件要向网络中其他的主机发送数据时,首先要经过传输层的 TCP 或 UDP 协议与网络层的 IP 协议的处理,然后通过网络设备驱动程序与 MAC 层的总线接口,将数据传送给无线网卡。大多数无线网卡采用 Card Bus 接口标准,也有些无线网卡采用 Mini-PCI 接口标准。由于无线网卡有可能需要同时处理多个数据帧,因此网卡可以通过设置 RAM 缓冲区来存储正在处理的数据帧。

MAC 控制器是无线网卡的核心,它负责将接收到的主机数据封装成帧,同时根据 CSMA/CA 算法,确定帧什么时候通过基带处理器、数字模拟转换器(DAC),将计算机产生的数字信号转化成适合无线信道发送的信号,然后再通过无线发射器、天线发送出去。

802.11 除了要发送和接收主机需要的数据帧之外,还有 802.11 协议自身需要的控制帧与管理帧。MAC 控制器芯片还设置了实时功能模块,自动生成和处理各种 802.11 协议的控制与管理帧。

为了快速实现无线通信中的安全功能,MAC 控制器中设置了安全处理单元与密钥缓冲器,以及存储不断更新的加密算法与加密程序的闪存(flash memory)。

当网卡处于接收状态时,天线将接收到的信号通过模拟数字变换器(ADC)、基带处理器,交给 MAC 控制器处理。MAC 控制器判断接收的数据帧正确之后,存储在 RAM 中,同时通过与主机总线的接口,通知主机读取数据。

从以上的讨论中可以看出:802.11 无线网卡能够独立于主机操作系统,自主地完成 802.11 协议规定的 MAC 层、物理层与无线通信安全等相关功能。

2. 802.11 无线网卡分类

无线网卡主要有两种分类方法:一是按网卡支持的协议标准分类,另一种是按照网卡的接口类型分类。

按照无线局域网协议标准进行分类,无线网卡可以分为 802.11b、802.11a、802.11g 与 802.11n 等基本的类型。

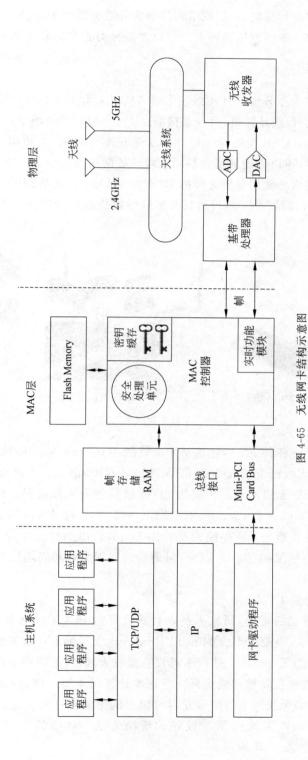

图 4-65　无线网卡结构示意图

按照网卡的接口类型进行分类,无线网卡可以分为外置无线网卡、内置无线网卡与内嵌无线网卡三种主要的类型。下面就按照网卡的接口类型分类的方法来讨论不同的无线网卡的特点。

(1) 外置无线网卡

外置无线网卡可以进一步分为 PCI 无线网卡、PAMCIA 无线网卡与 USB 无线网卡等。其中,PCI 无线网卡适用于台式计算机,可以直接插在 PC 主板的扩展槽中。PAMCIA 无线网卡适用于笔记本计算机;USB 无线网卡既适用于笔记本计算机,也适用于台式计算机。外置无线网卡支持热插拔,可以方便地实现移动无线局域网接入。

无线局域网工程师通常会使用外置无线网卡(例如 PAMCIA 无线网卡、USB 无线网卡和 SD 无线网卡)接入无线局域网中,运行协议分析软件或故障诊断软件。外置无线网卡如图 4-66 所示。

(a) PCI无线网卡   (b) PCMCIA无线网卡   (c) USB无线网卡   (d) SD无线网卡

图 4-66   外置无线网卡

需要注意的是:为了将各种 PDA,包括基于微软的 Windows Mobile 操作系统的 PDA(pocket PC)通过外置的无线网卡接入 802.11 无线局域网中,市场上曾经出现过一些利用 PDA 的 SD 插槽研发的 SD 无线网卡。传统的 SD 插槽只能插入存储器。典型的 SD 无线网卡尺寸为 40mm × 24mm × 2.1mm,支持 IEEE 802.11b 标准,传输速率可以达到 11Mbps。SD 无线网卡比普通的 SD 存储卡要长出 6mm,长出的部分作为天线。尽管 SD 无线网卡无线传输距离一般限制在 10m 以内,但是它的出现为移动终端设备接入 Wi-Fi 提供了一种便捷的解决方法。

(2) 笔记本计算机内置无线网卡

为了适用笔记本计算机的需要,研究人员在台式计算机 PCI 无线网卡基础上,扩展了内置的 Mini-PCI 无线网卡,以及更小的 Mini-PCI Express 无线网卡。由于笔记本计算机内置的 Mini-PCI 与 Mini-PCI Express 无线网卡都没有集成天线,因此需要借助安装在笔记本计算机机身内的天线来接收和发送无线信号。笔记本计算机本身空间就很狭小,若天线位置选择不恰当,将严重影响无线网卡的信号发射与接收的质量。目前在显示屏的上方内置双天线或者在显示屏周边内置天线是比较好的解决方法。典型的笔记本计算机内置802.11 无线网卡的结构如图 4-67 所示。

(3) 移动终端设备内嵌无线网卡

随着智能手机、PAD、RFID 读写器、智能眼镜等可穿戴技术设备、洗衣机与电冰箱等智

(a) 笔记本计算机外观

(b) 主板上的Wi-Fi网卡

(c) Wi-Fi网卡天线

(d) Wi-Fi网卡天线在主机中的位置

(e) Wi-Fi网卡正面

(f) Wi-Fi网卡背面

图 4-67　笔记本计算机内置 802.11 无线网卡结构示意图

能家电、智能机器人大量使用 802.11 技术,推动了支持 802.11 标准的片上系统 SoC 的研究与芯片的问世,促进了内嵌无线网卡的发展。图 4-68 给出了智能手机、Pad 主板内嵌 802.11 无线网卡芯片的示意图。随着 802.11 芯片功能越强、体积越小、价格越低与应用软件越来越丰富,802.11 在各种小型移动终端设备中的应用将会呈现出持续大规模增长的趋势。

　　和传统的 Ethernet 一样,支持 802.11 协议的芯片组对于无线网卡的性能影响很大。由于 802.11 协议处于不断发展的状态,因此早期支持 802.11a/b/g 的芯片组不支持 802.11n。同时,一些芯片组只支持 2.4GHz ISM 频段,一些只支持 5GHz 频段,也有一些芯片组同时支持 2.4GHz 与 5GHz 两个频段。一些关于新的 802.11 芯片组的信息可以通过 www.qca.qualcomm.com 或 www.broadcom.com 或 www.intel.com 网站查询。

4.8.2　IEEE 802.11 无线接入点

1. 无线接入点设备的发展

　　第一代无线接入点(AP)相当于 Ethernet Hub。AP 设备通过无线信道与一组无线主机关联,作为 BSS 的中心结点执行 CSMA/CA 的 MAC 算法,实现无线主机之间通信的功能。

　　第二代无线接入点将无线接入与无线局域网管理功能结合到 Ethernet 交换机中,构成

内嵌802.11ac芯片

iPhone6
主板

(a) 智能手机主板iPhone6内嵌无线网卡芯片

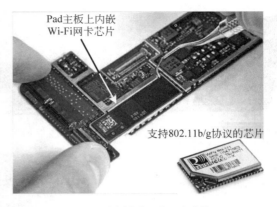

Pad主板上内嵌
Wi-Fi网卡芯片

支持802.11b/g协议的芯片

(b) Pad主板内嵌无线网卡芯片

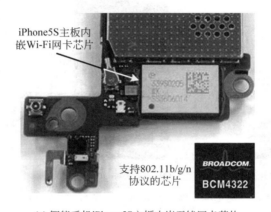

iPhone5S主板内
嵌Wi-Fi网卡芯片

支持802.11b/g/n
协议的芯片

(c) 智能手机iPhone5S主板内嵌无线网卡芯片

图 4-68　主板内嵌 Wi-Fi 网卡芯片结构示意图

了 ESS 无线网络。

第三代无线接入点与无线局域网控制器结合,构建更大规模、集中管理的统一无线网络系统。

这里需要注意以下两点:

第一,无线接入点也可以作为无线网桥,通过无线信道在 MAC 层实现两个或两个以上的无线局域网或者无线局域网与有线 Ethernet 局域网的无线桥接与中继的功能。

第二,为了方便地接入更多的 PC 与手机,人们可以利用一台接入 Ethernet 网的主机,下载一种应用软件,将内置的一块无线网卡或外置无线网卡改造成一个虚拟 AP,为其他无线主机或无线终端设备提供接入服务。

2. "双频多模"AP 的研究与应用

由于 802.11a、802.11b 与 802.11g 等物理层标准的不同,导致了不同标准的无线设备之间存在着兼容性问题。802.11a 工作在 5GHz,而 802.11b、802.11g 工作在 2.4GHz; 802.11a 与 802.11b 发送信号所采用的调制方式也不相同。那么,一台无线主机漫游到不同物理层标准的 BSS 区域时就必须使用不同的无线网卡,这显然是不合适的。为了解决这个问题,AP 设备的研制向着"双频多模"(dual band and multimode)方向发展。其中,"双频"是指可以支持 2.4GHz 与 5GHz 两种频率;"多模"是指可以自动识别和支持 802.11a、802.11b 与 802.11g 等多种物理层标准。图 4-69 给出了一种双频双模(802.11 a 与 802.11g)AP 的结构示意图。

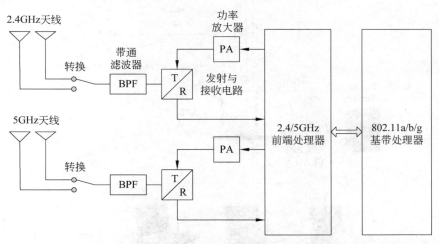

图 4-69　双频双模 AP 的结构示意图

随着 802.11 协议标准的不断完善,"双频多模"已经成为无线接入点研发与应用的重要方向,它可以适应多种工作环境,最大限度地发挥 Wi-Fi 的优势与特点,有效地解决无线主机的无缝漫游问题。

3. 动态 VLAN

第一代 AP 只是将所有接入的无线主机连接到同一个无线局域网中,不能为不同用户提供区分服务。"动态 VLAN"是将 Ethernet 局域网中的虚拟局域网技术引入 Wi-Fi 中,结合无线局域网的身份认证机制,实现在一个 BSS 中为有不同需求的用户提供区分服务的功能。动态 VLAN 的逻辑结构如图 4-70 所示。IEEE 802.1x 协议是实现动态 VLAN 的基础。

802.1x 协议是在 MAC 层实现基于客户/服务器(client/server)的访问控制和认证协议。无线主机访问 AP 之前,需要安装 802.1x 规定的用户/设备的认证。无线主机 1 接入 AP 之前首先向身份认证服务器(radius server)发出认证请求。身份认证服务器通过对无线主机 1 的身份认证之后,向 AP 与主机 1 发回的 access accept 帧为无线主机 1 指定 VLAN A。属于同一个 VLAN1 的无线主机都会获得相同的密钥。之后无线主机 1 发送的数据帧到 AP 时,AP 会自动将转发到 VLAN A。不同 VLAN 的无线主机经过身份认证服务器认证之后,将被分配到不同的 VLAN 中。

4.8.3　统一无线网络与无线局域网控制器

1. 统一无线网络的基本概念

随着 Wi-Fi 从初期的家庭、小型办公室环境的应用,不断扩大到覆盖一个校园、一家大型医院、一个科技园区,从几个 AP 设备扩展为由数百个 AP 设备的大型无线网络系统,促使 Wi-Fi 网络结构从初期以自主 AP 为中心的基本服务集(BSS),发展到用 Ethernet 交换

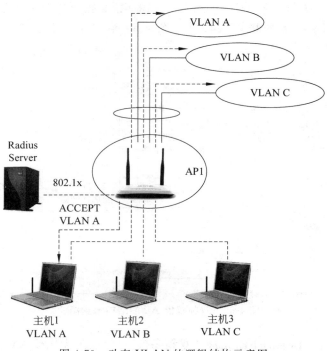

图 4-70　动态 VLAN 的逻辑结构示意图

机将多个 BSS 互联起来构成的扩展服务集(ESS)，直到将 Ethernet 交换机变换为无线局域
网控制器(wireless LAN controller，WLC)，出现了集中管理的大型无线网络结构。Cisco
公司将这种集中管理的无线网络结构命名为"Cisco 统一无线网络"(Cisco unified wireless
network，CUWN)。"Cisco 统一无线网络"结构的中心是无线局域网控制器(WLC)。目前，
"Cisco 统一无线网络"的概念已经被很多无线网络设备制造商所接受。典型的 WLC 集中
式管理的无线网络结构如图 4-71 所示。

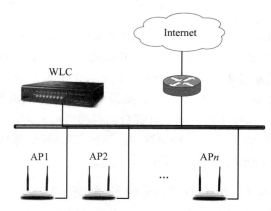

图 4-71　典型的 WLC 集中式管理的无线网络结构

　　推动 Wi-Fi 结构由自治方式到集中方式的转型的动力主要来自大型无线网络运行、维
护与网络管理的压力。集中式管理的统一无线网络的特点主要表现在以下几个方面。

　　(1) 自治 AP 设备中有很多参数需要配置。在一个大型的 ESS 系统中，为了简化配置与维护的工作量,网络管理员一般是将所有 AP 的参数配置成相同的值。即便是这样,网络管理员也要实地对每一个 AP 设备进行设置。而在集中管理的统一无线网络系统中,网络管理员可以通过 WLC 的控制界面,在很短的时间内完成所有 AP 的参数配置。对于同样规模的无线网络,更新和修改多个自治 AP 的参数配置可能需要几个小时甚至是几天,而对于 WLC 来说只需要几秒钟。在统一无线网络中增加一个新的 AP,它能够根据 WLC 已经定义的参数进行自我配置。

(2) 在实际运行的系统中很难保证所有自治 AP 运行相同版本的软件,网络管理员需要为每一个 AP 单独更新现有版本的升级软件,为缺陷修补补丁,添加新的功能。而集中式管理的统一无线网络系统中,所有的 AP 运行着相同软件的镜像。网络管理人员可以方便地更新所有 AP 的软件。

(3) 在设计一个大型的无线网络系统结构时,网络技术人员需要实地勘察无线网络工作的环境、覆盖范围、用户数量来确定 AP 的数量与位置,并且需要从减少干扰的角度完成 AP 信道复用的规划,为不同位置的 AP 配置不同的发射功率。这就需要网络技术人员有很好的无线通信技术知识与无线网络安装、配置、运维的经验。在日常运行过程中,网络技术人员需要根据外部环境的变化(如建筑物内新增墙体、设备或家具),以及建筑物中用户人数的变化,来确定 AP 设备数量的增减;需要根据周边环境中出现新的干扰信号,如无线局域网、蓝牙设备、微波炉或视频设备产生的相同或相近频率的信号产生的干扰,来决定 AP 安装位置的变化,或者需要选择新的信道频率、改变信号功率,以保证网络系统的正常运行。很多移动计算应用都需要无线网络系统保证无线主机的无缝漫游。自治 AP 系统解决的方法只能是不断地通过人工方式去调整和部署冗余的基础设施,增大 BSS 之间重叠的面积。完成以上网络系统维护任务的工作量很大,需要使用无线测量设备,并且对网络管理人员的技术水平要求也很高。

为了解决这些问题,统一无线网络增加了无线资源管理(radio resource management, RRM)功能。RRM 又称为 Auto-RF。无线资源管理通过连续地采集和监测来自多个 AP 无线信道的数据,利用无线资源管理算法,分析无线通信系统的状态,通过协调多个 AP 的信道频率与功率设置,来提高信号传输质量,增强对无缝漫游的支持能力。Auto-RF 可以降低无线网络系统的维护难度,提高无线网络运行的可靠性与可用性。

2. 统一无线网络的结构特点

出现统一无线网络(UWN)概念之后,人们将不使用无线局域网控制器(WLC)的 AP 称为"自治"或者"基于 IOS"(internetwork operating system,IOS)的 AP。所谓"自治"是指:传统的无线接入点 AP 的操作系统与配置文件存储在设备的存储器中,可以作为一个完整的系统独立地工作。自治 AP 系统的功能是通过两类进程(实时进程与管理进程)来实现的。实时进程包括无线信号的发送与接收、MAC 协议工作过程的控制与管理、加密;管理进程包括无线信道频率与发射功率的管理、关联与漫游的管理、客户端认证、安全与 QoS 管理。

在统一无线网络中,WLC 按照无线接入点控制与配置(Control And Provisioning of Wireless Access Point,CAPWAP)协议,对大量 AP 的管理进程实现了集中管理,因此人们将统一无线网络中的 AP 称为"瘦 AP"或者"轻量级接入点"(LAP),将自治 AP 称为"胖 AP"或者"分离 MAC 架构"(split MAC architecture)。自治 AP 与轻量级 LAP 功能上的区别如图 4-72 所示。

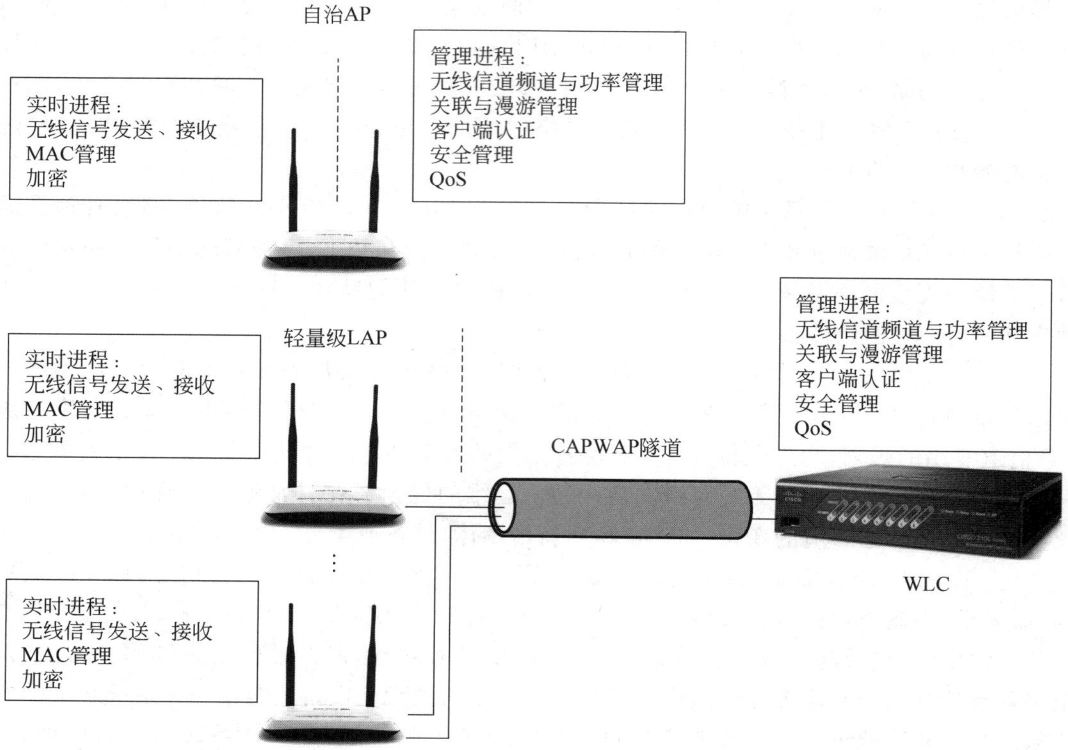

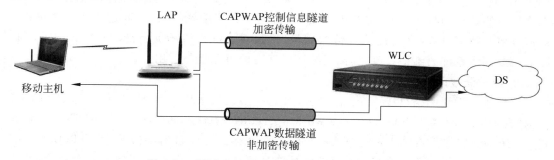

图 4-72　自治 AP 与轻量级 LAP 功能的区别

在统一无线网络中,LAP 与 WLC 是通过 CAPWAP 隧道连接的。CAPWAP 隧道分为数据隧道与控制信息隧道(如图 4-73 所示)。

图 4-73　通过 CAPWAP 隧道连接的 LAP 与 WLC

CAPWAP 数据隧道用来封装传输与 LAP 相关联的无线客户端主机的数据帧,数据隧道不采用加密传输,而控制信息隧道采用加密传输。控制隧道实现的主要功能如下:

- LAP 通过控制隧道发现 WLC。
- 在 LAP 和 WLC 之间建立信任关系。
- LAP 通过控制隧道下载固件与配置文件。
- WLC 通过控制隧道收集 LAP 的各项统计数据。

- 完成移动主机的移动和漫游。
- LAP 向 WLC 发送通知与告警信息。

3. WLC 的主要功能

根据以上的讨论,可以将 WLC 的主要功能概括为以下几点。

(1) 动态分配信道,优化发射功率

在由一个 WLC 管理的多个 LAP 的结构中,WLC 可以为每一个 LAP 选择并配置无线信道频率与发射功率。当某一个 LAP 出现故障时,WLC 将自动调高周围 LAP 的发射功率。在有多个 WLC 组成的大型无线网络中,按照 802.11a/b/g/n 的不同信道,WLC 动态地形成多个无线组。每一个无线组要"选举"出一个"组长"。无线组以一定的时间间隔(通常是 600s),由担任组长的 WLC 向组成员发送信标帧,组成员通过应答帧,向组长报告信道频率、发射功率、干扰、噪声、接收到的 LAP 信号功率以及恶意 LAP 信号等信息。组长 WLC 根据远程采集到的信息,使用无线资源管理 RRM 算法来制定无线信道与发射功率的调整方案。WLC 通过动态地调整 LAP 的信道频率与发射功率的方法,达到提高无线通信质量、增强无线网络的可用性与可靠性的目的。

(2) 支持移动主机的二层和三层漫游

由于 WLC 以集中的方式管理着多个 LAP,并且建立了与各个 LAP 关联的移动主机用户列表,因此可以方便地实现一个 WLC 管理的多个 LAP 关联客户的漫游。大型的无线网络中,移动主机可以在一个 IP 子网中的多个 WLC 之间实现二层漫游,可以在多个 IP 子网的 WLC 之间实现三层漫游,整个漫游过程对于移动主机是透明的。

(3) 动态地均衡客户端的负载

CAPWAP 协议支持动态冗余和负荷均衡。LAP 在向所有 WLC 发送 CAPWAP 发现请求时,WLC 返回的发现请求响应帧中包含当前已经接入的 LAP 数、能够承受最多接入的 LAP 数量以及已经关联的用户数。LAP 将尝试与最空闲的 WLC 建立关联,以均衡负荷。在 LAP 已经与一个 WLC 建立关联之后,它将周期性地(默认值为 30s)发送 CAPWAP 信标帧,WLC 采用单播方式发送响应帧。如果 LAP 丢失了 1 个响应帧,它将以 1s 为间隔连续发送 5 个信标帧,如果 5s 之内没有收到响应帧,则说明原 WLC"忙"。LAP 则重新启动 WLC 发现过程。

(4) 有效地管理安全性

通常每台设备在出厂前都预安装了一个 X.509 证书,LAP 和 WLC 使用数字证书来完成双方的认证,以防止假冒的 LAP 与 WLC 侵入统一无线网络中,提高系统的安全性。

4. 无线局域网阵列

针对大型会议、展览会、订货会、物流园区、机场和港口等用户密集、流动性大、不易管理而又需要较强的无线接入能力的应用领域,技术人员研究了一种称为无线局域网阵列(WLAN array)的无线网络设备(如图 4-74 所示)。无线局域网阵列是将无线局域网控制器(WLC)与多个接入点(AP)集成在一个硬件设备中,典型的产品包括 16 个 AP 的射频模块与一个嵌入式 WLC。对于包括 16 个 AP 的射频模块的无线局域网阵列来说,可以有 4 个 2.4GHz 的射频卡与 12 个 5GHz 的射频卡,其中有一个射频卡嵌入在 WLC 中,专门用于无线入侵检测。

无线局域网阵列要求每一个 AP 的天线呈扇形的方向图。将无线局域网阵列设备安装在大型会议场所的房顶,多个 AP 天线合成的效果就能够覆盖 360 度的范围。显然,无线局域网阵列的应用可以大大地减少无线设备部署的工作量,能够满足高密度用户的应用需求。

图 4-74   无线局域网阵列结构示意图

5. 虚拟 AP

早期的机场考虑到乘客上网、在线购物与支付的需求,为乘客接入 Internet 组建了专门的 Wi-Fi 网络,而很多其他的应用(如登机口的航空检票设施、零售柜台)也需要使用 Wi-Fi 接入,解决的办法只能是另建一个 Wi-Fi 网络。因此,传统的方法不能在一个 AP 构成的 BSS 中为不同类型的用户提供区分服务,需要分别构建和管理多个物理网络。这种解决方案带来了无线网络建设上重复投资、增加了网络管理人员的维护工作量与成本,以及和 AP 设备的位置、供电、无线频率的配置困难的问题。针对这些问题,研究人员研发了用一个(组)物理网络基础设施去构建多重逻辑网络的虚拟接入点(Virtual AP)技术。

用虚拟接入点方法构建的无线网络逻辑结构如图 4-75 所示。虚拟 AP 技术允许网络管理员在一组 AP 设备上,设置和控制多个动态 VLAN。如图 4-75 所示,该网络设置了三个虚拟网络。其中,Network A(SSID1)属于一个公司的内部无线网络。用户要访问该网络,必须在公司网络的 Radius Server 上有账户。Network B(SSID2)是一家无线互联网接入服务提供商(WISP),WISP 使用基于 Web 的身份认证系统,为注册的合法用户提供 Internet 接入服务。Network C(SSID3)用于提供 IP 语音服务,并且配备了 IP 用户级电话交换机(private branch exchange,PBX)。虚拟 AP 分别给对应 SSID1 的 Network A、对应 SSID2 的 NetworkB、对应 SSID3 的 Network C 分配一个虚拟的 MAC 地址 BSSID A、BSSID B 与 BSSID C。

由于 AP1～APn 可以使用虚拟的 MAC 地址 BSSID A、BSSID B 与 BSSID C 广播信标帧;无线主机可以接入到任何一台 AP 上,访问 Network A、Network B 与 Network C。对于 Network A 的用户来说,只知道他们的无线主机接入到服务集标识符为 SSID1、MAC 地址为 BSSID A 的公司 AP 中,不需要知道具体接入在哪一个 AP 上,也不需要知道实际上可能在多个物理的 AP 接入点之间漫游。

由于在共享无线基础设施的前提下,虚拟接入点组网方案可以为不同类型的用户提供区别服务,而共享的无线基础设施是由一个机构建设和管理,因此这种组网方案既节约了建设资金,避免了重复投资,又可以免于频率之争,便于统一管理与运营。由于虚拟接入点组网方案具有以上的优点,因此引起了人们越来越多的关注。

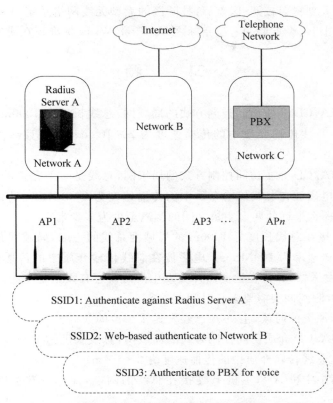

图 4-75　虚拟接入点构建的无线网络逻辑结构示意图

小　结

（1）Ethernet 已经成为办公自动化环境组建局域网的首选技术，大量计算机通过 Ethernet 接入到 Internet。传统 10Mbps 的 Ethernet 物理层中目前广泛使用的是 10Base-T 标准。

（2）交换式 Ethernet 正在逐步取代传统的共享式 Ethernet。Ethernet 交换机可以在多端口之间同时建立多个并发连接，以增加局域网的交换带宽，提高了系统性能。基于交换机的 VLAN 技术正在得到广泛应用。

（3）FE、GE、10GbE、40GbE 与 100GbE 高速 Ethernet 技术的发展，使得 Ethernet 的应用已经从局域网逐步扩大到宽带城域网与广域网，同时也成为支持大型高性能计算机、云计算平台建设的核心技术之一。

（4）GE、10GbE、40GbE 与 100GbE 保留了传统的 Ethernet 帧结构、最小帧长度等基本特征，采用光纤作为传输介质，采用点-点的全双工通信方式，而不采用传统的 CSMA/CD 的随机争用、半双工通信方式。

（5）网桥是实现多个局域网互联的网络设备。网桥作为互联设备，其结构、工作原理、自学习算法与生成树协议 STP，对于研究网络互联技术有着重要的借鉴意义。

（6）符合 IEEE 802.11 标准的 Wi-Fi 无线局域网已经广泛应用于城市、农村、家庭与办公环境,并逐渐扩大到覆盖校园、医院、科技园区的大型无线网络系统,Wi-Fi 覆盖范围已经成为我国"无线城市"建设重要的考核指标之一。千兆 Wi-Fi 标准正在研发过程中。

习　　题

1. 采用 CSMA/CD 介质访问控制方式的局域网,总线长度为 1000m,数据传输速率为 10Mbps,电磁波在总线传输介质中的传播速度为 2×10^8 m。请计算:最小帧长度应该为多少?

2. 采用 CSMA/CD 介质访问控制方式的局域网,总线是一条完整的同轴电缆,数据传输速率为 1Gbps,电磁波在总线传输介质中的传播速度为 2×10^8 m。请计算:如果最小帧长度减少 800bit,那么最远的两台主机之间的距离至少为多少米?

3. 主机 A 连接在总线长度为 1000m 的局域网总线的一端,局域网介质访问控制方式为 CSMA/CD,发送速率为 100Mbps。电磁波在总线传输介质中的传播速度为 2×10^8 m。如果主机 A 最先发送帧,并且在检测出冲突发生的时候还有数据要发送。请问:

(1) 主机 A 检测到冲突需要多长时间?

(2) 当检测到冲突的时候,主机 A 已经发送多少位的数据?

4. 采用 CSMA/CD 介质访问控制方式的局域网,总线长度为 2000m,数据传输速率为 10Mbps,电磁波在总线传输介质中的传播速度为 2×10^8 m。

假设:局域网中主机 A 与主机 B 连接在总线的两端,并且只有主机 A、B 发送数据。请问:

(1) 如果发送数据后发生冲突,那么从开始发送数据到检测到冲突,最短需要多少时间? 最长需要多少时间?

(2) 如果局域网中不存在冲突,主机 A 发送一个最长 Ethernet 帧(1518B)之后,主机 B 就用一个最短 Ethernet 帧(64B)确认。主机 A 在得到确认之后就立即发送下一帧。忽略帧间间隔,那么主机 A 的有效传输速率是多少?

5. 在如图 4-76 所示的网络结构中,6 台主机($H_1 \sim H_6$)通过透明网桥 B_1、B_2 连接在互联的局域网中。网桥初始转发表是空的。假设主机发送帧的顺序是:H_1 发送给 H_5、H_5 发送给 H_4、H_3 发送给 H_6、H_2 发送给 H_4、H_6 发送给 H_2、H_4 发送给 H_3。请根据网桥自学习的原理完成网桥 B_1 与 B_2 的转发表。

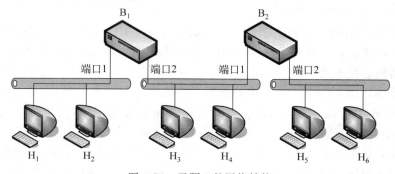

图 4-76　习题 5 的网络结构

6. 请根据 2.4GHz 信道复用规划方法,填写出图 4-77 中空白区域的信道号。

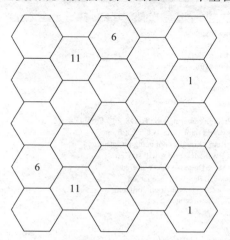

图 4-77　习题 6 填写空白区域的信道号

7. 试通过设定无线自组网 Ad hoc 与无线网状网 WMN 的实际应用实例,总结两者的异同点。

8. 如果 802.11 帧控制字段的前 8 位的比特值分布为:0000 0000、0000 1000、0001 1100、0001 1101 与 0010 0000,那么它们分别是什么样的帧?

9. 图 4-78 显示出由基站 AP 向目的主机发送数据帧头结构示意图,请填出图中①~⑤对应的内容。

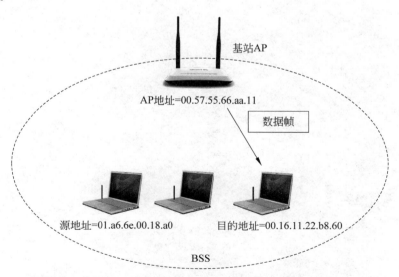

图 4-78　习题 9 由基站 AP 向目的主机发送数据帧头结构示意图

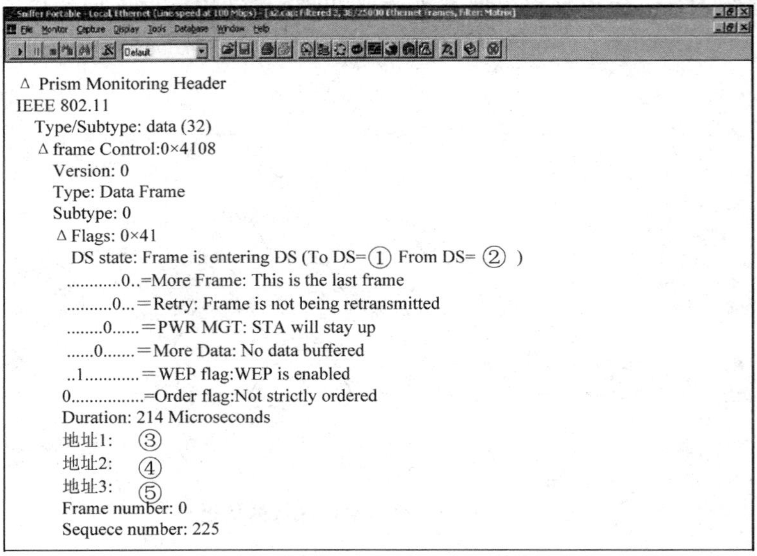

Sniffer Portable - Local Ethernet (Line speed at 100 Mbps)
File Monitor Capture Display Tools Database Window Help
Default
△ Prism Monitoring Header
IEEE 802.11
Type/Subtype: data (32)
△ frame Control:0×4108
Version: 0
Type: Data Frame
Subtype: 0
△ Flags: 0×41
DS state: Frame is entering DS (To DS=① From DS= ②)
............0..=More Frame: This is the last frame
..........0...=Retry: Frame is not being retransmitted
........0......=PWR MGT: STA will stay up
......0.......=More Data: No data buffered
..1...........=WEP flag:WEP is enabled
0................=Order flag:Not strictly ordered
Duration: 214 Microseconds
地址1: ③
地址2: ④
地址3: ⑤
Frame number: 0
Sequece number: 225

图 4-78 (续)

第 5 章

网络层

本章在物理层与数据链路层讨论的基础上,将系统地介绍网络层的基本概念、网络层功能、IP 协议以及网络互联、路由选择与路由器的基本概念。

本章教学要求

- 理解:网络层与网络互联的基本概念。
- 掌握:IPv4 协议的基本内容。
- 掌握:IP 地址、路由算法与路由协议的基本概念。
- 掌握:地址解析协议 ARP 的基本概念与方法。
- 掌握:路由器与第三层交换的基本概念。
- 掌握:IPv6 协议的基本内容。
- 掌握:移动 IP 协议的基本概念。
- 掌握:ICMP 协议与 IGMP 协议的基本概念。
- 掌握:MPLS 协议与虚拟专网 VPN 的基本概念。

5.1 网络层与 IP 协议

5.1.1 网络层基本概念

目前我们设计与组建的网络不仅需要覆盖一个大学的实验室、一个校园、一家公司、一个政府机关,更重要的是要接入 Internet。在 Internet 环境中,假如你给远在欧洲的同学发一封电子邮件,其实你并不知道这封邮件是通过什么样的传输路径,如何在很短的时间内就可以传送到对方。当你通过 Google 搜索关于物联网发展资料时,你并不需要知道你现在浏览的 Web 服务器位于何方。你可能是南开大学计算机系的学生,你正在与美国 MIT 计算机系网络实验室的一位合作伙伴协同完成一项 WSN 网络软件的开发工作,你并不需要知道你们之间的通信是通过哪些网络传输的。我们之所以能够方便地在 Internet 上享受各种网络服务,正是因为有网络层 IP 的支持。网络层通过路由选择算法,为 IP 分组从源主机到目的主机选择一条合适的传输路径,为传输层提供端-端数据传输服务。

5.1.2 IP协议的发展与演变

1. IPv4协议研究的背景

描述IPv4协议的最早文档RFC791出现在1981年,那个时候Internet的规模很小,计算机网络主要用于科研与部分参与研究的大学,在这样的背景下产生的IPv4协议,不可能适应以后Internet规模的扩大和应用范围的扩张,修改和完善是必然的。伴随着Internet规模的扩大和应用的深入,作为Internet核心协议之一的IPv4协议也一直处于一个不断补充、完善的过程,但是IPv4版本的主要内容一直没有发生任何实质性的变化。实践证明,IPv4协议是健壮和易于实现的,并且具有很好的可操作性。它本身也经受住了Internet从一个小型的科研网络,发展到今天这样的全球性大规模网际网的考验,这些都说明IPv4协议的设计是成功的。

2. IPv4协议发展与演变的过程

图5-1给出了IPv4协议的研究与发展的过程示意图。

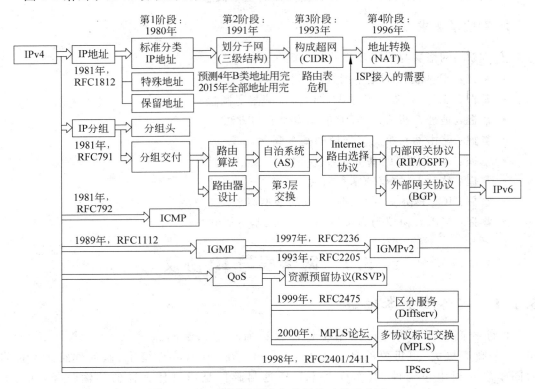

图5-1　IPv4协议的研究与发展的过程示意图

在讨论IPv4协议时,需要注意以下问题。

（1）在讨论IPv4协议的研究与发展过程时,首先应该肯定IPv4协议对Internet的发展产生很重要的作用。早期设计的IP分组结构、IPv4地址、网络层服务质量QoS都不能够满足Internet大规模发展的要求。今后除了计算机之外,各种智能手机以及移动数字终端都要在IP网络环境中工作,因此IP协议必然要进行改进。

（2）IPv4 协议发展的过程可以从不变和变化两个部分去认识。IPv4 协议中对于分组结构与分组头结构的规定是不变的；变化的部分可以从 IP 地址处理方法、分组交付的路由算法与路由选择协议，以及如何提高协议的可靠性、服务质量与安全性等三个方面来认识。

（3）凡事都有一个限度。当 Internet 规模发展到一定程度时，修改和完善 IPv4 已显得无济于事时，最终人们不得不期待着研究一种新的网络层协议，去解决 IPv4 协议面临的所有困难，这个新的协议就是 IPv6 协议。

2011 年国际 IP 地址管理部门宣布：在 2011 年 2 月 3 日的美国迈阿密会议上，最后 5 块 IPv4 地址被分配给全球 5 大区域 Internet 注册机构之后，IPv4 地址全部分配完毕。现实让人们深刻地认识到：IPv4 向 IPv6 的过渡已经迫在眉睫。

5.2 IPv4 协议的基本内容

5.2.1 IP 协议的主要特点

IP 协议的特点主要表现在以下几点。

1. IP 协议是一种无连接、不可靠的分组传送服务的协议

IP 协议提供的是一种无连接的分组传送服务，它不提供对分组传输过程的跟踪。因此，它提供的是一种"尽力而为"（best-effort）的服务。

（1）无连接（connectionless）意味着 IP 协议并不维护 IP 分组发送后的任何状态信息。每个分组的传输过程是相互独立的。

（2）不可靠（unreliable）意味着 IP 协议不能保证每个 IP 分组都能够正确地、不丢失和顺序地到达目的主机。

分组通过 Internet 的传输过程是十分复杂的，IP 协议的设计者必须采用一种简单的方法去处理这样一个复杂的问题。IP 协议设计的重点应该放在系统的适应性、可扩展性与可操作性上，而在分组交付的可靠性方面只能做出一定的牺牲。

2. IP 协议是点-点的网络层通信协议

网络层需要在 Internet 中为通信的两个主机之间寻找一条路径，而这条路径通常是由多个路由器、点-点链路组成。IP 协议要保证数据分组从一个到另一个路由器，通过多条路径从源主机到达目的主机。因此，IP 协议是针对源主机-路由器、路由器-路由器、路由器-目的主机之间的数据传输的点-点线路的网络层通信协议。

3. IP 协议屏蔽了互联的网络在数据链路层、物理层协议与实现技术上的差异

作为一个面向 Internet 的网络层协议，它必然要面对各种异构的网络和协议。在 IP 协议的设计中，设计者就充分考虑了这点。互联的网络可能是广域网，也可能是城域网或局域网。即使都是局域网，它们的物理层、数据链路层协议也可能不同。协议的设计者希望使用 IP 分组来统一封装不同的网络帧。通过 IP 协议，网络层向传输层提供的是统一的 IP 分组，传输层不需要考虑互联网络在数据链路层、物理层协议与实现技术上的差异，IP 协议使得异构网络的互联变得容易了。IP 协议对物理网络差异的屏蔽作用如图 5-2 所示。

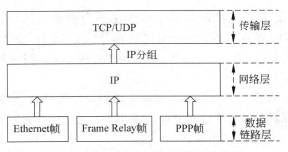

图 5-2　IP 对物理网络差异的屏蔽作用

5.2.2　IPv4 分组格式

1. IPv4 分组结构

RFC791 是最早的 IPv4 协议的文本,它对 IPv4 分组的结构有明确的规定。早期的协议将 IP 分组称为 IP 数据报。不同的文献和教材有的使用 IP 分组,有的使用 IP 数据报,它们在概念上是相同的。

图 5-3 给出了 IPv4 分组的结构。IPv4 分组由两个部分组成:分组头和数据。分组头有时也称为"首部",其长度是可变的。人们习惯用 4 字节为基本单元表示分组头字段。图中分组头的每行宽度是 4 字节,前 5 行是每个分组头中必须有的字段,第 6 行开始的是选项字段,因此 IPv4 分组头的基本长度是 20 字节。如果加上最长的 40 字节的选项,则 IP 分组头最大长度为 60 字节。

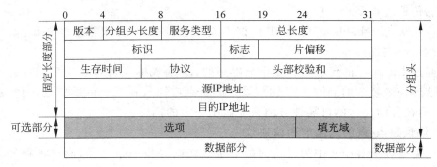

图 5-3　IPv4 分组的结构

2. IPv4 分组头格式

(1) 版本

版本(version)字段长度为 4 位,表示所使用的网络层 IP 协议的版本号。版本字段值为 4,表示 IPv4;版本字段值为 6,表示 IPv6。IP 软件在处理该分组之前必须检查版本号,以避免错误解释分组的内容。

(2) 分组头长度

分组头长度(IHL)字段长度为 4 位,它定义了以 4 字节为一个单位的分组头的长度。分组头中除了 IP 选项字段与填充字段之外,其他各项是定长的。报头的固定长度部分为 20 字节。因此,分组头长度字段最小值为 5(即 5×4B=20B)。

一个有 IP 选项(options)字段与填充(padding)字段的 IP 分组的分组头大于 20 字节。

同时,协议也规定:IP 分组的分组头长度必须是 4 字节的整数倍。如果不是 4 字节的整数倍,则由填充字段"添 0"补齐。

（3）区分服务

在分组头长度字段之后,最早的 RFC0791 规定了一个长度为 8 位服务类型（ToS）。ToS 字段用了 4 位:D（延迟）、T（吞吐量）、R（可靠性）与 C（成本）。但是,ToS 字段在路由器中并没有被很好地利用起来。1998 年 RFC2474、RFC3168 与 RFC3260 重新定义了这个长度为 8 位的字段,前 6 位为区分服务（DiffServ,DS）字段,后 2 位为显示拥塞通知（ECN）字段。区分服务（DS）字段只有在 IPv4 网络中提供区分服务时才起作用。显示拥塞通知（ECN）在路由器转发分组时设置,当一个被标识的分组被目的结点接收时,有些协议（如 TCP 协议）会发现分组被标识,并通知发送方,降低发送速度,这样可以在路由器因过载而丢弃分组之前缓解拥塞。

（4）总长度

总长度（total length）字段定义了以字节为单位的分组头字段与数据字段长度之和。该字段长度为 16 位,能表示的 IP 分组最大长度为 65535（即 $2^{16}-1$）字节。IP 分组的数据长度等于分组的总长度减去分组头长度。由于 IPv4 分组头是可变长度的,因此只有增加一个总长度字段,从而计算出分组数据部分的长度,并且能够确定 IP 分组中数据部分开始的位置。

（5）生存时间

IP 分组从源主机到达目的主机的传输延迟是不确定的。如果出现路由器的路由表错误,那么可能造成分组在网络中循环、无休止地流动。为了避免这种情况的出现,IPv4 协议设计了一个 8 位的生存时间（time-to-live,TTL）字段。生存时间 TTL 用来设定分组在 Internet 中的"寿命",它通常是用转发分组最多的路由器跳数（hop）来度量。生存时间 TTL 的初始值由源主机设置,经过一个路由器转发之后 TTL 值减 1。当 TTL 值为 0 时,路由器丢弃该分组并向源主机发送 ICMP 报文。

（6）协议

协议（protocol）字段是指使用 IP 协议的高层协议类型。协议字段长度为 8 位。表 5-1 给出了协议字段值所表示的高层协议类型。

表 5-1　协议字段值所表示的高层协议类型

协议字段值	高层协议类型	协议字段值	高层协议类型
1	ICMP	17	UDP
2	IGMP	41	IPv6
6	TCP	89	OSPF
8	EGP		

（7）头校验和

头校验和（header checksum）字段长度为 8 位。设置头校验和是为了保证分组头部的数据完整性。IP 分组只对分组头进行校验,而不包括分组数据,其原因主要有两点:

① IP 分组头之外的部分属于高层数据,高层数据都会有相应的校验字段,因此 IP 分组

216

可以不对高层数据进行校验。

② 由于每经过一个路由器,IP 分组头都要改变一次,但是数据部分并不改变。因此设置头校验和只对变化部分进行校验是合理的,这样可以减少路由器对每个接收分组的处理时间,提高路由器的运行效率。

(8) 地址

地址(address)字段包括源地址(source address)与目的地址(destination address)。源地址与目的地址字段长度都是 32 位,分别表示发送分组的源主机与接收分组的目的主机的 IP 地址。在分组的整个传输过程中,无论采用什么样的传输路径或如何分片,源地址与目的地址始终保持不变。

3. IP 分组的分片与组装

IP 分组作为互联网络结构(如图 5-4(a)所示)中网络层的数据必然通过数据链路层,封装成帧之后再通过物理层来传输。如图 5-4(b)所示,如果主机 A 向主机 B 发送 IP 分组,那么分组要经过路由器 R_1、R_2、R_3 互联的网络 $Ethernet_1$、$Ethernet_2$、$Ethernet_3$,以及使用 PPP 协议的点-点链路。不同的网络的数据链路层 MTU 的长度可能不同的,路由器在接收到分组并准备转发到目的主机时,首先根据下一个网络的数据链路层 MTU,决定该分组在转发之前是否需要分片。

假设主机 A 向主机 B 发送 IP 分组长度为 1420B(分组头没有选项,长度为 20B;数据字段的长度为 1400B)。由于 $Ethernet_1$、$Ethernet_2$ 的 MTU 均为 1500B,所以该分组从 Host A 经过 $Ethernet_1$、路由器 R_1、$Ethernet_2$,被 R_2 接受的过程都不需要做分片处理。但是,假设 PPP 链路协议规定的 MTU 的长度为 532B,那么路由器 R_2 在发送该分组时就需要考虑对分组进行拆分处理了。图 5-4(e)表示出不同网络的 MTU 是不同的。

PPP 链路协议规定的 MTU 的长度为 532B,当它组成第一个分片的 IP 分组时,仍然要保留 20B 长度的分组头,数据部分长度为 512B。第二个分片的 IP 分组仍然是由 20B 长度的分组头与长度为 512B 的数据部分组成。第三个分片的 IP 分组是由 20B 长度的分组头与长度为 376B 的数据部分组成。3 个分片的 IP 分组数据部分的长度总和为 1400B。分组拆分的结果如图 5-4(d)所示。图中的 ETH 表示 Ethernet 帧头,IP 表示 IP 分组头。

IP 报头中有 3 个字段与分片有关,即标识、标志与片偏移字段。标识(identification)字段长度为 16 位,最多可以分配 65 535 个 ID 值。主机在发送每一个 IP 分组时,将一个内部计数器值加 1 来产生标识字段的值。"标识"(Ident)用来表示属于同一个 IP 数据字段的分片。例如,本例中主机 A 给发送的 IP 分组分配的"标识"字段值为 6205,那么当这个分组被分片时,3 个分片的"标识"字段的值均为 6205。目的主机 B 在接收到多个分片时,就将标识字段值为 6205 的分片挑出来,重新组装成一个数据报。

图 5-5 给出了标志(flags)字段的结构。标志字段共 3 位,最高位为 0,该值必须复制到所有分组中。

不分片(do not fragment,DF)位的值必须被复制。DF=0,表示路由器可以分片;DF=1,表示路由器不能对分组进行分片。如果分组的长度超过 MTU,又不可以分片,那么这个分组只能丢弃,路由器用 ICMP 差错报文向源主机报告分组被丢弃。

分片(more fragment,MF)值表示该分片是不是最后一个分片。MF=1,表示接收的分片不是最后一个分片;MF=0,表示接收的是最后一个分片。

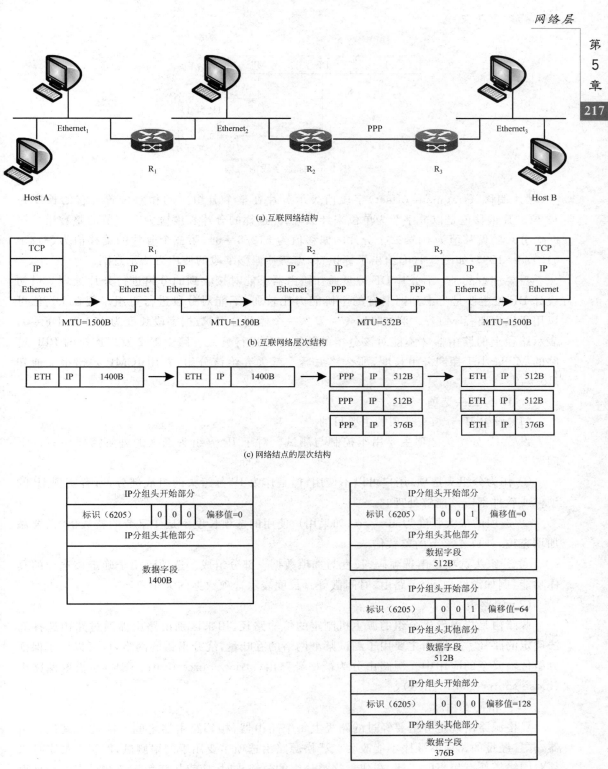

(a) 互联网络结构

(b) 互联网络层次结构

(c) 网络结点的层次结构

(d) 未分片与分片后的IP分组头

图 5-4   IP 分组的分片过程示意图

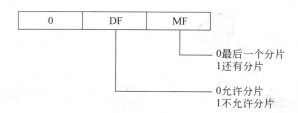

图 5-5　标志字段的结构

"片偏移"(fragment offset)字段值表示分片在整个分组中的相对位置。它的长度为 13 位。片偏移值是以 8 字节为单位来计数,因此选择的分片长度应为 8 字节的整数倍。第一个分片的偏移值为 0;第二个分片的偏移值为 512/8＝64;第三个分片的偏移值为(512＋512)/8＝128。如图 5-4(d)给出了标识、标志与片偏移字段的使用方法示意图。

需要注意的是:不分片 DF 位是通知路由器不能对接收到的分组进行分片处理。最初设计 DF 位主要是考虑到网上有的主机能力比较弱,不能对分段进行重组。现在 DF 位可以用于发现路径 MTU。例如,Host A 发送一个探测分组,数据字段长度为 1500B,DF＝0,表示路径上的路由器 2 不能对该分组的数据部分进行分片。路由器 2 发现连接的 PPP 链路的 MTU 小于探测分组长度,那么路由器 2 就丢弃给该分组,并用 ICMP 差错报文通知 Host A。

4. IP 分组头选项

(1) 设置 IP 分组头选项的主要目的

设置 IP 分组头选项主要用于控制与测试。对于 IP 分组头选项的理解需要注意以下问题。

① 作为分组头选项,用户可以不使用,但是作为 IP 分组头的组成部分,所有实现 IP 的硬件或软件都应该能够处理它。

② 选项的最大长度为 40 字节,如果用户使用的选项长度不是 4 字节的整数倍,需要添加填充位,补成 4 字节的整数倍。

③ 分组头选项是由选项码、长度与选项数据三部分组成。选项码用于确定该选项的具体功能,例如源路由、记录路由、时间戳等。长度表示选项数据的大小。

(2) 源路由

源路由是指由发送分组的源主机制定的传输路径,用来区别由路由器通过路由选择算法确定的路径。源路由主要用于测试某个网络的吞吐量,绕开出错的网络,也可以用于保证分组传输安全的应用中。源路由分为严格源路由(strict source route,SRR)与松散源路由(loose source route,LRR)。

① 严格源路由

严格源路由规定分组要经过的路径上每个路由器,相邻路由器之间不能插入其他路由器,并且经过的路由器顺序不能改变。严格源路由选项主要用于网络测试,网管人员本身必须对网络拓扑有相当的了解,在建立这类分组的分组头时,应直接将第一个测试点的地址设定为分组头中的目的地址,最后一个测试点主机地址设定为路径数据字段中的最后一个指定地址。

② 松散源路由

松散源路由规定分组一定要经过的路由器,但不是一条完整的传输路径,中途可以经过其他路由器。

(3) 记录路由

记录路由是将分组经过的每个路由器 IP 地址记录下来。记录路由选项常用于网络测试,例如网络管理员要了解发送到某个主机的分组经过哪些路由器才能到达目的主机,以及互联网络中的路由器配置是否正确。

(4) 时间戳(timestamp,TS)

时间戳可以记录分组经过每个路由器的本地时间。时间戳采用格林尼治时间,单位是毫秒(ms)。网络管理员可以利用它追踪路由器的运行状态,分析网络吞吐率、拥塞情况与负荷情况等。

5. 校验和计算方法

IP 分组头的校验和采取"二进制反码求和"算法。它的具体计算方法如下。

(1) 将 IP 分组头看成是 16 位字组成的二进制比特序列,计算之前将校验和字段置 0。

(2) 对 16 位字进行求和运算。如最高位出现进位,则将进位加到结果的最低位。

(3) 将最终求和结果取反,得校验和。

计算结束后,将校验和放到分组头的校验字段。校验和检错能力不是很强,但是算法简洁,运算速度快。图 5-6 给出了一个校验和计算过程的示例。

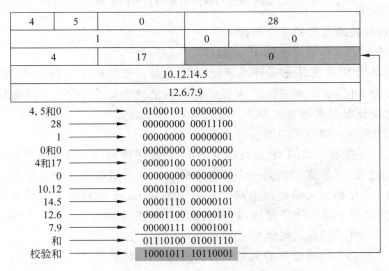

图 5-6 校验和计算过程的示例

5.3 IPv4 地址

5.3.1 IP 地址的基本概念

1. IP 地址技术发展的背景

IPv4 地址方案的制定大致在 1981 年。那时的网络规模比较小,用户通常是通过终端,经过大型或中小型计算机接入 ARPANET。因为初期的 ARPANET 是一个研究性的网络,即使把美国大约 2000 所大学和一些研究机构,连同其他国家的一些大学接入 ARPANET,总数也不会超过 16 000 个。IPv4 的 A 类、B 类与 C 类地址的总数在当时是足够分配的。IPv4 的设计者当初没有预见到 Internet 会发展得如此之快,近年来人们对 IP 地址的匮乏极为担忧。1987 年,有人预言:Internet 的主机数量可能增加到 10 万个,大多数专家都不相信,然而在 1996 年第 10 万台计算机已经接入 Internet。到了 2011 年 3 月,最后 5 块 IPv4 地址分配之后,世界上已经没有新的 IPv4 地址可分配了。IPv4 地址概念与划分地址新技术的研究大致可以分为 4 个阶段。图 5-7 给出了 IPv4 地址与划分地址新技术的研究过程示意图。

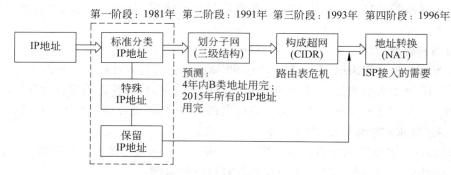

图 5-7　IPv4 地址与划分地址新技术的研究过程

2. IPv4 地址技术发展的 4 个阶段

(1) 第一个阶段:标准分类的 IP 地址

第一阶段是指 IPv4 采用的是标准分类的 IP 地址。按照标准分类的 IP 地址,A 类地址的网络号长度为 7 位,实际允许分配 A 类地址的网络只能有 125 个。B 类地址的网络号长度为 14 位,允许分配 B 类地址的网络只能有 16 384 个。

(2) 第二个阶段:划分子网的三级地址结构

第二阶段是在标准分类的 IP 地址的基础上,增加子网号的三级地址结构。标准分类的 IP 地址在使用过程中,暴露出的第一个问题是地址有效利用率低。针对标准分类地址利用率低的问题,1991 年研究人员提出子网 subnet 和掩码 mask 的概念。构成子网就是将一个大的网络,划分成几个较小的子网络,将传统的"网络号-主机号"的两级 IP 地址结构,变为"网络号-子网号-主机号"的三级结构。

(3) 第三个阶段:构成超网的无类别域间路由 CIDR 技术

第三个阶段是 1993 年提出的无类别域间路由(classless inter domain routing,CIDR)技术(RFC1519)。由于 CIDR 不是按标准的地址分类规则,而是将剩余的 IP 地址按可变大小的地址块来分配,同时 CIDR 地址涉及 IP 寻址与路由选择,正是因为有这两种重要的特征,CIDR 被称为无类别域间路由技术。

(4) 第四个阶段:网络地址转换 NAT 技术

第四个阶段是 1996 年提出的网络地址转换 NAT 技术(RFC2993、RFC3022)。IP 地址短缺已是非常严重的问题,而整个 Internet 迁移到 IPv6 的进程很缓慢。人们需要有一个在短时期内快速缓解地址短缺的方法,支持 IP 地址重用。网络地址转换(network address translation,NAT)技术就是在这样的背景下产生的。

5.3.2 标准分类 IP 地址

1. 网络地址的基本概念

理解网络地址需要注意以下问题。

(1) 名字、地址与路径

RFC791 指出了名字(name)、地址(address)与路径(route)概念的区别。名字说明他是谁,地址说明他在哪里,路径说明如何找到他。

(2) MAC 地址与 IP 地址

互联网络是由多个网络互联而成的。例如,一个校园网是将多个学院、系与很多实验室的局域网,通过路由器互联而成。连接到每个局域网的每台计算机都有一块网卡,也就是说每台计算机都有一个 MAC 地址。这个 MAC 地址称为"物理地址"。IP 地址是网络层的地址,主要用于路由器的寻址,因此 IP 地址采用层次结构。相对于数据链路层的固定和不变的物理地址,网络层是由网管人员分配和可以通过软件来设置的,因此人们也把它称为"逻辑地址"。

(3) IP 地址与网络接口

IP 地址标识的是一台主机或路由器与网络的接口。理解这一点很重要。图 5-8 给出了网络接口与 IP 地址的关系示意图。

局域网 LAN1 与 LAN2 都是 Ethernet,它们通过路由器互联。主机 1~3 通过 Ethernet 网卡连接 LAN1;主机 4~6 也是通过 Ethernet 网卡连接 LAN2;路由器 1 通过安装在机箱内的两块网卡分别连接 LAN1 与 LAN2 中。

以主机 1 为例,网卡一端插入主机 1 的主板扩展槽,将主机与网卡连接;另一端通过 RJ-45 端口与双绞线连接到 LAN1。主机 1 的 Ethernet 网卡的 MAC 地址是 01-2A-00-89-11-2B。网络管理员为主机 1 连接 LAN1 的接口(interface)分配一个 IP 地址 202.1.12.2。这样,主机 1 的 MAC 地址(01-2A-00-89-11-2B)与 IP 地址(202.1.12.2)就形成了一一对应的关系。同样,主机 2~6 也会形成 MAC 地址与 IP 地址的一一对应关系。

实际上,路由器是一台专门处理网络层路由与转发功能的计算机。图 5-8 中路由器通过接口 1 的 Ethernet 网卡连接 LAN1,通过接口 2 的网卡连接 LAN2。这两块网卡也都有固定的 MAC 地址。同时,网络管理员需要给它分配 IP 地址。接口 1 的网卡连接 LAN1,它与主机 1~3 在一个网络中,需要分配属于 LAN1 子网的 IP 地址 202.1.12.1。对于路由器插入 Ethernet 网卡的接口 1 通常记为 E1。这样,E1 的 MAC 地址为 21-30-15-10-02-55,对应的 IP 地址为 202.1.12.1。同样,接口 E2 的 MAC 地址为 01-0A-1B-10-02-52,对应的 IP 地址为 192.22.1.1。

(4) IP 地址的分配方法

IP 地址的分配可以分为以下三种情况。

① 为每一个网络接口分配一个 IP 地址

通常,一台计算机通过 Ethernet 网卡连接到网络中,网络管理员需要为这个网络接口分配一个 IP 地址。IP 地址与 MAC 地址一一对应,并且在 Internet 中是唯一的。

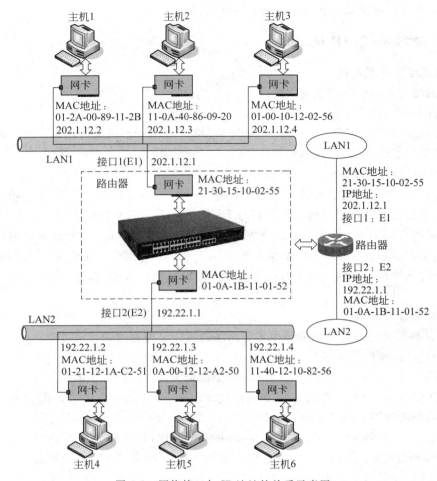

图 5-8 网络接口与 IP 地址的关系示意图

② 为多归属主机的每一个网络接口分配相应的 IP 地址

如果一台路由器或计算机要通过多个 Ethernet 网卡分别连接到多个网络中,那么这几块网卡就是连接这台主机到多个网络的网络接口,这类具有多个接口的主机又称为"多归属主机"或"多穴主机"。网络管理人员就必须为每一个网络接口分配一个相应的 IP 地址。这也就意味着:多归属主机可以有多个 IP 地址。

③ 可以为一个网络接口分配多个 IP 地址

如果有一个小的公司开发了一个网站。初期他们只在公司局域网中安装了一台服务器。这台服务器同时提供 Web、FTP、E-mail 与公司的 DNA 服务。随着公司业务的扩展,他们将会给每一种网络服务安装一台服务器。在这种情况下,网络管理员有两种办法:一种办法是,只给现有的这台服务器分配一个 IP 地址,等以后增加服务器时再分配新的 IP 地址;另一种办法是为服务器分配 4 个 IP 地址,每一个 IP 地址对应未来一台新的服务器,网络管理员在 DNS 上建立 IP 地址与服务器类型对应关系的条目。这种为一个网络接口分配多个 IP 地址的过程称为多网化或二级地址管理。例如,用 Cisco 路由器的 IOS 配置命令就可以为一个 Ethernet 接口分配多个 IP 地址:

```
interface ethernet 0
ip address 201.2.2.51 255.255.255.0
ip address 201.2.3.16 255.255.255.0 secondary
ip address 201.2.6.15 255.255.255.0 secondary
ip address 201.2.6.26 255.255.255.0 secondary
```

那么,对应于 Ethernet 接口 E0,就有 4 个 IP 地址。其中,201.2.2.51 是主 IP 地址,其余的三个是次地址。

通过以上的讨论可以总结出:

(1) 连接到 Internet 的每一个主机(计算机或路由器)至少有一个 IP 地址。

(2) IP 地址是分配给网络接口的。

(3) 多归属主机可以有多个 IP 地址。

(4) 一个网络接口也可以分配多个 IP 地址。

(5) 网桥、Ethernet 交换机属于数据链路层设备,使用 MAC 地址,不属于网络层设备,不分配 IP 地址。

2. IP 地址的点分十进制的表示方法

IPv4 的地址长度为 32 位,用点分十进制(dotted decimal)表示。通常采用 x. x. x. x 的格式来表示,每个 x 为 8 位。例如,202.113.29.119,每个 x 的值为 0～255。图 5-9 给出了标准分类的 IP 地址。

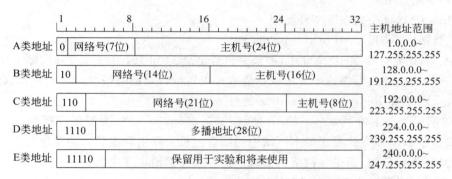

图 5-9 标准分类的 IP 地址

3. 标准 IP 地址的分类

(1) A 类地址

A 类地址网络号的第一位为 0,其余的 7 位可以分配。因此 A 类地址共分为大小相同的 $128(2^7 = 128)$ 块,每一块的 net ID 不同。

第一块覆盖的地址为:0.0.0.0～0.255.255.255(net ID=0)。

第二块覆盖的地址为:1.0.0.0～1.255.255.255(net ID=1)。

最后一块覆盖的地址为:127.0.0.0～127.255.255.255(net ID=127)。

但是,第一块和最后一块地址留做特殊用途,net ID=10 的 10.0.0.0～10.255.255.255 用于专用的地址,其余的 125 块可指派给一些机构。因此能够得到 A 类地址的机构只有 125 个。每个 A 类网络可以分配的主机号 host ID 可以是 $2^{24}-2=16\,777\,214$ 个。主机号为全 0 和全 1 的两个地址保留。

A 类地址覆盖范围为：1.0.0.0～127.255.255.255。

（2）B 类地址

B 类地址的前两位为 10,其余 14 位可以分配,可分配的网络号为 $2^{14}=16\,384$。B 类地址的主机号长度为 16 位,因此每个 B 类网络可以有 $2^{16}=65\,536$ 个主机号。主机号为全 0 和全 1 的两个地址保留。实际上,一个 B 类 IP 地址允许分配的主机号为 65 534 个。

B 类地址覆盖范围为：128.0.0.0～191.255.255.255。

（3）C 类地址

C 类 IP 地址前三位为 110,其余的 21 位可以分配,可分配的 C 类网络号为 $2^{21}=2\,097\,152$。主机号长度为 8 位,因此每个 C 类网络的主机号最多为 $2^8=256$ 个。主机号为全 0 和全 1 的两个地址保留。实际上,一个 C 类 IP 地址块允许分配的主机号为 254 个。

C 类地址覆盖范围为：192.0.0.0～223.255.255.255。

（4）D 类 IP 地址

D 类 IP 地址不标识网络,地址覆盖范围为：224.0.0.0～239.255.255.255。D 类 IP 地址用于其他特殊的用途,如多播(multicasting)地址。

（5）E 类 IP 地址

E 类 IP 地址暂时保留,地址覆盖范围为：240.0.0.0～247.255.255.255。E 类地址用于某些实验和将来使用。

4. 特殊地址形式

特殊的 IP 地址包括以下 4 种类型：

（1）直接广播(directed broadcasting)地址

在 A 类、B 类与 C 类 IP 地址中,如果主机号是全 1(如 191.1.255.255),那么这个地址为直接广播地址,路由器将这个分组以广播方式发送给特定网络(191.1.0.0)的所有主机。

（2）受限广播(limited broadcasting)地址

32 位网络号与主机号为全 1 的 IP 地址(255.255.255.255)为受限广播地址。它是用来将一个分组以广播方式发送给本网络中的所有主机。路由器接到目的地址为全 1 的分组时,不向外转发该分组,而是在网络内部以广播方式发送给全部主机。

（3）"这个网络上的特定主机"地址

在 A 类、B 类与 C 类 IP 地址中,如果网络号是全 0(如 0.0.0.25),该地址是这个网络上的特定主机地址。路由器接到这样的分组时,不向外转发该分组,而是直接交付给本网络中主机号为 25 的主机。

（4）回送地址(lookback address)

A 类 IP 地址中 127.0.0.0 是回送地址,它是一个保留地址。回送地址用于网络软件测试和本地进程间通信。TCP/IP 规定：网络号为 127 的分组不能出现在任何网络中;主机和路由器不能为该地址广播任何寻址信息。

Ping 应用程序可以发送一个将回送地址作为目的地址的分组,以测试 IP 软件能否接收或发送一个分组。一个客户进程可以用回送地址发送一个分组给本机的另一个进程,用来测试本地进程之间的通信状况。

5. 专用 IP 地址

RFC1918 提出了在 A、B、C 三类 IP 地址中各保留一部分地址作为专用 IP 地址。专用地址用于不接入 Internet 的内部网络。内部网络的主机向 Internet 发送分组时,需要将专用地址转换成全局 IP 地址。表 5-2 给出了保留的专用地址。

表 5-2　保留的专用地址

类	网　络　号	总数	类	网　络　号	总数
A	10.	1	C	192.168.0～192.168.255	256
B	172.16～172.31	16			

理解专用地址需要注意以下两个问题。

（1）如果 IP 分组使用了 10.1.0.1、172.16.1.12 或 192.168.0.2 地址,那么路由器就认为这是一个内部网络使用的 IP 地址,不会向 Internet 转发该分组。

（2）如果一个组织出于安全等原因,希望组建一个专用的内部网络,不准备连接到 Internet,或者在转发分组到 Internet 时希望使用网络地址转换（NAT）技术,那么该组织就可以使用专用 IP 地址。

5.3.3　划分子网的三级地址结构

1. 子网的概念

标准分类的 IP 地址存在着两个主要问题:IP 地址的有效利用率与路由器的工作效率。为了解决这个问题,人们提出子网（subnet）的概念。RFC940 对子网的概念和划分子网的标准做出了说明。研究子网划分的基本思想是:借用主机号的一部分作为子网的子网号,划分出更多的子网 IP 地址,而对于外部路由器的寻址没有影响。

2. 划分子网的地址结构

标准的 A 类、B 类与 C 类 IP 地址是包括网络号 net ID 与主机号 host ID 两级的层次结构。划分子网技术的要点如下。

（1）三级层次的 IP 地址是:net ID-subnet ID-host ID,增加了一级子网号 subnet ID。

（2）同一个子网中所有的主机必须使用相同的网络号与子网号（net ID-subnet ID）。

（3）子网的概念可以用于 A 类、B 类或 C 类 IP 地址。

（4）子网之间的距离必须很近。分配子网是一个组织和单位内部的事,它既不用向 ICANN 申请,也不需要改变任何外部路由器的数据库。

要求"子网之间的距离必须很近"主要是从 Internet 路由器工作效率角度考虑。使用子网最好是在一个大的校园或公司内,因为外部主机只要知道网络地址,就可以通过校园或公司的路由器,方便地访问校园或公司内部的多个子网。

3. 子网掩码的概念

一个标准的 IP 地址,无论用二进制或用点分十进制表示,都可以从数值上直观地判断它的类别,指出它的网络号和主机号。但是,当包括子网号的三层结构的 IP 地址出现后,一个很现实的问题是:如何从 IP 地址中提取出子网号。为了解决这个问题,人们提出子网掩码（subnet mask）或掩码（mask）的概念。子网掩码有时又称为子网屏蔽码。

掩码的概念同样适用于没有进行子网划分的 A 类、B 类或 C 类地址。图 5-10 给出了标准 A 类、B 类或 C 类地址掩码。

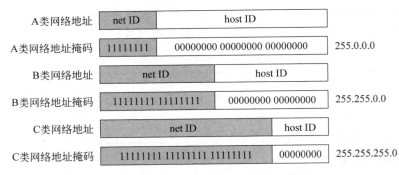

图 5-10　标准 A 类、B 类或 C 类地址掩码

如果路由器处理的是一个标准的 IP 地址,它只要判断二进制 IP 地址的前两位值,如果是 10,则它一定是一个 B 类地址。B 类地址的网络号长度为 16 位,该 IP 地址的前 16 位表示网络号,后 16 位表示主机号。如果路由器在处理划分子网之后的三层结构 IP 地址时,需要给它 IP 地址和子网掩码。图 5-11 给出了一个 B 类地址划分为 64 个子网的例子。标准 B 类地址的 16 位的网络号不变,如果需要划分出 64(2^6)个子网,可以借用原 16 位主机号中的 6 位,该子网的主机号就变成 10 位。B 类 IP 地址 190.1.2.26,它的子网掩码用点分十进制表示为 255.255.252.0;另外一种表示方法是 190.1.2.26/22。

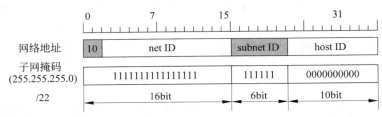

图 5-11　一个 B 类地址划分为 64 个子网的例子

4. 子网规划与地址空间划分的基本方法

我们可以用下面的例子,对子网规划与地址空间划分的方法加以说明。

一个校园网要对一个 B 类 IP 地址(156.26.0.0)进行子网划分。该校园网是由近 210 个局域网组成。考虑到校园网的子网数量不超过 254 个,因此可行的方案是进行子网划分时子网号的长度为 8 位。这样的子网掩码为 255.255.255.0。

在以上子网划分的方案中,校园网可用的 IP 地址如下。

子网 1: 156.26.1.1~156.26.1.254
子网 2: 156.26.2.1~156.26.2.254
子网 3: 156.26.3.1~156.26.3.254
⋮
子网 254: 156.26.254.1~156.26.254.254

由于子网地址与主机号不能使用全 0 或全 1,因此校园网只能拥有 254 个子网,每个子网只能有 254 台主机。

在确定子网长度时,应该权衡两个方面的因素:子网数与每个子网中主机与路由器数。在子网划分过程中,不能简单地追求子网数量,通常是以满足基本要求,并考虑留有一定的

5. 可变长度子网掩码(variable length subnet masking,VLSM)技术

在某种情况下,需要在子网划分时考虑不同的子网号长度。RFC1009 文档对变长子网的划分做出了说明。

例如某个公司申请一个 C 类 202.60.31.0 的 IP 地址。该公司有 100 名员工在销售部门工作,50 名员工在财务部门工作,50 名员工在设计部门工作。要求为销售部门、财务部门与设计部门分别组建子网。

针对这种情况,可以通过 VLSM 技术,将一个 C 类 IP 地址分为三个部分,其中子网 1 的地址空间是子网 2 与子网 3 的地址空间的两倍。

(1) 使用子网掩码为 255.255.255.128,将一个 C 类 IP 地址划分为两半。在二进制计算中,运算过程如下。

```
主机的 IP 地址:  11001010 00111100 00011111 00000000  (202.60.31.0)
子网掩码:       11111111 11111111 11111111 10000000  (255.255.255.128 或 /25)
与运算结果:     11001010 00111100 00011111 00000000  (202.60.31.0)
```

(2) 运算结果表明:可以将 202.60.31.1～202.60.31.126 作为子网 1 的 IP 地址,而将余下的部分进一步划分为两半。由于 202.60.31.127 第 4 个字节是全 1,被保留作为广播地址,不能使用;子网 1 与子网 2、子网 3 的地址空间交界点在 202.60.31.128;可以使用子网掩码为 255.255.255.192。子网 2 与子网 3 的地址空间的计算过程如下。

```
主机的 IP 地址:  11001010 00111100 00011111 10000000  (202.60.31.128)
子网掩码:       11111111 11111111 11111111 11000000  (255.255.255.192 或 /26)
与运算结果:     11001010 00111100 00011111 10000000  (202.60.31.128)
```

平分后的两个较小的地址空间分配给子网 2 与子网 3。对于子网 2 来说,第一个可用地址是 202.60.31.129,最后的一个可用地址是 202.60.31.190。子网 2 的可用地址范围是 202.60.31.129～202.60.31.190。

(3) 下一个地址 202.60.31.191 中 191 是全 1 的地址,需要留做广播地址。接下来的地址是 202.60.31.192,它是子网 3 的第一个地址。子网 3 的可用地址范围是 202.60.31.193～202.60.31.254。所以,采用变长子网划分的三个子网的 IP 地址分别如下。

```
子网 1:202.60.31.1～202.60.31.126
子网 2:202.60.31.129～202.60.31.190
子网 3:202.60.31.193～202.60.31.254
```

其中,子网 1 使用的子网掩码为 255.255.255.128(/25),允许使用的主机号为 126 个;子网 2 与子网 3 的子网掩码 255.255.255.192(/26),它们可以使用的主机号均为 61 个。该方案可以满足公司的要求。

图 5-12 给出了可变长度子网划分的结构。变长子网划分的关键是找到合适的可变长度子网掩码。

5.3.4 无类别域间路由

1. 无类别域间路由的基本概念

在可变子网掩码的基础上,人们提出了无类别域间路由(CIDR)的概念。RFC1517～

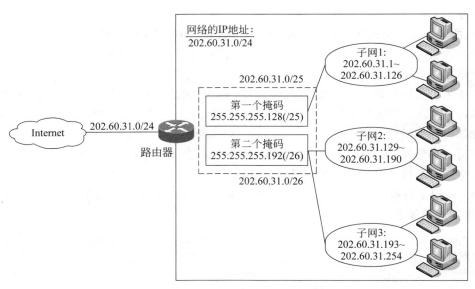

网络的IP地址：
202.60.31.0/24

202.60.31.0/25

第一个掩码
255.255.255.128(/25)

第二个掩码
255.255.255.192(/26)

202.60.31.0/26

子网1：
202.60.31.1~
202.60.31.126

子网2：
202.60.31.129~
202.60.31.190

子网3：
202.60.31.193~
202.60.31.254

Internet   202.60.31.0/24

路由器

图 5-12   可变长度子网划分的结构

1520 对 CIDR 进行了定义，并且已经形成 Internet 的建议标准协议。理解 CIDR 技术的特点需要注意以下问题。

（1）CIDR 将剩余的 IP 地址按可变大小的地址块来分配。与传统的标准分类 IP 地址与子网地址划分的方式相比，CIDR 是以任意的二进制倍数的大小来分配地址。

（2）由于 CIDR 不采用传统的标准 IP 地址分类方法，无法从地址本身来判定网络号的长度，因此 CIDR 地址采用"斜线记法"，即〈网络前缀〉/〈主机号〉。例如，用 CIDR 方法给出一个地址块中的一个 IP 地址是 200.16.23.1/20，那么它表示在这个 IP 地址的前 20 位是网络前缀，后 12 位是主机号，其地址结构为：

200.16.23.0/20= **11001000 00010000 0001** 0111 00000001

这个地址中前 20 位（用粗体与下划线表示）的是网络号，剩下的后 12 位是主机号。

（3）CIDR 将网络前缀相同的连续的 IP 地址组成一个"CIDR 地址块"。200.16.23.1/20 的网络前缀为 20 位，那么该地址块有的主机号可以达到 2^{12}(4096)个。

（4）一个 CIDR 地址块由块起始地址与前缀来表示。地址块的起始地址是指地址块中地址数值最小（即主机号为全 0）的一个。例如，200.16.23.1/20 地址块中起始地址的主机号应该为全 0，那么这个地址块的最小地址的结构为：

200.16.16.0/20= **11001000 00010000 0001** 0000 00000000

这个地址块中最大地址是主机号为全 1 的地址，其结构为：

200.16.31.255/20= **11001000 00010000 0001** 1111 11111111

200.16.23.0/20 所在的地址块由初始地址与前缀表示，即为 200.16.16.0/20。

（5）与标准分类 IP 地址一样，主机号为全 0 的网络地址，以及主机号为全 1 的广播地址不分配给主机，因此这个 CIDR 地址块中可以分配的 IP 地址为：

200.16.16.1/20～200.16.31.254/20

2. 无类别域间路由的应用

如果一个校园网管理中心获得 200.24.16.0/20 的地址块,它希望将它划分为 8 个等长的较小的地址块,网管人员可以采取前面介绍的方法,继续借用 CIDR 地址中 12 位是主机号的前三位,以实现进一步划分地址块的目的。图 5-13 给出了一个划分 CIDR 地址块的例子。

校园网地址	200.24.16.0/20	11001000 00011000 00010000 00000000
计算机系地址	200.24.16.0/23	11001000 00011000 0001000 00000000
自动化系地址	200.24.18.0/23	11001000 00011000 0001001 00000000
电子系地址	200.24.20.0/23	11001000 00011000 0001010 00000000
物理系地址	200.24.22.0/23	11001000 00011000 0001011 00000000
生物系地址	200.24.24.0/23	11001000 00011000 0001100 00000000
中文系地址	200.24.26.0/23	11001000 00011000 0001101 00000000
化学系地址	200.24.28.0/23	11001000 00011000 0001110 00000000
数学系地址	200.24.30.0/23	11001000 00011000 0001111 00000000

20bit

图 5-13 一个划分 CIDR 地址块的例子

讨论:

(1) 从以上例子可以看出,对于计算机系来说,它被分配 200.24.16.0/23 的地址块,网络地址为 23 位 11001000 00011000 0001000,地址块的最小起始地址是 200.24.26.0,可分配的地址数为 2^9 个。对于自动化系来说,它被分配 200.24.18.0/23 的地址块,网络地址为 23 位 11001000 00011000 0001001,地址块的最小起始地址是 200.24.18.0,可分配的地址数为 2^9 个。同样,8 个系都获得同等大小的地址空间。

(2) 分析计算机系与自动化系的网络地址

计算机系的网络地址: 11001000 00011000 0001000

自动化系的网络地址: 11001000 00011000 0001001

两个系分配的网络地址的前 20 位是相同的,并且 8 个地址块网络地址的前 20 位都是相同的。这个结论说明 CIDR 地址的一个重要特点:地址聚合(address aggregation)和路由聚合(router aggregation)的能力。

图 5-14 给出了划分 CIDR 地址块后的校园网结构。在这个结构中,连接到 Internet 的主路由器向外部网络发送一个通告,说明它接收所有目的地址的前 20 位与 200.24.16.0/20 相符的分组。外部网络不需要知道在 200.24.16.0/20 地址块校园网的内部还有 8 个系级的网络存在。

CIDR 技术通常用在将多个 C 类 IP 地址归并到单一的网络中,并且在路由表中使用一项来表示这些 C 类 IP 地址。表 5-3 给出了 CIDR 及对应的掩码。网络前缀越短,其地址块所包含的地址数则越多。

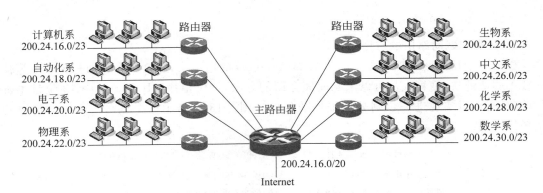

图 5-14   划分 CIDR 地址块后的校园网结构

表 5-3   CIDR 及对应的掩码

CIDR	对应的掩码	CIDR	对应的掩码	CIDR	对应的掩码
/8	255.0.0.0	/16	255.255.0.0	/24	255.255.255.0
/9	255.128.0.0	/17	255.255.128.0	/25	255.255.255.128
/10	255.192.0.0	/18	255.255.192.0	/26	255.255.255.192
/11	255.224.0.0	/19	255.255.224.0	/27	255.255.255.224
/12	255.240.0.0	/20	255.255.240.0	/28	255.255.255.240
/13	255.248.0.0	/21	255.255.248.0	/29	255.255.255.248
/14	255.252.0.0	/22	255.255.252.0	/30	255.255.255.252
/15	255.254.0.0	/23	255.255.254.0		

从表 5-3 中可以看出,子网掩码有两种表示方式。以 190.25.100.52 的前 26 位为网络地址为例,它可以写为:IP 地址为 190.25.100.52,子网掩码为 255.255.255.192。另一种写法为:190.25.100.52/26。

5.3.5   网络地址转换

1. 网络地址转换的基本概念

(1)研究网络地址转换技术的背景

研究网络地址转换(NAT)技术出于两个目的:一是由于 IPv4 过渡到 IPv6 的进程很缓慢,因此需要有一种短时间内有效缓解 IP 地址短缺的办法,那就是网络地址转换(NAT)技术(RFC2663、2993、3022、3027、3235);二是出于网络安全的目的。例如,在某些企业内部、政府部门专网等对 Internet 访问需要严格控制的内部网络系统中,NAT 与代理服务器、防火墙技术结合起来使用,采用一个内部专用 IP 地址与一个全局 IP 地址一对一对应的静态映射方式,达到隐藏内部网络地址的目的。

从缓解 IP 地址短缺的角度,NAT 技术主要用于 4 类应用领域:ISP、ADSL、有线电视与无线移动接入的动态 IP 地址分配。在使用专用 IP 地址设计的内部网络中,如果内部网络的主机要访问 Internet 或外部网络服务器时,需要使用 NAT 技术。图 5-15 给出了 ISP

使用 NAT 技术的结构示意图。

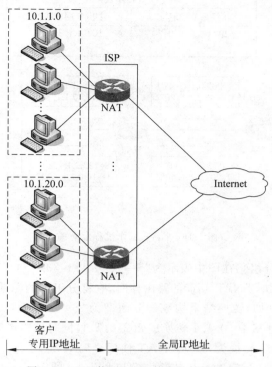

图 5-15　ISP 使用 NAT 技术的结构示意图

（2）动态 NAT 与静态 NAT

为 ADSL 用户提供拨号服务的 ISP 使用 NAT 技术可以实现 IP 地址的重用,节约 IP 地址。例如,ISP 有 1000 个全局 IP 地址,但是它有 5000 个使用专网内部专用 IP 地址的用户。ISP 在具有 NAT 功能的路由器中保持一个 IP 地址池,管理着多个全局 IP 地址。凡是需要访问外部 Internet 服务器的用户首先要向 NAT 路由器申请,由 NAT 以动态方式从 IP 地址池中临时分配一个全局 IP 地址给用户;用户访问结束后,NAT 路由器收回 IP 地址,供其他用户使用。这种方式属于多对多的动态映射方式。

（3）NAT 与 NAPT

为了正确地实现 NAT 功能,NAT 设备必须维护两个地址空间:内部专用 IP 地址与外部全局 IP 地址在变换过程中的对应关系。实际应用中存在着两种可能:一是只完成专用 IP 地址与全局 IP 地址变换,这种方法称为网络地址变换;另一种方法是在专用 IP 地址与全局 IP 地址变换的同时,变换传输层的 TCP 或 UDP 的端口号,这种方法称为网络地址端口变换(NAPT)。在很多文档中,这两种方法统称为 NAT。

2. 网络地址转换的工作原理

图 5-16 给出了 NAT 的基本工作原理示意图。图中 NAT 的工作过程可以分为以下 4 步。

（1）如果内部 IP 地址为 10.0.1.1 的主机希望访问 Internet 上地址为 202.0.1.1 的 Web 服务器,它产生一个源地址 S=10.0.1.1,端口号为 3342;目的地址 D=135.2.1.1,端

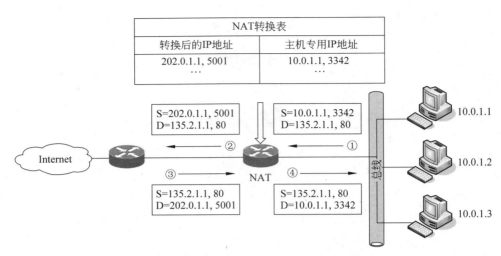

NAT转换表	
转换后的IP地址	主机专用IP地址
202.0.1.1, 5001	10.0.1.1, 3342
...	...

图 5-16　NAT 工作过程示意图

口号为 80 的分组①。分组①在图中表示为"S＝10.0.1.1,3342 D＝135.2.1.1,80"。

(2) 当分组①到达执行 NAT 功能的路由器时,它将分组①的源地址从内部专用 IP 地址转换成全局 IP 地址。例如,转换结果构成的分组②为"S＝202.0.1.1,5001 D＝135.2.1.1,80"。分组 1 的专用地址从 10.0.1.1 转换成 202.0.1.1,同时传输层客户进程的端口号也需要转换,本例中是从 3342 转换为 5001。NAT 使用全局 IP 地址 202.0.1.1 发送 IP 分组。

(3) 目的主机地址为 135.2.1.1、传输层端口号为 80 的 Web 服务器接收到分组②;返回的分组③"S＝135.2.1.1,80 D＝202.0.1.1,5001",传送到 NAT。

(4) NAT 接收到分组③之后,根据转换表产生分组④"S＝135.2.1.1,80 D＝10.0.1.1,3342"。内部网络专用 IP 地址为 10.0.1.1 的主机接收分组④。

NAT 在转换 IP 地址的同时转换传输层端口号的主要原因是:为了避免使用一个全局 IP 地址复用多个 TCP 连接时难以识别,同时又能够将多个内部 IP 地址隐藏在一个全局 IP 地址的后面。

3. 对网络地址转换方法的评价

尽管 NAT 对于 IP 地址短缺问题是一种很实用的方法,但是业界对 NAT 技术有很多的批评。这些意见主要可以归纳成以下三点。

(1) NAT 违反了 IP 设计的初衷,使 IP 从无连接变成面向连接;在网络层 IP 地址转换的同时转换传输层端口号,违反了网络体系结构设计中确定的不同层次之间相互独立的原则。

(2) 有些应用将 IP 地址插入在正文的内容中,例如标准的 FTP 与 IP Phone 的 H.323 协议。如果 NAT 与这类协议一起工作,NAT 协议需要根据不同协议做不同的调整。

(3) 由于 P2P 的文件共享与语音共享是建立在 IP 的基础上的,NAT 的存在,使得 P2P 实现出现了困难。

RFC2993 对 NAT 存在的问题进行了讨论。NAT 的反对者认为这种临时性的缓解 IP 地址短缺的方案只是推迟了 IPv6 迁移的进程,而并没有解决深层次的问题。

5.4　路由选择算法与分组交付

5.4.1　分组交付和路由选择的基本概念

1. 分组交付的基本概念

（1）默认路由器的概念

分组交付（forwarding）是指在 Internet 中主机、路由器转发 IP 分组的过程。多数主机先接入一个局域网，局域网通过一台路由器再接入 Internet。这种情况下，这台路由器就是局域网主机的默认路由器（default router），又称为第一跳路由器（first-hop router）。每当这台主机发送一个 IP 分组时，它首先将该分组发送到默认路由器。因此，发送主机的默认路由器称为源路由器，与目的主机连接的路由器称为目的路由器。早期的文献中通常将默认路由器称为默认网关。

（2）直接交付和间接交付的概念

分组交付可以分为两类：直接交付和间接交付。路由器需要根据分组的目的地址与源地址是否属于同一个网络，判断是直接交付还是间接交付。图 5-17 给出了分组交付的过程示意图。

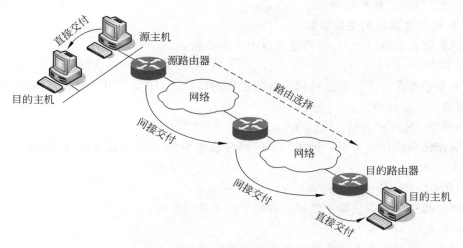

图 5-17　分组交付的过程示意图

① 当分组的源主机和目的主机在同一个网络，或是当目的路由器向目的主机传送时，分组将直接交付。

② 如果目的主机与源主机不在同一网络，分组就要间接交付。

2. 评价路由选择的依据

分组交付的路径由路由选择算法（routing algorithm）决定。为一个分组选择从源主机传送到目的主机的路由问题，可以归结为从源路由器到目的路由器的路由选择问题。路由选择的核心是路由选择算法，路由选择算法是生成路由表的依据。一个理想的路由选择算法应具有以下特点。

(1) 算法必须是正确、稳定和公平的

沿着路由表所指引的路径,分组能够从源主机到达目的主机。在网络通信量和网络拓扑相对稳定的情况下,路由选择算法应收敛于一个可以接受的解。算法对所有用户是平等的。网络系统一旦投入运行,要求算法能够长时间、连续和稳定地运行。

(2) 算法应该尽量简单

路由选择算法的计算必然要耗费路由器的计算资源,影响分组转发的延时。设计路由器的路由选择算法时,必然要在路由效果与路由计算代价两种之间做出选择。算法简单、有效才有实用价值。

(3) 算法必须能够适应网络拓扑和通信量的变化

实际网络的拓扑与通信量每时每刻都在变化。当路由器或通信线路发生故障时,算法应能及时地改变路由,绕过故障的路由器或链路。当网络的通信量发生变化时,算法应能自动改变路由,以均衡链路的负载。

(4) 算法应该是最佳的

算法的"最佳"是指以低的开销(overhead)转发分组。衡量开销的因素可以是链路长度、数据速率、链路容量、安全、传播延时与费用等。正是因为需要考虑很多因素,因此不存在一种绝对的最佳路由算法。"最佳"是指算法根据某种特定条件和要求,给出较为合理的路由。因此,"最佳"是相对的。

3. 路由选择算法的主要参数

在讨论路由选择算法时,将会涉及以下 6 个参数。

(1) 跳数(hop count)

跳数是指一个分组从源主机到达目的主机的路径上,转发分组的路由器数量。一般来说,跳数越少的路径越好。

(2) 带宽(bandwidth)

带宽指链路的传输速率。例如,T1 链路传输速率为 1.544Mbps,也可以说 T1 链路的带宽为 1.544Mbps。

(3) 延时(delay)

延时是指一个分组从源主机到达目的主机花费的时间。

(4) 负载(load)

负载是指通过路由器或线路的单位时间通信量。

(5) 可靠性(reliability)

可靠性是指传输过程中的分组丢失率。

(6) 开销(overhead)

开销通常是指传输过程中的耗费,这种耗费通常与所使用的链路长度、数据速率、链路容量、安全、传播延时与费用等因素相关。

路由选择是个非常复杂的问题,它涉及网络中的所有主机、路由器、通信线路。同时,网络拓扑与网络通信量随时在变化,这种变化事先无法知道。当网络发生拥塞时,路由选择算法应具有一定的缓解能力。由于路由选择算法与拥塞控制算法直接相关,因此只能寻找出相对合理的路由。

4. 路由选择算法的分类

在 Internet 中,路由器是采用表驱动的路由选择算法。路由表是根据路由选择算法产生的。路由表存储可能的目的地址与如何到达目的地址的信息。路由器在传送 IP 分组时必须查询路由表,以决定将分组通过哪个端口转发出去。

从路由选择算法对网络拓扑和通信量变化的自适应能力的角度划分,可以分为静态路由选择算法与动态路由选择算法两大类。路由表可以是静态的,也可以是动态的。

(1) 静态路由表

静态路由表的特征主要有以下两点。

① 静态路由选择算法也称为"非自适应路由选择算法",其特点是简单和开销较小,但不能及时适应网络状态的变化。

② 静态路由表是由人工方式建立的,网管人员将每个目的地址的路径输入到路由表中。网络结构发生变化时,路由表无法自动更新。静态路由表的更新工作必须由管理员手工完成。因此,静态路由表一般只用在小型的、结构不会经常改变的网络系统中,或者是故障查找的试验网络中。

(2) 动态路由表

动态路由表的特征主要有以下两点。

① 动态路由选择算法也称为"自适应路由选择算法",其特点是能较好地适应网络状态的变化,但实现起来较为复杂,开销也比较大。

② 大型互联网络通常采用动态路由表。在网络系统运行时,系统将自动根据路由选择协议建立路由表。当 Internet 结构变化时,例如当某个路由器出现故障或某条链路中断时,动态路由选择协议就会自动更新所有路由器中的路由表。不同规模的网络需要选择不同的动态路由选择协议。

5. 路由表的生成与使用

在 Internet 中每一台路由器都会保存一个路由表,路由选择是通过表驱动的方式进行的。在结构复杂的 Internet 中,要求每个路由器的路由表记录到达所有网络的路由是不可能的,一般的路由器只需要记录子网掩码、目的网络地址,下一跳路由器地址与路由器转发端口,而不可能是完整的路径。图 5-18 给出了一个小型校园网的简化网络结构示意图。

(1) 网络结构与 IP 地址

简化的校园网结构是由 3 个路由器连接了 4 个子网,校园网通过路由器 3 与 Internet 连接。为了把讨论的重点放在路由表生成与使用上,假设校园网使用一个标准的 C 类 IP 地址块。4 个子网的地址分别为:202.1.1.0/24、202.1.2.0/24、202.1.3.0/24 与 202.1.4.0/24;对于连接路由器 1 与路由器 2 的串行链路,分别分配了 202.1.5.1 与 202.1.5.2 的 IP 地址。网络中主机的地址以及路由器端口的地址如图 5-18 所示。

(2) 路由表的生成原理

下面通过路由器 2 的路由表生成过程的讨论,来说明路由表生成与应用的基本原理。连接路由器的串行线路接口用 S0(serial 0)、S1(serial 1)表示,E0、E1 分别表示 Ethernet 接口。

① 如果路由器 2 接收到一个目的地址为 202.1.1.2/24 的分组,那么路由器 2 可以根据掩码 255.255.255.0 确定该分组是发送到目的网络地址为 202.1.1.0 的子网 1。路由器

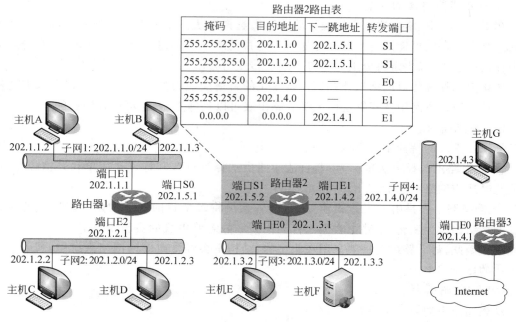

路由器2路由表

掩码	目的地址	下一跳地址	转发端口
255.255.255.0	202.1.1.0	202.1.5.1	S1
255.255.255.0	202.1.2.0	202.1.5.1	S1
255.255.255.0	202.1.3.0	—	E0
255.255.255.0	202.1.4.0	—	E1
0.0.0.0	0.0.0.0	202.1.4.1	E1

图 5-18　路由表的生成与使用示意图

2 将通过转发端口 S1 将分组传送到路由器 1。下一跳路由器的地址是 202.1.5.1。这样就可以形成路由表的第一项内容：掩码(255.255.255.0)、目的地址(202.1.1.0)、下一跳地址(202.1.5.1)、转发端口(S1)。

②　如果路由器 2 接收到一个目的地址为 202.1.2.2/24 的分组,那么路由器 2 可以根据掩码 255.255.255.0 确定该分组是发送到目的网络地址为 202.1.2.0 的子网 2。路由器 2 仍然是通过转发端口 S1,将分组传送到路由器 1 的端口 S0。下一跳路由器的地址是 202.1.5.1。这样就形成了路由表的第二项内容：掩码(255.255.255.0)、目的地址(202.1.2.0)、下一跳地址(202.1.5.1)、转发端口(S1)。

③　如果路由器 2 接收到一个目的地址为 202.1.3.2/24 的分组,那么路由器 2 可以根据掩码 255.255.255.0 确定该分组是发送到网络地址为 202.1.3.0 的子网 3。路由器 2 与子网 3 直接连接。路由器 2 以直接交付的方式,通过端口 E0 发送该分组。这样就形成了路由表的第三项内容：掩码(255.255.255.0)、目的地址(202.1.3.0)、下一跳地址(—)、转发端口(E0)。

④　如果路由器 2 接收到一个目的地址为 202.1.4.3/24 的分组,那么路由器 2 可以根据掩码 255.255.255.0 确定该分组是发送到目的网络地址为 202.1.4.0 的子网 4。路由器 2 与子网 4 直接连接。路由器 2 通过端口 E1 以直接交付的方式转发该分组。这就形成了路由表的第 4 项内容：掩码(255.255.255.0)、目的地址(202.1.4.0)、下一跳地址(—)、转发端口(E1)。

⑤　如果路由器 2 接收到一个目的地址为 128.12.8.20/18 的分组,那么路由器 2 判断该分组的目的主机不在校园网内,需要通过接入 Internet 的默认路由器(default route)转发出去。路由器 2 将通过端口 E1 以直接交付的方式,将该分组传送到路由器 3 的 E0 端口。那

么,路由表的第5项内容为:掩码(0.0.0.0)、目的地址(0.0.0.0)、下一跳地址(202.1.4.1)、转发端口(E1)。

在路由选择过程中,如果路由表中没有明确指明一条到达目的网络的路由信息,就可以将该分组转发到默认路由器。在这个例子中,路由器3就是路由器2的默认路由器。特殊地址0.0.0.0/0用来表示默认路由。

讨论:一个分组在逐跳转发过程中,分组头中源IP地址与目的IP地址是不变的,但是封装IP分组Ethernet帧的源MAC地址与目的MAC地址是变化的。例如,主机A要向主机G发送一个数据分组,那么在分组头中源IP地址是202.1.1.2、目的IP地址是202.1.4.3一直保持不变。但是,帧从主机A发送到路由器1时,帧的源MAC地址是主机A网卡的MAC地址,目的MAC地址是路由器1端口E1的网卡MAC地址。从路由器1到路由器2的源MAC地址是路由器1的端口S0的网卡地址,目的MAC地址是路由器2端口S1的网卡地址。因此,每一跳转发过程中分组头的源与目的IP地址保持不变,而MAC地址是需要改变的。

6. IP路由汇聚

(1)最长前缀匹配原则

路由器的路由表项数量越少,路由选择查询的时间就越短,通过路由器转发分组的延迟时间也就越少,路由汇聚是减少路由表项数量的重要手段之一。

在使用无类别域间路由(CIDR)协议后,IP分组的路由就通过和子网划分的相反过程汇聚。由于网络前缀越长则其地址块所包含的主机地址数越少,寻找目的主机就越容易。在使用CIDR的网络前缀表示法后,IP地址由网络前缀和主机号两部分组成,因此实际使用的路由表的项目也要相应地改变。路由表项由"网络前缀"和"下一跳地址"组成。这样,路由选择就变成从匹配结果中选择具有最长网络前缀的路由的过程,这就是"最长前缀匹配"(longest-prefix matching)的路由选择原则。

(2)路由汇聚过程

图5-19给出了一个CIDR的路由汇聚过程实例的示意图。其中,路由器R_G通过两条串行接口S0、S1与两台汇聚路由器R_E、R_F连接;路由器R_E、R_F分别通过两个Ethernet接口与4台接入路由器R_A、R_B、R_C、R_D连接。R_A、R_B、R_C、R_D分别连接网络地址为156.26.1.0/24~

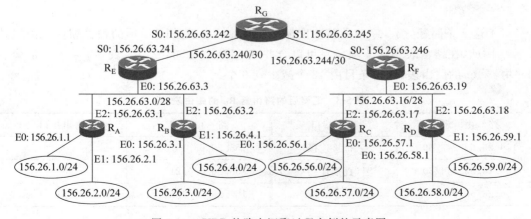

图5-19 CIDR的路由汇聚过程实例的示意图

156.26.4.0/24、156.26.56.0/24～156.26.59.0/24 的 8 个子网。

图中包括连接核心路由器与汇聚路由器的两个子网,共有 12 个子网。表 5-4 给出了路由器 R_G 的路由表,包括 12 个路由条目。

表 5-4　路由器 R_G 的路由表

路 由 器	输出接口	路 由 器	输出接口
156.26.63.240/30	S0(直接连接)	156.26.3.0/24	S0
156.26.63.244/30	S1(直接连接)	156.26.4.0/24	S0
156.26.63.0/28	S0	156.26.56.0/24	S1
156.26.63.16/28	S1	156.26.57.0/24	S1
156.26.1.0/24	S0	156.26.58.0/24	S1
156.26.2.0/24	S0	156.26.59.0/24	S1

从表 5-4 可以看出,路由器 R_G 的路由表可以简化。其中,前 4 项可以保留,后 8 项可以考虑合并成两项。

路由汇聚的方法是寻找 156.26.1.0/24～156.26.4.0/24 这 4 项的最长相同的前缀。在这个例子中,只要观察地址中的第三个字节:

1=00000001
2=00000010
3=00000011
4=00000100

对于这 4 条路径,第三个字节的前 5 位都是相同的,也就是说:4 项的最长相同的前缀是 21 位。因此,在路由表中这 4 项条目可以合并成:156.26.0.0/21。同样,观察 156.26.56.0/24～156.26.59.0/24 的第三个字节:

56=00111000
57=00111001
58=00111010
59=00111011

对于这 4 条路径,第 3 字节的前 6 位都是相同的。也就是说,4 项的最长相同的前缀是 22 位。因此,在路由表中这 4 项条目可以合并成:156.26.56.0/22。表 5-5 给出了汇聚后的路由器 R_G 的路由表,路由条目由 12 个减少到 6 个。

表 5-5　汇聚后的路由器 R_G 的路由表

路 由 器	输出接口	路 由 器	输出接口
156.26.63.240/30	S0(直接连接)	156.26.63.16/28	S1
156.26.63.244/30	S1(直接连接)	156.26.0.0/21	S0
156.26.63.0/28	S0	156.26.56.0/22	S1

如果路由器 R_G 接收到目的地址为 156.26.63.31 的分组,在路由表中寻找一条最佳的

匹配路由。它将分组的目的地址与一条路由比较,可以找出它与 156.26.63.16/28 地址前缀之间匹配的长度最长,那么路由器 R_G 将接收到目的地址为 156.26.63.31 的分组从 S1 接口转发。

5.4.2 路由表的建立、更新与路由选择协议

1. 解决 Internet 路由选择的基本思路

在讨论了路由选择算法基本概念的基础上,需要进一步研究实际网络环境中路由器路由表的建立、更新问题。而讨论路由表的建立、更新方法时,首先需要认识两个基本的问题。

(1) 在结构如此复杂的 Internet 环境中,试图建立一个能适用于整个 Internet 环境的全局性的路由选择算法是不切实际的。在路由选择问题上也必须采用分层的思路,以"化整为零"、"分而治之"的办法来解决这个很复杂的问题。

(2) 路由选择算法(routing algorithm)与路由选择协议(routing protocol)是有区别的。设计路由选择算法的目标是生成路由表,为路由器转发 IP 分组找出适当的下一跳路由器;设计路由选择协议的目标是实现路由表中路由信息的动态更新。

为了解决 Internet 中复杂的路由表生成与路由信息的动态更新问题,人们提出自治系统的概念。

2. 自治系统的基本概念

研究人员提出分层路由选择的概念,并将整个 Internet 划分为很多较小的自治系统(autonomous system,AS)。引进自治系统的概念可以使大型 Internet 的运行变得更有序。理解自治系统的概念,需要注意以下三个问题。

(1) 自治系统的核心是路由选择的"自治"。由于一个自治系统中的所有网络都属于一个行政单位,例如一所大学、一个公司、政府的一个部门,因此它有权自主地决定一个自治系统内部所采用的路由选择协议。

(2) 一个自治系统内部路由器之间能够使用动态的路由选择协议,及时地交换路由信息,精确地反映自治系统网络拓扑的当前状态。

(3) 自治系统内部的路由选择称为域内路由选择;自治系统之间的路由选择称为域间路由选择。对应于自治系统的结构,路由选择协议也分为两大类:内部网关协议(Interior Gateway Protocol,IGP)、外部网关协议(External Gateway Protocol,EGP)。

3. Internet 路由选择协议的分类

(1) 内部网关协议

内部网关协议是在一个自治系统内部使用的路由选择协议,这与 Internet 中的其他自治系统选用什么路由选择协议无关。目前内部网关协议主要有路由信息协议(Routing Information Protocol,RIP)和开放最短路径优先(open shortest path first,OSPF)协议。

(2) 外部网关协议

每个自治系统的内部路由器之间通过内部网关协议 IGP 交换路由信息,连接不同自治系统的路由器之间使用外部网关协议 EGP 交换路由信息。目前应用最多的外部网关协议是 BGP-4。图 5-20 给出了自治系统与 IGP、EGP 之间的关系示意图。

在研究路由选择协议时,需要注意以下问题。

(1) 早期 RFC 文档中使用的术语"网关"(gateway)就是路由器。新的 RFC 文档中使

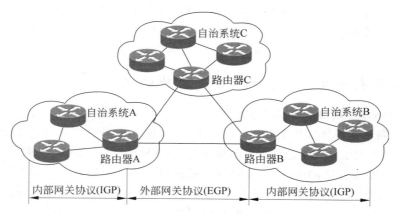

图 5-20　自治系统与 IGP、EGP 之间的关系示意图

用"路由器"。例如,在 RFC1058 描述 RIPv1 协议时使用的是 gateway,到 RFC1388 的 RIPv2 的描述中使用的是 router。

(2) IGP 与 EGP 是两种类型路由选择协议的统称,但是早期有一种外部网关协议也称为 EGP(RFC827),因此容易造成混淆。一种新的外部边界网关协议 BGP(RFC1771 与 1772)取代了 RFC827 的 EGP,成为目前广泛使用的一种边界网关协议。

(3) 目前的内部网关协议主要是路由信息协议(RIP)和开放最短路径优先(OSPF)协议。外部网关协议主要是边界网关协议(BGP)。

5.4.3　路由信息协议

路由信息协议(RIP)是基于距离向量(Vector-Distance,V-D)路由选择算法的内部路由协议。距离向量路由选择算法源于 1969 年的 ARPANET。1988 年公布的 RFC1058 描述 RIPv1 协议的基本内容。1993 年 RFC1388 对 RIPv1 进行了扩充,成为 RIPv2 协议。为了适应 IPv6 协议的推广,RIP 工作组于 1997 年公布 RIPng 协议文档(RFC2080)。1998 年 RIP 成为正式的 Internet 标准(STD-56)。

1. 距离向量路由选择算法

距离向量路由选择算法也称为 Bellman-Ford 算法。理解距离向量路由选择算法需要注意以下问题。

(1) 距离向量路由选择算法的设计思想比较简单,它要求路由器周期性地通知相邻路由器:自己可以到达的网络,以及到达该网络的距离(跳数)。

(2) 路由刷新报文主要内容是由若干(V,D)组成的表。(V,D)表中 V 代表向量(vector),标识该路由器可以到达的目的网络或目的主机;D 代表距离(distance),指出该路由器到达目的网络或目的主机的距离。

(3) 距离 D 对应该路由上的跳数(hop count)。协议规定:与路由器直接连接的网络或主机不需要经过中间路由器的转接,距离为 0;分组每经过一个路由器转发则距离值加 1。

(4) 相邻路由器在接收到某个路由器的(V,D)报文后,按照最短路径原则对各自的路由表进行刷新。

2. 距离向量路由协议的工作原理

（1）路由信息更新方法

在路由表建立之后,路由器周期性地向相邻路由器广播自己路由表的(V,D)信息。假设 R_1 路由器接收到相邻路由器 R_2 发送的 (V,D) 报文,路由器 1 按照以下规则更新路由表的信息:

规则 1：R_1 路由表中对应的一项记录比 R_2 发送的距离值要小或等于 D 值加 1,R_1 不修改该项记录。

规则 2：R_1 的路由表没有的路由记录,R_1 在路由表中增加该项,距离值为 R_2 提供的 D 值加 1,路由为 R_2。

规则 3：R_1 路由表中对应的一项记录比 R_2 距离 D 值要加 1,R_1 在路由表中修改该项,距离值为 R_2 提供的 D 值加 1,路由为 R_2。

规则 4：R_1 路由表中比 R_2 发送的报文多出的路由项,R_1 保留。

（2）R_1 路由表更新的过程

图 5-21 给出了一个自治系统中相邻的路由器 R_1 与 R_2 路由表信息更新过程示意图。

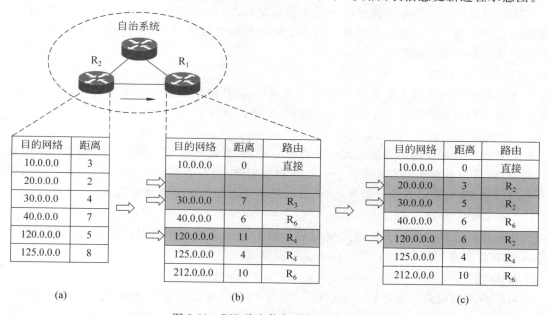

图 5-21　RIP 路由信息更新过程示意图

图 5-21(a)是更新前的 R_1 路由表,图 5-21(b)是 R_2 发送的 (V,D) 报文。在比较图 5-21(a)与图 5-21(b)后,可以找出图 5-21(c)中有三项做标记的记录已经修改。

第一项：图 5-21(b)中目的网络 10.0.0.0 的距离为 0,是与 R_1 直接连接的网络;而图 5-23(a)中的对应项距离为 3,根据规则 1,R_1 不修改此项。

第二项：图 5-21(a)中目的网络 20.0.0.0,而图 5-21(b)中 R_1 的路由表中没有该项记录,按照规则 2,R_1 增加该项记录"网络 20.0.0.0,距离为 2+1=3,路由为 R_2"。

第三项：图 5-21(a)中目的网络 30.0.0.0 的距离为 4,距离 D 值小于 R_1 对应项的值 7。按照规则 3,R_1 修改该项记录"目的网络 30.0.0.0,距离为 4+1=5,路由为 R_2"。

第四项：图 5-21(a)中目的网络 40.0.0.0 的距离为 7；而图 5-21(b)R_1 对应项距离为 6，根据规则 1，R_1 不修改此项。

第五项：图 5-21(a)中目的网络 120.0.0.0 的距离为 5，路由为 R_4，距离 D 值小于图 5-21(b)中 R_1 对应项的值 11。按照规则 3，R_1 修改该项为"距离为 5+1=6，路由为 R_2"。

第六项：图 5-21(a)中目的网络 125.0.0.0 的距离为 8；图 5-21(b)中 R_1 对应项距离为 4，根据规则 1，R_1 不修改此项。

第七项：图 5-21(b)中 R_1 的路由表中目的网络 212.0.0.0，而图 5-21(a)中 R_2 没有该项记录，按照规则 4，R_1 保留原记录。

更新后的路由表如图 5-21(c)所示。

3. 路由信息协议

路由信息协议在距离向量路由选择算法的基础上，规定了自治系统内部路由器之间的路由信息交互的报文格式与差错处理的相关规定，同时设置了周期更新定时器、延迟定时器、超时定时器与清除定时器共 4 个定时器。

(1) 周期更新定时器

RIP 协议为每个路由器设置一个周期更新定时器，每隔 30s 在相邻路由器之间交换一次路由更新信息。由于每个路由器的更新定时器都相对独立，因此它们同时以广播方式发送路由信息的可能性很小。

(2) 延时定时器

为了防止出现因触发更新而引起的广播风暴，RIP 协议增加一个延迟定时器。延迟定时器为每次路由更新产生一个随机延迟时间，它被控制在 1~5s。

(3) 超时定时器

RIP 协议为每个路由表项增加一个超时定时器，在路由表中一项记录被修改之时开始计时，当该项记录在 180s（相当于 6 个 RIP 刷新周期）没有收到刷新信息时，表示该路径已经出现故障，路由表将该项记录置为"无效"，而不是立即删除该项路由记录。

(4) 清除定时器

RIP 协议另外设置了一个清除定时器。如果路由表的一项路由记录置为"无效"超过 120s 没有收到更新信息，则立即从路由表中删除该项记录。

4. 讨论

根据距离向量路由选择算法，只有当一个距离短的路由信息出现时才修改路由表中的一项路由记录，否则就一直保留下去。这样有可能出现一个弊端，也就是如果某条路径已经出现故障，而对应这条路由的记录可能还一直会保留在路由表中。同时，由于出现路径环路而使路由表的距离不断增大。这种现象在 RIP 协议中称为"慢收敛"。为了避免这种情况的发生，RIP 采取了以下 4 项对策。

(1) 限定路径的最大距离值为 15，即当跳数达到 16 时判断为"目的网络不可到达"。

(2) 如果路由器 R_1 从相邻的路由器 R_2 获得的距离信息，R_1 不再向 R_2 发送该距离信息，这在 RIP 协议中称为"水平分割"。

(3) 路由器在得知目的网络不可达信息之后的 60s 时间内，不接受关于该目的网络可达的信息。

(4) 当某条路径故障，最早广播该路由的路由器在若干个路由刷新报文中继续保留该信息,并将距离定为 16。与此同时,可以触发路由刷新,立即广播刷新信息,这种方法在 RIP 协议中称为"毒性逆转"。

RIP 协议的优点是:RIP 协议限制每个自治系统中的相邻路由器之间交换路由表信息,因此配置与部署比较简单。同时,更新后的路由表使得每一个路由器到达每一个目的网络的跳数都是最小的,因此路由是最短的。RIP 协议的缺点是:允许的最大跳数是 16,因此 RIP 只适用于较小的互联网络。

5.4.4 最短路径优先协议

1. 最短路径优先协议的主要特点

随着 Internet 规模的不断扩大,RIP 的缺点表现得更加突出。为克服 RIP 的这些缺点,1989 年出现了开放最短路径优先(OSPF)协议。"开放"表示是一种通用的技术,而不是某个产商专有的技术。最短路径优先协议的路由选择算法是基于 Dijkstra 提出的最短路径算法(shortest path first,SPF)。

1998 年,OSPF 第二个版本 OSPF2 文档 RFC2328 成为路由选择协议标准。1999 年,公布基于 IPv6 的 OSPF 路由选择协议标准文档 RFC2740。

作为内部网关协议,OSPF 协议与 RIP 协议相比主要有以下 4 点区别。

(1) OSPF 使用的是链路状态协议(Link State Protocol,LSP),RIP 使用的是距离向量路由选择协议。

(2) OSPF 要求区域内一个路由器链路状态发生变化时要用链路状态更新分组,通过所有的输出端口向连接的相邻路由器(除去刚刚发送该信息的路由器)。每一个接收到链路状态更新分组的路由器又将该分组发送给自己相邻的路由器,这样通过洪泛法(flooding),使得整个区域中的所有路由器都可以得到链路状态更新的一个副本。而 RIP 协议要求周期性定时向相邻的路由器发送信息。

(3) OSPF 中的链路状态是指本路由器和哪些路由器相邻。链路的"度量"是指距离、延时、带宽与费用。"度量"值的范围为 1~65 535,是一种无量纲的数。OSPF 协议允许网络管理员给每一条链路分片不同的"度量"值。例如,为对延时要求高的实时性应用(语音传输)的链路分配一个较小的"度量"值;为非实时性应用(文本传输)的链路分配一个较大的"度量"值。很多 OSPF 产品是根据链路带宽来计算链路的"度量"值。需要注意的是,根据不同的"度量值"计算出的路由是不相同的。而 RIP 协议只根据"跳数"来计算路由。

(4) OSPF 路由协议使得区域内的所有路由器最终都能形成一个跟踪网络链路状态变化的链路状态数据库(link state database)。利用链路状态数据库,每一个路由器都可以以自己为"根",建立一棵最短路径优先树,因此每个路由器的链路状态数据库就是一张整个区域内部的网络拓扑图。而 RIP 只能根据相邻路由器的信息更新路由表,路由器虽然可以知道到达目的网络的跳数以及下一跳是哪个路由器,但是并不知道整个区域内部的网络拓扑结构。

2. OSPF 主干区域与区域的概念

为了适应更大规模的网络路由选择的需要,OSPF 协议要求将自治系统进一步分为两级区域:一个主干区域(backbone area)与多个区域(area)。每个区域用一个 32 位的区域标识符(用十进制数字的格式或 IP 地址格式)来标识,如 area 0 或 area 0.0.0.0。area 0 表示主干区域。自治系统不可缺少主干区域,所有的区域都要与主干区域直接连接,否则就需要与主干区域建立虚链路。

区域内的路由器数量不能超过 200 个。这种分层结构可以将用洪泛法发送的链路状态更新分组限制在一个较小的范围内,而不是整个的自治系统,这样使每一个区域内部交换路由信息的通信量大大减少。图 5-22 给出了自治系统的内部结构示意图,其结构特点可以总结如下。

(1) 主干区域由主干路由器、区域边界路由器与自治区域边界路由器组成。

(2) 区域由区域内部的路由器、路由器互联的网络以及区域边界路由器组成。

(3) 区域通过区域边界路由器接入主干区域。

(4) 主干区域的自治系统边界路由器专门用于和其他自治系统交换路由信息。

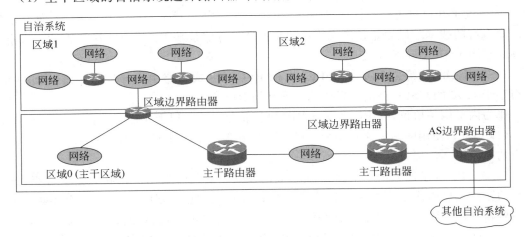

图 5-22　自治系统的内部结构示意图

3. OSPF 协议的分组类型

OSPF 规定了以下 5 种分组。

(1) 问候(hello)分组

问候分组用来发现邻居路由器,并维持与相邻路由器的连接。

(2) 数据库描述(database description)分组

数据库描述分组向相邻路由器发送本路由器链路状态数据库的链路状态项目摘要信息。

(3) 链路状态请求(link state request)分组

链路状态请求分组用于请求相邻路由器发送某些链路状态项目的详细信息。

(4) 链路状态更新(link state update)分组

链路状态更新分组用于向发出链路状态请求分组的相邻路由器,发出完整的链路状态通报信息,用洪泛法向区域内的路由器转发。

(5) 链路状态确认(link state acknowledgement)分组

链路状态确认分组对链路状态更新分组的确认。

4. OSPF 协议执行过程

OSPF 协议执行过程分为以下三个阶段。

（1）确定相邻路由器"可达"

当一个路由器刚开始工作时，它需要通过 OSPF 协议的"问候分组"完成邻居路由器的发现功能，得知哪些相邻的路由器"可达"，以及将数据发往相邻路由器所需要的开销。

（2）链路状态数据库同步

为了防止开销太大，OSPF 让每个路由器用"数据库描述分组"与相邻路由器交换本地数据库中已有的链路状态摘要信息。该摘要信息主要指出有哪些路由器的链路状态信息已写入数据库。经过与相邻路由器交换"数据库描述分组"之后，路由器就可以使用"链路状态请求分组"向相邻路由器请求发送自己缺少的某些链路状态项目的详细信息。通过一系列的这种分组交换，全网同步的链路数据库就建立起来了。

（3）链路状态更新

在网络运行过程中，如果有一个路由器的链路状态发生了变化，该路由器就使用链路状态更新分组，采用洪泛法发送出去。接收到链路状态更新分组的，用链路状态确认分组回复。

同时，OSPF 协议规定：

① 两个相邻的路由器每隔 10s 交换一次问候分组，确认相邻路由器是"可达"的。

② 若 40s 没有收到问候分组，则认为该相邻路由器不可达，立即修改链路状态数据库，并重新计算路由表。

③ 每隔一段时间（如 30min），路由器要刷新一次数据库中的链路状态。

图 5-23 给出了 OSPF 协议的执行过程示意图。

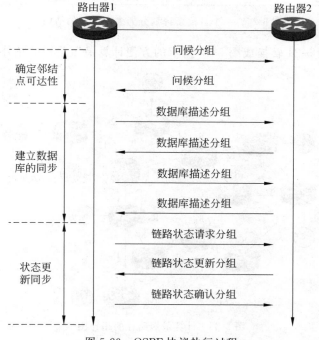

图 5-23　OSPF 协议执行过程

5. OSPF 域最短路径选择过程

图 5-24 给出了一个自治系统划分为多个区域的结构。这些路由器执行的是 OSPF 协议。在自治系统中包含有多个路由器,连接路由器之间的链路边标出的数值表示分组传输的开销—度量值。实际情况下,从 R_1 到 R_2 的开销是 3,而从 R_2 到 R_1 的开销有可能是 9。为了使讨论简化,假设所有链路两个传输方向的开销相同。

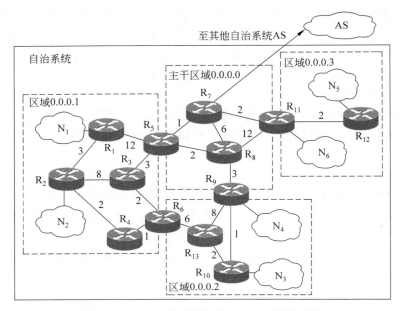

图 5-24　一个自治系统划分为多个区域的结构

这样,可以将图 5-24 转换成图 5-25 所示的方便计算最短路径的拓扑图。

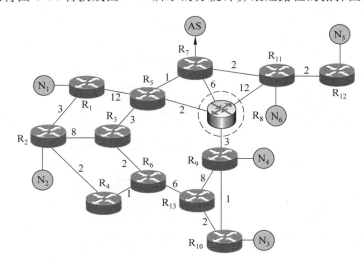

图 5-25　计算最短路径的拓扑图

图 5-26 给出了根据最小开销计算方法,计算出从路由器 R_8 出发到目的网络 $N_1 \sim N_5$ 的最短路径。

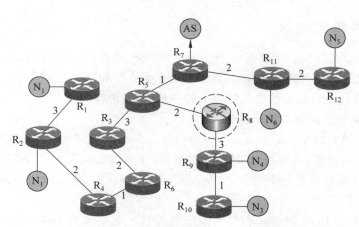

图 5-26　根据最小开销计算方法得出的最短路径

如果将这个结果用图 5-27 表示出来，我们会发现：用最小路径优先计算的最终结果是形成以 R_8 为根的最短路径树。根据最短路径树可以很容易计算出优化的路由器 R_8 路由表。

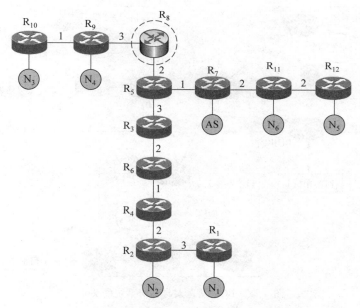

图 5-27　以 R_8 为根的最短路径树

　　OSPF 算法的优点是：动态路由算法，能够快速适应网络拓扑的变化；支持包括距离、延时、带宽与费用等多种"度量"值，增加了网络管理的灵活性；支持层次化结构，适应较大网络的应用需求。OSPF 算法的缺点是：协议复杂，链路"度量"值决定着路由计算的结果，而"度量"值可以由网络管理员设定，产生了很多不确定性；用洪泛法传输路由信息要占用一定的带宽资源。目前，大多数生产路由器的厂商都支持 OSPF，并开始在一些网络中逐渐取代RIP 协议，成为主要的内部路由选择协议。

5.4.5 外部网关协议

外部网关协议是不同自治系统的路由器之间交换路由信息的协议。1989年发布主要的外部网关协议——边界网关协议(BGP)。1998年公布BGP-4文档RFC2283。

BGP也是运行在自治系统之间的唯一的一种IP路由协议。

1. 外部网关协议的基本设计思想

BGP-4采用路径向量(path vector)路由协议。在配置BGP时,每个自治系统的管理员要选择至少一个路由器(通常是BGP边界路由器)作为该自治系统的"BGP发言人"。一个BGP发言人与其他自治系统中的BGP发言人要交换路由信息,如增加的路由、撤销过时的路由、差错信息等。

图5-28给出了BGP发言人和自治系统的关系。图中画出了3个自治系统中的5个BGP发言人。每个BGP发言人除了必须运行BGP协议外,还必须运行该自治系统所使用的内部网关协议(如OSPF或RIP)。BGP所交换的网络可达性信息就是要到达某个网络所要经过的一系列的自治系统。当BGP发言人互相交换了网络可达性的信息后,各BGP发言人就根据所采用的策略,从接收到的路由信息中找出到达各自治系统的最佳路由。

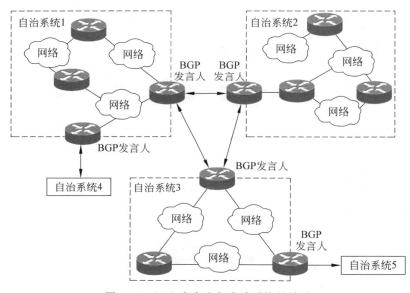

图 5-28　BGP 发言人与自治系统的关系

图5-29给出了自治系统连接的树形结构。BGP协议交换路由信息的主机数是以自治系统数为单位的,这要比自治系统内部的网络数少很多。要在很多自治系统之间寻找一条较好的路由,就是要寻找正确的BGP边界路由器,而每个自治系统中的边界路由器的数量很少,因此这种方法可以使Internet路由选择的复杂度大大降低。

2. BGP路由选择协议的工作过程

(1) BGP边界路由器初始化过程

在BGP开始运行时,BGP边界路由器与相邻的边界路由器交换整个BGP路由表。但是,以后只需在发生变化时更新有变化的部分,而不是像RIP或OSPF那样周期性地进行

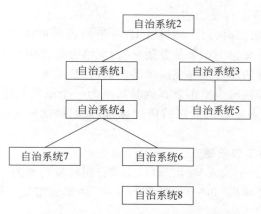

图 5-29   自治系统连接的树形结构

更新,这样做有利于节省网络带宽和减少路由器的处理开销。

（2）BGP 路由选择协议的分组

BGP 路由选择协议使用以下 4 种分组。

① 打开(open)分组：打开分组用来与相邻的另一个 BGP 发言人建立关系。

② 更新(update)分组：更新分组用来发送某一路由的信息,以及列出要撤销的路由。

③ 保活(keepalive)分组：周期性地发送,保活分组用来以证实相邻边界路由器的存在。

④ 通知(notification)分组：通知分组用来发送检测到的差错。

当两个不同自治系统的边界路由器定期地交换路由信息时,需要有一个协商的过程。因此,开始向相邻边界路由器进行协商时就要发送"打开分组"。如果相邻边界路由器接受,就发送一个"保活分组"。这样,两个 BGP 发言人的相邻关系就建立起来了。一旦 BGP 连接关系建立,就要设法维持这种关系。双方中的每一方都需要确信对方是存在的,并且一直在保持这种相邻关系。因此,这两个 BGP 发言人彼此要周期性(通常是每隔 30s)地交换"保活分组"。"更新分组"是 BGP 协议的核心。BGP 发言人可以用"更新分组"撤销它以前曾经通知过的路由,也可以宣布增加新的路由。撤销路由时可以一次撤销很多条,但增加路由时每次只能增加一条。当某个路由器或链路出现故障时,由于 BGP 发言人可以从不止一个相邻边界路由器获得路由信息,因此很容易选择出新的路由。

当建立了 BGP 连接的任何一方路由器发现出现错误之后,它需要通过向对方发送"通知分组",报告 BGP 连接出错消息与差错性质。发送方发送"通知分组"之后将终止这次 BGP 连接。下一次 BGP 连接需要双方重新进行协商。

5.4.6   路由器与第三层交换技术

1. 路由器主要功能

（1）建立并维护路由表

为了实现分组转发功能,路由器需要建立一个路由表。在路由表中,保存路由器每个端口对应的目的网络地址,以及默认路由器的地址。路由器通过定期与其他路由器交换路由信息来自动更新路由表。

（2）提供网络间的分组转发功能

当一个分组进入路由器时,路由器检查 IP 分组的目的地址,然后根据路由表决定该分组是直接交付,还是间接交付。如果是直接交付,就将分组直接传送给目的网络。如果是间接交付,路由器确定转发的端口号与下一跳路由器的 IP 地址。

当路由表很大时,如何减少路由表查找时间成为一个重要问题。最理想的状况是路由器分组处理速率等于输入端口的线路的传送速率,人们将这种情况称为:路由器能够以线速(line speed)转发。

2. 路由器的结构与工作原理

路由器是一种具有多个输入/输出端口,完成分组转发功能的专用计算机系统。它的核心部分是由"路由选择处理机"和"分组处理与交换"两部分组成。图 5-30 给出了典型的路由器结构示意图。

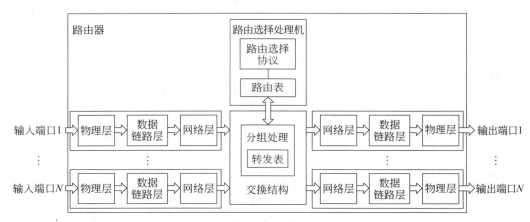

图 5-30　典型的路由器结构示意图

（1）路由选择处理机

路由选择处理机是路由的控制部分,它的任务是生成和维护路由表。

（2）分组处理与交换部分

分组处理与交换部分主要包括:交换结构、输入/输出端口。

① 交换结构

交换结构(switching fabric)的作用是根据路由表和接收分组的目的 IP 地址,选择合适的输出端口转发出去。路由器是根据转发表转发分组,而转发表是根据路由表形成的。

② 输入/输出端口

路由器通常有多个输入端口和多个输出端口。每个输入和输出端口中各有三个模块,分别对应于物理层、数据链路层和网络层。物理层模块完成比特流的接收与发送;数据链路层模块完成拆帧和封装帧;网络层模块处理 IP 分组头。

如果接收的分组是路由器之间交换路由信息的分组(如 RIP 或 OSPF 分组),则将这类分组送交路由器的路由选择处理机。如果接收到的是数据分组,则按照分组目的地址在转发表中查找,决定合适的输出端口。

（3）讨论

① 衡量路由器性能的指标

衡量路由器性能的指标主要包括:全双工线速转发能力、设备和端口吞吐量、路由表能力、丢包率、延时和延时抖动,以及可靠性。其中,全双工线速转发能力是指以最小分组数据长度(Ethernet 数据为 64B、POS 数据为 40B)和最小分组间隔,在路由器端口上双向传输,在不引起丢包情况下,每秒钟能够传输的最大分组数。这是衡量路由器性能的一个最重要的指标。

② 排队队列

当路由器正在为一个接收分组查找转发表准备转发时,后面跟着从这个输入端口可能连续收到多个分组,由于不能及时处理,后到的这些分组就必须在输入队列中排队等待处理。同样,输出端口从交换结构接收分组,然后将它们发送到路由器输出端口的线路上,也要设有一个缓存来存储等待转发的分组。只要路由器的接收分组速率、处理分组速率、输出分组速率小于线速,无论是输入端口、处理分组过程与输出端口都会出现排队等待,产生分组转发延时,严重时会由于队列容量不够而溢出,造成分组丢失。这是路由器设计、研发与使用过程中必须注意的一个基本的问题。

3. 路由器技术演变与发展

路由器作为 IP 网络的核心设备,在网络互联技术中处于至关重要的位置。随着 Internet 的广泛应用,路由器的体系结构也在不断发生变化。这种变化主要集中在:从基于软件的单总线单 CPU 结构路由器,向基于硬件的高性能路由器方向发展。典型的路由器外形结构如图 5-31 所示。

图 5-31　典型的路由器

最初的简单路由器可以是由一台普通的计算机加载特定的软件,并增加一定数量的网络接口卡构成。特定的软件主要实现路由选择、分组接收和转发功能。为了满足网络规模发展的需要,高性能、高吞吐量与低成本的路由器的研究、开发与应用,一直是网络设备制造商与学术界十分关注的问题。路由器的体系结构也不断发生着演变。

(1) 第一代单总线单 CPU 结构的路由器

最初的路由器采用了传统的计算机体系结构,它包括 CPU、内存 RAM 和挂在总线 BUS 上的多个连接网络的接口卡。Cisco 2501 是第一代单总线单 CPU 结构的路由器的代表,其中 CPU 用的是 Motorola 的 MC68302 处理器,有一个 Ethernet 接口和 4 个广域网接口,其结构如图 5-32 所示。物理接口从与它连接的网络中接收分组,CPU 通过查询路由表决定该数据包从哪个物理接口转发出去。传统路由器的控制命令与收发数据都是通过一条总线来传输的,路由器软件需要完成路由选择和数据转发的两个基本的功能。这种单总线单 CPU 结构的路由器主要的缺点是:处理速度慢,CPU 的故障将导致系统瘫痪。优点是:结构简单、价格便宜,适应于通信量小的网络系统。目前接入网所使用的多是这一类路由器。

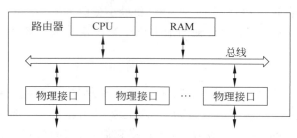

图 5-32　第一代路由器结构示意图

(2) 第二代多总线多 CPU 结构路由器

为了提高路由器的性能,出现了多总线多 CPU 结构的第二代路由器。第一种类型是单总线主从 CPU 结构的路由器,两个 CPU 是非对称的主从式结构关系。一个 CPU 负责数据链路层的协议处理,另一个 CPU 负责网络层的协议处理。典型的产品有 3COM 公司的 Net Builder2 路由器。这种路由器是第一代的单总线单 CPU 结构的简单延伸。路由器的系统容错能力有比较大的提高,但是分组转发处理速度并没有明显提高。

针对单总线主从 CPU 结构的缺点,第二种类型单总线对称多 CPU 结构开始采用并行处理技术。在每个网络接口处使用一个独立的 CPU,负责接收和转发本接口的数据包,其中包括队列管理、查询路由表和决定转发。主控 CPU 则完成路由器的配置、控制与管理等非实时任务。典型的产品有 Bay 公司的 BCN 系列路由器,它的 CPU 使用的是 Motorola 的 MC68060 和 MC68040 处理器。尽管这种结构的路由器的网络接口处理能力提高,但是单总线与软件实现转发处理这两个因素成为限制路由器性能提高的瓶颈。

针对这两个因素,第三种类型路由器将多总线多 CPU 结构与路由加交换技术相结合。典型的产品有 Cisco 7000 系列的路由器。Cisco 7000 系列的路由器使用三种 CPU 与三种总线。三种 CPU 是接口 CPU、交换 CPU 和路由 CPU,三种总线是 CxBUS、dBUS 与 SxBUS。图 5-33 给出了多总线多 CPU 的路由器结构示意图。在路由与交换技术方面,系统采用硬件 Cache 快速进行路由表查找,以提高转发处理的速度。

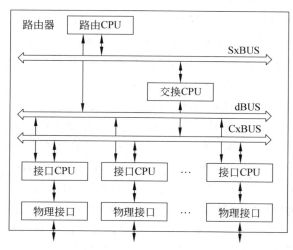

图 5-33　第二代路由器结构示意图

（3）第三代交换结构的 Gbps 路由器

用软件无法实现在 10Gbps 或 2.5Gbps 端口上线速转发。因此，用基于硬件专用芯片 ASIC 的交换结构，去代替传统计算机中的共享总线是必然的发展趋势。第三代路由器是基于硬件专用芯片的交换结构。图 5-34 给出了基于硬件交换的路由器结构示意图。

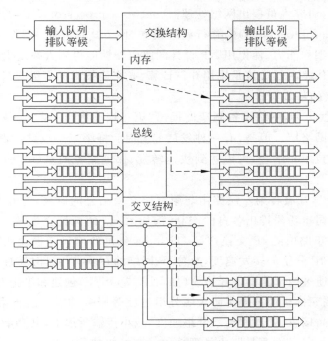

图 5-34　基于硬件交换的路由器结构

其典型的产品有 Cisco 12000 路由器，最多可以提供 16 个 2.5Gbps 的 POS（Packet Over SONET/SDH）端口，可以实现线速转发。由于该路由器没有集中的核心 CPU，所有网络接口卡都有功能相同的 CPU，因此这种结构的路由器扩展性很好。路由与转发软件采用并行处理方法设计，可以有效地提高路由器的性能，是核心路由器的首选类型。图 5-35 给出了第三代交换结构的 Gbps 路由器结构示意图。

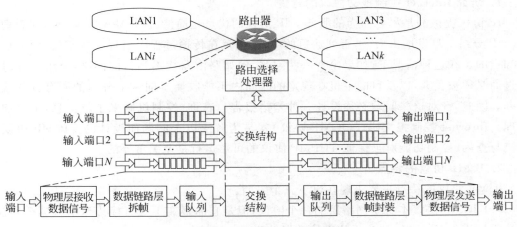

图 5-35　第三代路由器结构示意图

4. 第四代多级交换路由器

第三代交换结构的 Gbps 路由器的性能得到大幅度提高,但是也会存在一些问题。专用 ASIC 芯片使得系统的成本增高,同时硬件对新的应用需求与协议变化的适应能力差。

针对这种情况,研究人员提出网络处理器(network processor,NP)的概念,通过采用多微处理器(multi-microprocessors)的并行处理模式,使 NP 具有与 ASIC 芯片相当的功能,同时具有很好的可编程能力,使得用 NP 设计的路由器性能得到大幅度提高,又能适应未来发展的需要。第四代路由器应该是采用并行计算、光交换技术的多级交换路由器。

5. 第三层交换的基本概念

20 世纪 90 年代中期,网络设备制造商提出"第三层交换"的概念。最初人们将第三层交换的概念限制在网络层。但是,有一种发展趋势是:将第三层成熟的路由技术与第二层高性能的硬件交换技术相结合,可以达到快速转发、保证服务质量(QoS)、提高路由器性能的目的。

Ipsilon 公司最早开展将第三层路由与第二层交换结合的研究,并开发了 IP Switching产品。随之其他公司也纷纷推出各自的产品,例如 Cisco 的标记交换 Tag Switching 产品、IBM 公司的汇聚基于路由的 IP 交换产品、Toshiba 公司的信元交换路由 CSR 产品等。这些产品都希望提高 IP 分组的转发速度,改善 IP 网络的吞吐量与延时特性。

第三层交换机通过内部路由选择协议(如 RIP 或 OSPF)创建和维护路由表。出于安全方面的考虑,第三层交换机通常提供防火墙分组过滤等服务功能。由于第三层交换机设计的重点放在如何提高接收、处理和转发分组速度,减小传输延迟上,其功能是由硬件实现的,使用专用集成电路 ASIC,而不是路由处理软件。交换机执行的协议是硬件固化的,因此它只能用于特定的网络协议。

5.5 Internet 控制报文协议

5.5.1 Internet 控制报文协议的作用与特点

1. 研究 Internet 控制报文协议的背景

IP 协议提供的是尽力而为的服务。IP 协议的优点是简洁,但是缺少差错控制和查询机制。IP 分组一旦发送出去,是否到达目的主机,以及在传输过程中出现哪些错误,源主机是不知道的。在这种情况下,如果出现一些问题,例如路由器找不到目的网络,分组生存时间超过而必须被丢弃,以及目的主机在规定的时间内不能收属于同一个分组的所有分片该怎么办。因此,针对这些问题必须设计一种差错报告与查询、控制机制来了解信息,决定如何处理。Internet 控制报文协议(ICMP 协议)就是为解决以上问题而设计的。ICMP 协议的差错与查询、控制功能对于保证 TCP/IP 协议的可靠运行是至关重要的。

2. ICMP 协议的特点

ICMP 协议的特点主要表现在以下三个方面。

(1) ICMP 协议本身是网络层的一个协议,但是它的报文不是直接传送给数据链路层,而是要封装成 IP 分组,然后再传送给数据链路层。

(2) 从协议体系上看，ICMP 协议只是要解决 IP 协议可能出现的不可靠问题，不能独立于 IP 协议而单独存在，它是 IP 协议的一个组成部分。

(3) ICMP 协议设计的初衷是用于 IP 协议在执行过程中的出错报告，严格地说是由路由器来向源主机报告传输出错的原因。差错处理需要由高层协议完成。

3. ICMP 报文结构

ICMP 报文结构如图 5-36 所示。

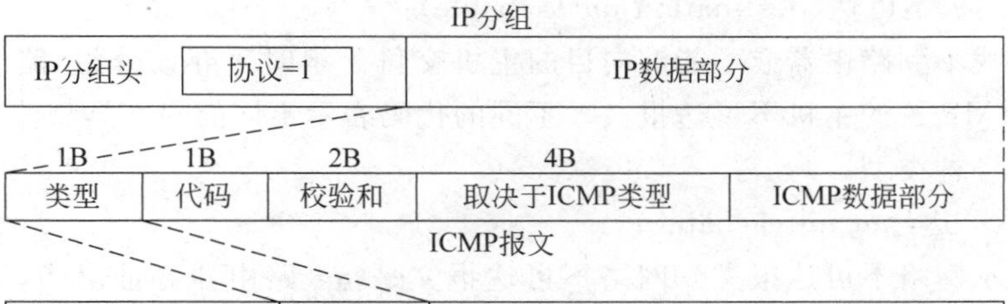

ICMP报文种类	类型值	ICMP报文类型
差错报告报文	3	目的节点不可到达
	4	源节点抑制
	5	超时
	11	参数问题
	12	重定向
询问报文	8或0	回应请求与应答
	13或14	时间戳请求与应答
	15或16	路由器询问与通报
	17或18	地址掩码请求与应答

图 5-36　ICMP 报文结构示意图

理解 ICMP 报文结构，需要注意以下问题。

(1) 在 IP 分组头中，协议字段值为 1 表示 IP 分组的数据部分是 ICMP 报文。

(2) ICMP 报文的前 4B 的格式是统一的，第一个字段(1B)是类型，第二个字段(1B)是代码，第三个字段(2B)是校验和，第四个字段(4B)的内容与类型相关。在这 4 个字段之后是数据字段。

(3) ICMP 报文分为两类：差错报告报文与询问报文。不同的差错报告报文对应不同的类型值，例如目的主机不可到达的类型值为 3。询问报文应该是一方请求，另一方应答，因此类型值应该是两个。例如回送请求报文的类型值为 8，回送应答报文的类型值为 0。

(4) IP 分组只对分组头进行校验，而不包括分组数据，而 ICMP 报文是封装在 IP 数据字段中。为了保证 ICMP 报文传输的正确性，在 ICMP 报头中有 2B 的校验字段。

(5) 以下三种情况不产生差错报告报文。

① 对于分片的分组，如果不是第一个分片出错，则不产生 ICMP 差错报文。

② 多播分组出错，不产生 ICMP 差错报文。

③ 具有特殊地址(127.0.0.0 或 0.0.0.0)的分组出错，不产生 ICMP 差错报文。

5.5.2 ICMP 报文类型

路由器或主机根据 IP 报头协议字段的值为 1,来判断该 IP 分组数据字段封装的是 ICMP 报文。ICMP 报文类型可以分为两类:差错报告报文和查询报文。

1. ICMP 差错报告报文

ICMP 差错报文主要有 5 类:目的主机不可达、源主机抑制、超时、参数问题和重定向。

(1) 目的主机不可达(destination unreachable)

当路由器找不到路由器或不能够向目的主机交付分组时丢弃该分组,路由器或主机向源主机发出 ICMP 目的主机不可达报文。不同的代码表示不同的报文类型。目的不可达报文主要有以下 7 种类型。

① 网络不可达(net unreachable)

代码 0 表示网络不可达报文。网络不可达报文是指:路由器寻址出错,下一跳路由器可能存在故障。网络不可达报文只能由路由器产生。

② 主机不可达(host unreachable)

代码 1 表示主机不可达。主机不可达是指:网络寻址不存在问题,可能是目的主机不工作或不存在。这种类型的报文只能由路由器产生。

③ 协议不可达(protocol unreachable)

代码 2 表示协议不可达。IP 分组携带的数据属于高层协议,如 UDP、TCP 和 OSPF 等。如果目的主机收到一个分组的数据字段是 TCP 包,但是目的主机的 TCP 并未运行,这时目的主机不能够处理 IP 分组传输的 TCP 数据,主机将产生一个"协议不可达"报文,通知源主机此次传输失败。

④ 端口不可达(port unreachable)

代码 3 表示端口不可达。端口不可达是指:分组要交付的应用进程没有运行。

⑤ 源路由选择不能完成(source route failed)

代码 5 表示源路由选择不能完成。源路由选择不能完成是指:由源主机路由选择选项中规定的一个或多个路由器无法通过。

⑥ 目的网络不可知(unknown destination network)

代码 6 表示网络不可知。目的网络不可知是指:路由器根本不知道关于目的网络的信息。目的网络不可知与网络不可到达的区别是:网络不可到达是指知道目的网络存在,而无法将分组送达。

⑦ 目的主机不可知(unknown destination Host)

代码 7 表示目的主机不可知。目的主机不可知是指:路由器根本不知道关于目的主机的信息。

(2) 源主机抑制(source quench)

由于 IP 提供的是无连接的分组传输服务,IP 中没有流量控制机制。在源主机、路由器与目的主机之间并没有通信协调机制。在分组发送之前,并不需要在路由器或主机中为分组预留缓冲区,如果有大量分组同时涌向某个路由器或主机,这就会造成拥塞(congestion)。同时,路由器或主机缓冲区中的队列长度有限。如果路由器的分组接收速率比转发的速率快,那么缓冲区队列将会溢出。在这种情况下,路由器或主机只能将某些分组丢弃。"源抑制"是当路由器或主机因拥塞而丢弃一个分组时,就向源主机发送源抑制报文。源抑制可以分为以下三个阶段。

第 1 阶段:路由器或目的主机发现拥塞,发出源抑制报文。

第 2 阶段:源主机收到源抑制报文之后,按一定速率降低发往目的主机的分组传输率。

第 3 阶段:拥塞解除之后,源主机要恢复分组传输速率。

(3)超时

分组的寻址是由路由器根据路由表来决定,如果路由表出现问题,则整个网络的寻址就会出现错误,极端的情况是造成分组在某些路由器之间无休止地传输。为了防止出现这种情况,IP 采取两点措施:一是在分组的报头中设置生存时间 TTL 字段;二是对分片采用定时器技术。针对这两种情况,ICMP 设计了超时报告报文。超时报告报文在以下两种情况下产生。

① 路由器在转发分组时,如果生存时间 TTL 字段值减 1 为 0 时,就丢弃这个分组,路由器向源主机发送超时报告报文。

② 当一个分组的所有分片在某一限定时间内没有完全到达目的主机时,目的主机就不能将接收的分片重新组装成分组,而一个分组的分片将长时间占用主机的缓冲区,甚至出现"死锁"现象。因此,当某个分组的第一个分片到达时,目的主机就启动计时器。计时器的时间到,而目的主机没有接收到一个分组的所有分片,它将丢弃已经接收到的分片,并向源主机发送超时报告报文。

(4)重定向报文

路由器的路由表是不断地动态更新,而主机通常使用静态路由表。当主机开始联网工作时,主机的路由表中表项数目很少,一般只需要知道默认路由器的 IP 地址。如果默认路由器的地址是错误的,那么就有可能出现如图 5-37 所示的情况。主机 A 打算向主机 B 发送分组,路由器 2 显示是最有效的路由选择,但是主机 A 没有选择路由器 2,而是将分组发送给路由器 1。路由器 1 在查找路由表后发现分组应当发送到路由器 2。那么它就将该分组发送到路由器 2,同时向主机 A 发送改变路由的 ICMP 重定向报文。重定向报文可以实现主机路由表的更新。

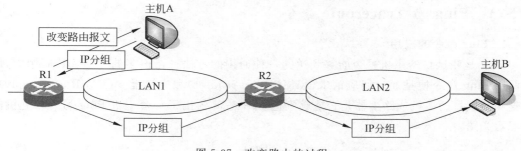

图 5-37　改变路由的过程

(5)参数问题报文

如果出现分组传输过程中除目的主机不可到达、源主机抑制、超时与改变路由报文 4 种情况之外的错误,如 IP 分组头中任何一个字段的参数丢失或出错,路由器或目的主机在丢弃该分组之后,向源主机发送"参数问题报文"。例如,IP 分组头的第一个 4bit 是"版本"字段。协议规定第一个 4bit 值是 0100,十进制为 4,表示是 IPv4 分组头。但是,如果出现 0101,十进制为 5,路由器都无法处理,只能丢弃该分组。"参数问题报文"指出被丢弃的分组头有错误,并在参数字段中包含一个指针,指向出错字节的位置。

2. ICMP 查询报文

ICMP 查询报文是为网络故障诊断的目的而设计的。ICMP 差错报告报文是单向的,而 ICMP 查询报文是双向、成对出现的。

(1) 回应请求和应答

回应请求和回送应答报文可由主机使用,以检查另一个主机是否可达。在很多的 TCP/IP 应用中,用户调用 Ping 命令便是通过回应请求(代码为 8)和应答报文(代码为 0),检查和测试目的主机或路由器是否能够到达。

(2) 时间戳请求和应答

ICMP 时间戳请求(代码为 13)和应答报文(代码为 14)提供一个基本和简单的时钟同步协议。时间戳请求和时间戳应答报文确定 IP 分组在两个机器之间往返所需时间。初始时间戳是源主机发出请求的时间,接收时间戳是目的主机收到请求的时间,发送时间戳是目的主机发送应答的时间。

(3) 地址掩码请求和应答报文

主机可能用 ICMP 地址掩码请求和应答报文来查找与它所连接网络的子网掩码。主机在网络上广播请求(代码为 17),等待路由器返回带有子网掩码的地址掩码的应答报文(代码 18)。

(4) 路由器询问和通告

主机可以使用路由器询问报文(代码为 15)查找它所连接的本地路由器地址。收到询问报文的一个或几个路由器使用路由器通告报文(代码为 16)广播路由信息。路由信息包括一个或多个路由器地址及对应的地址参数选择。如果地址参数选择为 0x80000000,则对应的是默认路由器的地址。在没有主机询问时,路由器可以周期性地发送路由器通告报文。路由器发送出通告报文时,它不仅通告自己的存在,而且通告它所知道的这个网络中的所有路由器地址。

5.5.3 Ping 与 Traceroute 命令

1. Ping 命令的应用

Ping 是测试目的主机是否能够到达的一种通用的方法。在很多的 TCP/IP 应用中,用户调用 Ping 命令便是通过回应请求(ICMP echo request)和应答报文(ICMP echo reply),检查和测试目的主机或路由器是否能够到达。图 5-38 给出了一台主机 Ping 另一台主机的过程示意图。

图 5-38 一台主机 Ping 另一台主机的过程示意图

图 5-39 为 Windows 主机(192.168.1.20)对目的主机 www.baidu.com(119.75.217.109)执行 Ping 命令的过程示意图。测试主机向目的主机发送了 4 个回应请求(echo request)报文,目的主机回复了 4 个回应应答(echo reply)报文,交互过程共使用了 8 个 ICMP 报文。报文中包括三个参数:报文长度(bytes)、主机响应时间(time)与生存时间(TTL)。

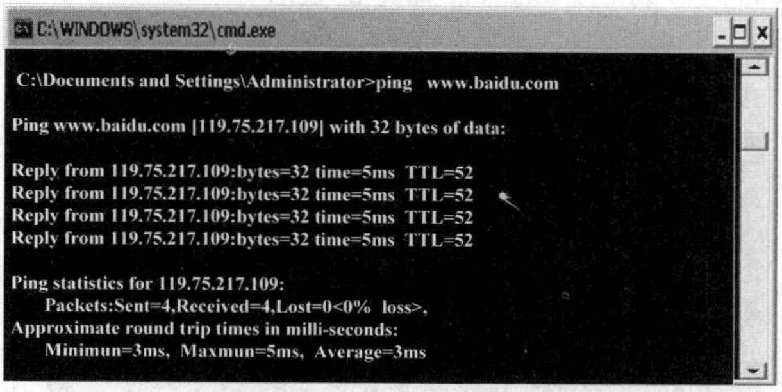

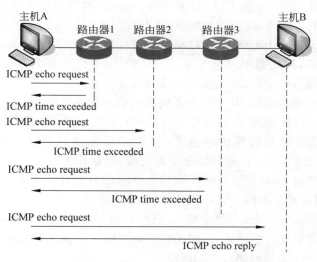

图 5-39   Ping 命令执行过程示意图

2. Tracert 命令的应用

Tracert 是网络中重要的诊断工具之一,它可以获得从测试命令发出的源主机到达目的主机完整的路径,因此它也称为"路由跟踪"命令。在 Windows 操作系统中命令名称为 Tracert,在 UNIX 操作系统中称为 traceroute。Tracert 工作原理如图 5-40 所示。Tracert 命令执行过程如图 5-40 所示。

图 5-40   Tracert 工作原理示意图

(1)源主机 A 先给目的主机发送一个跳步数限制值为 1 的 echo request ICMP 报文。第 1 个接收到的路由器将跳步数限制值 1 减 1 为 0 的分组丢弃,并向源主机发送一个 ICMP 超时(time exceeded)报文。那么,源主机就得到了第 1 个路由器的地址。

(2)Tracert 发送一个跳步数限制值为 2 的 ICMP echo request 报文。第 2 个接收到的路由器也会因为跳步数限制值的原因,丢弃分组,并向源主机发送一个 ICMP 超时报文。那么，源主机就得到了第 2 个路由器的地址。

（3）继续执行以上的过程，直至 ICMP echo request 报文到达目的主机，目的主机发送回一个 ICMP echo reply 应答报文，这样源主机就可以获得一个完整的从源主机到达目的主机的路径列表。

图 5-41 是在 Windows 环境中 IP 地址为 192.168.1.20 的主机对目的主机 www.baidu.com(119.75.217.109)执行 Tracert 命令的过程示意图。

图 5-41　Tracert 命令执行过程示意图

讨论 Tracert 命令时需要注意以下问题。

（1）对于每个 TTL（例如 TTL＝1），客户端要以 192.168.1.20 为源 IP 地址，以 119.75.217.109 为目的 IP 地址，发送 TTL＝1 的 echo request 的回应请求报文；由于 TTL＝1，因此传输路径上最近的一跳路由器（IP 地址为 192.168.1.254）返回了回应应答报文，报文往返传输的时间是 1ms。Tracert 软件对每个 TTL 值要经过三次 echo request 与 time exceeded 的应答过程，因此图中对应于每一个 TTL 都有三个报文往返传输的时间值。对于 TTL＝1，第一个是 1ms，第二个与第三个都小于 1ms。

（2）从图 5-41 中可以看出，从南开大学网络实验室的测试主机(192.168.1.20)到目的主机 www.baidu.com(IP 地址为 119.75.217.109)，共需要经过 12 跳路由器。一般人们都会有一个直观的认识，经过的路由器越多，报文往返传输的时间一定会增大。但是从图 5-41 中提供的数据可以得知，很多情况不是这样，例如从测试点到第 2 跳路由器报文往返传输的时间需要花费 4ms，但是到第 6 跳路由器时却只花费了 1ms。这种现象的出现说明在不同的时刻，网络流量不同，网络传输延时变化也很大。

（3）Ping 与 Tracert 是测试网络主机可达性、路由与实现网络管理的重要方法之一，同时也是漏洞探测与网络攻击手段之一，因此在讨论网络安全技术时也会研究如何发现与防范利用 Ping 与 Tracert 进行网络攻击的问题。

5.6　IP 多播与 IGMP 协议

5.6.1　IP 多播的基本概念

1. IP 多播发展的过程

在电子邮件通信中，如果你有一封邮件发送给一位朋友，这种情况属于单播；如果你想将这份邮件同时发送给组地址中的 10 位朋友,这种情况属于多播。传统的 IP 规定 IP 分组的目的地址只能是一个单播地址。这种 IP 单播工作模式对于新闻、股市与金融信息发布,以及讨论组、视频会议、网络游戏等由多个用户参与的交互式网络应用,显然是工作效率很低,并且会浪费大量网络资源。

IP 多播(或多播)的概念是 1988 年提出的。1989 年,RFC1112 对 IP 多播协议(Internet Group Management Protocol,IGMP)进行定义。为了适应交互式音频和视频信息的多播,从 1992 年起开始试验虚拟的多播主干网(Mbone)。Mbone 可以将分组发送到属于一个组的多台计算机。1997 年公布的 IGMPv2(RFC2236)已经成为 Internet 标准协议。

2. IP 多播与单播的区别

图 5-42 给出了 IP 单播与多播的过程比较。图 5-42(a)给出了 IP 单播的工作过程。在 IP 单播状态下,如果主机 0 打算向主机 1～主机 20 发送同一文件,则它需要准备 20 个文件的副本,分别封装在源地址相同,而目的地址不同的 20 个分组中,分别将这 20 个分组发送给 20 个目的主机。图 5-42(b)给出了 IP 多播的工作过程。在 IP 多播状态下,如果主机 0 打算向多播组成员主机 1～主机 20 发送同一文件,则它需要准备 1 个文件的副本,封装在 1 个多播分组中,发送给多播组中 20 个多播组成员。如果 IP 多播组的成员达到成千上万个时,多播工作对系统效率的提高将会更加显著。支持 IGMP 协议的路由器称为多播路由器(multicast router)。

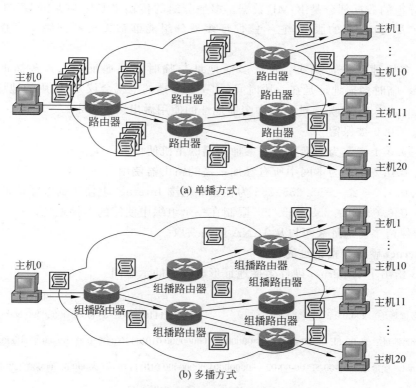

(a) 单播方式

(b) 多播方式

图 5-42 IP 单播与多播的过程比较

5.6.2　IP 多播地址

IP 多播可以分为两类：一类是在 Internet 范围内进行多播，另一类只是在局域网内进行多播。由于目前大部分计算机都是通过 Ethernet 局域网接入 Internet 的，因此当一台计算机发出多播分组时，它实际是在 Ethernet 通过硬件将多播分组发送给局域网中的多播组成员，然后再在 Internet 上将多播分组发送给所有的多播组成员。因此，在讨论多播时会涉及两类多播地址，一个是 IP 多播地址，一个是 Ethernet 多播地址。为了强调 IP 多播地址与 Ethernet 多播地址的区别，人们通常将 Ethernet 多播地址称为"Ethernet 硬件多播地址"。

1. IP 多播地址的特点

在讨论 IP 多播地址特点时，需要注意以下问题。

(1) 实现 IP 多播的分组使用的是 IP 多播地址。IP 多播地址只能用于目的地址，而不能用于源地址。

(2) 标准分类的 D 类地址是为 IP 多播地址定义的。D 类 IP 地址的前 4 位为 1110，因此 D 类地址的范围在 224.0.0.0～239.255.255.255。每个 D 类 IP 地址可以用于标识一个多播组，则 D 类地址能标识出 2^{28} 个多播组。

(3) 当一个 IP 分组的目的地址写入 IP 多播地址时，对应的 IP 分组头的类型字段值为 2，表示 IP 分组的数据部分是 IGMP 数据。多播分组的传输也必然会保留 IP 的基本特征，即只能提供"尽力而为"的服务，它不能保证多播分组能够被传送到网络中多播组的所有成员。

(4) IP 多播地址分为两类：永久多播地址与临时多播地址。永久多播地址需要向 IANA 申请。临时多播地址是在一段时间(如一次多播的电视会议)中使用的地址。

(5) RFC3330 对 D 类地址空间中多播地址的使用做出以下规定。

① 224.0.0.0 被保留。

② 224.0.0.1 指定为本网中所有参加多播的主机使用。

③ 224.0.0.2 指定为本网中所有参加多播的路由器使用。

④ 224.0.1.0～238.255.255.255 为在全球范围 Internet 上使用的多播地址。

⑤ 239.0.0.0～239.255.255.255 限制在一个组织中使用的多播地址。

完整的保留多播地址表可以从 IANA 网站获取。

2. Ethernet 硬件多播地址的特点

图 5-43 给出了 Ethernet 硬件多播地址形成方法的示意图。

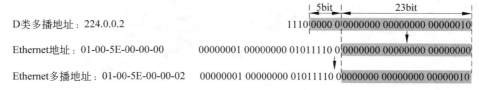

图 5-43　Ethernet 硬件多播地址

理解 Ethernet 硬件多播地址的特点，需要注意以下问题。

（1）IANA 为多播分配的 Ethernet 的物理地址高 24 位是 00-00-5E。同时，Ethernet 物理地址结构中：第一个字节的最低位必须为 1 为多播地址。考虑以上这两个因素，多播 Ethernet 高 24 位应该是 01-00-5E。那么 Ethernet 硬件多播地址的范围在 01-00-5E-00-00-00～01-00-5E-FF-FF-FF。

（2）由于 IANA 已经为多播分配了 Ethernet 的物理地址的高 24 位，那么只能用 48 位的物理地址的后 23 位定义一个多播组的地址。

（3）如图 5-43 所示，如果一个 D 类多播的地址是 224.0.0.2，那么规定将 D 类多播组的地址的低 23 位映射到 Ethernet 的物理地址的后 23 位，形成 Ethernet 硬件多播地址 01-00-5E-00-00-02。

（4）由于 IP 地址长度是 32 位，D 类 IP 地址的前 4 位为 1110，已经用了 4 位，可以用于多播的地址还剩 28 位，在形成 Ethernet 硬件多播地址时，我们只使用了 23 位，如图 5-43 所示的还有 5 位没有使用，并且不能够保证这 5 位一定是全 0。假如另外有一个 D 类多播地址是 225.0.0.2，那么它映射成 Ethernet 硬件多播地址也是 01-00-5E-00-00-02。这种映射关系是多对一，而不是一对一的。主机收到相同硬件多播地址的分组，但是它们可能不属于同一个多播组。因此，主机必须检查 IP 地址，丢弃不属于它所在组的分组。

5.6.3　IGMP 协议的基本内容

1. IP 多播的实现方法

IP 多播的基本思想是：多个接收者可以接收到从同一个或一组源主机一次发送的相同内容的分组。发送 IP 多播工作模式包括以下内容。

（1）定义了一个组地址（group address）。每个组代表一个或多个发送者与一个或多个接收者的一个会话（session）。

（2）接收者可以用多播地址通知路由器，它希望加入（或退出）哪个多播组。

（3）发送者使用多播地址发送分组，无须了解接收者的位置信息与状态信息。

（4）路由器建立一棵从发送者分支出去的多播传递树，这棵树延伸到所有的、其中至少有一个 IP 多播成员的网络中。利用这棵传递树，路由器把多播分组转发到有多播组成员的网络中。

2. IGMP 协议的操作

IGMP 协议的操作主要有：加入一个组、继续组成员关系、监视组成员的关系与离开一个组。

（1）加入一个组

当某个主机加入新的多播组时，该主机应向多播组的多播地址发送一个 IGMP 报文，声明自己要成为该组的成员。本地的多播路由器收到 IGMP 报文后，将组成员关系转发给 Internet 上的其他多播路由器。

（2）继续组成员关系

由于多播组的成员关系是动态的，因此本地多播路由器要周期性查询本网络上的主机，以便知道这些主机是否还继续是组的成员。只要对某个组有一个主机响应，则多播路由器就认为这个组是活跃的。如果一个组在经过几次查询后没有一个主机响应，则多播路由器就认为本网络上的成员都已离开这个组，就不再将该组的成员关系转发给其他多播路由器。

（3）监视组成员的关系

多播路由器在查询组成员关系时，只需对所有的组发送一个请求信息的查询报文，而不需要对每个组发送一个查询报文。默认的查询速率是每 125s 发送一次。同一组内的每个主机都要监听响应，只要有本组的其他主机先发送响应，自己就可以不再发送响应。这样就抑制了不必要的通信量。多播路由器只需知道网络上是否至少还有一个主机是本组成员。当查询报文通过多播到达组内每个成员后，各主机就计算出随机延时，并且延时最小的最先发送响应。由于响应也是按组的多播地址发送，因此最先发送的响应能被组内所有成员接收到。一个组的成员只要知道有其他主机已发送对本组的响应，就取消自己原来准备发送的响应。这样，询问报文实际上每个组只有一个主机发送响应。

（4）离开一个组

当一个主机收到一个查询报文而不进行应答，超过一定时间之后，路由器将其地址从多播地址表中删除，该主机自动离开该组。

5.6.4 多播路由器与 IP 多播中的隧道技术

1. 多播路由器

当多播 IP 分组跨越多个网络时，存在关于多播 IP 分组的路由问题。多播路由器的作用是完成多播分组的转发工作，具体有两种实现方式：一种是专用多播路由器，另一种是在传统路由器上实现多播路由的功能。

在多播传送中，当多播路由器对多播分组进行存储转发时，在任一多播路由器所在的网络上都可能有该多播组成员，在传送过程中随时会遇到某个目的主机。这也是多播传送的一大特点。

2. IP 多播中的隧道技术

当 IP 多播分组在传输的过程中遇到有不支持多播协议的路由器或网络时，就要采用隧道（tunneling）技术。图 5-44 给出了 IP 多播中隧道的工作原理。

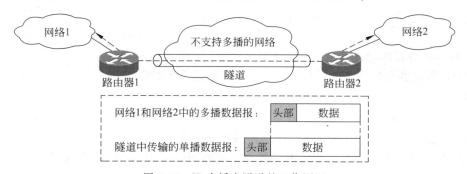

图 5-44　IP 多播中隧道的工作原理

网络 1 的主机向网络 2 中的一些主机进行多播。但是，路由器 1 或路由器 2 不支持多播协议，因而不能按多播地址转发多播分组。因此，路由器 1 就必须对多播分组进行再次封装，加上普通 IP 分组头，使它成为向单一目的站发送的单播分组，然后通过“隧道”从路由器 1 发送到路由器 2。单播分组到达路由器 2 后，再由路由器 2 除去其普通 IP 分组头，使它又恢复成原来的多播分组,继续向多个目的站转发。这种使用隧道技术传送 IP 分组的方法称为"IP 中 IP 分组"(IP-in-IP)。

5.7　MPLS 协议

5.7.1　资源预留协议与区分服务

网络中不同的层次都会涉及服务质量(QoS)问题。评价网络层 QoS 的参数主要是带宽与传输延时。IP 提供的"尽力而为"服务,对于多媒体网络服务显然不适应。在网络层引入 QoS 保障机制的目的是:通过协商为某种网络服务提供所需的网络资源,防止个别网络应用独占共享的网络资源。因此,QoS 保障机制实际上是一种网络资源分配机制。在讨论 IP 网络的 QoS 问题时出现了资源预留协议(Resource Reservation Protocol,RSVP)、区分服务(differentiated services,DiffServ)与多协议标识服务技术。

1. RSVP 的基本概念

资源预留协议的核心是对一个应用会话的数据流提供服务质量保证。"流"(flow)定义为"具有相同源 IP 地址、源端口号、目的 IP 地址、目的端口号、协议标识符与服务质量要求的分组序列"。资源预留协议的设计思想是:源主机和目的主机在会话之前建立一个连接,路径上的所有路由器都要预留出此次会话所需要的带宽与缓冲区资源。

由于 RSVP 是基于单个数据流的端-端资源预留,调度处理和缓冲区管理、状态维护机制太复杂,开销太大,不适用于大型网络。在目前的网络上推行 RSVP 服务,需要对现有的路由器、主机与应用程序做相应的调整,实现难度也很大。因此,单纯的 RSVP 结构实际上无法让业界接受,也无法在 Internet 上得到广泛的应用。

2. DiffServ 的基本概念

RSVP 应用的受阻,促进了区分服务技术的研究与发展。针对 RSVP 存在的问题,DiffServ 的设计者注意解决协议的简单、有效与可扩展性问题,使它成为适用于骨干网的多种业务服务需求。

DiffServ 与 RSVP 的区别主要表现在以下两个方面。

(1) RSVP 是基于某一个会话流,而 DiffServ 是基于某一类应用的。以 IP 电话为例,RSVP 只为一对通话的用户提取建立一个连接,预约带宽与缓冲区,以保证这一对用户的通话质量。而 DiffServ 是针对 IP 电话这一类应用。如果 ISP 为 IP 电话设置为保证服务质量的一类服务,那么 IP 电话的数据分组的服务类型字段就带有标记。IP 电话的数据分组进入 ISP 网络时,网络就要为 IP 电话的数据分组提供高质量的传输服务。

(2) RSVP 要求所有的路由器都要修改软件,以支持基于流的传输服务。而 DiffServ 只需要一组路由器(如 ISP 网络中的路由器)支持,就可以实现 DiffServ 服务。

当 IETF 完成了 RSVP 与 DiffServ 协议的研究,有些路由器厂商又提出了更好的改善 IP 分组传输质量的方案,那就是多协议标识交换(MPLS)技术。

5.7.2　多协议标识交换

1. MPLS 的基本概念

从设计思想上来看,MPLS 将数据链路层的第二层交换技术引入网络层,实现快速 IP

分组交换。在这种网络结构中,核心网络是 MPLS 域,构成它的路由器是标记交换路由器 (label switching router,LSR),在 MPLS 域边缘连接其他子网的路由器是边界标记交换路由器 E-LSR。MPLS 在 E-LSR 之间建立标记交换路径(lable switching path,LSP),这种标记交换路径 LSP 与 ATM 虚电路 VC 非常相似。MPLS 减少 IP 网络中每个路由器逐个分组处理的工作量,可以进一步提高路由器性能和传输网络的服务质量。

IETF 于 1997 年初成立 MPLS 工作组,以开发一种通用的、标准化的技术。1997 年 11 月形成 MPLS 框架文件;1998 年 7 月形成 MPLS 结构文件;1998 年 8~9 月形成 MPLS 标记分布协议 LDP、标记编码与应用等基本文件;2001 年 MPLS 工作组提出第一个提议标准 RFC3031。MPLS 文档可以从 http://www.ietf.org/html.charters/mpls-charter.html 获得。

MPLS 可以提供以下主要的服务功能。

(1) 提供面向连接与 QoS 的服务

MPLS 的设计思路是借鉴 ATM 面向连接和可以提供 QoS 保障的设计思想,在 IP 网络中提供一种面向连接的服务。

(2) 合理利用网络资源

流量工程(traffic Engineering,TE)研究的目的是更合理利用网络资源,提高服务质量。流量工程不是特定于 MPLS 的产物,而是一种通用的概念和方法,是拥塞控制研究中的均衡负荷方法。基于 MPLS 的流量工程是利用面向连接的流量工程技术与 IP 路由技术相结合,动态地定义路由。MPLS 引入流的概念。流是从某个源主机发出的分组序列,利用 MPLS 可以为单个流建立路由。

(3) 支持虚拟专网服务

MPLS 提供虚拟专网(virtual private network,VPN)服务,提高分组传输的安全性与服务质量。

(4) 支持多协议

支持 MPLS 协议的路由器可以与普通 IP 路由器、ATM 交换机、支持 MPLS 的帧中继 (FR)交换机的共存。因此,MPLS 可以用于纯 IP 网络、ATM 网络、帧中继网络及多种混合型网络,同时可以支持 PPP、SDH、DWDM 等多种底层网络协议。

2. MPLS 的基本工作原理

图 5-45 给出 MPLS 的基本工作原理示意图。支持 MPLS 功能的路由器分为两类:标记交换路由器 LSR 和边界路由器 E-LSR。由 LSR 组成、实现 MPLS 功能的网络区域称为 MPLS 域(MPLS domain)。

(1)"路由"和"交换"的区别

在讨论标记交换概念的时候,需要注意"路由"和"交换"的区别。"路由"是网络层的问题,是指路由器根据进入 IP 分组的目的地址、源地址,在路由表中找出转发到下一跳路由器的输出端口的过程。"交换"只需使用第二层的地址,如 Ethernet 的 MAC 地址或者是虚通路号。"标记交换"的意义就在于:LSR 不是使用 IP 地址到路由器上去查找下一跳的地址,而是采取简单的根据 IP 分组"标记",通过交换机的硬件在第 2 层实现快速转发。这样,就省去分组到达每个主机时要通过软件去查找路由的费时过程。

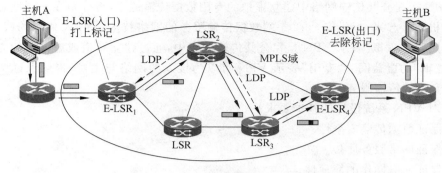

图 5-45　MPLS 的基本工作原理示意图

（2）MPLS 工作原理

① MPLS 域中 LSR 使用专门的标记分配协议（Label Distribution Protocol，LDP）交换报文，找出与特定标记对应的路径，即标记交换路径（LSP），如图 5-45 中对应主机 A 到主机 B 的路径（E-LSR₁—LSR₂—LSR₃—E-LSR₄），形成 MPLS 标识转发表。

② 当 IP 分组进入 MPLS 域入口的边界路由器 E-LSR₁ 时，E-LSR₁ 为分组打上标记，并根据标识转发表，将打上标记的分组转发到标记交换路径 LSP 的下一跳路由器 LSR₂。

③ 标记交换路由器 LSR₂ 不是像普通的路由器那样，根据分组的目的地址、源地址，在路由表中找出转发到下一跳路由器的输出端口，而是根据标识直接利用硬件，以交换的方式传送给下一跳路由器 LSR₃。LSR₃ 利用同样的方法，将标记分组快速传送到下一跳路由器。

④ 当标记分组到达 MPLS 域出口的边界路由器 E-LSR₄ 时，E-LSR₄ 去除标记，将 IP 分组交付给非 MPLS 的路由器或主机。

MPLS 工作机制的核心是：路由仍使用第三层的路由协议来解决，而交换则是用第二层的硬件去完成，这样就可以将第三层成熟的路由技术与第二层硬件快速交换相结合，达到提高主机性能和 QoS 服务质量的目的。例如，Cisco 的 LS1010 与 BPX 交换机是一种典型的 LSR。它的交换机的硬件交换矩阵使用 MPLS 标识转发表来实现 MPLS 功能。

5.7.3　MPLS VPN 的应用

1. VPN 的基本概念

对于大型网络信息系统与大型企业、跨国公司来说，构成大型网络系统的多个子网可能分布在不同的地理位置。要构建一个大型网络系统有两种基本的技术路线，一是自己建立一个大型的广域网去互联不同地区的网络；二是利用公共传输网络实现不同网络、主机之间的通信。显然，第一种方案的造价太高，第二种方案的安全性受到质疑。因此，吸取两种方案优势的虚拟专网（VPN）的研究引起了人们的关注。

VPN 是指在公共传输网络中建立虚拟的专用数据传输通道,将分布在不同地理位置的网络或主机连接起来,提供安全的端-端数据传输服务的网络技术。VPN 概念的核心是"虚拟"和"专用"。"虚拟"表示 VPN 是在公共传输网络中,通过建立隧道或虚电路的方式建立的一种"逻辑"的覆盖网。"专用"表示 VPN 可以为接入的网络与主机,提供保证服务质量(QoS)与安全的传输服务。

人们对 VPN 系统设计的基本要求是:

(1) 保证数据传输安全性。

(2) 保证网络服务质量。

(3) 保证网络操作的简便性。

(4) 保证网络系统的可扩展性。

2. VPN 的实现方法

VPN 的实现方法基本上可以分为以下两种基本的方法。

(1) 租用线路或在 ATM 网、帧中继网组建 VPN

租用线路或在 ATM 网、帧中继网组建 VPN 的方法有以下几个特点。

① 通过在租用点-点专用线路,或在帧中继网、ATM 网上配置虚电路或隧道(tunnel),提供网络-网络、主机-主机的 VPN 服务。

② 传统的 VPN 技术一般是通过租用专用线路,或通过帧中继或 ATM 交换机实现虚拟的专用数据传输通道的配置,这种 VPN 称为第二层 VPN(L2VPN)。L2VPN 可以提供良好的服务质量和较好的数据传输安全性,适用于对传输延迟敏感的语音与多媒体传输需求。

图 5-46(a)给出了用租用电话线路方式组建的 VPN 结构示意图,图 5-46(b)给出了在帧中继与 ATM 网络中组建的 L2VPN 的结构示意图,图 5-46(c)给出了在 MPLS 网络中组建的 MPLS VPN 的结构示意图。

(2) MPLS VPN

MPLS 可以将面向连接的标记路由机制与 VPN 的建设需求结合起来,可以在所有连入 MPLS 网络的用户之间方便地建立第三层 VPN(L3VPN)。图 5-47 给出了 MPLS VPN 原理示意图。

MPLS VPN 的主要特点如下。

① 在基于 MPLS 的 VPN 中,服务提供商为每个 VPN 分配一个路由标识符(RD)。这个路由标识符(RD)在 MPLS 网络中是唯一的。标记交换路由器 LSR 和边界路由器 E-LSR 的标记转发表中记录了该 VPN 中用户 IP 地址与路由标识符 RD 的对应关系。只有属于同一个 VPN 的用户之间才能通信。这样,形成了在一个 MPLS 网络中有三个"独立"工作的 VPN 网络。

② MPLS VPN 技术可以满足用户关于保证数据通信安全性、网络服务质量的要求,操作方便,具有很好的可扩展性。

目前 MPLS VPN 技术已经在大型信息网络系统、物联网应用系统、云计算系统中得到广泛的应用。

(a) 通过租用线路组建的VPN

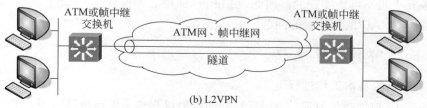

(b) L2VPN

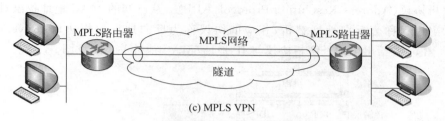

(c) MPLS VPN

图 5-46　VPN 结构示意图

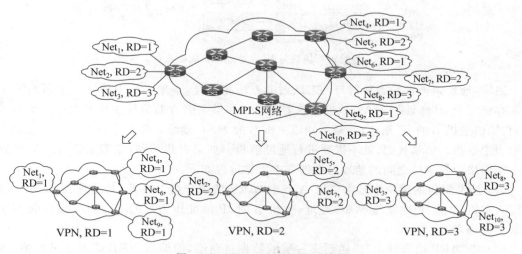

图 5-47　MPLS VPN 原理示意图

5.8　地址解析协议

5.8.1　IP 地址与物理地址的映射

对于 TCP/IP 来说,主机和路由器在网络层用 IP 地址来标识,在数据链路层用物理地址(如在 Ethernet 的 MAC 地址)来标识。在描述一个网络的工作过程时,实际上是做了一个假设:已经知道通信的目的主机的 IP 地址,并且知道对应这个 IP 地址的目的主机物理地址。这个假设成立的条件是:在任何一台主机或路由器中必须有一张"IP 地址-MAC 地址映射表",它应该包括你所需要通信的任何一台主机或路由器的信息。

通过"静态映射"的方法,可以从一个已知的 IP 地址获取与之对应的 MAC 地址。但是,这是非常理想的一种解决方案,在一个小型的互联网络系统中实现起来比较容易,这在大型网络中几乎是不可能实现的。因此,在 Internet 中必须设计一种"动态映射"的方法,以解决 IP 地址与 MAC 地址映射的问题。

5.8.2 地址解析工作过程

1. 地址解析的基本工作过程

从已知的 IP 地址找出对应的 MAC 地址的映射过程称为正向地址解析,相应的协议称为地址解析协议(Address Resolution Protocol,ARP)。从已知的 MAC 地址找出对应的 IP 地址的映射过程称为反向地址解析,相应的协议称为反向地址解析协议(Reverse ARP,RARP)。图 5-48 给出了地址解析协议与 IP 地址/MAC 地址关系示意图。

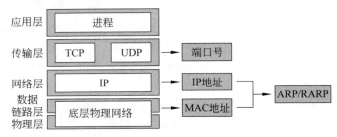

图 5-48　地址解析协议与 IP 地址/MAC 地址关系示意图

通常,地址解析将静态映射与动态映射的方法相结合,本地主机中建立一个高速缓存,用来存储部分 IP 地址与 MAC 地址的映射关系。如果主机 A 打算给主机 B 发送一个 IP 分组,它知道主机 B 的 IP 地址,但是不知道主机 B 的 MAC 地址。那么它首先要在本地 ARP 映射表中查找。如果找到,就不需要进行地址解析。如果查找不到,则需要进行地址解析。同一个网络中的主机之间的地址解析的基本工作过程如下。

(1) 地址解析的第一步是由主机 A 产生"ARP 请求分组",在源 IP 地址与源 MAC 地址写入主机 A 的 IP 地址与 MAC 地址,主机 B 的 IP 地址作为目的 IP 地址,在目的 MAC 地址字段写入 0。

(2) 将"ARP 请求分组"传递到下一层的数据链路层,组装成 ARP 请求分组的帧。帧的源 MAC 地址是发出"ARP 请求分组"的主机 A 的 MAC 地址,目的地址是广播地址(ff-ff-ff-ff-ff-ff)。

(3) 封装了"ARP 请求分组"的帧通过广播方式发送出去,包括主机 B 在内的所有的主机都能接收到"ARP 请求分组"。接收到"ARP 请求分组"的主机,如果它的映射表中没有主机 A 的 IP 地址对应的 MAC 地址,那么它就将主机 A 的 IP 地址、MAC 地址对应关系存入映射表。每一台主机都可以通过接收到"ARP 请求分组"来不断完善它的映射表。

（4）主机 B 在接收到主机 A 的"ARP 请求分组"之后，就向主机 A 发送一个封装了"ARP 应答分组"的帧，用单播方式发送给主机 A。"ARP 应答分组"包含主机 B 的 IP 地址、MAC 地址。

（5）主机 A 在收到"ARP 应答分组"之后，将主机 B 的 IP 地址、MAC 地址存入映射表。这样，主机 A 就获得了主机 B 的 IP 地址与 MAC 地址，它就可以直接向主机 B 发送数据帧。

图 5-49 给出了 ARP 执行过程的示意图。图中源主机的 IP 地址＝192.168.1.20，源 MAC 地址为 MAC＝00:24:18:cd:10:aa；需要解析的主机 IP 地址＝192.168.1.86。最终解析获得对应于 IP 地址＝192.168.2.86 的 MAC＝00:a1:9b:1c:11:d1。

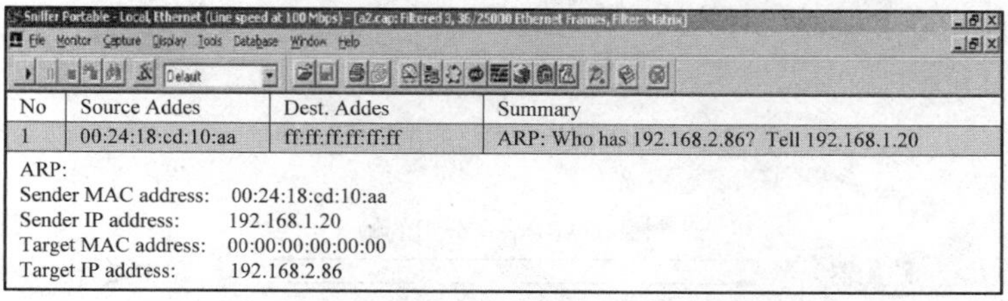

(a) 封装了 ARP 请求分组的广播帧

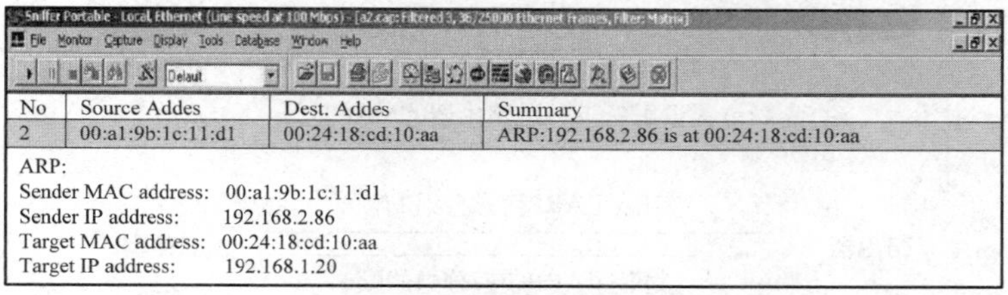

(b) 封装了 ARP 应答分组的单播帧

图 5-49　ARP 执行过程示意图

2. 理解 ARP 需要注意的基本问题

理解 ARP 需要注意以下三个基本问题。

（1）在实际应用中，如果通过一台计算机访问一所国外大学的 Web 服务器，那么我们发出的 HTTP 服务请求需要通过多个路由器转发。路由器每一次转发时 IP 分组中的源 IP 地址与目的 IP 地址是不变的，改变的是帧的源 MAC 地址与目的 MAC 地址。

（2）我们不可能了解传输路径上所有路由器与目的 Web 服务器的 MAC 地址，这个转发过程协议是由 ARP 自动完成的。ARP 的执行过程对用户是透明的。

（3）ARP 地址映射表为每个表项都分配一个计时器（一般为 15～20min），一旦某个表项超过了计时时限，主机就会自动将它删除，以保证 ARP 地址映射表的时效性。

3. ARP 服务的 4 种情况

ARP 的执行过程需要面对的 4 种情况如图 5-50 所示。

（1）主机需要解析在同一个网络的主机的 MAC 地址

图 5-50(a)描述了这种情况。本节已经对同一个网络的主机之间的 MAC 地址解析过程做了分析。

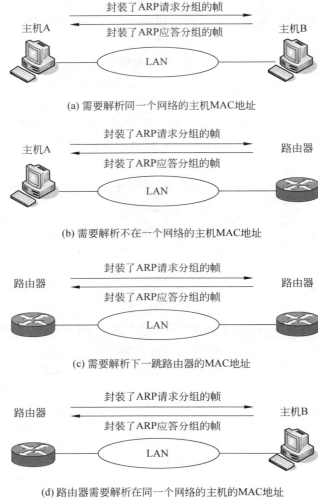

(a) 需要解析同一个网络的主机MAC地址

(b) 需要解析不在一个网络的主机MAC地址

(c) 需要解析下一跳路由器的MAC地址

(d) 路由器需要解析在同一个网络的主机的MAC地址

图 5-50　ARP 协议的 4 种情况

（2）主机需要解析不在同一个网络的主机的 MAC 地址

这种情况发送方仍然是主机，它需要将 IP 分组发送给不在同一个网络的主机（如图 5-50(b)所示）。这就是我们在分组交付中讨论的直接交付过程。这时发送主机需要通过 ARP，解析连接在本网络上转发路由器的 MAC 地址。得到这个 MAC 地址之后，它就可以用主机的 MAC 地址作为数据帧的源 MAC 地址，将解析出的路由器的 MAC 地址作为目的 MAC 地址，将封装了 IP 数据分组的帧发送给路由器。之后的转发过程则交给路由器来完成。

（3）路由器需要解析下一跳路由器的 MAC 地址

这种情况发送方是路由器，它需要将 IP 分组发送给在同一个网络的下一跳路由器（如图 5-50(c)所示）。这就是我们在分组交付中讨论的间接交付过程。这时，转发路由器需要通过 ARP，解析连接在本网络上下一跳路由器的 MAC 地址。得到这个 MAC 地址之后，它就可以用自己的 MAC 地址作为数据帧的源 MAC 地址，将解析出的下一跳路由器的 MAC

地址作为目的 MAC 地址,将封装了 IP 数据分组的帧发送给下一跳路由器。之后的转发过程则交给后续的路由器来完成。

(4) 路由器需要解析同一个网络的主机 MAC 地址

这种情况发送方是路由器,它需要将 IP 分组发送给在同一个网络的目的主机(如图 5-50(d)所示)。这就是我们在分组交付中讨论的直接交付过程。这时,目的路由器需要通过 ARP,解析连接在本网络上目的主机的 MAC 地址。得到这个 MAC 地址之后,它就可以用自己的 MAC 地址作为数据帧的源 MAC 地址,将解析出的目的主机的 MAC 地址作为目的 MAC 地址,将封装了 IP 数据分组的帧发送给目的主机。整个 IP 分组转发过程就完成了。

5.9 移动 IP 协议

5.9.1 移动 IP 协议的基本概念

早期的 Internet 主机都是通过固定方式接入 Internet。随着移动通信技术的广泛应用,人们希望通过笔记本计算机、智能手机、PDN 或其他数字移动终端设备,在任何地点、任何时间都能方便地访问 Internet。移动 IP 技术就是在这个背景下产生和发展的,它是 Internet 技术与通信技术高度发展、密切结合的产物,是一个交叉学科研究课题,也是目前和今后研究的一个热点问题。

移动 IP 在电子商务、电子政务、个人移动办公、大型展览会与学术交流会、信息服务等领域中都有广泛的应用前景,在军事领域也具有重要的应用价值。对于公务人员来说,他们会希望在办公室或在家中,或者在火车、飞机上,都能打开笔记本计算机或手机,方便地接入 Internet,随时随地处理电子邮件、阅读新闻和处理公文。

Internet 中每台主机都被分配一个唯一的 IP 地址,或者被动态地分配一个 IP 地址。IP 地址是由网络号与主机号组成,IP 地址标识一台主机连接网络的网络号,标识出自己的主机号,也就明确地标识出它所在的地理位置。Internet 主机之间数据分组传输的路由都通过网络号来决定。路由器根据分组目的 IP 地址,通过查找路由表来决定转发端口。

移动主机是指从一个链路移动到另一个链路或一个网络移动到另一个网络的主机或路由器。移动 IP 主机也简称为移动主机。当移动主机在不同的网络或在不同的传输介质之间移动时,随着接入位置的变化,接入点会不断改变。最初分配给它的 IP 地址已不能表示它目前所在的网络位置,如果使用原来的 IP 地址,路由选择算法已不能为移动主机提供正确的路由服务。

在不改变现有 IPv4 协议的条件下,解决这个问题只有两种可能:一是每次改变接入点时也随着改变它的 IP 地址;二是改变接入点时不改变 IP 地址,而是在整个 Internet 中加入该主机的特定主机路由。基于这种考虑,人们提出了两种基本的方案:第一种方案是在移动主机每次变换位置时,不断改变它的 IP 地址;第二种方案是根据特定的主机地址进行路由选择。

比较这两种基本方案时,可以发现二者都有重大的缺陷。第一种方案的主要缺点是不能保持通信的连续性,特别是当移动主机在两个子网之间漫游时,由于它的 IP 地址不断在变化,将导致移动主机无法与其他主机通信。第二种方案的主要缺点是路由器将对移动主机发送的每个数据分组都要进行路由选择,路由表将急剧膨胀,路由器处理特定路由的负荷加重,不能满足大型网络的要求。因此,必须寻找一种新的机制来解决主机在不同网络之间移动的问题。为此,IETF 组织了移动 IP 工作组(IP Routing for Wireless/Mobile Hosts),并在 1992 年开始制定移动 IPv4 的标准草案。1996 年 6 月,IESG 通过了移动 IP 标准草案;1996 年 11 月公布了建议标准,为移动 IPv4 成为 Internet 正式标准奠定基础。

5.9.2 移动 IP 协议的设计目标与主要特征

1. 移动 IP 的设计目标

移动 IP 的设计目标是:移动主机在改变接入点时,无论是在不同的网络之间,或者是在不同的物理传输介质之间移动时,都不必改变其 IP 地址,可以在移动过程中保持已有通信的连续性。因此移动 IP 的研究是要解决支持移动主机 IP 分组转发的网络层协议问题。

移动 IP 的研究主要解决以下两个基本问题。

(1) 移动主机可以通过一个永久的 IP 地址,连接到任何链路上。

(2) 移动主机在切换到新的链路上时,仍然能够保持与通信对端主机的正常通信。

2. 移动 IP 协议的基本特征

作为网络层的一种协议,移动 IP 协议应该具备以下特征。

(1) 移动 IP 协议要与现有的 Internet 协议兼容。

(2) 移动 IP 协议与底层所采用的物理传输介质类型无关。

(3) 移动 IP 协议对传输层及以上的高层协议是透明的。

(4) 移动 IP 协议应该具有良好的可扩展性、可靠性和安全性。

5.9.3 移动 IP 协议的结构与基本术语

1. 移动 IP 的结构

图 5-51 给出了移动 IP 结构示意图。其中,图 5-51(a)给出一个无线移动主机从家乡网络漫游到外地网络的物理结构示意图。图 5-51(b)给出了移动 IP 逻辑结构。为了研究的方便和表述的简洁,读者经常会在一些文献和教材中看到这张图。移动 IP 的逻辑结构图简化移动主机通过无线接入点接入网络的细节,而突出链路接入和 IP 地址的概念。

在讨论移动 IP 的工作原理时,涉及构成移动 IP 的 4 个功能实体:移动主机、家乡代理、外地代理与通信对端。

(1) 移动结点(mobile node)

移动结点是指从一个链路移动到另一个链路的主机或路由器。移动结点在改变网络接入点之后,可以不改变其 IP 地址,继续与其他结点通信。

(2) 家乡代理(home agent)

家乡代理是指移动结点的家乡网络连接到 Internet 的路由器。当移动主结点机离开家乡网络时,它负责把发送到移动结点的分组通过隧道,转发到移动结点,并且维护移动结点当前的位置信息。

(3) 外地代理(foreign agent)

外地代理是指移动结点所访问的外地网络连接到 Internet 的路由器。它接收移动结点

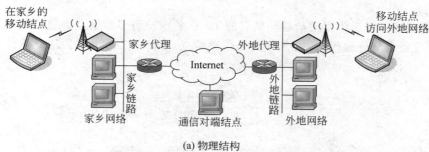

(a) 物理结构

(b) 逻辑结构

图 5-51　移动 IP 结构示意图

的家乡代理通过隧道发送给移动结点的分组；为移动结点发送的分组提供路由服务。家乡代理和外地代理统称为移动代理。

（4）通信对端（correspondent node）

通信对端是指移动结点在移动过程中与之通信的结点，它可以是一个固定结点，也可以是一个移动结点。

2. 移动 IP 的基本术语

在讨论移动 IP 的工作原理时，常用的基本术语主要有：家乡地址、转交地址、家乡网络、家乡链路、外地链路、移动绑定等。

（1）家乡地址（home address）

家乡地址是指家乡网络为每个移动结点分配的一个长期有效的 IP 地址。

（2）转交地址（care-of address）

转交地址是指当移动结点接入一个外地网络时，被分配的一个临时的 IP 地址。

（3）家乡网络（home network）

家乡网络是指为移动结点分配长期有效的 IP 地址的网络。目的地址为家乡地址的 IP 分组，将会以标准的 IP 路由机制发送到家乡网络。

（4）家乡链路（home link）

家乡链路是指移动结点在家乡网络时接入的本地链路。

（5）外地链路（foreign link）

外地链路是指移动结点在访问外地网络时接入的链路。家乡链路与外地链路比家乡网络与外地网络更精确地表示出移动结点所接入的位置。

（6）移动绑定（mobility binding）

移动绑定是指家乡网络维护移动结点的家乡地址与转发地址的关联。

（7）隧道（tunnel）

家乡代理通过隧道将发送给移动结点的 IP 分组转发到移动结点。隧道的一端是家乡代理，另一端通常是外地代理，也有可能是移动结点。图 5-52 给出了使用隧道传输移动结点的 IP 分组示意图。

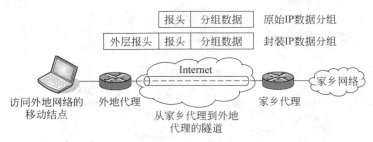

图 5-52　使用隧道传输移动结点的 IP 分组

原始 IP 数据分组是从家乡代理准备转发到移动结点，它的源 IP 地址为发送该 IP 分组的主机结点，目的 IP 地址为移动结点的 IP 地址。家乡代理路由器在转发之前需要加上外层报头。外层报头的源 IP 地址为隧道入口的家乡代理的地址，目的 IP 地址为隧道出口的外地代理的地址。在隧道传输过程中，中间的路由器看不到移动结点的家乡地址。

5.9.4　移动 IPv4 协议的基本工作原理

移动 IPv4 的工作过程大致可以分为 4 个阶段：代理发现、注册、分组路由与注销。

1. 代理发现

代理发现（agent discovery）是通过扩展 ICMP 路由发现机制来实现。它定义"代理通告"和"代理请求"两种新的报文。

图 5-53 给出了移动 IP 代理的发现机制。移动代理周期性发送代理通告报文，或为响应移动结点的代理请求而发送代理通告报文。移动结点在接收到代理通告报文后，判断它是否从一个网络切换到另一个网络，是在家乡网络还是在外地网络。在切换到外地网络时，可以选择使用外地代理提供的转交地址。

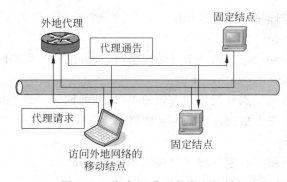

图 5-53　移动 IP 代理的发现机制

2. 注册

（1）注册（registration）的概念

移动结点到达新的网络之后，通过注册过程将自己的可达信息通知家乡代理。注册过程涉及移动结点、外地代理和家乡代理。通过交换注册报文,在家乡代理上创建或修改"移动绑定",使家乡代理在规定的生存期内保持移动结点的家乡地址与转发地址的关联。

通过注册过程可以达到以下目的。

① 使移动结点获得外地代理的转发服务。

② 使家乡代理知道移动结点当前的转发地址。

③ 家乡代理更新即将过期的移动结点的注册,或注销回到家乡的移动结点。

注册过程可以使移动结点在未配置家乡地址的时候,发现一个可用的家乡地址;维护多个注册,使数据分组能通过隧道,被复制、转发到每个活动的转发地址;在维护其他移动绑定的同时,注销某个特定的转发地址;当它不知道家乡代理地址的时候,通过注册过程找到家乡地址。

(2) 注册过程

移动IPv4为移动结点到家乡代理的注册定义两种过程:一种过程是通过外地代理转发移动主机注册请求,另一种过程是移动结点直接到家乡代理上注册。

图5-54给出了通过外地代理转发注册请求的过程示意图。

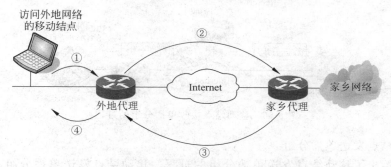

图 5-54　通过外地代理转发注册请求

通过外地代理注册需要经过以下步骤。

① 移动结点发送注册请求报文到外地代理,开始注册的过程。

② 外地代理处理注册请求报文,然后将它转发到家乡代理。

③ 家乡代理给外地代理发送注册应答报文,同意(或拒绝)请求。

④ 外地代理接收注册应答报文,并将处理结果告知移动结点。

图5-55给出了移动结点直接到家乡代理注册的过程示意图。

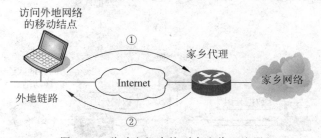

图 5-55　移动主机直接到家乡代理注册

移动主机直接到家乡代理注册需要经过以下两步。

① 移动结点给家乡代理发送注册请求报文。

② 家乡代理向移动结点发送一个注册应答,同意(或拒绝)请求。

具体采用哪种方法注册,需要按照以下规则来决定。

① 如果移动结点使用外地代理转发地址,则它必须通过外地代理进行注册。

② 如果移动结点使用配置转交地址,并从当前使用转发地址的链路上收到外地代理的代理通报报文,该报文的"标志位-R(需要注册)"被置位,则它也必须通过外地代理进行注册。

③ 如果移动结点转发时使用配置转交地址,则它必须到家乡代理进行注册。

3. 分组路由

移动 IP 的分组路由可以分为单播、广播与多播三种情况来讨论。

(1) 单播分组路由

① 移动结点接收单播分组

图 5-56 给出了移动结点接收单播分组的过程。在移动 IPv4 中,与移动结点通信的结点使用移动结点的 IP 地址所发送的数据分组,首先会被传送到家乡代理。家乡代理判断目的主机已经在外地网络访问,它会利用隧道,将数据分组发送到外地代理;由外地代理最后发送给移动主机。

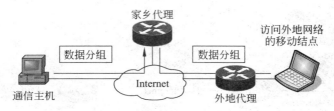

图 5-56　移动结点接收单播分组的过程

② 移动结点发送单播分组

图 5-57 给出了移动结点发送单播分组的过程。移动结点发送单播分组有两种方法:一种方法是通过外地代理路由到目的结点,如图 5-57(a)所示;另一种方法是通过家乡代理转发,如图 5-57(b)所示。

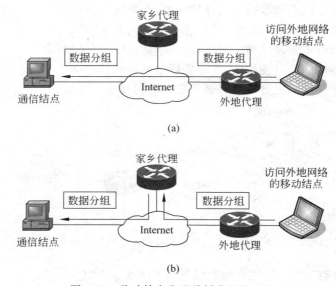

图 5-57　移动结点发送单播分组的过程

（2）广播分组路由

一般情况下，家乡代理不将广播数据分组转发到移动绑定列表中的每个移动结点。如果移动结点已请求转发广播数据分组，则家乡代理将采取"IP 封装"的方法实现转发。

（3）多播分组路由

① 移动结点接收多播分组

图 5-58 给出了移动结点接收多播分组的过程。移动结点接收多播分组有两种方法：一种方法是移动结点通过多播路由器加入多播组，如图 5-58（a）所示；另一种方法是通过和家乡代理之间建立的双向隧道加入多播组，移动结点将 IGMP 报文通过反向隧道发送到家乡代理，家乡代理通过隧道将多播分组发送到移动结点，如图 5-58（b）所示。

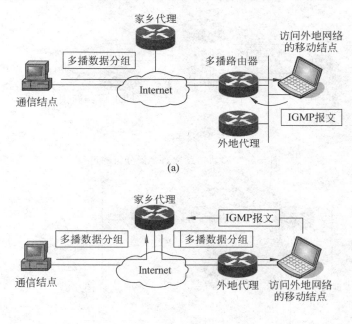

图 5-58   移动主机接收多播数据分组的方法

② 移动主机发送多播分组

图 5-59 给出了移动结点发送多播分组的过程。移动结点发送多播分组有两种方法：一种方法是移动结点通过多播路由器发送多播分组，如图 5-59（a）所示；另一种方法是先将多播分组发送到家乡代理，家乡代理再将多播分组转发出去，如图 5-59（b）所示。

4. 注销

如果移动结点已经回到家乡网络，则它需要到家乡代理进行注销（deregistration）。

5.9.5 移动 IPv4 协议中移动结点和结点主机的基本操作

图 5-60 给出了移动 IPv4 中移动结点和通信对端结点的基本操作示意图。

在移动 IPv4 中，移动结点和通信结点的基本操作，可以分为以下几步。

（1）移动结点可以向当前访问的外地网络发送"代理请求"报文，以获得外地代理返回

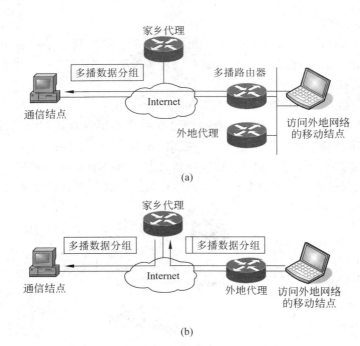

(a)

(b)

图 5-59　移动结点发送多播分组的过程

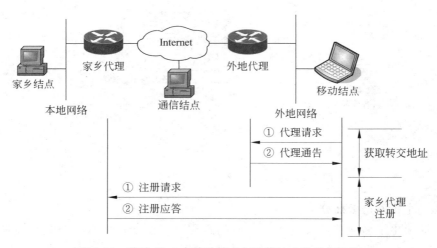

图 5-60　移动 IPv4 中移动结点与通信结点的基本操作

的"代理通告"报文;外地代理(或家乡代理)也可以通过"代理通告"报文,通知它所访问的当前网络的外地代理信息。移动结点在接收到"代理通告"报文后,确定它是在外地网络上。

(2) 移动结点将获得一个"转交地址"。如果它是通过"代理通告"报文获得"转交地址",则这个地址称为"外地代理转交地址"(foreign agent care-of address);如果它是通过主机配置协议 DHCP 获得"转交地址",则这个地址称为"配置转交地址"(co-located care-of address)。

(3) 移动结点向家乡代理发送"注册请求"报文,接收"注册应答"报文,注册它获得的"转交地址"。

（4）家乡代理截获发送到移动结点家乡地址的数据分组。

（5）家乡代理通过隧道，将截获的数据分组按照"转交地址"发送给移动结点。

（6）隧道的输出端将收到的数据分组拆包后，转交给移动结点。

（7）在完成以上步骤后，移动结点已经知道通信对端的地址。它可以将通信对端的地址作为目的地址、转交地址作为源地址，与对方按正常的 IP 路由机制进行通信。

5.10 IPv6 协议

5.10.1 IPv6 协议的基本概念

IPv4 的设计者无法预见到 20 年来 Internet 技术发展如此之快，应用如此广泛。IPv4 协议面临的很多问题已经无法用"补丁"的办法解决，只能在设计新一代 IP 时统一加以考虑和解决。为了解决这些问题，IETF 研究和开发了一套新的协议和标准——IPv6。IPv6 协议在设计中尽量做到对上、下层协议影响最小，并力求考虑得更为周全，避免不断做新的改变。

1993 年，IETF 成立研究下一代 IP 的 IPng 工作组；1994 年，IPng 工作组提出下一代 IP 的推荐版本；1995 年，IPng 工作组完成 IPv6 的协议版本；1996 年，IETF 发起建立全球 IPv6 实验床 6BONE；1999 年，完成 IETF 要求的 IPv6 协议审定，成立 IPv6 论坛，正式分配 IPv6 地址，IPv6 协议成为标准草案。

我国政府高度重视下一代 Internet 的发展，积极参与 IPv6 的研究与试验，CERNET 于 1998 年加入 IPv6 实验床 6BONE 计划，2003 年启动下一代网络示范工程 CNGI，国内的网络运营商与网络通信产品制造商纷纷研究支持 IPv6 的软件技术与网络产品。2008 年，北京奥运会成功地使用 IPv6 网络，我国成为全球较早商用 IPv6 的国家之一。2008 年 10 月中国下一代 Internet 示范工程 CNGI 正式宣布从前期的试验阶段转向试商用。目前我国下一代 Internet 示范工程 CNGI 已经成为全球最大的示范性 IPv6 网络。

5.10.2 IPv6 协议的主要特征

IPv6 协议的主要特征可以总结为：新的协议格式、巨大的地址空间、有效的分级寻址和路由结构、有状态和无状态的地址自动配置、内置的安全机制、更好地支持 QoS 服务。

（1）新的协议头格式

IPv6 协议头采用一种新的格式，可以最大限度减少协议头的开销。为了实现这个目的，IPv6 协议将一些非根本性和可选择的字段移到固定协议头后的扩展协议头中。这样，中间转发路由器在处理这种简化的 IPv6 协议头时，效率就会更高。IPv4 和 IPv6 的协议头不具有互操作性，也就是说 IPv6 并不是 IPv4 的超集，IPv6 并不向下兼容 IPv4。新 IPv6 中的地址的位数是 IPv4 地址数的 4 倍，但是 IPv6 分组头的长度仅是 IPv4 分组头长度的两倍。

（2）巨大的地址空间

IPv6 协议的地址长度定为 128 位，因此可以提供多达超过 3.4×10^{38} 个 IP 地址。如果用十进制数写出来可能有的 IPv6 地址数，它可以写成 340 282 366 920 938 463 463 374 607

431 768 211 456。人们经常用地球表面每平方米平均可以获得多少个 IP 地址来形容 IPv6 的地址数量之多,地球表面面积按 $5.11\times10^{14}\,m^2$ 计算,则地球表面每一平方米平均可以获得的 IP 地址数为 665 570 793 348 866 943 898 599(即 6.65×10^{23})个。这样,今后的智能手机、汽车、物联网智能仪器、PDA 都可以获得 IP 地址,连入 Internet 的设备数量将不受限制地持续增长。

(3) 有效的分级寻址和路由结构

确定地址长度为 128 位的原因当然是需要有更多的可用地址,以便从根本上解决 IP 地址匮乏问题,不再需要使用带来很多问题的 NAT 技术。确定地址长度为 128 位更深层次的原因是:巨大的地址空间能更好地将路由结构划分出层次,允许使用多级的子网划分和地址分配,层次划分可以覆盖从 Internet 主干网到各个部门内部子网的多级结构,更好地适应现代 Internet 的 ISP 层次结构与网络层次结构。一种典型的做法是:将分配给一台 IPv6 主机的 128 位的 IP 地址分为两部分,一部分 64 位作为子网地址空间,另外 64 位作为局域网硬件 MAC 地址空间。64 位作为子网地址空间可以满足主机到主干网之间的三级 ISP 结构,使得路由器的寻址更加简便。这种方法可以增加路由层次划分和寻址的灵活性,适合于当前存在的多级 ISP 的结构,这正是 IPv4 协议所缺乏的。

(4) 有状态和无状态的地址自动配置

为了简化主机配置,IPv6 既支持 DHCPv6 服务器的有状态地址自动配置,也支持没有 DHCPv6 服务器的无状态地址自动配置。在无状态的地址配置中,链路上的主机会自动为自己配置适合于这条链路的 IPv6 地址(链路本地地址)。在没有路由器的情况下,同一链路的所有主机可以自动配置它们的链路本地地址,不用手工配置 IP 地址也可以进行通信。链路本地地址在 1s 内就能自动配置完成,同一链路的主机在接入网络后立即可以进行通信。在相同情况下,一个使用 DHCPv4 的 IPv4 主机需要先放弃 DHCP 的配置,然后自己配置一个 IPv4 地址,这个过程大概需要 1min。

(5) 内置的安全性

IPv6 支持 IPSec 协议,为网络安全性提供一种基于标准的解决方案,并提高不同 IPv6 实现方案之间的互操作性。IPSec 由两种不同类型的扩展头和一个用于处理安全设置的协议组成,为 IPv6 数据包提供数据完整性、数据验证、数据机密性和重放保护服务。

(6) 更好地支持 QoS

IPv6 协议头中的新字段定义如何识别和处理通信流。通信流使用通信流类型字段来区分其优先级。流标记字段使路由器可以对属于一个流的数据包进行识别和提供特殊处理,以保证数据传输的服务质量。

(7) 用新协议处理邻主机的交互

IPv6 中的邻主机发现(neighbor discovery)协议使用 IPv6 网络控制报文协议 ICMPv6,用来管理同一链路上的相邻主机间的交互过程。邻主机发现协议用更加有效的多播和单播的邻主机发现报文,取代地址解析协议 ARP、ICMPv4 路由器发现,以及 ICMPv4 重定向报文。

(8) 可扩展性

IPv6 通过在分组头之后添加新的扩展协议头,可以很方便地实现功能的扩展。IPv4 协议头中的选项最多可以支持 40B 的选项。

5.10.3 IPv6 地址

1. IPv6 地址表示方法

RFC2373 中的 IPv6 Addressing Achitecture 对 IPv6 地址空间结构与地址基本表示方法进行了定义。IPv6 的 128 位地址按每 16 位划分为一个位段,每个位段被转换为一个 4 位的十六进制数,并用冒号隔开,这种表示法称为"冒号十六进制表示法"(colon hexadecimal)。

(1) 用二进制格式表示的一个 IPv6 地址:

```
0010000111011010000000000000000000000000000000000000000000000000
0000000101010101000000000000111111111111000001000100111000101011010
```

(2) 将这个 128 位的地址按每 16 位划分为 8 个位段:

```
0010000111011010 0000000000000000 0000000000000000 0000000000000000
0000000101010101 0000000000001111 1111111000001000 1001110001011010
```

(3) 将每个位段转换成十六进制数,并用冒号隔开,结果应该是:

```
21DA:0000:0000:0000:02AA:000F:FE08:9C5A
```

这时,得到的一个冒号十六进制 IPv6 地址与最初给出的一个用 128 位二进制数表示的 IPv6 地址是等效的。

由于十六进制和二进制之间的进制转换,比十进制和二进制之间的进制转换更容易,因此 IPv6 的地址表示法采用十六进制数。每位十六进制数对应 4 位二进制数。128 位的 IPv6 的地址实在太长,人们很难记忆。在 IPv6 网络中,主机的 IPv6 地址都是自动配置。

2. 零压缩法

(1) 零压缩的基本规则

IPv6 地址中可能会出现多个二进制数 0,可以规定一种方法,通过压缩某个位段中的前导 0,进一步简化 IPv6 地址的表示。例如,00D3 可以简写为 D3;02AA 可以简写为 2AA。但是,FE08 不能简写为 FE8。如果出现 000A 可以简写为 A。需要注意的是,每个位段至少应该有一个数字,0000 可以简写为 0。

前面给出了一个 IPv6 地址的例子:

```
21DA:0000:0000:0000:02AA:000F:FE08:9C5A
```

根据前导零压缩法,上面的地址可以进一步简化表示为:

```
21DA:0:0:0:2AA:F:FE08:9C5A
```

有些类型的 IPv6 地址中包含一长串 0。为了进一步简化 IP 地址表达,在一个以冒号十六进制表示法表示的 IPv6 地址中,如果几个连续位段的值都为 0,则这些 0 可以简写为::,这也称为"双冒号表示法"(double colon)。

前面的结果又可以简化写为 21DA::2AA:F:FE08:9C5A。

根据零压缩法,链路本地地址 FE80:0:0:0:0:FE:FE9A:4CA2 可以简写为 FE80:: FE:FE9A:4CA2。多播地址 FF02:0:0:0:0:0:0:2 可以简写为 FF02::2。

需要注意的问题有以下两点。

① 在使用零压缩法时,不能将一个位段内的有效 0 压缩掉。例如,不能将 FF02:30:0:0:0:0:0:5 简写为 FF2:3::5,而应该简写为 FF02:30::5。

② 双冒号在一个地址中只能出现一次。例如,地址 0:0:0:2AA:12:0:0:0,一种简化的表示法是::2AA:12:0:0:0,另一种表示法是 0:0:0:2AA:12::,不能将它表示为::2AA:12::。

(2) 如何确定双冒号之间被压缩 0 的位数

要确定双冒号代表被压缩的多少位 0,可以数一下地址中还有多少个位段,然后用 8 减去这个数,再将结果乘以 16。

例如,在地址 FF02:3::5 中有三个位段(FF02、3 和 5),可以根据公式计算:$(8-3) \times 16 = 80$,则::表示有 80 位的二进制数字 0 被压缩。

3. IPv6 前缀

在 IPv4 中,子网掩码用来表示网络和子网地址长度。例如,192.1.29.7/24 表示子网掩码长度为 24 位,子网掩码为 255.255.255.0。由于在 IPv4 中,可用于标识子网地址长度的位数是不确定的,因此要使用前缀长度来区分子网 ID 和主机 ID。在上述例子的一个 B 类网络地址中,网络号为 192.1;子网号为 29;主机号为 7。

IPv6 不支持子网掩码,它只支持前缀长度表示法。前缀是 IPv6 地址的一部分,用做 IPv6 路由或子网标识。前缀的表示方法与 IPv4 中的无类域间路由 CIDR 表示方法基本类似。IPv6 前缀可以用"地址/前缀长度"来表示。例如,21DA:D3::/48 是一个路由前缀;而 21DA:D3:0:2F3B::/64 是一个子网前缀。64 位前缀用来表示主机所在的子网,子网中所有主机都有相应的 64 位前缀。任何少于 64 位的前缀,要么是一个路由前缀,要么就是包含部分 IPv6 地址空间的一个地址范围。

在当前已定义的 IPv6 单播地址中,用于标识子网与子网中主机的位数都是 64。因此,尽管在 RFC2373 中允许在 IPv6 单播地址中写明它的前缀长度,但在实际中它们的前缀长度总是 64,因此不需要再表示出来。

例如,不需要将 IPv6 单播地址 F0C0::2A:A:FF:FE01:2A 表示成 F0C0::2A:A:FF:FE01:2A/64。根据子网和接口标识平分地址的原则,IPv6 单播地址 F0C0::2A:A:FF:FE01:2A 的子网标识是 F0C0::2A/64。

5.10.4 IPv6 分组结构与基本报头

1. IPv6 分组结构

IPv6 分组由一个 IPv6 报头、多个扩展报头与一个高层协议数据单元组成。图 5-61 给出了 IPv6 分组结构。IPv6 分组的有效载荷包括扩展报头与高层协议数据。

图 5-61　IPv6 分组结构

（1）IPv6 报头

每个 IPv6 分组都有一个 IPv6 基本报头。基本报头长度固定为 40 字节。

（2）扩展报头

IPv6 数据包可以没有扩展报头，也可以有一个或多个扩展报头，扩展报头可以具有不同的长度。IPv6 基本报头中的"下一个报头"字段，指向第一个扩展报头。每个扩展报头中都包含下"一个报头"指向再下一个扩展报头。最后一个扩展报头指示出上层协议数据单元中的上层协议的报头。上层协议可以是 TCP、UDP。协议数据也可以是 ICMPv6 协议报文数据。

IPv6 基本报头与扩展报头代替 IPv4 报头及其选项，新的扩展报头格式增强 IP 功能，使得它可以支持未来新的应用。与 IPv4 报头中的选项不同，IPv6 扩展报头没有最大长度的限制，因此可以有多个扩展报头。

（3）高层协议数据

高层协议数据单元 PDU 可以是一个 TCP 或 UDP 报文段，也可以是 ICMPv6 报文。IPv6 分组的有效载荷是由 IPv6 的扩展报头和高层协议数据构成。有效载荷的长度最多可以达到 65 535B。有效载荷长度大于 65 535B 的 IPv6 分组称为"超大包"（jumbogram）。

2. IPv6 报头的结构与各个字节的意义

图 5-62 给出了 IPv6 报头的结构。RFC2460 定义的 IPv6 基本报头结构包括：版本、流量类型、流标记、载荷长度、下一个报头、跳步限制、源地址与目的地址等字段。

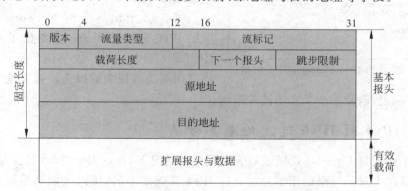

图 5-62 IPv6 报头结构

（1）版本（version）

版本字段的意义与 IPv4 相同，版本字段值为 6，表示使用 IPv6 协议。

（2）流量类型（traffic class）

流量类型字段为 8 位，表示 IPv6 分组的类型或优先级，其功能类似于 IPv4 的服务类型字段。

（3）流标记（flow label）

流标记字段为 20 位，表示分组属于源结点和目标结点之间的一个特定分组序列，它需要由中间 IPv6 路由器进行特殊处理。流标记用于非默认的 QoS 连接，例如实时数据（音频和视频）的连接。对于默认的路由器处理，流标记字段的值为 0。在源主机和目的主机之间可能有多个数据流，它们需要用不同的流标记值区分。与流量类型字段一样，RFC2460 对流标记字段的使用没有明确定义。

（4）载荷长度（payload length）

载荷长度字段为 16 位，表示 IPv6 有效载荷的长度。有效载荷的长度包括扩展报头和高层 PDU。由于有效载荷长度字段为 16 位，它可以表示最大长度为 65 535B 的有效载荷。

（5）下一个报头（next header）

下一个报头字段为 8 位，表示如果存在扩展报头，"下一个报头"值表示下一个扩展报头的类型。如果不存在扩展报头，"下一个报头"值表示传输层报头是 TCP 或 UDP，也可以是 ICMP 报头。

（6）跳步限制（hop limit）

跳步限制字段为 8 位，表示 IPv6 分组可以通过的最大路由器转发数。IPv6 跳步限制字段与 IPv4 的 TTL 字段非常相似。分组每经过一个路由器，数值减 1。当跳步限制字段的值减为 0，路由器向源结点发送"跳步限制超时"ICMPv6 报文，并丢弃该分组。

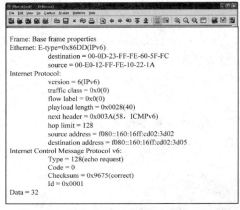

图 5-63　简化的 IPv6 基本报头结构示例

（7）源地址（source address）与目的地址（destination address）

IPv6 地址字段为 128 位，表示源结点与目的地结点 IPv6 地址。

图 5-63 给出一个用 Network Monitor 截获的 IPv6 分组的例子。它给出了一个简化的 IPv6 基本报头结构。这个例子是一个 ICMPv6 协议回送请求报文的报头。报文使用默认的流量类型与流标记，以及一个 128 的跳步限制。

5.10.5　IPv4 到 IPv6 过渡的基本方法

在 IPv4 地址与 Internet 规模矛盾无法缓解的情况下，推进 IPv6 技术已经是势在必行。但是，由于目前大量的网络应用都是建立在 IPv4 基础之上的，所以人们必然要在一个很长的时间里面对 IPv4 与 IPv6 共存的局面。如何平滑地从 IPv4 过渡到 IPv6 是需要研究的一个重要问题。

1. 双 IP 层或双协议栈

双 IP 层是指在完全过渡到 IPv6 之前，使部分结点和路由器装有两个协议，一个 IPv4 协议和一个 IPv6 协议。这种结点既能与 IPv6 结点通信，又能与 IPv4 结点通信。具有双 IP 层的结点或路由器应具有两个 IP 地址，一个 IPv6 地址和一个 IPv4 地址。IP 结点在与 IPv6 结点通信时采用 IPv6 地址，与 IPv4 结点通信时采用 IPv4 地址。双 IP 层结点的 TCP 或 UDP 协议都可以通过 IPv4、IPv6 网络，或 IPv6 穿越 IPv4 的隧道的通信来实现。图 5-64 给出了双协议层和双协议栈结构。图 5-64(a)给出了双协议层结构。

Windows XP 与 Windows.NET Server 2003 中的 IPv6 不是使用双协议层结构，而是双协议栈结构。IPv6 协议的驱动程序 Tcpip6.sys 包含 TCP 和 UDP 的不同实现。图 5-64(b)给出了双协议栈结构。

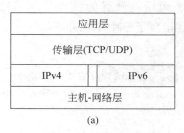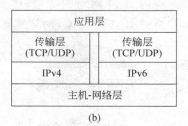

图 5-64　双协议层和双协议栈结构

2. 隧道技术

隧道技术是指 IPv6 分组进入 IPv4 网络时,将 IPv6 分组封装成为 IPv4 分组,整个 IPv6 分组变成 IPv4 分组的数据部分。当 IPv4 分组离开 IPv4 网络时,再将其数据部分交给主机的 IPv6 协议,这就好像在 IPv4 网络中打通一个隧道来传输 IPv6 分组。图 5-65 给出了通过 IPv4 隧道传输 IPv6 分组的机制。

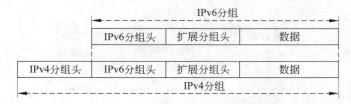

图 5-65　通过 IPv4 隧道传输 IPv6 分组的机制

在通过隧道传输封装的 IPv4 分组时,IPv4 分组头的协议字段值为 41,表示这是一个经过封装的 IPv6 分组;源地址与目的地址分别为隧道端点路由器的 IPv4 地址。

隧道配置是用于建立隧道。RFC2893 将隧道配置分为路由器-路由器、主机-路由器或路由器-主机、主机-主机三种情况,以及手动配置的隧道与自动配置的隧道两种类型。

(1) 路由器-路由器隧道

图 5-66 给出了路由器-路由器隧道结构。在这种结构中,隧道端点是两台 IPv4/IPv6 路由器,隧道是连接位于 IPv4 网络两个端点之间的逻辑链路。两个 IPv4/IPv6 路由器都有一个表示 IPv6 穿越 IPv4 网络的隧道的接口,以及对应的路由。对于穿越 IPv4 网络的 IPv6 分组来说,穿越隧道相当于一个单跳路由。

图 5-66　路由器-路由器隧道结构

(2) 主机-路由器隧道

图 5-67 给出了主机-路由器隧道结构。在这种结构中,由 IPv4 网络中的 IPv4/IPv6 结

点创建一个 IPv6 跨越 IPv4 网络的隧道,作为从源结点到目的结点之间路径中的第一段。对于穿越 IPv4 网络的 IPv6 分组来说,穿越隧道相当于一个单跳路由。

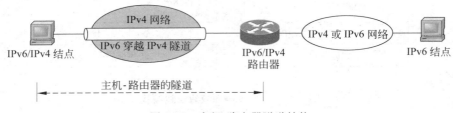

图 5-67　主机-路由器隧道结构

(3) 结点-结点隧道

图 5-68 给出了结点-结点隧道结构。在这种结构中,由 IPv4 网络中的 IPv4/IPv6 结点创建一个 IPv6 跨越 IPv4 网络的隧道,作为从源结点到目的结点的整个路径。对于穿越 IPv4 网络的 IPv6 分组来说,穿越隧道相当于一个单跳路由。

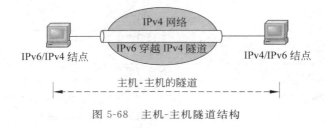

图 5-68　主机-主机隧道结构

(4) 6over4

6over4 又称为 IPv4 多播隧道(RFC2529)。它是一个结点-结点、结点-路由器或路由器-主机的隧道技术。6over4 为 IPv6 结点之间提供跨越 IPv4 网络的单播和多播 IPv6 连通性。图 5-69 给出了 6over4 的结构。

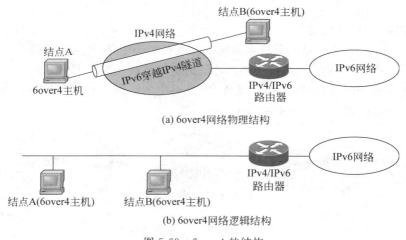

(a) 6over4网络物理结构

(b) 6over4网络逻辑结构

图 5-69　6over4 的结构

6over4 将每个 IPv4 网络看成一个具有多播能力的单独链路。这样,邻结点发现过程的地址解析、路由器发现可以像在一个具有多播功能的物理链路上一样运行。在默认的情况下,6over4 结点为每个 6over4 接口自动配置一个 FE80∷wwxx∶yyzz 的链路本地地址。

(5) 6to4

6to4 是一种地址分配和路由器-路由器的自动隧道技术,它为 IPv6 结点之间提供跨越 IPv4 网络的单播 IPv6 的连通性。RFC3056 对 6to4 进行了定义。6to4 使用全球地址前缀 2002∶wwxx∶yyzz∷/48。同时,RFC3056 定义了 6to4 主机、6to4 路由器与 6to4 中继路由器的概念。

6to4 主机是任何一个配置 6to4 地址的 IPv6 主机。6to4 地址是使用标准地址由地址自动配置机制来创建。6to4 路由器是支持 6to4 接口的 IPv4/IPv6 路由器,用于转发带有 6to4 地址的 IPv6 分组。6to4 中继路由器是在 IPv4 网络中转发带有 6to4 地址的 IPv6 分组的 IPv4/IPv6 路由器。

(6) ISATAP

ISATAP 是一种地址分配和结点-结点、结点-路由器和路由器-结点的自动隧道协议。它为 IPv6 结点之间提供跨越 IPv4 网络的单播 IPv6 连通性。ISATAP 结点不需要手工配置地址,使用标准的地址自动配置机制创建 ISATAP 地址。与 IPv4 映射地址、6over4、6to4 地址相同,ISATAP 地址内嵌一个 IPv4 地址。当发送到 ISATAP 地址的 IPv6 分组通过隧道跨越 IPv4 网络后,内嵌 IPv4 地址可以确定 IPv4 分组头中的源地址与目的地址。

小　结

(1) IP 协议提供的是一种"尽力而为"的服务。

(2) IPv4 分组由分组头和数据两个部分组成。IPv4 分组头基本长度为 20B,选项最长为 40B。

(3) IPv4 地址技术研究分为 4 个阶段:标准分类的 IP 地址、划分子网的三级地址结构、构成超网的无类别域间路由(CIDR)技术、网络地址转换(NAT)技术。

(4) 路由选择算法为生成路由表提供算法依据,路由选择协议用于互联网络中路由表路由信息的动态更新。

(5) 自治系统的核心是路由选择的"自治"。Internet 路由选择协议分为:内部网关协议与外部网关协议。目前,内部网关协议主要有 RIP 与 OSPF 协议;外部网关协议主要是 BGP。

(6) 路由器是具有多个输入端口和多个输出端口、转发分组的专用计算机系统,其结构可以分为路由选择和分组转发两个部分。

(7) 针对 IPv4 协议缺乏传输可靠性保证机制,IP 协议增加了 ICMP;针对 IPv4 协议不能支持多播服务,IP 协议增加了 IGMP。

(8) 移动 IP 要求移动主机在改变接入点时不改变 IP 地址,以便在移动过程中保持已有通信的连续性。

(9) IPv6 协议的主要特征是:新的协议格式、巨大的地址空间、有效的分级寻址和路由结构、有状态和无状态的地址自动配置、内置的安全机制,以及更好地支持 QoS 服务。

习　　题

1. 给出 5 种网络设备：集线器(Hub)、中继器(Repeater)、交换机(Switch)、网桥(Bridge)与路由器(Router)，请分别填在图 5-70 中 5 处最合适的位置，并说明理由。

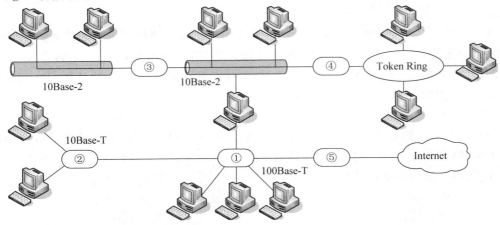

图 5-70　不同网络设备的连接位置

2. 根据图 5-71 所示的信息，补充图中①～⑥处隐去的数据。

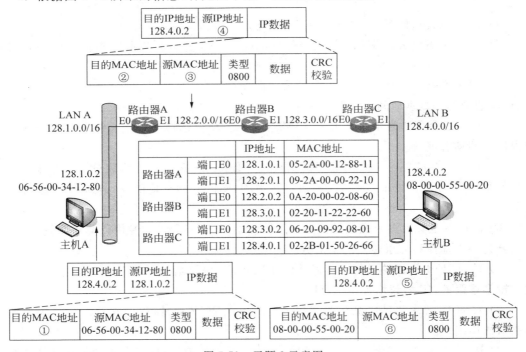

图 5-71　习题 2 示意图

3. 一个网络的 IP 地址为 193.12.5.0/24。请写出这个网络的直接广播地址、受限广播地址与这个网络上的特定主机地址、回送地址。

4. 在图 5-72 中①~⑤处填入适当的路由选择协议,并说明理由。

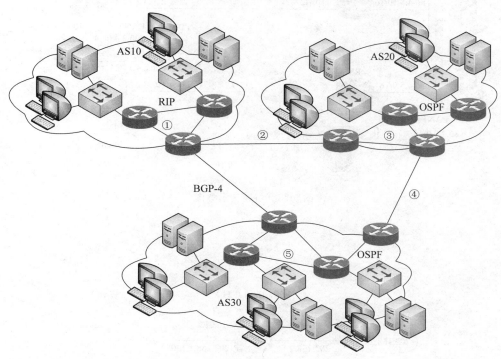

图 5-72　习题 4 示意图

5. 计算并填写表 5-6。

表 5-6　习题 5 表格

IP 地址	125.145.131.9	主机号	③
子网掩码	255.240.0.0	直接广播地址	④
网络前缀	①	子网内第一个可用 IP 地址	⑤
网络地址	②	子网内最后一个可用 IP 地址	⑥

6. 如果将 192.12.66.128/25 划分为三个子网,其中子网 1 可以容纳 50 台计算机,子网 2 和子网 3 分别容纳 20 台计算机,要求网络地址从小到大依次分配给三个子网,请写出三个子网的掩码与可用的 IP 地址段。

7. 路由器收到目的 IP 地址为 195.199.10.64,路由表中有以下三条可选的路由。

路由 1:目的网络为 195.128.0.0/16

路由 2:目的网络为 195.192.0.0/17

路由 3:目的网络为 195.200.0.0/18

请指出:应该选择哪一条路由? 为什么?

8. 根据如图 5-73 所示的网络结构与地址,填写路由器 R1 的路由表(与 R1 的 m0 接口连接的对方路由器 IP 地址为 221.6.1.3/24)。

9. 如图 5-74 所示的网络中,路由器 R1 只有到达子网 202.168.1.0/24 的路由。

为了使 R1 可以将 IP 分组正确地路由到所有的子网,那么需要在 R1 路由表中增加一

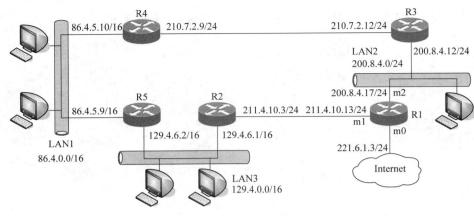

图 5-73 习题 8 示意图

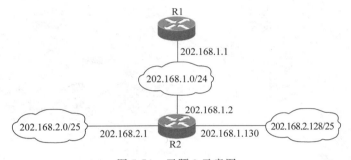

图 5-74 习题 9 示意图

条路由的目的网络、子网掩码与下一跳路由器地址的是_____。

  A. 202.168.2.0,255.255.255.128,202.168.1.1

  B. 202.168.2.0,255.255.255.0,202.168.1.1

  C. 202.168.2.0,255.255.255.128,202.168.1.2

  D. 202.168.2.0,255.255.255.0,202.168.1.2

  10. 如果主机 A 的 IP 地址为 202.111.222.165,主机 B 的 IP 地址为 202.111.222.185,子网掩码为 255.255.255.224,默认网关地址设置为 202.111.222.160。请回答:

  (1) 主机 A 能不能与主机 B 不经过路由器直接通信?

  (2) 主机 A 不能与地址为 202.111.222.8 的 DNS 服务器通信? 解决的办法是什么?

  11. 发送的 IP 分组使用固定分组头,每个字段的值如图 5-75 所示。

4	5	0		28	
	1		0		0
4		17		0	
10.15.16.8					
202.6.7.10					

图 5-75 习题 11 示意图

  如果接收到的校验和字段的二进制值为 11001101 10101001。请回答:分组头在传输过程中是否出错,并说明理由。

第 **6** 章

传 输 层

本章从网络环境中分布式进程通信的基本概念出发,讨论传输层的基本功能,传输层向应用层提供的服务,以及传输层协议——TCP 与 UDP,为读者进一步研究应用层与应用层协议打下基础。

本章教学要求

- 理解:网络环境中分布式进程通信的基本概念。
- 掌握:进程通信中客户/服务器模式的基本概念。
- 掌握:传输层的基本功能与服务质量 QoS 的基本概念。
- 掌握:UDP 协议的基本内容。
- 掌握:TCP 协议的基本内容。

6.1 传输层与传输层协议

6.1.1 传输层的基本功能

网络层、数据链路层与物理层实现了网络中主机之间的数据通信,但是数据通信不是组建计算机网络的最终目的。计算机网络的本质活动是实现分布在不同地理位置的主机之间的进程通信,以实现应用层的各种网络服务功能。传输层的主要功能是要实现分布式进程通信。因此,传输层是实现各种网络应用的基础。图 6-1 给出了传输层基本功能的示意图。

理解传输层基本功能需要注意以下三个问题。

(1) 网络层的 IP 地址标识了主机、路由器的位置信息;路由选择算法可以在 Internet 中选择一条源主机-路由器、路由器-路由器、路由器-目的主机的多段“点-点”链路组成的传输路径;IP 协议通过这条传输路径完成 IP 分组数据的传输。传输层协议是利用网络层所提供的服务,在源主机的应用进程与目的主机的应用进程之间建立“端-端”连接,实现分布式进程通信。

(2) Internet 中的路由器与通信线路构成了传输网(或承载网)。传输网一般是由电信公司运营和管理的。如果传输网提供的服务不可靠(例如频繁丢失分组),用户无法对传输网加以控制。解决这个问题需要从两个方面入手:一是电信公司进一步提高传输网的服务质量;二是传输层对分组丢失、线路故障进行检测,并采取相应的差错控制措施,以满足分布式进程通信对服务质量(QoS)的要求。因此,在传输层要讨论如何改善 QoS,以达到计算机进程通信所要求的服务质量问题。

（3）传输层可以屏蔽传输网实现技术的差异性,弥补网络层所提供服务的不足,使得应用层在设计各种网络应用系统时,只需要考虑选择什么样的传输层协议可以满足应用进程通信的要求,而不需要考虑数据传输的细节问题。

因此,从"点-点"通信到"端-端"通信是一次质的飞跃,为此传输层需要引入很多新的概念和机制。

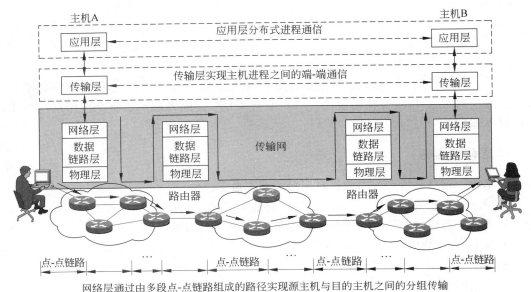

图 6-1　传输层的基本功能

6.1.2　传输协议数据单元的基本概念

传输层中实现传输层协议的软件称为传输实体(transport entity)。传输实体可以在操作系统内核中,也可以在用户程序中。图 6-2 给出了传输协议数据单元的概念。从图中也能够看出传输层与应用层、传输层与网络层之间的关系。

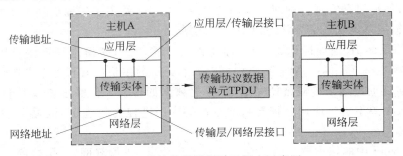

图 6-2　传输协议数据单元概念示意图

传输层之间传输的报文称为传输协议数据单元(transport protocol data unit,TPDU)。TPDU 有效载荷是应用层的数据,传输层在有效载荷 TPDU 之前加上 TPDU 头,就形成了

TPDU 传输协议数据单元。TPDU 传送到网络层后,加上 IP 分组头后形成 IP 分组;IP 分组传送到数据链路层后,加上帧头、帧尾形成帧。帧经过物理层传输到目的主机后,经过数据链路层与网络层处理,传输层接收到 TPDU 后,读取 TPDU 头,按照传输层协议的要求完成相应的动作。和数据链路层、网络层一样,TPDU 头用于传达传输层协议的命令和响应。图 6-3 描述了 TPDU 结构与 IP 分组、帧结构之间的关系。

图 6-3　TPDU 结构与 IP 分组、帧结构的关系

6.1.3　应用进程、传输层接口与套接字

传输层接口与套接字是传输层一个重要的概念。图 6-4 给出了应用进程、套接字与 IP 地址关系的示意图。

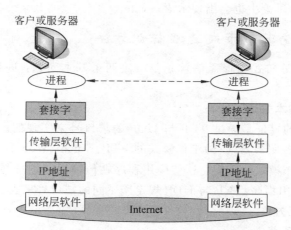

图 6-4　应用进程、套接字与 IP 地址关系示意图

理解应用进程、传输层接口与套接字的关系,需要注意以下问题。

(1) 应用程序、传输层软件与本地主机操作系统的关系

应用程序与传输层的 TCP 或 UDP 协议都是在主机操作系统控制下工作的。应用程序的开发者只能够根据需要,在传输层选择 TCP 或 UDP 协议,设定相应的最大缓存、最大报文长度等参数。一旦传输层协议的类型和参数被设定后,实现传输层协议的软件就在本地主机操作系统的控制之下,为应用程序提供进程通信服务。

(2) 进程通信、传输层端口号与网络层 IP 地址的关系

下面举一个例子来形象地说明进程、传输层端口号(port number)与网络层 IP 地址的关系。如果一位同学要到计算机系网络实验室找作者讨论传输层的问题。那么这位同学根据地址先找到计算机系办公室,办公室的工作人员会告诉这位同学,网络实验室位于伯苓楼的 501 室。这里的"伯苓楼"相当于"IP 地址",501 相当于"端口号"。IP 地址只能告诉你要找的实验室在哪座教学楼里。你只有知道是哪一座教学楼的哪一个房间,才能顺利地找到

要去的地方。当这位同学找到作者之后,讨论传输层问题的过程相当于两台主机进程通信的过程。在计算机网络中,只有知道 IP 地址与端口号,才能唯一地找到准备通信的进程。

(3) 套接字的概念

传输层需要解决的一个重要问题是进程标识。在一台计算机中,不同进程需要用进程号(Process ID)唯一地标识。进程号也称为端口号。在网络环境中,标识一个进程必须同时使用 IP 地址与端口号。RFC793 定义的套接字(Socket)是由 IP 地址与对应的端口号(IP 地址∶端口号)组成。例如,一个 IP 地址为 202.1.2.5 的客户端使用 30022 端口号,与一个 IP 地址为 151.8.22.51、端口号 80 的 Web 服务器建立 TCP 连接,那么标识客户端的套接字为"202.1.2.5∶30022",标识服务器端的套接字为"151.8.22.51∶80"。

术语 Socket 有多种不同的含义:

① 在网络原理的讨论中,RFC793 中 socket=IP 地址∶端口号。

② 在网络软件编程中,API(application programming interface)是网络应用程序的可编程接口,也称为 Socket。

③ 在 API 中一个函数名也称为 Socket。

④ 在操作系统的讨论中也会出现术语 Socket。

6.1.4 网络环境中分布式进程标识方法

实现网络环境中分布式进程通信首先要解决两个基本问题:进程标识与多重协议的识别。

1. 进程标识的基本方法

TCP/IP 传输层的寻址是通过 TCP 与 UDP 的端口号来实现的。Internet 应用程序类型很多,例如基于客户-服务器(C-S)工作模式的 FTP、E-mail、Web、DNS 与 SNMP 应用,以及基于对等(P2P)工作模式的应用。这些应用程序在传输层分别选择了 TCP 或 UDP。为了区别不同的网络应用程序,TCP 与 UDP 规定用不同的端口号来表示不同的应用程序。

2. 端口号的分配方法

(1) 端口号的数值范围

在 TCP/IP 协议中,端口号的数值取 0~65 535 之间的整数。

(2) 端口号的类型

Internet 赋号管理局(IANA)定义的端口号有三种类型:熟知端口号、注册端口号和临时端口号。图 6-5 给出了 IANA 对于端口号数值范围的划分。

0 ··· 1023	1024 ··· 49 151	49 152 ··· 65 535
熟知端口号	注册端口号	临时端口号

图 6-5　IANA 对于端口号数值范围的划分

① 临时端口号

临时端口号数值范围在 49 152~65 535。客户进程使用临时端口号,它是由运行在客户上的 TCP/UDP 软件随机选取的。临时端口号只对一次进程通信有效。

② 熟知端口号

TCP/UDP 给每种标准的 Internet 服务器进程分配一个确定的全局端口号,称为熟知端口号(well-known port number)或公认端口号。每个客户进程都知道相应的服务器进程的熟知端口号。熟知端口号数值范围在 0～1023，它是由 IANA 统一分配的。Internet 标准协议规定的熟知端口号列表可以在 http://www.iana.org 中查询。

③ 注册端口号

注册端口号数值范围在 1024～49 151。当用户开发了一种新的网络应用程序时，为了防止这种应用在 Internet 上使用时出现冲突，可以为这种新的网络应用程序的服务器程序在 IANA 登记一个注册端口号。

3. 熟知端口号的分配方法

(1) UDP 的熟知端口号

表 6-1 给出了 UDP 常用的熟知端口号。UDP 服务与端口号的映射表定期在 RFC768 等文本中公布，并可以在大多数 UNIX 主机的/etc/services 文件中得到。

表 6-1　UDP 的熟知端口号

端口号	服务进程	说　　明	端口号	服务进程	说　　明
53	DNS	域名服务	161/162	SNMP	简单网络管理协议
67/68	DHCP	动态主机配置协议	520	RIP	路由信息协议
69	TFTP	简单文件传送协议			

需要注意的是，DHCP 与 SNMP 的熟知端口号的使用与 DNS 协议不同。DHCP、SNMP 的客户端与服务器端在通信时都使用熟知端口号。

(2) TCP 的熟知端口号的分配

表 6-2 给出了 TCP 常用的熟知端口号。

表 6-2　TCP 常用的熟知端口号

端口号	服务进程	说　　明	端口号	服务进程	说　　明
20	FTP	文件传输协议(数据连接)	25	SMTP	简单邮件传输协议
21	FTP	文件传输协议(控制连接)	80	HTTP	超文本传输协议
23	TELNET	网络虚拟终端协议	179	BGP	边界路由协议

图 6-6 给出了进程标识的方法示意图。

4. 多重协议的识别

实现分布式进程通信要解决的另一个问题是多重协议的识别。以 UNIX 操作系统为例，它在传输层采用了 TCP 和 UDP 协议。Xerox 公司的网络系统(Xerox network system，XNS)的传输层使用的是自己的顺序分组协议(Sequential Packet Protocol，SPP)与网间数据报协议(Internetwork Datagram Protocol，IDP)。其中，SPP 相当于 TCP，IDP 相当于 UDP。实际应用中还会发现有其他类似的传输层协议。

网络中的两台主机要实现进程通信，它们必须事先约定好传输层协议类型。如果一台主机的传输层使用 TCP,另一台主机的传输层使用 UDP,由于两种协议的报文格式、端口号分配的规定,以及协议执行过程都不相同,而使得两个进程无法正常地交换数据。因此,两台主机必须在通信之前就确定都采用 TCP,还是都采用 UDP。

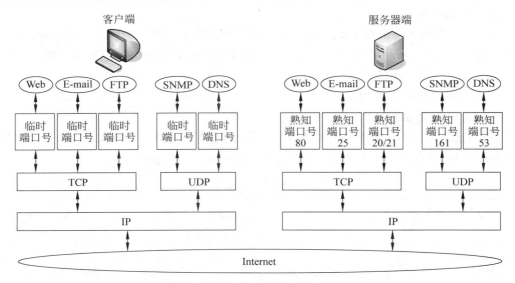

图 6-6 进程标识方法示意图

如果考虑到进程标识和多重协议的识别,网络环境中一个进程的全网唯一的标识应该用三元组表示:协议、本地地址与本地端口号。在 UNIX 操作系统中,这个三元组又称为半相关(half-association)。图 6-7 给出了三元组的结构示意图。

协议类型	IP地址	端口号
TCP	121.5.21.2	80
TCP	121.5.21.2	80

图 6-7 三元组的结构示意图

网络环境中分布式进程通信要涉及两个不同主机的进程,因此一个完整的进程通信标识需要一个五元组表示。这个五元组是:协议、本地地址、本地端口号、远程地址与远地端口号。在 UNIX 操作系统中,这个五元组又称为一个"相关"(association)。例如,一个客户端的套接字为"202.1.2.5:30022",服务器端的套接字为"121.5.21.2:80",则从客户端标识与服务器 TCP 连接的五元组应该是"TCP,202.1.2.5:30022,121.5.21.2:80"。

6.1.5 传输层的多路复用与多路分解

一台运行 TCP/IP 协议的主机可能同时运行不同的应用程序。如果客户和服务器同时运行 4 个应用程序,分别是域名服务(DNS)、Web 服务(HTTP)、电子邮件(SMTP)与网络管理(SNMP)。其中,HTTP、SMTP 使用 TCP 协议,DNS、SNMP 使用 UDP 协议。TCP/IP 协议允许多个不同的应用程序的数据,同时使用同一个 IP 地址和物理链路来发送和接收数据。在发送端,IP 协议将 TCP 或 UDP 协议的传输协议数据单元 TPDU 都封装成一个IP 分组发送出去;在接收端,IP 协议将从 IP 分组中拆开的传输协议数据单元 TPDU 传送到传输层,由传输层根据不同 TPDU 的端口号,区分出不同 TPDU 的属性,分别传送给对应的 4 个应用进程。这个过程称为传输层的多路复用(multiplexing)与多路分解(demultiplexing)。图 6-8 给出了传输层的多路复用与多路分解过程示意图。

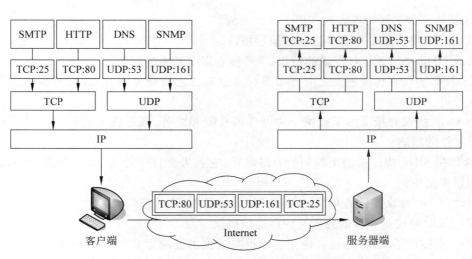

图 6-8　传输层的多路复用与多路分解过程示意图

6.1.6　TCP、UDP 协议与应用层协议的关系

传输层协议与应用层协议的关系如图 6-9 所示。从图中可以看出,应用层协议与传输层协议的关系有三种类型:一类应用层协议依赖于 TCP 协议,一类依赖于 UDP 协议,另一类既依赖于 UDP 协议又依赖于 TCP 协议。

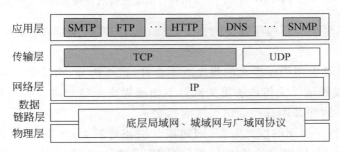

图 6-9　TCP、UDP 与其他协议的层次关系

依赖于 TCP 协议的主要是需要大量传输交互式报文的应用层协议,例如虚拟终端协议(TELNET)、电子邮件协议(SMTP)、文件传输协议(FTP)、超文本传输协议(HTTP)等。简单网络管理协议(SNMP)依赖于 UDP 协议。域名服务(DNS)协议既可以使用 TCP 协议,也可以使用 UDP 协议。但是所有的 TCP 报文与 UDP 报文在网络层都使用 IP 协议。UDP 协议简洁、效率高、处理速度快的优点,在 P2P 会话类应用中显得更为突出。

6.2　用户数据报协议

6.2.1　UDP 协议的主要特点

设计 UDP 协议的主要原则是协议简洁,运行快捷。1980 年公布的文档 RFC768 是 UDP 协议的协议标准,文档只有三页。RFC1122 对 RFC768 描述的 UDP 协议进行修订。

UDP 协议的主要特点表现在以下几个方面。

(1) UDP 协议是一种无连接的传输层协议。

理解 UDP 协议无连接传输的特点,需要注意以下基本的问题。

① UDP 协议在传输报文之前不需要在通信双方之间建立连接,因此减少了协议开销与传输延迟。

② UDP 协议对报文除了提供一种可选的校验和之外,几乎没有提供其他的保证数据传输可靠性的措施。

③ 如果 UDP 协议检测出收到的分组出错,它就丢弃这个分组,既不确认,也不通知发送端和要求重传。

因此,UDP 协议提供的是"尽力而为"的传输服务。

(2) UDP 协议是一种面向报文的传输层协议

图 6-10 描述了 UDP 协议对应用程序提交数据的处理方式。理解 UDP 协议面向报文的传输特点,需要注意以下基本的问题。

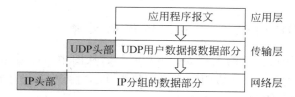

图 6-10　UDP 对应用程序提交数据的处理方式

① UDP 协议对于应用程序提交的报文,在添加了 UDP 头部,构成一个 TPDU 之后就向下提交给 IP 层。

② UDP 协议对应用程序提交的报文既不合并,也不拆分,而是保留原报文的长度与格式。接收端会将发送端提交传送的报文原封不动地提交给接收端应用程序。因此,在使用 UDP 协议时,应用程序必须选择合适长度的报文。

③ 如果应用程序提交的报文太短,则协议开销相对较大;如果应用程序提交的报文太长,则 UDP 协议向 IP 层提交的 TPDU 可能在 IP 层被分片,这样也会降低协议的效率。

6.2.2　UDP 协议报文格式

图 6-11 给出了 UDP 用户数据报的格式。UDP 报文有固定 8B 的报头。

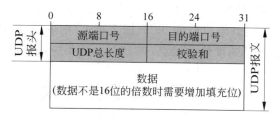

图 6-11　UDP 用户数据报的格式

UDP 报头主要有以下字段。

（1）端口号

端口号字段包括源端口号与目的端口号。源与目的端口号字段长度都为 16 位。源端口号表示发送端进程端口号，目的端口号表示接收端进程端口号。如果源进程是客户端，则源端口号是由 UDP 软件分配的临时端口号，目的端口号使用服务器的熟知端口号。

（2）长度

长度字段的长度也是 16 位，它定义了包括报头在内的用户数据报的总长度。因此，用户数据报的长度最大为 65 535 字节，最小是 8 字节。由于 UDP 报头长度固定为 8 字节，因此实际 UDP 报文的数据长度最大为 65 527（即 65 535－8）字节。

（3）校验和

UDP 校验和是可选的。UDP 校验和用来检验整个用户数据报、UDP 报头与伪报头在传输中是否出现差错，这正反映出效率优先的思想。如果应用进程对通信效率的要求高于可靠性，应用进程可以选择不使用校验和。

6.2.3 UDP 校验和的基本概念

1. 使用伪报头的目的

理解在校验和中增加伪报头的目的，需要注意以下问题。

（1）伪报头不是用户数据报的真正头部，只是在计算时临时加上去的。

（2）伪报头只在计算时起作用，它既不向低层传输，也不向高层传送。

（3）伪报头包括 IP 分组头的源 IP 地址（32 位）、目的 IP 地址（32 位）、协议字段（8 位）与 UDP 长度（16 位），以及 8 位全 0 的填充字段。

（4）如果没有伪报头，校验的对象只是 UDP 报文，也能够判断 UDP 报文传输是否出错。但是设计者考虑，如果 IP 分组头出错，那么分组就有可能会传送到错误的主机，因此在 UDP 的校验和中增加了伪报头部分。

2. 伪报头结构

UDP 校验和包括三个部分：伪报头（pseudo header）、UDP 报头与数据。伪报头长度为 12 个字节。

图 6-12 给出了伪报头的结构。伪报头取 IP 分组头的一部分，其中填充字段要填入 0，目的是使伪报头长度为 16 位的整数倍。IP 分组报头的协议号 17 表示的是 UDP 报文。UDP 长度是 UDP 数据报的长度，不包括伪报头的长度。

图 6-12　UDP 校验和校验的伪报头与报头的结构

6.2.4 UDP 协议适用的范围

确定应用程序在传输层是否采用 UDP 协议有以下三个考虑的原则。

1. 视频播放应用

在 Internet 上播放视频,用户最关注的是视频流能尽快和不间断地播放,丢失个别数据报文对视频节目的播放效果不会产生重要的影响。如果采用 TCP 协议,它可能因为重传个别丢失的报文而加大传输延迟,反而会对视频播放造成不利的影响。因此,视频播放程序对数据交付实时性要求较高,而对数据交付可靠性要求相对较低,UDP 协议更为适用。

2. 简短的交互式应用

有一类应用只需要进行简单的请求与应答报文的交互,客户端发出一个简短的请求报文,服务器端回复一个简短的应答报文,在这种情况下应用程序应该选择 UDP 协议。应用程序可以通过设置"定时器/重传机制"来处理由于 IP 数据分组丢失问题,而不需要选择有确认/重传的 TCP 协议,以提高系统的工作效率。

3. 多播与广播应用

UDP 协议支持一对一、一对多与多对多的交互式通信,这点 TCP 协议是不支持的。UDP 协议头部长度只有 8 字节,比 TCP 协议头部长度 20 字节要短。同时,UDP 协议没有拥塞控制,在网络拥塞时不会要求源主机降低报文发送速率,而只会丢弃个别的报文。这对于 IP 电话、实时视频会议应用来说是适用的。由于这类应用要求源主机以恒定速率发送报文,在拥塞发生时允许丢弃部分报文。

当然,任何事情都有两面性。简洁、快速、高效是 UDP 协议的优点,但是由于它不能提供必需的差错控制机制,同时在拥塞严重时缺乏必要的控制与调节机制。这些问题需要使用 UDP 的应用程序设计者在应用层设置必要的机制加以解决。UDP 协议是一种适用于实时语音与视频传输的传输层协议。

6.3　传输控制协议

6.3.1　TCP 协议的主要特点

RFC793 是最早的 TCP 协议文档,在它之后又有几十种对 TCP 协议的功能扩充与调整的 RFC 文档。例如,RFC2415 是对 TCP 协议滑动窗口与确认策略的补充;RFC2581 是对 TCP 协议拥塞控制机制的补充;RFC2988 是对 TCP 协议重传定时器的补充。

TCP 协议的特点主要表现在以下几个方面。

1. 支持面向连接的传输服务

如果将 UDP 协议提供的服务比作发送一封平信的话,那么 TCP 协议所能提供的服务相当于人们打电话。UDP 协议是一种可满足最低传输要求的传输层协议,而 TCP 协议则是一种功能完善的传输层协议。

面向连接对提高系统数据传输的可靠性是很重要的。应用程序在使用 TCP 协议传送数据之前,必须在源进程端口与目的进程端口之间建立一条 TCP 传输连接。每个 TCP 传输连接用双方端口号来标识;每个 TCP 连接为通信双方的一次进程通信提供服务。TCP 建立在不可靠的网络层 IP 协议之上,IP 协议不能提供任何可靠性保障机制,因此 TCP 协议的可靠性需要自己来解决。

2. 支持字节流的传输

图 6-13 给出了 TCP 协议支持字节流传输的过程示意图。流(stream)相当于一个管

道,从一端放入什么内容,从另一端可以照原样取出什么内容。它描述了一个不出现丢失、重复和乱序的数据传输过程。

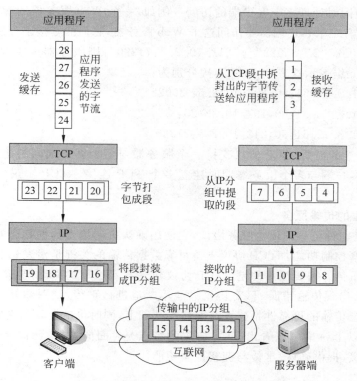

图 6-13　TCP 协议支持字节流传输的过程

　　如果用户是通过键盘输入数据,那么应用程序将逐个地将字符提交给发送端。如果数据是从文件得到,那么数据可能是逐行或逐块交付给发送端。应用程序和 TCP 协议每次交互的数据长度可能都不相同,但是 TCP 协议是将应用程序提交的数据看成是一连串的、无结构的字节流。为了能够支持字节流传输,发送端和接收端都需要使用缓存。发送端使用发送缓存存储从应用程序送来的数据。发送端不可能为发送的每个写操作创建一个报文段,而是选择将几个写操作组合成一个报文段,然后提交给 IP 协议,由 IP 协议封装成 IP 分组之后传输到接收端。接收端 IP 协议将接收的 IP 分组拆封之后,将数据字段提交给接收端 TCP 协议。接收端 TCP 协议将接收的字节存储在接收缓存中,应用程序使用读操作将接收数据从接收缓存中读出。

　　TCP 协议在传输过程中将应用程序提交的数据看成是一连串的、无结构的字节流,因此接收端应用程序数据字节的起始与终结位置必须由应用程序自己确定。

　　3. 支持全双工通信

　　TCP 协议允许通信双方的应用程序在任何时候都可以发送数据。由于通信的双方都设置有发送和接收缓冲区,应用程序将要发送的数据字节提交给发送缓冲区,数据字节的实际发送过程由 TCP 协议来控制;而接收端在正确接收到数据字节之后,将它存放到接收缓冲区,高层应用程序从缓冲区中读取数据。

4. 支持同时建立多个并发的 TCP 连接

TCP 协议需要支持同时建立多个连接,这个特点在服务器端表现得更为突出。一个 Web 服务器必须同时处理多个客户端的访问。例如,一个 Web 服务器的套接字为"141.8. 22.51:80",同时有三个客户端需要访问这个 Web 服务器,它们的套接字分别为"202.1.12. 5:30022""192.10.22.25:35022"与"212.10.2.5:71220",则服务器端需要同时建立三个 TCP 连接,用五元组表示这三个 TCP 连接分别为:

① TCP,141.8.22.51:80,202.1.12.5:30022

② TCP,141.8.22.51:80,192.10.22.25:35022

③ TCP,141.8.22.51:80,212.10.2.5:71220

根据应用程序的需要,TCP 协议支持一个服务器与多个客户端同时建立多个 TCP 连接,也支持一个客户端与多个服务器同时建立多个 TCP 连接。TCP 协议软件将分别管理多个 TCP 连接。

5. 支持可靠的传输服务

TCP 协议是一种可靠的传输服务协议,它使用确认机制检查数据是否安全和完整地到达,并且提供拥塞控制功能。TCP 协议支持可靠数据传输的关键是对发送和接收的数据进行跟踪、确认与重传。需要注意的是:TCP 协议建立在不可靠的网络层 IP 协议之上,一旦 IP 协议及以下层出现传输错误,TCP 协议只能不断地进行重传,试图弥补传输中出现的问题。因此,传输层传输的可靠性是建立在网络层基础上,同时也就会受到它们的限制。

因此,总结以上讨论可以看出 TCP 协议的特点是:面向连接、面向字节流、支持全双工、支持并发连接、提供确认/重传与拥塞控制功能。

6.3.2 TCP 协议报文格式

TCP 报文也称为报文段(segment)。图 6-14 给出了 TCP 报文格式。

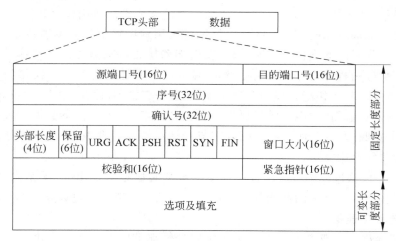

图 6-14 TCP 报文格式

1. TCP 报头格式

TCP 报头长度为 20~60B,其中固定部分长度为 20B;选项部分长度可变,最多为 40B。TCP 报头主要包括以下字段。

（1）端口号

端口号字段包括源端口号与目的端口号。每个端口号字段长度为 16 位（2B），分别表示发送该报文段的应用进程的源端口号与接收进程的目的端口号。

（2）序号

序号字段长度为 32 位，序号范围在 $0 \sim (2^{32}-1)$，即 $0 \sim 4\,284\,967\,295$。理解序号字段的作用，需要注意以下问题。

① TCP 是面向字节流的，它要为发送字节流中的每个字节都按顺序编号。

② 在 TCP 连接建立时，每方需要使用随机数产生器产生一个初始序号（initial sequence number，ISN）。

③ 由于是连接双方各自随机产生初始序号，因此一个 TCP 连接的通信双方的序号是不同的。

例如，一个 TCP 连接需要发送 4500B 的文件，初始序号 ISN 为 10010，分为 5 个报文段发送。前 4 个报文段长度为 1000B，第 5 个报文段长度为 500B。那么，根据 TCP 报文段序号分配规则，第 1 个报文段的第一个字节的序号取初始序号 ISN 为 10010，第 1000 个字节的序号为 11009。以此类推，可以得出如下结论。

第 1 个报文段的字节序号范围为：10010～11009

第 2 个报文段的字节序号范围为：11010～12009

第 3 个报文段的字节序号范围为：12010～13009

第 4 个报文段的字节序号范围为：13010～14009

第 5 个报文段的字节序号范围为：14010～14509

（3）确认号

确认号字段长度为 32 位（4B）。确认号表示一个进程已经正确接收序号为 N 的字节，要求发送端下一个应该发送序号为 $N+1$ 字节的报文段。

例如，主机 A 发送给主机 B 的报文字节序号为 10010～11009，主机 B 正确接收这个字节段，那么主机 B 在下一个发送到主机 A 的报头的确认号写为 11010（11009+1）。主机 A 在接收到该报文，读到确认号为 11009 时就理解为：主机 B 已经正确接收到最后一个字节的序号为 11009 及以前的所有字节，希望下面传送字节序号为 11010 开始的报文段。这是在网络协议中典型的捎带确认方法。

（4）报头长度

报头长度字段的长度为 4 位。TCP 报头长度是以 4B 为一个单元来计算的，实际报头长度是在 20～60B，因此这个字段的值是在 5（5×4B=20B）～15（15×4B=60B）之间。

（5）保留

保留字段长度为 6 位。

（6）控制

控制字段定义了 6 种不同的控制位或标志，使用时在同一时间可设置 1 位或多位。控制字段用于 TCP 的连接建立和终止、流量控制，以及数据传送过程。

① 紧急（URGent，URG）位

发送进程将紧急位 URG 置 1，表示该报文段的优先级高，需要插到报文段的最前面，尽快发送。URG 位要与紧急指针字段一起使用。

② 确认(ACK)位

按照 TCP 的规定,在 TCP 连接建立之后发送的所有报文段的 ACK 位都要置 1。

③ 推送(PSH)位

当两个进程进行交互式通信时,一端应用进程希望在输入一个命令之后,能够立即得到对方的响应时,就将 PSH 置 1,并立即创建一个报文段发送到对方;对方接收到 PSH 置 1 的报文段之后,就尽快交给应用进程,请求尽快应答。

④ 复位(RST)位

复位 RST 位置 1,有两种含义:一是因主机崩溃等原因造成 TCP 连接出错,需要立即释放连接,然后再重建连接;二是拒绝一个非法 TCP 报文或拒绝释放一个连接。

⑤ 同步(SYN)位

同步位 SYN 在连接建立时用来同步序号。例如,当 SYN=1、ACK=0 时,表示这是一个连接建立请求报文;同意建立连接的响应报文的 SYN=1、ACK=1。

⑥ 终止(FIN)位

终止位用来释放一个 TCP 连接。FIN=1 表示发送端的报文段发送完毕,请求释放 TCP 连接。

(7) 窗口

窗口字段长度为 16 位,表示以字节(B)为单位的窗口大小。理解窗口字段的作用,需要注意以下几个问题。

① 窗口字段长度为 16 位,窗口的最大长度是在 $0 \sim (2^{16}-1)$B,即 $0 \sim 65\,535$B。

② 由于接收端的接收缓冲区是受到限制的,因此需要设置一个窗口字段表示下一次传输接收端还有多大的接收容量。窗口字段值是准备接收下一个 TCP 报文段的接收端,通知即将发送报文段的发送端,下一次最多可以发送报文段的字节数。

③ 发送端将根据接收端通知的窗口值来调整自己的发送窗口值大小。

④ 窗口字段值是动态变化的。

如果主机 A 发送给主机 B 的 TCP 报文的报头中确认号的值是 502、窗口字段的值是 1000,这就表示:下一次主机 B 要向主机 A 发送的 TCP 报文端时,字段第一字节号应该是 502,字段最大长度为 1000,最后一个字节号最大是 1501。

(8) 紧急指针

紧急指针字段的长度为 16 位,只有当紧急标志 URG=1 时,这个位字段才有效,这时的报文段中包括紧急数据。TCP 协议软件要在优先处理完紧急数据之后才能够恢复正常操作。

(9) 选项

TCP 报头可以有多达 40B 的选项字段。选项包括以下两类:单字节选项和多字节选项。单字节选项有两个:选项结束和无操作。多字节选项有三个:最大报文段长度、窗口扩大因子以及时间戳。

(10) 校验和

计算校验和与 UDP 校验和的过程相同。UDP 校验和是可选的,而 TCP 校验和是必须有的。TCP 校验和同样需要伪报头,不同的是协议字段的值为 6。

2. TCP 最大段长度

TCP 对报文数据部分最大长度有一个规定。这个值称为最大段长度(maximum

segment size,MSS)。RFC793 没有对 MSS 做更多的讨论,在它之后的 RFC879 中讨论了 MSS 问题。理解 MSS 时需要注意以下问题。

(1) TCP 报文段的最大长度与窗口长度的概念不同。窗口长度是 TCP 为保证字节流传输的可靠性,接收端通知发送端下一次可以连续传输的字节数。最大段长度 MSS 是在构成一个 TCP 报文段时,最多可以在报文的数据字段中放置的数据字节数量。MSS 值的确定与每次传输的窗口大小无关。

(2) MSS 是 TCP 报文中数据部分的最大字节数限定值,不包括报头长度。如果确定 MSS 值为 100B,那么考虑到报头部分,整个 TCP 报文的长度可能是 120~160B。具体值取决于报头的实际长度。

(3) MSS 值的选择应该考虑以下几个方面的因素。

① 协议开销

TCP 报文的长度等于报头部分加上数据部分。TCP 的报头长度是 20~60B。如果报头值选择一个折中的数值 40B 为例,那么如果 MSS 值也选择为 40B,则每个报文段的 50% 是用来传输数据。显然,选择 MSS 值太小会增加协议开销。

② IP 分片

TCP 报文是要通过 IP 分组传输的。如果 MSS 值选择得比较大,受到 IP 分组长度的限制,较长的报文段在 IP 层将会被分片传输。分片的结果同样会增加网络层的开销和传输出错的概率。

③ 发送和接收缓冲区的限制

为了保证 TCP 面向字节流传输,建立 TCP 连接的发送端与接收端都必须设置发送和接收缓冲区。MSS 值的大小直接影响到发送和接收缓冲区设置的大小与使用效率。

(4) MSS 的默认值

基于以上因素,确定的默认 MSS 值为 536B。如果考虑规定的报头长度 20B,那么默认的报文段长度就为 556B。当然对于某一些应用,MSS 默认值也许不一定适用。编程人员希望选择其他的 MSS 值,这个要求可以在建立 TCP 连接的时候使用 SYN 报文中最大段长度选项来协商。TCP 允许连接的双方可以选择使用不同的 MSS 值。

6.3.3 TCP 连接建立与释放

图 6-15 给出了 TCP 协议工作原理示意图,它包括 TCP 连接建立、报文传输与 TCP 连接释放三个阶段。

1. TCP 连接建立

TCP 连接建立需要经过"三次握手"(there-way handshake)。这个过程可以描述如下。

(1) 最初的客户端 TCP 进程是处于 CLOSE(关闭)状态。当客户端准备发起一次 TCP 连接,进入 SYN-SEND(准备发送)状态时,它首先向处于 LISTEN(收听)状态的服务器端 TCP 进程发送第一个控制位 SYN=1 的"连接建立请求报文"。"连接建立请求报文"不携带数据字段,但是需要给报文一个序号,图中标为"SYN=1,seq=x"。

需要注意的是:"连接建立请求报文"的序号 seq 值 x 是随机产生的,但是不能为 0。随机数 x 不能为 0 的理由是:避免因 TCP 连接非正常断开而可能引起的混乱。如果在连接突然中断时,可能有一个或两个进程同时等待对方的确认应答,而这个时候有一个新连接的

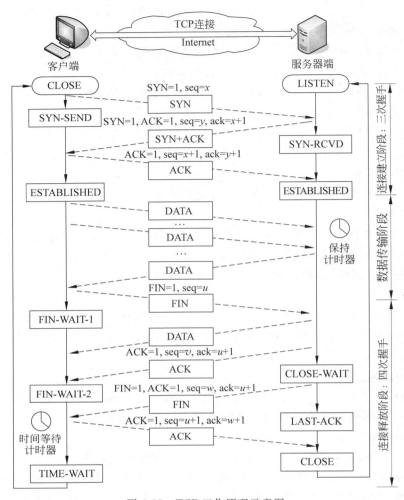

图 6-15　TCP 工作原理示意图

序号也是从 0 开始,那么接收进程就有可能认为是对方重传的报文,这样就有可能造成连接过程的错误。为了避免可能引起的问题,协议规定 SYN 报文序号 seq 值 x 必须随机产生,并且不能为 0。

(2) 服务器端在接收到"连接建立请求报文"之后,如果同意建立连接,则向客户端发送第二个控制位 SYN=1、ACK=1 的"连接建立请求确认报文"。确认号 ack=x+1,表示是对第一个"连接建立请求报文"(序号 seq=x)的确认。同样,"连接建立请求确认报文"不携带数据字段。但是需要给报文一个序号(seq=y)。图中标为"SYN=1,ACK=1,seq=y,ack=x+1"。这时服务器进入 SYN-RCVD(准备接收)状态。

(3) 在接收到"连接建立请求确认报文"之后,客户端发送第三个控制位 ACK=1"连接建立请求确认报文"。由于该报文是对"连接建立请求确认报文"(序号 seq=y)的确认,因此确认序号 ack=y+1。同样,"连接建立请求确认报文"不携带数据字段。但是需要给报文一个序号。按照 TCP 协议规定,这个"连接建立请求确认报文"的序号仍然为 x+1。图中标为"ACK=1,seq=x+1,ack=y+1"。这时客户端进入 ESTABLISHED(已建立连接)

状态。服务器端在接收到ACK报文之后也进入ESTABLISHED(已建立连接)状态。

经过“三次握手”之后,客户进程与服务器进程之间建立了TCP连接。图6-16给出Sniffer软件截获的一个浏览器访问Web服务器的TCP连接建立过程的简化示意图。

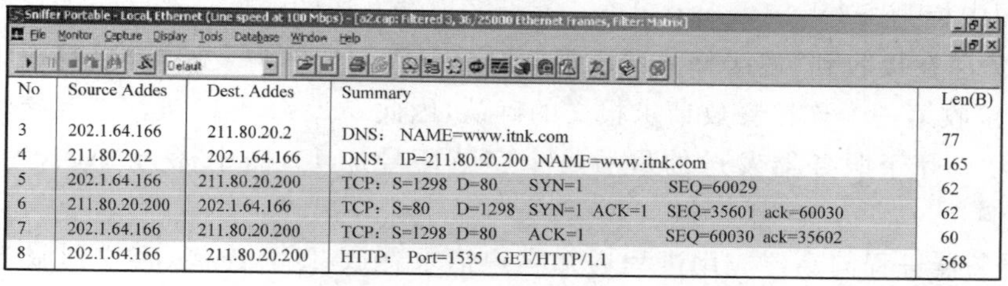

No	Source Addes	Dest. Addes	Summary	Len(B)
3	202.1.64.166	211.80.20.2	DNS: NAME=www.itnk.com	77
4	211.80.20.2	202.1.64.166	DNS: IP=211.80.20.200 NAME=www.itnk.com	165
5	202.1.64.166	211.80.20.200	TCP: S=1298 D=80 SYN=1 SEQ=60029	62
6	211.80.20.200	202.1.64.166	TCP: S=80 D=1298 SYN=1 ACK=1 SEQ=35601 ack=60030	62
7	202.1.64.166	211.80.20.200	TCP: S=1298 D=80 ACK=1 SEQ=60030 ack=35602	60
8	202.1.64.166	211.80.20.200	HTTP: Port=1535 GET/HTTP/1.1	568

图6-16 TCP连接建立过程的简化示意图

浏览器访问Web服务器首先需要通过DNS查找Web服务器的IP地址,图中No.1～No.4完成域名解析的过程。需要注意No.5～No.7所示TCP连接建立的“三次握手”过程序号的改变。IP地址为202.1.64.166、端口号S=1298的浏览器要和IP地址为211.80.20.200、端口号D=80的Web服务器建立TCP连接。

(1) 第一个“连接建立请求报文”(No.5)中,控制位SYN=1,序号SEQ=60029。这个报文表示:客户端用序号SEQ=60029的SYN报文,向服务器端请求建立TCP连接。

(2) 第二个“连接建立请求确认报文”(No.6)中,控制位SYN=1、ACK=1,序号SEQ=35601,确认序号ack=60029+1=60030。这个报文表示:服务器端用序号SEQ=35601的确认报文表示接受客户端的连接建立请求,同时用序号ack=60030来对上一个序号为60029的SYN报文的确认。

(3) 第三个“连接建立请求确认报文”(No.7)中,控制位ACK=1,序号SEQ值仍然为60030,确认序号ack=35601+1=35602。这个报文表示:客户端用序号ack=35602对上一个确认报文进行确认。

当服务器端接收到No.7的“连接建立请求确认报文”之后,双方的TCP连接建立,进入HTTP交互状态。

2. 报文传输

当客户进程与服务器进程之间的TCP传输连接建立之后,客户端的应用进程与服务器端的应用进程就可以使用这个连接,进行全双工的字节流传输。

为了保证TCP工作正常、有序地进行,TCP设置了保持计时器(keep timer),用来防止TCP连接处以长时期空闲。如果客户端建立到服务器端的连接,传输一些数据,然后停止传输,可能是这个客户端出故障。在这种情况下,这个连接将永远处于打开状态。为了解决这种问题,一般是在服务器端设置保持计时器。当服务器端收到客户端的报文时,就将保持计时器复位。如果服务器端过了设定的时间没有收到客户端的信息,它就发送探测报文。如果发送10个探测报文(每一个相隔75s)还没有响应,就假设客户端出现故障,进而终止该连接。

3. TCP连接释放

TCP传输连接的释放过程较复杂,客户与服务器都可以主动提出连接释放请求。下面是客户主动提出请求的连接释放的“四次握手”的过程。

（1）当客户准备结束一次数据传输，主动提出释放 TCP 连接时，进入 FIN-WAIT－1（释放等待－1）状态。它向服务器端发送第一个控制位 FIN＝1 的"连接释放请求报文"，提出连接释放请求，停止发送数据。"连接释放请求报文"不携带数据字段。但是需要给报文一个序号，图中标为"FIN＝1,seq＝u"。u 等于客户端发送的最后一个字节的序号加 1。

（2）服务器在接收到"连接释放请求报文"之后，需要向客户发回"连接释放请求确认报文"，表示对接收第一个连接释放请求报文的确认，因此 ack＝u+1。这个"连接释放请求报文"的序号为 v 等于服务器发送的最后一个字节序号加 1。图中标为"ACK＝1,seq＝v,ack＝u+1"。

TCP 服务器进程向高层应用进程通知客户请求释放 TCP 连接，客户到服务器的 TCP 连接断开。但是，服务器到客户的 TCP 连接还没有断开，如果服务器还有数据报文需要发送时，它还可以继续发送直至完毕。这种状态称为半关闭（helf-close）状态。这个状态需要持续一段时间。客户在接收到服务器发送的 ACK 报文之后进入 FIN-WAIT-2 状态；服务器进入 CLOSE-WAIT 状态。

（3）服务器的高层应用程序已经没有数据需要发送时，它会通知 TCP 可以释放连接，这时服务器向客户发送"连接释放请求报文"。这个"连接释放请求报文"的序号取决于在半关闭状态时，服务器端是否发送过数据报文。因此序号假定为 w。图中标为"FIN＝1,ACK＝1,seq＝w,ack＝u+1"。服务器端经过 LAST-ACK 状态之后转回到 LISTEN（收听）状态。

（4）客户在接收到 FIN 报文之后，向服务器发送"连接释放请求确认报文"报文，表示对服务器"连接释放请求报文"的确认。图中 ACK 报文记为"ACK＝1,seq＝u+1,ack＝w+1"。

图 6-17 给出了 TCP 连接释放"四次握手"的过程示意图。

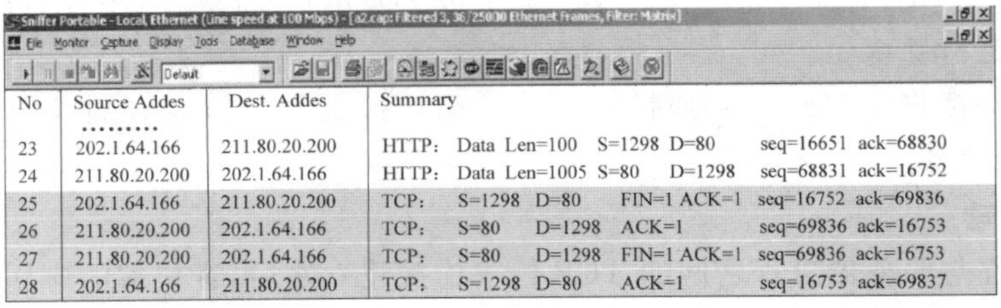

图 6-17　TCP 连接释放"四次握手"的过程示意图

图 6-17 中的 No.23 与 No.24 分别是浏览器进程向 Web 服务器进程、Web 服务器进程向浏览器进程发送的数据报文。No.25～No.28 是连接释放过程"四次握手"的报文。

（1）这次 TCP 连接释放过程由浏览器进程发起，No.25 是浏览器进程向 Web 服务器进程发出"连接释放请求报文"。TCP 连接释放请求的 TCP 报头中控制位 FIN＝1，表示浏览器将停止发送数据。请求报文不携带数据字段。但是需要给报文一个序号。在这个例子中 seq＝16752。ack 是对服务器已经发送报文的确认，其值 ack＝69836。连接释放请求报文可以表示为"FIN＝1,ACK＝1,seq＝16752,ack＝69836"。

（2）No.26 是服务器进程向浏览器进程发出"连接释放请求确认报文"。确认报文是用 TCP 报头中控制位 ACK＝1 标识，表示服务器进程已经正确接收浏览器的释放 TCP 连接请求报文,确认报文为"ACK＝1,seq＝69836,ack＝16753"。

需要注意的是:服务器进程发出对浏览器进程请求释放 TCP 连接请求的确认报文,表示目前 TCP 处于半关闭状态,浏览器与服务器的连接已经断开,但是服务器到浏览器的连接仍然存在,服务器还可以向浏览器发送报文。为了使讨论简单起见,图中假设服务器进程也没有发送数据报文,直接进入释放服务器与浏览器连接的过程。

(3) No.27 是服务器进程向浏览器进程发出"连接释放请求报文"。服务器的请求报文是用 TCP 报头中控制位 FIN＝1、ACK＝1 标识,需要注意的是:这个报文的 seq 与 ack 值与上一个报文一致。请求报文为"FIN＝1、ACK＝1,seq＝69836,ack＝16753"。

(4) No.28 是浏览器进程向服务器进程发出"连接释放请求确认报文"。服务器的确认报文是用 TCP 报头中控制位 ACK＝1 标识。确认报文为"ACK＝1,seq＝16753,ack＝69837"。

当浏览器进程接收到服务器的"连接释放请求确认报文"之后,服务器与浏览器之间的双向 TCP 连接释放过程就完成了。

4. 时间等待计时器的作用

为了保证 TCP 连接释放过程正常地进行,TCP 设置了时间等待计时器(TIME-WAIT Timer)。当 TCP 关闭一个连接时,它并不认为这个连接马上就真正地关闭。这时,客户端进入 TIME-WAIT 状态,需要再等待两个最长报文寿命(maximum segment lifetime,MSL)时间之后,才真正进入 CLOSE(关闭)状态。

客户端与服务器端经过"四次握手"之后,确认双方已经同意释放连接,客户端仍然需要采取延迟 2MSL 时间,确保服务器在最后阶段发送给客户端的数据,以及客户端发送给服务器的最后一个 ACK 报文都能正确地被接收,防止因个别报文传输错误导致连接释放失败。

6.3.4　TCP 协议滑动窗口与确认、重传机制

1. TCP 协议的差错控制

TCP 协议通过滑动窗口机制来跟踪和记录发送字节的状态,实现差错控制功能。理解 TCP 协议差错控制原理需要注意以下问题。

(1) TCP 协议的设计思想是让应用进程将数据作为一个字节流传送给它,而不是限制应用层数据的长度。应用进程不需要考虑发送数据的长度,由 TCP 协议来负责将这些字节分段打包。

(2) 发送端利用已经建立的 TCP 连接,将字节流传送到接收端的应用进程,并且是顺序的,没有差错、丢失与重复的。

(3) TCP 协议发送的报文是交给 IP 协议传输的,IP 协议只能提供尽力而为的服务,IP 分组在传输过程中出错是不可避免的,TCP 协议必须提供差错控制、确认与重传功能,以保证接收的字节流是正确的。

2. 字节流传输状态分类与窗口的概念

(1) 滑动窗口的基本概念

TCP 协议使用以字节为单位的滑动窗口协议(Sliding-Windows Protocol),来控制字节流的发送、接收、确认与重传过程。理解滑动窗口协议需要注意以下问题。

① TCP 使用两个缓存和一个窗口来控制字节流的传输过程。发送端的 TCP 有一个缓

存,用来存储应用进程准备发送的数据。发送端对这个缓存设置一个发送窗口,只要这个窗口值不为 0 就可以发送报文段。TCP 的接收端也有一个缓存。接收端将正确接收到字节流写入缓存,等待应用进程读取。接收端设置一个接收窗口,窗口值等于接收缓存可以继续接收多少字节流的大小。

② 接收端通过 TCP 报头通知发送端:已经正确接收的字节号,以及发送端还能够连续发送的字节数。

③ 接收窗口的大小由接收端根据接收缓存剩余空间的大小,以及应用进程读取数据的速度决定。发送窗口的大小取决于接收窗口的大小。

④ 虽然 TCP 协议是面向字节流的,但是它不可能是每传送一个字节,就对这个字节进行确认。它是将字节流分成段,一个段的多个字节打包成一个 TCP 报文段一起传送、一起确认。TCP 协议通过报头的“序号”来标识发送的字节,用“确认号”来表示哪些字节已经被正确地接收。

(2) 传输的字节流状态分类

为了达到利用滑动窗口协议控制差错的目的,TCP 协议引入了“字节流传输状态”的概念。图 6-18 给出了字节流传输状态分类示意图。本例假设发送的第一个字节的序号为 1。

图 6-18　字节流传输的状态分类

为了对正确传输的字节流进行确认,就必须对字节流的传输状态进行跟踪。根据图 6-18 所示的发送状态,可以将发送的字节分为以下 4 种类型。

① 第 1 类:已经发送,且已得到确认的字节。例如,序号为 19 之前的字节已经被接收端正确地接收,并给发送端发送了确认信息,因此序号为 1~19 的字节属于第 1 类。

② 第 2 类:已发送,但未收到确认的字节。例如,序号 20~28 的字节属于已经发送,但是目前尚未得到接收端确认,属于第 2 类,字节数为 9。

③ 第 3 类:尚未发送,但是接收端表示接收缓冲区已经准备好,发送端可以发送序号为 29~34 的 6 个字节。如果发送端准备好就可以立即发送这些字节。

④ 第 4 类:尚未发送,且接收端也未做好接收准备的字节。在第 3 类字节之后的一些准备发送的字节,但是接收端目前尚没有做好接收的准备,它们属于第 4 类。假设这些字节共有 50 个,那么第 4 类字节的序号为 35~84。

(3) 发送窗口与可用窗口

发送端在每一次发送过程中能够连续发送字节数取决于发送窗口的大小。图 6-19 描述了发送窗口与可用窗口的概念。

① 发送窗口

发送窗口的长度等于第 2 类与第 3 类字节数之和。在图 6-19 中,第 2 类“已发送,但未收到确认的字节”数为 9,第 3 类字节数“尚未发送,但是接收端已经做好接收准备的字节”

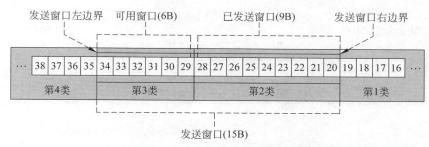

图 6-19　发送窗口与可用窗口的概念

数为 6，发送窗口长度应该为 9＋6＝15。

② 可用窗口

可用窗口的长度等于第 3 类字节数，即"尚未发送，但是接收端已经做好接收准备的字节"，表示发送端随时可以发送的字节数。本例中可以发送的第一个字节的序号为 29，可用窗口长度为 6。

（4）发送可用窗口字节之后字节的分类与窗口的变化

如果没有任何问题出现，发送端可以立即发送可用窗口的 6B，那么第 3 类字节就变成第 2 类字节，等待接收端确认。图 6-20 给出了窗口发送与字节类型的变化。

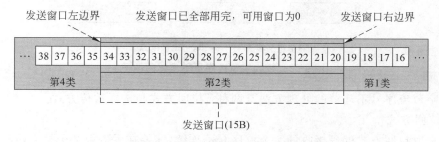

图 6-20　窗口发送与字节类型的变化

① 第 1 类：已经发送，并且已得到确认的字节序号为 1～19。

② 第 2 类：已发送，但没有被确认的字节序号为 20～34。

③ 第 3 类：可以随时发送的字节数为 0。

④ 第 4 类：尚未发送，并且接收端也未做好接收准备的字节序号为 35～84。

（5）处理确认并滑动发送窗口

经过一段时间之后，接收端向发送端发送 1 个报文，确认序号为 20～25 的字节，保持发送窗口值仍然为 15，那么将窗口向左滑动。图 6-21 给出了窗口滑动与字节类型的变化。

① 第 1 类：已经发送，并且已得到确认的字节序号为 1～25。

② 第 2 类：已发送，但没有被确认的字节序号为 26～34。

③ 第 3 类：可以随时发送的序号为 35～40。

④ 第 4 类：尚未发送，并且接收端也未做好接收准备的字节序号为 41～84。

从以上讨论中可以看出，TCP 滑动窗口协议的主要特点如下。

① TCP 使用发送与接收缓冲区，以及滑动窗口机制来控制 TCP 连接上的字节流传输。

② TCP 滑动窗口是面向字节的，它可以起到差错控制的作用。

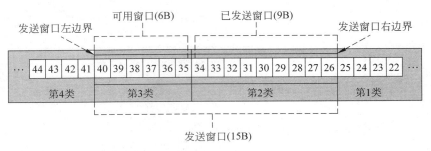

图 6-21　窗口滑动与字节类型的变化

③ 接收端可以在任何时候发送确认,窗口大小可以由接收端来根据需要增大或减小。

④ 发送窗口值可以小于接收窗口的值,不能超过接收窗口值。发送端可以根据自身的需要来决定。

3. 选择重传策略

在以上讨论中,没有考虑报文段丢失的情况。但是在 Internet 中,报文段丢失是不可避免的。图 6-22 给出了接收字节流序号不连续的例子。如果 5 个报文段在传输过程中丢失两个报文段,就会造成接收的字节流序号不连续的现象。

图 6-22　接收字节流序号不连续的例子

接收字节流序号不连续的处理方法有两种:拉回方式与选择重传方式。

（1）拉回方式

如果采取拉回方式处理接收的字节流序号不连续,需要在丢失第 2 个报文段时,不管之后的报文段接收是否正确,都要求从第 2 个报文段(第一个字节序号为 151)开始,重传所有的后 4 个报文段。显然,拉回方式的效率是很低的。

（2）选择重传方式

选择重传(selective ACK,SACK)方式允许接收端在收到字节流序号不连续时,如果这些字节的序号都在接收窗口之内,则首先完成接收窗口内字节的接收,然后将丢失的字节序号通知发送端,发送端只需要重传丢失的报文段,而不需要重传已经接收的报文段。RFC 2018 给出了选择重传方式中接收端向发送端报告丢失字节信息的报文格式。

4. 重传计时器

（1）重传计时器的作用

TCP 使用重传计时器(retransmission timer)来控制报文确认与等待重传的时间。当发送端 TCP 发送一个报文时,首先将它的一个报文的副本放入重传队列,同时启动一个重传计时器。重传计时器设定一个值,例如 400ms,然后开始倒计时。在重传计时器倒计时到 0 之前收到确认,表示该报文传输成功;如果在计时器倒计时到 0 之时没收到确认,表示该报文传输失败,准备重传该报文。图 6-23 给出了重传计时器的工作过程。

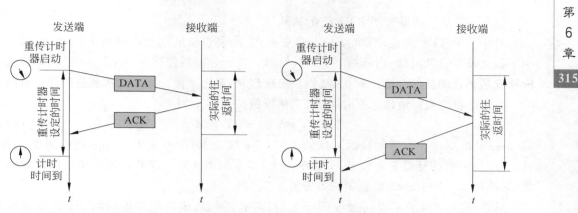

(a) 在重传计时器规定的时间内接收到ACK报文　　　　(b) 在重传计时器规定的时间内没有接收到ACK报文

图 6-23　重传计时器的工作过程

（2）影响超时重传时间的因素

设定重传计时器的时间值是很重要的。如果设定值过低，有可能出现已被接收端正确接收的报文被重传，造成接收报文重复的现象。如果设定值过高，就造成一个报文已经丢失；而发送端长时间的等待，造成效率降低的现象。研究 TCP 超时重传方法，必须对超时重传时间确定的复杂性，以及影响超时重传时间的因素有一个清晰的了解。为了说明这个问题，需要注意以下问题。

① 如果一个主机同时与其他两个主机建立两条 TCP 连接，那么它就需要分别为每个TCP 连接启动一个重传计时器。如果其中一个 TCP 连接是用于在本地局域网中传输文本文件，而另一个 TCP 连接要通过 Internet 访问远程的 Web 服务器视频文件。两个 TCP 连接的报文发送和确认信息返回的往返时间（round-trip time，RTT）相差很大。因此，就需要为不同的 TCP 连接设定不同的重传计时器的时间。

② 由于 Internet 在不同时间段的用户数量变化很大，流量与传输延迟变化也很大，因此即使是相同的两个主机在不同时间建立的 TCP 连接，并且完成同样的 Web 访问操作，客户端与服务器端之间的报文传输延迟也不会相同。

③ 传输层的重发纠错机制与数据链路层有很多相似之处。两者的不同之处在于：由于数据链路层讨论的是点-点链路之间的帧往返时间，一般情况下在一条链路上的帧往返时间波动不会太大，在设定的帧往返时间内，如果接收不到对发送帧的确认信息，就可以判断该帧传输出错被丢弃。而传输层要面对复杂的互联网络结构，要在只能够提供"尽力而为"服务的 IP 之上处理端-端报文传输问题，报文往返时间在数值上离散较大是很自然的事。

正是由于这些原因，在 Internet 环境中为 TCP 连接确定合适的重传定时器数值是很困难的。TCP 不会采用简单的静态方法，必须采用动态的自适应的方法，根据对端-端报文往返时间的连续测量，不断调整和设定重传定时器的超时重传时间。

5. 超时重传时间的选择

RFC2988 文档（2000 年）对"计算 TCP 重传定时器"进行了详细的讨论。理解重传时间计算方法需要注意以下问题。

(1) 当前最佳往返时间 RTT 值的估算

对于一个 TCP 连接,TCP 维护一个变量,它代表当前最佳往返时间 RTT 估算值。当一个报文段发送的时候,启动一个重传计时器。重传计时器起到两个作用,一是测量该报文段从发送到被确认的往返时间;二是如果出现超时,启动重传。如果此次测量的往返时间为 M。那么更新的当前最佳往返时间 RTT 估算值按式(6-1)计算

$$RTT = \alpha \times RTT + M \tag{6-1}$$

式(6-1)中,α 是一个常数加权因子($0 \leqslant \alpha < 1$)。α 决定 RTT 对延迟变化的反应速度。当 α 接近 0 时,短暂的延迟变化对 RTT 影响不大;当 α 接近 1 时,RTT 将紧紧跟随往返时间变化,影响很大。RFC2988 建议 α 的参考值为 0.125。

可以举一个例子来说明加权因子 α 的作用。例如,最初的往返时间 RTT_S 估算值是 30ms,已知收到了三个确认报文段,测量的往返时间 M 分别为 26ms、32ms 与 24ms。

根据公式可以计算出

$$RTT_{S0} = 30ms, \qquad RTT_{S1} = 0.125 \times 30 + 26 = 29.75(ms)$$
$$RTT_{S1} = 29.75ms, \qquad RTT_{S2} = 0.125 \times 29.75 + 32 \approx 35.72(ms)$$
$$RTT_{S2} = 35.72ms, \qquad RTT_{S3} = 0.125 \times 35.72 + 24 \approx 28.47(ms)$$

经过加权处理之后,新的 RTT_S 估计值分别为 29.75ms、35.72ms 与 28.47ms。

(2) 超时重传时间

超时重传时间(retransmission time-out,RTO)应略大于加权计算出的 RTT_S 估计值。RFC2988 建议的 RTO 计算公式为

$$RTO = RTT_S + 4 \times RTT_D \tag{6-2}$$

式中 RTT_D 是 RTT 的偏差加权平均值。RTT_D 值和 RTT_S 与测量值 M 之差相关。RFC 2988 建议:

① 第一次测量时,取

$$RTT_{D1} = M_1/2 \tag{6-3}$$

② 在以后的测量中,使用式(7-4)计算加权平均的 RTT_D

$$RTT_D = (1-\beta) \times (旧的 RTT_S) + \beta \times |RTT_S - M| \tag{6-4}$$

其中,β 为一个常数加权因子。公式中 β 因子很难确定。当 β 接近 1 时,TCP 能迅速检测报文丢失,及时重传,减少等待时间,但是可能引起很多的重传报文;当 β 太大时,重传报文减少,但是等待确认的时间太长。RFC2988 建议 β 取 0.25。

(3) RTO 计算举例

这里举一个例子来说明超时重传时间 RTO 的计算方法。假设:$\beta = 0.25$,旧的 $RTT_S = 30ms$,新的 $RTT_S = 35ms$,$M = 32ms$。

① 根据公式(6-4),计算

$$RTT_D = (1-0.25) \times (30) + 0.25 \times |35-32|$$
$$\approx 22.5 + 0.75 \approx 23.25(ms)$$

② 根据公式(6-2),计算

$$RTO = 35 + 4 \times 23.25 = 128(ms)$$

根据 RFC2988 建议的 RTO 计算公式,可以选择超时重传时间 RTO 为 128ms。

6.3.5 TCP 协议滑动窗口与流量控制、拥塞控制

1. TCP 窗口与流量控制

研究流量控制（flow control）算法的目的是控制发送端发送速率，使之不超过接收端的接收速率，防止由于接收端来不及接收送达的字节流，而出现报文段丢失的现象。滑动窗口协议可以利用 TCP 报头中窗口字段，方便地实现流量控制。

（1）利用滑动窗口进行流量控制的过程

在流量控制过程中，接收窗口又称为通知窗口（advertised windows）。接收端根据接收能力选择一个合适的接收窗口（rwnd）值，将它写到 TCP 的报头中，将当前接收端的接收状态通知发送端。发送端的发送窗口不能够超过接收窗口的数值。TCP 报头的窗口数值的单位是字节，而不是报文段。这里有两种情况：

① 当接收端应用进程从缓存中读取字节的速度大于或等于字节到达的速度时，接收端需要在每个确认中发送一个"非零的窗口"通知。

② 当发送端发送的速度比接收端要快时，缓冲区将被全部占用，之后到达的字节将因缓冲区溢出而丢弃。这时，接收端必须发出一个"零窗口"的通知。发送端接收到一个"零窗口"通知时，停止发送，直到下一次接收到接收端重新发送的一个"非零窗口"通知为止。

（2）利用滑动窗口进行流量控制的举例

图 6-24 给出了 TCP 协议利用窗口进行流量控制的过程示意图。

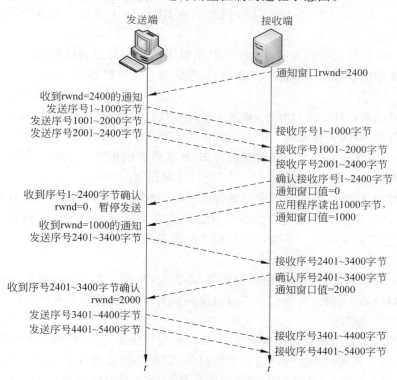

图 6-24　TCP 协议利用窗口进行流量控制的过程

分析流量控制的过程，需要注意以下问题。

① 接收端通告发送端 rwnd＝2400，表示接收端已经做好连续接收 2400 字节的准备。

② 发送端接收到 rwnd＝2400 的通知后，准备发送 2400 字节的数据。假设报文段长度为 1000 字节，需要分三个报文段来传输，其中两个报文段的数据是 1000 字节，而第三个报文段的数据是 400 字节。

③ 接收端在分别接收序号为 1～1000、1001～2000 与 2001～2400 的三个报文段之后，存放在输出队列中，等待应用进程读取。应用进程忙而不能够及时读取。TCP 输出缓冲区被占满，不能接收新的报文段。因此，接收端在向发送端发出对序号 1～2400 的字节正确接收确认的同时，发出一个"零窗口"(rwnd＝0)的通知。

④ 发送端接收到接收端对序号 1～2400 的字节确认，知道三个报文段都已经被正确接收。同时根据 rwnd＝0 的通知，将发送窗口也置 0，停止发送，直到接收到接收端重新发送的一个"非零窗口"通知为止。

⑤ 当接收端的应用进程从接收缓冲区中读取了 1000 个字节的数据，腾空了 1000 个字节的存储空间，接收端发出 rwnd＝1000 的"非零窗口"通知。

⑥ 发送端接收到 rwnd＝1000 的通知后，发送序号 2401～3400 的字节。

⑦ 当接收端正确接收序号 2401～3400 的字节之后，同时接收缓冲区中已经有了 2000 个字节的存储空间，接收端发出对序号 2401～3400 字节的确认与 rwnd＝2000 的窗口通知。

⑧ 发送端接收到接收端对序号 2401～3400 的字节确认，与 rwnd＝2000 的通知之后，将发送序号为 3401～4400、4401～5400 的两个报文段。这个过程一直持续下去，直到数据全部传输完为止。

从以上的分析过程可以看出，由于 TCP 采取了滑动窗口控制机制，使得发送端的发送报文段的速度与接收端的接收能力相协调，从而实现了流量控制的作用。

(3) 坚持计时器

在执行滑动窗口控制的过程中，要求发送端在接收到零窗口通告之后就停止发送，这个过程直到接收端的 TCP 再发出一个非零窗口通告为止。但是，如果下一个非零窗口通告丢失，那么发送端将无休止地等待接收端的通知，这就会造成死锁。为防止非零窗口通知丢失造成"死锁"的现象出现，TCP 设置了一个"坚持计时器"(persistence timer)。

当发送端的 TCP 收到一个零窗口通知时，就启动坚持计时器。当坚持计时器时间到，发送端的 TCP 就发送一个零窗口探测报文。这个报文只有一个字节的数据，它有一个序号，但它的序号不需要确认。零窗口探测报文的作用是提示接收端：非零窗口通知丢失，必须重传。

坚持计时器的值设置为重传时间的数值，最大为 60 秒。如果发出的第一个零窗口探测报文没有收到应答，则需发送第二个零窗口探测报文，直到收到非零窗口为止。

(4) 传输效率问题

在发送端应用进程将数据传送到 TCP 协议的发送缓存之后，控制整个传输过程的任务就由 TCP 协议来承担。考虑到传输效率的问题，TCP 协议必须注意解决好"什么时候"、发送"多长报文段"。这个问题受到应用进程产生数据的速度与接收端发送能力的限制，因此是一个很复杂的问题。

同时存在一些极端的情况。例如一个用户使用 TELNET 协议进行通信时，他可能只发出了 1 个字节。在这种情况下,第一步是将这 1 个字节的应用层数据加上 20 个字节的报头,封装在一个 TCP 报文段中;在网络层加上 20 个字节分组头封装到一个 IP 分组中。那么,在 41 个字节长的 IP 分组中,TCP 报头占 20 个字节,IP 分组头占 20 个字节,应用层数据只有 1 个字节。第二步是接收端接收之后没有数据发送,但是也要立即返回一个 40 个字节的确认分组。其中,也是 TCP 报头占 20 个字节,IP 分组头占 20 个字节。第三步是接收端向发送端发出一个窗口更新报文,通知将窗口向前移 1 字节,这个分组的长度也是 40 个字节。第四步如果也要发送 1 个字节的数据,那么发送端返回一个 41 字节的分组,作为对窗口更新报文的应答。从上述过程中可以看出,如果用户以比较慢的速度输入字符,每输入 1 个字符就可能发送总长度为 162 字节的 4 个报文段。这种方法显然是不合适的。

针对如何提高传输效率的问题,人们提出采用 Nagle 算法。

① 当数据是以每次 1 字节的方式进入发送端时,发送端第一次只发送 1 字节,其他的字节存入缓存区。当第一个报文段确认符合时,再把缓存中的数据放在第 2 个报文段中发送出去,这样按照一边发送、等待应答,一边缓存待发送数据的处理方法,可以有效提高传输效率。

② 当缓存的数据字节数达到发送窗口的 1/2 或接近最大报文段长度 MSS 时,立即将它们作为 1 个报文段发送。

还有一种情况,人们称为"糊涂窗口综合征"(silly windows syndrome)。假设 TCP 接收缓存已满,而应用进程每次只从接收缓存中读取 1 字节,那么接收缓存就腾空 1 字节,接收端向发送端发出确认报文,并将接收窗口设置为 1。发送端发送的确认报文长度为 40 字节。紧接着发送端以 41 字节的代价发送 1 字节的数据。在第 2 轮中,应用进程每次只从接收缓存中读取 1 字节,接收端向发送端发出确认报文,继续将接收窗口设置为 1。发送端发送的确认报文长度为 40 字节。接着,发送端以 41 字节的代价发送 1 字节的数据。这样继续下去,一定会造成传输效率极低。

Clark 解决这个问题的方法是:禁止接收端发送只有 1 字节的窗口更新报文,让接收端等待一段时间,使接收缓存已经有足够的空间接收一个最大长度的报文段,或者缓冲区空出一半之后,再发送窗口更新报文。

Nagle 算法与 Clark 提出的"糊涂窗口综合症"解决问题的思路是相同的,那就是:发送端不要发送太小的报文段,接收端通知的 rwnd 不能太小。

2. TCP 窗口与拥塞控制

(1)拥塞控制的基本概念

拥塞控制用于防止由于过多的报文进入网络,而造成路由器与链路过载。需要注意的是:流量控制的重点是放在点-点链路的通信量的局部控制上,而拥塞控制重点是放在进入网络报文总量的全局控制上。

造成网络拥塞(congestion)的原因十分复杂,它涉及链路带宽、路由器处理分组的能力、节点缓存与处理数据的能力,以及路由选择算法、流量控制算法等一系列的问题。人们通常把网络出现拥塞的条件写为:

$$\sum 对网络资源的需求 > 网络可用资源$$

如果在某段时间内,用户对网络某类资源要求过高,就有可能造成拥塞。例如,如果一条链路的带宽是 100Mbps,而连接在这条链路上的 100 台计算机却要求都以 10Mbps 的速率发送数据,显然这条链路无法满足计算机对于链路带宽的要求。人们自然会想到将这条链路的带宽升级到 1Gbps,以满足用户的要求。当某个节点缓存的容量过小或处理速度太慢,造成进入节点的大量报文不能及时被处理,而不得不丢弃一些报文。人们自然会想到把这个节点的主机升级,换成大容量的缓存、高速的处理器,这个节点的处理能力改善,不出现报文丢失的现象。但是这些局部的改善都不能从根本上解决网络拥塞的问题,可能只是将造成拥塞的瓶颈从节点的计算或存储能力,转移到链路的带宽或路由器上。

流量控制可以很好地解决发送端与接收端之间的端-端报文发送和处理速度的协调,但是无法控制进入网络的总体流量。如果每个发送端与接收端的端-端之间流量是合适的,但是对于网络整体来说,随着进入网络的流量增加,也会使网络通信负荷过重,由此引起报文传输延时增大或丢弃。报文的差错确认和重传又会进一步加剧网络的拥塞。

图 6-25 给出了拥塞控制的作用示意图。图中横坐标是进入网络的负载(load),纵坐标是吞吐量(throughput)。负载表示单位时间进入网络的字节数,吞吐量表示单位时间内通过网络输出的字节数。从图中可以看出以下几个问题。

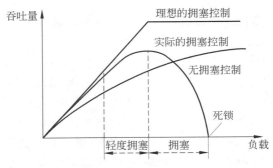

图 6-25   拥塞控制的作用

① 在没有采取拥塞控制方法时,在开始阶段网络吞吐量随着网络负载的增加呈线性增长的关系。当出现轻度拥塞时,网络吞吐量的增长小于网络负载的增加量。当网络负载继续而吞吐量不变时,达到饱和状态。在饱和状态之后,网络吞吐量随着网络负载的增加呈减小的趋势。当网络负载继续增加到一定程度,网络吞吐量为 0,系统出现死锁(deadlock)。

② 理想的拥塞控制在网络负载到达饱和点之前,网络吞吐量一直保持线形增长的关系,到达饱和点之后的网络吞吐量维持不变。

③ 实际的拥塞控制在网络负载开始增长的初期,由于要在拥塞控制过程中消耗一定的资源,因此它的吞吐量将小于无拥塞控制状态。但是,它可以在负载继续增加的过程中,通过限制进入网络的报文或丢弃部分报文的方法,使得系统的吞吐量逐渐增长,而不出现下降和死锁的现象。

拥塞控制的前提是网络能够承受现有的网络负荷。拥塞控制算法通过动态地调节用户对网络资源的需求来保证网络系统的稳定运行。拥塞控制算法的设计涉及动态和全局性的问题,难度较大。有时拥塞控制算法的设计本身就会引起网络的拥塞。因此,网络拥塞控制的研究已经开展多年,目前在对等网络和无线网络、网络视频应用出现之后,拥塞控制仍然是一个重要的研究课题。

1999 年,RFC2581 对 TCP 协议的拥塞控制方法分为:慢开始、拥塞避免、快重传与快恢复。以后的 RFC2582、RFC3390 做了一些改进。

（2）拥塞窗口的概念

TCP 协议滑动窗口是实现拥塞控制最基本的手段。为了使讨论简单，假设报文是单方向传输，并且接收端有足够的缓存空间，发送窗口的大小只由网络拥塞程度来确定。

拥塞窗口（congestion window）是发送端根据网络拥塞情况确定的窗口值。发送端在真正确定发送窗口时，应该取"通知窗口"与"拥塞窗口"中的较小值。在没有发生拥塞的稳定工作状态下，接收端的通知窗口和拥塞窗口应该一致。发送端在确定拥塞窗口大小时，可以采用慢开始与拥塞避免算法。

3. 慢开始与拥塞避免算法

（1）慢开始（slow-start）与拥塞避免（congestion avoidance）算法的基本设计思想

在一个 TCP 连接中，发送端需要维持一个拥塞窗口（congestion windows，cwnd）的状态参数。拥塞窗口的大小根据网络的拥塞情况来动态调整。只要网络没有出现拥塞，发送端就逐步增大拥塞窗口；当出现拥塞，拥塞窗口就立即减小。那么就存在一个问题：如何发现网络出现拥塞？在慢开始与拥塞避免算法中，网络是否出现拥塞是由路由器是否丢弃分组确定的。这里实际上做了一个假设，那就是：通信线路质量比较好，路由器丢弃分组的主要原因不是由于物理层比特流传输差错造成的，而是由于网络中分组传输的总量较大，以至于超过了路由器的接收能力，造成路由器由于负载过重而丢弃分组。

（2）慢开始的过程

当主机开始发送数据时，它对网络的负载状态不了解，这时可以试探着采取由小到大逐步增加拥塞窗口的方法。

如果将第一个从发送端发送报文（最大报文段长度 MSS）到接收端，接收端在规定的时间内返回了确认报文为一个往返的话，那么，主机在建立一个 TCP 连接的初始化时，将慢开始的初始值定为 1。第一个往返首先将拥塞窗口（cwnd）设置为 2，然后向接收端发送两个最大报文段。如果接收端在定时器允许的往返时间内返回确认，表示网络没有出现拥塞，拥塞窗口按二进制指数方式增长；那么第二个往返将拥塞窗口值增大一倍为 4。如果报文正常传输，那么第三个往返发送端将拥塞窗口增加为 8。如果报文正确传输，在第四个往返的拥塞窗口值增大一倍为 16。如果报文正确传输，在第五个往返拥塞窗口值增大一倍为 32。但是，在规定的往返时间内没有收到确认报文，那就表明网络开始出现拥塞。

这里需要注意以下三个问题。

第一个问题：每一次发送的往返时间 RTT 是不同的。如果在第一个往返过程中，拥塞窗口值为 2，那么这一次 TCP 可以连续发送两个报文段。发送端只有在连续发送的两个报文段的确认都收到之后，才能够判断网络没有出现拥塞。因此，在拥塞控制过程中，每一个往返过程的往返时间应该是从连续发送多个报文段，到接收到所有发送报文段确认消息需要的时间。往返时间的长短取决于连续发送报文段的多少。

第二个问题：这里所说的"慢开始"的"慢"并不是指将拥塞窗口（cwnd）从 1 开始，按二进制指数方式成倍增长的速度为"慢"，而是指这种方法是以一种试探着逐步增大，比突然将很多报文发送网络上的情况要"慢"，意味着发送报文段的多少存在着逐步加快的过程。

第三个问题：为了避免拥塞窗口（cwnd）增长过快引起网络拥塞，还需要定义一个参数——慢开始阈值（slow-start threshold，ssthresh）。在慢开始与拥塞避免算法中对于拥塞窗口(cwnd)与慢开始阈值(ssthresh)之间的关系可以做这样的规定：

① 当 cwnd<ssthresh 时,使用慢开始算法。

② 当 cwnd>ssthresh 时,停止使用慢开始算法,使用拥塞控制算法。

③ 当 cwnd=ssthresh 时,既可使用慢开始算法,也可使用拥塞控制算法。

在慢开始阶段,如果长度为 32 时出现超时,那么发送端就可以将慢开始阈值(ssthresh)设置为出现拥塞的 cwnd 值 32 的一半,即为 ssthresh 1=16。

(3) 拥塞避免算法

当 cwnd>ssthresh 时,停止使用慢开始算法,使用拥塞控制算法。拥塞避免算法的改变每增加一个往返就将拥塞窗口值加倍的方法,而是采取在每增加一个往返就将拥塞窗口值加 1 的方法。在采取拥塞避免算法的阶段,拥塞窗口(cwnd)呈线性增加的规律缓慢增长。和慢开始阶段一样,只要发现接收端没有按时返回确认就认为出现网络拥塞,将慢开始阈值设置为发生拥塞时拥塞窗口(cwnd)值的一半,并将重新进入下一轮的慢开始过程。

图 6-26 给出了 TCP 协议慢开始、拥塞避免的拥塞控制过程示意图。

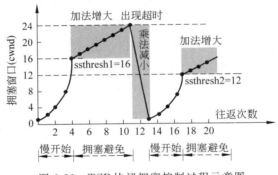

图 6-26　TCP 协议拥塞控制过程示意图

① 慢开始阶段

当 TCP 连接初始化时,将 cwnd 设置为 1。慢开始的初始阈值 ssthresh 1 设置为 16(单位为 MSS)。在慢开始阶段,当 cwnd 经过 4 个往返传输之后,按指数算法已经增长到 16 时,进入"拥塞避免"控制阶段。往返次数 1～4 使用的拥塞窗口值分别是 2、4、8、16。

② 拥塞避免阶段

在进入拥塞避免阶段之后,cwnd 按照线性的方法增长,假如在 cwnd 值达到 24 时,发送端检测出现超时,那么拥塞窗口 cwnd 重新回到 1。因此,往返次数 5～12 使用的拥塞窗口值分别是 17～24。

③ 重新进入慢开始与拥塞控制阶段

在出现一次网络拥塞之后,慢开始阈值 SST_2 设置是出现超时的 cwnd 最大值的 1/2,即 24/2=12,然后重新开始慢开始与拥塞避免的过程。往返次数 13～17 使用的拥塞窗口值分别是 1、2、4、8 与 12。由于 ssthresh 2 值设置为 12,第 17 次往返使用的拥塞窗口值不能大于 12,只能取值为 12。往返次数 18、19、20 使用的拥塞窗口值分别是 13、14、15。表 6-3 给出了如图 6-26 所示的例子中往返次数与拥塞窗口值。

在慢开始或拥塞避免阶段,只要出现超时就将 ssthresh 减小一半的算法叫做"乘法减小"(multiplicative decrease)。在执行拥塞避免后,使拥塞窗口缓慢增大,以防止网络很快出现拥塞,这种算法称做"加法增大"。将这两种方法结合起来就形成了用于 TCP 拥塞控制的 AIMD 算法。

表 6-3　往返次数与拥塞窗口值

往返次数	拥塞窗口值	往返次数	拥塞窗口值	往返次数	拥塞窗口值
1	2	8	20	15	4
2	4	9	21	16	8
3	8	10	22	17	12
4	16	11	23	18	13
5	17	12	24	19	14
6	18	13	1	20	15
7	19	14	2		

4. 快重传与快恢复

在慢开始、拥塞避免的基础上,人们又提出快重传(fast retransmit)与快恢复(fast recovery)的拥塞算法。图 6-27 给出了快重传与快恢复的研究背景。

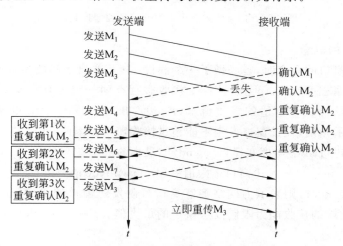

图 6-27　快重传与快恢复的研究背景

慢开始、拥塞避免的 AIMD 算法处理拥塞的思路是:如果发送端发现超时,就判断为网络出现拥塞,并将拥塞窗口 cwnd 置 1,执行慢开始策略;同时将 ssthresh 减小到一半,以延缓拥塞的出现。如果出现如图 6-26 所示的情况:当发送端连续发送报文 $M_1 \sim M_7$,只有 M_3 在传输过程中丢失,而 $M_4 \sim M_7$ 都能正确接收,这时不能根据一个 M_3 的超时而简单地判断网络出现拥塞。在这种情况下,需要采用快重传与快恢复拥塞控制算法。

图 6-28 给出了连续收到三个重复确认的拥塞控制过程。如果接收端在正确接收 M_1、M_2 报文,没有接收到 M_3 报文时,接收端在返回对 M_1、M_2 的确认之后,接收到 M_4,没有接收到 M_3,这时接收端不能对 M_4 进行确认,这是由于 M_4 属于乱序的报文。根据"快重传"

算法的规定,接收端应该及时向发送端连续三次发出对 M_2 的"重复确认",要求发送端尽早重传未被确认的报文。

与快重传算法配合的是快恢复算法。快恢复算法规定:

① 当接收端收到第 1 个对 M_2 的"重复确认"时,发送端立即将拥塞窗口(cwnd)设置为最大拥塞窗口值的 1/2。执行"拥塞避免"算法,拥塞窗口(cwnd)按线性方式增长。

② 当接收端收到第 2 个对 M_2 的"重复确认"时,发送端立即减小拥塞窗口(cwnd)值。执行"拥塞避免"算法,拥塞窗口(cwnd)按线性方式增长。

③ 当接收端收到第 3 个对 M_2 的"重复确认"时,发送端立即减小拥塞窗口(cwnd)值。执行"拥塞避免"算法,拥塞窗口(cwnd)按线性方式增长。

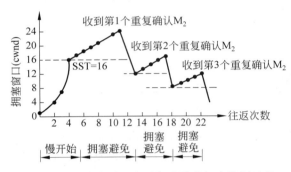

图 6-28 连续收到三个重复确认的拥塞控制过程

5. 发送窗口的概念

在介绍拥塞窗口的概念时,曾经做了一个假设:接收端有足够的缓存空间,发送窗口的大小只由网络拥塞程度确定。但是,实际上接收缓存空间一定是有限的。接收端需要根据自己的接收能力给出一个合适的接收窗口(rwnd),并将它写入 TCP 的报头中,通知发送端。从流量控制的角度,发送窗口一定不能超过接收窗口。因此,实际的发送窗口的上限值应该等于接收窗口(rwnd)与拥塞窗口(cwnd)中最小的一个

$$发送窗口上限值 = Min(rwnd, cwnd)$$

当 rwnd > cwnd 时,则表示为网络拥塞窗口限制发送窗口的最大值。当 rwnd < cwnd 时,则表示为接收端的接收能力限制发送窗口的最大值。rwnd 与 cwnd 中较小的一个限制发送端的报文发送速度。

小　结

(1) 计算机网络的本质活动是实现分布在不同地理位置的联网主机之间的应用进程通信,传输层的主要作用就是要实现分布式进程通信。

(2) 传输层协议屏蔽了网络层及以下各层实现技术的差异性,弥补了网络层所能提供服务的不足,使得应用层协议在设计时只需使用传输层提供的端-端进程通信服务。

(3) 实现网络环境中分布式进程通信首先要解决进程标识的问题。IANA 定义了熟知端口号、注册端口号和临时端口号三种类型的端口号。TCP 与 UDP 协议规定用不同的端口号来表示不同的应用程序。

（4）UDP 协议是一种无连接的、不可靠的传输层协议，它适用于系统对性能的要求高于对数据完整性的要求、需要"简短快捷"的数据交换、需要多播和广播的应用环境。

（5）TCP 协议的特点是：面向连接、面向字节流、支持全双工、支持并发连接、提供确认/重传与拥塞控制。

习　题

1. 假设 UDP 报头的十六进制数为 06 32 00 35 00 1C E2 17。求：

（1）源端口号与目的端口号。

（2）用户数据长度。

（3）这个报文是客户端发出，还是服务器端发出？

（4）访问哪种服务器？

2. 已知 TCP 头部用十六进制数表示为 05320017 00000001 00000055 500207FF 00000000。请回答以下问题：

（1）源端口号是多少？

（2）目的端口号是多少？

（3）序号是多少？

（4）确认号是多少？

（5）头部长度是多少？

（6）报文段的类型是什么？

（7）窗口值是多少？

3. 主机 A 与主机 B 的 TCP 连接的 MSS＝1000B。主机 A 当前的拥塞窗口为 4000B，主机 A 连续发送了两个最大报文段后，主机 B 返回了对第 1 个报文的确认，确认段中通知的接收窗口大小为 2000B。那么，这时主机 A 最多还能够发送多少个字节？

4. 主机 A 连续向主机 B 发送了有效载荷长度分别为 300B、400B 与 500B 的三个报文段。第 3 个报文段的序号为 900。如果主机 B 正确地接收了第 1 和第 3 个报文段。那么，主机 B 向主机 A 发出的确认序号为多少？

5. 已知：通信信道带宽为 1Gbps，端-端延时为 10ms，TCP 发送窗口为 65 535B。

求：该 TCP 连接可能达到的最大的吞吐率以及信道利用率。

6. 已知：TCP 连接的 MSS＝1000B，序号长度为 8 位，报文段的生存时间 TTL 为 30s。那么，TCP 连接所能够达到的最大传输速率是多少？

7. 根据以下条件，估算 TCP 连接的 RTT 变量值。

已知：收到 3 个连接的确认报文段，它们比相应的数据报文段发送时间分别滞后了 26ms，32ms 与 24ms。设：$\alpha＝0.9$。

8. 假设 TCP 拥塞控制的 AIMD 算法中，慢开始 SST1 的阈值设置为 8，当拥塞窗口上升到 12 时，发送端检测出超时，TCP 使用慢开始与拥塞避免。那么，第 1 次到第 15 次传输的拥塞窗口分别为多少？

9. 一个 TCP 连接采用慢开始算法进行拥塞控制。它的最大段长度为 1KB，发送端一直有数据要发送。在拥塞窗口为 16KB 时发生了超时，如果接下来的 4 个 RTT 时间内的

TCP 端传输都成功,那么当第 4 个 RTT 时间内发送的所有 TCP 段都得到肯定的应答。请问:拥塞窗口是多少?

10. 图 6-29 给出了 TCP 连接建立的三次握手与连接释放的四次握手的过程示意图。请根据 TCP 协议的工作原理,写出图中①～⑧位置的序号值。

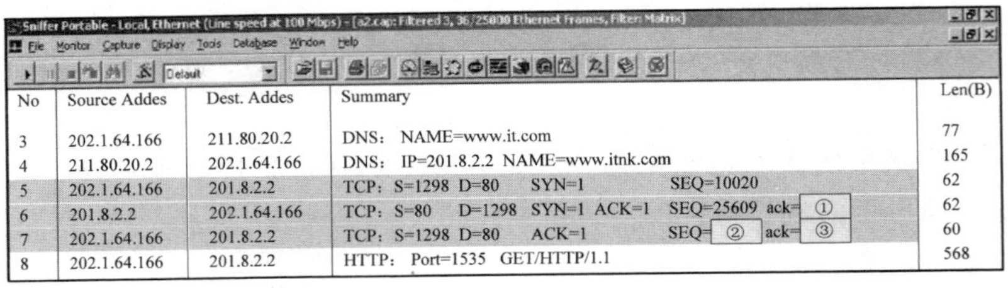

Sniffer Portable - Local, Ethernet (Line speed at 100 Mbps) - [a2.cap: Filtered 3, 36/25000 Ethernet Frames, Filter: Matrix]

File Monitor Capture Display Tools Database Window Help

No	Source Addes	Dest. Addes	Summary				Len(B)
3	202.1.64.166	211.80.20.2	DNS: NAME=www.it.com				77
4	211.80.20.2	202.1.64.166	DNS: IP=201.8.2.2 NAME=www.itnk.com				165
5	202.1.64.166	201.8.2.2	TCP: S=1298 D=80 SYN=1	SEQ=10020			62
6	201.8.2.2	202.1.64.166	TCP: S=80 D=1298 SYN=1 ACK=1	SEQ=25609	ack=	①	62
7	202.1.64.166	201.8.2.2	TCP: S=1298 D=80 ACK=1	SEQ= ②	ack=	③	60
8	202.1.64.166	201.8.2.2	HTTP: Port=1535 GET/HTTP/1.1				568

(a) TCP连接建立的三次握手过程

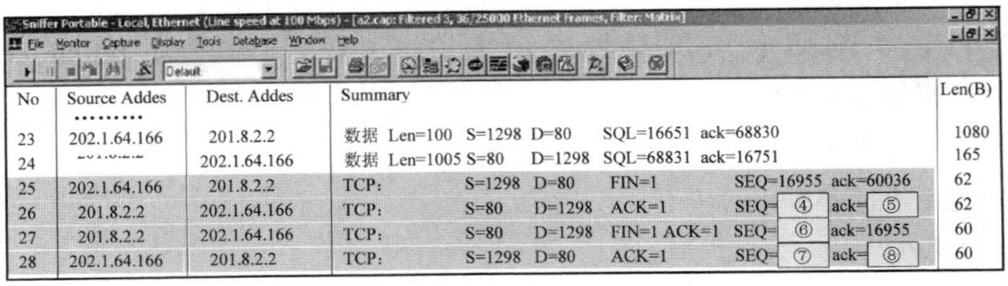

Sniffer Portable - Local, Ethernet (Line speed at 100 Mbps) - [a2.cap: Filtered 3, 36/25000 Ethernet Frames, Filter: Matrix]

File Monitor Capture Display Tools Database Window Help

No	Source Addes	Dest. Addes	Summary				Len(B)
23	202.1.64.166	201.8.2.2	数据 Len=100 S=1298 D=80 SQL=16651 ack=68830				1080
24		202.1.64.166	数据 Len=1005 S=80 D=1298 SQL=68831 ack=16751				165
25	202.1.64.166	201.8.2.2	TCP: S=1298 D=80 FIN=1	SEQ=16955	ack=60036		62
26	201.8.2.2	202.1.64.166	TCP: S=80 D=1298 ACK=1	SEQ= ④	ack=	⑤	62
27	201.8.2.2	202.1.64.166	TCP: S=80 D=1298 FIN=1 ACK=1	SEQ= ⑥	ack=16955		60
28	202.1.64.166	201.8.2.2	TCP: S=1298 D=80 ACK=1	SEQ= ⑦	ack=	⑧	60

(b) TCP连接释放的四次握手过程

图 6-29 TCP 连接建立与连接释放过程示意图

第 7 章

应 用 层

本章在介绍 Internet 应用技术发展三个阶段、网络应用与应用层协议分类,以及 C/S 与 P2P 模式比较的基础上,对域名解析与域名系统(DNS)、远程登录服务与 TELNET 协议、电子邮件服务与 SMTP 协议、Web 协议与基于 Web 的网络应用、动态主机配置与 DHCP 协议、网络管理与 SNMP 协议、即时通信与 SIP 协议进行系统地分析,并通过对典型的应用层协议——FTP 协议执行过程的解析,深入讨论网络应用系统、应用层协议的设计与实现方法。

本章教学要求

- 了解:Internet 应用的发展与应用层协议的分类。
- 掌握:Client/Server 与 P2P 模式的特点。
- 掌握:DNS 协议、DHCP 协议的基本工作原理。
- 掌握:SMTP 协议、FTP 协议与 TELNET 协议的基本工作原理。
- 掌握:Web 协议与搜索引擎的基本工作原理。
- 掌握:即时通信与 SIP 协议基本工作原理。
- 掌握:网络管理与 SNMP 协议的基本工作原理。
- 掌握:FTP 协议工作原理与应用层协议分析方法。

7.1 Internet 应用与应用层协议的分类

7.1.1 Internet 应用技术发展的三个阶段

图 7-1 给出了 Internet 应用的发展趋势示意图。从图中可以看出,Internet 应用的发展可以分成三个阶段。

1. 第一阶段

第一阶段 Internet 应用的主要特征是:提供远程登录、电子邮件、文件传输、电子公告牌与网络新闻组等基本的网络服务功能。

(1) 远程登录(TELNET)服务实现终端远程登录服务功能。

(2) 电子邮件(E-mail)服务实现电子邮件服务功能。

(3) 文件传输(FTP)服务实现交互式文件传输服务功能。

(4) 电子公告牌(BBS)服务实现网络人与人之间交流信息的服务功能。

（5）网络新闻组（Usenet）服务实现人们对所关心的问题开展专题讨论的服务功能。

2. 第二阶段

第二阶段 Internet 应用的主要特征是：Web 技术的出现，以及基于 Web 技术的电子政务、电子商务、远程医疗与远程教育应用，搜索引擎技术的发展。

3. 第三阶段

第三阶段 Internet 应用的主要特征是：P2P 网络应用扩大了信息共享的模式，无线网络应用扩大了网络应用的灵活性，物联网扩大了网络技术的应用领域。

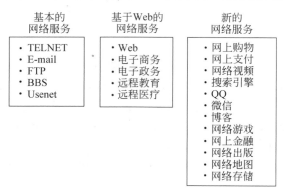

图 7-1 Internet 应用的发展趋势

7.1.2 C/S 模式与 P2P 模式的比较

从 Internet 应用系统的工作模式角度，网络应用可以分为两类：客户/服务器（client/server，C/S）模式与对等（peer to peer，P2P）模式。

1. 客户/服务器模式的基本概念

（1）客户/服务器结构的特点

从网络应用程序工作模型的角度，网络应用程序分为：客户程序与服务器程序。以电子邮件程序为例，E-mail 应用程序分为服务器端的邮局程序与客户端的邮箱程序。用户在自己的计算机中安装并运行客户端的邮箱程序，成为电子邮件系统的客户，能够发送和接收电子邮件。而安装邮局应用程序的计算机就成为电子邮件服务器，它为客户提供接收、存储、转发电子邮件与用户管理的服务功能。

（2）采用客户/服务器模式的原因

Internet 应用系统采用客户/服务器模式的主要原因是网络资源分布的不均匀性。网络资源分布的不均匀性表现在硬件、软件和数据三个方面。

① 网络中计算机系统的类型、硬件结构、功能都存在着很大的差异。它可以是一台大型计算机、服务器、服务器集群，或者是云计算平台，也可以是一台个人计算机，甚至是一个 PDA、智能手机、移动数字终端或家用电器。它们在运算能力、存储能力和服务功能等方面存在着很大差异。

② 从软件的角度来看，很多大型应用软件都是安装在一台专用的服务器中，用户需要通过 Internet 去访问服务器，成为合法用户之后才能够使用网络的软件资源。

③ 从信息资源的角度来看，某一类型的数据、文本、图像、视频或音乐资源存放在一台

或几台大型服务器中,合法的用户可以通过 Internet 访问这些信息资源。这样做对保证信息资源使用的合法性与安全性,以及保证数据的完整性与一致性是非常必要的。

网络资源分布的不均匀性是网络应用系统设计者的设计思想的体现。网络组建的目的就是要实现资源的共享,"资源共享"表现出网络中节点在硬件配置、运算能力、存储能力,以及数据分布等方面存在差异与分布的不均匀性。能力强、资源丰富的计算机充当服务器,能力弱或需要某种资源的计算机作为客户。客户使用服务器的服务,服务器向客户提供网络服务。因此,客户/服务器反映这种网络服务提供者与网络服务使用者的关系。在客户/服务器模式中,客户与服务器在网络服务中的地位不平等,服务器在网络服务中处于中心地位。在这种情况下,"客户"(client)可以理解为"客户端计算机","服务器"(server)可以理解为"服务器端计算机"。云计算是个典型的"瘦"客户与"胖"服务器模式的代表。在云计算环境中,客户可以使用个人计算机、PDA、智能手机、移动数字终端或家用电器端等"瘦"端系统的设备,随时、随地去访问能够提供巨大计算和存储能力的"云服务器",而不需要知道这些服务器放在什么地方,是什么型号的计算机,使用的是什么样的操作系统和 CPU。

2. 对等网络的基本概念

P2P 是网络结点之间采取对等的方式,通过直接交换信息达到共享计算机资源和服务的工作模式。人们也将这种技术称为"对等计算"技术,将能提供对等通信功能的网络称为"P2P 网络"。目前,P2P 技术已广泛应用于实时通信、协同工作、内容分发与分布式计算等领域。统计数据表明,目前的 Internet 流量中 P2P 流量超过 60%,已经成为 Internet 应用的新的重要形式,也是当前网络技术研究的热点问题之一。P2P 已经成为网络技术中一个基本的术语。研究 P2P 涉及三方面内容:P2P 通信模式、P2P 网络与 P2P 实现技术。

(1)P2P 通信模式是指 P2P 网络中对等结点之间直接通信的能力。

(2)P2P 网络是指在 Internet 中由对等结点组成的一种动态的逻辑网络。

(3)P2P 实现技术是指为实现对等结点之间直接通信的功能和特定的应用所涉及的协议与软件。

因此,术语 P2P 泛指 P2P 网络与实现 P2P 网络的技术。

3. P2P 与 C/S 工作模式的区别

我们可以用图 7-2 形象地表示出 P2P 与 C/S 工作模式的区别。

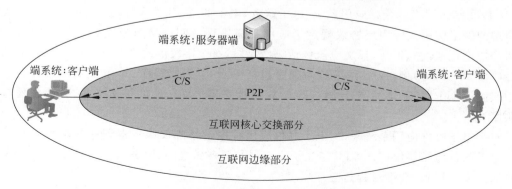

图 7-2 P2P 与 C/S 工作模式的区别

C/S 工作模式与 P2P 工作模式的区别主要表现在以下几个方面。

(1) C/S 工作模式中信息资源的共享是以服务器为中心

以 Web 服务器为例,Web 服务器是运行 Web 服务器程序、计算能力与存储能力强的计算机,所有 Web 页信息都存储在 Web 服务器中。服务器可以为很多 Web 浏览器客户提供服务。但是,Web 浏览器之间不能直接通信。显然,在传统 C/S 工作模式的信息资源共享关系中,服务提供者与服务使用者之间的界限是清晰的。

(2) P2P 工作模式淡化服务提供者与服务使用者的界限

P2P 工作模式中,所有节点同时身兼服务提供者与服务使用者的双重身份,以达到"进一步扩大网络资源共享范围和深度,使信息共享达到最大化"的目的。在 P2P 网络环境中,成千上万台计算机之间处于一种对等的地位,整个网络通常不依赖于专用的服务器。P2P 网络中的每台计算机既可以作为网络服务的使用者,也可以向其他提出服务请求的客户提供资源和服务。这些资源可以是数据资源、存储资源、计算资源与通信资源。

(3) C/S 与 P2P 模式的差别主要在应用层

从网络体系结构的角度来看,C/S 与 P2P 模式的区别表现在:两者在传输层及以下各层的协议结构相同,差别主要表现在应用层。传统客户/服务器工作模式的应用层协议主要包括:DNS、SMTP、FTP、Web 等。P2P 网络应用层协议主要包括:支持文件共享类 Napster 与 BitTorrent 服务的协议、支持多媒体传输类 Skype 服务的协议等。

(4) P2P 网络是在 IP 网络上构建的一种逻辑的覆盖网

P2P 网络并不是一个新的网络结构,而是一种新的网络应用模式。构成 P2P 网络的节点通常已是 Internet 的节点,它们不依赖于网络服务器,在 P2P 应用软件的支持下以对等方式共享资源与服务,在 IP 网络上形成一个逻辑的网络。这就像在一所大学里,学生在系、学院、学校等各级组织的管理下开展教学和课外活动,同时学校也允许学生自己组织社团,例如计算机兴趣小组、电子俱乐部、博士论坛,开展更加适合不同兴趣与爱好的同学的课外活动。因此,P2P 网络是在 IP 网络上构建的一种逻辑的覆盖网(Overlay Network)。

7.1.3 应用层协议的分类

1. 应用层协议的基本概念

网络应用与应用层协议是两个重要的概念。E-mail、FTP、TELNET、Web、IM、IPTV、VoIP,以及基于网络的金融应用系统、电子政务、电子商务、远程医疗、远程数据存储都是不同类型的网络应用。应用层协议规定了应用程序进程之间通信所遵循的通信规则,包括:如何构造进程通信的报文,报文应该包括哪些字段,每个字段的意义与交互的过程等问题。

以 Web 服务为例,Web 网络应用程序包括 Web 服务器程序、Web 浏览器程序。Web 应用层协议 HTTP 定义了 Web 浏览器与 Web 服务器之间传输的报文格式、会话过程与交互顺序。

对于电子邮件应用系统来说,电子邮件应用程序包括邮件服务器程序与邮件客户端程序。电子邮件应用层协议 SMTP 定义了服务器与服务器之间、服务器与邮件客户端程序之间传送报文的格式、会话过程与交互顺序。

2. 应用程序体系结构的概念

在实际开展一项 Internet 应用系统设计与研发任务时,设计者面对的不会只是单一的广域网或局域网环境,而是多个由路由器互联起来的局域网、城域网与广域网构成的、复杂的 Internet 环境。作为 Internet 的一个用户,你可能是坐在位于中国天津南开大学网络研究室的一台计算机前,正在使用位于美国加州洛杉矶 UCLA 大学的一个合作伙伴实验室的一台超级并行机,合作完成一项 WSN 路由算法的计算任务。在设计这种基于 Internet 的分布式计算软件系统时,设计者关心的是协同计算的功能是如何实现的,而不是每一条指令或数据具体是以长度为多少个字节的分组,以及通过哪一条路径传送到对方的。

面对被抽象为边缘部分与核心交换部分的 Internet,网络应用系统设计工程师在设计一种新的网络应用时,他只需要考虑如何利用核心交换部分所能够提供的服务,而不必涉及核心交换部分的路由器、交换机等低层设备或通信协议软件的编程问题。他的注意力可以集中到运行在多个端系统之上的网络应用系统功能、工作模型的设计与应用软件编程上,这就使得网络应用系统的设计开发过程变得更加容易和规范。这一点也正体现了网络分层结构的基本思想,也反映出网络技术的成熟。我们将网络应用程序功能、工作模型与协议结构定义为应用程序体系结构(application architecture)。图 7-3 给出了应用层与应用程序体系结构关系的示意图。

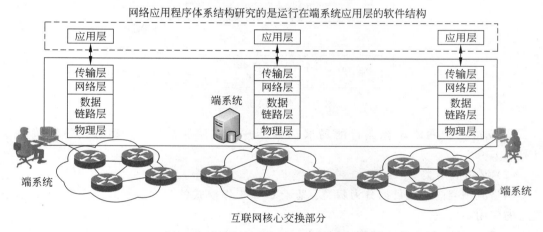

图 7-3　应用层协议与应用程序体系结构

3. 应用层协议的基本内容

应用层协议定义了运行在不同端系统上应用程序进程交换的报文格式与交互过程,它主要包括:

(1) 交换报文的类型,如请求报文与应答报文。

(2) 各种报文格式与包含的字段类型。

(3) 对每个字段意义的描述。

(4) 进程在什么时间、如何发送报文,以及如何响应。

4. 应用层协议的分类

根据应用层协议在 Internet 中的作用和提供的服务功能,应用层协议可以分为三种基本类型:基础设施类、网络应用类与网络管理类。图 7-4 给出了主要应用层协议分类的示意图。

(1) 基础设施类

属于基础设施类的应用层协议主要有以下两种。

① 支持 Internet 运行的全局基础设施类应用层协议——域名服务 DNS 协议。

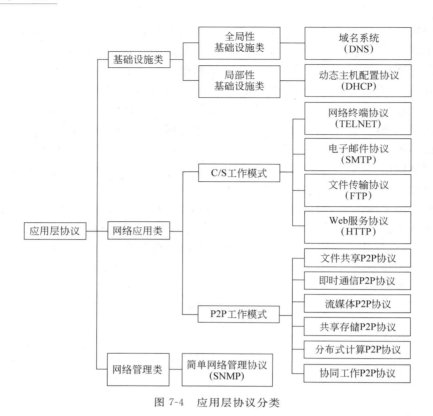

图 7-4　应用层协议分类

② 支持各个网络系统运行的局部基础设施类应用层协议——动态主机配置协议（DHCP）。

（2）网络应用类

网络应用类的协议可以分为两类：基于 C/S 工作模式的应用层协议与基于 P2P 工作模式的应用层协议。

① 基于 C/S 工作模式的应用层协议

基于 C/S 工作模式的应用层协议主要包括：网络终端协议 TELNET、电子邮件服务的简单报文传输协议 SMTP、文件传输服务协议 FTP、Web 服务的 HTTP 协议等。

② 基于 P2P 工作模式的应用层协议

目前很多 P2P 协议都属于专用应用层协议。P2P 协议基本上分为：文件共享 P2P 协议、即时通信 P2P 协议、流媒体 P2P 协议、共享存储 P2P 协议、协同工作 P2P 协议。

（3）网络管理类

网络管理类的协议主要有：简单网络管理协议（SNMP）。

7.2　域名系统

7.2.1　DNS 研究的背景

1. 早期 ARPANET 主机的命名方法

1971 年，设计 ARPANET 的技术人员已经开始注意到网络主机命名的问题。我们可以搜索到的第一个关于分配主机名的文档——RFC266"主机辅助记忆标准化"是在 1971 年 9 月 20 日公布的。RFC952、RFC953 文档对 Internet 早期的 ARPANET 用户的主机命名与域名服务机制做了规定。Internet 网络信息中心的一个主机文件 hosts. txt 保存着用户主机名与地址的映射表。整个 20 世纪 70 年代都使用这种集中式管理的主机表。

到 20 世纪 80 年代,集中式的主机名字服务机制已经不能适应 Internet 的迅速发展,主要问题表现在以下几个方面。

(1) 早期的主机名到地址的映射是存储在斯坦福研究院 SRI 的网络信息中心 (Network Information Center,NIC)的一个主机文件(hosts. txt)中,主机名到 IP 地址的解析需要将 hosts. txt 文件传送到各个主机来实现,因此消耗在传输主机名到地址的映射上的网络带宽与网络主机数量的平方成正比,网络信息中心主机负载过重。在主机数量剧增的情况下,不能提供人们所期望的服务。

(2) 初期的主机是通过广域网之间接入 ARPANET,在后来个人计算机大规模应用时,个人计算机大部分是通过局域网接入。在这种情况下,如果还使用主机文件的话,那么局域网中的计算机还必须依靠网络信息中心的 hosts. txt。从提高系统工作效率来说,局域网承担分级的主机名字服务是很自然的选择。

2. 域名系统的基本概念

域名系统是 Internet 使用的命名系统。实际上,人们将主机的名字叫做域名,其原因是 Internet 使用的命名系统定义了很多的域。主机要按照它所属的域来命名,因此就叫做域名。域名是 Internet 中主机按照一定的规则,用自然语言(英文或中文)表示的名字,它与确定的 IP 地址相对应。例如,南开大学计算机系网络实验室的一台 Web 服务器,它的名字有两种表示方法。第一种方法是用自然语言(英文缩写的域名或中文域名)表示,并具有一定语义,例如 www. netlab. cs. nankai. edu. cn;第二种方法是直接用它的 IP 地址,如用 202.1.23.220 表示。如果是一个主机名,问题还不突出,对于 Internet 如此众多的主机名,人们肯定不会选择后者,而只能够是前者。因为,用具有一定结构的自然语言去表示主机名,人们很容易理解和记忆,因为它有一定的规律性。以 www. netlab. cs. nankai. edu. cn 为例,人们可以很容易地将它理解为:"中国—教育机构—南开大学—计算机系—网络实验室—Web 服务器"。显然,人们喜欢用他们熟悉的自然语言的表达习惯去给网络中的主机命名,但是计算机却只能对二进制数字进行识别和处理。

3. DNS 与其他网络应用的关系

在分析 Internet 网络服务与应用层协议之前,首先需要研究域名系统(Domain Name System,DNS)的功能、原理与实现方法。DNS 的作用不同于 Web、E-mail 和 FTP,DNS 不直接与用户打交道,但是所有的 Internet 应用系统都是依赖于 DNS 的支持。DNS 的作用是:将主机域名转换成 IP 地址,使得用户能够方便地访问各种 Internet 资源与服务,它是 Internet 各种应用层协议实现的基础。图 7-5 给出了 DNS 与其他网络应用关系的示意图。实际上,在访问任何一种网络应用服务器,例如浏览一个 Web 网页之前,首先要通过 DNS 服务器解析 Web 服务器的 IP 地址。因此,将 DNS 归于 Internet 基础设施类的服务与协议。

4. DNS 设计需要满足的基本要求

针对接入主机数量急剧增多的情况,人们提出了 DNS 的概念。DNS 的本质是:提出一种分层次、基于域的命名方案,并且通过一个分布式数据库系统,以及维护与查询机制来实现域名服务功能。DNS 需要实现以下三个主要功能。

(1) 域名空间:定义一个包括所有可能出现的主机名字的域名空间。

(2) 域名注册:保证每台主机域名的唯一性。

(3) 域名解析:提供一种有效的域名与 IP 地址转换机制。

因此,DNS 包括域名空间、域名服务器与域名解析程序三个组成部分。

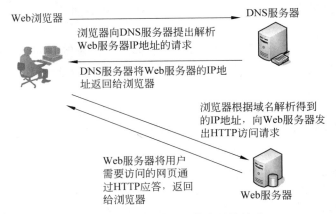

图 7-5　DNS 与其他网络应用的关系

7.2.2　DNS 域名空间

1. DNS 域名空间的基本概念

理解域名空间的基本概念,需要注意以下问题。

(1) DNS 域名空间采用"域"与"子域"的层次结构,DNS 必须有一个大型的、分布式域名数据库,用来存储层次型的域名数据。

(2) 域名空间的层次结构可以表示为如图 7-6 所示的树状结构,节点都是根的子孙。域名由一连串可回溯到其祖先的节点名组成。

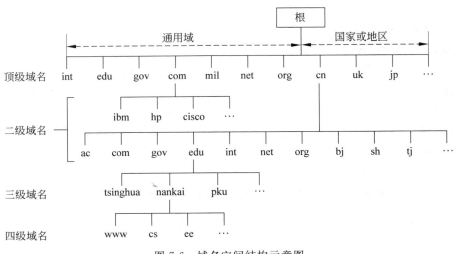

图 7-6　域名空间结构示意图

2. 域名空间结构

域名空间结构具有以下特点。

（1）Internet 被分成 200 多个顶级域（top level domain，TLD）

每个顶级域又进一步被划分为若干个子域。顶级域 TLD 有两种：通用域、国家或地区域。常用的通用域有：.com（商业）、.edu（教育性机构）、.gov（政府）、.net（网络服务供应商）、.org（非营利性机构）、.int（国际性组织）、.mil（军事组织）。

（2）每个域自己控制如何分配它下面的域

国家级域名下注册的二级域名结构由各国自己确定。中国互联网信息中心 CNNIC 负责管理我国的顶级域，它将二级域名划分为二类域：类别域名与行政区域域名。

行政区域域名有 34 个。例如，bj 代表北京市，sh 代表上海市，tj 代表天津市，he 代表河北省，hl 代表黑龙江省，nm 代表内蒙古自治区，hk 代表香港特别行政区。

当一个组织拥有一个域的管理权后，它可以决定是否需要进一步划分层次。一个小的公司网络可以不需要进一步划分层次。但是，一个大的公司网络和校园网必须选择多层结构。因此，Internet 的树状层次结构的命名方法，使得任何一个连接到 Internet 的主机都有一个全网唯一的域名。Internet 主机域名的排列原则是低层的子域名在前面，而它们所属的高层域名在后面。Internet 主机域名的一般格式为：

例如，CNNIC 将我国教育机构的二级域 .edu 的管理权授予中国教育科研网（CERNET）网络中心。CERNET 网络中心将 .edu 域划分为多个三级域，将三级域名分配给各个大学与教育机构。例如，.edu 下的 .nankai 代表南开大学，并将 .nankai 域的管理权授予南开大学网络管理中心。南开大学网络管理中心又将 .nankai 域划分为多个四级域，将四级域名分配给下属部门或主机。例如，.nankai 域下的 .cs 代表计算机系。

例如，主机域名：

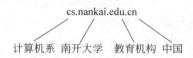

表示的是中国南开大学计算机系的主机。

在域名系统中，每个域是由不同的组织来管理的，而这些组织又可将其子域分给下级组织来管理。这种层次结构的优点是：各个组织在内部可以自由选择域名，只要保证组织内的唯一性，而不用担心与其他组织内的域名冲突。例如，南开大学是一个教育机构，学校中的主机域名都包括 nankai.edu.cn 的后缀。如果是一家名为 nankai 的公司，那么它的域名只能是 nankai.com.cn。nankai.edu.cn 与 nankai.com.cn 两个域名在 Internet 中相互独立。

（3）为了创建一个新的域，创建者必须得到该新域的上级域管理员的许可

例如，在组织机构变动之后，南开大学成立了信息技术科学学院，计算机系属于学院管理。那么，在创建信息技术科学学院域名时，就需要申请南开大学 nankai.edu.cn 的管理员同意创建学院域名 it.nankai.edu.cn。同样，计算机系的域名将属于 it.nankai.edu.cn 管理

员分配,这样计算机系的域名改变为 cs. it. nankai. edu. cn。

(4) 域名机制遵循的是组织的边界,而不是网络的物理边界

这里可能出现两种情况。第一种情况是计算机系与自动化系同在一座教学楼内,但是从域名的角度,计算机系的计算机属于 cs. it. nankai. edu. cn 子域,而自动化系的计算机属于 auto. it. nankai. edu. cn 子域。第二种情况是无论计算机系的计算机分散在几座教学楼的不同局域网中,但是它们都属于 cs. it. nankai. edu. cn 子域。

7.2.3 域名服务器

域名系统是一种命名方法,而实现域名服务的是分布在世界各地的域名服务器体系。域名服务器是一组用来保存域名树结构和对应信息的服务器程序。

1. 区、域与域名服务器

理解域名服务器的工作原理,需要注意以下问题。

图 7-7 给出我国大学域名管理的一个例子。南开大学作为一个独立的行政单位,它被中国教育科研网(CERNET)网络中心授权管理 nankai. edu. cn 的域,因此由南开大学校园网中心管理 nankai. edu. cn 域。设置管理 nankai. edu. cn 域的域名服务器可以用一种最简单的办法,那就是只设置一个域名服务器,管理所有南开大学内部的域名。但是,一个单位规模太大了,这种集中管理的方法带来的问题是域名系统运行效率低,不能够满足用户服务质量要求。最有效的方法是:

(1) 根据需要将一个"域"划分成不重叠的多个"区"(zone)。

(2) 每个"区"设置相应的权限域名服务器(authoritative name server),用来保存该区内所有主机的域名与 IP 地址的映射关系数据。"区"是域名服务器管辖的范围。

(3) "区"和"区"的域名服务器都相互连接,构成支持整个"域"的域名服务器体系。

图 7-7 给出了区、域与域名服务器体系的关系示意图。图 7-7(a)表示一个域没有划分区的情况,那么区就等于域,只要设置一个域名服务器就可以管理整个校园网的域名。图 7-7(b)表示一个域划分为两个区的情况,那么 nankai. edu. cn 与 it. nankai. edu. cn 这两个区都属于 nankai. edu. cn 的域。图 7-7(c)表示需要在两个区分别设置具有相应权限域名服务器的结构。一个域名服务器有权管辖的范围称为"区",它是"域"的一个子集。

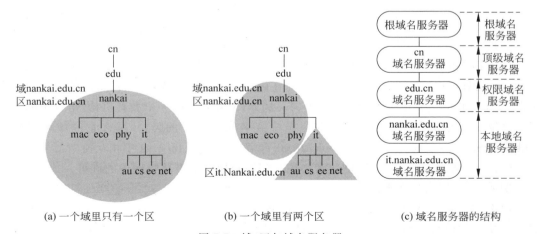

(a) 一个域里只有一个区　　　　(b) 一个域里有两个区　　　　(c) 域名服务器的结构

图 7-7　域、区与域名服务器

2. 域名服务器结构与分类

支持 Internet 运行的域名服务器是按层次来设置的,每一个域名服务器都只对域名空间中的一部分进行管辖,由多个层次结构的域名服务器系统覆盖整个域名空间。根据域名服务器所处的位置和所起的作用,域名服务器可以分为以下 4 种类型。

(1) 根域名服务器(root name server)

根域名服务器对于 DNS 的整体运行具有极为重要的作用。任何原因造成根域名服务器停止运转,都会导致整个 DNS 的崩溃。出于安全的原因,目前存在的 13 个 DNS 根域名服务器,其专用域为 root-server. net。大多数根域名服务器是由一个服务器集群组成。有些根域名服务器是由分布在不同地理位置的多台镜像 DNS 服务器组成,例如根域名服务器 f. root-server. net 就是由分布在 40 多个地方的几十台镜像 DNS 服务器组成。有关最新的根域名服务器列表可以从 ftp://ftp. rs. internic. net/domain/named. root 中获取。

(2) 顶级域名服务器

顶级域名服务器负责管理在该顶级域名注册的所有二级域名。例如,在中国互联网信息中心 CNNIC 管理所有在 . cn 之下注册的通用域名与行政区域域名。

(3) 权限域名服务器

权限域名服务器负责经过授权的一个区的域名管理。

(4) 本地域名服务器

本地域名服务器(local name server)也称为默认域名服务器。每一个 ISP、一所大学,甚至是一个系都可能有一个或多个本地域名服务器。

为了保证域名服务器系统的可靠性,域名服务器一般需要将域名数据复制到几个域名服务器上,其中一个为主域名服务器(master name server),其他的是从域名服务器(secondary name server)。主域名服务器定期将数据复制到从域名服务器;当主域名服务器出现故障时,从域名服务器继续执行域名解析的任务。

7.2.4 域名解析

1. 域名解析的基本概念

将域名转换为对应的 IP 地址的过程称为域名解析(name resolution),完成该功能的软件称为域名解析器(简称解析器)。在个人计算机 Windows 操作系统中打开"控制面板",选择"网络连接",进入之后再选择 TCP/IP 与"属性"之后,所看到的 DNS 地址就是自动获取的本地域名服务器地址。每个本地域名服务器配置一个域名软件。客户在进行查询时,首先向域名服务器发出一个 DNS 请求(DNS request)报文。由于 DNS 名字信息以分布式数据库的形式分散存储在很多个域名服务器中,每个域名服务器都知道根服务器的地址,因此无论经过几步查询,最终总会在域名树中找出正确的解析结果,除非这个域名不存在。

2. 域名解析算法

域名解析可以有两种方法:递归解析(recursive resolution)与反复解析(iterative resolution)。主机向本地域名服务器查询时,可以选择是采用递归解析,还是采用反复解析。主机向本地域名服务器查询过程如图 7-8 所示。

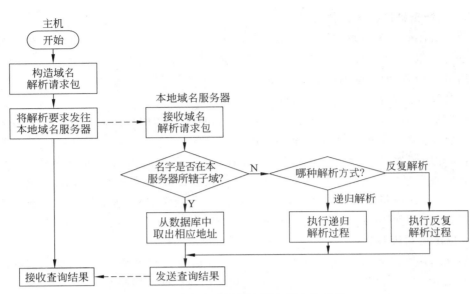

图 7-8　主机向本地域名服务器查询过程

（1）递归解析算法

图 7-9 给出了递归解析中客户与服务器的交互过程。在递归解析过程中,如果本地域名服务器没有需要解析的信息,那么本地域名服务器将接管向其他域名服务器请求解析的责任,只将最终结果返回给客户。例如,一位用户希望访问名为 netlab. cs. nankai. edu. cn 的主机,客户解析程序首先向本地域名服务器发出查询请求。如果本地域名服务器有所要解析的域名信息,那么本地域名服务器将直接返回结果。如果本地域名服务器查不到,则向它的上层域名服务器提出请求。如果上层域名服务器也没有需要的信息,那么它向本地域名服务器返回一个可能解析域名的服务器,例如 dns. cernet. edu. cn 的 IP 地址。本地域名服务器向 dns. cernet. edu. cn 提出解析请求,这次 dns. cernet. edu. cn 返回的是 dns. nankai.

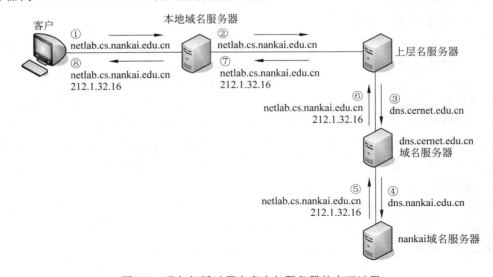

图 7-9　递归解析过程中客户与服务器的交互过程

edu. cn 的 IP 地址。本地域名服务器继续向 dns. nankai. edu. cn 提出解析请求，dns. nankai. edu. cn 返回的是 netlab. cs. nankai. edu. cn 的 IP 地址(212.1.32.16)。本地域名服务器将最终的解析结果返回客户。本次递归解析的域名解析过程结束。

（2）反复解析

反复解析也称为迭代解析。反复解析是指：本地域名服务器如果不能够返回最终的解析结果，那么它只能返回它认为可以解析的域名服务器的 IP 地址。客户端解析程序就向下一个域名服务器发出解析请求，直至最终获得需要的解析结果。需要注意的是：为了减轻客户在反复解析过程中的工作负担，实际在软件编程中，人们采用在客户向本地域名服务器提出解析请求之后，仍然由本地域名服务器完成反复解析的任务，最后再将最终解析结果返回给客户。图 7-10 给出了简化的反复解析中客户与服务器的 DNS 报文交互过程示意图。

No	Source Addes	Dest. Addes	Summary
1	190.10.2.16	190.1.2.3	DNS: Name: www.natlab.cs.nankai.edu.cn
2	190.1.2.3	190.10.10.1	DNS: Name: www.natlab.cs.nankai.edu.cn
3	190.10.10.1	190.1.2.3	DNS: dns.cernet.edu.cn 212.1.2.1
4	190.1.2.3	212.1.2.1	DNS: Name: www.natlab.cs.nankai.edu.cn
5	212.1.2.1	190.1.2.3	DNS: dns.nankai.edu.cn 212.25.15.180
6	190.1.2.3	212.25.15.180	DNS: Name: www.natlab.cs.nankai.edu.cn
7	212.25.15.180	190.1.2.3	DNS: www.natlab.cs.nankai.edu.cn 212.1.32.16
8	190.1.2.3	190.10.2.16	DNS: www.natlab.cs.nankai.edu.cn 212.1.32.16

图 7-10   反复解析过程中 DNS 报文交互过程示意图

在这个过程中，客户(190.10.2.16)向本地域名服务器(190.1.2.3)发出解析主机 netlab. cs. nankai. edu. cn 的 IP 地址的请求。由于本地域名服务器没有客户需要解析的域名与地址信息，那么它就向它的上层域名服务器(190.10.10.1)发出解析请求。上层域名服务器也不能完成解析任务，就向本地域名服务器返回它认为能够解析这个域名的 dns. cernet. edu. cn 的 IP 地址(212.1.2.1)。本地域名服务器就向 dns. cernet. edu. cn 发出解析请求，dns. cernet. edu. cn 向本地域名服务器返回了 dns. nankai. edu. cn 的 IP 地址(212.25. 15.180)。本地域名服务器就向 dns. nankai. edu. cn 发出解析请求，dns. nankai. edu. cn 向本地域名服务器返回了 netlab. cs. nankai. edu. cn 的 IP 地址(212.1.32.16)。本地域名服务器就将最终的解析结果返回给客户。反复解析过程也可以用图 7-11 描述。

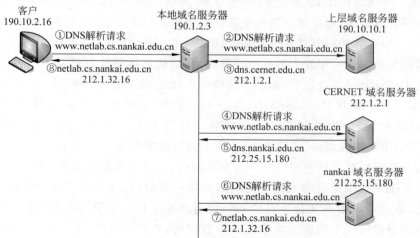

图 7-11   反复解析中客户与域名服务器的交互过程

7.2.5 域名系统性能优化

实际测试表明,上面所描述的域名系统的效率都不高。在没有优化的情况下,根服务器的通信量是难以忍受的,因为每次有人对远程计算机的域名进行解析时,根服务器都会收到一个请求。而且,一个主机可能会反复发出同一台计算机的域名请求。DNS 性能优化的主要方法是复制与缓存。

1. 复制

每个根服务器的许多副本存在整个网络上。当一个新的子网加入时,它在本地 DNS 服务器中配置一个根服务器表。本地的 DNS 服务器可以为用户选择响应最快的根服务器。在实际应用中,地理位置最近的域名服务器往往响应得最好。因此,一个在北京的主机将倾向于使用一个位于北京的域名服务器,而一个在南开大学的主机将选择使用天津的域名服务器。

2. 缓存

使用名字的高速缓存可优化查询的开销。每个域名服务器都保留一个域名缓存。每当查找一个新的域名时,域名服务器将该绑定的一个副本置于它的缓存中。例如,第一次已经有一个用户查询 cs. nankai. edu. cn 的 IP 地址,通过域名解析,得到它的 IP 地址为202.113.19.122,则可以将 cs. nankai. edu. cn/202.113.19.122 置于缓存中,下一次如果有用户又一次提出查询 cs. nankai. edu. cn 的 IP 地址时,域名服务器先查看它的缓存,缓存中已经包含答案,就使用这个答案来生成回答。不但在本地域名服务器中需要有高速缓存,在主机中也需要使用高速缓存。许多主机在启动时从本地域名服务器下载域名数据库,保存一个本机最近使用的域名信息,只有在缓存中找不到域名时才去访问本地域名服务器。

7.3　远程登录服务与 TELNET 协议

7.3.1　TELNET 协议产生的背景

TELNET 协议出现在 20 世纪 60 年代后期,那时个人计算机 PC 还没有出现。当时人们在使用大型计算机时,必须通过直接连接到主机的某一个终端,在使用用户名与密码登录成为合法用户之后,才能将软件与数据输入到主机中,完成科学计算的任务。当用户需要使用多台计算机共同完成一个较大的计算任务时,需要调用远程计算机与本地计算机协同工作。当这些大型计算机互连之后,就需要解决一个问题,那就是不同型号计算机之间的差异性问题。TELNET 协议是 1969 年在 ARPANET 演示的第一个应用程序。专门定义TELNET 协议的 RFC97 文档是在 1971 年 2 月公布的。作为 TELNET 协议标准的RFC854"TELNET 协议规定"最终于 1983 年 5 月完成并公布。

不同型号计算机系统的差异性主要表现在硬件、软件与数据格式上。最基本的问题是:不同计算机系统对终端键盘输入命令的解释不同。例如,有的系统用 return 或 enter 作为行结束标志,有的系统用 ASCII 字符的 CR,而有的系统用 ASCII 字符的 LF。键盘定义的差异给远程登录带来很多问题。在中断一个程序时,有些系统使用^C,而另一些系统使用Esc 键。发现这个问题之后,各个厂商都分别研究如何解决互操作性的方法,例如 SUN 公司制定远程登录协议 rlogin,但是该协议是专为 BSD UNIX 系统开发的,它只适用于 UNIX 系统,并不能很好地解决不同类型计算机之间的互操作性问题。

为了解决异构计算机系统互连中存在的问题,人们研究了 TELNET 协议。TELNET 协议引入网络虚拟终端(network virtual terminal,NVT)的概念,它提供一种专门的键盘定义,用来屏蔽不同计算机系统对键盘输入的差异性,同时定义客户与远程服务器之间的交互过程。TELNET 协议的优点就是能解决不同类型的计算机系统之间的互操作问题。远程登录服务是指用户使用 TELNET 命令,使自己的计算机成为远程计算机的一个仿真终端的过程。一旦用户成功地实现远程登录,用户计算机就可以像一台与远程计算机直接相连的本地终端一样工作。因此,TELNET 协议又被称为网络虚拟终端协议、终端仿真协议或者远程终端协议。

7.3.2 TELNET 协议基本工作原理

远程登录服务采用典型的客户/服务器模式。图 7-12 给出了 TELNET 协议的工作原理示意图。用户的实终端(real terminal)采用用户终端的格式与本地 TELNET 客户通信;远程计算机采用主机系统格式与 TELNET 服务器通信。在 TELNET 客户进程与 TELNET 服务器进程之间,通过网络虚拟终端(NVT)标准来进行通信。NVT 是一种统一的数据表示方式,以保证不同硬件、软件与数据格式的终端与主机之间通信的兼容性。

图 7-12 TELNET 协议的工作原理示意图

TELNET 客户端进程将用户终端发出的本地数据格式转换成标准的 NVT 格式,再通过网络传输到 TELNET 服务器端。TELNET 服务器将接收到的 NVT 格式数据转换成主机内部数据格式,再传输给主机。Internet 上传输的数据都是标准的 NVT 格式。引入网络虚拟终端概念之后,不同的用户终端与服务器进程将与各种不同的本地终端格式无关。TELNET 客户与服务器进程完成用户终端格式、主机系统内部格式与标准 NVT 格式之间的转换。

TELNET 已经成为 TCP/IP 协议集中一个最基本的协议。即使用户从来没有直接调用 TELNET 协议,但是 E-mail、FTP 与 Web 服务都是建立在 TELNET NVT 的基础上的。

7.4 电子邮件服务与 SMTP 协议

7.4.1 电子邮件服务的基本概念

对于人类来说,在 Internet 上创建一个熟悉的系统是很自然的事。在日常生活中人们都需要通过邮政系统去收发信件。人们自然也会想在网络上建立一个电子邮件系统。世界上第一个电子邮件系统是在早期大型计算机多用户系统上开发的。在这种系统中,操作人员可以在同一台大型计算机上的多个终端设备相互之间交换邮件信息。描述电子邮件的第一个文档 RFC196 是 1971 年出现的。当 ARPANET 上电子邮件应用一出现,立即受到用户的欢迎,成为最重要的网络应用之一。

Internet 邮件服务最大的优势在于:不管用户使用任何一种计算机、操作系统、邮件客户端软件或网络硬件,用户之间都可以方便地实现电子邮件的交换。目前,电子邮件仍然是 Internet 上最为广泛的网络应用之一。Internet 电子邮件系统已经包含附件、超链接、文本与图片。在多数情况下,电子邮件是以文本为主,同时也能够传输语音与视频。

7.4.2 电子邮件服务的工作过程

1. 电子邮件基本工作原理

电子邮件系统分为两个部分:邮件服务器端与邮件客户端。在邮件服务器端,包括用来发送邮件的 SMTP 服务器,用来接收邮件的 POP3 服务器或 IMAP 服务器,以及用来存储电子邮件的电子邮箱;在邮件客户端,包括用来发送邮件的 SMTP 代理,用来接收邮件的 POP3 代理,以及为用户提供管理界面的用户接口程序。图 7-13 给出了电子邮件工作原理示意图。

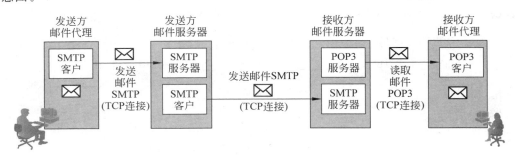

图 7-13　电子邮件的工作原理

邮件客户端使用简单邮件传输协议(Simple Mail Transfer Protocol,SMTP)向邮件服务器发送邮件;邮件客户端使用邮局协议(Post Office Protocol,POP)的第 3 版 POP3 协议或交互式邮件存取协议(Interactive Mail Access Protocol,IMAP),从邮件服务器中接收邮件。至于使用哪种协议接收邮件,取决于邮件服务器与邮件客户端支持的协议类型,一般的邮件服务器与客户端应用程序都支持 POP3 协议。最早描述 SMTP 协议的文档 RFC788 是 1981 年公布的,POP3 协议文档 RFC1081 是 1988 年公布的。

SMTP 协议可以将邮件报文封装在邮件对象中。SMTP 协议的邮件对象是由信封和内容两个部分组成的。信封实际上是一种 SMTP 命令,邮件报文是封装在信封中的邮件内容,报文本身又包括报文头和邮件主体两个部分。图 7-14 给出了邮件报文结构。

2. SMTP 邮件传输过程

SMTP 命令和应答分别是由一系列字符,以及一个表示报文结束的回车换行符(CRLF)组成。客户在向 SMTP 邮件服务器发送邮件之前需要首先建立 TCP 连接。在完成 TCP 连接建立之后,开始进入 SMTP 会话建立、发送邮件与释放 SMTP 会话。然后再进行释放 TCP 连接,结束 SMTP 工作过程。图 7-15 中给出了 SMTP 邮件传输过程示意图。

Mail From: wgy@nankai.edu.cn RCPT To: chy@pku.edu.cn	信封
From: Wu Gongyi To: Cheng Yu Date: 1/2/09 Subject: network book	头部
Dear Mr.Cheng: All my students liked your lastest book. Thanks for your help. Wu Gongyi	邮件主体

图 7-14　邮件报文结构

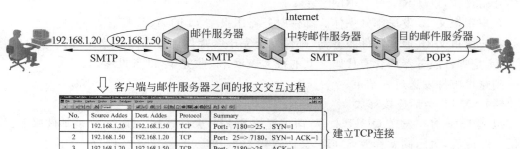

No.	Source Addes	Dest. Addes	Protocol	Summary	
1	192.168.1.20	192.168.1.50	TCP	Port: 7180=>25,　SYN=1	建立TCP连接
2	192.168.1.50	192.168.1.20	TCP	Port: 25=> 7180,　SYN=1 ACK=1	
3	192.168.1.20	192.168.1.50	TCP	Port: 7180=>25,　ACK=1	
4	192.168.1.50	192.168.1.20	SMTP	220（服务器准备好）	建立SMTP会话连接
5	192.168.1.20	192.168.1.50	SMTP	HELO	
6	192.168.1.50	192.168.1.20	SMTP	250（服务器同意进入会话）	
7	192.168.1.20	192.168.1.50	SMTP	MAIL FROM：邮件发送者 <netlab@netlab.localdomain6>	发送邮件的发信地址
8	192.168.1.50	192.168.1.20	SMTP	250（继续发送）	与收信地址
9	192.168.1.20	192.168.1.50	SMTP	RCPT TO：邮件接收者 <netlab_test@163.com>	
10	192.168.1.50	192.168.1.20	SMTP	250（继续发送）	
11	192.168.1.20	192.168.1.50	SMTP	DATA（发送邮件主体）	
12	192.168.1.50	192.168.1.20	SMTP	354（应答）	
13	192.168.1.20	192.168.1.50	SMTP	Message body（邮件主体）	发送邮件主体
14	192.168.1.50	192.168.1.20	SMTP	ACK	
15	192.168.1.20	192.168.1.50	SMTP	EOM（邮件发送完毕）	
16	192.168.1.50	192.168.1.20	SMTP	ACK	
17	192.168.1.50	192.168.1.20	SMTP	250（接收完毕，准备投递）	
18	192.168.1.20	192.168.1.50	SMTP	QUIT（请求结束本次会话）	释放SMTP会话连接
19	192.168.1.50	192.168.1.20	SMTP	221（结束本次会话）	
20	192.168.1.20	192.168.1.50	TCP	Port: 7180=>25,　FIN=1	
21	192.168.1.50	192.168.1.20	TCP	Port: 25=>7180,　FIN=1 ACK=1	释放TCP连接
22	192.168.1.50	192.168.1.20	TCP	Port: 7180=>25,　ACK=1	
23	192.168.1.20	192.168.1.50	TCP	Port: 25=>7180,　ACK=1	

图 7-15　SMTP 邮件传输过程示意图

（1）TCP 连接建立

报文 1～3 是客户（192.168.1.20,7180）与邮件服务器（192.168.1.50,25）建立 TCP 连接的三次握手的报文。

（2）SMTP 会话连接建立

报文 4～6 是客户与邮件服务器建立 SMTP 会话连接的报文。在 TCP 连接建立之后，邮件服务器用报文 4（代码 220）通知客户"服务器准备好"。报文 5 是客户用 HELO 命令告知服务器自己的客户主机域名。报文 6 用代码 250 应答客户命令，表示：客户主机域名正确,服务器同意进入会话阶段。这样,客户与邮件服务器的 SMTP 会话连接建立。

（3）邮件发送

报文 7～17 是邮件发送会话报文。SMTP 将邮件的发送分为两个部分,首先发送邮件的发送邮箱地址与接收邮箱地址,然后再发送邮件体。

报文 7 是客户发送邮件发送邮箱地址"MAIL FROM：⟨netlab @ netlab. localdomain6⟩"。邮件服务器在报文 8 中返回代码 250,表示请求命令完成,继续发送。

报文 9 是客户发送邮件接收者 RCPT 的邮箱地址"MAIL TO：⟨netlab_test @ 163.com⟩"。邮件服务器在报文 10 中返回代码 250,表示请求命令完成,继续发送。

报文 11 是客户发送 DATA 命令的报文,表示要开始传输邮件主体。邮件服务器用含有代码 354 报文 12 应答。代码为 354 是在传输过程中间对命令 DATA 的应答,表示邮件主体开始传输,以⟨CRLF⟩.⟨CRLF⟩结束。

客户用报文 13 发送邮件主体。邮件服务器用报文 14 的 ACK 应答。

客户用报文 15 通知邮件服务器"邮件发送完毕",邮件服务器用报文 16 的 ACK 应答。报文 17 是邮件服务器用含有代码 250 的报文表示：接收完毕,准备投递。

到这里邮件发送过程结束。

（4）SMTP 会话连接释放

报文 18 是客户发送 QUIT 命令,请求释放 SMTP 会话连接。报文 19 是邮件服务器用代码 221 应答,表示同意释放 SMTP 会话连接。

（5）TCP 连接释放

报文 20～23 表示了释放 TCP 连接四次握手过程。释放 TCP 连接之后,客户与邮件服务器会话完全结束,客户发出的邮件将通过邮件服务器转发到下一个邮件服务器,直到到达目的邮件服务器为止。邮件服务器之间的通信也是使用 SMTP,因此服务器与服务器的转发过程与客户-邮件服务器发送过程基本相同。

3. MIME 协议的基本内容

SMTP 的局限性表现在只能发送 ASCII 码格式的报文,不支持中文、法文、德文等,它也不支持语音、视频的数据。通用 Internet 邮件扩展（Multipurpose Internet Mail Extension,MIME）是一种辅助性的协议,它本身不是一个邮件传输协议,只是对 SMTP 的补充。MIME 使用网络虚拟终端（NVT）标准,允许非 ASCII 码数据通过 SMTP 传输。

7.4.3 POP3、IMAP4 协议与基于 Web 的电子邮件

在邮件交付阶段,人们并不使用 SMTP 协议,其主要原因是：在发送端,SMTP 采取"推"（push）方式,将邮件报文"推送"到服务器端。在接收端,如果仍然采取推送方式,那么无论接收方愿意不愿意,邮件也要被推送到接收方。如果改变工作方式,采取"拉"（pull）的方式,由接收方在愿意收取邮件报文时,才去启动接收过程,那么邮件必须存储在服务器邮箱中,直到收信人读取邮件为止。因此,在邮件交付阶段采用了邮件读取协议。邮件读取协议主要有 POP3 协议与 Internet 邮件读取协议 IMAP4。

1. POP3 协议

POP3 协议是目前最流行的邮件读取的协议。POP3 客户软件安装在邮件客户机中,

POP3 服务器软件安装在邮件服务器中。POP3 协议的会话格式与 SMTP 的会话格式类似。POP3 协议允许客户以离线访问的方式，从 SMTP 邮件服务器下载邮件。POP3 协议有两种工作模式：保留模式与删除模式。保留模式是在一次读取邮件后，将读取过的邮件仍保存在服务器中。删除模式是在一次读取邮件后，将读取过的邮件删除。客户用 POP3 协议访问 SMTP 邮件服务器时首先要建立 TCP 连接。在建立 TCP 连接之后需要经过三个阶段：POP3 会话连接建立阶段、邮件访问阶段与释放 POP3 会话连接阶段。在释放了 POP3 会话连接之后，再释放 TCP 连接。客户使用 POP3 协议读取邮件的过程如图 7-16 所示。

图 7-16　客户使用 POP3 协议读取邮件的过程示意图

（1）TCP 连接建立

报文 1~3 是客户（221.22.10.10）与邮件服务器（129.1.1.5）建立 TCP 连接的三次握手的报文。

（2）POP3 会话连接建立

报文 4~8 是客户与邮件服务器建立 POP3 会话连接的报文，在建立 POP3 会话连接过程中需要完成客户身份认证。

邮件服务器用报文 4（OK）通知客户 Welcome to Mail POP3 Server，表示服务器准备好。报文 5 是客户用 USER 命令向服务器报告自己的客户名（netlab_test）。报文 6 对客户名进行确认。报文 7 是客户用 PASS 命令向服务器报告自己的 Password：netlab。报文 8 是 POP3 服务器通知客户：用户名与密码正确，进入邮件事务处理阶段。

（3）邮件事务处理

在成功地完成客户身份认证之后，POP3 会话转入邮件事务处理阶段，客户开始访问 POP3 邮件服务器。报文 9 是客户向服务器发出希望了解自己邮箱状态的 STAT 请求。报文 10 返回服务器中客户的邮箱长度与邮件数量。报文 11 是客户向服务器发出希望发送邮件列表的 LIST 请求。报文 12 返回服务器中客户邮箱的邮件列表。报文 13 是客户向服务器发出读第一封邮件(RETR1)的请求。报文 14～16 是服务器分三次向客户发送第一封邮件。报文 17 是客户向服务器返回正确接收第一封邮件的应答。这个例子中只给出了客户读第一个邮件的过程，当然客户还可以用 RETR2、RETR3 发出读第二封、第三封邮件的请求。

报文 18 是客户请求删除第一封邮件的 DELE1 的请求。在 POP3 协议中，尽管它立即用报文 19 来应答，但是实际的删除邮件的命令是在接收到"退出会话的 QUIT 命令"之后完成。

（4）释放 POP3 会话连接

当客户希望结束访问邮件服务器时，它将发出报文 20 的 QUIT 退出命令。服务器同意结束会话连接，就发送报文 21 的 OK 应答报文，并完成有删除标记的邮件的删除工作。

（5）释放 TCP 连接

报文 22～25 是用于释放 TCP 连接的四次握手的报文。至此，客户访问 POP3 服务器的过程结束。

2. IMAP4 协议

IMAP4 是另一种邮件读取协议。Internet 标准 RFC2060 对 IMAP4 进行了定义。IMAP4 提供的功能主要有：

（1）用户在下载邮件之前可以检查邮件的头部。

（2）用户在下载邮件之前可以用特定的字符串搜索电子邮件的内容。

（3）用户可以部分地下载电子邮件，这对于电子邮件中包含多媒体信息是很有用的。

（4）用户可以在邮件服务器上创建、删除邮箱，或对邮箱更名，创建分层次的邮箱。

3. 基于 Web 的电子邮件

20 世纪 90 年代中期，Hotmail 开发了基于 Web 的电子邮件系统。目前几乎每个门户网站与大学、公司网站都提供基于 Web 的电子邮件，越来越多的用户使用 Web 浏览器来收发电子邮件。在基于 Web 的电子邮件应用中，客户代理就是 Web 浏览器，客户与远程邮箱之间的通信使用的是 HTTP，而不是 POP3 或 IMAP。邮件服务器之间的通信仍然使用 SMTP。

7.5 Web 与基于 Web 的网络应用

7.5.1 Web 服务的基本概念

1. Web 服务的核心技术

万维网 WWW(World Wide Web)简称为 Web，它是 Internet 应用技术发展中的一个重要的里程碑。Web 服务的图形用户界面、"联想"式的思维、"交互"与"主动"的信息获取方式符合于人类的行为方式和认知规律,因此 Web 应用的出现立即受到人们广泛的欢迎。Web 服务的核心技术是:超文本传送协议(Hyper Text Transfer Protocol,HTTP)、超文本标记语言(Hyper Text Markup Language,HTML)、超链接(Hyperlink)与统一资源定位符(Uniform Resource Locator,URL)。

用超文本标记语言创建的网页(web page)存储在 Web 服务器中;用户通过 Web 客户浏览器进程用 HTTP 的请求报文向 Web 服务器发送请求;Web 服务器根据客户请求内容,将保存在 Web 服务器中的页面以应答报文的方式发送给客户;浏览器在接收到该页面后对其进行解释,最终将图、文、声并茂的画面呈现给用户。用户也可以通过页面中的超链接(hyperlink)功能,方便地访问位于其他 Web 服务器中的页面,或是其他类型的网络信息资源。当然在用户输入一个 Web 服务器的域名之后,浏览器首先要通过域名服务系统解析出 Web 服务器的 IP 地址。

2. 主页的概念

主页(home page)是一种特殊的 Web 页面。通常主页是指包含个人或机构基本信息的页面,用于对个人或机构进行综合性介绍,是访问个人或机构详细信息的入口。主页一般包含以下基本元素。

(1) 文本(text):文字信息。

(2) 图像(image):GIF 与 JPEG 图像格式。

(3) 表格(table):类似于 Word 的字符型表格。

(4) 超链接(hyperlink):用于与其他主页的链接。

3. URL 的基本概念

RFC1738 与 RFC1808 文档对统一资源定位符 URL 做了详细的描述。URL 是对 Internet 资源的位置和访问方法的标识。Internet 的资源是指能够被访问的任何对象,包括文件目录、文件、文档、图像、声音,以及电子邮件的地址、USENET 新闻组或 USENET 新闻组中的文档。

标准的 URL 由协议类型、主机名和路径及文件名三个部分组成。例如,南开大学的 Web 服务器的 URL 为:

```
http://www.nankai.edu.cn/index.html
```
| 协议类型 | 主机名 | 路径及文件名 |

其中,"http:"指出要使用协议的类型,"www. nankai. edu. cn"指出要访问的服务器的主机名,"index. html"指出要访问的主页的路径与文件名。除了通过指定 Web 服务器之外,URL 还可以指定其他的协议、服务器与文档。例如:

(1) gopher://gopher. cernet. edu. cn 表示要连接到名为 gopher. cernet. edu. cn 的 Gopher 服务器。

(2) ftp://ftp. pku. edu. cn/pub/dos/readme. txt 表示要通过 FTP 连接来获得一个名为 readme. txt 的文本文件。

(3) file://linux001. nankai. edu. cn/pub/gif/wu. gif 表示要在所连接的主机上获得并显示一个名为 wu. gif 的图形文件。

(4) telnet://cs. nankai. edu. cn 表示远程登录到名为 cs. nankai. edu. cn 的主机。

7.5.2 超文本传输协议

1. 超文本传输协议(HTTP)的基本特点

HTTP 是 Web 浏览器与服务器交换请求与应答报文的通信协议。研究 Web 服务首先需要了解 HTTP 协议的一些特性。

(1) 无状态协议

HTTP 协议在传输层使用的是 TCP 协议。如果 Web 浏览器想访问一个 Web 服务器,那么客户端的 Web 浏览器就需要与 Web 服务器之间建立一个 TCP 连接。浏览器与服务器通过 TCP 连接来发送、接收 HTTP 请求与应答报文。由于考虑到 Web 服务器可能同时要处理很多浏览器的并发访问,为了提高 Web 服务器的并发处理能力,协议的设计者规定 Web 服务器在接收到浏览器 HTTP 请求报文,返回应答报文之后不保存有关 Web 浏览器的任何信息。即使是同一个 Web 浏览器在几秒钟之内两次访问同一个 Web 服务器,它也必须要分别建立两次 TCP 连接。因此,HTTP 属于一种无状态的协议(stateless protocol)。Web 服务器总是打开的,随时准备接收大量的浏览器的服务请求。

(2) 非持续连接与持续连接

如果客户向服务器发出多个服务请求报文,服务器需要对每一个请求报文进行应答,并为每一个应答过程建立一个 TCP 连接的工作方式称为非持续连接(nonpersistent connection);多个客户与服务器的请求报文与应答报文都可以通过一个 TCP 连接来完成的工作方式称为持续连接(persistent connection)。HTTP 既可以使用非持续连接,也可以使用持续连接。HTTP 1.0 默认状态是非持续连接,HTTP 1.1 默认状态为持续连接。

Web 页面是由对象组成的。对象(object)就是文件,例如 HTML 文件、JPEG、GIF 图像文件、Java 程序、语音文件等,它们都可以通过 URL 来寻址。如果一个网页包括一个基本的 HTML 文件和 10 个 JPEG 图像文件,那么这个 Web 页面是由 11 个对象组成。

在非持续连接中,对每次请求/响应都要建立一次 TCP 连接。如果一个网页包括 10 个对象(object),并且都保存在同一个服务器中。那么,在非持续连接状态,用户访问该网页要分别为请求 11 个对象建立 11 个 TCP 连接。非持续连接的缺点是:必须为每个请求对象建立和维护一个新的 TCP 连接。对于每个这样的连接,客户端与服务器端都需要设定缓冲区及其他的一些变量。因此服务器在处理大量客户进程请求时负担很重。图 7-17 给出了客户主机(212.1.1.20)通过 HTTP 1.0 协议访问 Web 服务器(119.2.5.25)的过程示意图。

在图 7-17 中,报文 1~3 是客户端与 Web 服务器在 IP 地址 212.1.1.20 与 119.2.5.25、端口号 1730 与 80 之间建立 TCP 连接。报文 4 是客户端用 GET/HTTP 1.0 发出读 Web 主页的请求报文。报文 5 是服务器向客户端发送主页的内容。需要注意的是:报文 6~8 是客户端与 Web 服务器在 IP 地址 212.1.1.20 与 119.2.5.25,但是端口号是 1731 与 80 之间建立 TCP 连接。报文 9 是客户端用 GET/HTTP 1.0 发出读 sylogo1.gif 图形文件的请求报文。报文 10 是服务器向客户端发送 sylogo1.gif 图形文件的内容。之后客户端要请求不同的对象时,要为每一个对象分别建立 TCP 连接。图中出现的端口号 1732 与 80、1733 与 80 的 TCP 连接之后,分别是客户端用于请求读取 arr.gif 与 bdsug.js 文件的。从这个例

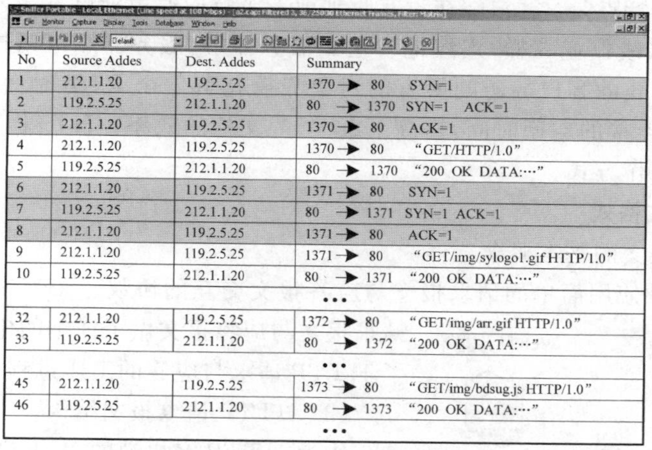

No	Source Addes	Dest. Addes	Summary		
1	212.1.1.20	119.2.5.25	1370 → 80	SYN=1	
2	119.2.5.25	212.1.1.20	80 → 1370	SYN=1	ACK=1
3	212.1.1.20	119.2.5.25	1370 → 80	ACK=1	
4	212.1.1.20	119.2.5.25	1370 → 80	"GET/HTTP/1.0"	
5	119.2.5.25	212.1.1.20	80 → 1370	"200 OK DATA:…"	
6	212.1.1.20	119.2.5.25	1371 → 80	SYN=1	
7	119.2.5.25	212.1.1.20	80 → 1371	SYN=1 ACK=1	
8	212.1.1.20	119.2.5.25	1371 → 80	ACK=1	
9	212.1.1.20	119.2.5.25	1371 → 80	"GET/img/sylogol.gif HTTP/1.0"	
10	119.2.5.25	212.1.1.20	80 → 1371	"200 OK DATA:…"	
			…		
32	212.1.1.20	119.2.5.25	1372 → 80	"GET/img/arr.gif HTTP/1.0"	
33	119.2.5.25	212.1.1.20	80 → 1372	"200 OK DATA:…"	
			…		
45	212.1.1.20	119.2.5.25	1373 → 80	"GET/img/bdsug.js HTTP/1.0"	
46	119.2.5.25	212.1.1.20	80 → 1373	"200 OK DATA:…"	
			…		

图 7-17　客户端通过 HTTP 1.0 协议访问 Web 服务器的过程示意图

子可以看出,HTTP 1.0 默认状态是非持续连接,它需要为每个请求对象建立和维护一个新的 TCP 连接。当然,在实际的软件编程中,人们通常是采取同时发起多个 TCP 连接的方式,以减少下载一个网页的时间。

在持续连接工作方式中,服务器在发出响应后保持该 TCP 连接,在相同的客户进程端与服务器端之间的后续报文都通过该连接传送。如果一个网页包括一个基本的 HTML 文件和 10 个 JPEG 图像文件,所有请求与应答报文都通过这个连接来传送。图 7-18 给出了客户主机(212.1.1.20)通过 HTTP 1.1 协议访问 Web 服务器(119.2.5.25)的过程示意图。

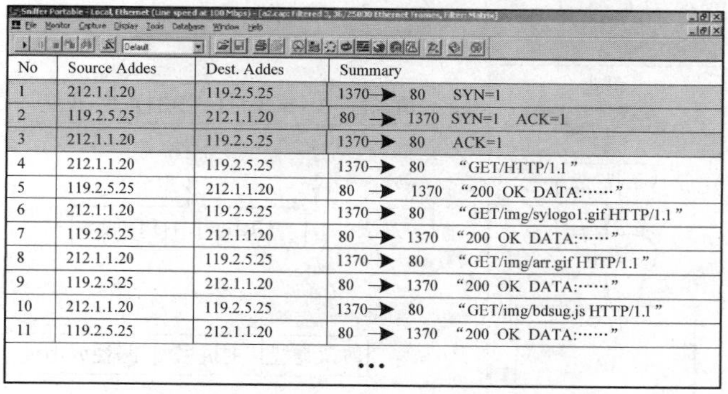

No	Source Addes	Dest. Addes	Summary	
1	212.1.1.20	119.2.5.25	1370→ 80	SYN=1
2	119.2.5.25	212.1.1.20	80 → 1370	SYN=1　ACK=1
3	212.1.1.20	119.2.5.25	1370→ 80	ACK=1
4	212.1.1.20	119.2.5.25	1370→ 80	"GET/HTTP/1.1"
5	119.2.5.25	212.1.1.20	80 → 1370	"200 OK DATA:……"
6	212.1.1.20	119.2.5.25	1370→ 80	"GET/img/sylogo1.gif HTTP/1.1"
7	119.2.5.25	212.1.1.20	80 → 1370	"200 OK DATA:……"
8	212.1.1.20	119.2.5.25	1370→ 80	"GET/img/arr.gif HTTP/1.1"
9	119.2.5.25	212.1.1.20	80 → 1370	"200 OK DATA:……"
10	212.1.1.20	119.2.5.25	1370→ 80	"GET/img/bdsug.js HTTP/1.1"
11	119.2.5.25	212.1.1.20	80 → 1370	"200 OK DATA:……"
			…	

图 7-18　客户端通过 HTTP 1.1 协议访问 Web 服务器过程示意图

从图 7-18 可以看出,在持续连接工作方式中,在客户进程端(1730)与服务器端(80)之间建立的一个 TCP 连接上,客户端可以连续地请求多个对象。

(3)非流水线与流水线

持续连接有两种工作方式:非流水线(without pipelining)与流水线(pipelining)。

非流水线方式的特点是:客户端只有在接收到前一个响应时才能发出新的请求。这样,客户端在每访问一个对象时要花费 1 个 RTT 时间。这时服务器每发送一个对象之后,要等待下一个请求的到来,连接处于空闲状态,浪费了服务器的资源。

流水线方式的特点是：客户端在没有收到前一个响应时就能够发出新的请求。客户端的请求可以像流水线作业一样,连续地发送到服务器端,服务器端可以连续地发送应答报文。使用流水线方式的客户端访问所有的对象只需花费 1 个 RTT 时间。因此,流水线方式可以减少 TCP 连接的空闲时间,提高下载 Web 文档的效率。HTTP 1.1 默认状态是持续连接的流水线工作方式。

2. HTTP 报文格式

(1) HTTP 报文的基本概念

HTTP 是一种使用简单的请求报文与应答报文交互的协议。RFC2616 文档对 HTTP 请求报文与应答报文做了详细的定义。图 7-19 给出了 HTTP 请求与应答的工作过程。

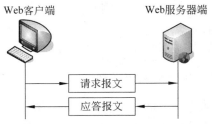

图 7-19　HTTP 请求与应答的工作过程

(2) HTTP 请求报文结构

作为 HTTP 客户端的 Web 浏览器向 Web 服务器发送请求报文。请求报文可能包括用户的一些请求,例如请求显示图像与文本信息,下载可执行程序、语音或视频文件等。

Web 浏览器发送请求报文的意图在于查询一个 Web 页面的可用性,并从 Web 服务器中读取该页面。请求报文由 4 部分组成：请求行(request line)、报头(header)、空白行(blank line)和正文(body)。其中,空白行用 CR 和 LF 表示,表示报头部分的结束。正文部分可以是空着,也可以包含要传送到服务器的数据。图 7-20 给出了请求报文的发送过程与结构。

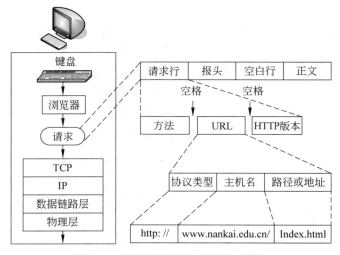

图 7-20　请求报文的发送过程与结构

请求行是请求报文中的重要组成部分,它包括三个字段：方法、URL 与 HTTP 版本。方法(method)是面向对象技术中常用的术语。"方法"用于表示浏览器发送给服务器的操作请求,服务器必须按照这些请求来为客户提供服务。

(3) HTTP 应答报文结构

图 7-21 给出了 HTTP 应答报文结构。应答报文包括三个部分：状态行、报头与正文。

其中,状态行又包括 HTTP 版本、状态码和状态短语三个字段。

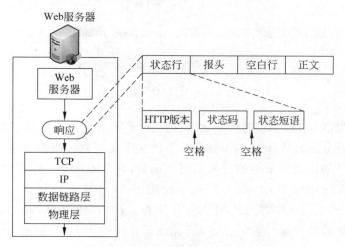

图 7-21　HTTP 应答报文结构

总结以上讨论的内容,图 7-22 给出了 HTTP 工作原理示意图。

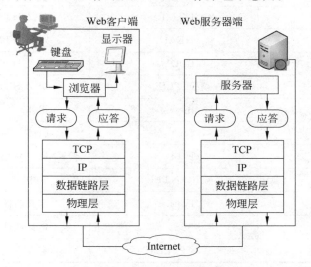

图 7-22　HTTP 工作原理示意图

7.5.3　超文本标记语言

1. HTML 常用的标记

超文本标记语言(HTML)是用于创建网页的语言。标记语言这个名词是从图书出版技术中借鉴来的。在书籍的出版过程中,编辑在阅读稿件和排版过程中要做很多的记号。这些记号可以告诉具体的排版工作人员如何处理正文的印刷要求。在书籍的编辑过程中已经有很多的行业规矩。创建网页的语言也采用这样的思想。图 7-23 给出了一个 HTML 标记的例子。表示在浏览器中要使 A set of layers and protocol is called a **network architecture.** 中的 **network architecture** 用粗体字显示。

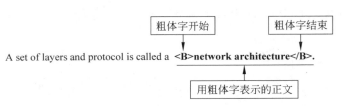

图 7-23 一个 HTML 标记的例子

在文档中可以嵌入 HTML 的格式化指令。任何 Web 浏览器都能读出这些指令,并根据指令的要求进行显示。Web 文档不使用普通的文字处理软件的格式化方法,这是由于不同的文字处理软件的格式化采用的技术不同。例如,在 Macintosh 计算机上创建的格式化文档,并存储到 Web 服务器中,那么另一个使用 IBM 计算机的用户就无法读出它。在 HTML 正文与格式化指令中都只使用 ASCII 字符。这样,使用 HTML 创建的网页,在所有计算机中都能正确地读取和显示。表 7-1 给出了常用的 HTML 标记。

表 7-1 常用的 HTML 标记

开 始 标 记	结 束 标 记	意　　义
<HTML>	</HTML>	定义 HTML 文档
<HEAD>	</HEAD>	定义 HTML 文档的报头
<BODY>	</BODY>	定义 HTML 文档的正文
<TITLE>	</TITLE>	定义 HTML 文档的标题
<B>	</B>	粗体
<I>	</I>	斜体
<U>	</U>	加下划线
<CENTER>	</CENTER>	居中
<IMG>	</IMG>	定义图像
<A>	</A>	定义地址
<APPLET>	</APPLET>	定义小应用程序

Web 文档是由 HTML 元素相互嵌套而成,如果将所有元素按嵌套的层次连成一棵树,可以更容易地理解 Web 文档结构。图 7-24 给出了一个 Web 文档的例子。图中左侧是 Web 文档的内容,右侧是 Web 文档在浏览器中的显示。通过这个例子可以看出,Web 文档的顶层元素是<HTML>,它的下面包含两个子元素:<HEAD>与<BODY>。元素<HEAD>描述有关HTML 文档的信息,例如标题<TITLE>。元素<BODY>中包含HTML 文档的实际内容,也就是在浏览器中能显示的内容。

2. Web 文档类型

Web 文档可以分为三种类型:静态文档、动态文档与活动文档。

(1)静态文档是固定内容的文档。它由服务器创建并保存在服务器。Web 客户端只能得到文档的副本。当 Web 客户端访问静态文档时,文档的一个副本就发送到客户端并显示。

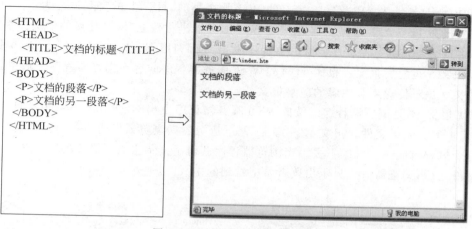

图 7-24 一个 Web 文档的例子

（2）动态文档不存在预定义的格式，它是在用户浏览器请求该文档时才由服务器创建。

（3）在有些情况下，例如需要在 Web 浏览器产生动画图形，或者需要与用户交互的程序，那么应用程序需要在客户端运行。当用户请求该文档时，服务器就将以二进制代码形式的活动文档发送给浏览器。Web 浏览器收到该活动文档后，存储并运行该程序。

7.5.4 Web 浏览器

Web 浏览器（browser）的功能是实现客户进程与指定 URL 的服务器进程的连接，发出请求报文，接收需要浏览的文档，向用户显示网页的内容。

Web 浏览器由一组客户、一组解释单元与一个管理它们的控制器组成。控制器是浏览器的核心部件，它负责解释鼠标点击与键盘输入，并调用其他组件来执行用户指定的操作。例如，当用户输入一个 URL 或点击一个超级链接时，控制器接收并分析该命令，调用一个 HTTP 解释器来解释该页面，并将解释后的结果显示在用户屏幕上。图 7-25 给出了 Web 浏览器的结构。

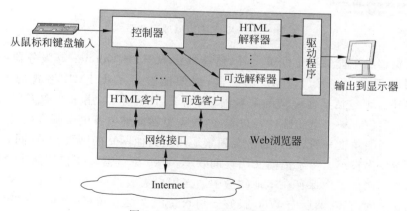

图 7-25 Web 浏览器的结构

图 7-26 给出了 Web 系统工作原理示意图。当客户从 IP 地址为 190.10.2.16 主机的

浏览器访问 IP 地址为 212.25.15.180 的 Web 服务器时,HTTP 的交互过程为:

(1) 报文 1~3 为客户浏览器进程与 Web 服务器进程建立 TCP 连接的三次握手报文。

(2) 报文 4 是浏览器程序向服务器程序发出 GET HTTP/1.1 命令,请求 Web 服务器主页。报文 5 是应答报文。报文 6~8 是 Web 服务器程序向客户浏览器程序传输主页的内容。报文 9 是对传送主页内容的应答报文。

(3) 报文 10 是浏览器程序继续向 Web 服务器程序发出 GET img/test.jpg HTTP1.1 命令,请求 test.jpg 文件。报文 12~15 是 Web 服务器向浏览器发送 test.jpg 文件。

这个过程可能一直继续下去。当浏览器程序获得了显示主页所需要的所有文本、图形、图像文件之后,浏览器就会显示出读者希望看到的主页。

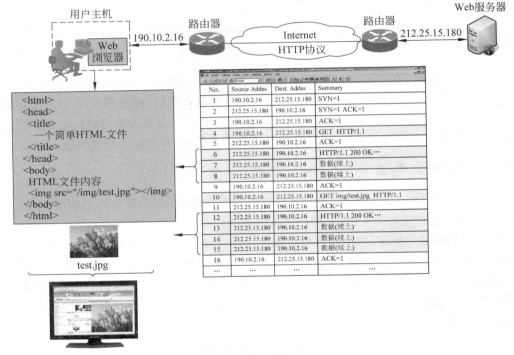

图 7-26 Web 工作原理示意图

Web 浏览器除了能够浏览网页之外,还能够访问 FTP、Gopher 等服务器的资源,因此每个浏览器必须包含一个 HTML 解释器,以便能够显示 HTML 格式的网页。另外,Web 浏览器还必须包括其他可选的解释器,例如 FTP 解释器,用来获取 FTP 文件传输服务。有些浏览器包含一个电子邮件客户程序,使浏览器能够收发电子邮件信息。

从用户使用的角度来看,用户通常会频繁地浏览其他网站的网页,并且同时重复访问一个网站的可能性比较小。为了提高文档查询效率,Web 浏览器需要使用缓存。浏览器将用户查看的每个文档或图像保存在本地磁盘中。当用户需要访问某个文档时,Web 浏览器首先会检查缓存中的内容,然后向 Web 服务器请求访问文档。这样,既可以缩短用户查询等待时间,又可以减少网络中的通信量。很多 Web 浏览器允许用户自行调整缓存策略。用户可以设置缓存的时间限制,Web 浏览器在时间限制到期后,将会删除缓存中的一些文档。Web 浏览器通常在特定会话中保持缓存。如果用户在会话期间不想在缓存中保留文档,则可以请求缓存时间置零。在这种情况下,当用户终止会话时,Web 浏览器将会删除缓存。

7.5.5　搜索引擎

1. 搜索引擎技术研究的背景

搜索引擎(search engine)作为运行在 Web 上的应用软件系统,它以一定的策略在 Web 系统中搜索和发现信息,对信息进行理解、提取、组织和处理。搜索引擎技术极大地提高了 Web 信息资源应用的深度与广度。

Internet 中拥有大量的 Web 服务器,Web 服务器能够提供的信息种类与内容极其丰富。同时,网页的内容不稳定。不断有新的网页出现,旧的网页也会不断更新。50%网页的平均生命周期大约为 50 天。面对这样一个海量信息的查找与处理,不太可能完全用人工的方法完成,必须借助于搜索引擎技术。实际上,信息检索技术很早已经出现了。在 Internet 应用早期,各种匿名访问的 FTP 站点的内容涉及学术、技术报告和研究性软件。这些内容以计算机文件的形式存储。为了便于人们在分散的 FTP 资源中找到所需东西,麦基尔大学研究人员在 1990 年开发一个 Archie 软件。Archie 通过定期搜集并分析 FTP 系统中存在的文件名信息,能够在只知道文件名的条件下,为用户找到这个文件所在的 FTP 服务器地址。Archie 实际上是一个大型的数据库,以及与该数据库相关联的一套检索方法。数据库中包括大量可通过 FTP 下载的文件资源的相关信息,包括这些资源的文件名、文件长度、存放文件的计算机名及目录名等。尽管 Archie 提供服务的信息资源对象不是 HTML 文件,但它的基本工作原理和搜索引擎相同。

搜索引擎可以分为两类:目录导航式搜索引擎与网页搜索引擎。目录导航式搜索引擎又称为目录服务。目录导航式搜索引擎的信息搜索主要靠人工完成,信息的索引也是靠专业人员完成。懂得检索技术的专业人员不断搜索和查询新的网站与网站出现的新内容,并给每个网站生成一个标题与摘要,将它加入相应的目录的类中。对于目录的查询可以根据目录类的树状结构,依次点击一层层去查询。同时,也可以根据关键字进行查询。目录导航式搜索引擎相对比较简单,主要工作是编制目录类的树状结构,以及确定检索方法。有些目录导航式搜索引擎利用机器人程序抓取网页,由计算机自动生成目录类的树状结构。目前我们讨论的"搜索引擎"是指网页搜索引擎。

2. 搜索引擎的基本工作原理与结构

(1) 搜索引擎的基本工作原理

当用户在使用搜索引擎时,首先要提交一个或多个"关键字"(或检索词),通过浏览器输入搜索引擎的界面。搜索引擎返回与"关键字"相关的信息列表,它通常包括三方面内容:标题、URL、摘要。其中,标题是从网页的＜TITLE＞＜/TITLE＞标签中提取的内容;URL 是网页的访问地址;摘要是从网页内容中提取。用户需要浏览这些内容,挑选自己真正需要的内容,然后通过对应的 URL 访问该网面。由于不同读者对信息的需求相差很大,即使同一读者在不同时间关心的问题也不同,因此搜索引擎不可能理解读者的真正需求,只能争取做到尽可能不漏掉任何有用信息。由于反馈给用户的长长的列表经常使读者感到困惑和无从下手,因此搜索引擎还要将用户"最可能关心的信息"排在列表前面。

(2) 搜索引擎的结构

搜索引擎技术起源于传统的全文检索理论。全文检索程序通过扫描一篇文章中的所有词语,并根据检索词在文章中出现的频率和概率,对所有包含这些检索词的文章进行排序,最终给出可以提供给读者的列表。基于全文搜索的搜索引擎通常包括 4 个部分:搜索器、索引器、检索器与用户接口。

① 搜索器

搜索引擎通过搜索器在 Internet 上逐个访问 Web 站点,并建立一个网站的关键字列表。人们将搜索器建立关键字列表的过程称为"爬行"。搜索器要根据一个事先制定的策略确定一个 URL 列表,而这个列表通常是从以前的访问记录中提取的,特别是一些热门站点和包含新信息的站点。搜索器访问每个 Web 站点后,需要分析与提取新的 URL,并将它加入访问列表中。搜索器遍历指定的 Web 空间,将采集到的网页信息添加到数据库。但是,采集 Internet 上所有网页是不可能的。最大的搜索引擎抓取的网页也只可能占 40%。在建立初始网页集时,最可能的方法是启动多个搜索器,并行地访问多个 Web 站点的网页。

实际上,每个搜索器的搜索策略与过程都不相同。搜索策略可以有两种基本类型:一种是从一个起始的 URL 集出发,顺着这些 URL 中的超链接,以深度优先或宽度优先,以及启发式循环地发现新的信息。这些起始的 URL 集可以是任意的 URL,但更多的是流行的和包含着很多链接的站点。另一种方法是将 Web 空间按照域名、IP 地址划分,每个搜索器负责对一个子域进行遍历搜索。

② 索引器

索引器的功能是理解搜索器获取的信息,进行分类并建立索引,存放到索引数据库或目录数据库中。索引数据库可以使用通用的大型数据库,例如 Oracle 或 Sybase,也可以是自己定义的文件格式。索引项可以分为两种:客观索引项与内容索引项。其中,客观索引项与文档的语意内容无关,如作者名、URL、更新时间、编码、长度与链接流行度等。内容索引项反映的是文档内容,例如关键字、权重、短语与单字等。内容索引项可以分为单索引项与多索引项(或短语索引项)。英文单索引项是单个英文单词,而中文需要对文档进行词语切分。

用户查询过程只能对索引进行检索,而不是对原始数据进行检索。索引器在建立索引时,需要为每个关键字赋予一个等级值或权重,表示该网页的内容与关键词的符合程度。当用户输入一个或一组关键词时,搜索器将查询索引数据库,找出与关键字相关的所有网页。有时被查出的网页数量很大,搜索器按照等级值由高到低排序,将排序的结果提供给用户。因此,检索结果是否符合用户的需求,取决于索引器确定关键字及权重的策略。

③ 检索器

检索器的功能是根据用户输入的搜索关键字,在索引库中快速检索出文档。根据用户输入的查询条件,对搜索结果的文档与查询的相关度进行计算和评价。有的搜索引擎是在查询之前已经计算网页的等级。根据评价意见,对输出的查询结果进行排序,将相关度或等级高的排在前面,将相关度或等级低的排在后面。很多搜索引擎都具备处理用户反馈的能力。

④ 用户接口

用户接口用于输入查询要求,显示查询结果,提供用户反馈意见。一个好的用户接口采用人机交互的方法,以适应用户的思维方式。用户接口可以分为两类:简单接口与复杂接口。其中,简单接口只提供用户输入关键字的界面,而复杂用户接口可以对用户输入条件进行限制,例如进行简单的与、或、非等逻辑运算,以及相近关系、范围等限制,以提高搜索结果的有效性。

7.6 即时通信与会话初始化协议

7.6.1 即时通信工作模型

1. 即时通信协议研究的发展

从 1996 年 Mirablils 推出第一个即时通信工具以来,即时通信(instant messaging,IM)技术就引起了学术界与产业界的极大关注。2000 年,即时通信协议工作组提交的两份关于即时通信的协议文档获得批准,其中 RFC2778 描述了即时通信系统的功能与工作模型,还增加了音频/视频聊天(voice/video chat)、应用共享(application sharing)、文件传输(file transfer)、文件共享(file sharing)、游戏邀请(game request)、远程助理(remote assistance)和白板(whiteboard)等。

2. 即时通信工作模型的类型

即时通信工作模型可以分为两种类型:在线的对等通信方式、离线的中转通信方式。图 7-27 给出了典型即时通信系统 QQ 的通信过程。从图中可以看出,QQ 属于集中式的 P2P 结构。QQ 用户需要通过在线、手机、电子邮件等申请办法,在 QQ 服务器上注册并获得自己的用户名与密码。当用户需要加入 QQ 网络时,首先在自己的计算机上运行 QQ 客户端软件,然后输入自己的用户名与密码。服务器在验证客户的合法身份之后,用户就可以加入 QQ 网络中。在登录成功后,QQ 用户可以通过服务器下载自己的好友列表、在线信息,以及一些好友发送给他的离线信息。

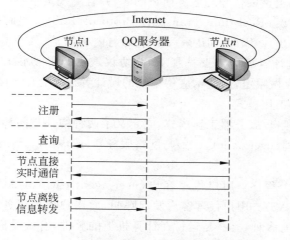

图 7-27 典型即时通信系统 QQ 的通信过程

QQ 用户之间的通信有两种方式:在线的实时的对等通信和离线的中转通信。在线信息包括希望通信的好友的 IP 地址等信息。在得到这些信息之后,用户之间可以进行点-点、直接、实时、对等的通信。离线方式可以通过 QQ 服务器间接转发信息。如果其他用户给该用户发送离线信息,用户登录 QQ 服务器时会收到离线转发的信息。

7.6.2 会话初始化协议的基本内容

1. 即时通信协议的发展过程

目前很多即时通信系统都是采用服务提供商自己制定的即时通信协议,例如微软公司制定的 MSNP 协议、AOL 公司制定的 OSCAR 协议、QQ 制定的专用协议。由于各个公司制定的协议互相不兼容,因此不同即时通信系统之间无法实现互连互通。1999 年 IETF 提出会话初始化协议(Session Initiation Protocol,SIP)。RFC3261~RFC3266 文档对 SIP 协议进行了详细的描述。

SIP 是在应用层实现即时通信的控制信令协议。在 SIP 协议中,“会话”是指用户之间的数据传输。传输的数据可以是普通文本数据,也可以是音频或视频数据、E-mail、聊天、游戏等数据。SIP 协议用于创建、修改和终止会话。在传输层,SIP 协议可以使用 TCP 协议、UDP 协议或流控制传输协议(Stream Control Transmission Protocol,SCTP)。

2. 会话初始化协议的特点

目前,SIP 协议已经成为互联网的建议标准 W-SIP。早期应用于网络电话的最主要的通信协议是 H.323,它是由 ITU-T 在 1996 年制定的。1998 年,该协议第 2 版的名称为“基于分组的多媒体通信系统”。H.323 是关于互联网实时语音与视频会议的一组协议标准的统称,它定义了系统和组成、呼叫模式、呼叫信令过程、控制报文结构、多路复用、语音编码器、视频编码器等关键技术,因此 H.323 协议很复杂。

与 H.323 协议相比,SIP 协议具有以下主要的特点。

(1) 协议简洁,效率高

与 H.323 协议相比较,SIP 协议将 VoIP(Voice over IP)作为一种新的互联网应用来处理,因此它只涉及网络电话的信令与服务质量问题,并且不规定系统一定要采用特定的语音编码器和实时传输协议(Real-time Transport Protocol,RTP)、实时传输控制协议(RTP Control Protocol,RTCP)。因此,SIP 协议的结构与内容简洁、效率高。当然,在实际网络电话系统的设计中,设计者可能需要选择 RTP 协议或 RTCP 协议作为配合的协议,但是 SIP 协议对于这点没有做限定,这就给应用系统的设计者很大的自由度和选择空间。

(2) 客户/服务器工作模式

SIP 协议采用了客户/服务器工作模式,它定义了两种构件与两种状态的代理。这两种构件分别为:用户代理(user agent,UA)与网络服务器(network server)。

① 用户代理

用户代理包括两个程序:用户代理客户(user agent client,UAC)与用户代理服务器(user agent server,UAS)。用户代理客户发起呼叫,而用户代理服务器则接受呼叫。用户代理客户的表现形式有多种,有些是运行在计算机上的软件,有些是嵌入移动设备(例如笔记本计算机、PDA 或移动电话)的应用软件。

② 网络服务器

SIP 协议定义了三类网络服务器:代理服务器(proxy server)、注册服务器(register)与重定向服务器(redirect server)。

代理服务器接受用户代理客户发出的呼叫请求,并将它转发给被叫用户或下一跳的代理服务器,然后由下一跳的代理服务器将呼叫请求转发给用户代理服务器,因此代理服务器也称为 SIP 路由器。

注册服务器接收和处理用户代理请求,完成用户地址注册过程。注册服务器保存用户地址与当前所在位置的映射关系。

重定向服务器不接受用户呼叫请求,只处理 SIP 呼叫路由。当它接收到代理服务器呼叫路由请求时,它通过响应报文告诉下一跳代理服务器的地址。代理服务器根据该地址重新向下一跳的代理服务器发送呼叫请求报文。

③ 代理服务器的两种状态

针对代理服务器,SIP 协议定义了两种状态:有状态代理与无状态代理。其中,有状态代理服务器保存接收到的用户代理接入请求、回送的响应,以及转发的请求信息。无状态代理服务器在转发请求信息之后不保留状态信息。

两者相比之下,有状态代理服务器可以并行地建立和维护多个会话连接;而无状态代理服务器由于不保存用户代理请求与转发信息,因此系统响应速度会比较快。SIP 协议的代理服务器多采用无状态代理方式。

(3) 地址灵活

SIP 协议使用的地址可以是电话号码,也可以是电子邮件地址或 IPv4 地址。SIP 协议要求的地址格式可以为:

① 电话号码　　　　sip:wugongyi@8622-23508917
② IPv4 地址　　　　sip:wugongyi@202.1.2.180
③ 电子邮件地址　　sip:wugongyi@nankai.edu.cn

SIP 协议为了保证用户在移动过程中都能够进行通信,SIP 系统设置了注册服务器。用户在移动过程中向注册服务器发送信息,注册服务器不断地更新用户 SIP 地址与新位置信息的映射关系。

3. SIP 协议的报文格式

SIP 协议的设计中参考了 Web 应用的 HTTP 协议与电子邮件应用的 SMTP 协议,采取了请求报文/响应报文的工作方式。SIP 客户端发出请求报文,服务器端回送应答报文。一次 SIP 事务处理包括一个客户端请求,多个临时响应和一个来自服务器的最终响应。

(1) SIP 请求报文

SIP 请求报文的起始行称为"请求行"。表 7-2 给出了 SIP 2.0 版本的主要请求报文名称及意义。

表 7-2　SIP 请求报文名称及意义

报文名称	意　　义
INVITE	邀请用户或服务器参加一个会话,启动会话连接的建立
ACK	用户或服务器同意参加一个会话,确认会话的建立
CANCEL	取消即将发生的会话
BYE	终止会话
INFO	传送 PSTN 电话信令
OPTIONS	查询一个服务器的能力;如果代理服务器确定能够与用户建立会话连接则应答;如果是注册服务器或重定向服务器则只需要转发该报文

（2）SIP 应答报文

SIP 应答报文的起始行也称为"请求行"。SIP 2.0 版本的应答报文采用状态码表示。表 7-3 给出了应答报文状态码的范围及意义。

表 7-3　SIP 应答报文状态码的范围及意义

状态码的范围	意　义	状态码的范围	意　义
100～199	临时的	400～499	客户端错误
200～299	成功	500～599	服务器端错误
300～399	重定向	600～699	失败

4. SIP 协议的工作过程

图 7-28 给出了 SIP 通过代理服务器建立会话连接的过程。通过 SIP 代理服务器实现主叫端与被叫端直接会话过程的前提是：主叫方与被叫方都支持 SIP 协议，并且已经在注册服务器上登录主叫方与被叫方的当前所在位置与用户地址的映射关系。

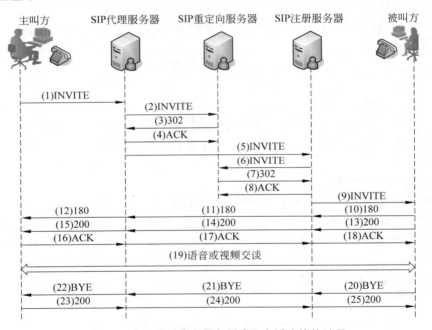

图 7-28　SIP 通过代理服务器建立会话连接的过程

SIP 通过代理服务器建立会话连接的过程如下。

（1）如果主叫方只有被叫方的电子邮件地址，而没有 IP 地址，那么主叫方将 INVITE 报文发送到 SIP 代理服务器。

（2）SIP 代理服务器将主叫方的 INVITE 报文转发到 SIP 重定向服务器。

（3）SIP 重定向服务器向 SIP 代理服务器发送 302 重定向应答报文。

（4）SIP 代理服务器向 SIP 重定向服务器发回 ACK 应答报文，表示收到 302 重定向报文。

（5）SIP 代理服务器向 SIP 注册服务器转发 INVITE 报文。

（6）SIP 注册服务器向 SIP 重定向服务器转发 INVITE 报文。

（7）SIP 重定向服务器向 SIP 代理服务器发送 302 重定向应答报文。

（8）SIP 注册服务器 2 向 SIP 重定向服务器发回 ACK 应答报文，表示收到 302 重定向报文。

（9）SIP 注册服务器向被叫方发送 INVITE 报文。

（10）～（12）被叫方通过 SIP 注册服务器、SIP 代理服务器向主叫方发送 180 报文，表示对接收到 INVITE 报文的确认。

（13）～（15）被叫方继续通过 SIP 注册服务器、SIP 代理服务器向主叫方发送 200 OK 报文，表示同意建立通信连接请求。

（16）～（18）主叫方通过 SIP 代理服务器、SIP 注册服务器向呼叫方发送 ACK 报文，表示接受建立通信连接请求。

（19）主叫方与被叫方在已经建立的连接上交换语言或视频信息。

（20）～（22）被叫方通过 SIP 注册服务器与 SIP 代理服务器向主叫方发送 BYE 报文，表示准备释放建立的通信连接请求。

（23）～（25）主叫方通过 SIP 代理服务器与 SIP 注册服务器向被叫方发送 200 报文，表示同意接受释放连接的请求。至此，一次主叫方与被叫方的通信过程结束。

SIP 的会话过程分为三个阶段：会话建立、会话与会话终止。其中，步骤（1）～（18）属于会话建立阶段；步骤（19）属于会话阶段；步骤（20）～（25）属于会话终止阶段。

由于 SIP 协议融合了 Internet 与蜂窝移动通信网的技术和应用，并且能够以 P2P 方式实现手机与手机、手机与固定电话、电话与计算机、计算机与计算机，以及所有能够运行 SIP 协议的便携式通信设备、计算机设备之间的语音或视频的信息交互，因此 SIP 协议必将在 3G 与物联网中得到广泛的应用。SIP 协议已经引起技术研究与产业界的高度重视。SIP 协议仍然不是非常成熟的协议，目前正在应用的过程中不断完善。

7.7 主机配置与动态主机配置协议

7.7.1 动态主机配置的基本概念

对于 TCP/IP 网络来说，要将一台主机接入 Internet 中必须配置以下参数。

（1）本地网络的默认路由器地址。

（2）主机应该使用的网络掩码。

（3）为主机提供特定服务的服务器地址，例如 DNS、E-mail 服务器。

（4）本地网络的最大传输单元 MTU 长度值。

（5）IP 分组的生存时间 TTL 值。

一个局域网中每台接入的主机配置的参数有十多个，只有 IP 地址各不相同，而其他参数应该是相同的。主机参数配置不但需要在组网时进行，在有主机加入和退出时也需要进行。作为一个网络管理员，在管理十几台主机的局域网时，主机配置任务通过手工的方法完成是可行的。但是，如果他管理的局域网接入主机的数量达到几百台时，并且经常有主机接入和移动，那么通过手工的方法完成将效率很低且容易出错。同时，对于远程主机、移动设备、无盘工作站和地址共享配置,手工方法是不可能完成的。动态主机配置协议可以为主机自动分配 IP 地址及其他一些重要的参数。动态主机配置协议(DHCP)不但运行效率高,可以减轻网络管理员的工作负担,更重要的是能够支持远程主机、移动设备、无盘工作站的地址共享与配置。

7.7.2　DHCP 的基本内容

随着更多的家庭计算机与移动终端设备接入 ISP,动态主机配置协议显得越来越重要了。任何一台计算机或数字终端设备接入 Internet 都需要配置 DHCP。更多的计算机与数字终端设备一开机就要通过 DHCP 获取 IP 地址与相关的配置信息。

1. DHCP 服务器的主要功能

DHCP 最重要的特点是在动态 IP 地址分配与地址租用。DHCP 是基于客户/服务器工作模式的。DHCP 服务器是一个为客户计算机提供动态主机配置服务的网络设备。DHCP 服务器的主要功能如下。

(1) 地址储存与管理

DHCP 服务器储存 IP 地址,记录哪些 IP 地址已经被使用,哪些 IP 地址可用。

(2) 配置参数的储存和管理

DHCP 服务器储存和维护其他的主机配置参数。

(3) 租用管理

DHCP 服务器用租用的方式将 IP 地址动态地分配给主机,并管理 IP 地址的租用期(lease period)。DHCP 服务器维护批准租用给主机的 IP 地址信息,以及租用期长度。RFC1533 规定租用期用 4 个字节的二进制数来表示,单位为秒。

(4) 响应客户主机请求

DHCP 服务器响应主机发送的请求分配地址、传送配置参数,以及租用的批准、更新与终止等各种类型的请求。

(5) 服务管理

DHCP 服务器允许管理员查看、改变和分析有关地址、租用、参数等,以及与 DHCP 服务器运行相关的信息。

2. DHCP 客户的主要功能

DHCP 客户主机的主要功能如下。

(1) 发起配置

DHCP 客户主机可以随时向 DHCP 服务器发起获取 IP 地址与配置参数的协商过程。

(2) 配置参数管理

DHCP 客户主机可以从 DHCP 服务器获取全部或部分配置参数,并维护配置参数。

(3) 租用管理

DHCP 客户主机可以更新租用期,在无法更新时进行重绑定,在不需要时提前终止租用。

(4) 报文重传

DHCP 采用 UDP 协议,DHCP 客户主机要负责检测 UDP 报文是否丢失,以及丢失之后的重传。

3. DHCP 客户与服务器的交互过程

（1）DHCP 交互过程

图 7-29 给出了简化的 DHCP 客户与服务器的交互过程。

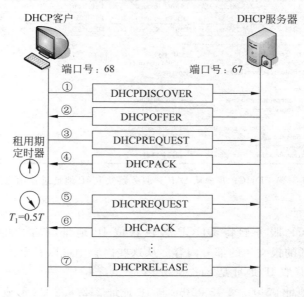

图 7-29 DHCP 客户与服务器的交互过程示意图

DHCP 客户与服务器的交互过程如下。

① DHCP 客户端需要按照 DHCP 协议构造一个 IP 租用请求 DHCPDISCOVER 请求报文，以广播方式发送出去，客户进入初始化状态。

② 凡是接收到 DHCP 客户端请求报文的 DHCP 服务器都要返回一个 DHCPOFFER 应答报文。DHCPOFFER 应答报文中包括有分配给 DHCP 客户端的 IP 地址、租用期及其他参数。

③ 可能收到多个 DHCPOFFER 应答报文的 DHCP 客户端，从中选择一个 DHCP 服务器。然后向被选择的 DHCP 服务器发送一个 DHCPREQUEST 请求报文，作为对它所选择的服务的回应。

④ 被选择的 DHCP 服务器向 DHCP 客户端发送一个 DHCPACK 应答报文。当 DHCP 客户端接收到 DHCPACK 应答报文之后，客户端才可以使用分配的临时 IP 地址，进入已绑定状态。

（2）举例

图 7-30 是某 DHCP 客户从 DHCP 服务器获取 IP 地址的报文交互过程及第 4 个报文解析结果示意图。

① 报文 1：DHCP 客户在网络层源 IP 地址使用 0.0.0.0，目的 IP 地址使用 255.255.255.255 广播 DHCPDISCOVER 报文。

② 报文 2：IP 地址为 212.8.2.1 的 DHCP 服务器以广播的方式发送 DHCPOFFER 应答报文。

③ 报文 3：DHCP 客户向 IP 地址为 210.8.2.1 的 DHCP 服务器发出 DHCPREQUEST

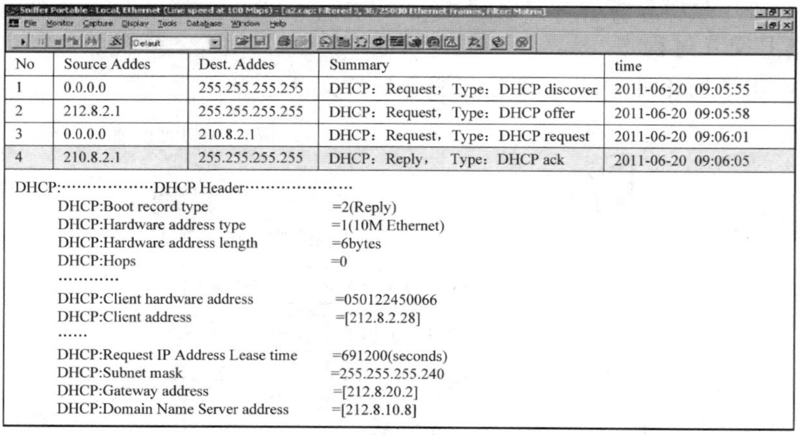

No	Source Addes	Dest. Addes	Summary	time
1	0.0.0.0	255.255.255.255	DHCP：Request，Type：DHCP discover	2011-06-20 09:05:55
2	212.8.2.1	255.255.255.255	DHCP：Request，Type：DHCP offer	2011-06-20 09:05:58
3	0.0.0.0	210.8.2.1	DHCP：Request，Type：DHCP request	2011-06-20 09:06:01
4	210.8.2.1	255.255.255.255	DHCP：Reply，Type：DHCP ack	2011-06-20 09:06:05

```
DHCP:················DHCP Header···········
    DHCP:Boot record type              =2(Reply)
    DHCP:Hardware address type         =1(10M Ethernet)
    DHCP:Hardware address length       =6bytes
    DHCP:Hops                          =0
    ············
    DHCP:Client hardware address       =050122450066
    DHCP:Client address                =[212.8.2.28]
    ······
    DHCP:Request IP Address Lease time =691200(seconds)
    DHCP:Subnet mask                   =255.255.255.240
    DHCP:Gateway address               =[212.8.20.2]
    DHCP:Domain Name Server address    =[212.8.10.8]
```

图 7-30   DHCP 客户从 DHCP 服务器获取 IP 地址过程示意图

报文,请求分配 IP 地址。

④ 报文 4：DHCP 服务器将 DHCP 客户获取 IP 地址与客户的 MAC 地址绑定。图 7-30 的下部是打开的报文 4 的部分内容。从这些内容中可以看出：

- DHCP 客户获取 IP 地址是 212.8.2.28。
- 客户 MAC 地址 05-01-22-45-00-66 与 IP 地址 212.8.2.28 形成了绑定的关系。
- IP 地址的租用获准时间为 2011-06-20 09：06：05。
- IP 地址的租用期为 691 200s(8 天)。
- 子网掩码为 255.255.255.240。
- 默认网关地址是 212.8.20.2。
- DNS 的地址是 212.8.10.8。

（3）租用管理

同时,DHCP 客户端需要设置两个计时器 T_1 和 T_2。$T_1=0.5T$,$T_2=0.875T$,T 为租用期。当计时器 $T_1=0.5T$ 时,客户端发送一个 DHCPREQUEST 请求报文,请求更新租用期。

这时可能出现三种情况。

① DHCP 服务器同意更新租用期,它将返回 DHCPACK 应答报文,DHCP 客户端获得了新的租用期,可以重新设置计时器。

② 如果 DHCP 服务器不同意更新租用期,它将返回 DHCPNAK 应答报文,表示 DHCP 客户端需要重新申请新的 IP 地址。

③ 如果 DHCP 客户端没有收到 DHCP 服务器的应答报文,那么当 $T_2=0.875T$ 的时间到时,DHCP 客户端必须重新发送一个 DHCPREQUEST 请求报文,重新申请新的 IP 地址。

如果 DHCP 客户端准备提前结束服务器提供的租用期,这时 DHCP 客户端只要向 DHCP 服务器发出一个 DHCPRELEASE 的释放报文。

7.8 网络管理与简单网管协议

7.8.1 网络管理的基本概念

1. 网络管理系统的组成

网络管理(network management)的目的是：使网络资源能得到有效的利用，网络出现故障时能及时报告和处理，以保证网络能够正常、高效地运行。网络管理系统通常由 5 个部分组成：管理进程(manager)、被管对象(managed object)、代理进程(agent)、管理信息库(MIB)和网络管理协议。图 7-31 给出了网络管理系统结构示意图。

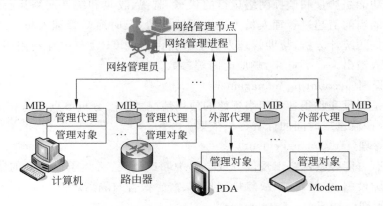

图 7-31　网络管理系统结构示意图

（1）管理进程

管理进程是网络管理的主动实体，它提供网络管理员与被管对象之间的界面，完成网络管理员指定的各项管理任务，读取或改变被管对象的网络管理信息。

（2）被管对象

被管对象指网络上的软硬件设备，例如交换机、路由器、主机与服务器等。

（3）代理进程

代理进程执行管理进程(例如系统配置、数据查询)的命令，向管理进程报告本地出现的异常情况。在 SNMP 网络管理模型中，代理可以分为两种类型：管理代理与外部代理。管理代理是在被管理的设备中加入的执行 SNMP 的程序。外部代理(proxy agent)是指在被管设备外部增加的执行 SNMP 的程序或设备。

（4）网络管理协议

网络管理协议规定了管理进程与代理进程之间交互的网络管理信息的格式、意义与过程。目前，流行的网络管理协议主要有：TCP/IP 协议体系的简单网络管理协议(Simple Network Management Protocol，SNMP)与 OSI 参考模型的公共管理信息协议(Common Management Information Protocol，CMIP)。

（5）管理信息库

被管对象的信息都存放在管理信息库(management information base，MIB)中。管理信息库是一个概念上的数据库。本地管理信息库只需要包含与本地设备相关的信息。代理进程可以读取和修改本地 MIB 中的各种变量值。每个代理进程管理自己的本地 MIB,并与管理进程交换网络状态信息。多个本地 MIB 共同构成整个网络的 MIB。

2. 网络管理功能

按照 ISO 有关文档的规定,网络管理被分为 5 个部分:配置管理、性能管理、记账管理、故障管理和安全管理。

(1) 配置管理(configuration management)

配置管理功能是监控网络中各个设备的配置信息,包括网络拓扑结构、各个设备与链路的互连情况、每台设备的硬件和软件配置数据,以及网络资源的分配。

(2) 性能管理(performance management)

性能管理功能是测量和监控网络运行的状态,监视、收集和统计网络运行性能的数据,发现某个参数的当前值超过管理人员预先设定的阈值,及时通知管理人员。通过对一段时间内收集的数据的统计分析,帮助管理人员了解路由器的 CPU 与内存利用率、各个接口带宽利用率与输入输出 I/O 吞吐率、响应时间等参数。

(3) 记账管理(accounting management)

记账管理是测量和收集各种网络资源的使用情况,统计、分析节点发送和接收的流量与使用的时间,为按流量或时间的计费提供依据。

(4) 故障管理(fault management)

故障是指有可能导致网络出现部分或全部中断或瘫痪,必须予以修复的错误。故障管理功能包括故障检测、差错跟踪、故障检测日志、产生报告与隔离定位。

(5) 安全管理(security management)

为了保障网络正常工作,必须采取多项安全控制措施。安全管理功能是通过设定若干规则,防止网络遭受有意或无意的破坏,同时限制对敏感资源的未经授权的访问。安全管理包括:建立访问权限和访问控制;建立安全审计,对系统中各种重要操作与违规操作进行记录;当出现安全事件时发出警告和产生安全报告。

3. 网络管理技术发展的过程

理解网络管理的基本概念与 SNMP 协议时,需要注意以下问题。

(1) 网络管理系统体系结构与网络管理协议

全面地理解 SNMP 术语的意义,它应该包含 SNMP 体系结构与 SNMP 两部分内容。SNMP 体系结构通常由管理进程(manager)、被管对象、代理进程(agent)、管理信息库(MIB)与网络管理协议 5 部分组成。

当一个网络资源不能与管理进程直接交换管理信息时,就需要使用外部代理。例如,集线器、调制解调器、简单的交换机,以及有些便携式设备 PDA 不支持复杂的网络管理协议。这时,需要为这类网络设备增加外部代理。外部代理按照 SNMP 与网络管理进程通信,还要与被管理的网络设备通信。一个外部代理应该能够管理多个网络设备。

(2) 对协议名称中"简单"的理解

实际上网络管理是一个很困难的问题,它受到网络拓扑、网络规模、网络设备类型、网络状态的动态变化等因素的影响,因此描述网络管理的模型和协议也一定很复杂。网络中任何硬件与软件的增删都要影响到网络管理对象的变化,那么网络管理系统设计一定要考虑到如何将这种对象"添加"的影响减到最小。设计者希望用"简单"的系统结构和协议解决复杂的网络管理问题。"简单"应该理解为协议设计者的设计目标和技术路线。从 SNMP 协议的基本内容上看,SNMP 协议的交互过程简单,只规定 5 种消息对网络进行管理。为了简化和降低通信代价,它在传输层采用简单的 UDP 协议。

图 7-32 给出了 SNMP 协议的工作原理示意图。

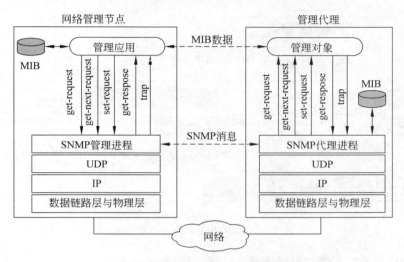

图 7-32　SNMP 协议的工作原理

1988 年,第一个 TCP/IP 网络管理协议 SNMPv1 公布,立即获得产业界的认可和广泛应用。SNMPv1 在安全上有一定的缺陷。1990 年公布的 RFC1155～RFC1157 对 SNMP 协议进行了修订。针对 SNMP 协议的安全性问题,1992 年 RFC1351～RFC1353 对安全 SNMP(SNMPsec)标准进行了定义。1993—1996 年,对 SNMPv2 进行多次地修订。2002 年 12 月,RFC3410～RFC3418 定义了 SNMPv3 标准,它的框架结构仍然与 SNMPv1 基本保持一致。

7.8.2　SNMP 协议的基本内容

基于 SNMP 协议的网络管理主要解决三个问题:管理信息结构(structure of management information,SMI)、管理信息库(MIB)与 SNMP 规则。

1. 管理信息结构

管理信息结构是 SNMP 的重要组成部分。SMI 要解决三个基本问题:被管对象如何命名、存储的被管对象数据有哪些类型、在管理进程与代理进程中传输的数据如何编码。

(1) 对象命名树的结构

SMI 规定标识所有的被管对象的对象命名树(object naming tree)方法(如图 7-33 所示)。对象命名树没有根,节点标识符用小写英文字母表示。对象命名树的结构如下。

① 顶级有三个对象:ITU-T 标准、ISO 标准,以及两者联合的标准。ITU-T 的前身是 CCITT,它们都是世界上最主要的标准制定组织,在对象命名树中标识符的标号分别为 0、1、2。

② ISO 之下也有多个对象,其中标号为 3 的是为其他国际组织建立的子树,称为 org。

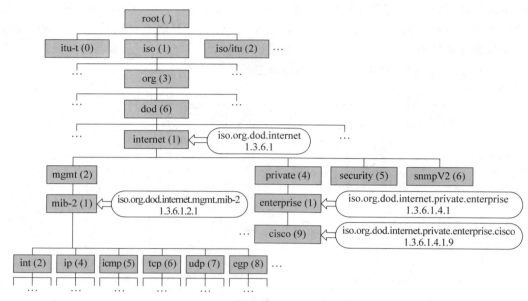

图 7-33　SMI 对象命名方法示意图

③ 在 org 之下有一个美国国防部 dod 的子树,标号为 6。

④ 在 dod 之下有一个 internet 的子树,标号为 1。如果只讨论 internet 之下的子树,那么只需要在对象标识符旁标出 iso. org. dod. internet,或标号 1.3.6.1。

⑤ 在 internet 节点之下,标号 2 的节点是网络管理 mgmt,表示为 iso. org. dod. internet. mgmt,或标号 1.3.6.1.2;标号为 4 的节点 private 是供私有公司使用的,表示为 iso. org. dod. internet. private,或标号 1.3.6.1.4。

⑥ 在 mgmt 节点之下,只有一个节点管理信息库 mib-2,其对象标识符标号为 iso. org. dod. internet. mgmt. mib-2,或标号 1.3.6.1.2.1。在 private 之下,有一个 enterprise 的子树,其对象标识符标号为 iso. org. dod. internet. private. enterprise,或标号 1.3.6.1.4.1。

⑦ 在 enterprise 的子树中,标号为 9 的是分配给 Cisco 公司的。所有 Cisco MIB 对象都是从 1.3.6.1.4.1.9 开始。

(2) MIB 对象的定位

从以上讨论中可以看出,所有 MIB 对象都以对象命名树中两个分支来命名。

① 常规 MIB 对象

常规 MIB 对象不是由某个厂商特定的,而是按照 SNMP 标准制定的,这些对象都在 mgmt(2)节点之下的 mib-2(1)子树(1.3.6.1.2.1)中。

② 专用 MIB 对象

由硬件制造商创建的、用于某个网络管理系统制造商的专用对象位于 private(4)之下的 enterprise(1)子树(1.3.6.1.4.1)中。

2. 管理信息库

最早的 RFC1066 对管理信息库做出了定义,它是作为 SNMPv1 协议的一部分出现的。后来出现过多个关于 MIB 的协议。RFC1213 定义了 MIB 的第二个版本 MIB II (如图 7-33 所示的 mib-2)。

常规 MIB 对象都在 mib-2(1)子树(1.3.6.1.2.1)中。最早定义的对象数量比较多,为了用一种逻辑的方式组织这些对象,它们被安排在不同的对象组中。经过几次修订,已经有一部分组不再使用。表 7-4 给出目前使用的 MIB 对象组。

表 7-4　目前使用的 MIB 对象组

组　　名	完整的组标识符	包含的主要内容
system/sys	1.3.6.1.2.1.1	与主机或路由器的操作系统相关的对象
interface/int	1.3.6.1.2.1.2	与网络接口相关的对象
ip/ip	1.3.6.1.2.1.4	与 IP 运行相关的对象
icmp/icmp	1.3.6.1.2.1.5	与 ICMP 运行相关的对象
tcp/tcp	1.3.6.1.2.1.6	与 TCP 运行相关的对象
udp/udp	1.3.6.1.2.1.7	与 UDP 运行相关的对象
egp/egp	1.3.6.1.2.1.8	与外部网关协议 EGP 运行相关的对象

(1) system 组

system 组是最基本的一个组,包括被管对象的硬件、操作系统、网络管理系统的厂商、节点的物理地址等常用信息。网络管理系统发现新的系统接入网络,首先会访问该组。

(2) interface 组

interface 组包含与系统中接口相关的信息,例如网络接口数量、接口类型、当前接口状态、接口当前速率的估计值、递交高层协议的分组数、丢弃的分组数、输出分组的队列长度等。

(3) ip 组

ip 组包含 IP 中的各种参数信息。ip 组中有以下三个表。

① ipAddrTable:提供分配给节点的 IP 地址。

② ipRouteTable:提供路由选择信息,用于对路由器的配置检测、路由控制。

③ ipNetToMediaTable:提供 IP 地址与物理地址之间对应关系的地址转换表。

(4) icmp 组

icmp 组包含所有关于 ICMP 的参数,例如发送或接收的 ICMP 报文的总数,以及出错的、目的地址不可达的、重定向的 ICMP 报文的数量等。

(5) tcp 组

tcp 组包含与 TCP 相关的信息,例如重传时间、支持 TCP 的连接数、接收或发送报文段的数量、重传报文段或出错报文段的数量等。

(6) udp 组

udp 组包含与 UDP 相关的信息,例如递交该 UDP 用户的数据报总数、收到无法递交的数据报的数量、UDP 用户的本地 IP 地址与本地端口号等。

(7) egp 组

egp 组包含与 EGP 实现、操作相关的信息,例如收到正确的 EGP 报文数、错误的报文数、相邻网关的 EGP 表、本 EGP 实体连接的自治系统数等。

3. SNMP 的基本操作

SNMP 采用轮询的方式,周期性通过"读""写"操作来实现基本的网络管理功能。网络管理进程通过向代理进程发送 Get 报文检测被管对象状态,使用 Set 报文来改变被管对象状态。除了轮询方式之外,网络管理进程也允许被管对象在重要事件发生时,使用 Trap 报文向网络管理进程报告。表 7-5 给出了 SNMPv3 报文类型。

表 7-5 SNMPv3 的报文类型

操作类型	说　明	SNMPv3 报文
读	使用轮询机制从一个被管对象读取管理信息报文	GetRequest-PDU GetNextRequest-PDU GetBulkRequest-PDU
写	改变一个被管对象的管理信息的报文	SetRequest-PDU
响应	被管对象对请求返回的应答报文	Response-PDU
通知	被管对象向管理进程报告重要事件发生的报文	Trapv2-PDU InformRequest-PDU

图 7-34 给出了管理进程执行 Get 操作的过程。管理进程向代理进程发送 Get 报文来读取被管对象状态信息,被管对象中的代理进程以 Response-PDU 报文向管理进程应答。

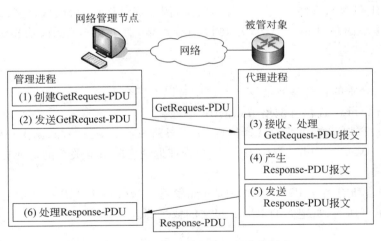

图 7-34　管理进程执行 Get 操作的过程

图 7-35 给出了管理进程执行 Set 操作的过程。管理进程向代理进程发送 Set 报文来改变被管对象状态信息,被管对象中的代理进程以 Response-PDU 报文向管理进程应答。从这两个操作可以看出,SNMP 协议设计充分体现了以简单方法处理复杂问题的原则。

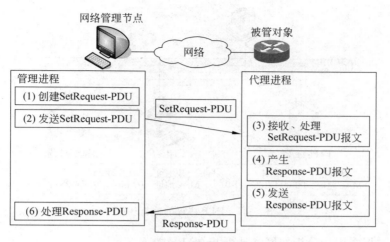

图 7-35 管理进程执行 Set 操作的过程

7.9 典型应用层协议——FTP 的分析

在研究了各种网络应用与应用层协议的基础上,我们需要通过一个典型的应用层协议执行过程的分析,对网络协议与网络服务功能的实现方法做系统的讨论。本节将以一种典型的网络服务协议 FTP 为例,对应用层协议做一个总结,帮助读者将前后学习的知识融会贯通,加深对网络工作原理与实现方法的理解。

7.9.1 FTP 模型与测试分析环境

1. 分析的基本方法

在应用层协议的讨论中可以看出,网络应用软件设计、开发的基本方法如下。

(1) 根据网络应用功能的要求,设计相应的应用层工作模型与应用层协议。协议工作模型描述了客户、服务器的基本结构、报文交互过程与软件模块的划分,以及对网络服务质量的要求。根据协议工作模型来选择和确定各层的协议类型。

(2) 根据协议工作模型,确定应用层实体的各个模块之间信息交互的时序与内容,设计协议数据单元的结构,并以此作为系统实现与软件编程的依据。

(3) 软件开发人员在理解协议模型,读懂协议规定的基础上完成编程任务。

本节对 FTP 协议的工作模型、客户与服务器进程交互的时序、内容、格式与意义进行分析,帮助读者理解网络的基本设计思想与实现方法,为进一步学习网络应用软件设计、开发技术打下基础,起到"举一反三"的作用。

2. 测试分析环境

应用层协议分析需要有一个具体的测试环境和测试工具。图 7-36 给出了分析 FTP 协议的模拟环境示意图。

为了简化网络结构,我们可以在一个实验室的局域网中模拟 FTP 服务的工作过程。假设在实验室的 Ethernet 网中连接一个 FTP Server、一个 FTP Client,同时将一台协议分析器连接到 Ethernet 网中。协议分析器的作用是监测 FTP Client 与 FTP Server 的报文交互

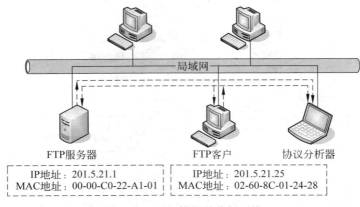

图 7-36　FTP 协议的分析环境

过程,记录并对报文进行分析。网络地址与端口号如下。

(1) FTP Server:MAC 地址为 00-00-C0-22-A1-01,IP 地址为 201.5.21.1,控制连接端口号为 21,数据连接端口号为 20。

(2) FTP Client:MAC 地址为 02-60-8C-01-28-28,IP 地址为 201.5.21.25,数据连接端口号为 7180,控制连接端口号为 15432。

3. FTP 工作模型

图 7-37 给出了 FTP 协议工作模型示意图。FTP 的工作经历三个阶段:连接建立、传输数据报文与连接释放。其中,FTP 的连接又分为控制连接与数据连接。

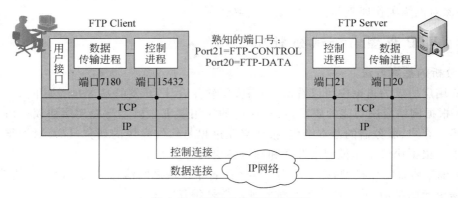

图 7-37　FTP 工作模型示意图

FTP 协议工作过程主要包括以下内容。

(1) 如果 FTP Client 只知道 FTP Server 的服务器名,那么首先需要通过 DNS 解析出服务器的 IP 地址;再根据 IP 地址通过 ARP 协议解析出对应的 MAC 地址。在完成这两步解析之后,可以进入 TCP 连接与 FTP 连接建立阶段。

(2) FTP Client 发起对 FTP Server 的连接建立。FTP Client 将利用 FTP Server 的熟知端口号,请求建立连接。第一步建立控制连接(control connection),FTP 控制连接的熟知端口号为 21。第二步建立数据连接(data connection)。FTP 数据连接的熟知端口号为 20。

(3) 在数据传输连接建立之后,FTP Client 就可以从 FTP Server 下载或上传文件。

(4) 数据传输结束时,首先释放 FTP 数据连接,然后再释放 FTP 控制连接。FTP 控制连接可以提高数据传输的可靠性。

    FTP 在传输层使用 TCP 协议，在网络层使用 IP 协议。FTP 协议适用于对数据传输可靠性要求较高的应用领域。

    为了具体分析 FTP 协议工作原理与协议执行过程，协议分析器捕获了整个 FTP 协议工作过程的报文。图 7-38 给出了 FTP Client 与 Server 交互的 43 个报文。图 7-38 中第 1 项 No.

No	Source MAC Addr.	Dest. MAC Addr.	Protocol	Summary
1	02-60-8C-01-24-28	Broadcast	DNS	201.5.21.25→201.5.21.22 NAME=ftp.nk.com.cn
2	0a-02-11-d1-ab-01	02-60-8C-01-24-28	DNS	201.5.21.22→201.5.21.25 ftp.nk.edu.cn→201.5.21.1
3	02-60-8C-01-24-28	Broadcast	ARP	201.5.21.25→201.5.21.1
4	00-00-C0-22-A1-01	02-60-8C-01-24-28	ARP	201.5.21.1→201.5.21.25 201.5.21.1→00-00-C0-22-A1-01
5	02-60-8C-01-24-28	00-00-C0-22-A1-01	TCP	201.5.21.25→201.5.21.1 Port: 15432→21 SYN=1
6	00-00-C0-22-A1-01	02-60-8C-01-24-28	TCP	201.5.21.1→201.5.21.25 Port: 21→15432 SYN=1 ACK=1
7	02-60-8C-01-24-28	00-00-C0-22-A1-01	TCP	201.5.21.25→201.5.21.1 Port: 15432→21 ACK=1
8	00-00-C0-22-A1-01	02-60-8C-01-24-28	FTP	201.5.21.1→201.5.21.25 Port: 21→15432 Reply: Service ready for new user
9	02-60-8C-01-24-28	00-00-C0-22-A1-01	FTP	201.5.21.25→201.5.21.1 Port: 15432→21 ACK=1
10	02-60-8C-01-24-28	00-00-C0-22-A1-01	FTP	201.5.21.25→201.5.21.1 Port: 15432→21 Command=USER（User Name）
11	00-00-C0-22-A1-01	02-60-8C-01-24-28	FTP	201.5.21.1→201.5.21.25 Port: 21→15432 Reply: User name ok, need password
12	02-60-8C-01-24-28	00-00-C0-22-A1-01	FTP	201.5.21.1→201.5.21.1 Port: 15432→21 ACK=1
13	02-60-8C-01-24-28	00-00-C0-22-A1-01	FTP	201.5.21.25→201.5.21.1 Port: 15432→21 Command=PASS（Password）
14	00-00-C0-22-A1-01	02-60-8C-01-24-28	FTP	201.5.21.1→201.5.21.25 Port: 21→15432 ACK=1
15	02-60-8C-01-24-28	00-00-C0-22-A1-01	FTP	201.5.21.25→201.5.21.1 Port: 15432→21 ACK=1
16	00-00-C0-22-A1-01	02-60-8C-01-24-28	FTP	201.5.21.1→201.5.21.25 Port: 21→15432 Reply: User logged in, proceed
17	02-60-8C-01-24-28	00-00-C0-22-A1-01	FTP	201.5.21.25→201.5.21.1 Port: 15432→21 ACK=1
18	02-60-8C-01-24-28	00-00-C0-22-A1-01	FTP	201.5.21.25→201.5.21.1 Port: 15432→21 Command=PORT（Data Port）
19	00-00-C0-22-A1-01	02-60-8C-01-24-28	FTP	201.5.21.1→201.5.21.25 Port: 21→15432 Reply: Command ok
20	02-60-8C-01-24-28	00-00-C0-22-A1-01	FTP	201.5.21.25→201.5.21.1 Port: 7180→20 Command=RETR（Retrieve File）
21	00-00-C0-22-A1-01	02-60-8C-01-24-28	TCP	201.5.21.1→201.5.21.25 Port: 20→7180 SYN=1
22	02-60-8C-01-24-28	00-00-C0-22-A1-01	TCP	201.5.21.25→201.5.21.1 Port: 7180→20 SYN=1 ACK=1
23	00-00-C0-22-A1-01	02-60-8C-01-24-28	TCP	201.5.21.1→201.5.21.25 Port: 20→7180 ACK=1
24	00-00-C0-22-A1-01	02-60-8C-01-24-28	FTP	201.5.21.1→201.5.21.25 Port: 20→7180 Reply: File status ok
25	02-60-8C-01-24-28	00-00-C0-22-A1-01	FTP	201.5.21.25→201.5.21.1 Port: 7180→20 ACK=1
26	00-00-C0-22-A1-01	02-60-8C-01-24-28	FTP	201.5.21.1→201.5.21.25 Port: 20→7180 DATA1
27	02-60-8C-01-24-28	00-00-C0-22-A1-01	FTP	201.5.21.25→201.5.21.1 Port: 71800→20 ACK=1
28	00-00-C0-22-A1-01	02-60-8C-01-24-28	FTP	201.5.21.1→201.5.21.25 Port: 20→7180 DATA2
29	02-60-8C-01-24-28	00-00-C0-22-A1-01	FTP	201.5.21.25→201.5.21.1 Port: 7180→20 ACK=1
30	00-00-C0-22-A1-01	02-60-8C-01-24-28	FTP	201.5.21.1→201.5.21.25 Port: 20→7180 DATA3
31	02-60-8C-01-24-28	00-00-C0-22-A1-01	FTP	201.5.21.25→201.5.21.1 Port: 7180→20 ACK=1
32	00-00-C0-22-A1-01	02-60-8C-01-24-28	FTP	201.5.21.1→201.5.21.25 Port: 20→7180 DATA4 FIN=1
33	02-60-8C-01-24-28	00-00-C0-22-A1-01	FTP	201.5.21.25→201.5.21.1 Port: 7180→20 ACK=1
34	02-60-8C-01-24-28	00-00-C0-22-A1-01	FTP	201.5.21.25→201.5.21.1 Port: 15432→21 Command=QUIT（Logout）
35	00-00-C0-22-A1-01	02-60-8C-01-24-28	FTP	201.5.21.1→201.5.21.20 Port: 21→15432 Reply: Service closing control
36	02-60-8C-01-24-28	00-00-C0-22-A1-01	TCP	201.5.21.25→201.5.21.1 Port: 7180→20 FIN=1
37	00-00-C0-22-A1-01	02-60-8C-01-24-28	TCP	201.5.21.1→201.5.21.25 Port: 20→7180 ACK=1
38	00-00-C0-22-A1-01	02-60-8C-01-24-28	TCP	201.5.21.1→201.5.21.25 Port: 20→7180 FIN=1 ACK=1
39	02-60-8C-01-24-28	00-00-C0-22-A1-01	TCP	201.5.21.25→201.5.21.1 Port: 7180→20 ACK=1
40	00-00-C0-22-A1-01	02-60-8C-01-24-28	TCP	201.5.21.1→201.5.21.25 Port: 21→15432 FIN=1
41	02-60-8C-01-24-28	00-00-C0-22-A1-01	TCP	201.5.21.25→201.5.21.1 Port: 15432→21 ACK=1
42	02-60-8C-01-24-28	00-00-C0-22-A1-01	TCP	201.5.21.25→201.5.21.1 Port: 15432→21 FIN=1 ACK=1
43	00-00-C0-22-A1-01	02-60-8C-01-24-28	TCP	201.5.21.1→201.5.21.25 Port: 21→15432 ACK=1

图 7-38　FTP Client 与 Server 交互的协议报文

表示协议报文的顺序号；第 2 项 Source MAC Address. 表示的是报文的源 MAC 地址；第 3 项 Dest. MAC Addr. 表示的是报文的目的 MAC 地址；第 4 项表示的是协议类型；第 5 项 Summary 是协议报文的简要说明。为简化起见，在不同的报文的分析结果中，有的给出了数据链路层、网络层、传输层与应用层的各层报头的关键内容，有些则只给出了网络层、传输层与应用层的各层报头的关键内容，很多细节问题有待读者在今后工作中进行研究。

7.9.2 FTP 控制连接建立过程的分析

1. 连接建立准备阶段

在测试环境建立时，假设 FTP Client 只知道 FTP Server 的服务器名，不知道 IP 地址，那么在连接建立之前，FTP Client 需要通过 DNS 协议查找 FTP Server 的 IP 地址，并通过 ARP 协议查询与 IP 地址对应的 MAC 地址。报文 1~4 完成了 DNS 与 ARP 协议的执行过程。

（1）报文 1 是 FTP Client 通过一个 DNS 协议包，要求解析域名为 ftp. nk. com. cn 服务器的 IP 地址。

（2）报文 2 是 DNS 的查询结果，对应域名为 ftp. nk. com. cn 服务器的 IP 地址是 201. 5. 21. 1。由于模拟环境中 FTP Client 与 FTP Server 同在一个局域网之中，DNS 解析过程就变得很简单了。

（3）报文 3 是 FTP Client 利用 ARP 协议，查询对应 IP 地址 201. 5. 21. 25 的 MAC 地址。

（4）报文 4 是查询结果，对应 IP 地址 201. 5. 21. 1 的 MAC 地址是 00-00-C0-22-A1-01。

2. FTP 控制连接建立过程

报文 5~7 表示 FTP Client 与 FTP Server 之间 TCP 控制连接的建立过程。

（1）报文 5 是 FTP Client 向 FTP Server 发送的建立控制连接请求报文。图 7-39 给出的 FTP Client 请求建立控制连接报文 5 中，网络层 IP 协议分组头及 TCP 报头的部分内容。

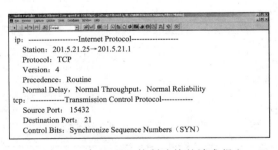

图 7-39 建立 FTP 控制连接的请求报文

IP 分组头的 Station：201. 5. 21. 25→201. 5. 21. 1，表示报文是从 FTP Client 发送到 FTP Server。Protocol：TCP，表示其高层使用的是 TCP 协议；Version：4 表示 IPv4 协议。

TCP 报头：Source Port 为 15432，Destination Port 为 21，表示 FTP Client 希望在端口 15432 与 FTP Server 的端口 21 建立 FTP 控制连接。这里的 FTP Client 的端口 15432 是 Client 端自己分配的。

Control Bits：SYN 表示 FTP Client 请求与 FTP Server 建立 TCP 连接。

（2）报文 6 是 FTP Server 同意与 FTP Client 建立 TCP 连接的应答报文。

（3）报文 7 是 FTP Client 发回的对 Server 应答报文的确认报文。

报文 5～7 完成了 FTP Client 与 FTP Server 之间 TCP 控制连接的"三次握手"过程。

7.9.3　FTP 用户登录与身份验证过程的分析

FTP 在控制连接建立之后，FTP Client 与 FTP Server 正式进入 FTP 会话之前的会话准备阶段。

1. FTP Server 准备接受新用户的服务请求

（1）报文 8 是 Server 向 Client 发送的 Service ready for new user 报文，表示 Server 已经准备接收新用户的服务请求。

（2）报文 9 是 Client 向 Server 发送报文 8 的确认报文。

2. FTP 用户登录与身份验证

（1）报文 10 是 Client 发送给 FTP Server 的 FTP User 命令报文，其结构如图 7-40 所示。

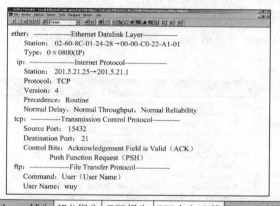

图 7-40　FTP User 命令的报文

报文 10 和前面的报文画面不同之处是给出了数据链路层的部分内容。在图 7-40 中 Ethernet Datalink Layer 显示的是 Ethernet 帧头的部分内容。由于该包是 Client 发送给 Server 的，因此 Ethernet 帧头的源 MAC 地址是 02-60-8C-01-24-28，目的 MAC 地址是 00-00-C0-22-A1-01。类型域 Type：0x0800，表示网络层使用的是 IP 协议。IP 分组头的源 IP 地址是 201.5.21.25，目的 IP 地址是 201.5.21.1，其他是常规的标记与参数。

传输层 TCP 协议头中的源端口号是 15432，表示是 Client 端；目的端口号仍然是 FTP Server 熟知端口号 21；其他是常规的标记与参数。

应用层 FTP 协议内容：命令 Command：USER(user name)。FTP 命令的后面接着有 4B 的 FTP Client 向 FTP Server 登录的用户名：wuy。

（2）报文 11 是 Server 发送给 Client，对 User 命令用户名确认的应答报文，其结构如图 7-41 所示。

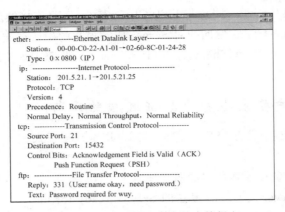

图 7-41　FTP USER 命令的应答报文

　　应答报文的 Ethernet 帧头、IP 分组头与 TCP 协议头中源与目的的 MAC 地址、IP 地址、端口号与报文 10 类似。在应用层 FTP Server 发送了应答信息的代码为 331。FTP 协议里规定代码 331 意义是：User Name Okay，Need Password。它表示登录的用户名 wuy 是合法的，它需要用户进一步提供对应该用户名的密码 password。

　　（3）报文 12 是 Client 发送给 Server，对报文 11 的应答报文。

　　（4）报文 13 是 Client 发送给 Server 的带有用户名密码的身份认证报文，其结构如图 7-42 所示。

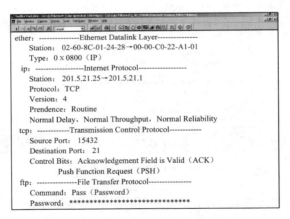

图 7-42　FTP PASS 命令的应答报文

　　报文 13 与报文 12 在 Ethernet 帧头、IP 分组头与 TCP 协议头等方面基本相同。在应用层 FTP 报文中，用户提供了与用户名 wuy 对应的密码 password。

　　在 FTP Server 中登录的用户账户内容包括：用户名（user name）和密码（password）。需要注意的是，在正常 FTP 的应用中用户名 user name 和密码 password 是采用密文传输的，让第三者轻易地获取用户名和密码会对 FTP 的安全会构成很大的威胁。

　　（5）报文 14 是 Server 检查并确认用户密码 password 合法后，向 Client 发送的应答报文。

（6）报文 15 是 Client 接收到 Server 的应答报文，再次向 Server 发送的确认包。

（7）报文 16 是 Server 通知 Client"用户登录成功"，表示用户 Wuy 登录成功。

（8）报文 17 是 Client 向 FTP Server 发送，表示对收到 Server "登录成功"通知的确认。

图 7-43 给出了 FTP 用户登录身份验证的报文交互过程示意图。到目前为止，FTP 控制连接建立与用户登录身份验证过程全部结束，下一步将进入 FTP 数据连接建立阶段。

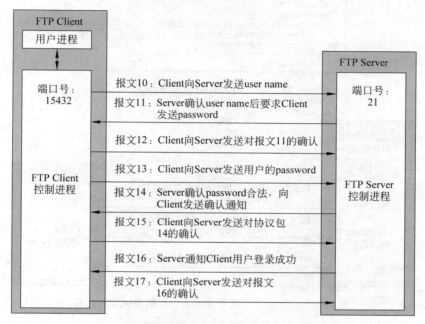

图 7-43　FTP 用户登录与身份验证报文交互过程

7.9.4　FTP 数据连接建立过程的协议分析

FTP 数据连接建立过程大致可以分为两个阶段：数据连接建立准备、数据连接建立。

1. 数据连接建立准备过程

在数据连接正式建立之前，Client 与 Server 之间的联系必须通过 FTP 控制连接来进行。报文 18、19 完成数据连接建立准备工作。

（1）报文 18 是 Client 发送给 Server 的 FTP 命令 Port 报文。FTP Client 通过 Port 命令报文，向 Server 发送它准备建立数据连接的本地端口号。本例选择的本地端口号为 7180。

（2）报文 19 是 Server 发送给 Client 的 Port 命令的应答报文。

（3）报文 20 是 Client 发送给 Server 的 RETR 命令报文 Command：RETR（Retrieve File），用户要求检索文件的名字 Pathname：netnews。图 7-44 给出了报文 20 的结构。

图 7-45 给出了 FTP 数据连接建立准备工作的报文交互过程。

2. 数据连接建立过程

到目前为止，Client 与 Server 所有的交互过程都是通过控制连接完成的。报文 21～23 完成数据连接建立工作。实际上，数据连接是由 TCP 协议完成，为 FTP 协议的数据传输服务的。在实际上传与下载 FTP 数据时，必须先在 FTP Server 熟知端口号 20 与 FTP Client

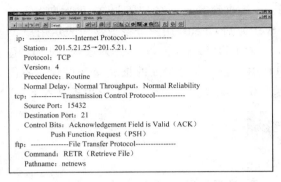

图 7-44 FTP RETR 命令报文

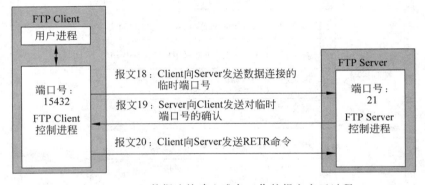

图 7-45 FTP 数据连接建立准备工作的报文交互过程

的临时端口号 7180 之间建立数据连接。

(1) Server 使用报文 21,表示同意在 Server 端口号 20 与 Client 端临时口号 7180 之间建立数据连接。

(2) Client 使用报文 22,表示对 Server 同意建立数据连接的应答。

(3) Server 使用报文 23,表示对 Client 同意建立数据连接应答报文的确认。

图 7-46 给出了 FTP 数据连接建立的"三次握手"过程。

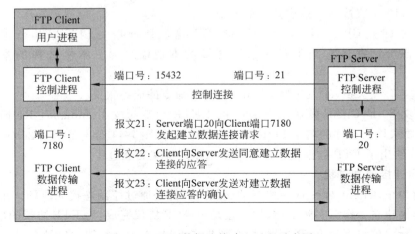

图 7-46 FTP 数据连接建立过程示意图

7.9.5 FTP 数据传输过程的分析

在报文 21~23 完成数据连接建立准备工作的基础上,报文 24~26 完成数据传输工作。

1. 被检索文件状态报告与确认

(1) 被检索文件状态报告

FTP Client 通过 RETR 报文向 FTP Server 指出它需要检索的文件名为 netnews。报文 24 是 Server 向 Client 发回检索文件 netstart 的状态信息。图 7-47 给出了报文 24 结构。

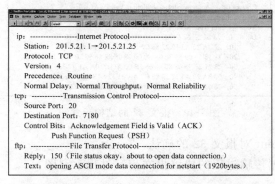

图 7-47　检索的文件名状态报文

带有检索文件的协议数据包 24 的 FTP 协议头中显示了下列内容:

```
Reply:150(File status okay;about to open data connection.)
Text:Opening ASCII mode data connection for netstart(1920bytes.)
```

(2) 报文 25 是对 FTP Server 发出报文 24 的应答。

2. 检索文件数据的传输

(1) 报文 26 是 Server 向 Client 发送的带有检索文件的第一段报文数据 DATA1。图 7-48 给出了数据报文示意图。Server 将被检索的文件分成 4 段传输。

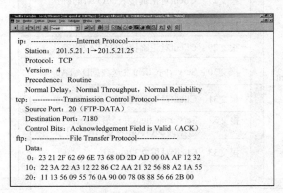

图 7-48　数据报文结构示意图

(2) 报文 27 是 Client 对报文 26 的应答报文。

(3) 报文 28 是 Server 发送 DATA2 数据报文。

(4) 报文 29 是 Client 对正确接收 DATA2 的报文 28 的确认。

（5）报文 30 是 Server 向 Client 发送的 DATA3 的数据报文。

（6）报文 31 是 Client 对正确接收数据报文 DATA3 的确认。

（7）报文 32 结构如图 7-49 所示。Server 在发送了最后一个数据段 DATA4 时，将 No more data requested(FIN)置位。FIN 置位表示 FTP Server 请求关闭数据连接。

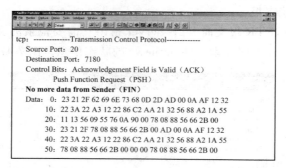

图 7-49　报文 32 的结构示意图

（8）报文 33 是 Client 对报文 32 的确认。

图 7-50 给出了数据传输过程的协议报文交互过程示意图。

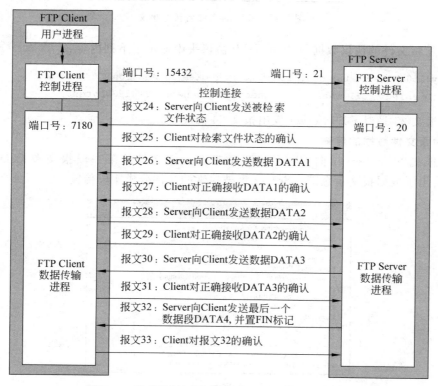

图 7-50　数据传输过程的协议报文交互过程示意图

7.9.6　FTP 用户退出登录过程的分析

当 FTP Server 在发送了最后一个数据段并请求关闭数据连接之后，FTP 协议在释放数据连接之前,首先是用户退出登录,结束 FTP Server 与 FTP Client 的服务关系。这个过程由控制连接,通过报文 34、35 来完成。

（1）FTP Client 向 FTP Server 发送 QUIT 命令包（报文 34）,准备退出登录（Logout）,关闭数据传输进程,结束 FTP 会话。图 7-51 给出了 FTP Client 的 QUIT 报文结构示意图。

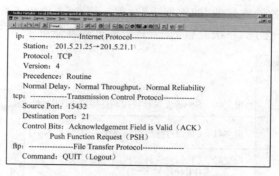

图 7-51　FTP Client 的 QUIT 命令包

（2）报文 35 由 FTP Server 发送给 FTP Client,表示对 Client 的 QUIT 命令的应答,FTP Server 准备关闭数据连接。图 7-52 给出了 FTP Server 对 QUIT 命令的应答报文结构示意图。

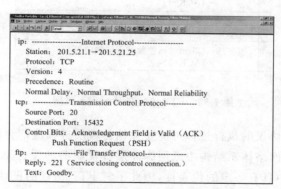

图 7-52　FTP Server 对 QUIT 命令的应答包

图 7-53 给出了 FTP 用户退出登录的报文交换过程示意图。

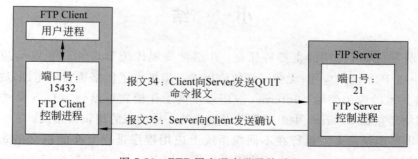

图 7-53　FTP 用户退出登录的过程

7.9.7 FTP 连接释放过程的分析

标准的 TCP 连接释放要经过"四次握手"的过程。FTP 连接释放也应包括两个阶段：控制连接释放与数据连接释放。首先是释放数据连接，然后再释放控制连接。

报文 36～39 实现了释放数据连接的"四次握手"过程。在完成释放数据连接之后，由报文 40～43 实现了释放控制连接的"四次握手"过程。图 7-54 给出了释放数据连接与释放控制连接的过程示意图。至此，一次完整的 FTP 服务过程就结束了。

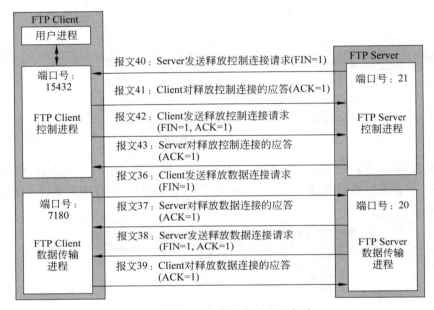

图 7-54　FTP 连接释放过程示意图

需要注意，应用层协议的执行过程可能要穿插传输层进程通信会话连接、管理与释放的过程之中，这也体现出网络体系结构中低层为高层提供服务的设计思想。FTP 协议的设计在应用层协议的设计中具有一定的代表性，因此了解 FTP 协议的设计思想、实现方法，对于深入理解计算机网络工作原理，对于今后读者设计新的网络应用系统、应用层协议的设计，以及网络软件编程都是非常重要的。

小　　结

（1）当前 Internet 应用的主要特征是：在继续发展传统 Internet 与 Web 应用的基础上，出现了一批 P2P 网络应用；无线网络的应用进一步扩大了网络覆盖的范围；物联网技术扩大了网络技术的应用领域。Internet 应用系统的工作模式可以分为 C/S 模式与 P2P 模式。P2P 网络是指在 Internet 中由对等节点组成的一种动态的逻辑覆盖网。

（2）应用层协议定义了运行在不同端系统上应用程序进程交换的报文格式与交互过程。根据应用层协议在 Internet 中的作用和提供的服务功能，应用层协议可以分为三种基本类型：基础设施类、网络应用类与网络管理类。

（3）DNS 的作用是将主机域名转换成 IP 地址，使得用户能够方便地访问各种 Internet 资源与服务。

（4）TELNET 又称为终端仿真协议。Internet 用户从来没有直接调用 TELNET 协议，但是 E-mail、FTP 与 Web 等服务都是建立在 TELNET NVT 概念与技术的基础上的。

（5）电子邮件系统分为两个部分：邮件服务器端与邮件客户端。邮件客户端使用简单邮件传输协议 SMTP 向邮件服务器发送邮件；邮件客户端使用邮局协议 POP3 或 IMAP 从邮件服务器中接收邮件。

（6）FTP 需要在客户与服务器进程之间建立控制连接与数据连接，以提高文件传输的可靠性。

（7）Web 服务的核心技术是：超文本传送协议 HTTP、超文本标记语言 HTML、超链接 hyperlink。统一资源定位符 URL 定位了 Internet 资源的位置与访问方法。搜索引擎技术极大地提高了 Web 信息资源应用的深度与广度。

（8）SIP 是实现即时通信的控制信令协议，传输的数据可以是普通文本数据，可以是音频或视频数据，以及 E-mail、聊天、游戏等数据。

（9）动态主机配置协议 DHCP 可以为主机自动分配 IP 地址及其他一些重要的配置参数，能够支持远程主机、移动终端设备、无盘工作站的地址共享与配置。

（10）简单网络协议 SNMP 设计与应用的目的是：监控网络运行状态，提高网络资源的利用率，及时报告和处理网络故障，保证网络能够正常、高效地运行。

习　　题

1. 请填写下面协议栈中缺少的协议名称。

	Web 服务	网络管理服务	虚拟终端服务	电子邮件服务	动态主机地址分配服务	域名服务	文件传输服务
应用层							FTP
传输层	TCP						
网络层	IP	IP	IP	IP	IP	IP	IP

2. 图 7-55 为某 DHCP 客户机从该 DHCP 服务器获取 IP 地址过程中，在客户端用 Sniffer 软件捕获的报文，以及对第 5 个报文解析结果。

请根据对 DHCP 工作原理的理解，填充表中①～⑥处信息。

Physical Address	①	Default Gateway	④
IP Address	②	Lease Obtained	⑤
Subnet Mask	③	Lease Expires	⑥

3. 图 7-56 是一台 Windows 主机在命令行模式下执行某个命令时捕获的数据包的简化示意图。

根据对图中协议执行过程的描述，回答以下几个问题。

No	Source Addes	Dest. Addes	Summary	time
1	0.0.0.0	255.255.255.255	DHCP: Request，Type: DHCP discover	2011-06-20 09:05:55
2	212.8.2.1	255.255.255.255	DHCP: Request，Type: DHCP offer	2011-06-20 09:05:58
3	0.0.0.0	255.255.255.255	DHCP: Request，Type: DHCP request	2011-06-20 09:06:01
4	210.8.2.1	255.255.255.255	DHCP: Reply， Type: DHCP ack	2011-06-20 09:06:05

```
DHCP:·················DHCP Header·················
    DHCP:Boot record type               =2(Reply)
    DHCP:Hardware address type          =1(10M Ethernet)
    DHCP:Hardware address length        =6bytes
    DHCP:Hops                           =0
    ············
    DHCP:Client hardware address        =050122450066
    DHCP:Client address                 =[212.8.2.28]
    ······
    DHCP:Request IP Address Lease time  =691200(seconds)
    DHCP:Subnet mask                    =255.255.255.0
    DHCP:Gateway address                =[212.8.20.2]
    DHCP:Domain Name Server address     =[212.8.10.8]
```

图 7-55　Sniffer 捕获的报文

No	Source Addes	Dest. Addes	Summary	Len(B)
16	202.1.64.135	131.1.64.16	DNS:C ID=14099 OP=Query NAME=ftp.nk.edu.cn	74
17	131.1.64.16	202.1.64.135	DNS:R ID=14099 OP=Query STAT=OK NAME=ftp.nk.edu.cn	161
18	202.1.64.135	202.1.2.197	TCP:D=21 S=59088 SYN SEQ=76578	62
19	202.1.2.197	202.1.64.135	TCP:D=59088 S=21 SYN ①=76579 ②=602310	62
20	202.1.64.135	202.1.2.197	TCP:D=21 S=59088 ACK=60653	60
21	202.1.2.197	202.1.64.135	FTP:R PORT=59088 220-welcome to publlic FTP service	110
22	202.1.2.197	202.1.64.135	FTP:R PORT=59088 220	60
23	202.1.64.135	202.1.2.197	TCP:D=21 S=59088 ACK=60655	60

图 7-56　习题 3 数据包

（1）该主机上配置的 DNS 服务器的 IP 地址是什么？

（2）图中的①、②删除了部分显示信息，其中①处的信息应该是什么？

（3）主机 202.1.2.197 是哪种服务器？它使用的熟知端口号是什么？

（4）访问服务器的主机使用的临时端口号是什么？

4. 图 7-57 是一台主机用 Sniffer 软件捕获的数据包，请根据显示的信息回答下列问题。

No	Source Addes	Dest. Addes	Summary	Len(B)
1	202.1.64.166	211.80.20.200	DNS: C ID=49061 OP=QUERY NAME=www.nk.edu.cn	77
2	211.80.20.200	202.1.64.166	DNS: R ID=49061 OP=QUERY STAT=OK NAME=www.nk.edu.cn	130
3	202.1.64.166	211.80.20.200	DNS: C ID=13989 OP=QUERY NAME=www.nk.edu.cn	77
4	211.80.20.200	202.1.64.166	DNS: R ID=13989 OP=QUERY STAT=OK NAME=www.nk.edu.cn	165
5	202.1.64.166	211.80.20.200	TCP: D=80 S=1535 SYN SEQ=68729071 LEN=0 WIN=65535	62
6	211.80.20.200	202.1.64.166	TCP: D=1535 S=80 SYN ACK=68729072 SEQ=3560121279 LEN=0	62
7	202.1.64.166	211.80.20.200	TCP: D=80 S=1535 ACK=68729071 3560121280 WIN=65535	60
8	202.1.64.166	211.80.20.200	HTTP: C Port=1535 GET/HTTP/1.1	568
9	211.80.20.200	202.1.64.166	TCP: D=1535 S=80 SYN ACK=687289586 WIN=6432	60
10	211.80.20.200	202.1.64.166	HTTP: R Port=1535 HTTP/1.1 Status=OK	1514
11	211.80.20.200	202.1.64.166	HTTP: Contiuation of frame=10	1514
12	202.1.64.166	211.80.20.200	TCP: D=80 S=1535 ACK=3560124200 WIN=65535	60

图 7-57　习题 4 数据包

（1）该主机的 IP 地址是什么？

（2）该主机正在浏览的网站名是什么？

（3）该主设置的 DNS 服务器的 IP 地址是什么？

（4）该主机采用 HTTP 通信时使用的源端口号是什么？

（5）根据报文序号信息，标识 TCP 连接三次握手过程完成的报文号是多少？

5．根据 SNMP 被管对象命名方法，如果一个公司准备向市场推出它们新研制的一款服务器产品。假设公司在 enterprise 的子树之下有一个 MIB 节点号 150，但是为新款服务器产品申请了标识符编号为 50。那么，下列正确的服务器对象标识符为_____。

A. 1.2.6.1.4.150.50   B. 1.2.6.1.1.150.50

C. 1.3.6.1.4.150.50   D. 1.3.6.1.2.150.50

6．主机 A 的 IP 地址是 10.2.128.100，MAC 地址是 00-15-C5-C1-5E-28。图 7-58 给出了网络结构示意图，以及封装 HTTP 请求包的 Ethernet 帧的前 80B 的十六进制的 ASCII 码的内容。

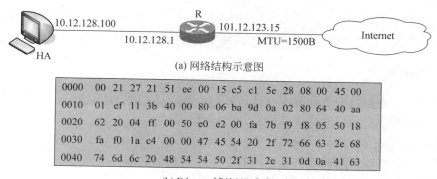

图 7-58　网络结构与 Ethernet 帧的前 80B 内容

参考教材中 IP 分组头与 Ethernet 帧结构，回答以下问题：

（1）Web 服务器的 IP 地址是什么？主机 A 的默认网关的 MAC 地址是什么？

（2）主机 A 在构造 Ethernet 帧之前，使用什么样的协议来确定目的 MAC 地址？在发送请求包时使用的目的 MAC 地址是什么？

（3）假设 HTTP 1.1 以持续的非流水线方式工作，一次请求-响应时间为 RTT。rfc.html 网页引用了 5 个 JPEG 小图像。那么从发出请求到收到全部内容，需要经过多少个 RTT？

（4）该帧封装的 IP 分组经过路由器 R 转发时，需要修改 IP 分组头中哪几个字段？

第 **8** 章

网络安全

随着计算机网络的广泛应用,网络安全问题引起了世界各国的高度重视。本章将从网络空间安全的基本概念出发,系统地讨论网络安全技术研究的主要内容。

本章教学要求

- 了解:网络空间安全的基本概念。
- 了解:网络安全研究的主要内容。
- 了解:网络安全协议研究的主要内容。
- 理解:网络攻击与防御的基本内容.
- 理解:入侵检测的基本概念与方法。
- 掌握:防火墙的概念及应用。

8.1 网络空间安全与网络安全的基本概念

8.1.1 网络空间安全概念的提出

由于互联网、移动互联网、物联网已经应用于现代社会的政治、经济、文化、教育、科研与社会生活的各个领域。现实人们的社会生活与经济生活已经须臾不能离开网络,那么网络安全必然会成为影响社会稳定、国家安全的重要因素之一。

回顾网络安全研究发展的历史,我们会发现"网络空间"与"国家安全"关系的讨论由来已久。早在 2000 年 1 月 7 日,美国政府就在《美国国家信息系统保护计划》中有这样一段话:"在不到一代人的时间内,信息革命和计算机在社会所有的方面的应用,已经改变了我们的经济运行方式,改变了我们维护国家安全的思维,也改变了我们日常生活的结构。"未来学家预言:"谁掌握了信息,谁控制了网络,谁就将拥有世界。"《下一场世界战争》一书预言:"在未来的战争中,计算机本身就是武器,前线无处不在,夺取作战空间控制权的不是炮弹和子弹,而是计算机网络里流动的比特和字节。"网络安全已经严重地影响到每一个国家的社会、政治、经济、文化与军事安全。网络安全问题已经上升到世界各国国家安全战略的层面。

2010 年,美国国防部发布的《四年度国土安全报告》中将网络安全列为国土安全五项首要任务之一。2011 年,美国政府在《网络空间国际战略》的报告中,将网络空间(cyberspace)

看作是与国家"领土、领海、领空、太空"四大常规空间同等重要的第五空间。近年来,世界各国都纷纷研究和制定国家网络空间安全政策。我国网络空间安全政策是建立在"没有网络安全就没有国家安全"的理念之上的。

　　网络空间安全研究的对象包括"应用安全、系统安全、网络安全、网络空间安全基础、密码学及其应用"5个方面的内容,如图8-1所示。可以看出,传统意义上的网络安全只是网络空间安全重要的组成部分。

图 8-1　网络空间安全涵盖的主要内容

8.1.2　网络空间安全理论体系

　　网络空间安全理论包括三大体系,即基础理论体系、技术理论体系与应用理论体系,其体系结构与涵盖的主要内容如图8-2所示。

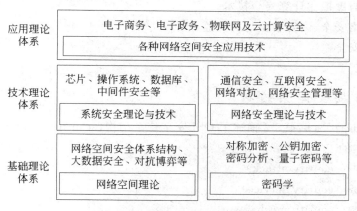

图 8-2　网络空间安全研究的基本内容

1. 基础理论体系

基础理论体系包括网络空间理论与密码学。

(1)网络空间理论研究主要包括:

- 网络空间安全体系结构。
- 大数据安全。
- 对抗博弈。

(2)密码学研究主要包括:

- 对称加密。
- 公钥加密。
- 密码分析。
- 量子密码和新型密码。

2. 技术理论体系

技术理论体系包括系统安全理论、网络安全理论与技术。

（1）系统安全理论研究主要包括：

- 可信计算。
- 芯片与系统硬件安全。
- 操作系统与数据库安全。
- 应用软件与中间件安全。
- 恶意代码分析与防护。

（2）网络安全理论与技术研究主要包括：

- 通信安全。
- 网络对抗。
- 互联网安全。
- 网络安全管理。

3. 应用理论体系

应用理论体系主要是指各种网络空间安全应用技术，研究的内容主要包括：

- 电子商务、电子政务安全技术。
- 云计算与虚拟化计算安全技术。
- 社会网络安全、内容安全与舆情监控。
- 物联网安全。
- 隐私保护。

8.1.3 OSI 安全体系结构

1989 年发布的 ISO 7498-2 描述了 OSI 安全体系结构（security architecture），提出了网络安全体系结构的三个概念：

- 安全攻击（security attack）。
- 安全服务（security service）。
- 安全机制（security mechanism）。

1. 安全攻击

任何危及网络与信息系统安全的行为都视为"攻击"。最常用的网络攻击分类方法将"攻击"分为"被动攻击"与"主动攻击"两类。图 8-3 描述了网络攻击的 4 种基本类型。

（1）被动攻击

窃听或监视数据传输属于被动攻击（passive attack），如图 8-3(a)所示。网络攻击者通过在线窃听的方法，非法获取网络上传输的数据，或通过在线监视网络用户身份、传输数据的频率与长度，破译加密数据，非法获取敏感或机密的信息。

（2）主动攻击

主动攻击（active attack）可以分为截获数据、篡改或重放数据、伪造数据三种基本的方式。

① 截获数据：网络攻击者假冒和顶替合法的接收用户，在线截获网络上传输的数据，如图 8-3(b)所示。

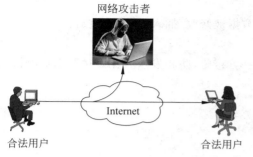

(a) 窃听或监视数据传输(即被动攻击)

(b) 截获数据

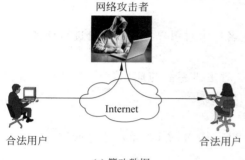

(c) 篡改数据

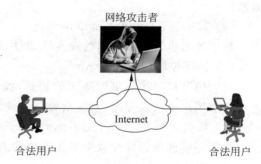

(d) 伪造数据

图 8-3   网络攻击的 4 种基本类型

② 篡改或重放数据：网络攻击者假冒接收者,从中截获网络上传输的数据之后,经过篡改再发送给合法的接收用户;或者是在截获到网络上传输的数据之后的某一个时刻,一次或多次重放该数据,造成网络数据传输混乱,如图 8-3(c)所示。

③ 伪造数据：网络攻击者假冒合法的发送用户,将伪造的数据发送给合法的接收用户,如图 8-3(d)所示。

2. 网络安全服务

为了评价网络系统的安全需求,指导网络硬件与软件制造商开发网络安全产品,ITU推荐的 X.800 标准与 RFC2828 都对网络安全服务进行了定义。

X.800 标准定义：安全服务是开放系统的各层协议为保证系统与数据传输足够的安全性所提供的服务。RFC2828 进一步明确：安全服务是由系统提供的对网络资源进行特殊保护的进程或通信服务。

X.800 标准将网络安全服务分为 5 类、14 种特定的服务。5 类安全服务主要包括以下内容。

(1) 认证(authentication)

提供对通信实体和数据来源认证与身份鉴别。

(2) 访问控制(access control)

通过对用户身份认证和用户权限的确认,防治未授权用户非法使用系统资源。

(3) 数据机密性(data confidentiality)

防止数据在传输过程中被泄漏或被窃听。

（4）数据完整性(data integrity)

确保接收的数据与发送数据的一致性,防止数据被修改、插入、删除或重放。

（5）防抵赖(non-reputation)

确保数据有特定的用户发出,证明由特定的一方接收,防止发送方在发送数据后否认或接收方在收到数据后否认现象的发生。

3. 网络安全机制

网络安全机制包括以下 8 项基本的内容。

（1）加密(encryption)

加密机制是确保数据安全性的基本方法,根据层次与加密对象的不同,采用不同的加密方法。

（2）数字签名(digital signature)

数字签名机制确保数据的真实性,利用数字签名技术对用户身份和消息进行认证。

（3）访问控制(access control)

访问控制机制按照事先确定的规则,保证用户对主机系统与应用程序访问的合法性。当有非法用户企图入侵时,实现报警与记录日志的功能。

（4）数据完整性(data integrity)

数据完整性机制确保数据单元或数据流不被复制、插入、更改、重新排序或重放。

（5）认证(authentication)

认证机制用口令、密码、数字签名与生物特征(如指纹)等手段,实现对用户身份、消息、主机与进程的认证。

（6）流量填充(traffic padding)

流量填充机制通过在数据流填充冗余字段的方法,预防网络攻击者对网络上传输的流量进行分析。

（7）路由控制(routing control)

路由控制机制通过预先安排好路径,尽可能使用安全的子网与链路,保证数据传输安全。

（8）公正(notarization)

公证机制通过第三方参与的数字签名机制,对通信实体进行实时或非实时的公证,预防伪造签名与抵赖。

4. 网络安全模型与网络安全访问模型

为了满足网络用户对网络安全的需求,相关标准针对网络攻击者对通信信道上传输的数据,以及对网络计算资源等不同的情况,分别提出了网络安全模型与网络安全访问模型。

（1）网络安全模型

图 8-4 描述了一个通用的网络安全模型。

网络安全模型涉及三类对象:通信对端(发送端用户与接收端用户)、网络攻击者和可信的第三方。发送端通过网络通信信道将数据发送到接收端。网络攻击者可能在通信信道上伺机窃取传输的数据。为了保证网络通信的机密性、完整性,需要做两件事:一是对传输数据的加密与解密;二是需要有一个可信的第三方,用于分发加密的密钥或通信双方身份的确认。那么,网络安全模型需要规定 4 项基本任务:

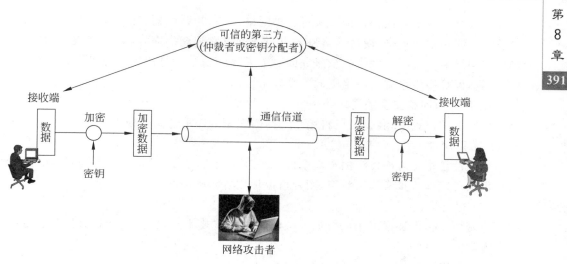

图 8-4　网络安全模型

① 设计用于对数据加密与解密的算法。

② 对传输的数据进行加密。

③ 对接收的加密数据进行解密。

④ 制定加密、解密的密钥分发与管理协议。

（2）网络访问安全模型

图 8-5 描述了一个通用的网络访问安全模型。网络访问安全模型主要针对两类对象从网络访问的角度实施对网络的攻击，一类是网络攻击者，另一类是"恶意代码"类的软件。

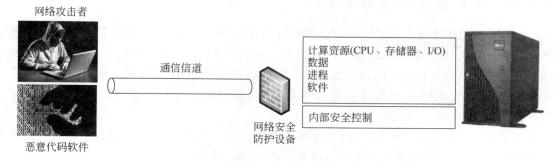

图 8-5　网络访问安全模型

黑客（hacker）的含义经历了一个复杂的演变过程，现在人们已经习惯将网络攻击者统称为"黑客"。恶意代码主要是利用操作系统或应用软件的漏洞，通过浏览器，利用用户的信任关系，从一台计算机传播到另一台计算机，从一个网络传播到一个网络的程序，目的是在用户和网络管理员不知情的情况下，对系统进行故意地修改网络配置参数，破坏网络正常运行，非法访问网络资源。恶意代码包括病毒、特洛伊木马、蠕虫、脚本攻击代码，以及垃圾邮件、流氓软件等多种形式。

网络攻击者与恶意代码对网络计算资源攻击的行为分为服务攻击与非服务攻击两类。服务攻击是指网络攻击者对 E-mail、FTP、Web 或 DNS 服务器发起攻击，造成服务器工作不正常，甚至造成服务器瘫痪。非服务攻击不针对某项具体的应用服务，而是针对网络设备或通信线路。攻击者使用各种方法对各种网络设备(如路由器、交换机、网关或防火墙等),以及通信线路发起攻击,使得网络设备出现严重阻塞甚至瘫痪,或者是造成通信线路阻塞,最终使网络通信中断。网络安全研究的一个重要的目标就是研制网络安全防护(硬件与软件)工具,保护网络系统与网络资源不受攻击。

5. 用户对网络安全的需求

从以上的讨论中,我们可以将用户对网络安全的需求总结为以下 5 点。

(1) 可用性

可用性是指在可能发生的突发事件(如停电、自然灾害、事故或攻击等)情况下,计算机网络仍然可以处于正常运转状态,用户可以使用各种网络服务。

(2) 机密性

机密性是指保证网络中的数据不被非法截获或被非授权用户访问,保护敏感数据和涉及个人隐私信息的安全。

(3) 完整性

完整性是指保证数据在网络中传输、存储的完整,数据没有被修改、插入或删除。

(4) 不可否认性

不可否认性是指确认通信双方的身份真实性,防止对已发送或已接收的数据否认现象的出现。

(5) 可控性

可控性是指能够控制与限定网络用户对主机系统、网络服务与网络信息资源的访问和使用,防止非授权用户读取、写入或删除数据。

8.1.4 网络安全研究的主要内容

组建计算机网络的目的是为处理各类信息的计算机系统提供一个良好的通信平台。网络可以为计算机信息的获取、传输、处理、利用与共享提供一个高效、快捷、安全的通信环境。网络安全技术就是要保证信息在网络环境中的存储、处理与传输安全性。研究网络安全技术,首先要考虑对网络安全构成威胁的主要因素,图 8-6 给出了可能存在的网络攻击示意图。

如果将物联网划分成感知层、传输层与应用层的话,传统的互联网一般没有感知层。那么物联网与互联网相比,攻击者还会对感知层的 RFID、传感器与传感网进行攻击。

所有的网络信息系统与现代服务业都是建立在 Internet 环境之中的。用户的各种信息是保存在不同类型的应用系统之中,这些应用系统都是建立在不同的计算机系统之中。计算机系统包括硬件、操作系统、数据库系统等,它们是保证各类信息系统正常运行的基础。而运行信息系统的大型服务器或服务器集群及用户的个人计算机,都是以固定或移动的方式接入计算机网络与 Internet 中。

任何一种网络功能的服务和实现都需要通过网络在不同的计算机系统之间多次地交换数据与协议信息,而网络存在着网络协议设计时的瑕疵、协议软件与应用软件的瑕疵以及系统和网络的配置错误等网络技术漏洞。例如,IP 协议在最初是专门为 ARPANET 网络设计的协议,因此 IP 协议缺乏对通信双方身份的认证以及没有对在 IP 网络上传输数据的完整性与机密性采取必要的保护措施,使得 IP 协议存在着数据被监听、捕获、IP 地址欺骗等

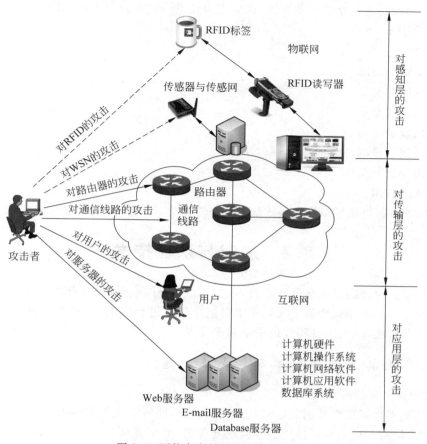

图 8-6 可能存在的网络攻击示意图

漏洞。

我们可以举一个简单的例子来说明这个问题。在讨论 TCP 连接建立过程时已经看到，为了保证 TCP 连接建立的可靠性，人们设计了"三次握手"的过程。如果黑客想给一个 Web 服务器制造麻烦的话，他只要用一个假的 IP 地址向这个 Web 服务器进程发出一个表面上看似正常的 TCP 连接请求"SYN 报文"，Web 服务器进程就会向申请连接的客户进程发送一个同意建立连接的"SYN ACK 确认报文"，但是由于 IP 地址是伪造的，因此 Web 服务器进程不可能得到第三次握手的确认报文。如果黑客已经向它发出了大量虚假的请求报文，并且 Web 服务器进程没有采取应对这类攻击的措施的话，那么 Web 服务器进程将处于忙碌地处理应答和无限制地等待状态，最终导致 Web 服务器进程不能正常服务，甚至出现系统崩溃。这就是一种最简单和最常见的拒绝服务攻击。

我们会使用银行卡购物，使用电子邮件发送和接收邮件，利用浏览器访问 Web 站点，使用 QQ 与朋友聊天，而病毒、木马、蠕虫和脚本攻击等恶意代码就是利用 E-mail、FTP 与 Web 系统进行传播，网络攻击、网络诱骗、信息窃取也都是在网络环境中进行的。因此，作为 Internet 基础设施的路由器、通信线路，为用户提供共享资源与服务的各种服务器，计算机系统中的硬件、应用软件、操作系统、数据库系统，以及用户计算机系统，都会成为网络攻击者潜在的攻击目标，也都是网络安全研究的对象。

为了实现用户对网络安全的要求,网络安全技术研究的内容主要包括:

- IPv4/IPv6 安全。
- VPN。
- 网络安全协议。
- 无线通信安全。
- 网络通信安全。
- 网络攻击与防护。
- 网络漏洞检测与防护。
- 入侵检测与防御。
- 防火墙技术。

以下的章节将讨论网络安全技术研究的基本内容。

8.2　加密与认证技术

密码技术是保证网络安全的核心技术之一。密码学(cryptography)包括密码编码学与密码分析学。人们利用加密算法和密钥来对信息编码进行隐蔽,而密码分析学试图破译算法和密钥。两者相互对立,又相互促进地向前发展。

8.2.1　密码算法与密码体制的基本概念

1. 加密算法与解密算法

加密的基本思想是伪装明文以隐藏其真实内容,即将明文 X 伪装成密文 Y。伪装明文的操作称为"加密",加密时所使用的变换规则称为"加密算法"。由密文恢复出原明文的过程称为"解密"。解密时所采用的信息变换规则称为"解密算法"。

图 8-7 给出一个加密与解密过程示意图。如果用户 A 希望通过网络给用户 B 发送"My bank accound ♯ is 1947."的报文,他不希望有第三者知道这个报文的内容。他可以采用加密的办法,首先将该报文由明文变成一个无人识别的密文。在网络上传输的是密文。网络如果有窃听者,她即使得到这个密文,也很难解密。用户 B 在接收到密文后,采用双方共同商议的解密算法与密钥,就可以将密文还原成明文。

2. 密钥的作用

加密算法和解密算法的操作通常都是在一组密钥控制下进行的。密码体制是指一个系统所采用的基本工作方式以及它的两个基本构成要素,即加密/解密算法和密钥。

传统密码体制所用的加密密钥和解密密钥相同,也称为"对称密码体制"。如果加密密钥和解密密钥不相同,则称为"非对称密码体制"。加密算法是相对稳定的。在这种意义上,可以把加密算法视为常量,而密钥则是一个变量。可以根据事先约定的规则,对应每一个新的信息改变一次密钥,或者定期更换密钥。这里可以以最古老的凯撒密码的例子来说明密钥保密的重要性。

凯撒密码属于一种"置位密码",它是将一组明文字母用另一组伪装的字母表示。例如:

明文:a b c d e f g h i j k l m n o p q r s t u v w x y

密文:Q B E L C D H G I A J N M O P R Z T W V Y X F K S

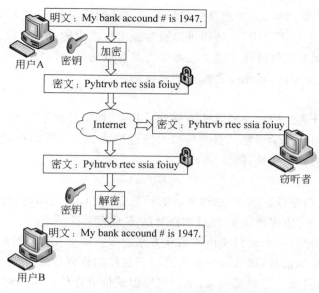

图 8-7　加密与解密过程示意图

这种方法称为"单字母表替换法"。密钥就是这个明文与密文的字母对应表。明文 nankai 对应的密文就是 OQOJQI。采用单字母替换的密钥有 26！＝4×10²⁶个。虽然加密方法很简单，但是破译者即使是用 1μs 试一个密钥，最少也得需要 10¹³年的时间。当然知道了密钥很容易就知道明文是什么。表面上看这个系统很安全，其实人们采用字母出现频率的统计方法，很容易找出规律来破译简单的加密方法。

另一种例子是采用"易位密码法"。它首先是选择一个密钥。这个密钥的特点是采用一个组成的字母不重复的单词或词组，例如 MEGABUCK。使用这个密钥字母出现的顺序重新对明文字母的顺序进行排序，使破译者很难理解密文的意义。图 8-8 给出了易位密码方法的原理示意图。例如，本例中按密钥字母在字母表的顺序，字母 A 对应的一列字母 afllskso 排在密文的前面，下一列是字母 B 对应的第二列字母 selawaia 接在第一列之后，依照这种规则就将原明文变化成对应的密文。接收方知道这个密钥，因此他可以很快地还原出明文。如果你知道加密者使用的是易位法，但是你不知道密钥，就不能够将密文还原成明文，即使得到这段文字，但是你不知道这段文字表示什么意思。同时也可以看出，破译易位密码法的密钥要比破译单字母表替换法的密钥困难得多。

图 8-8　易位密码方法原理示意图

从上面的例子中可以看出,加密算法实际上很难做到绝对保密,现代密码学的一个基本原则是"一切秘密寓于密钥之中"。密钥可以视为加密算法中的可变参数。从数学的角度来看,改变了密钥,实际上也就改变了明文与密文之间等价的数学函数关系。在设计加密系统时,加密算法是可以公开的,真正需要保密的是密钥。

3. 什么是密码

加密技术可以分为密钥和加密算法两部分。其中,加密算法是用来加密的数学函数,而解密算法是用来解密的数学函数。密码是明文经过加密算法运算后的结果。实际上,密码是含有一个参数 k 的数学变换,即

$$C = E_k(m)$$

其中,m 是未加密的信息(明文),C 是加密后的信息(密文),E 是加密算法,参数 k 称为"密钥"。密文 C 是明文 m 使用密钥 k,经过加密算法 E 计算后的结果。

加密算法可以公开,而密钥只能由通信双方来掌握。如果在网络传输过程中,传输的是经过加密处理后的数据信息,那么即使有人窃取了这样的数据信息,由于不知道相应的密钥与解密方法,也很难将密文还原成明文,从而可以保证信息在传输与存储中的安全。

4. 密钥长度

对于同一种加密算法,密钥的位数越长,破译的困难就越大,安全性也就越好。在给定的环境下,为了确保加密的安全性,人们一直在争论密钥长度,即密钥使用的位数。密钥位数越多,密钥空间(key space)越大,也就是密钥的可能的范围也就越大,那么攻击者也就越不容易通过蛮力攻击(brute-force attack)来破译。在蛮力攻击中,破译者可以用穷举法对密钥的所有组合进行猜测,直到成功地解密。表 8-1 给出了在给定密钥长度下,用穷举法进行猜测时需要尝试的密钥个数。

表 8-1　密钥长度与密钥个数

密钥长度/位	组　合　个　数	密钥长度/位	组　合　个　数
40	$2^{40} = 1\,099\,511\,627\,776$	112	$2^{112} = 5.192\,296\,858\,535 \times 10^{33}$
56	$2^{56} = 7.205\,759\,403\,793 \times 10^{16}$	128	$2^{128} = 3.402\,823\,669\,209 \times 10^{38}$
64	$2^{64} = 1.844\,674\,407\,371 \times 10^{19}$		

假设用穷举法破译,猜测每 10^6 个密钥用 $1\mu s$ 的时间,那么猜测 2^{128} 个密钥最长时间大约是 1.1×10^{19} 年。所以,一种自然的倾向就是使用最长的可用密钥,它使得密钥很难被猜测出来。但是密钥越长,进行加密和解密过程所需的计算时间也将越长。我们的目标是要使破译密钥所需要的"花费"比该密钥所保护的信息价值还大。许多国家对于基于密钥长度的加密产品有着特殊的进口和出口规定。

8.2.2　对称密码体系

目前常用的加密技术可以分为两类,即对称加密(symmetric cryptography)与非对称加密(asymmetric cryptography)。在传统的对称密码系统中,加密用的密钥与解密用的密钥是相同的,密钥在通信中需要严格保密。在非对称加密系统中,加密用的公钥与解密用的私钥是不同的,加密用的公钥可以公开,而解密用的私钥需要保密。

1. 对称加密的基本概念

对称加密技术对信息的加密与解密都使用相同的密钥。图 8-9 给出了对称加密的工作原理。使用对称加密方法,加密方与解密方必须使用同一种加密算法和相同的密钥。理解对称加密机制的基本工作原理需要注意以下 4 个问题。

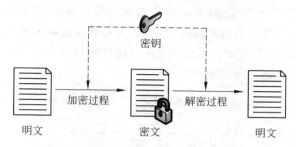

图 8-9   对称加密的工作原理

（1）由于通信双方加密与解密时使用同一个密钥,因此如果第三方获取该密钥就会造成失密。只要通信双方能确保密钥在交换阶段未泄露,那么就可以保证信息的秘密性与完整性。对称加密技术存在着通信双方之间确保密钥安全交换的问题。

（2）如果一个用户要与 N 个其他用户进行加密通信时,每个用户对应一把密钥,那么他就需要维护 N 把密钥。当网络中有 N 个用户之间进行加密通信时,则需要有 $N\times(N-1)$ 个密钥,才能保证任意两方之间的通信。

（3）由于在对称加密体系中加密方和解密方使用相同的密钥,系统的保密性主要取决于密钥的安全性。因此,密钥在加密方和解密方之间的传递和分发必须通过安全通道进行,在公共网络上使用明文传递密钥是不合适的。如果密钥没有以安全方式传送,那么黑客就很可能非常容易地截获密钥。如何产生满足保密要求的密钥,如何安全、可靠地传送密钥是十分复杂的问题。

（4）密钥管理涉及密钥的产生、分配、存储与销毁。如果设计了一个很好的加密算法,但是密钥管理问题处理不好,那么这样的系统同样是不安全的。

2. 典型的对称加密算法

数据加密标准(data encryption standard,DES)是最典型的对称加密算法,它是由 IBM 公司提出,经过国际标准化组织认定的数据加密的国际标准。DES 算法是目前广泛采用的对称加密方式之一,主要用于银行业中的电子资金转账领域。DES 算法采用了 64 位密钥长度,其中 8 位用于奇偶校验,用户可以使用其余的 56 位。DES 算法并不是非常安全的,入侵者使用运算能力足够强的计算机,对密钥逐个尝试就可以破译密文。但是,破译密码是需要很长时间的,只要破译的时间超过密文的有效期,那么加密就是有效的。目前,已经有一些比 DES 算法更安全的对称加密算法,例如 IDEA 算法、RC2 算法、RC4 算法与 Skipjack 算法等。

8.2.3 非对称密码体系

1. 非对称加密的基本概念

非对称加密技术对信息的加密与解密使用不同的密钥,用来加密的密钥是可以公开的,用来解密的私钥是需要保密的,因此该技术又称为公钥加密(public key encryption)技术。

1976 年,Diffie 与 Hellman 提出了公钥加密的思想,加密用的公钥与解密用的私钥不同,公开加密密钥不至于危及解密密钥的安全。用来加密的公钥(public key)与解密的私钥(private key)是数学相关的,并且加密公钥与解密私钥是成对出现的,但是不能通过加密公钥来计算出解密私钥。图 8-10 给出了非对称加密的工作原理。当发送端希望用非对称加密的方法,将明文加密后发送给接收端时,他首先要得到接收端的密钥产生器所产生的一对密钥中的公钥。发送端用公钥加密后的密文可以通过网络发送到接收端。接收端使用一对密钥中的私钥去解密,将密文还原成明文。

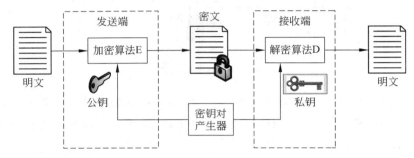

图 8-10 非对称加密的工作原理

非对称密钥密码体系在现代密码学中是非常重要的。按照一般的理解,加密主要是解决信息在传输过程中的保密性问题。但是还存在着另一个问题,即如何对信息发送人与接收人的真实身份进行验证,防止所发出信息和接收信息的用户在事后抵赖,并且能够保证数据的完整性。非对称密钥密码体制对这两个方面的问题都给出了很好的回答。理解非对称密钥密码体系的基本工作原理需要注意以下 4 个问题。

(1) 在非对称密钥密码体制中,加密的公钥与解密的私钥是不相同的。人们可以将加密的公钥公开,谁都可以使用。而解密的私钥只有解密人自己知道。

(2) 由于采用了两个密钥,并且从理论上可以保证要从公钥和密文中分析出明文和解密的私钥在计算上是不可行的。那么以公钥作为加密密钥,接收方使用私钥解密,则可实现多个用户发送的密文只能由一个持有解密的私钥的用户解读。

(3) 如果以用户的私钥作为加密密钥,而以公钥作为解密密钥,则可以实现由一个用户加密的消息而由多个用户解读,这样非对称密钥密码就可以用于数字签名。

(4) 非对称加密技术可以大大简化密钥的管理,网络中 N 个用户之间进行通信加密,仅仅需要使用 N 对密钥就可以了。

非对称加密技术与对称密钥加密技术相比,其优势在于不需要共享通用的密钥,用于解密的私钥不需要发往任何地方,公钥在传递和发布过程中即使被截获,由于没有与公钥相匹配的私钥,截获的公钥对入侵者也就没有太大意义。公钥加密技术的主要缺点是加密算法复杂,加密与解密的速度比较慢。

2. 非对称加密的标准

目前,主要的公钥算法包括 RSA 算法、DSA 算法、PKCS 算法与 PGP 算法等。

RSA 公钥体制是 1978 年由 Rivest、Shamir 和 Adleman 提出的一个公钥密码体制,RSA 就是以其发明者的姓名的第一个字母命名的。RSA 体制被认为是目前为止理论上最为成熟的一种公钥密码体制。RSA 体制多用在数字签名、密钥管理和认证等方面。该体制的理论基础是寻找大素数是相对容易的,而分解两个大素数的积在计算上是不可行的。RSA 算法的安全性建立在大素数分解的基础上,因为素数分解是一个极其困难的问题。

RSA 算法的保密性随其密钥的长度增加而增强。但是,使用的密钥越长,加密与解密所需要的时间也就越长。因此,人们必须要根据被保护信息的重要程度、攻击者破解所要花费的代价,以及系统所要求的保密期限来综合考虑,选择密钥的长度。

20 世纪 80 年代末,Rivest、Shamir 和 Adleman 找到了一个 129 位数的两个素数的乘积,称为 RSA 129。然而,1994 年 3 月由 Lenstra 领导的一组数学家和世界各地的 600 多名数学爱好者使用了 1600 台计算机,通过 Internet 协同工作,向这个 129 位数发动了进攻,花费了 8 个月的时间就分解出了这个数的两个素数因子,其中一个长 64 位,另一个长 65 位。目前 155 位的 RSA 密钥虽然仍在银行、股票交易所与在线零售商使用,每天价值几十亿美元的业务数据需要使用它来加密,但是 155 位的密钥长度看来还是不够的。

1985 年,ElGamal 构造了一种基于离散对数的公钥密码体制,这就是 ElGamal 公钥体制。ElGamal 公钥体制的密文不仅依赖于待加密的明文,而且依赖于用户选择的随机数,由于每一次随机数是不同的,因此即使加密相同的明文,得到的密文也是不同的。由于这种加密算法的不确定性,又称其为"概率加密体制"。目前,ElGamal 已经成为数字签名体制标准。

8.2.4 公钥基础设施

1. 公钥基础设施的基本概念

公钥基础设施(public key infrastructure,PKI)是利用公钥加密和数字签名技术建立的安全服务基础设施,以保证网络环境中数据的秘密性、完整性与不可抵赖性。理解 PKI 的基本概念需要注意以下 4 个基本问题。

(1) PKI 是一种针对电子商务、电子政务应用,利用非对称加密密码体系,提供安全服务的通用性网络安全基础设施。

(2) PKI 系统对用户是透明的、用户在获得加密和数字签名服务的时候,不需要知道 PKI 是如何管理证书与密钥的。

(3) PKI 建立的安全通信信任平台与密钥管理体系,能够为所有的网络应用提供加密与数字签名服务,实现 PKI 系统的关键是密钥的管理。

(4) PKI 主要任务是确定用户可信任的合法身份。这个信任关系是通过公钥证书来实现的。公钥证书就是用户身份与所持有公钥的结合,而这种结合关系是由可信任的第三方权威机构——认证中心来确认的。

2. PKI 系统的工作原理

图 8-11 给出了 PKI 工作原理示意图。

理解 PKI 的基本工作原理,需要注意以下三个基本问题。

(1) PKI 的认证中心(certificate authority,CA)产生用户之间通信所使用的非对称加密的公钥与私钥对,并存储在证书数据库中。如图 8-11 中所示的用户 A 与用户 B 的密钥对。用户 A 与用户 B 都是 PKI 注册的合法用户。

(2) 当用户 A 希望与用户 B 通信时,用户 A 向 CA 申请下载包含用户 A 密钥的数字证

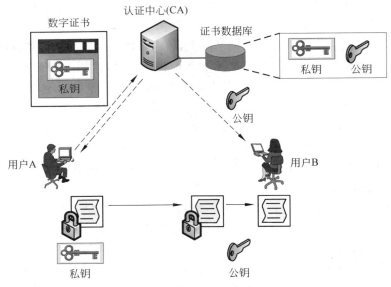

图 8-11   PKI 工作原理示意图

书。认证中心的注册认证(registration authority,RA)中心在确认用户 A 的合法身份后,将数字证书发送给用户 A。用户 A 有了加密用的密钥。

(3) 用户 B 可以通过数字证书的方式获得对应的公钥。在用户 A 向用户 B 发送用私钥加密和数字签名的文件时,可以用公钥验证文件的合法性。

在 PKI 系统中,CA 中心与 RA 中心负责用户身份的确认、密钥的分发与管理、证书的撤销。实际的 PKI 系统中不可能只有一个 CA 中心。多个 CA 中心之间必然会存在一个信任关系模型。信任关系模型建立的目的是:确保一个认证机构颁发的证书能够被另一个认证机构的用户信任。

在公钥基础设施 PKI 的基础上,目前出现的发展趋势是开展特权管理基础设施(privilege manage infrastructure,PMI)的研究。PKI 认证是对通信双方实体身份的鉴别,而特权管理基础设施(PMI)认证的作用不是对实体身份进行验证,而是对一个实体在完成某项任务需要具有的权限的鉴别。PMI 作为 PKI 的补充,PKI 提供用户身份信任的管理平台,PMI 提供用户授权信任的管理平台,共同向用户提供身份与特权的全面统一管理的访问控制服务。

8.2.5 数字签名技术

数据加密可以防止信息在传输过程中被截获,但是如何确定发送人的身份问题就需要使用数字签名技术来解决。

1. 数字签名的基本概念

亲笔签名是用来保证文件或资料真实性的一种方法。在网络环境中,通常使用数字签名技术来模拟日常生活中的亲笔签名。数字签名将信息发送人的身份与信息传送结合起来,可以保证信息在传输过程中的完整性,并提供信息发送者的身份认证,以防止信息发送者抵赖行为的发生。目前各国已制定了相应的法律和法规,把数字签名作为执法的依据。

利用非对称加密算法(如 RSA 算法)进行数字签名是最常用的方法。

数字签名需要实现以下三项主要的功能:

(1) 接收方可以核对发送方对报文的签名,以确定对方的身份。

(2) 发送方在发送报文之后无法对发送的报文和签名抵赖。

(3) 接收方无法伪造发送方的签名。

2. 数字签名的工作原理

非对称加密算法使用两个不同的密钥,其中一个是用来加密的公钥,它可以保存在系统目录、未加密的电子邮件中,网上的任何用户都可以获得公钥;另一个是由用户本身持有的私钥,它可以对由公钥加密的信息进行解密。

非对称加密算法(如 RSA 算法)效率比较低,并且对加密的信息块长度有一定的限制。在使用非对称加密算法进行数字签名前,通常先使用单向散列函数或称哈希函数(Hashing function)对要签名的信息进行计算,生成信息摘要,并对信息摘要进行签名(RFC1321)。

我们可以用一个简单的例子来说明单向散列函数的实现方法。假设生成单向散列函数的办法是:对一段英文消息中字母 a、e、h、o 出现的次数进行计数,生成的消息摘要值 H 取字母 a、e、h 的出现次数相乘,再加上字母 o 出现的次数的运算结果。那么,对于一句英文消息:

the combination to the safe is two, seven, thirty-five.

这句英文中:a 出现的次数为 2,e 出现的次数为 6,h 出现的次数为 3,o 出现的次数为 4。那么,按照生成的消息摘要值的规则

$$H_0 = (2 \times 6 \times 3) + 4 = 40$$

如果有人截获了这段消息,并把它修改为:

You are being followed, use back roads hurry.

这句英文中:a 出现的次数为 3,e 出现的次数为 4,h 出现的次数为 1,o 出现的次数为 4。那么,按照生成的消息摘要值的规则

$$H' = (3 \times 4 \times 1) + 4 = 16$$

显然,被人修改过的消息摘要值就会发生变化。通过检查消息摘要值的方法可以发现发送的消息是否已经被人篡改。当然,单向散列函数是很复杂的,这里只是用一个例子形象地加以说明。单向散列函数可以根据一个任意长的报文生成固定长度的散列值。它所生成的散列值具有唯一性,人们将散列值比作消息的"指纹"。因此,使用单向散列函数可以检测报文的完整性。图 8-12 给出了数字签名的工作原理示意图。

数字签名的具体工作过程如下。

(1) 发送方使用单向散列函数对要发送的信息进行运算,生成信息摘要。

(2) 发送方使用自己的私钥,利用非对称加密算法,对生成的信息摘要进行数字签名。

(3) 发送方通过网络将信息本身和已进行数字签名的信息摘要发送给接收方。

(4) 接收方使用与发送方相同的单向散列函数,对收到的信息进行运算,重新生成信息摘要。

(5) 接收方使用发送方的公钥对接收的信息摘要解密。

(6) 将解密的信息摘要与重新生成的信息摘要进行比较,以判断信息在发送过程中是

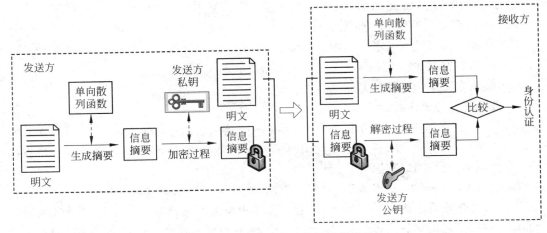

图 8-12　数字签名的工作原理示意图

否被篡改过。

目前广泛应用的数字签名算法是消息摘要 MD5(message digest 5)算法。它是 Rivest 于 1994 年发表的一种单向散列算法,可以对任意长度的数据生成 128 位的散列值,也称为不可逆指纹。攻击者不能从 MD5 生成的散列值反向算出原始数据。RFC1321 文档对 MD5 做出了详细的说明。需要注意的是,MD5 算法实际上没有对任何数据进行加密或修改,只是生成了一个用于判断数据完整性与真实性的散列值。因此,利用数字签名可以验证数据在传输过程中是否被篡改,同时能够确认发送者的身份,防止信息交互中抵赖现象的发生。

8.2.6　身份认证技术的发展

网络用户的身份认证可以通过下述三种基本途径之一或它们的组合来实现。

(1) 所知(knowledge):个人所掌握的密码、口令等。

(2) 所有(possesses):个人的身份证、护照、信用卡、钥匙等。

(3) 个人特征(characteristics):人的指纹、声音、笔迹、手形、脸形、血型、视网膜、虹膜、DNA,以及个人动作方面的特征等。

根据安全要求和用户可接受的程度以及成本等因素,可以选择适当的组合,来设计一个自动身份认证系统。

在安全性要求较高的系统,仅由口令和证件等提供的安全保障是不完善的。口令可能被泄露,证件可能会丢失或伪造。更高级的身份验证是根据用户的个人特征来进行确认,它是一种可信度高而又难以伪造的验证方法。

新的、广义的生物统计学正在成为网络环境中个人身份认证技术中最简单而安全的方法,它是利用个人所特有的生理特征来设计的。个人特征包括很多,如容貌、肤色、发质、身材、姿势、手印、指纹、脚印、唇印、颅相、口音、脚步声、体味、视网膜、血型、遗传因子、笔迹、习惯性签字、打字韵律以及在外界刺激下的反应等。当然,采用哪种方式还要看是否能够方便地实现,以及是不是能够被用户所接受。个人特征都具有"因人而异"和随身"携带"的特点,不会丢失且难以伪造,适用于高级别个人身份认证的要求。因此,将生物统计学与网络安全、身份认证结合起来是目前网络安全研究的一个重要课题。

8.3　网络安全协议

网络安全协议设计的要求是实现协议执行过程中的认证性、机密性、完整性与不可否认性,这与网络安全服务的基本原则是一致的。网络安全协议的研究与标准的制定涉及网络层、传输层与应用层。

8.3.1　网络层安全与 IPSec 协议、IPSec VPN

1. IPSec 安全体系结构

通过讨论 IPv4 协议可以看出,IP 协议本质上是不安全的,伪造一个 IP 分组、篡改 IP 分组的内容、窥探传输中的 IP 分组的内容都是比较容易的。接收端不能保证每一个 IP 分组源地址的真实性,也不能保证 IP 分组在传输过程中没有被篡改或泄露。IP 分组的校验和对于 IP 分组数据完整性的验证能力很弱,攻击者完全可以在修改 IP 分组数据之后,很方便地重新计算校验和,然后填回到校验和字段的位置。

为了解决 IP 协议的安全性问题,IETF 于 1995 年成立了一个 IP 安全协议工程组,着手研究并提出了网络层的 IP 安全协议(IP Security Protocol,IPSec),构成了一个 IP 协议安全体系。1998 年公布了 Internet 网络层的系列文档(RFC2401～RFC2411)。

2. IPSec 的主要特征

理解 IPSec 设计思路与技术特征,需要注意以下问题。

(1) IPSec 的安全服务是在 IP 层提供的,可以为任何高层协议,如 TCP、UDP、ICMP、BGP 提供服务。

(2) IPSec 不是单一的一种协议,IPSec 安全体系主要由认证头协议、封装安全载荷协议与 Internet 密钥交换协议等组成。

(3) 认证头(authentication header,AH)协议用于增强 IP 协议的安全性,提供对 IP 分组源认证、IP 分组数据传输完整性与防重放攻击的安全服务。但是,AH 协议并不对 IP 分组数据进行加密。

(4) 封装安全载荷(encapsulating security payload,ESP)协议提供对 IP 分组源认证、IP 分组数据完整性、秘密性与防重放攻击的安全服务。

(5) Internet 密钥交换(Internet key exchange,IKE)协议用于协商 AH 协议与 ESP 协议所使用的密码算法与密钥管理体制。

(6) 安全关联(security association,SA)是 IPSec 的工作基础。安全关联是建立网络层安全连接的双方,通过 IKE 协议协商将采用的加密与认证算法的过程。通过安全关联协商双方进行认证时使用的认证算法、密钥及密钥生存期。

(7) IPSec 定义了两种保护 IP 分组的模式:传输模式与隧道模式。

(8) IPSec 对于 IPv4 是可选的,但是 IPv6 基本的组成部分。

3. AH 协议基本工作原理

AH 协议可以工作在传输模式,也可以工作在隧道模式。图 8-13 给出了工作在传输模式的 AH 协议工作原理示意图。

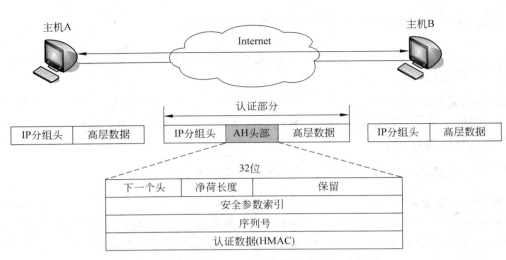

图 8-13 传输模式的 AH 协议工作原理示意图

理解传输模式的 AH 协议工作原理需要注意以下三个基本的问题。

(1) 传输模式中生成的 AH 头直接插到原 IPv4 分组头的后面;对于 IPv6,AH 头则是 IPv6 的扩展头一部分。

(2) AH 头部结构如下。

① "下一个头"字段标识 AH 头部之后的头类型。因为 AH 与 ESP 协议可以组合起来使用,如果下一个头是 ESP 头,则下一个头字段值为 50。

② "净荷长度"字段表示 AH 头中认证数据的长度。不同的认证算法形成的认证数据长度是变化的。头部长度是以 32 位为单位的。如果 AH 头部以 32 位为单位的长度(包括安全参数索引、序列号、认证数据)是 6,除去固定的 32 位单位的长度是 2,那么"净荷长度"字段值为 $6-2=4$。

③ "安全参数索引"字段是双方协商的密码算法、密钥与密钥生存期等参数。

④ "序列号"字段是发送端的 AH 协议为每个发送的 IP 分组分配的一个序列号;接收端 AH 协议可以根据该序列号,确定该分组是否是重放的 IP 分组,实现反重放攻击的功能。

⑤ "认证数据"字段是发送端的 AH 协议根据消息认证码(MAC)认证算法,为每个发送的 IP 分组计算出的一个 IP 分组完整性校验值(ICV);接收端 AH 协议可以根据 ICV 值,确定该分组在传输过程中是否被修改。

(3) AH 协议为主机之间的 IP 分组传输提供了数据完整性校验、源身份认证、防止重放攻击等安全服务。但是,AH 协议不提供对 IP 分组数据的加密服务。

4. 隧道模式工作原理

隧道模式(ESP)工作原理如图 8-14 所示。理解隧道模式工作原理需要注意以下 5 个问题。

(1) 隧道模式一般需要通过安全网关实现,由安全网关执行 ESP 协议。如果图 8-14 中主机 A 与主机 B 通过安全网关 A 与安全网关 B 建立网络层安全连接,ESP 协议执行过程由安全网关 A 与安全网关 B 完成。这个过程对于主机 A 与主机 B 是透明的。

(2) 在隧道模式中,原始的 IP 分组经过安全处理之后,将被封装在新的 IP 分组中。新

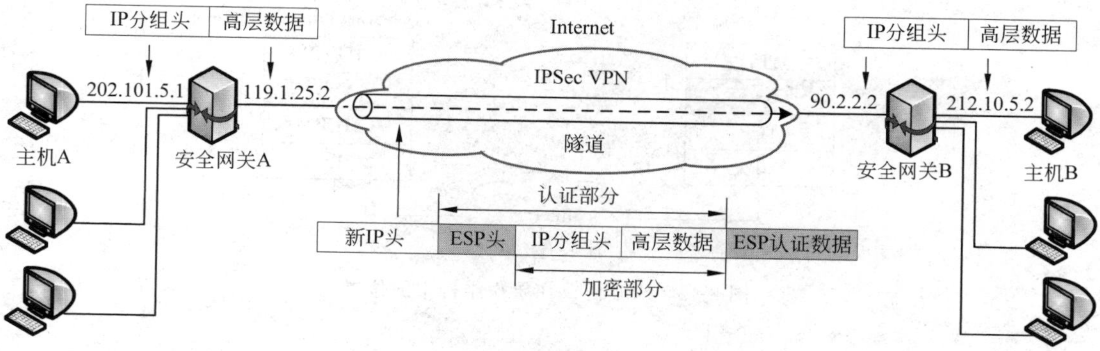

图 8-14 隧道模式工作原理示意图

的 IP 分组头中源与目的 IP 地址分别为安全网关的 IP 地址。如图 8-14 所示,主机 A(202. 101.5.1)发送给主机 B(212.10.5.2)的分组,经过安全网关 A 进入隧道传输时,新的分组的 IP 地址使用的是安全网关 A(119.1.25.2)与安全网关 B(90.2.2.2)的 IP 地址。

（3）隧道模式一般采用 ESP 协议提供的主机认证与 IP 分组数据加密服务,所采用的加密与认证算法是在安全网关建立安全关联过程中协商确定的。

（4）对原始 IP 分组进行加密,可以保证分组传输的安全性;对 ESP 头、加密的原始 IP 分组进行认证,可以确认发送主机与接收主机身份的合法性。

（5）ESP 协议可以根据不同类型的应用需求,提供不同强度的加密算法,以增加攻击者破译密钥的难度,提高 IP 传输的安全性。

将 IPSec 隧道模式与构建 VPN 相结合,利用 IPSec 支持身份认证与访问控制、保证数据秘密性与完整性服务,为大型网络系统在 Internet 环境中建立安全的 IPSec VPN 提供了重要的技术保证。

8.3.2 传输层安全与 SSL、TLP 协议

1. SSL 协议的基本概念

安全套接层(secure sockets layer,SSL)协议是 Netscape 公司 1994 年提出的用于 Web 应用的传输层安全协议 SSLv1,1995 年开发了 SSLv2 并用于 Web 浏览器 Netscape Navigator 1.1 之中。SSL 协议使用非对称加密体制和数字证书技术,保护信息传输的秘密性和完整性。SSL 是国际上最早应用于电子商务的一种网络安全协议。

Microsoft 公司开发了类似的 PCT(private communication technology)协议。Netscape 公司在 SSLv2 基础上做了较大改进后推出了 SSLv3。IETF 鉴于 SSL 与 PCT 不兼容的现状,研发了 TLP(Transport Layer Protocol)协议,希望推动传输层安全协议标准化。文档 RFC2246 对 TLP 协议进行了详细描述。但是,目前世界各国的网上支付系统广泛应用的仍是 SSLv3 协议。图 8-15 给出了 SSL 协议在网络协议体系中位置的示意图。

2. SSL 协议的特点

SSL 协议具有以下特点。

（1）SSL 协议尽管可以用于 HTTP、FTP、TELNET 等协议,但是目前主要应用于 HTTP 协议,为基于 Web 服务的各种网络应用中客户与服务器之间的用户身份认证与安

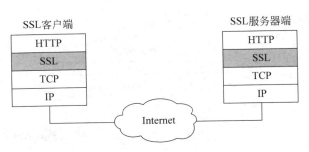

图 8-15　SSL 协议在层次结构中的位置

全数据传输提供服务。

(2) SSL 协议处于端系统的应用层与传输层之间,在 TCP 协议之上建立一个加密的安全通道,为 TCP 协议之间传输的数据提供安全保障。

(3) 当 HTTP 协议使用 SSL 协议时,HTTP 的请求、应答报文格式与处理方法不变。不同之处是:应用进程所产生的报文将通过 SSL 协议加密之后,再通过 TCP 连接传送出去;在接收端 TCP 协议将加密的报文传送给 SSL 协议解密之后,再传送到应用层 HTTP 协议。

(4) 当 Web 系统采用 SSL 协议时,Web 服务器的默认端口号从 80 变换为 443;Web 客户端使用 HTTPS 取代常用的 HTTP。

(5) SSL 协议包含两个协议:SSL 握手协议(SSL Handshake Protocol)与 SSL 记录协议(SSL Record Protocol)。SSL 握手协议实现双方加密算法的协商与密钥传递,SSL 记录协议定义 SSL 数据传输格式,实现对数据的加密与解密操作。

1995 年出现的开放源代码 OpenSSL 软件包目前已经推出了 OpenSSL0.8.1 版,支持 SSLv3 与 TLSv1 版本。

8.3.3　应用层安全与 PGP、SET 协议

1. 电子邮件安全的基本概念

电子邮件存在的垃圾邮件、诈骗邮件、炸弹邮件与病毒邮件等问题已经引起了人们的高度重视。未加密的电子邮件在网络上是很容易被截获的,如果电子邮件不是数字签名的,那么用户无法确定邮件是从哪里发送来的。要解决电子邮件的安全问题,有 4 种研究的途径:端到端的电子邮件安全、传输层安全、邮件服务器安全与用户端安全电子邮件技术。

目前已经出现不少与电子邮件安全相关的协议与标准,如 PGP(pretty good privacy)、PEM(privacy enhancement for Internet electronic mail)、S/MIME(secure MIME)、MOSS(MIME object security services)。其中,PGP 协议于 1995 年开发,它包括电子邮件的加密、身份认证、数字签名等安全功能。

2. PGP 协议的基本工作原理

PGP 协议用来保证数据在传输过程中的安全。PGP 协议的设计思想与数字信封是一致的。图 8-16 给出了数字信封工作原理示意图。

传统的对称加密方法的算法运算效率高,但是密钥不适合通过公共网络传递。而非对称加密算法的密钥传递简单,但加密算法的运算效率低。数字信封技术将传统的对称加密

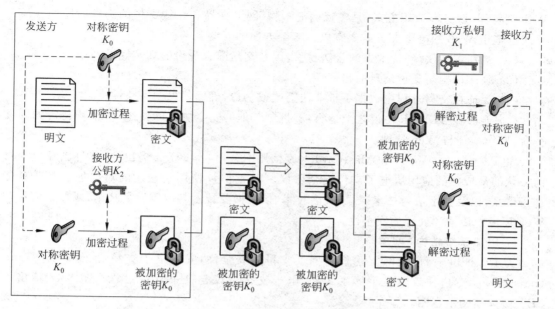

图 8-16　数字信封工作原理示意图

与非对称加密算法结合起来,利用了对称加密算法的高效性与非对称加密算法的灵活性,保证了信息在传输过程中的安全性。

在 PGP 协议中需要有两个不同的加密解密过程:明文本身的加密解密与对称密钥的加密解密。首先,它使用对称加密算法对发送的明文进行加密;然后,利用非对称加密算法对对称密钥进行加密,其过程包括:

(1) 在需要发送信息时,发送方生成一个对称密钥 K_0。

(2) 发送方使用自己对称加密的密钥 K_0 对发送数据进行加密,形成加密的数据密文。

(3) 发送方使用接收方提供的公钥 K_2,对发送方的密钥 K_0 进行加密。

(4) 发送方通过网络将加密后的密文和加密的密钥传输到接收方。

(5) 接收方用私钥 K_1 对加密后的发送方密钥 K_0 进行解密,得到对称密钥 K_0。

(6) 接收方使用还原出的对称密钥 K_0 对数据密文进行解密,得到数据明文。

PGP 协议使用两层加密体制,在内层利用对称加密技术,每次传送信息都可以重新生成新的密钥,保证了信息的安全性。在外层利用非对称加密技术加密对称密钥,保证了密钥传递的安全性,实现了身份认证。PGP 协议数字签名的作用能够保证邮件的完整性、身份认证与不可抵赖性,数据加密的作用可以保证邮件内容的秘密性。

3. Web 安全问题的严重性

对 Web 系统安全构成威胁的因素很多。对于攻击者来说,Web 服务器、数据库服务器有很多的弱点可以被利用,比较明显的弱点在服务器的 CGI 程序与一些工具程序上。Web 服务的内容越丰富,应用程序越大,则包含错误代码的概率就越高。程序设计人员在编写 CGI 程序与一些工具程序时,一个简单的错误和不规范的编程都有可能形成系统的一个安全漏洞。研究应对 Web 安全的研究一直是一个富有挑战性的课题。

4. SET 协议产生的背景

电子商务是以 Internet 环境为基础,在计算机系统支持下进行的商务活动。它基于

Web 浏览器/服务器应用方式,是实现网上购物、网上交易和在线支付的一种新型商业运营模式。基于 Web 的电子商务需要有以下 4 个方面的安全服务。

（1）鉴别贸易伙伴、持卡人的合法身份,以及交易商家身份的真实性。

（2）确保订购与支付信息的秘密性。

（3）保证在交易过程中数据不被非法篡改或伪造,确保信息的完整性。

（4）能够在 TCP/IP 协议之上运行,不抵制其他的安全协议的使用,不依赖特定的硬件平台、操作系统与 Web 软件。

SET 协议是由 VISA 和 MastCard 两家信用卡公司与 1997 年提出的,并且已经成为目前公认的最成熟的应用层电子支付安全协议。SET 协议使用了常规的对称加密与非对称加密体系,以及数字信封技术、数字签名技术、信息摘要技术与双重签名技术,以保证信息在 Web 环境中传输和处理的安全性。

5. SET 系统结构

为了保证电子商务、网上购物与网上支付的安全性,安全电子交易（secure electronic transaction,SET）协议定义了体系结构、电子支付协议与证书管理过程。图 8-17 给出了 SET 协议结构示意图。

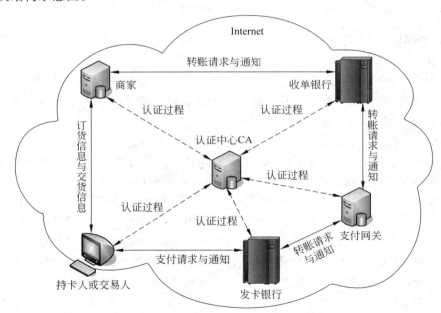

图 8-17　SET 协议结构示意图

基于 SET 协议构成的电子商务系统由 6 个部分组成。

（1）持卡人

持卡人是指由发卡银行所发行的支付卡的合法持有人。

（2）商家

商家是指向持卡人出售商品或服务的个人或商店。商家必须和收单银行建立业务联系,接受电子支付形式。

（3）发卡银行

发卡银行是指向持卡人提供支付卡的金融授权机构。

（4）收单银行

收单银行是指与商家建立业务联系,可以处理支付卡授权和支付业务的金融授权机构。

（5）支付网关

支付网关是由收单银行或第三方运作,用来处理商家支付信息的机构。

（6）认证中心

认证中心是一个可信任的实体,可以为持卡人、商家与支付网关签发数字证书的机构。

6. SET 协议的基本工作原理

SET 结构的设计思想是:在持卡人、商家与收单银行之间建立一个可靠的金融信息传递关系,解决网上三方支付机制的安全性。

（1）秘密性

数据的秘密性是指对敏感的和个人信息的保护,防止受到攻击与泄露。SET 协议采用对称、非对称密码机制与数字信封技术保护交易中数据交换的秘密性。

（2）认证

SET 协议通过 CA 中心,实现对通信实体之间、持卡人身份、商家身份、支付网关身份的认证。

（3）完整性

SET 协议通过数字签名机制,确保系统内部交换信息在传输过程中没有被篡改与伪造。

SET 协议保证电子商务各个参与者之间的信息隔离,持卡人的信息经过加密后发送到银行,商家不能看到持卡人的账户与密码等信息;保证商家与持卡人交互的信息在 Internet 上安全传输,不被黑客窃取或篡改;通过 CA 中心第三方机构,实现持卡人与商家、商家与银行之间的相互认证,确保电子商务交易各方身份的真实性。

SET 协议规定了加密算法的应用、证书授权过程与格式、信息交互过程与格式、认证信息格式等,使不同软件厂商开发的软件具有兼容性和互操作性,并能够运行在不同的硬件和操作系统平台上。

8.4　网络攻击与防御

8.4.1　网络攻击的基本概念

1. 网络攻击的分类

在十几年之前,网络攻击还仅限于破解口令和利用操作系统漏洞等有限的几种方法,然而随着网络应用规模的扩大和技术的发展,Internet 上黑客站点随处可见,黑客工具可以任意下载,黑客攻击活动日益猖獗。黑客攻击已经对网络的安全构成了极大的威胁。研究黑客攻击技术,了解并掌握攻击技术,才有可能有针对性地进行防范。研究网络攻击方法已经成为制定网络安全策略、研究入侵检测技术的基础。法律对攻击的定义是指攻击仅仅发生在入侵行为完全完成,并且入侵者已在目标网络内。但是,对于网络安全管理员来说,一切可能使网络系统受到破坏的行为都应视为攻击。

目前网络攻击可以分为：

(1) 系统入侵类攻击。

(2) 缓冲区溢出攻击。

(3) 欺骗类攻击。

(4) 拒绝服务攻击。

系统入侵类攻击者的最终目的都是为了获得主机系统的控制权,从而破坏主机和网络系统。这类攻击又分为信息收集攻击、口令攻击、漏洞攻击。缓冲区溢出攻击是指通过往程序的缓冲区写超出其长度的内容,造成缓冲区的溢出,从而破坏程序的堆栈,使程序转而执行其他指令。缓冲区攻击的目的在于扰乱那些以特权身份运行的程序的功能,使攻击者获得程序的控制权。网络欺骗的主要类型有 IP 欺骗、ARP 欺骗、DNS 欺骗、Web 欺骗、电子邮件欺骗、源路由欺骗、地址欺骗与口令欺骗等。

2. 网络安全威胁的层次

网络安全威胁可以分为三个层次：主干网络的威胁、TCP/IP 协议安全威胁与网络应用的威胁。主干网络的威胁主要表现在主干路由器与 DNS 服务器。攻击主干网最直接的方法就是攻击它的主干路由器与 DNS 服务器。2002 年 8 月黑客利用 Internet 主干网的 ASN No.1 信令存在的安全漏洞,攻击了主干路由器、交换机和一些基础设施,造成了严重的后果。全球 13 台根域 DNS 服务器支持着整个 Internet 的运行。1997 年 7 月的人为错误曾经导致根域 DNS 服务器工作不正常,致使 Internet 系统局部服务中断。2002 年 10 月 21 日美国东部时间 16:45 开始,13 台根域 DNS 服务器遭受了规模最大的分布式拒绝服务攻击,导致其中的 9 台根域 DNS 服务器工作不正常。

3. 网络攻击手段的分类

网络攻击手段很多并且不断地变化,总结目前出现的主要的网络攻击现象与手段,可以将它们分为欺骗类攻击、拒绝服务/分布式拒绝服务类攻击、信息收集类攻击、漏洞类攻击4 种基本类型。

(1) 欺骗类攻击

欺骗类攻击的手段主要包括口令欺骗、IP 地址欺骗、ARP 欺骗、DNS 欺骗与源路由欺骗等。

(2) 拒绝服务/分布式拒绝服务类攻击

拒绝服务(DoS)攻击与分布式拒绝服务(DDoS)攻击的手段主要包括资源消耗型、修改配置型、物理破坏型与服务利用型等类型的拒绝服务攻击。

(3) 信息收集类攻击

信息收集类攻击的手段主要包括扫描攻击、体系结构探测攻击与利用服务攻击等。

(4) 漏洞类攻击

漏洞类攻击的手段主要包括网络协议类、操作系统类、应用软件类与数据库类等。

同时需要注意的是,网络安全漏洞实际上分为技术漏洞与管理漏洞两大类,这里主要考虑的是技术漏洞类的问题。

8.4.2　DoS 攻击与 DDoS 攻击

1. DoS 攻击的基本概念

拒绝服务（denial of service,DoS）攻击主要是通过消耗网络系统有限的、不可恢复的资源，从而使合法用户应该获得的服务质量下降或受到拒绝。DoS 攻击本质是延长正常网络应用服务的等待时间，或者使合法用户的服务请求受到拒绝。DoS 攻击的目的不是闯入一个站点或者是更改数据，而是使站点无法服务于合法的服务请求。典型的 DoS 攻击是资源消耗型 DoS 攻击。资源消耗型 DoS 攻击常见三种方法如下。

（1）制造大量广播包或传输大量文件，占用网络链路与路由器带宽资源。

（2）制造大量电子邮件、错误日志信息、垃圾邮件，占用主机中共享的磁盘资源。

（3）制造大量无用信息或进程通信交互信息，占用 CPU 和系统内存资源。

2. DDoS 攻击的基本概念

分布式拒绝服务（distributed denial of service,DDoS）攻击是在 DoS 攻击基础上产生的一类攻击形式。DDoS 攻击采用了一种比较特殊的体系结构，攻击者利用多台分布在不同位置的攻击代理主机，同时攻击一个目标，从而导致被攻击者的系统瘫痪，其攻击过程如图 8-18 所示。

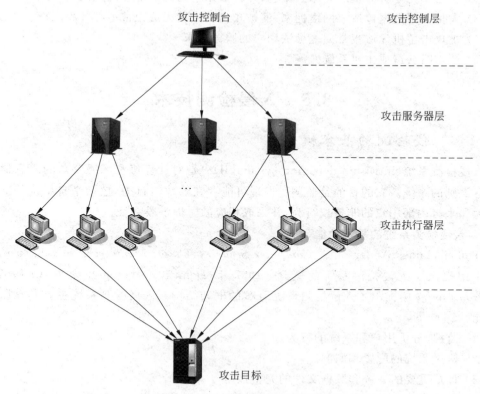

图 8-18　DDoS 攻击过程示意图

典型的 DDoS 攻击采用的是三层结构：攻击控制层、攻击服务器层、攻击执行器层。DDoS 攻击是建立在许多与攻击无关的主机在被动地、被支配的前提下实现的。攻击控制台可以是网络上的任何一台主机,甚至是一台移动的便携机,它的作用向攻击服务器分布攻击命令。攻击服务器的主要任务是将攻击控制台的命令分布到攻击执行器。攻击服务器与攻击执行器都已经被攻击控制器侵入,并被暗地里安装了攻击软件。

DDoS 攻击的第一步是攻击者选择一些防护能力弱的主机或服务器,通过寻找系统漏洞或系统配置错误,成功侵入并安装后门程序。有时攻击者也需要通过网络监听,进一步增加被侵入的主机数量。

第二步是在入侵的主机系统中安装攻击服务器软件或攻击执行器软件。攻击服务器数量一般是几台到几十台。设置攻击服务器的目的是隔离网络的联系渠道,防止被追踪,保护攻击者。攻击执行器安装相对简单的攻击软件,它只需要连续向攻击目标主机发送大量的连接请求,而不作任何应答。

第三步就是攻击控制台向攻击服务器发出攻击命令,由多个攻击服务器再向攻击执行器发出攻击命令,攻击执行器同时向目标主机发起攻击。在向攻击服务器发出攻击命令的很短的时间内,攻击控制台可以立即撤离网络,使得追踪很难实现。

DDoS 攻击的特征如下:

(1) 被攻击主机上有大量等待的 TCP 连接。

(2) 网络中充斥着大量的无用数据包,并且数据包的源地址是伪造的。

(3) 大量无用数据包造成网络拥塞,使被攻击的主机无法正常地与外界通信。

(4) 被攻击主机无法正常回复合法用户的服务请求。

(5) 严重时会造成主机系统瘫痪。

8.5　入侵检测技术

8.5.1　入侵检测的基本概念

入侵检测系统(intrusion detection system,IDS)是对计算机和网络资源的恶意使用行为进行识别的系统。它的目的是监测和发现可能存在的攻击行为,包括来自系统外部的入侵行为和来自内部用户的非授权行为,并采取相应的防护手段。

1. 入侵检测系统的基本功能

1980 年,James Anderson 在 *Computer Security Threat Monitoring and Surveillance* 的论文中提出了入侵检测系统的概念。1987 年,Domthy Donning 在论文 *An Intrusion Detection Model* 中提出了入侵检测系统 IDS 的框架结构。入侵检测系统主要具有以下基本功能。

(1) 监控、分析用户和系统的行为。

(2) 检查系统的配置和漏洞。

(3) 评估重要的系统和数据文件的完整性。

(4) 对异常行为的统计分析,识别攻击类型,并向网络管理人员报警。

(5) 对操作系统进行审计、跟踪管理,识别违反授权的用户活动。

2. 入侵检测系统的结构

图 8-19 给出了入侵检测系统 IDS 的通用框架结构(common intrusion detection

framework,CIDF)。入侵检测系统一般是由事件发生器、事件分析器、响应单元与事件数据库组成。

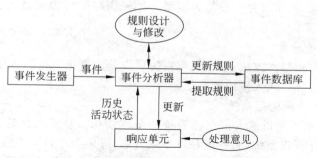

图 8-19   入侵检测系统 IDS 的通用框架结构

（1）事件发生器（event generators）

CIDF 通用框架结构将入侵检测系统 IDS 需要分析的数据统称为"事件"（event），它可以是网络中的数据包，也可以是从系统日志等其他途径得到的信息。事件发生器产生的事件可能是经过协议解析的数据包，或者是从日志文件中提取的相关部分。

（2）事件分析器（event analyzers）

事件分析器根据事件数据库的入侵特征描述、用户历史行为模型等，解析事件发生器产生的事件，得到格式化的描述，判断什么是合法的、什么是非法的。

（3）响应单元（response units）

响应单元则是对分析结果做出反应的功能单元，它可以做出切断连接、改变文件属性或报警等响应。

（4）事件数据库（event databases）

事件数据库存放攻击类型数据或者检测规则，它可以是复杂的数据库，也可以是简单的文本文件。事件数据库储存有入侵特征描述、用户历史行为等模型和专家经验。

8.5.2   入侵检测的基本方法

1. 入侵检测方法

通过对各种事件进行分析，从中发现违反安全策略的行为是入侵检测系统的核心功能。入侵检测系统按照所采用的检测方法，可以分为异常检测、误用检测以及两种方法的结合检测。

（1）异常检测

异常检测是指已知网络的正常活动状态，如果当前网络状态不符合正常的状态，则认为有攻击发生。异常检测系统的关键是建立一个对应正常网络活动的特征原型。所有与特征原型中差别很大的行为均被视为异常。显然，入侵活动与异常活动是有区别的，关键问题是如何选择一个区分异常事件的阈值才能减少漏报和误报。在用户数量多、运作状态复杂的环境中，试图用逻辑方法明确划分正常行为和异常行为是非常困难的。

（2）误用检测

误用检测系统是建立在使用某种模式或特征描述方法，能够对任何已知攻击进行表达的理论基础上。误用检测系统的两个主要问题是：如何确定所定义的攻击特征模式可以覆盖与实际攻击相关的所有要素？如何对入侵活动的特征进行匹配？根据入侵者在入侵时的某些行为过程的特征，建立一种入侵行为模型。如果用户的行为或者行为过程与入侵方案模型一致，判定入侵发生。

2. 入侵检测系统分类

按照检测的对象和基本方法，入侵检测系统可以分为基于主机的入侵检测系统、基于网络的入侵检测系统与分布式入侵检测系统。

(1) 基于主机的入侵检测系统

图 8-20 给出了基于主机的入侵检测系统的基本结构。基于主机的入侵检测系统主要任务是保护所在的计算机系统，它一般是以系统日志、应用程序日志为数据源。由于基于主机的入侵检测系统审计的信息来自于单个的主机，它能确定是哪个进程和用户参与对操作系统的一次攻击，并且能"预见"此次攻击的后果，因此它相对准确和可靠。

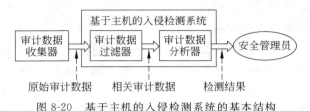

图 8-20 基于主机的入侵检测系统的基本结构

(2) 基于网络的入侵检测系统

基于网络的入侵检测系统一般是通过将 Ethernet 网卡设置成"混杂模式"来收集在网上出现的数据帧，使用原始的数据帧作为数据源，采用以下基本的识别技术：

- 模式、表达式或字节匹配。
- 频率或阈值。
- 事件的相关性。
- 统计意义上的非正常现象检测。

这类系统一般是采用被动地在网络上监听整个网段的数据流，通过分析和异常检测或特征比对，发现网络入侵事件。图 8-21 给出基于网络的入侵检测系统的基本结构。

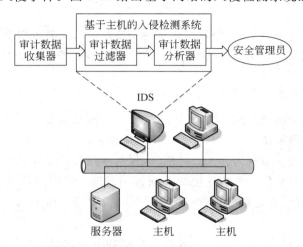

图 8-21 基于网络的入侵检测系统的基本结构

（3）分布式入侵检测系统

分布式入侵检测系统一般是由分布在网络上不同位置的检测部件组成，分别进行数据采集与数据分析，通过中心控制系统进行数据汇总、分析，产生入侵报警信号。分布式入侵检测系统不仅能检测到针对单个主机的入侵，也能检测到针对整个网络上主机的入侵。

8.5.3　蜜罐技术的基本概念

1. 蜜罐技术的基本概念

蜜罐（honeypot）是一个包含漏洞的诱骗系统，通过模拟一个主机、服务器或其他网络设备，给攻击者提供一个容易攻击的目标，用来被攻击和攻陷。设计蜜罐系统希望达到以下三个主要目的。

（1）转移网络攻击者对有价值的资源的注意力，使攻击者误认为是真正的网络设备，从而保护网络有价值的资源。

（2）通过对攻击者的攻击目标、企图、行为与破坏方式等数据的收集、分析，了解网络安全状态，研究相应的对策。

（3）对入侵者的行为和操作过程进行记录，为起诉入侵者搜集有用的证据。

2. 蜜罐的分类与结构

目前对于蜜罐技术的研究，从应用目的的角度，可以分为研究型蜜罐与实用型蜜罐两类。研究型蜜罐的部署与维护很复杂，主要用于科学研究、军事或重要的政府部门。实用型蜜罐作为产品，主要用于一个大型企业、机构的安全保护。

如果从功能角度，蜜罐可以分为端口监控器、欺骗系统与多欺骗系统。端口监控器是一种简单的蜜罐，它负责监听攻击者的攻击目标端口。端口监控器通过端口扫描发现有企图入侵者就尝试着连接，并记录连接过程的所有数据。欺骗系统在端口监控器的基础上模拟一种入侵者需要的网络服务，像一个真实系统一样与入侵者进行交互。多欺骗系统与一般的欺骗系统比较，它可以模拟多种网络服务和多种操作系统。

8.6　防火墙技术

8.6.1　防火墙的基本概念

保护网络安全的最主要手段之一是构筑防火墙。防火墙的概念起源于中世纪的城堡防卫系统，那时人们为了保护城堡的安全，在城堡的周围挖一条护城河，每一个进入城堡的人都要经过吊桥，并且还要接受城门守卫的检查。人们借鉴了这种防护思想，设计了一种网络安全防护系统，这种系统称为"防火墙"。

防火墙（firewall）是在网络之间执行控制策略的系统，它包括硬件和软件。在设计防火墙时，人们做了一个假设：防火墙保护的内部网络是"可信任的网络"（trusted network），而外部网络是"不可信任的网络"（untrusted network）。设置防火墙的目的是保护内部网络资源不被外部非授权用户使用，防止内部受到外部非法用户的攻击。因此，防火墙安装的位置一定是在内部网络与外部网络之间，其结构如图 8-22 所示。

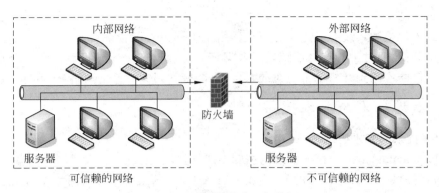

图 8-22　防火墙的位置与作用

防火墙的主要功能包括:

(1) 检查所有从外部网络进入内部网络的数据包。

(2) 检查所有从内部网络流出到外部网络的数据包。

(3) 执行安全策略,限制所有不符合安全策略要求的数据包通过。

(4) 具有防攻击能力,保证自身的安全性的能力。

网络的活动本质是分布式进程通信。进程通信是计算机之间通过相互间交换数据包的方式来实现的。从网络安全的角度来看,对网络资源的非法使用与对网络系统的破坏必然要以"合法"的网络用户身份,通过伪造正常的网络服务请求数据包的方式进行。如果没有防火墙隔离内部网络与外部网络,内部网络中的主机都会直接暴露给外部网络的所有主机,这样它们就会很容易遭到外部非法用户的攻击。防火墙通过检查所有进出内部网络的数据包,检查数据包的合法性,判断是否会对网络安全构成威胁,为内部网络建立安全边界(security perimeter)。

构成防火墙系统的两个基本部件是包过滤路由器(packet filtering router)和应用级网关(application gateway)。最简单的防火墙由一个包过滤路由器组成,而复杂的防火墙系统是由包过滤路由器和应用级网关组合而成的。由于组合方式有多种,因此防火墙系统的结构也有多种形式。

8.6.2　包过滤路由器

1. 包过滤的基本概念

包过滤技术是基于路由器技术的,图 8-23 给出了包过滤路由器的结构示意图。

路由器按照系统内部设置的分组过滤规则(即访问控制表),检查每个分组的源 IP 地址、目的 IP 地址,决定该分组是否应该转发。普通的路由器只对分组的网络层报头进行处理,但对传输层报头是不进行处理的,而包过滤路由器需要检查 TCP 报头的端口号字节。包过滤规则一般是基于部分或全部报头的内容。例如,对于 TCP 报头信息,可以是:

- 源 IP 地址。
- 目的 IP 地址。
- 协议类型。
- IP 选项内容。

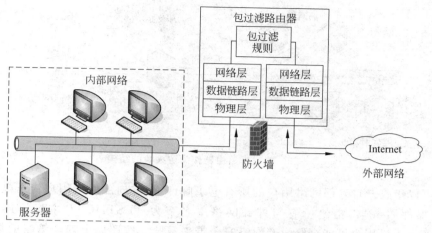

图 8-23 包过滤路由器的结构示意图

- 源 TCP 端口号。
- 目的 TCP 端口号。
- TCP ACK 标识。

图 8-24 给出了包过滤的流程图。实现包过滤的关键是制定包过滤规则。包过滤路由器将分析所接收的包,按照每一条包过滤的规则加以判断,凡是符合包转发规则的包被转发。凡是不符合包转发规则的包被丢弃。

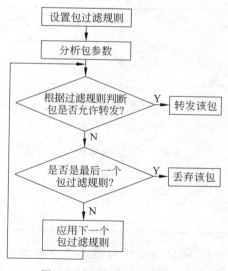

图 8-24 包过滤的工作流程

2. 包过滤路由器配置的基本方法

包过滤路由器也称为屏蔽路由器(screening route)。包过滤路由器是被保护的内部网络与外部不信任网络之间的第一道防线。下面以图 8-25 为例,对包过滤路由器的设计和配置进行直观描述。

假设网络安全策略规定:内部网络的 E-mail 服务器(IP 地址为 192.1.6.2,TCP 端口

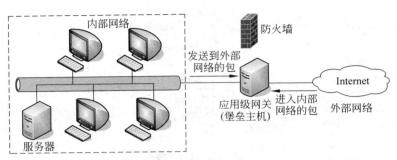

图 8-25　包过滤路由器作为防火墙的结构

号为 25)可以接收来自外部网络用户的所有电子邮件;允许内部网络用户传送电子邮件到外部电子邮件服务器;拒绝所有与外部网络中名字为 TESTHOST 主机的连接。因为 TESTHOST 主机用户可能会给内部网络安全带来威胁。按照以上安全策略的规定,可以用下面的过滤规则进行描述。

　　过滤规则 1:不允许来自 TESTHOST 主机的所有连接。

　　过滤规则 2:不允许内部网络与 TESTHOST 主机的连接。

　　过滤规则 3:允许所有进入内部网络 SMTP 的连接。

　　过滤规则 4:允许内部网络 SMTP 与外部网络的连接。

　　这些规则可以进一步用表 8-2 表示。

表 8-2　包过滤规则表

过滤规则号	方向	动作	源主机地址	源端口号	目的主机地址	目的端口号	协议	描　　述
1	进入	阻塞	TESTHOST	*	*	*	*	阻塞来自 TESTHOST 的所有数据包
2	输出	阻塞	*	*	TESTHOST	*	*	阻塞所有到 TESTHOST 的数据包
3	进入	允许	*	>1023	192.1.6.2	25	TCP	允许外部用户传送到内部网络电子邮件服务器的数据包
4	输出	允许	192.1.6.2	25	*	>1023	TCP	允许内部邮件服务器传送到外部网络的电子邮件数据包

　　表中 * 表示任意合法的 IP 地址与端口号值。表中过滤规则 1、2 表示阻塞外部主机 TESTHOST 与内部网络任何一个主机(*)的任何一个端口(*)之间传输的数据包。过滤规则 3 表示,允许外部用户传送到内部网络电子邮件服务器(端口号 25)的数据包。过滤规则 4 表示,允许内部邮件服务器传送到外部网络的电子邮件数据包。

　　因此,在使用包过滤路由器时,必须设计一个包过滤规则表。包过滤规则表可以包括 TCP 标志、IP 选项、源与目的 IP 地址。这些过滤规则反映出安全策略,不符合任何一条过滤规则的数据包都将被丢弃。

3. 包过滤方法的优缺点分析

包过滤是实现防火墙功能的有效与基本的方法。包过滤方法的优点如下。

（1）结构简单，便于管理，造价低。

（2）由于包过滤在网络层、传输层进行操作，因此这种操作对于应用层来说是透明的，它不要求客户与服务器程序进行任何修改。

包过滤方法的缺点如下。

（1）在路由器中配置包过滤规则比较困难。

（2）由于包过滤只能工作在"假定内部主机是可靠的，外部主机是不可靠的"这种简单的判断上，它只能控制到主机一级，不涉及包的内容与用户一级，因此有很大的局限性。

8.6.3 应用级网关的概念

1. 多归属主机

包过滤可以在网络层、传输层对进出内部网络的数据包进行监控，但是网络用户对网络资源和服务的访问是发生在应用层，因此必须在应用层上实现对用户身份认证和访问操作分类检查和过滤，这个功能是由应用级网关来完成的。

在讨论应用级网关具体实现方法时，首先需要讨论多归属主机（multi-homed host）。多归属主机又称为多宿主主机，它是具有多个网络接口卡的主机，其结构如图 8-26 所示。

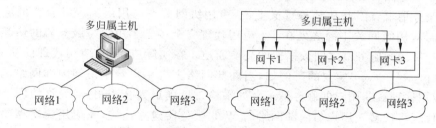

图 8-26 典型的多归属主机结构示意图

多归属主机具有两个或两个以上的网络接口，每个网络接口与一个网络连接。由于它可以具有在不同网络之间交换数据的"路由"能力，因此人们也把它称为"网关"（gateway）。但是，如果将多归属主机用在应用层的用户身份认证与服务请求合法性检查上，那么这一类可以起到防火墙作用的多归属主机就称为"应用级网关"或"应用网关"。

2. 应用级网关

如果多归属主机连接了两个网络，那么它可以称为双归属主机（dual-homed host）。双归属主机可以用在网络安全与网络服务的代理上。只要能够确定应用程序访问控制规则，就可以采用双归属主机作为应用级网关，在应用层过滤进出内部网络特定服务的用户请求与响应。如果应用级网关认为用户身份和服务请求与响应是合法的，它就会将服务请求与响应转发到相应的服务器或主机；如果应用级网关认为用户身份和服务请求与响应是非法的，它将拒绝用户的服务请求，丢弃相应的包，并且向网络管理员报警。图 8-27 给出了应用级网关工作原理示意图。

对于应用级网关，如果内部网络的 FTP 服务器只能被内部用户访问，那么所有外部网络用户对内部 FTP 服务的访问都认为是非法的。应用级网关的应用程序访问控制软件在

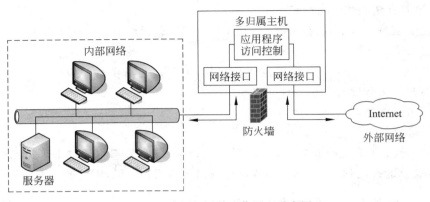

图 8-27　应用级网关工作原理示意图

接收到外部用户对内部 FTP 服务的访问请求时都认为是非法的,丢弃该访问请求。同样,如果确定内部网络用户只能访问外部某几个确定的 Web 服务器,那么凡是不在允许范围内的访问请求一律被拒绝。

3. 应用代理

应用代理(application proxy)是应用级网关的另一种形式,但它们的工作方式不同。应用级网关是以存储转发方式,检查和确定网络服务请求的用户身份是否合法,决定是转发还是丢弃该服务请求。因此从某种意义上说,应用级网关在应用层"转发"合法的应用请求。应用代理与应用级网关不同之处在于:应用代理完全接管了用户与服务器的访问,隔离了用户主机与被访问服务器之间数据包的交换通道。在实际应用中,应用代理的功能是由代理服务器(proxy server)实现的。例如,当外部网络主机用户希望访问内部网络的 Web 服务器时,应用代理截获用户的服务请求。如果检查后确定为合法用户,允许访问该服务器,那么应用代理将代替该用户与内部网络的 Web 服务器建立连接,完成用户所需要的操作,然后再将检索的结果回送给请求服务的用户。因此,对于外部网络的用户来说,他好像是"直接"访问了该服务器,而实际访问服务器的是应用代理。应用代理应该是双向的,既可以作为外部网络主机用户访问内部网络服务器的代理,也可以作为内部网络主机用户访问外部网络服务器的代理。图 8-28 给出了应用代理的工作原理示意图。

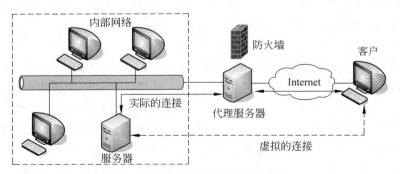

图 8-28　应用代理工作原理示意图

应用级网关与应用代理的优点是可以针对某一特定的网络服务,并能在应用层协议的基础上分析与转发服务请求与响应。同时,它们一般都具有日志记录功能,日志中记录了网络上所发生的事件,管理员可以根据日志,监控可疑的行为并进行相应的处理。由于应用级网关与应用代理只使用一台计算机,因此易于建立和维护。如果要支持不同的网络服务,则需要配备不同的应用服务代理软件。

8.6.4　防火墙的系统结构

1. 防火墙系统结构的基本概念

防火墙是一个由软件与硬件组成的系统。由于不同的内部网络的安全策略与防护目的不同,防火墙系统的配置与实现方式也有很大的区别。一个简单的包过滤路由器或应用程序网关、应用代理都可以作为防火墙使用。实际的防火墙系统要比以上原理性讨论的问题复杂得多,它们经常将包过滤路由器与应用级网关作为基本单元,采用多级的结构和多种组态。

2. 堡垒主机的概念

从理论上来说,用一个双归属主机作为应用级网关可以起到防火墙的作用,这种结构如图 8-29 所示。在这种结构中,应用级网关完全暴露给整个外部网络,应用级网关的自身安全会影响到整个系统的工作,因此运行应用级网关软件的计算机系统必须非常可靠。人们将处于防火墙关键部位、运行应用级网关软件的计算机系统称为堡垒主机(bastion host)。

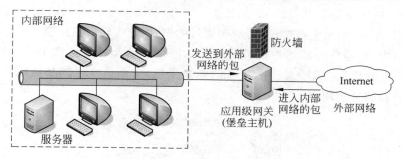

图 8-29　应用级网关结构示意图

3. 防火墙系统结构表示

由于网络的安全策略与防护要求不同,防火墙系统的配置与结构也有很大的区别,可以采用多级的结构。但是,任何一种结构的防火墙系统都是由包过滤路由器与应用级网关组合而成。

为了讨论方便,可以引入一些符号,使防火墙系统结构配置的表示更为简洁、明了。表 8-3 给出了相应的符号及其对应的意义,在该表中用堡垒主机表示应用级网关。

表 8-3　防火墙配置表示

符号	描　　述	符号	描　　述
S	包过滤路由器	B2	有两个网络接口的堡垒主机
B1	只有一个网络接口的堡垒主机		

4. 典型防火墙的系统结构分析

(1) 采用一个过滤路由器与一个堡垒主机组成的 S-B1 防火墙系统结构

根据表 8-3 的配置,图 8-30 给出了用一个堡垒主机组成的 S-B1 防火墙系统结构,其中

S 表示一个包过滤路由器,B1 表示堡垒主机只连接到一个网络中。需要注意的是,在实际的防火墙应用中,堡垒主机可以有两种具体实现方案:一种是应用级网关通过两个网卡,分别连接到两个网络中;另一种结构更为简单,它只需通过一块网卡接入网络中,在包过滤路由器的配合下,同样可以起到堡垒主机的作用。

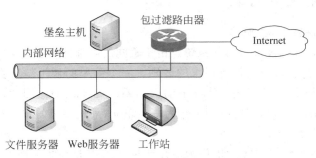

图 8-30　采用 S-B1 配置的防火墙系统结构

包过滤路由器的转发过程如图 8-31 所示。如果外部网络中某个主机的用户希望访问内部网络中的文件服务器,那么用户请求访问文件服务器包的目的 IP 地址应该是文件服务器的 IP 地址。假设文件服务器的 IP 地址为 199.24.180.1。包过滤路由器首先检查用户请求包的源 IP 地址,确定它是合法的,则根据目的 IP 地址查转发路由表。在包过滤路由器的转发路由表中,凡是自外部用户请求访问内部网络中的文件服务器 199.24.180.1 的分组,一律转发到 IP 地址为 199.24.180.10 的堡垒主机,由堡垒主机判断该用户是不是内部网络文件服务器的合法用户。

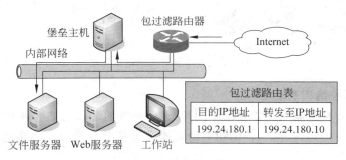

图 8-31　包过滤路由器的转发过程

如果是文件服务器的合法用户,那么堡垒主机将该服务请求包转发到文件服务器。由文件服务器最终处理用户的服务请求。同样,如果内部网络的用户希望访问外部主机的服务,那么内部用户发出的服务请求包也需要经过堡垒主机与包过滤路由器审查。图 8-32 给出了 S-B1 配置的防火墙系统层次结构示意图。

（2）采用多级结构的防火墙系统

对于安全要求更高的应用领域,还可以采用两个过滤路由器与两个堡垒主机组成的 S-B1-S-B1 配置的防火墙系统,图 8-33 给出了 S-B1-S-B1 配置的防火墙结构示意图。

在 S-B1-S-B1 配置的防火墙系统中,从外包过滤路由器开始的部分是由网络系统所属的单位组建的,因此属于单位的内部网络。外包过滤路由器与外堡垒主机构成了防火墙的过滤子网。内包过滤路由器与内堡垒主机用来进一步保护内部网络的服务器与工作站。人

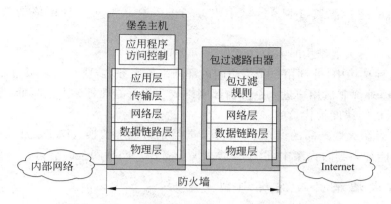

图 8-32　S-B1 配置的防火墙系统层次结构示意图

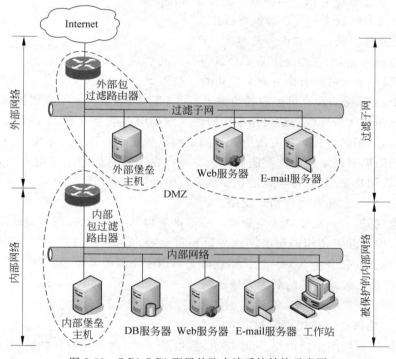

图 8-33　S-B1-S-B1 配置的防火墙系统结构示意图

们通常将必须向外部提供服务并且安全要求相对比较低的服务器(如 E-mail 服务器)连接在过滤子网,而将安全要求比较高的服务器、工作站连接在内部网络的服务子网中。有人把过滤子网称为安全缓冲区或非军事区(demilitarized zone,DMZ)。

非军事区(DMZ)是指一个公共访问区域,任何非敏感、需要被外部用户直接访问的Web、E-mail 服务器都可以放置在 DMZ 中。例如,一些企业、大学、政府机关对外宣传的Web 网站或接受客户邮件的 E-mail 服务器都可放在 DMZ 中。DMZ 中的服务器系统是公开的,因此容易受到攻击。但是,在网络安全设计中已经对放置在公共区域内的服务器自身安全以及出现的攻击做好了应急处置预案,同时 DMZ 网络与内部网络系统已经实现了防火墙保护之下的逻辑隔离,DMZ 区域中服务器的安全状况对内部网络的安全不会构成威胁。

在讨论多级防火墙结构时需要注意以下两个问题。

(1) 在这种结构中,外部用户希望访问内部网络的服务,需要经过多级过滤路由器与堡垒主机的审查,外部非法用户进入系统内部网络成功的可能性将会大大减低,但是这是以提高造价和降低访问速度为代价的。

(2) 在实际防火墙产品的设计中,设计人员经常将地址转换(NAT)、加密传输、入侵检测(IDS)等功能加入到防火墙中,以增强防火墙设备保护网络安全的能力。

8.6.5 防火墙报文过滤规则制定方法

1. 制定网络安全策略的基本思路

制定网络安全策略有以下两种基本的思想方法。

(1) 凡是没有明确表示允许的就要被禁止。

(2) 凡是没有明确表示禁止的就要被允许。

按照第一种方法,如果你决定某一台机器可以提供匿名 FTP 服务,那么可以理解为除了匿名 FTP 服务之外的所有服务都是禁止的。按照第二种方法,如果你决定某一台机器禁止提供匿名 FTP 服务,那么可以理解为除了匿名 FTP 服务之外的所有服务都是允许的。

这两种思想方法所导致的结果是不相同的。网络服务类型很多,新的网络服务功能将逐渐出现,那么采用第一种思想方法所表示的策略只规定了允许用户做什么;而第二种思想方法所表示的策略只规定了用户不能做什么。那么在一种新的网络应用出现时,对于第一种方法,如允许用户使用,它将明确地在安全策略中表述出来;而按照第二种思想方法,如不明确表示禁止,那就意味着允许用户使用。

需要注意的是,在网络安全策略制定中一般都采用第一种方法,即明确地限定用户在网络中的访问权限与能够使用的服务。这种思想符合规定用户在网络访问"最小权限"的原则,赋予用户能完成任务所"必要"的访问权限与可以使用的服务类型。

2. 防火墙报文过滤规则的制定方法示例

在系统讨论了防火墙组成、结构与工作原理的基础上,下面以图 8-34 所示的网络结构为例,讨论防火墙报文过滤规则的制定方法。

图 8-34 给出了用两个路由器、一个防火墙,以及一个 DMZ 与被保护的内部网络组成的网络系统,这是目前企业网或园区网常见的一种结构。

DMZ 区域内的 Web 服务器、E-mail 服务器与 FTP 服务器可以提供给外部主机访问,而内部网络的 Web、FTP、E-mail 服务器不提供给外部用户访问。内部网络的工作站主机用户可以访问内部的各种服务器,但是内部用户对外部网络资源的访问是要受到严格控制的。路由器 1 是企业网络接入 Internet 的默认路由器,它同时具有 IP 地址过滤的作用。路由器 2 作为内部网络与 DMZ 区域之间的第二级过滤路由器,同样也可以同时具有地址过滤的功能。我们讨论的重点是如何设计防火墙设备的过滤规则。设计的基本内容包括如何控制 ICMP 报文,以及如何控制对 Web、E-mail、FTP 服务器的访问。

(1) ICMP 报文过滤规则

ICMP 协议对于测试网络的连通性是非常有用的,同时 ICMP 报文是很容易伪造的。

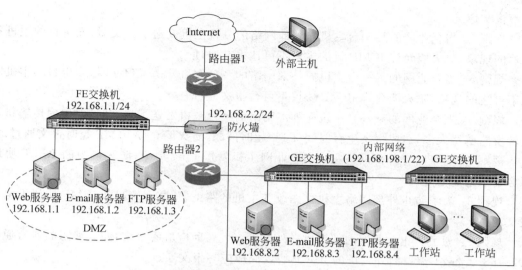

图 8-34   用防火墙保护的内部网络结构示意图

Ping 命令经常被黑客用来作为对攻击目标进行踩点和试探的工具,经常是黑客对目标主机
开展攻击的第一步。因此,首先需要制定防火墙对 ICMP 报文的过滤规则,阻断可能对网络
构成威胁的报文。表 8-4 给出了防火墙对 ICMP 报文过滤的规则。

表 8-4   ICMP 报文过滤规则

规则	传输方向	传输协议	源 IP 地址	目的 IP 地址	ICMP 报文类型	动作
1	进入	ICMP	*	*	源主机抑制	允许
2	输出	ICMP	192.168.2.2/24	*	回应请求	允许
3	进入	ICMP	*	192.168.2.2/24	回应应答	允许
4	进入	ICMP	*	192.168.2.2/24	目的主机不可达	允许
5	进入	ICMP	*	192.168.2.2/24	协议不可达	允许
6	进入	ICMP	*	192.168.2.2/24	超时	允许
7	进入	ICMP	*	192.168.2.2/24	回应请求	阻断
8	进入	ICMP	*	192.168.2.2/24	重定向	阻断
9	输出	ICMP	192.168.2.2/24	*	回应请求	阻断
10	输出	ICMP	192.168.2.2/24	*	TTL 超时	阻断

规则 1:当企业网的任何一台主机向外部网络的一台主机发送了报文时,发生路由器或
主机因拥塞而丢弃报文之后,向源主机报告拥塞出现,防火墙允许 ICMP 源抑制报文通过,
使得企业网主机能够了解外部网络拥塞的发生。

规则 2:为了使企业网内部主机具有 Ping 外部网络主机的能力,防火墙允许内部网络
向外部网络发送 ICMP 回应请求报文。

规则 3:防火墙允许内部网络向外部网络发送 Ping 命令之后,外部网络的 ICMP 回应

应答报文通过。

　　规则 4：当企业网的某一台主机向外部网络的一台主机发送了报文时，发生目的主机不可达的现象，防火墙允许 ICMP 目的主机不可达报文通过。

　　规则 5：当企业网的某一台主机向外部网络的一台主机发送了报文时，发生目的主机协议不可达的现象，防火墙允许 ICMP 协议不可达报文通过。

　　规则 6：当企业网的某一台主机向外部网络的一台主机发送了报文时，发生因传输路径上转发路由器太多，造成报文生存时间 TTL 超时问题，防火墙允许 ICMP 超时报文通过。

　　规则 7：为了防止外部网络主机向企业网主机发送 Ping 命令，防火墙阻断 ICMP 协议回应请求报文通过。

　　规则 8：为了防止外部网络主机试图改变主机的路由表，防火墙阻断 ICMP 协议重定向报文通过。

　　规则 9：为了防止企业网内部主机向外部网络发送回应应答报文，防火墙阻断所有通过 192.168.2.2/24 端口向外发送的 ICMP 协议回应应答报文通过。

　　规则 10：为了防止外部网络企图了解企业网的结构，防火墙阻断所有通过 192.168.2.2/24 端口向外发送的 ICMP 协议超时报文通过。

　　(2) Web 访问的报文过滤规则

　　表 8-5 给出了防火墙对 Web 访问的报文过滤规则。

表 8-5　对 Web 访问的报文过滤规则

规则	传输方向	传输协议	源 IP 地址	源端口号	目的 IP 地址	目的端口号	动作
1	进入	TCP	*	*	192.168.1.1	80	允许
2	进入	TCP	*	*	192.168.8.2	80	阻断
3	输出	TCP	192.168.1.1	80	*	*	允许
4	输出	TCP	192.168.8.2	80	*	*	阻断

　　规则 1：防火墙允许任何外部网络主机对 DMZ 中 Web 服务器(192.168.1.1)的 HTTP 请求报文通过。

　　规则 2：防火墙阻断任何外部网络主机对内部网络的 Web 服务器(192.168.8.2)的 HTTP 请求报文通过。

　　规则 3：防火墙允许 DMZ 中 Web 服务器对任何外部网络主机 HTTP 应答报文通过。

　　规则 4：防火墙阻断内部网络的 Web 服务器对任何外部网络主机 HTTP 应答报文通过。

　　(3) FTP 访问的报文过滤规则

　　表 8-6 给出了防火墙对 FTP 访问报文的过滤规则。

表 8-6　对 FTP 访问报文的过滤规则

规则	传输方向	传输协议	源 IP 地址	源端口号	目的 IP 地址	目的端口号	动作
1	进入	TCP	*	*	192.168.1.3	21	允许
2	输出	TCP	192.168.1.3	21	*	*	允许

规则	传输方向	传输协议	源 IP 地址	源端口号	目的 IP 地址	目的端口号	动作
3	进入	TCP	*	*	192.168.1.1	20	允许
4	输出	TCP	192.168.8.2	20	*	*	允许
5	进入	TCP	*	*	192.168.8.4	21	阻断
6	输出	TCP	192.168.8.4	21	*	*	阻断
7	进入	TCP	*	*	192.168.8.4	20	阻断
8	输出	TCP	192.168.8.4	20	*	*	阻断

规则 1~4：防火墙允许外部网络用户访问 DMZ 的 FTP 服务器，允许分别在服务器端口 20 与 21 建立控制连接与数据连接。

规则 5~8：防火墙阻断外部网络用户与内部网络的 FTP 服务器的一切访问要求。

（4）E-mail 服务的报文过滤规则

表 8-7 给出了防火墙对 E-mail 服务的报文过滤规则。

表 8-7 E-mail 服务的报文过滤规则

规则	传输方向	传输协议	源 IP 地址	源端口号	目的 IP 地址	目的端口号	动作
1	进入	TCP	*	*	192.168.1.2	25(SMTP)	允许
2	输出	TCP	192.168.1.2	25	*	*	允许
3	进入	TCP	*	*	192.168.1.1	110(POP3)	允许
4	输出	TCP	192.168.8.2	110	*	*	允许
5	进入	TCP	*	*	192.168.8.3	110	阻断
6	输出	TCP	192.168.8.3	110	*	*	阻断
7	进入	TCP	*	*	192.168.8.3	110	阻断
8	输出	TCP	192.168.8.3	110	*	*	阻断

规则 1~4：防火墙允许任何一个外部网络用户访问 DMZ 的 E-mail 服务器，允许分别 SMTP 传输，以及用 POP3 协议读取邮件的服务。

规则 5~8：防火墙阻断任何一个外部网络用户与内部网络的 E-mail 服务器的访问。

表 8-4~8-7 共同构成了防火墙完整的报文过滤规则。

8.7 网络安全发展的新动向

1. 网络攻击动机的变化

网络攻击动机的变化主要表现在以下两个方面。

（1）网络攻击已经从最初的恶作剧、显示能力、寻求刺激，向"趋利性"和"有组织"的经济犯罪方向发展。

(2) 网络攻击正在演变成国与国之间军事与政治斗争的工具。

2. 网络攻击对象与形式的变化

在深入讨论网络安全问题时,必须注意到网络攻击对象与形式的变化。

(1) 计算机病毒已经成为网络战的工具

国际著名的俄罗斯信息安全厂商卡巴斯基实验室(Kaspersky Labs)于 2012 年 5 月发现了一种攻击多个中东国家的恶意程序,并将其命名为火焰(Flame)病毒。火焰病毒是一种后门程序和木马病毒程序的结合体,同时又具有蠕虫病毒的特点。一旦计算机系统被感染,只要操控者发出指令,火焰病毒就能在网络、移动设备中进行自我复制。火焰病毒程序将开始进行一系列复杂的破坏行动,包括监测网络流量、获取截屏画面、记录蓝牙音频对话、截获键盘输入等。被感染的计算机系统中所有的数据都将传送到病毒指定的服务器。火焰病毒被认为是迄今为止发现的最大规模、最为复杂的网络攻击病毒。

据卡巴斯基实验室统计,迄今发现感染该病毒的案例已有 500 多起。火焰病毒设计得极为复杂,能够避过 100 多种防病毒软件。一般的恶意程序都设计得比较小,以便隐藏。但是,火焰病毒程序很庞大,代码程序有 20MB,20 个模块,是迄今发现的最大的病毒程序。病毒软件的结构设计得非常巧妙,其中包含多种加密算法与压缩算法,隐藏得很好,使得防病毒软件几乎无法追查到。火焰病毒主要感染局域网中的计算机、U 盘、蓝牙设备,可以利用钓鱼邮件、受害网站进行传播。火焰病毒在 2010 年 3 月就开始活动,直到 2012 年 5 月卡巴斯基实验室发现之前,没有任何的安全软件检测到这种病毒程序。卡巴斯基实验室的专家认为:火焰病毒程序可能是"某个国家专门开发的网络战武器"。

(2) 工业控制系统成为新的攻击重点

近日卡巴斯基实验室又进一步发现了曾经席卷全球的 2009 年的震网(Stuxnet)病毒、2011 年的毒区(Duqu)病毒与火焰病毒之间深层次的关联。它们应该是出自同一个病毒炮制者。2010 年 6 月发现的震网病毒是第一个将目标锁定在工业控制网络的病毒。2011 年 9 月被发现的毒区病毒是一种复杂的木马病毒,其主要功能是充当系统后门,窃取隐私,盗取机密信息,从事网络间谍活动。

对于长期从事信息安全研究的人来说,我们的注意力集中在互联网、移动互联网,以及人们最熟悉的操作系统,例如 Windows 操作系统及其应用软件上。工业控制系统是一种专用系统,在系统规划和设计过程中重视的是它的功能、性能与可靠性问题,研究人员的主要目标集中在企业资源计划(ERP)、制造执行系统(MES)、过程控制系统(PCS)以及基础自动化(DCS)等方面。工业控制网络都是采用相对独立的网络通信协议、网络设备与应用软件,人们不太注意对工业控制网络的攻击与病毒问题。当 2012 年 5 月火焰病毒被发现时,网络安全人员估计这种破坏力极强的超级病毒可能潜伏在目标系统中已长达 5 年。人们惊呼:工业病毒时代已经到来。

造成工业控制系统与过程控制技术成为新的攻击重点的原因可以归结为以下三点。

第一,随着过程控制技术在工业界的广泛应用,很多大型企业在整个生产过程中都采用了计算机控制技术。而这些大型企业除了生产民用产品之外,也必然涉及军用产品的生产。例如,对于冶金自动化技术来说,冶金工业除了生成工农业与建筑用钢之外,也会生产军舰、坦克等钢材,因此这样的钢铁企业的生产过程自动化与企业管理系统内部蕴藏着很多军事秘密。同时,还有一些涉及核电站、兵工厂等关乎国家安全的企业的生产过程自动化与企业管理系统,一定会成为"某些人"通过网络入侵、窃取情报和监控的对象。

第二,随着工业过程控制技术的成熟,目前已经开始用于城市智能楼宇控制、电梯系统的联动与控制、城市供电控制等与社会稳定息息相关的领域,"某些人"完全可以采取网络攻击的手段,破坏或干扰这些过程控制系统,造成社会不稳定。

第三,由于 Windows 操作系统推广的成功和互联网应用的广泛,使得一些工业控制系统的研发人员逐步在封闭的工业控制系统中使用 Windows 操作系统、TCP/IP 协议与网络设备。生产与销售管理的一体化,也使得相对封闭的工业控制网络开始与互联网连接,这从客观上为"某些人"的网络入侵与网络攻击提供了便利条件。

正是存在以上的各种因素,因此导致了 2010 年 6 月发现的第一个威胁工业控制网络的震网(Stuxnet)病毒的出现。震网病毒首先通过 CPS 与嵌入式系统,借助于在工业控制中广泛应用的 SIMATIC WinCC 操作系统,利用操作系统与数字签名的漏洞,进入工业控制网络,直接破坏工业控制系统的运行。

(3)网络信息搜索功能将演变成网络攻击的工具

另外一个相关的事件是 Shodan 搜索软件的出现。美国一位程序员出于对互联网连接的网络设备精确数量的好奇,经过十多年的努力,建立了暴露在线联网设备的搜索引擎 Shodan,其搜索界面如图 8-35 所示。

图 8-35　Shodan 搜索页面

Shodan 搜索引擎主页上写道:"暴露的联网设备:网络摄像机、路由器、发电厂、智能手机、风力发电厂、电冰箱、网络电话"。Shodan 搜索引擎目前已经搜集到的在线网络设备数量超过 1000 万个,搜索到的信息包括这些设备的准确地理位置、运行的软件等。Shodan 被称为"黑客的谷歌"。这里存在着一个非常严重的问题,Shodan 可以搜索到与互联网连接的工业控制系统,这些之前被认为是相对安全的工业控制系统目前正处在危险之中,它们随时可能遭到来自互联网的攻击。

从 Stuxnet 病毒、Duqu 病毒到 Flame 病毒以及 Shodan 搜索引擎的出现,使我们深刻地认识到:病毒程序已经从最初的恶作剧演变成非法获利的工具,又进一步演变成国家对国家的政治、军事斗争的工具。网络攻击已经危及看似安全的工业控制系统,而对工业控制系统的攻击的后果是十分严重的。当我们在讨论物联网应用时会惊奇地发现:恰恰物联网的智能工业、智能农业、智能交通、智能医疗、智能家居、智能安防、智能物流等应用中,会接入很多工业控制系统与其他类型的控制系统。

(4) 无线网络正在成为网络攻击的重点

随着基于互联网的电子商务、移动互联网、Wi-Fi 应用与物联网的发展,针对移动计算类的网络攻击明显增长。网络攻击的目的从最初的破坏网站、停止网络服务,转变为盗取用户密码、银行账号的有组织的经济犯罪。计算机病毒、垃圾邮件与网络攻击相互结合,重点攻击无线通信与移动互联网的各种应用。

(5) 隐私保护成为网络安全研究必须面对的重大问题

隐私的内涵很广泛,通常包括个人信息、身体、财产,但不同的民族、不同的宗教信仰、不同文化的人对隐私都有不同的理解。进入互联网与移动互联网时代,过去我们认为可以信赖的办公室、家庭、卧室,保护我们不被外人窥探的篱笆、院墙、门窗与防盗门已经无法遮挡外部的视线,传统意义上的私密空间发生了改变。过去写在日记中的文字、贴在影集中的个人写真,在数字化之后都会成为在网络上传输的数据。隐私保护出现了严重的挑战。这绝不是危言耸听。一项研究表明,研究人员在跟踪研究 10 万名手机用户的 1600 万条通话记录与位置信息之后得出的结论是:预测某一个人在未来某一个时刻地点位置的准确率可以达到 93.6%。显然,在移动互联网应用中,隐含着个人隐私的位置信息正受到严重挑战。

在 21 世纪的物联网环境中,传感器、RFID 与摄像头无处不在。什么时候到一家商场买过什么东西,到过哪里,什么时候访问过哪些网站,我们自己都未必记得,但是我们在物理世界和网络世界的每一个行踪,都会以文字、数字和视频等形式已经被记录和存储在不知在什么地理位置的数据库中,并且可能已经成为大数据挖掘技术研究的对象。通过对我们一段时间到过什么地方、给哪些人打过电话、网上购物与信用卡记录数据的“挖掘”,很快就能分析出我们的姓名、职业、身份证号、出生年月、经济收入、生活习惯、兴趣爱好、交友圈、宗教信仰、健康状况等涉及个人隐私的信息。隐私保护问题在互联网存在,在物联网中会更加严峻。保护个人隐私不被别有用心的攻击者非法利用,是网络安全研究的重要问题。

从以上的分析中可以得出以下两点结论:

第一,网络安全已经上升为“全球性、战略性和全局性”的问题。

第二,各国必须立足于自身的技术力量,来解决网络安全关键技术的研发与产品生产问题。

小　结

(1)“网络空间”是与国家“领土”“领海”“领空”“太空”四大常规空间同等重要的“第五空间”。网络安全问题已经上升到国家安全战略的层面。

(2) 网络空间安全研究的对象包括应用安全、系统安全、网络安全、网络空间安全基础、密码学及其应用 5 个方面的内容。

(3) X.800 标准提出的 5 类网络安全服务是认证、访问控制、数据机密性、数据完整性与防抵赖。

(4) 密码技术是保证网络安全的核心技术之一。目前常用的加密技术可以分为对称加密与非对称加密两类。

（5）网络安全协议包括网络层 IPSec 与 IPSec VPN 协议、传输层 SSL 与 TLP 协议、应用层 PGP 与 SET 协议等。

（6）任何危及网络与信息系统安全的行为都视为"攻击"。最常用的网络攻击可以分为被动攻击与主动攻击两类。

（7）目前出现的网络攻击可以分为欺骗类攻击、DoS/DDoS 类攻击、信息收集类攻击、漏洞类攻击 4 种基本类型。

（8）入侵检测系统是对计算机和网络资源的恶意使用行为进行识别的系统。它的目的是监测和发现可能存在的攻击行为，包括来自系统外部的入侵行为和来自内部用户的非授权行为，并采取相应的防护手段。

（9）设置防火墙的目的是保护内部网络资源不被外部非授权用户使用，防止内部网络受到外部非法用户的攻击。

（10）网络攻击动机的变化主要表现在两个方面：网络攻击已经从最初的恶作剧、显示能力、寻求刺激，向"趋利性"和"有组织"的经济犯罪方向发展；网络攻击正在演变成国与国之间军事与政治斗争的工具。

习　题

1. 易位密码法的密钥为 NETWORK，请写出报文 my bank accound is nknetw 采用易位密码法加密后的密文。

2. 图 8-36 给出了典型的 PKI 结构示意图。请根据对 PKI 原理的理解，写出图中省略的①～④处密钥的名字。

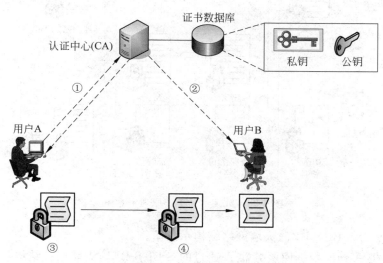

图 8-36　典型的 PKI 示意图

3. 图 8-37 为 IPSec VPN 的网络结构示意图。图中给出了 IPSec 隧道模式主机 A 到安全网关 A、从安全网关 A 通过隧道到安全网关 B，以及从安全网关 B 到主机 B 的简化 IP 分组结构示意图。

请根据图中所标记的数据，回答以下三个问题：

(1) 请写出图中①~⑥省略的 IP 地址。

(2) 请指出在安全网关之间隧道中传输的 IP 分组中,哪一部分的数据是加密的数据?

(3) 请指出在 ESP 认证数据时是对哪一部分的数据进行认证?

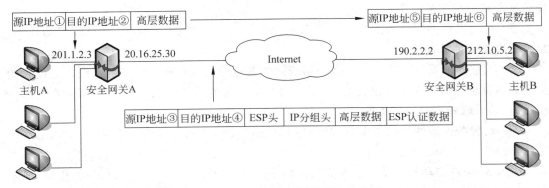

图 8-37 IPSec VPN 的网络结构示意图

4. 图 8-38 为数字信封工作原理示意图,图中①~⑥省略了密钥名称。如果对称密钥为 K_0,接收方私钥为 K_1,接收方公钥为 K_2,请写出图中①~⑥省略了密钥名称。

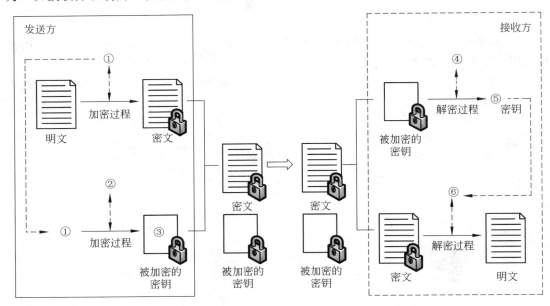

图 8-38 数字信封工作原理示意图

5. 图 8-39 为 S-B1-S-B1 防火墙网络结构示意图。

请画出主机 A 访问数据库服务器 A 通过的 S-B1-S-B1 防火墙层次结构示意图。

6. 图 8-40 是用 DMZ 保护的内网结构示意图。

以下是防火墙对 ICMP 报文过滤的规则。

规则 1:防火墙允许 ICMP 源抑制报文通过。

规则 2:防火墙允许内网向外网发送 ICMP 回应请求报文。

规则 3:防火墙允许外网的 Ping 命令 ICMP 回应应答报文通过。

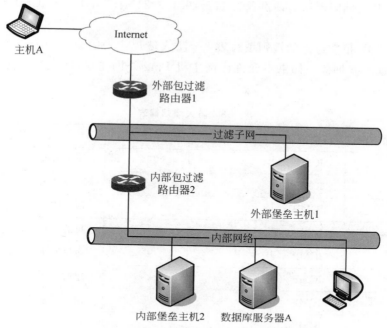

图 8-39　S-B1-S-B1 防火墙网络结构示意图

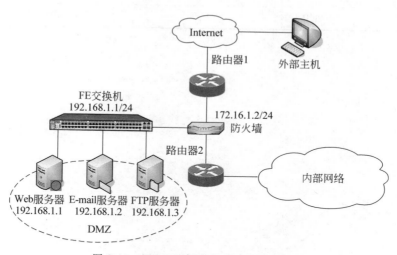

图 8-40　用 DMZ 保护的内网结构示意图

　　规则 4：防火墙允许外网 ICMP 目的主机不可达报文通过。

　　规则 5：防火墙允许外网 ICMP 协议不可达报文通过。

　　规则 6：防火墙允许外网 ICMP 超时报文通过。

　　规则 7：防火墙阻断外网 ICMP 协议回应请求报文通过。

　　规则 8：防火墙阻断外网 ICMP 协议重定向报文通过。

　　规则 9：防火墙阻断所有内网通过 172.16.1.2/24 端口向外发送 ICMP 协议回应应答报文通过。

规则10：防火墙阻断所有内网通过172.16.1.2/24端口向外发送ICMP协议超时报文通过。

请根据ICMP报文过滤的规则填写表8-8防火墙规律表的缺省项的内容(注：用 * 表示任意IP地址)，并回答：如果不允许内网主机Ping外网主机，防火墙规则表如何修改？为什么？

表8-8　防火墙规律表

规则	传输方向	传输协议	源IP地址	目的IP地址	ICMP报文类型	动作
1		ICMP			源主机抑制	
2		ICMP			回应请求	
3		ICMP			回应应答	
4		ICMP			目的主机不可达	
5		ICMP			协议不可达	
6		ICMP			超时	
7		ICMP			回应请求	
8		ICMP			重定向	
9		ICMP			回应请求	
10		ICMP			TTL超时	

附录 A

词汇索引

T

U

V

W

附录 B

参考答案

第 1 章

5. 答案：

    (1) 长度为 8B 的传输效率约为：7.5%。

    (2) 长度为 536B 的传输效率约为：85.9%。

6. 答案：

    (1) 发送延时为 10ms；传播延时为 5ms。

    (2) 发送延时为 100ms；传播延时为 5ms。

7. 答案：

    (1) 报文交换总延时约为 2255.3ms。

    (2) 分组交换总延时约为 290.5ms。

10. 答案：

    RFC791 文档

    名   称：INTERNET PROTOCOL

    发表时间：September 1981

第 2 章

1. 答案：最大数据传输速率为 6kbps。

2. 答案：最大数据传输速率约为 40kbps。

3. 答案：第三个波长为 33.3cm 对应的频率为 900MHz，不在 ISM 频段内。

4. 答案：

    (1) 二进制编码：0100 1011。

    (2) 差分曼彻斯特编码波形：

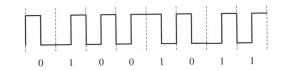

5. 答案：

调制速率/baud	多相调制的相数	数据传输速率/bps
3600	QPSK-8	10 800
3600	QPSK-16	14 400
3600	QPSK-64	21 600
3600	QPSK-256	28 800

6. 答案：可以传输 40 条信道的信号。

7. 答案：传输信号的信道带宽至少为 200MHz。

8. 答案：STM-4 速率为 622.080Mbps。

9. 答案：

（1）A 站没有发送。

（2）B 站发送了 0。

（3）C 站发送了 1。

（4）D 站发送了 1。

第 3 章

1. 答案：发送的比特序列：

1 1 1 0 0 0 1 1 1 1 0 1 0

曼彻斯特编码序号波形图：

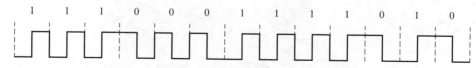

2. 答案：从 CRC 校验中可以发现传输出现差错。

3. 答案：发送方需要重发编号为 1~6 的 6 个帧。

4. 答案：发送方需要重发编号为 1、3 等 2 个帧。

5. 答案：

（1）停止—等待协议的信道最大利用率为 3.57%。

（2）连续传输协议的信道最大利用率为 12.90%。

6. 答案：发送数据最少用 2×10^5(s)。

第 4 章

1. 答案：最小帧长度为 100bit。

2. 答案：如果最小帧长度减少 800bit,那么总线两端最远两台主机之间的距离至少为 80m。

3. 答案：

（1）主机 A 检测到冲突需要的时间为 10μs。

（2）当检测到冲突的时候,主机 A 已经发送数据 1000bit。

4. 答案:

    (1) 从开始发送数据到检测到冲突,最短需要多少时间是 $2000/2 \times 10^8 = 10(\mu s)$,最长需要多少时间是 $20 \mu s$。

    (2) 主机 A 有效传输速率约为 9.33Mbps。

5. 答案:

B1 转发表	
目的地址	端口
H1	1
H5	2
H3	2
H2	1
H6	1
H4	2

B2 转发表	
目的地址	端口
H1	1
H5	2
H3	1
H2	1
H6	2
H4	1

6. 答案:根据 2.4GHz 信道复用规划方法,填出的图空白区域的信道号如下图所示。

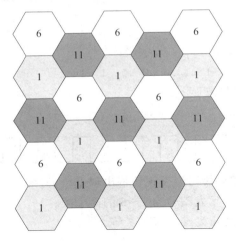

8. 答案:

管理帧中的关联请求帧。

管理帧中的信标帧。

控制帧中的 CTS 帧。

控制帧中的 ACK 帧。

数据帧。

9. 答案:

    ① 0   ② 1   ③ 目的地址 $= 00.16.11.22.b8.60$

    ④ AP 地址 $= 00.57.55.66.aa.11$ ⑤ 源地址 $= 01.a6.6e.00.18.a0$

第 5 章

1. 答案:① Switch   ② Hub   ③ Repeater   ④ Bridge   ⑤ Router

2. 答案：

  ① 05-2A-00-12-88-11   ② 08-00-00-55-00-20

  ③ 09-2A-00-00-22-10   ④ 0A-20-00-02-08-60

  ⑤ 128.4.0.2   ⑥ 02-2B-01-50-26-66

3. 答案：

  ① 直接广播地址：193.0.255.255 ② 受限广播地址：255.255.255.255

  ③ 这个网络上的特定主机地址：0.0.5.1 ④ 回送地址：127.0.0.0

4. 答案：① RIP ② BGP-4 ③ OSPF ④ BGP-4 ⑤ OSPF

5. 答案：

  ① /12   ② 125.144.0.0

  ③ 0.1.131.9   ④ 125.159.255.255

  ⑤ 125.144.0.1   ⑥ 125.144.255.254

6. 答案：

  (1) 第一个子网的网络地址为：192.12.66.128，网络前缀为/26，可用网络地址为：
    192.12.66.129～12.12.66.190，可用子网地址数大于 50 个。

  (2) 第二个子网的网络地址为：192.12.66.192，网络前缀为/27，可用网络地址为：
    192.12.66.193～12.12.66.222，可用子网地址数大于 20 个。

  (3) 第三个子网的网络地址为：192.12.66.224，网络前缀为/27，可用网络地址为：
    192.12.66.225～12.12.66.254，可用子网地址数大于 20 个。

7. 答案：路由 2：目的网络为 195.192.0.0/17。

8. 答案：R1 路由表如下：

掩　　码	目的地址	下一跳地址	输出端口
255.255.255.0	200.8.4.0	-	m2
255.255.0.0	86.4.0.0	211.4.10.3	m1
255.255.0.0	129.4.0.0	211.4.10.3	m1
255.255.0.0	86.4.0.0	200.8.4.12	m2
255.255.0.0	129.4.0.0	200.8.4.12	m2
0.0.0.0	0.0.0.0	221.5.1.3	m0

9. 答案：正确的是 D，即 202.168.2.0，255.255.255.0，202.168.1.2。

10. 答案：

  (1) 主机 A 与主机 B 属于同一个子网，它们可以不通过路由器直接通信。

  (2) 默认网关 IP 地址设置错误，导致主机 A 不能够与 DNS 服务器通信。解决的
    办法：将默认网关地址改为 202.111.222.161 或同一个子网的其他地址即可。

11. 答案：分组头在传输过程中没有出错。

第6章

1. 答案：

(1) 源端口号为 1586；目的端口号为 53。　　(2) 用户数据长度为 20B。

(3) 报文由客户端进程发出。　　(4) 访问域名解析 DNS 服务器。

2. 答案：

(1) 源端口号为：1330。　　(2) 目的端口号为：23。

(3) 序号为：1。　　(4) 确认值为：85。

(5) 头部长度值为：5。　　(6) TELNET。

(7) 窗口大小为 2047。

3. 答案：主机 A 只能够再发送 1000B。

4. 答案：确认序号为 500。

5. 答案：最大吞吐率为 26.214Mbps，信道利用率约为 2.62%。

6. 答案：TCP 连接所能够达到的最大传输速率是 61.2kbps。

7. 答案：新的估计往返延时值为 $RTT_1 = 34.1(ms)$、$RTT_2 = 33.9(ms)$、$RTT_3 = 32.9$ (ms)。

8. 答案：第 1 个往返到第 15 个往返的 cwnd 值分别为 2、4、8、9、10、11、12、1、2、4、6、7、8、9、10。

9. 答案：拥塞窗口为 9KB。

10. 答案：

① 10021　　② 10021　　③ 25610　　④ 60036

⑤ 16956　　⑥ 60036　　⑦ 16956　　⑧ 60037

第7章

1. 答案：

	Web 服务	网络管理服务	虚拟终端服务	电子邮件服务	动态主机地址分配服务	域名服务	文件传输服务
应用层	HTTP	SNMP	TELNET	SMTP	DHCP	DNS	FTP
传输层	TCP	UDP	TCP	TCP	TCP	UDP	TCP
网络层	IP	IP	IP	IP	IP	IP	IP

2. 答案：

① 050122450066　　② 212.8.2.28

③ 255.255.255.0　　④ 212.8.20.2

⑤ 2011-06-20 09:06:05　　⑥ 2011-06-28 09:06:05

3. 答案：

(1) DNS 服务器的 IP 地址是 131.1.64.16。

(2) 图中删除的①的信息是 ACK。

（3）主机 202.1.2.197 是 FTP 服务器;使用的熟知端口号是 21 。

（4）访问 FTP 服务器的主机使用的临时端口号是 59088。

4. 答案:

（1）该主机的 IP 地址是 202.1.64.166。

（2）该主机正在浏览的网站是 www.nk.edu.cn。

（3）该主设置的 DNS 服务器的 IP 地址是 211.80.20.200。

（4）该主机用 HTTP 协议通信时使用的源端口号是 1535。

（5）TCP 连接三次握手过程完成的报文号是 No.7。

5. 答案:服务器对象标识符为 1.3.6.1.4.150.50。

6. 答案:

（1）Web 服务器的 IP 地址是 64.170.98.32;主机 A 的默认网关的 MAC 地址是 00-21-27-21-51-ee。

（2）在构造 ARP 协议请求包的帧中,目的 MAC 地址用 ff-ff-ff-ff-ff-ff,以广播的方式发送该帧。

（3）从发出请求到收到全部内容,需要经过 6 个 RTT。

（4）IP 分组经过路由器 R 转发时,需要修改 IP 分组头中:生存时间(TTL)与校验和字段。

第 8 章

1. 答案:易位密码法加密后的密文为:yknortwcicndounwse。

2. 答案:① 私钥　　② 公钥　　③ 私钥(加密)　　④ 公钥(解密)

3. 答案:

（1）① 201.1.2.3　　② 212.10.5.2　　③ 20.16.25.30

　　④ 190.2.2.2　　⑤ 201.1.2.3　　⑥ 212.10.5.2

（2）IP 分组头,高层数据。

（3）ESP 头,IP 分组头,高层数据。

4. 答案:① K_0　　② K_2　　③ K_0　　④ K_1　　⑤ K_0　　⑥ K_0

5. 答案:

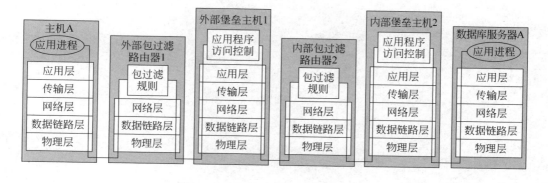

6. 答案:

规则	传输方向	传输协议	源 IP 地址	目的 IP 地址	ICMP 报文类型	动作
1	进入	ICMP	*	*	源主机抑制	允许
2	输出	ICMP	172.16.1.2/24	*	回应请求	允许
3	进入	ICMP	*	172.16.1.2/24	回应应答	允许
4	进入	ICMP	*	172.16.1.2/24	目的主机不可达	允许
5	进入	ICMP	*	172.16.1.2/24	协议不可达	允许
6	进入	ICMP	*	172.16.1.2/24	超时	允许
7	进入	ICMP	*	172.16.1.2/24	回应请求	阻断
8	进入	ICMP	*	172.16.1.2/24	重定向	阻断
9	输出	ICMP	172.16.1.2/24	*	回应请求	阻断
10	输出	ICMP	172.16.1.2/24	*	TTL 超时	阻断

* 结合个人对防火墙工作原理的理解去修改"不允许内网主机 Ping 外网主机"的规则表,并说明理由。

参 考 文 献

[1] Andrew S Tanenbaum,David J Wetherall. Computer Networks[M]. 5th ed. New York：Prentice-Hall PTR,2011.

[2] Hakima Chaouchi. The Internet of Things[M]. John Wiley & Sons,Inc.,2010.

[3] Eric A Hall. Internet Core Protocols：The Definitive Guide[M]. O'Reilly & Associates Inc.,2000.

[4] Behrouz A Forouzan,Sophia Chung Fegan. TCP/IP Protocol Suite[M]. McGraw-Hill Inc.,2000.

[5] Eric A Hall. Internet Core Protocols：The Definitive Guide[M]. O'Reilly & Associates Inc.,2000.

[6] Larry L Peterson,Bruce S Davie. Computer Networks a system approach[M]. 5th ed. Elsevier Pte Inc.,2012.

[7] Elizabeth D Zwicky. Building Internet Firewalls[M]. 2nd ed. O'REILLY,2000.

[8] Dana Moore. Peer to Peer[M]. McGraw-Hall,2002.

[9] Matthew S Gast. 802.11 Wireless Networks：The Definitive Guide[M]. O'REILLY,2005.

[10] Hakima Chaouchi,The Internet of Things[M]. John Wiley & Sone,Inc.,2010.

[11] Stevent W Richard. TCP/IP 详解 卷 1：协议[M]. 吴英,等译. 北京：机械工业出版社,2016.

[12] James F Kurose,Keith W Ross. 计算机网络 自顶向下方法[M]. 陈鸣,译. 6 版. 北京：机械工业出版社,2014.

[13] 谢希仁. 计算机网络教程[M]. 6 版. 北京：电子工业出版社,2013.

[14] 张建忠,等. 计算机网络技术与应用[M]. 北京：机械工业出版社,2010.

[15] Charles E Spurgeon,Joann Zimmerman. 以太网权威指南[M]. 蔡仁君,译. 2 版. 北京：人民邮电出版社,2016.

[16] Matthew,S Gast. Matthew S Gast. O'802.11 无线网络权威指南[M]. 2 版. Reilly Taiwan 公司,译. 南京：东南大学出版社,2007.

[17] David Gourley,Brian Totty,Marjorie Sayer. HTTP 权威指南[M]. 陈涓,等译. 北京：人民邮电出版社,2015.

[18] Adam Freeman. HTML5 权威指南[M]. 谢廷晟,等译. 北京：人民邮电出版社,2014.

[19] 孙余强. OSPF 和 IS-IS 详解[M]. 北京：人民邮电出版社,2014.

[20] Daniel Minoli. 构建基于 IPv6 和移动 IPv6 的物联网：向 M2M 通信的演进[M]. 郎为民,等译. 北京：机械工业出版社,2015.

[21] 方信东,等. 网络空间安全蓝皮书,2013—2014[M]. 北京：中国工信出版集团,电子工业出版社,2015.

[22] Eric D Knapp. 工业网络安全[M]. 周泰,等译. 北京：国防工业出版社,2014.

[23] 吴功宜,等. 计算机网络高级教程[M]. 2 版. 北京：清华大学出版社,2015.

[24] 吴功宜,等. 计算机网络高级软件编程技术[M]. 2 版. 北京：清华大学出版社,2011.

[25] 吴功宜,等. 网络安全高级软件编程技术[M]. 北京：清华大学出版社,2007.

普通高等教育"十一五"国家级规划教材
21世纪大学本科计算机专业系列教材

近期出版书目

- 计算概论(第2版)
- 计算概论——程序设计阅读题解
- 计算机导论(第3版)
- 计算机导论教学指导与习题解答
- 计算机伦理学
- 程序设计导引及在线实践(第2版)
- 程序设计基础(第2版)
- 程序设计基础习题解析与实验指导(第2版)
- 程序设计基础(C语言)(第2版)
- 程序设计基础(C语言)实验指导(第2版)
- C++程序设计(第3版)
- Java程序设计(第2版)
- 离散数学(第3版)
- 离散数学习题解答与学习指导(第3版)
- 数据结构与算法
- 算法设计与分析(第2版)
- 算法设计与分析习题解答与学习指导(第2版)
- 数据结构(STL框架)
- 形式语言与自动机理论(第3版)
- 形式语言与自动机理论教学参考书(第3版)
- 数字逻辑
- 计算机组成原理(第3版)
- 计算机组成原理教师用书(第3版)
- 计算机组成原理学习指导与习题解析(第3版)
- 微型计算机系统与接口(第2版)
- 计算机组成与系统结构(第2版)
- 计算机组成与体系结构习题解答与教学指导(第2版)
- 计算机组成与体系结构(第3版)基本原理、设计技术与工程实现
- 计算机组成与体系结构(第3版)实验教程
- 计算机系统结构教程
- 计算机系统结构学习指导与题解
- 计算机操作系统(第2版)
- 计算机操作系统学习指导与习题解答
- 数据库系统原理
- 编译原理
- 软件工程(第2版)
- 计算机图形学
- 计算机网络(第4版)
- 计算机网络教师用书(第4版)
- 计算机网络实验指导书(第3版)
- 计算机网络习题解析与同步练习(第2版)
- 计算机网络软件编程指导书
- 人工智能
- 多媒体技术原理及应用(第2版)
- 算法设计与分析(第3版)
- 算法设计与分析习题解答(第3版)
- 面向对象程序设计(第3版)
- 计算机网络工程(第2版)
- 计算机网络工程实验教程
- 信息安全原理及应用

平台功能介绍

➡ **如果您是教师，您可以**　　➡ **如果您是学生，您可以**

建立课程
管理课程
发布试卷
管理题库
管理问答与话题
布置作业

发表话题
加入课程
提出问题
下载课程资料
使用优惠码和激活序列号
编辑笔记

➡ **如何加入课程**

1 找到教材封底"数字课程入口"

2 刮开涂层获取二维码，扫码进入课程

数字课程入口
刮开涂层
获取二维码
范例

刮开涂层

范例

获取帮助

扫一扫直接进入平台使用指南

获取更多详尽平台使用指导可输入网址
http://www.wqketang.com/course/550
如有疑问，可联系微信客服：DESTUP

文泉课堂
WWW.WQKETANG.COM

清华大学出版社
出品的在线学习平台